土壤环境界面分析方法

蔡 鹏 殷 辉 等 编

科学出版社
北京

内 容 简 介

本书涵盖土壤环境界面研究中 17 种最新分析方法与表征技术，主要包括界面谱学分析，如 X 射线吸收光谱、原子配对分布函数、X 射线吸收精细结构光谱、红外光谱、拉曼光谱、核磁共振波谱、穆斯堡尔谱、二次离子质谱、傅里叶变换离子回旋共振质谱等；界面表征技术，如电位滴定、石英晶体微天平、原子力显微镜、微流控等；界面模型与理论计算，如表面络合物模型、密度泛函理论等。各章节在简要介绍方法或技术的概念、基本原理和功能的基础上，重点介绍其在土壤环境界面研究中的应用实例。本书编写遵循基本原理与应用相结合，先进性、系统性和实用性相统一的原则，力求深入浅出、通俗易懂，使读者能够了解和掌握相关技术和方法，并能最终应用到相关研究中。

本书可供高等院校土壤化学、环境科学、材料学、矿物学等专业研究生和从事相关研究的科研人员阅读参考。

图书在版编目（CIP）数据

土壤环境界面分析方法/蔡鹏等编．—北京：科学出版社，2023.5
ISBN 978-7-03-075375-5

Ⅰ.① 土⋯ Ⅱ.① 蔡⋯ Ⅲ.①土壤环境–分析方法 Ⅳ.①X21-34

中国国家版本馆 CIP 数据核字（2023）第 064608 号

责任编辑：杨光华 徐雁秋/责任校对：高 嵘
责任印制：张 伟/封面设计：苏 波

科学出版社 出版
北京东黄城根北街 16 号
邮政编码：100717
http://www.sciencep.com
北京凌奇印刷有限责任公司印刷
科学出版社发行 各地新华书店经销
＊
开本：787×1092 1/16
2023 年 5 月第 一 版 印张：21 3/4
2024 年 8 月第三次印刷 字数：552 000
定价：129.00 元
（如有印装质量问题，我社负责调换）

《土壤环境界面分析方法》编撰组

顾问专家： 刘　凡
主　　编： 蔡　鹏　殷　辉
副 主 编： 冯雄汉　谭文峰
编　　委（按姓氏汉语拼音为序）：

蔡　鹏	华中农业大学
崔浩杰	湖南农业大学
方临川	武汉理工大学
冯雄汉	华中农业大学
侯静涛	华中农业大学
胡　震	华中农业大学
黄传琴	华中农业大学
景新新	华中农业大学
李晓露	华中农业大学
渠晨晨	华中农业大学
谭文峰	华中农业大学
汪明霞	华中农业大学
王小明	华中农业大学
吴一超	华中农业大学
熊　娟	华中农业大学
殷　辉	华中农业大学
余茜倩	中国地质大学（武汉）
张文君	华中农业大学

前言

民以食为天，食以土为本，土壤是粮食生产的根本。2014年《全国土壤污染状况调查公报》显示，全国土壤环境状况总体不容乐观，部分地区土壤污染较重，耕地土壤环境质量堪忧，工矿业废弃地土壤环境问题突出；污染类型以无机型为主，有机型次之。污染物进入土壤后发生各种迁移转化过程，通过食物链进入人体，影响人体健康。因此，研究污染物在土壤中的环境行为，有助于准确了解其在环境中的归宿及评价污染土壤对生态系统和人类健康的危害。

土壤是多界面、多组分、多过程的复杂介质，污染物的环境界面行为研究极具挑战。近二十年来，各种谱学技术逐渐应用到土壤环境界面相关研究中，从宏观、介观和原子、分子水平等不同尺度揭示反应过程和机制，各种原位表征技术的发展也使科学研究不断逼近土壤中界面反应的真实过程，同时模型模拟和理论计算可获得不可能或很难通过实验获得的信息，促进对相关问题的理解。总之，各种现代先进分析技术和方法的应用显著扩展和提高了土壤环境界面研究水平和深度。

在应用各种技术和方法研究具体问题时，需要深刻认识其基本原理、适用范围及局限性，使结果更加准确、客观和全面。为此，我们开设了研究生专业课程"环境界面研究法"。但是，目前尚未有关于土壤环境界面分析技术和方法的专著或教材。在该课程基础上，我们团队结合多年来在土壤环境界面研究中积累的宝贵经验，编撰了本书。

全书分三篇，共16章。第一篇为界面谱学分析，共9章。第1章阐述多晶粉末X射线衍射的基本原理、晶体学基本概念、数据采集，并阐述其在物相鉴定和Rietveld结构分析方面的应用，由殷辉、余茜倩编写；第2章介绍高能X射线总散射技术的基本原理、数据采集与结构分析及应用，由冯雄汉编写；第3章介绍X射线吸收精细结构光谱的基本原理、数据采集与处理和应用，并介绍原位和微区吸收光谱技术，由殷辉、方临川编写；第4章介绍红外光谱和拉曼光谱的基本原理、测试分析方法和应用，由王小明编写；第5章介绍核磁共振波谱的基本原理等，包括液体核磁、固体核磁和二维核磁，由冯雄汉编写；第6章介绍穆斯堡尔谱的基本原理和具体测定、谱线拟合和应用，由黄传琴、崔浩杰编写；第7章介绍X射线光电子能谱的基本原理和概念、数据采集和应用，由殷辉编写；第8章介绍二次离子质谱的基本原理、样品制备、数据分析和主要应用，由渠晨晨编写；第9章介绍傅里叶变换离子回旋共振质谱的基本原理、样品准备、数据分析和应用，由胡震、李晓露编写。第二篇为界面表征技术，共4章。第10章在电位滴定基本概念的基础上，介绍常见电位滴定法，进一步介绍自动电位滴定仪的软件、硬件和常用方法，并通过实例进行说明，由熊娟、汪明霞和谭文峰编写；第11章概述石英晶体微天平，并介绍其数据分析和具体应用，由蔡鹏、景新新编写；第12章介绍原子力显微镜的基本原理、成像/工作模式及其在矿物表面溶解、沉淀和矿物与有机分子相互作用方面的应用，由张文君编写；第13

章介绍微流控芯片的设计制作、流体控制和微流控系统界面过程表征方法，由吴一超编写。第三篇为界面模型与理论计算，共 3 章。第 14 章从土壤有机物离子吸附、土壤无机矿物的表面络合物模型扩展到多相或土壤体系的表面络合模型，介绍常见化学形态模型分析软件的应用，由熊娟、汪明霞和谭文峰编写；第 15 章介绍 DLVO 理论、非 DLVO 相互作用、胶体颗粒表面性质分析和胶体界面理论的应用，由渠晨晨、蔡鹏编写；第 16 章介绍量子力学发展历程、常用计算软件及密度泛函理论计算在环境界面研究中的应用，由侯静涛编写。

  本书由刘凡教授主审并提出了许多宝贵意见，在此谨表衷心感谢。感谢北京同步辐射装置和上海同步辐射光源对我们工作的大力支持与帮助。

  由于知识理论水平及实践的局限性，书中难免存在疏漏，敬请读者指正。

蔡鹏 殷辉
2022 年 12 月

目 录

第一篇 界面谱学分析

第 1 章 多晶粉末 X 射线衍射 ... 2
- 1.1 基本原理 ... 2
  - 1.1.1 X 射线的特征 ... 2
  - 1.1.2 X 射线与物质的相互作用 ... 2
  - 1.1.3 X 射线衍射理论 ... 3
  - 1.1.4 X 射线衍射的产生 ... 3
  - 1.1.5 X 射线连续谱与特征谱 ... 4
- 1.2 基本概念 ... 5
  - 1.2.1 晶体 ... 5
  - 1.2.2 空间点阵 ... 6
  - 1.2.3 晶胞 ... 6
  - 1.2.4 布拉维点阵 ... 6
  - 1.2.5 晶系 ... 7
  - 1.2.6 晶面指数 ... 8
  - 1.2.7 晶体对称操作、点群和空间群 ... 9
- 1.3 X 射线衍射仪系统及常规测量 ... 17
  - 1.3.1 X 射线衍射仪系统 ... 17
  - 1.3.2 X 射线衍射仪的常规测量 ... 19
- 1.4 物相鉴定 ... 20
  - 1.4.1 物相鉴定基础 ... 20
  - 1.4.2 物相鉴定实例 ... 22
- 1.5 Rietveld 全谱拟合精修 ... 24
  - 1.5.1 Rietveld 全谱拟合基础 ... 24
  - 1.5.2 TOPAS 软件及其在环境界面研究中的应用 ... 27
- 参考文献 ... 34

第 2 章 高能 X 射线总散射 ... 35
- 2.1 基本原理 ... 35
- 2.2 数据采集与结构分析 ... 37
  - 2.2.1 数据采集 ... 37
  - 2.2.2 直接信息 ... 38
  - 2.2.3 原子配对分布函数模型拟合 ... 40
  - 2.2.4 差分原子配对分布函数 ... 41

2.3 高能X射线总散射分析在环境界面研究中的应用 ……………………………… 41
    2.3.1 晶粒尺寸分析 ……………………………………………………………… 42
    2.3.2 弱晶质矿物结构解析 ……………………………………………………… 42
    2.3.3 差分PDF（d-PDF）的应用 ……………………………………………… 43
参考文献 …………………………………………………………………………………… 46

第3章 X射线吸收精细结构光谱 …………………………………………………… 49
3.1 同步辐射光源简介 ……………………………………………………………… 49
    3.1.1 同步辐射光源发展历程 …………………………………………………… 49
    3.1.2 同步辐射光源特点 ………………………………………………………… 49
    3.1.3 我国同步辐射光源发展情况 ……………………………………………… 50
3.2 X射线吸收精细结构光谱简介 ………………………………………………… 51
    3.2.1 物质对X射线的吸收和X射线吸收系数 ………………………………… 51
    3.2.2 X射线吸收精细结构光谱 ………………………………………………… 52
    3.2.3 X射线吸收近边结构光谱 ………………………………………………… 53
    3.2.4 扩展X射线吸收近边结构光谱 …………………………………………… 53
3.3 样品准备和数据采集 …………………………………………………………… 55
    3.3.1 实验模式 …………………………………………………………………… 55
    3.3.2 样品准备 …………………………………………………………………… 55
    3.3.3 数据采集 …………………………………………………………………… 55
3.4 XAFS光谱数据前处理 ………………………………………………………… 57
    3.4.1 Athena软件简介 …………………………………………………………… 57
    3.4.2 Athena软件基本功能 ……………………………………………………… 57
3.5 EXAFS光谱数据拟合分析 ……………………………………………………… 63
    3.5.1 Artemis软件简介 …………………………………………………………… 63
    3.5.2 EXAFS拟合的理论依据 …………………………………………………… 63
    3.5.3 Artemis软件中EXAFS拟合 ……………………………………………… 64
3.6 XAFS光谱在环境界面研究中的应用 ………………………………………… 68
    3.6.1 XANES光谱应用实例 …………………………………………………… 68
    3.6.2 EXAFS光谱应用实例 …………………………………………………… 70
3.7 其他吸收精细结构光谱技术 …………………………………………………… 76
    3.7.1 快速X射线吸收精细结构光谱 …………………………………………… 76
    3.7.2 微区X射线吸收精细结构光谱 …………………………………………… 78
参考文献 …………………………………………………………………………………… 82

第4章 分子振动光谱 ………………………………………………………………… 84
4.1 红外光谱 ………………………………………………………………………… 84
    4.1.1 基本原理 …………………………………………………………………… 84
    4.1.2 测试分析方法 ……………………………………………………………… 85
    4.1.3 红外光谱在矿物鉴定中的应用 …………………………………………… 87
    4.1.4 红外光谱在固-液界面反应中的应用 …………………………………… 89
    4.1.5 二维相关红外光谱及其应用 ……………………………………………… 91

4.2 拉曼光谱 96
4.2.1 基本原理 96
4.2.2 表面增强拉曼光谱 97
4.2.3 测试方法与数据分析 98
4.2.4 拉曼光谱在环境矿物学研究中的应用 100
4.2.5 拉曼光谱在环境界面反应中的应用 103
参考文献 104

第5章 核磁共振波谱 106
5.1 基本原理 106
5.1.1 原子核的自旋 106
5.1.2 核磁共振信号的产生 108
5.1.3 核磁共振信号的检测与分析 109
5.2 液体核磁共振波谱 111
5.2.1 ^{1}H 谱方法与谱图分析 111
5.2.2 ^{13}C 谱方法与谱图分析 118
5.3 固体核磁共振波谱 122
5.3.1 固体核磁共振原理与应用 122
5.3.2 ^{31}P 谱方法与谱图分析 122
5.3.3 ^{27}Al 谱方法与谱图分析 124
5.3.4 ^{29}Si 谱方法与谱图分析 124
5.4 二维核磁共振波谱 126
5.4.1 二维核磁共振波谱基础知识 127
5.4.2 常用的二维核磁共振波谱 128
参考文献 129

第6章 穆斯堡尔谱 131
6.1 穆斯堡尔效应 131
6.1.1 穆斯堡尔效应概述 131
6.1.2 穆斯堡尔效应的发现 132
6.2 穆斯堡尔谱及其测定 133
6.2.1 穆斯堡尔谱仪 133
6.2.2 穆斯堡尔谱的产生 134
6.2.3 超精细相互作用及相关穆斯堡尔参数 136
6.2.4 制样要求 139
6.2.5 穆斯堡尔谱的优缺点 139
6.3 穆斯堡尔谱谱线拟合 140
6.3.1 数学算法 140
6.3.2 拟合程序 141
6.4 穆斯堡尔谱的应用 141
6.4.1 固体的磁性 142
6.4.2 固体的物相鉴定及相变过程 145

  6.4.3 界面电子传递介导黏土矿物结构铁化学形态变化的解析 ……………… 146
  6.4.4 地质构造运动的氧化还原环境的解析 ……………………………… 147
参考文献 ……………………………………………………………………………… 149

第 7 章 X 射线光电子能谱 ………………………………………………………… 151
7.1 基本原理 ……………………………………………………………………… 151
7.2 基本概念 ……………………………………………………………………… 153
  7.2.1 原子能级 …………………………………………………………… 153
  7.2.2 结合能和动能 ……………………………………………………… 153
  7.2.3 化学位移 …………………………………………………………… 154
  7.2.4 XPS 信息深度 ……………………………………………………… 156
7.3 X 射线光电子能谱谱线 ……………………………………………………… 156
  7.3.1 光电子线 …………………………………………………………… 156
  7.3.2 俄歇线 ……………………………………………………………… 157
  7.3.3 携上线 ……………………………………………………………… 157
  7.3.4 多重分裂峰 ………………………………………………………… 158
  7.3.5 价电子线 …………………………………………………………… 158
  7.3.6 能量损失峰 ………………………………………………………… 159
  7.3.7 卫星峰 ……………………………………………………………… 159
  7.3.8 鬼峰 ………………………………………………………………… 159
7.4 数据采集与能量校正 ………………………………………………………… 160
  7.4.1 仪器简介及测试 …………………………………………………… 160
  7.4.2 荷电效应及其消除 ………………………………………………… 161
7.5 X 射线光电子能谱的应用 …………………………………………………… 162
  7.5.1 元素定性分析 ……………………………………………………… 162
  7.5.2 元素定量分析 ……………………………………………………… 162
  7.5.3 元素价态分析 ……………………………………………………… 163
  7.5.4 元素赋存形态定量分析 …………………………………………… 164
  7.5.5 化合物结构分析 …………………………………………………… 166
参考文献 ……………………………………………………………………………… 166

第 8 章 二次离子质谱 ………………………………………………………………… 168
8.1 概述 …………………………………………………………………………… 168
  8.1.1 发展历程 …………………………………………………………… 168
  8.1.2 基本原理 …………………………………………………………… 169
  8.1.3 离子源 ……………………………………………………………… 171
  8.1.4 质量分析器 ………………………………………………………… 173
  8.1.5 检测器 ……………………………………………………………… 174
8.2 样品制备及数据分析 ………………………………………………………… 174
  8.2.1 粉末样品制备 ……………………………………………………… 175
  8.2.2 生物样品制备 ……………………………………………………… 175
  8.2.3 团块状样品制备 …………………………………………………… 176

8.2.4　元素定量分析 176
　　　8.2.5　数据分析 177
　8.3　二次离子质谱在环境界面研究中的应用 178
　　　8.3.1　重金属及有机污染物界面行为 178
　　　8.3.2　土壤养分循环 179
　　　8.3.3　微生物代谢及含水样品分析 180
　参考文献 182

第9章　傅里叶变换离子回旋共振质谱 184
　9.1　基本原理 184
　9.2　DOM 样品准备及数据分析 185
　　　9.2.1　常用电离源 186
　　　9.2.2　固相萃取 186
　　　9.2.3　数据分析 187
　9.3　FT-ICR MS 在 DOM 与矿物界面中的应用 191
　　　9.3.1　DOM 在矿物界面的吸附分馏 191
　　　9.3.2　DOM 在锰氧化物表面的吸附降解 192
　　　9.3.3　DOM 在土壤中的吸附分馏 192
　参考文献 193

第二篇　界面表征技术

第10章　电位滴定 198
　10.1　基本概念 198
　　　10.1.1　定义与类型 198
　　　10.1.2　滴定剂 198
　　　10.1.3　滴定终点 199
　10.2　常见电位滴定法 200
　　　10.2.1　酸碱滴定法 200
　　　10.2.2　沉淀滴定法 200
　　　10.2.3　配位滴定法 201
　　　10.2.4　氧化还原滴定法 201
　10.3　自动电位滴定仪 202
　　　10.3.1　仪器硬件 202
　　　10.3.2　仪器软件 202
　　　10.3.3　常用电极 203
　10.4　常用方法 206
　　　10.4.1　电极校正 206
　　　10.4.2　终点滴定 207
　　　10.4.3　恒定 pH 滴定 208
　　　10.4.4　等量滴定 208
　　　10.4.5　动态滴定 208
　10.5　电位滴定的应用 209

	10.5.1 酸碱标定	209
	10.5.2 针铁矿表面电荷测定	210
	10.5.3 胡敏酸对 Pb 的吸附行为	213
参考文献		216

第 11 章 石英晶体微天平 · 217
11.1 概述 · 217
  11.1.1 发展历史 · 217
  11.1.2 基本原理 · 217
  11.1.3 仪器构造及特点 · 218
  11.1.4 仪器运行程序 · 218
  11.1.5 QCM-D 技术的优势和局限性 · 219
11.2 数据分析 · 219
  11.2.1 Sauerbrey 模型 · 219
  11.2.2 耦合振荡模型 · 220
  11.2.3 黏弹性计算 · 221
  11.2.4 定量分析模型 · 221
11.3 QCM-D 在环境界面过程研究中的应用 · 223
  11.3.1 有机分子的表面吸附 · 223
  11.3.2 纳米颗粒沉积 · 224
  11.3.3 微生物表面黏附与定殖 · 225
参考文献 · 226

第 12 章 原子力显微镜 · 229
12.1 基本原理 · 229
12.2 成像模式 · 230
  12.2.1 接触模式成像 · 231
  12.2.2 非接触模式成像 · 231
  12.2.3 轻敲模式成像 · 231
12.3 其他工作模式 · 232
  12.3.1 凯尔文表面电势测量 · 232
  12.3.2 单分子力谱测量 · 233
  12.3.3 杨氏模量测量 · 233
12.4 原子力显微镜在环境界面研究中的应用 · 235
  12.4.1 环境矿物表面溶解动力学 · 235
  12.4.2 环境矿物界面中的溶解-再沉淀 · 238
  12.4.3 无机矿物-有机物界面作用机制 · 241
  12.4.4 土壤矿物-有机分子间弱相互作用 · 244
参考文献 · 247

第 13 章 微流控 · 249
13.1 微流控芯片的设计制作 · 250

                13.1.1　微流控芯片材料 250
                13.1.2　微柱阵列微观结构设计 251
                13.1.3　微流控芯片制作步骤 252
                13.1.4　微流控芯片修饰与改性 254
        13.2　微流控芯片的流体控制 255
                13.2.1　流体驱动方案 255
                13.2.2　流体理化参数控制方法 256
        13.3　微流控系统界面过程表征技术 257
                13.3.1　可见光和荧光显微技术 257
                13.3.2　红外吸收光谱技术 259
                13.3.3　拉曼散射光谱技术 259
                13.3.4　X射线显微光谱技术 261
        参考文献 262

第三篇　界面模型与理论计算

第14章　表面络合模型 266
    14.1　模型概述 266
    14.2　土壤有机物离子吸附的表面络合模型 267
        14.2.1　NICA-Donnan模型 267
        14.2.2　WHAM模型 271
        14.2.3　NICA-Donnan模型与Models II-VI的异同 273
    14.3　土壤无机矿物的表面络合模型 274
        14.3.1　CD-MUSIC模型 275
        14.3.2　其他无机矿物表面络合模型 283
    14.4　多相或土壤体系的表面络合模型 284
        14.4.1　NOM-CD模型 284
        14.4.2　LCD模型 284
        14.4.3　多表面模型 288
    14.5　常见化学形态模型分析软件的应用 291
        14.5.1　基于ECOSAT软件的水相磷酸根的形态分布分析 292
        14.5.2　基于NICA-Donnan模型的胡敏酸上Pb吸附行为和形态分布分析 294
    参考文献 297

第15章　胶体颗粒相互作用和稳定性 300
    15.1　DLVO理论 300
        15.1.1　范德瓦耳斯作用力 301
        15.1.2　静电作用力 301
    15.2　非DLVO相互作用 302
        15.2.1　疏水相互作用 303
        15.2.2　水合作用 304
        15.2.3　成键作用 304
        15.2.4　桥接作用 305

· ix ·

15.2.5　空间位阻作用 305
15.3　胶体颗粒表面性质分析 306
　　15.3.1　粒径分析 306
　　15.3.2　表面电荷分析 306
　　15.3.3　疏水性分析 307
　　15.3.4　表面异质性分析 308
15.4　胶体界面理论的应用 309
　　15.4.1　矿物-细菌黏附的扩展DLVO模型模拟 309
　　15.4.2　矿物-有机分子界面作用 310
　　15.4.3　胶体团聚动力学及团聚形态 311
参考文献 312

第16章　密度泛函理论 315
16.1　量子力学发展历程 315
　　16.1.1　薛定谔方程 315
　　16.1.2　玻恩-奥本海默近似 315
　　16.1.3　哈特里-福克近似 316
　　16.1.4　霍恩伯格-科恩定理 317
　　16.1.5　交换相关能量泛函 317
16.2　常用计算软件 318
　　16.2.1　VASP 318
　　16.2.2　Gaussian 319
　　16.2.3　Materials Studio 320
　　16.2.4　LAMMPS 321
　　16.2.5　ADF 322
　　16.2.6　GROMACS 322
　　16.2.7　AMBER 323
　　16.2.8　其他软件 325
16.3　密度泛函理论计算在环境界面研究中的应用 325
　　16.3.1　吸附配位预测与模拟 325
　　16.3.2　催化反应机理 327
　　16.3.3　矿物稳定性分析 328
　　16.3.4　大气污染物形成机制 329
参考文献 331

第一篇　　界面谱学分析

第1章　多晶粉末X射线衍射

1.1　基　本　原　理

1.1.1　X射线的特征

X射线是具有一定波长和能量范围的电磁辐射，由具有波粒二象性的光子组成，其波长和频率范围如图1.1所示。X射线的波长为0.01～10 nm，通常以0.1 nm为界，将波长小于0.1 nm的X射线称为硬X射线，将波长大于0.1 nm的X射线称为软X射线（Lee，2016）。X射线的波长涵盖常见物质中的原子或分子间距，在通过原子层形成的间隙时可产生衍射现象，为晶态物质原子结构剖析提供了基础。

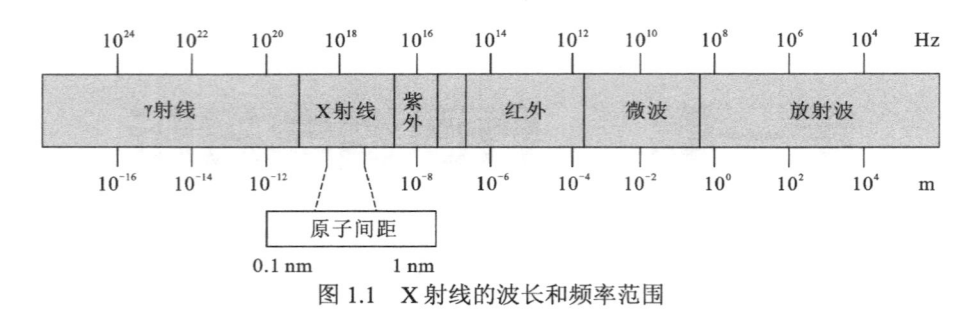

图1.1　X射线的波长和频率范围

1.1.2　X射线与物质的相互作用

一束强度为I_0、波长为λ_0的X射线经过质量吸收系数为μ_m、密度为ρ、厚度为t的物质时会发生相互作用。一方面，光波的相位、传播方向和能量会发生变化；另一方面，物质中原子或分子的能量也会变化，X射线与物质相互作用如图1.2所示。很大一部分光以热能形式损失。部分光透过物质，透射光波长λ与入射光波长相等，但强度I呈指数衰减。部分光通过介质时发生散射，产生散射X射线。散射X射线中，波长λ与λ_0相等部分会与入射光发生干涉，产生相干散射，即衍射。此外，物质吸收光子能量后，其原子壳层中内层电子会被激发，从而产生光电子、俄歇（Auger）电子和反冲电子等。内层电子被激发后，产生电子空位。高能级壳层电子在跃迁填补电子空位过程中，会释放二次X射线，即X射线荧光，其波长$\lambda_{K_\alpha} > \lambda_0$。

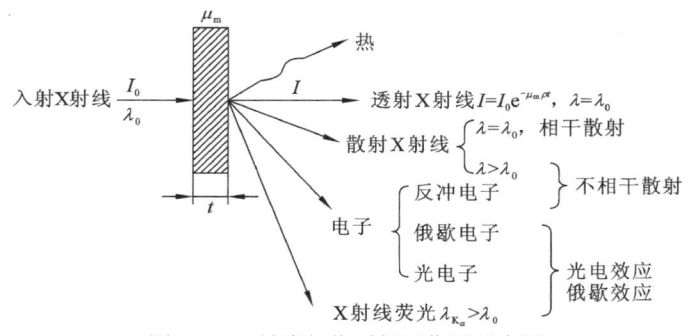

图 1.2　X 射线与物质相互作用示意图

1.1.3　X 射线衍射理论

入射光透过物质时产生的 X 射线相干散射，即 X 射线衍射（X-ray diffraction，XRD）。早在 1912 年劳厄等根据理论预见并用实验证实了 X 射线与晶体相遇时能产生衍射现象，证明了 X 射线具有电磁波的性质。同年，布拉格父子导出布拉格方程，为 X 射线光谱学奠定了基础。

$$N\lambda = 2d\sin\theta \tag{1.1}$$

式中：N 为整数，称为反射级数；λ 为 X 射线波长；d 为晶面间距；θ 为入射光线或反射光线与反射面的夹角，称为布拉格角或掠射角，2θ 称为衍射角。

布拉格方程描述了晶体产生衍射的条件。X 射线投射到晶体中，受到晶体中原子的散射，以每个原子为中心发出散射波。由于晶体中原子周期排列，这些散射波之间存在固定的相位差，在空间产生干涉，某些散射方向的球面波相互加强，产生强 X 射线衍射（图 1.3）。衍射线在空间分布的方位和强度与晶体结构密切相关。每种晶体所产生的衍射花样都反映出该晶体内部的原子分布规律。

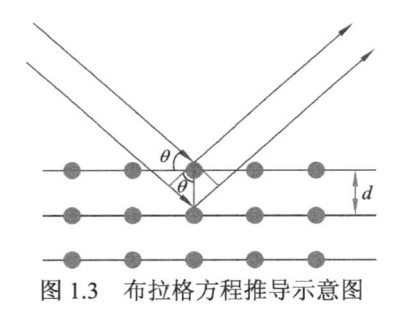

图 1.3　布拉格方程推导示意图

1.1.4　X 射线衍射的产生

凡是高速运动的电子流或其他高能射流（如 γ 射线、中子流等）被突然减速时，均能产生 X 射线。碰撞时电子的动能（E_K）的表达式为

$$E_K = \frac{1}{2}mu^2 = \mathrm{eu} \tag{1.2}$$

式中：m 为电子的质量，取 $9.11\times 10^{-31}\mathrm{kg}$；$u$ 为碰撞前的速度。产生的 X 射线光子的最大能量受到入射电子能量（等于施加的电压 u 乘以电子电荷 e）的限制。然而，X 射线的产生效率很低，仅有约 1%的能量转化为 X 射线，而绝大部分能量以热的形式释放，进而产生高温。因此，X 射线衍射仪均需配备冷却系统。

1.1.5　X射线连续谱与特征谱

当高速电子在一次碰撞中完全停止并将其所有动能转换为光子能量时，产生的X射线光子的能量最大，在给定电压下可用的最大X射线频率（ν_{max}）和最小波长（λ_{min}）由以下关系式推导得出（Waseda et al.，2011）。

$$e\nu = h\nu_{max} = h\frac{c}{\lambda_{min}} \tag{1.3}$$

式中：h为普朗克常数；c为光速。

然而，大多数电子经历多次碰撞，相继失去一部分能量，发射能量低于$h\nu_{max}$的光子。产生的X射线光谱由许多波长和频率不同的波组成，称为连续谱、连续辐射或白辐射。辐射强度随波长的变化而不断变化。固定波长下辐射强度取决于X射线管的工作电压和靶材金属的性质。随着外加电压增加，轰击靶的电子动能增加，导致发射的X射线强度总体增加，可获得的最小波长减小（Lee，2016）。

当高速电子的能量高于阈值（取决于金属靶）时，某些波长叠加在白辐射上会出现尖峰，称为特征线。这些峰的波长完全取决于阳极金属靶材料。虽然连续辐射是由一系列碰撞过程中电子能量损失引起的，但特征辐射是由金属靶原子内壳层电子被激发引起的。如果击中金属靶目标原子的一个电子具有足够高的能量，就可使目标原子K壳层电子被激发。这将导致目标原子高能级电子从外壳层跃迁到K能级空位，并将多余的能量以X射线光子的形式发射出去。因此，该过程发射的辐射将具有阳极金属靶元件的确定波长特性。K、L、M等特征线对应于外层电子到K、L、M等壳层的跃迁。K能级空位可由来自任何外壳层的电子填充。当跃迁涉及的两个轨道相邻时，该特征线由下标α表示。如果所涉及的轨道被两个能级分开，则该特征线由下标β表示。例如，当一个电子从K壳层射出，它的空位被L壳层的一个电子占据时，发射出K_α线；而K_β跃迁是指K壳层空位由M壳层中的电子填充的情况（图1.4）。由于β跃迁比α跃迁具有更大的能量差，K_β线表现出更高的光子能量（比K_α线波长更短）。然而，K_α线比K_β线强得多，这是因为K壳层空位更可能被L壳层电子占据，而不是被M壳层电子占据。当L壳层由于K_α跃迁而产生空位时，空位也将由来自更外壳层的电子填充。

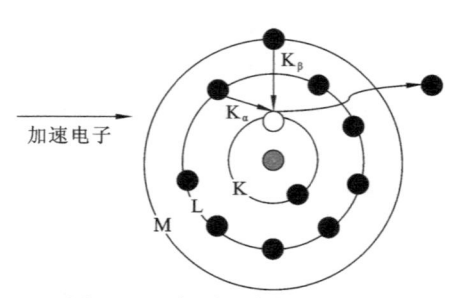

图1.4　目标原子中的电子跃迁
发射的特征线由箭头表示

大多数X射线衍射实验中仅使用特征线。表1.1列出了常见阳极金属靶K特征线（K_α和K_β）的波长。K_α线有两条，即$K_{\alpha1}$和$K_{\alpha2}$，其中$K_{\alpha1}$波长较短，强度约为$K_{\alpha2}$的两倍。这两条线由于波长非常接近，通常统称为K_α线。未分辨K_α线的波长通常由其分量波长的加权平均值给出，如$\lambda_{K_\alpha} = \frac{2}{3}\lambda_{K_{\alpha1}} + \frac{1}{3}\lambda_{K_{\alpha2}}$。据此，Cu K_α线波长为$(2\times1.541+1.544)/3=1.542$ Å。

目前大多数衍射仪均使用Cu K_α线。虽然特征辐射的波长仅取决于阳极金属靶材料，但其强度受X射线管施加电压的影响。如果施加的电压低于某个阈值，则所有电子都没有足够的能量从金属靶原子激发出 X 射线。

表 1.1 常见阳极金属靶 K 特征线的波长

靶材	发射线	$\lambda/\text{Å}$
Cu	K_α	1.542
	K_β	1.392
Mo	K_α	0.711
	K_β	0.632
Fe	K_α	1.937
	K_β	1.757
Co	K_α	1.790
	K_β	1.621
Cr	K_α	2.291
	K_β	2.085

为获得单色 X 射线，可通过滤波片将 K_β 线去掉。滤波片通常选原子序数比靶材金属小 1 的元素。例如，Ni 滤波片对 Cu K_β 线的吸收比 Cu K_α 线强得多，经过滤波片后，K_β 线强度降低到可忽略的程度，而 K_α 线强度仅降低一小部分。尽管滤波片的主要作用是去除 K_β 线，但波长低于滤波片吸收边缘的白辐射也被截断。由于滤波后的输出光束在弱连续光谱上叠加一条相当强烈的 K_α 线，通常应用中仅需去除 K_β 线。然而，许多 X 射线衍射实验需要具有固定波长和频率的单色辐射。即使 K_α 特征峰的波长范围很窄，也并非完全单色。现代衍射仪配备了单晶单色器，以尽可能使特征光束接近单色（Guinebretière，2007）。

1.2 基 本 概 念

1.2.1 晶体

晶体是指内部结构基元（原子、分子、离子或原子基团）在三维空间呈周期性重复排列的固体。否则，称为非晶体。近年来，一种介于晶体和非晶体之间的固体结构——准晶被发现。

晶体主要有如下基本性质。

（1）均匀性。同一晶体的各个不同部位均具有相同的性质。换言之，在晶体中任取两个形状、大小和取向均相同，且微观足够大、宏观足够小的体积元，它们的性质均相同。但均匀性不是晶体独有的特性，液体和气体也具有均匀性。但晶体的均匀性是由晶体内部质点排列的周期性所决定的，而液体和气体的均匀性来源于原子或分子热运动的随机性。此外，晶体的均匀性呈各向异性，而气体、液体的均匀性呈各向同性。

（2）异向性。晶体的性质因测试方向不同而有所差异，这是因为同一晶体的不同方向上的质点排列一般不同。例如，单晶石英的弹性模量和弹性系数在不同测试方向上具有不同的数值。再如，蓝宝石在平行于晶体延长方向上的硬度（5.5 GPa）远小于在垂直方向上的硬度（6.5 GPa）。

（3）对称性。晶体相同部分（如晶面、晶棱、角顶等几何要素）或相同性质在不同方向或位置上有规律地重复出现。该性质是由晶体内部质点排列的对称性决定的。

（4）自限性。晶体在一定条件下能自发地形成封闭的凸几何多面体。凸几何多面体的平面为晶面，晶面的交棱为晶棱，晶棱的汇聚点为顶点，且三者数量上符合欧拉定律，即晶面数+角顶数−晶棱数=2。该性质是晶体内部质点规则排列在外形上的反映。

（5）最小内能。在相同的热力学条件下，晶体与同种物质的非晶体相（非晶体、准晶体、液体、气体）相比，具有最小的内能。内能包括质点的动能和势能（位能）。动能是由质点的热运动决定的，与热力学条件（温度、压力等）相关，因此它不是可比量。势能是由质点的相对位置与排列决定的，是比较内能大小的参量。晶体内部质点的规则排列是各质点间的引力与斥力相平衡的结果，晶体内各质点均已达到平衡位置，其势能最小，因而晶体具有最小内能。质点间的距离增大或缩小均会导致质点间的相对势能增大。

（6）稳定性。在相同的热力学条件下，化学组成相同的晶体比非晶体更稳定。这是由于晶体具有最小的内能。非晶体有自发向晶体转变的趋势，但晶体不能自发地转变成其他物态（非晶体）。

1.2.2　空间点阵

自然界中晶体大小悬殊、形状各异，但是都具有一定对称性、周期性和三维点阵结构。如果将晶体中各个结构基元抽象为一个几何点，则可将晶体结构抽象为一个在三维空间规则排列的点阵（称为空间点阵）。空间点阵是为方便研究晶体结构而进行的一种数学抽象，反映了晶体结构的几何特征，它不能脱离具体的晶体结构而单独存在。

1.2.3　晶胞

晶体结构中周期性重复排列的最小单元，称为晶胞。晶胞的大小和形状常用从平行六面体的一个顶点出发的三个向量 a、b 和 c 来描述（图 1.5）。向量 a、b、c 的长度 a、b、c 及它们两两之间的夹角 γ、β 和 α，被称为晶胞参数。

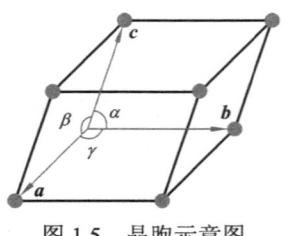

图 1.5　晶胞示意图

1.2.4　布拉维点阵

在反映晶体结构的周期性和对称性的前提下，选取晶胞的原则：①相等棱长和相等夹角尽可能多；②棱间直角最多，不为直角的应尽可能接近直角；③体积最小。

根据以上原则，法国晶体学家布拉维（Bravais）通过研究发现空间点阵的晶胞有 14 种（图 1.6）。此时阵点不仅可在晶胞的顶点，还可在晶胞的体内或面上。这些晶格又可以分为 4 类，原始晶格（primitive lattice，记号为 P）、底心晶格（base-centered lattice，记号为 C）、体心晶格（body-centered lattice，记号为 I）和面心晶格（face-centered lattice，记号为 F）。晶格的质点仅位于平行六面体的顶点时，为原始晶格。晶格的平行六面体上下两个面中心分布有质点，则为底心晶格。晶格的平行六面体的体心分布有质点，则为体心晶格。晶格的平行六面体的各个面心也分布有质点，则为面心晶格。物质的晶体结构是用其晶胞内原子的排列来描述的。晶胞内质点的位置常用相对于晶胞参数 a、b 和 c 的分数来表示。例如，一个位于体心的质点的位置表示为 $\left(\frac{1}{2}, \frac{1}{2}, \frac{1}{2}\right)$，与晶胞的形状和大小无关。

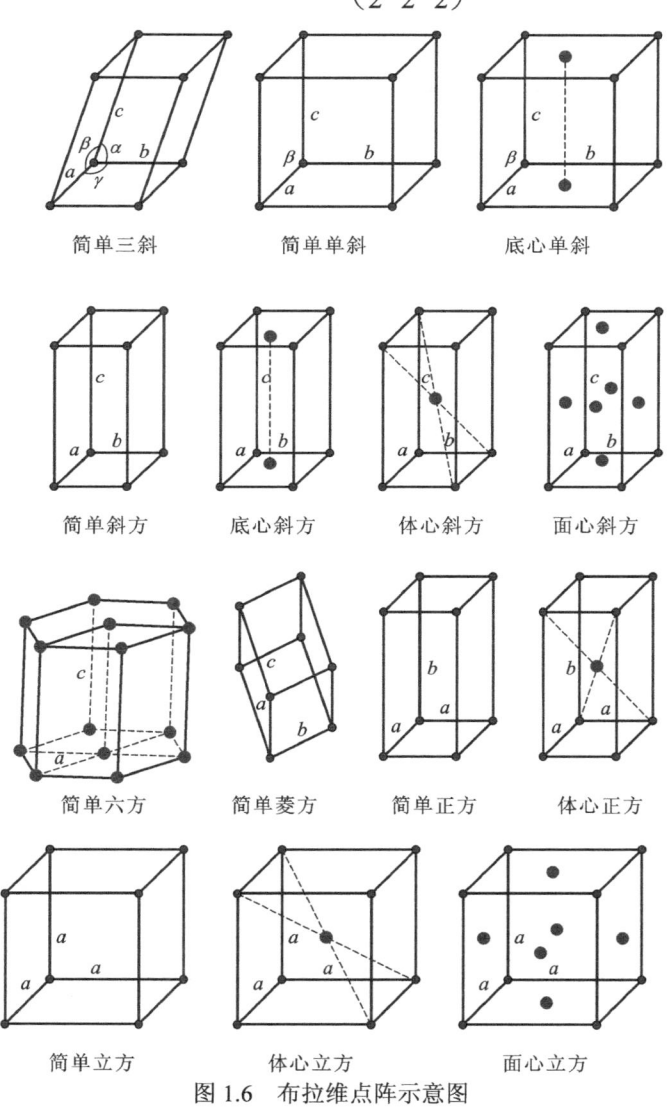

图 1.6 布拉维点阵示意图

1.2.5 晶系

自然界中所有结晶物质可归属于 7 个晶系。其晶胞参数特点、布拉维点阵类型和点阵符号如图 1.6 和表 1.2 所示。晶系对称性由低到高依次为三斜晶系、单斜晶系、正交晶系、三方晶系、六方晶系、四方晶系和立方晶系。

表 1.2　晶系、晶胞参数特点和布拉维点阵类型

晶系	晶胞参数特点	布拉维点阵类型
立方晶系（cubic）	$a=b=c$ $\alpha=\beta=\gamma$	简单立方 体心立方 面心立方
四方晶系（tetragonal）	$a=b\neq c$ $\alpha=\beta=\gamma=90°$	简单正方 体心正方
六方晶系（hexagonal）	$a=b\neq c$ $\alpha=\beta=90°$ $\gamma=120°$	简单六方
三方晶系（trigonal）	$a=b=c$ $\alpha=\beta=\gamma\neq 90°$	简单菱方
正交晶系（orthorhombic）	$a\neq b\neq c$ $\alpha=\beta=\gamma=90°$	简单斜方 体心斜方 底心斜方 面心斜方
单斜晶系（monoclinic）	$a\neq b\neq c$ $\alpha=\gamma=90°\neq\beta$	简单单斜 底心单斜
三斜晶系（triclinic）	$a\neq b\neq c$ $\alpha\neq\beta\neq\gamma\neq 90°$	简单三斜

1.2.6　晶面指数

晶面是指晶体结构中一系列原子所在的平面，用米勒指数来表示。当某一晶面与三个晶体轴的截距分别为 a/h、b/k 和 c/l 时，其晶面指数为 (hkl) [图 1.7（a）]。负指数在数字顶部用一根横线标出。如果某一晶面平行于晶体轴，则其在该轴上的截距为无限大，相应的晶面指数为 0。虽然图 1.7（a）描绘的是最接近原点的一个 (hkl) 晶面，但晶面指数 (hkl) 是指在原点同一侧的一系列互相平行、间距相等且无限大的平面 [图 1.7（b）]。整个 (hkl) 晶面族可表示为

$$\frac{hx}{a}+\frac{ky}{b}+\frac{lz}{c}=m \tag{1.4}$$

式中：m 为整数。当 $m=0$ 时，(hkl) 晶面过原点；当 $m=1$ 时，晶面与晶体轴的截距分别为 a/h、b/k 和 c/l；当 $m=2$ 时，截距为 $2a/h$、$2b/k$ 和 $2c/l$；如果 $m=-1$，截距为 $-a/h$、$-b/k$ 和 $-c/l$。(nh, nk, nl) 晶面与 (hkl) 晶面平行，晶面间距是 (hkl) 晶面的 $1/n$。某些典型晶面的晶面指数如图 1.8 所示。

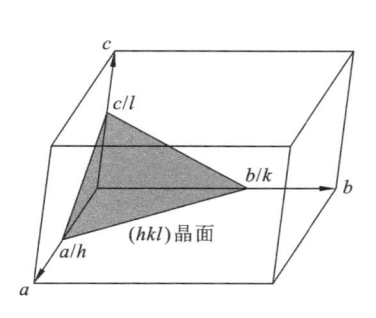

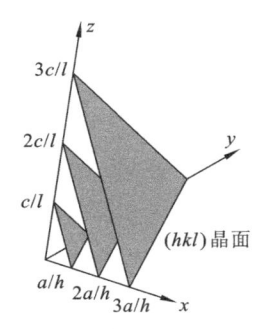

(a) 晶面指数(hkl)的标定　　　(b) 晶面指数为(hkl)的一系列晶面

图 1.7　晶面指数(hkl)的标定与系列晶面

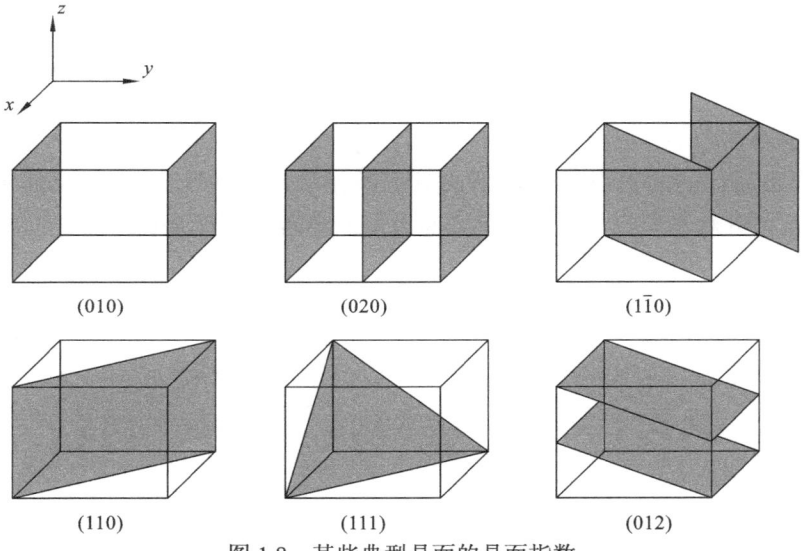

(010)　　(020)　　(1$\bar{1}$0)

(110)　　(111)　　(012)

图 1.8　某些典型晶面的晶面指数

1.2.7　晶体对称操作、点群和空间群

使对称图形中相同部分重复的操作,称为对称操作。进行对称操作凭借的几何要素(点、线、面),称为对称要素。晶体除了具有分子对称性的 4 类对称操作和对称元素（所有对称元素必须交于一点,是一种点对称性）,还具有晶体特有的与平移操作有关的 3 类对称操作和对称元素。前者又称宏观对称性,而后者又称微观对称性。

1. 晶体的宏观对称性

晶体的宏观对称性是指晶体在旋转、反演等对称操作下保持不变的性质。由于晶体在宏观上占有一定空间,不可能有平移对称操作,所以晶体的宏观对称性只能由点对称操作组成,包括旋转、反演、反映和旋转-反演等。

1) 旋转

如果晶体绕固定轴旋转角度 $\theta = \dfrac{2\pi}{n}$ 后,能与自身重合,则此对称操作称为旋转。该固

定轴称为 n 次旋转轴。由于晶体是具有格子构造的固体物质，这种质点格子状的分布特点决定了晶体的对称轴仅有 5 种，即 1、2、3、4 和 6 次旋转轴，其中对称轴以 L 表示，轴次 n 写在它的右上角，记作 L^n（图 1.9）。

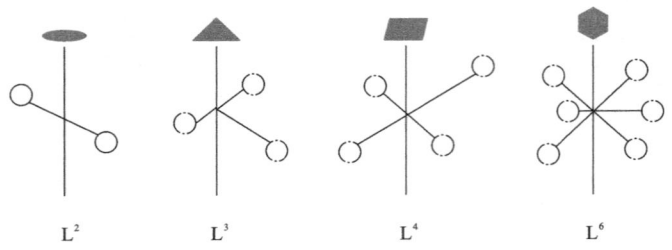

图 1.9　旋转对称轴的数字和图形符号

2）反演

如果晶体中存在一个固定点 O，当以 O 为坐标原点，将晶体中任一点 (x, y, z) 变为 $(-x, -y, -z)$ 时，晶体能与自身重合，则该对称操作称为反演，点 O 为反演中心，记作 i（图 1.10）。凡是有对称中心的晶体，晶面总是成对出现且两两反向平行、同形等大。

3）反映

如果晶体中存在一个平面，在该平面一侧的每一点都可以在平面另一侧找到对应点，则该对称操作称为反映，该平面称为晶体对称面，记作 m（图 1.11）。

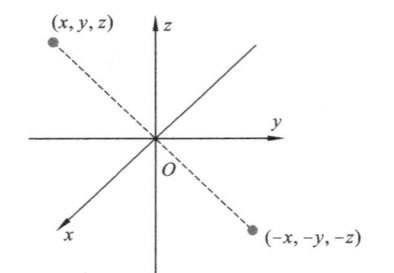

图 1.10　反演对称操作示意图 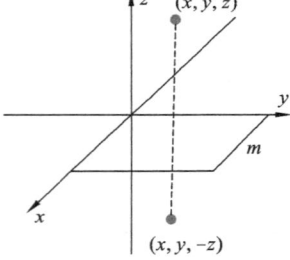　　图 1.11　反映对称操作示意图

4）旋转-反演

旋转-反演是一个复合操作。如果晶体绕某固定轴旋转 $2\pi/n$ 后，再通过某点 O 作中心反演，图形仍能复原，则该对称操作称为旋转-反演，旋转轴称为旋转-反演轴，记作 L_i^n。n 可取值 1、2、3、4、6。如果晶体中存在 i 和 n，则晶体中必有 L_i^n；但晶体中如果存在 L_i^n，则未必有 n 和 i。但是，除 L_i^4 外，L_i^n 不是独立的对称操作：$L_i^1 = C$，$L_i^2 = P$，$L_i^3 = L^3 + C$，$L_i^6 = L^3 + P$（图 1.12）。

2. 晶体的微观对称性

由于晶体尺寸远大于原子间距，微观上可以将晶体看作无限大，晶体内部质点的周期性排列就存在平移这一对称变换。平移操作与旋转或反映联合，又产生出旋转平移、反映平移两种对称操作和螺旋轴（screw axes）、滑移面（glide plane）两类微观对称元素。

$L_i^1=C$　　　　$L_i^2=P$　　　　$L_i^3=L^3+C$

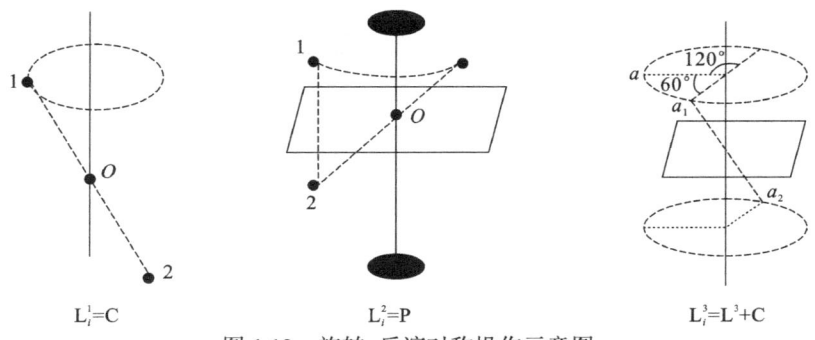

图1.12　旋转-反演对称操作示意图

1）平移

平移是晶体结构中最基本的对称操作，可表示为

$$T_{mnp} = ma + nb + pc \tag{1.5}$$

式中：m、n 和 p 为任意整数。当一个平移矢量 T_{mnp} 作用在晶体三维点阵上，质点沿三个晶体轴方向分别移动 m、n、p 个单位后，点阵结构仍能复原。

2）旋转平移

旋转平移是一个复合操作，又称螺旋旋转。螺旋轴用 n_m 表示（m 为小于 n 的整数），即晶体点阵在绕轴转动 $2\pi/n$ 角度的过程中，还沿着轴平移 m/n 个单位。

3）反映平移

该操作是质点先按对称面反映后，然后沿某方向平移；对应的对称操作元素为滑移面。滑移面有三类。第一类滑移面是反映后沿着三个晶轴平移 1/2 个单位，分别称为 a、b、c 轴滑移面。第二类滑移面是反映后沿 a、b 轴对角线或 a、c 轴对角线或 b、c 轴对角线方向平移 1/2 个单位，称为对角滑移面。若第二类滑移面中平移距离为 1/4 个单位，则称为 d 滑移面。这类滑移面主要存在于金刚石结构中，因此又称金刚石滑移面。

3. 点群和空间群

1）点群

晶体宏观对称元素可能的和有效的组合被称为该晶体形态的点群。点群是晶体宏观外形对称的反映。因为在晶体形态中，全部对称要素相较于晶体中心，在进行对称操作时至少有一点不移动，并且各对称操作可构成一个群，符合数学中群的概念，所以称为点群（赵珊茸，2004）。晶体中可能出现的点群是非常有限的，仅有32种。根据是否有高次轴及有一个或多个高次轴，把32种点群分为低级、中级、高级三个晶族。将具有共同对称特征的点群合并为一个晶系，则32种点群可划分为7个晶系（表1.3）。把属于同一点群的晶体归为一类，称为晶类，即共有32种晶类。

表 1.3 32 种点群

晶族	晶系	对称特征	对称型（点群）	申弗利斯符号	国际符号	晶类名称
低级晶族（无高次轴）	三斜晶系	无 L^2，无 P	L^1	C^1	1	单面晶类
			C	$C_i = S_2$	$\bar{1}$	平行双面晶类
	单斜晶系	L^2 或 P 不多于 1 个	L^2	C_2	2	轴双面晶类
			P	$C_{1h} = C_s$	m	反映双面晶类
			L^2PC	C_{2h}	2/m	斜方柱晶类
	正交晶系	L^2 或 P 多于 1 个	$3L^2$	$D_2 = V$	222	斜方四面体晶类
			$L^2 2P$	C_{2v}	mm（mm2）	斜方单锥晶类
			$3L^2 3PC$	$D_{2h} = V_h$	$mmm\left(\dfrac{2}{m}\dfrac{2}{m}\dfrac{2}{m}\right)$	斜方双锥晶类
中级晶族（只有1 个高次轴）	四方晶系	有 1 个 L^4 或 L_i^4	L^4	C_4	4	四方单锥晶类
			$L^4 L^2$	D_4	42（422）	四方偏方面体晶类
			$L^4 PC$	C_{4h}	4/m	四方双锥晶类
			$L^4 4P$	C_{4v}	4mm	复四方单锥晶类
			$L^4 L^2 5PC$	D_{4h}	$4/mmm\left(\dfrac{4}{m}\dfrac{2}{m}\dfrac{2}{m}\right)$	复四方双锥晶类
			L_i^4	S_4	$\bar{4}$	四方四面体晶类
			$L_i^4 2L^2 2P$	$D_{2d} = V_d$	$\bar{4}2m$	复四方偏三角面体晶类
	三方晶系	有 1 个 L^3 或 L_i^3	L^3	C_3	3	三方单锥晶类
			$L^3 3L^2$	D_3	32	三方偏方面体晶类
			$L^3 C = L_i^3$	$C_i^3 = S_6$	$\bar{3}$	菱面体晶类
			$L^3 3P$	C_{3v}	3m	复三方单锥晶体
			$L^3 3L^2 3PC = L_i^3 3L^2 3P$	D_{3d}	$\bar{3}m\left(\bar{3}\dfrac{2}{3}\right)$	复三方偏三角面体晶类
	六方晶系	有 1 个 L^6 或 L_i^6	L^6	C_6	6	六方单锥晶类
			$L^6 6L^2$	D_6	62（622）	六方偏方面体晶类
			$L^6 PC$	C_{6h}	6/m	六方双锥晶类
			$L^6 6P$	C_{6v}	6mm	复六方单锥晶类
			$L^6 6L^2 7PC$	D_{6h}	$6/mmm\left(\dfrac{6}{m}\dfrac{2}{m}\dfrac{2}{m}\right)$	复六方双锥晶类
			$L_i^6 = L^3 P$	C_{3h}	$\bar{6}$	三方双锥晶类
			$L_i^6 3L^2 3P = L^3 3L^2 4P$	D_{3h}	$\bar{6}2m$	复三方双锥晶类
高级晶族（有数个高次轴）	立方晶系	有 4 个 L^3	$3L^2 4L^3$	T	23	五角三四面体晶类
			$3L^2 4L^3 3PC$	T_h	$m3\left(\dfrac{6}{m}\dfrac{2}{m}\dfrac{2}{m}\right)$	偏方复十二面体晶类
			$3L_i^4 4L^3 6P$	T_d	$\bar{4}3m$	六四面体晶类
			$3L^4 4L^3 6L^2$	O	43（432）	五角三八面体晶类
			$3L^4 4L^3 6L^2 9PC$	O_h	$m3m\left(\dfrac{4}{m}\bar{3}\dfrac{2}{m}\right)$	六八面体晶类

2）空间群

晶体宏观和微观对称元素的组合，称为空间群（space group）。空间群是在点群的基础上推导出来的。在空间格子的结点上放置点群（相应晶体的外部对称要素），通过空间格子的平移操作而相互作用，产生另外一些对称要素，形成点式空间群；之后，在点式空间群的基础上用螺旋轴、滑移面代替对称轴、对称面，又可产生非点式空间群（廖立兵 等，2013）。每一点群可产生多个空间群，因此 32 种点群可产生 230 种空间群，见表 1.4（Hahn，2005）。

表 1.4 230 种空间群

晶系	编号	申弗利斯符号	赫曼-摩干记号	编号	申弗利斯符号	赫曼-摩干记号
三斜晶系	1	C_1^1	P1			
	2	C_i^1	$P\bar{1}$			
单斜晶系	3	C_2^1	P2	10	C_{2h}^1	P2/m
	4	C_2^2	$P2_1$	11	C_{2h}^2	$P2_1/m$
	5	C_2^3	C2	12	C_{2h}^3	C2/m
	6	C_s^1	Pm	13	C_{2h}^4	P2/c
	7	C_s^2	Pc	14	C_{2h}^5	$P2_1/c$
	8	C_s^3	Cm	15	C_{2h}^6	C2/c
	9	C_s^4	Cc			
正交晶系	16	D_2^1	P222	31	C_{2v}^7	$Pmn2_1$
	17	D_2^2	$P222_1$	32	C_{2v}^8	Pba2
	18	D_2^3	$P2_12_12$	33	C_{2v}^9	$Pna2_1$
	19	D_2^4	$P2_12_12_1$	34	C_{2v}^{10}	Pnn2
	20	D_2^5	$C222_1$	35	C_{2v}^{11}	Cmm2
	21	D_2^6	C222	36	C_{2v}^{12}	$Cmc2_1$
	22	D_2^7	F222	37	C_{2v}^{13}	Ccc2
	23	D_2^8	I222	38	C_{2v}^{14}	Amm2
	24	D_2^9	$I2_12_12_1$	39	C_{2v}^{15}	Aem2
	25	C_{2v}^1	Pmmm2	40	C_{2v}^{16}	Ama2
	26	C_{2v}^2	$Pmc2_1$	41	C_{2v}^{17}	Aea2
	27	C_{2v}^3	Pcc2	42	C_{2v}^{18}	Fmm2
	28	C_{2v}^4	Pma2	43	C_{2v}^{19}	Fdd2
	29	C_{2v}^5	$Pca2_1$	44	C_{2v}^{20}	Imm2
	30	C_{2v}^6	Pnc2	45	C_{2v}^{21}	Iba2

续表

晶系	编号	申弗利斯符号	赫曼-摩干记号	编号	申弗利斯符号	赫曼-摩干记号
正交晶系	46	C_{2v}^{22}	Ima2	61	D_{2h}^{15}	$P\dfrac{2_1\,2_1\,2_1}{b\,\;c\,\;a}$
	47	D_{2h}^{1}	$P\dfrac{2\,2\,2}{m\,m\,m}$	62	D_{2h}^{16}	$P\dfrac{2_1\,2_1\,2_1}{n\,\;m\,\;a}$
	48	D_{2h}^{2}	$P\dfrac{2\,2\,2}{n\,n\,n}$	63	D_{2h}^{17}	$C\dfrac{2\,2\,2_1}{m\,c\,m}$
	49	D_{2h}^{3}	$P\dfrac{2\,2\,2}{c\,c\,m}$	64	D_{2h}^{18}	$C\dfrac{2\,2\,2_1}{m\,c\,e}$
	50	D_{2h}^{4}	$P\dfrac{2\,2\,2}{b\,a\,n}$	65	D_{2h}^{19}	$C\dfrac{2\,2\,2}{m\,m\,m}$
	51	D_{2h}^{5}	$P\dfrac{2_1\,2\,2}{m\,\;m\,\;a}$	66	D_{2h}^{20}	$C\dfrac{2\,2\,2}{c\,c\,m}$
	52	D_{2h}^{6}	$P\dfrac{2\,2_1\,2}{n\,\;n\,\;a}$	67	D_{2h}^{21}	$C\dfrac{2\,2\,2}{m\,m\,e}$
	53	D_{2h}^{7}	$P\dfrac{2\,2\,2_1}{m\,n\,a}$	68	D_{2h}^{22}	$C\dfrac{2\,2\,2}{c\,c\,e}$
	54	D_{2h}^{8}	$P\dfrac{2_1\,2_1\,2}{c\,\;c\,\;a}$	69	D_{2h}^{23}	$F\dfrac{2\,2\,2}{m\,m\,m}$
	55	D_{2h}^{9}	$P\dfrac{2_1\,2_1\,2}{b\,\;c\,\;n}$	70	D_{2h}^{24}	$F\dfrac{2\,2\,2}{d\,d\,d}$
	56	D_{2h}^{10}	$P\dfrac{2_1\,2_1\,2}{c\,\;c\,\;n}$	71	D_{2h}^{25}	$I\dfrac{2\,2\,2}{m\,m\,m}$
	57	D_{2h}^{11}	$P\dfrac{2\,2_1\,2_1}{b\,\;c\,\;m}$	72	D_{2h}^{26}	$I\dfrac{2\,2\,2}{b\,a\,m}$
	58	D_{2h}^{12}	$P\dfrac{2_1\,2_1\,2}{n\,\;n\,\;m}$	73	D_{2h}^{27}	$I\dfrac{2_1\,2_1\,2_1}{b\,\;c\,\;a}$
	59	D_{2h}^{13}	$P\dfrac{2_1\,2\,2}{m\,\;m\,\;n}$	74	D_{2h}^{28}	$I\dfrac{2_1\,2_1\,2_1}{m\,\;m\,\;a}$
	60	D_{2h}^{14}	$P\dfrac{2_1\,2\,2}{b\,\;c\,\;n}$			
四方晶系	75	C_{4}^{1}	P4	89	D_{4}^{1}	P422
	76	C_{4}^{2}	P4$_1$	90	D_{4}^{2}	P42$_1$2
	77	C_{4}^{3}	P4$_2$	91	D_{4}^{3}	P4$_1$22
	78	C_{4}^{4}	P4$_3$	92	D_{4}^{4}	P4$_1$2$_1$2
	79	C_{4}^{5}	I4	93	D_{4}^{5}	P4$_2$22
	80	C_{4}^{6}	I4$_1$	94	D_{4}^{6}	P4$_2$2$_1$2
	81	S_{4}^{1}	P$\overline{4}$	95	D_{4}^{7}	P4$_3$22
	82	S_{4}^{2}	I$\overline{4}$	96	D_{4}^{8}	P4$_3$2$_1$2
	83	C_{4h}^{1}	P4/m	97	D_{4}^{9}	I422
	84	C_{4h}^{2}	P4$_2$/m	98	D_{4}^{10}	I4$_1$22
	85	C_{4h}^{3}	P4/n	99	C_{4v}^{1}	P4mm
	86	C_{4h}^{4}	P4$_2$/n	100	C_{4v}^{2}	P4bm
	87	C_{4h}^{5}	I4/m	101	C_{4v}^{3}	P4$_2$cm
	88	C_{4h}^{6}	I4$_1$/a	102	C_{4v}^{4}	P4$_2$nm

续表

晶系	编号	申弗利斯符号	赫曼-摩干记号	编号	申弗利斯符号	赫曼-摩干记号
四方晶系	103	C_{4v}^5	P4cc	123	D_{4h}^1	P4/mmm
	104	C_{4v}^6	P4nc	124	D_{4h}^2	P4/mcc
	105	C_{4v}^7	P4$_2$mc	125	D_{4h}^3	P4/nbm
	106	C_{4v}^8	P4$_2$bc	126	D_{4h}^4	P4/nnc
	107	C_{4v}^9	I4mm	127	D_{4h}^5	P4/mbm
	108	C_{4v}^{10}	I4cm	128	D_{4h}^6	P4/mnc
	109	C_{4v}^{11}	I4$_1$md	129	D_{4h}^7	P4/nmm
	110	C_{4v}^{12}	I4$_1$cd	130	D_{4h}^8	P4/ncc
	111	D_{2d}^1	P$\bar{4}$2m	131	D_{4h}^9	P4$_2$/mmc
	112	D_{2d}^2	P$\bar{4}$2c	132	D_{4h}^{10}	P4$_2$/mcm
	113	D_{2d}^3	P$\bar{4}$2$_1$m	133	D_{4h}^{11}	P4$_2$/nbc
	114	D_{2d}^4	P$\bar{4}$2$_1$c	134	D_{4h}^{12}	P4$_2$/nnm
	115	D_{2d}^5	P$\bar{4}$m2	135	D_{4h}^{13}	P4$_2$/mbc
	116	D_{2d}^6	P$\bar{4}$c2	136	D_{4h}^{14}	P4$_2$/mnm
	117	D_{2d}^7	P$\bar{4}$b2	137	D_{4h}^{15}	P4$_2$/nmc
	118	D_{2d}^8	P$\bar{4}$n2	138	D_{4h}^{16}	P4$_2$/ncm
	119	D_{2d}^9	I$\bar{4}$m2	139	D_{4h}^{17}	I4/mmm
	120	D_{2d}^{10}	I$\bar{4}$c2	140	D_{4h}^{18}	I4/mcm
	121	D_{2d}^{11}	I$\bar{4}$2m	141	D_{4h}^{19}	I4$_1$/amd
	122	D_{2d}^{12}	I$\bar{4}$2d	142	D_{4h}^{20}	I4$_1$/acd
三方晶系	143	C_3^1	P3	156	D_{3v}^1	P3m1
	144	C_3^2	P3$_1$	157	D_{3v}^2	P31m
	145	C_3^3	P3$_2$	158	D_{3v}^3	P3c1
	146	C_3^4	R3	159	D_{3v}^4	P31c
	147	C_{3i}^1	P$\bar{3}$	160	D_{3v}^5	R3m
	148	C_{3i}^2	R$\bar{3}$	161	D_{3v}^6	R3c
	149	D_3^1	P312	162	D_{3d}^1	P$\bar{3}$1m
	150	D_3^2	P321	163	D_{3d}^2	P$\bar{3}$1c
	151	D_3^3	P3$_1$12	164	D_{3d}^3	P$\bar{3}$m1
	152	D_3^4	P3$_1$21	165	D_{3d}^4	P$\bar{3}$c1
	153	D_3^5	P3$_2$12	166	D_{3d}^5	P$\bar{3}$m
	154	D_3^6	P3$_2$21	167	D_{3d}^6	P$\bar{3}$c
	155	D_3^7	R32			

续表

晶系	编号	申弗利斯符号	赫曼-摩干记号	编号	申弗利斯符号	赫曼-摩干记号
六方晶系	168	C_6^1	P6	182	D_6^6	P6$_3$22
	169	C_6^2	P6$_1$	183	C_{6v}^1	P6mm
	170	C_6^3	P6$_5$	184	C_{6v}^2	P6cc
	171	C_6^4	P6$_2$	185	C_{6v}^3	P6$_3$cm
	172	C_6^5	P6$_4$	186	C_{6v}^4	P6$_3$mc
	173	C_6^6	P6$_3$	187	D_{3h}^1	P$\bar{6}$m2
	174	C_{3h}^1	P$\bar{6}$	188	D_{3h}^2	P$\bar{6}$c2
	175	C_{6h}^1	P6/m	189	D_{3h}^3	P$\bar{6}$2m
	176	C_{6h}^2	P6$_3$/m	190	D_{3h}^4	P$\bar{6}$2c
	177	D_6^1	P622	191	D_{6h}^1	P6/mmm
	178	D_6^2	P6$_1$22	192	D_{6h}^2	P6/mcc
	179	D_6^3	P6$_5$22	193	D_{6h}^3	P6$_3$/mcm
	180	D_6^4	P6$_2$22	194	D_{6h}^4	P6$_3$/mmc
	181	D_6^5	P6$_4$22			
立方晶系	195	T^1	P23	213	O^7	P4$_1$32
	196	T^2	F23	214	O^8	I4$_1$32
	197	T^3	I23	215	T_d^1	P$\bar{4}$3m
	198	T^4	P2$_1$3	216	T_d^2	F$\bar{4}$3m
	199	T^5	I2$_1$3	217	T_d^3	I$\bar{4}$3m
	200	T_h^1	Pm$\bar{3}$	218	T_d^4	P$\bar{4}$3n
	201	T_h^2	Pn$\bar{3}$	219	T_d^5	F$\bar{4}$3c
	202	T_h^3	Fm$\bar{3}$	220	T_d^6	I$\bar{4}$3d
	203	T_h^4	Fd$\bar{3}$	221	O_h^1	Pm$\bar{3}$m
	204	T_h^5	Im$\bar{3}$	222	O_h^2	Pn$\bar{3}$m
	205	T_h^6	Pa$\bar{3}$	223	O_h^3	Pm$\bar{3}$n
	206	T_h^7	Ia$\bar{3}$	224	O_h^4	Pn$\bar{3}$m
	207	O^1	P432	225	O_h^5	Fm$\bar{3}$m
	208	O^2	P4$_2$32	226	O_h^6	Fm$\bar{3}$n
	209	O^3	F432	227	O_h^7	Fd$\bar{3}$m
	210	O^4	F4$_1$32	228	O_h^8	Fd$\bar{3}$c
	211	O^5	I432	229	O_h^9	Im$\bar{3}$m
	212	O^6	P4$_3$32	230	O_h^{10}	Ia$\bar{3}$d

晶体的微观对称性决定晶体的宏观对称。晶体的外形是有限图形，它的宏观对称是有限图形的对称。而晶体内部质点的周期性平移重复从微观角度来看是无限的，因此晶体内部结构的对称属于微观无限图形的对称。

1.3 X射线衍射仪系统及常规测量

多晶粉末衍射分析广泛应用于研究物相、内应力、织构等，通常有照相法和衍射仪法两种。其中，衍射仪法已基本取代了照相法，特别是衍射仪与计算机的结合，使衍射分析工作实现了自动化。因此，粉末X射线衍射仪成为多晶衍射分析的首选设备。本节主要以德国Bruker D8 Advance多晶X射线衍射仪来介绍仪器系统和常规测量。

1.3.1 X射线衍射仪系统

现代X射线衍射仪系统主要包括衍射仪、稳压器和冷凝水等。衍射仪主要硬件有X射线发生器、配置光学编码器的测角仪、探测器、射线防护装置及各种特殊功能的附件（高低温、不同气氛与压力下的结构变化的动态分析仪等）。本小节主要介绍X射线发生器、测角仪及光学系统。

1. X射线发生器

X射线产生条件包括电子流、高压、靶面（真空室、冷却系统）等。常规粉末X射线衍射仪的X射线由X射线管（图1.13）产生。阴极为电子源，一般为直热式螺旋钨丝，保持在高负电压；阳极为金属靶，如Cr、Fe、Ni、Co、Cu、Mo、Ag和W等。阴极钨丝通过电流加热并产生电子。在20~60 kV的高电压作用下，电子高速运动。当与阳极金属靶面相遇时，电子减速，失去动能，并产生X射线。所有这些过程都发生在真空玻璃外壳内。X射线从阳极向所有可能的方向发射，但只有与阳极金属靶面形成小角度的窄光束才可以通过窗口从真空管中出射。窗口由对X射线吸收系数非常低的物质如铍（Be）制成。

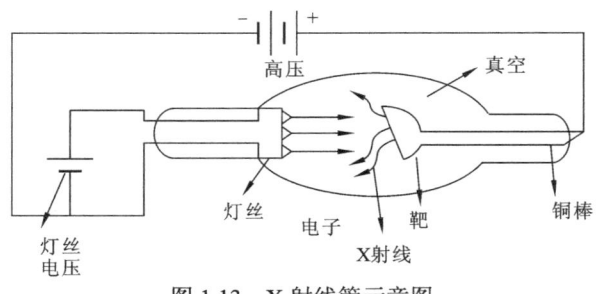

图1.13 X射线管示意图

2. 测角仪

测角仪采用步进马达加光学编码器，确保测角仪快速准确定位、精度高，角度重现性达±0.0001°；扫描范围为-110°~169°，最小步长为0.0001°。测角仪工作原理如图1.14

所示，衍射光学几何为布拉格-布伦塔诺（Bragg-Brentano）衍射几何，$R_1=R_2=R$，一般有两种工作模式：试样转θ角，探测器转2θ角（$2\theta/\theta$偶合）或试样不动；光管转θ角，探测器转θ角（θ/θ偶合）。但后者更常用。

3. 光学系统

衍射仪的光学系统如图 1.15 所示。X 射线管发出的 X 射线经初级索拉狭缝、发散狭缝后到达样品表面。X 射线与试样作用后产生的衍射光线通过反散射狭缝、二级索拉狭缝和接收狭缝后到达探测器。

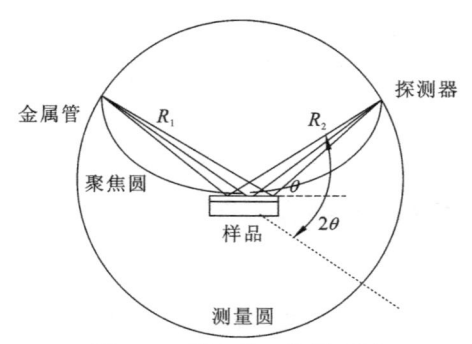

图 1.14　测角仪工作原理图

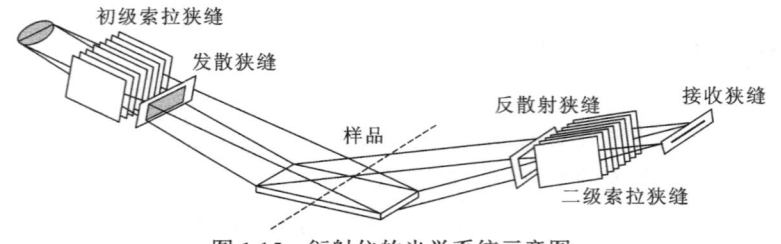

图 1.15　衍射仪的光学系统示意图

1）索拉狭缝

索拉狭缝（Soller slit）主要用来限制入射 X 射线和衍射 X 射线的轴向（垂直、面外）发散。它由一组平行的重金属（钼或钽）薄片组成，厚度约为 0.05 mm，片间空隙为 0.5 mm 以下。索拉狭缝宽度以度（°）计量。索拉狭缝能够改善衍射峰形和分辨率，尤其是在低散射角度情况下。

2）发散狭缝

发散狭缝（divergence slit，DS）设置在索拉狭缝与样品之间，用来控制入射 X 射线的能量和发散度，因此也限定了入射 X 射线在试样上的照射面积。发散狭缝是为了限制光束不照射到样品以外的地方，以免引起大量的附加散射。

3）散射狭缝

测角仪上需要防止一些附加散射（如各狭缝光阑边缘的散射，光路上其他金属附件的散射）进入检测器，有助于降低背底。散射狭缝（scattering slit，SS）是光路中的辅助狭缝，它能限制由不同原因产生的附加散射进入检测器。例如光路中空气的散射、狭缝边缘的散射、样品框的散射等。此狭缝如果选用得当，可以得到最低的背底，而衍射线强度的降低不超过 2%。如果衍射线强度损失太多，则应改为较宽的散射狭缝。

4）接收狭缝

接收狭缝（receiving slit，RS）又称探测器狭缝，用来控制衍射线进入计数器的能量。接收狭缝是为了限制待测角度位置附近区域之外的 X 射线进入检测器，它的宽度对衍射仪的分辨能力、线的强度及峰高/背底比有着重要的影响。

5）狭缝参数的设置

狭缝宽度是指光栅的宽度。光栅包括两个狭缝光栅 K、L 和一个接收光栅 F。显然，增加狭缝宽度，可使衍射线的强度升高，但分辨率会下降，在 2θ 较小时，还会使照射光束过宽溢出样品，反而降低了有效衍射强度，同时还会产生样品架的干扰峰，增加背景噪声，这不利于样品的衍射分析。狭缝宽度的选择是以测量范围内 2θ 角最小的衍射峰为依据的。通常狭缝宽度的选择将影响衍射线的强度和分辨率，应根据实验目的选取，且选择的原则是在保证强度情况下尽可能提高分辨率。

1.3.2　X 射线衍射仪的常规测量

1. 样品制备

通常衍射仪的试样为平板试样。当被测材料为固体时，可直接取其中一部分制成片状，将被测表面磨光，并固定于空心样品架上。当被测对象是粉体时，一般要研磨过 60～300 目筛，保证有足够多的颗粒发生衍射。晶体非常细小时，由于晶粒的表面能很大，细小的晶粒之间容易因弱的相互作用力结合在一起，导致晶粒之间发生团聚。通常把单个细小晶粒的粒径称为一次粒径，又称原始粒径，而把发生团聚后形成的二次颗粒的粒径称为二次粒径。研磨的作用就是打破晶粒的团聚，但是对一次粒径的大小通常不会有影响。XRD 测的是一次晶粒的结构，对于已经足够细的粉末，再怎么努力地手工研磨也不会改变测试的结果。大的团聚颗粒会使装样品时表面不平整，影响衍射角的准确性。图 1.16 为不同粒径大小的同种物质的 X 射线衍射图谱，（a）图中红磷锰矿未经过研磨，扫描电镜图显示其为块状，对应的衍射峰相对较少；（b）图所示为研磨后的粉末状样品，颗粒较小，衍射峰较多。

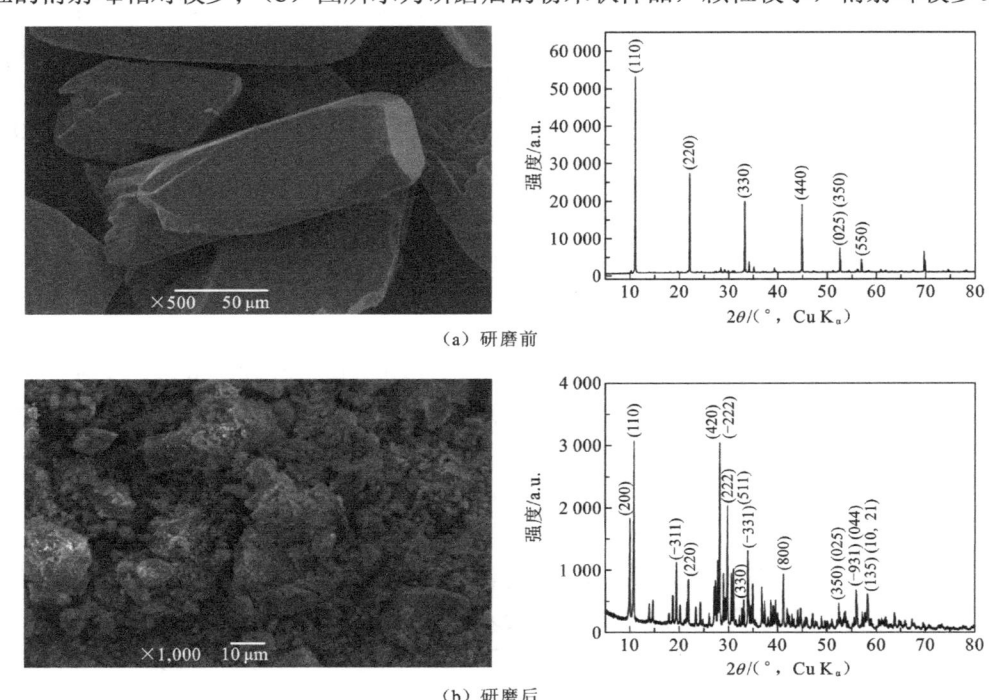

（a）研磨前

（b）研磨后

图 1.16　热液合成红磷锰矿的扫描电镜图和粉末 XRD 图谱

2. 数据采集实验参数的设置

在采集粉末衍射数据时，应考虑的实验参数主要有测量范围、步长和每步积分时间等。

1）测量范围

在进行 XRD 测定之前，首先应根据供试样品的主要衍射峰位置确定测试范围。如果对样品主要衍射峰位置不确定，尽量大范围扫描，通常扫描范围为 5°～85°。

2）步长

扫描速度是指探测器在测角仪上匀速转动的角速度，以（°）/min 表示。扫描速度越快，衍射峰越平滑，衍射线的强度和分辨率下降，衍射峰位向扫描方向漂移，引起衍射峰的不对称宽化；但也不能过慢，否则扫描时间过长，一般以 3～4（°）/min 为宜。

3）每步积分时间

每步积分时间是指采集单位步长数据所需要的时间。增加每步积分时间可显著提高衍射强度，但是会延长采集数据所用时间。对于常规物相鉴定，每步积分时间可较小，如 0.12 s 每 0.02°步长。对于结构分析，则需要高强度衍射数据以减小误差，需增加每步积分时间。若采用常规 X 射线衍射仪，则需要衍射峰强度达 10 000 计数以上。

1.4 物相鉴定

物质的 X 射线衍射花样与物质内部的晶体结构有关。每种结晶物质都有其特定的结构参数，如晶体结构类型，晶胞大小，晶胞中原子、离子或分子的位置和数目等。在进行 X 射线衍射时，衍射方向是晶胞参数的函数；衍射强度是结构因子的函数，取决于晶胞中原子的种类、数目和排列方式。因此，每种物质都有其独特的衍射花样，这是应用 XRD 进行物相鉴定的基础。

1.4.1 物相鉴定基础

衍射图谱是晶体的"指纹"，不同的物质具有不同的衍射特征峰值（晶面间距和相对强度），对照粉末衍射文件（powder diffraction file，PDF）可进行物相分析。在进行物相分析之前，可借助湿化学分析或 X 射线荧光分析确定样品的基本化学成分，了解试样的来源及处理或加工条件。

1. 衍射图谱标准数据库

自从 X 射线粉末衍射技术发明以后，随着材料结构研究的不断发展，集中收集已知物相的衍射图案变得非常有必要。因此，1941 年粉末衍射化学分析联合委员会成立，建立了第一个 X 射线粉末衍射数据的参考书目，后来就成了粉末衍射文件。经过不断发展和壮大，1969 年粉末衍射标准联合委员会（Joint Committee on Powder Diffraction Standards，JCPDS）成立，专门负责收集、校订各种物质的衍射数据，并将这些数据统一分类和编号，编制成卡片出版，即粉末衍射文件卡片，有时又称 JCPDS 卡片。到了 1978 年，为了将这项科学努力扩大至全球联合，该组织更名为国际衍射数据中心（International Centre for Diffraction Data，ICDD）。

2. 利用化学组成检索

在已知样品主要元素组成的情况下，可以利用化学组成限定可能的物相，检索界面如图 1.17 所示。在元素周期表中，标记成绿色元素为必含元素，灰色元素为不确定元素，而褐红色元素为不包含元素。该方法适用于已知主要元素组成的情况。

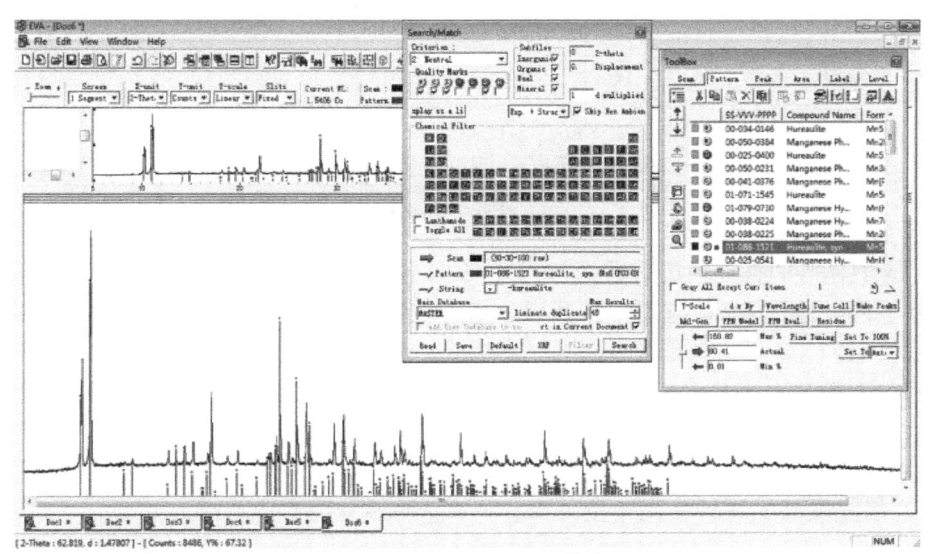

图 1.17　Eva 软件化学组成检索界面
扫封底二维码可见彩图，余同

3. 利用物相名称检索

如果知道目标产物可能的物相，则可以直接在检索框输入物相英文名称或者 PDF 卡片号码进行检索（图 1.18）。但是该方法与化学组成检索方法不能同时使用（图中元素周期表为灰色）。

4. 物相鉴定方法特点与注意要点

（1）与传统利用三强峰方法进行物相检索不同，Eva 软件物相鉴定时利用了全谱衍射信息，考虑峰的线形信息（如半峰宽、不对称性、肩峰等）。

（2）有效解决多相混合物中经常存在的重叠峰、择优取向、低吸收系数和微量相等常规检索方式很难或不能解决的问题。

（3）区别同素异构物相，尤其是对多型、固体有序—无序转变的鉴别。

（4）可鉴别是固溶体还是混合相（多组分物相）。

（5）可分析粉末状、块状、线状试样，样品易得、耗量少，与真实体系相近。

（6）可分析模棱两可的物相，借助试样的来源、化学组分、处理情况等，或者借助其他分析手段（如化学分析、电镜等）进行综合判断。

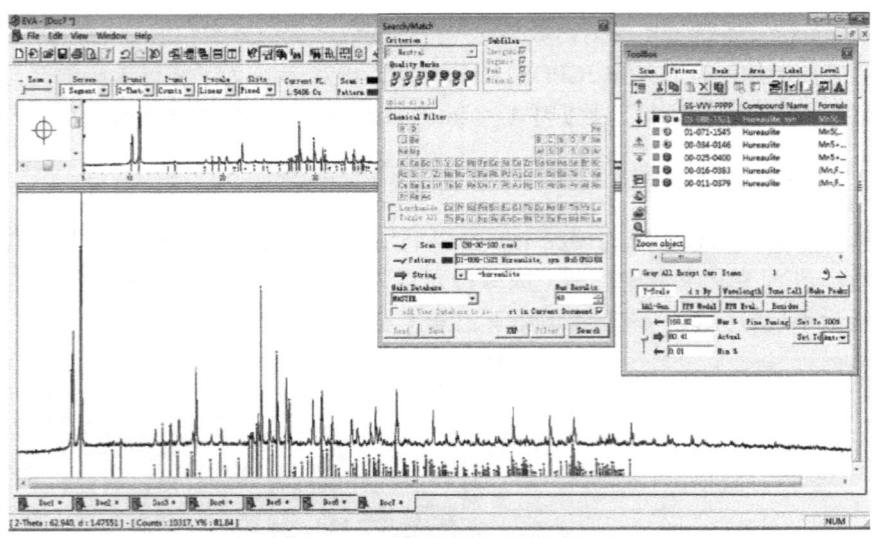

图 1.18　Eva 软件矿物名称检索界面

（7）固溶体等的存在使衍射数据与 PDF 数据不一致，允许有一定的偏差。试样的制备、测试条件不同，造成 d/I 值有差别。要以 d 值为依据，I 值作参考。影响 I 值的主要因素是试样的择优取向。

（8）粉末颗粒大于几十微米引起衍射强度重现性差，晶粒小于 500 nm 引起线形宽化。

（9）应选择高质量的 PDF 卡片作匹配对比。

（10）注意待分析试样中多出的衍射线，可能是杂质、同素异构体衍射线等。

（11）结晶度高的试样在高角度处 $K_{\alpha 1}$ 和 $K_{\alpha 2}$ 明显分离形成双峰。

1.4.2　物相鉴定实例

1. 单一物相

尽管每种晶体有其独特衍射谱，其衍射峰出现位置相同，但相对强度可能不同。例如，由于生长环境不同，赤铁矿晶体暴露晶面不同，暴露不同晶面的赤铁矿衍射峰相对强度也不同。通过水热法合成三种不同形貌的赤铁矿：纳米片（hematite nanoplates，HNP）呈正六边形，纳米棒（hematite nanorods，HNR）呈棒状，纳米块（hematite nanocubes，HNC）呈立方体。利用 X 射线衍射仪采集三种样品高精度粉末衍射谱。测试条件为：Bragg-Brentano 衍射几何，LynxEye 阵列探测器，Ni 滤波片，Cu K_{α}（$\lambda=0.15418$ nm），管压为 40 kV，管流为 40 mA，步进扫描步长为 0.02°，每步积分时间为 1.2 s。所得 XRD 衍射谱如图 1.19（Wang et al.，2022）所示，尽管 HNP、HNC 和 HNR 的衍射峰位置、数目都相同，但衍射峰相对强度不同。通过 Eva 软件，用矿物名检索，证实所有合成样品均为纯相 α-Fe_2O_3（JCPDS 33-0664）。样品中主峰分别对应于(012)、(104)、(110)、(113)、(024)、(116)、(214)和(300)面。但不同赤铁矿样品的(104)和(110)衍射峰相对强度不同。例如，与(110)峰强度相比，HNR 的(104)峰强度略有降低，HNC(104)峰强度略有升高，而 HNP(104)峰强度则显著降低，这表明这些赤铁矿晶体暴露晶面不同。如图 1.20 所示，HNP 主要暴露晶面为{001}和{110}，HNR 主要暴露晶面为{110}和{001}，HNC 主要暴露晶面为{012}（Wang et al.，2022）。

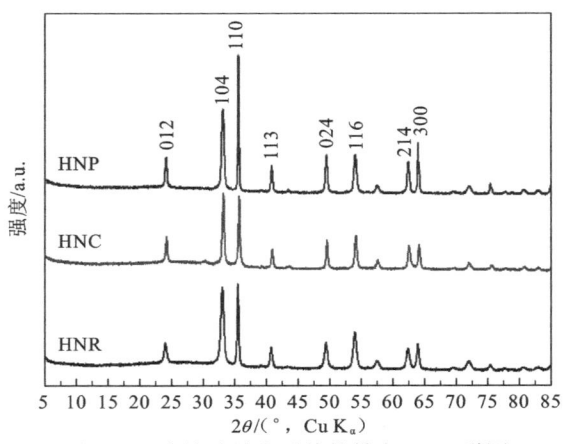

图 1.19 赤铁矿纳米晶体的粉末 XRD 谱图

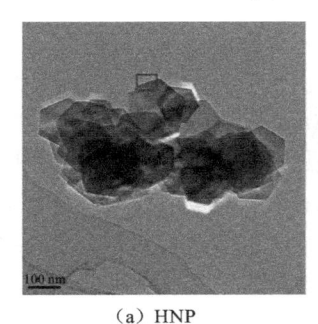

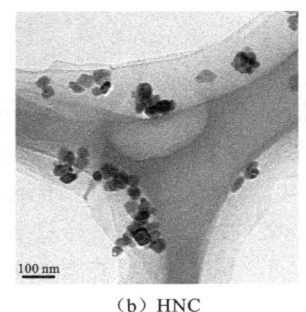

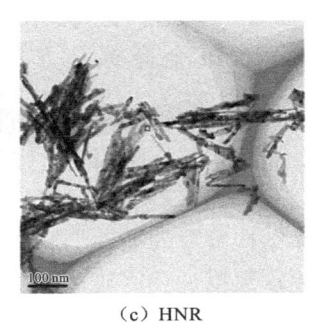

（a）HNP　　　　　　　（b）HNC　　　　　　　（c）HNR

图 1.20 赤铁矿纳米晶体的粉末透射电子显微镜图

2. 两相或多相

多相物质的衍射谱互不相干，为独立存在的各物相衍射谱的简单叠加，因此，XRD 可用于共存多相物质的鉴定。在赤铁矿纳米块（HNC）中加入 Fe^{3+} 和 Al^{3+} 于 90 ℃转化 7 d，所得产物（HNC$_{7d}$）的 XRD 图谱如图 1.21 所示，主要衍射峰为赤铁矿衍射峰（JCPDS 33-0664），但是在晶面 d 值为 0.418 nm 和 0.245 nm 处的衍射峰则为针铁矿衍射峰（JCPDS 34-1266）。

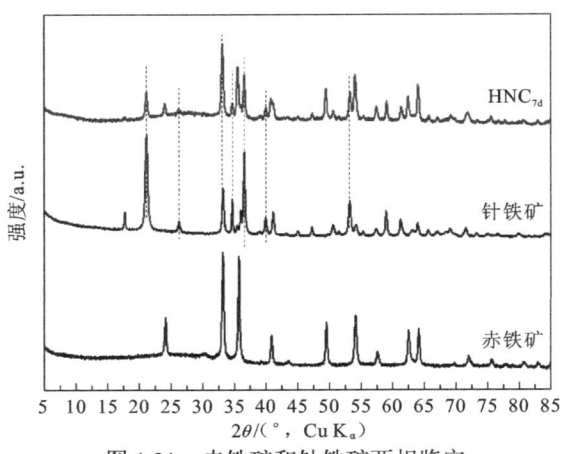

图 1.21 赤铁矿和针铁矿两相鉴定

1.5 Rietveld 全谱拟合精修

Rietveld 结构分析方法是荷兰结晶学家里特沃尔德（Rietveld）在 1967 年进行粉末中子衍射结构分析中首先提出的。随后美国科学家 Young 等把该方法引入多晶粉末 X 射线衍射分析。该方法通过对整个衍射图谱（峰位、强度、线形等）的拟合来进行晶体结构分析。这一数据处理的新思想与计算机技术相结合，经过不断发展完善，其内容越来越丰富，应用面越来越广，几乎解决了所有结晶学问题。本节仅介绍使用 Rietveld 全谱拟合方法获得晶胞参数、结构精修和全谱拟合无标样定量分析等。

1.5.1 Rietveld 全谱拟合基础

1. Rietveld 全谱拟合方法的数学原理

多晶衍射在三维空间的衍射被压缩成一维，失去了各(hkl)衍射的方向性。衍射峰之间的重叠，模糊了每个(hkl)衍射强度分布曲线的轮廓，从而丢失了隐藏在粉末衍射图中丰富的结构信息。为了获得样品的结构参数和峰值参数，Rietveld 全谱拟合方法在假设晶体结构模型和结构参数的基础上，结合某种峰形函数来计算多晶衍射谱，将计算谱与实测衍射图谱上逐点数据进行比较，通过最小二乘法，不断调整实验参数、结构参数和峰值参数，使计算谱与实验谱相符合。

衍射图谱上某 $2\theta_i$ 处的实测强度 Y_i(obs)是由邻近范围内许多布拉格（Bragg）反射共同参与形成的。计算强度 Y_i(calc)则是结构模型中结构参数与峰值参数邻近范围内各布拉格反射的贡献进行累加计算的结构因子 F_k^2 值之和。

$$Y_i(\text{calc}) = \sum_k \text{SF} \cdot M_k \cdot P_k \cdot F_k^2 \cdot \text{LP}(2\theta_k) \cdot A \cdot \phi_k(2\theta_i - 2\theta_k) + Y_{bi}(\text{obs}) \tag{1.6}$$

$$F_k^2 = \sum_j f_j \cdot \exp[2\pi i(h_{xj} + k_{yj} + l_{zj})] \exp B_j (\sin\theta/\lambda)^2 \tag{1.7}$$

式中：SF 为定标因子；M_k 为 k 反射的多重性因子；P_k 为 k 反射的择优取向函数；LP 为 k 反射的洛伦兹极化（Lorentz polarization，LP）因子；ϕ_k 为 i 点处 k 反射的峰函数；F_k^2 为第 k 个布拉格反射的结构因子；A 为吸收因子；Y_{bi} 为 i 点处的背景值；k 为 i 点处布拉格反射的米勒指数。

在 Rietveld 全谱拟合方法中，用最小二乘法调节结构原子参数和峰形参数，使计算峰形和实测峰形符合，即使实测值和计算值的残差平方和（M）达到最小：

$$M = \sum_i W_i [Y_i(\text{obs}) - Y_i(\text{calc})]^2 \tag{1.8}$$

式中：W_i 为权重因子。通过非线性最小二乘迭代方法求解，计算偏移的修正量加到初始参数中，产生一个假定的改进模型，重复进行这一过程。

2. 拟合策略

在 Rietveld 全谱拟合过程中，要求初始结构模型接近正确模型，因此考虑精修策略及对策，否则会不收敛，或得到一个伪极小。待调整的模型参数不仅包括原子位置参数、热参数、位置占有率参数等结构参数，还包括仪器的几何与光学特性、样品偏差（样品位置偏移及透明度等）等非结构参数，以及晶粒大小、微观应力和择优取向等。

在初始结构模型基本正确的基础上，按一定顺序修正各参数。良好的非结构参数是后续结构参数可靠性的保证。一般先优化非结构参数，再优化结构参数。在具体拟合过程中，常逐步放开参数，首先放开线性或稳定的参数，然后逐步放开其他参数，最后一轮的修正应放开所有参数。各精修参数特性及修正顺序如表 1.5 所示。

表 1.5 精修参数特性及修正顺序

参数	线性	稳定性	修正顺序	备注
比例常数	是	稳定	1	如果结构模型不正确，比例常数可能是错的
试样偏高	非	稳定	1	如果试样无限吸收，将引起零点偏高
平直背底	是	稳定	2	
点阵常数	非	稳定	2	一个或多个不正确的点阵常数，将引起衍射峰标定的错误，而导致 R 因子虚假的最小
复杂背底	非	稳定	2 或 3	如果背底参数多于模拟需要，将引起偏差互相抵消，导致修正失败
原子参数	非	稳定	3	图示和衍射指数可评估是否存在择优取向
占有率与温度因子	非	稳定	4	二者具有相关性
温度因子各向异性	非	不稳定	最后	
仪器零点	非	稳定	1、4 或不修正	对于稳定的测角仪，零点偏差不具有重要意义，这是因为试样的不完全吸收将引起零点偏高

3. 拟合结果判定

1）R 因子法

Rietveld 全谱拟合结果的好坏，可以通过 R 因子来判断。一般 R 值越小，拟合越好，晶体结构正确的可能性就越大。

R_p 为全谱因子：

$$R_p = \frac{\sum |y_{io} - y_{ic}|}{\sum y_{io}} \tag{1.9}$$

R_{wp} 为加权的全谱因子：

$$R_{wp} = \left[\frac{\sum w_i (y_{io} - y_{ic})^2}{\sum w_i y_{io}^2} \right] \tag{1.10}$$

R_{exp} 为期望因子：

$$R_{exp} = \left[\frac{N - P}{2 \sum w_i y_{io}^2} \right]^{\frac{1}{2}} \tag{1.11}$$

χ^2 为拟合度因子：

$$\chi^2 = \frac{\sum w_i(y_{io} - y_{ic})^2}{N - P} = \left[\frac{R_{wp}}{R_{exp}}\right]^2 \tag{1.12}$$

式中：y_{io} 为点 i 处的实测强度值；y_{ic} 为点 i 处的计算强度值；w_i 为统计权重因子；N 为衍射图谱数据点的数目；P 为拟合中的可变参数的数目。

2）拟合图示法

拟合图示法是将实验谱和拟合谱及其差谱用图示的方法表示出来。该方法可发现比例常数、零点位置等系统误差，背底过高、择优取向、结构模型是否正确，以及是否存在其他杂质相等。

以赤铁矿（ICSD 88418）结构模型为基础，对合成 8 nm 赤铁矿样品粉末 XRD 进行 Rietveld 结构精修，结果如图 1.22 所示。R_{wp} 因子为 3.36%，实验谱和拟合谱吻合较好，差谱几乎为一条直线。拟合得到赤铁矿纳米晶体晶胞参数 a 为 5.0379 Å±0.0029 Å，c 为 13.7670 Å±0.0080 Å，晶胞体积为 302.60 Å³±0.40 Å³。

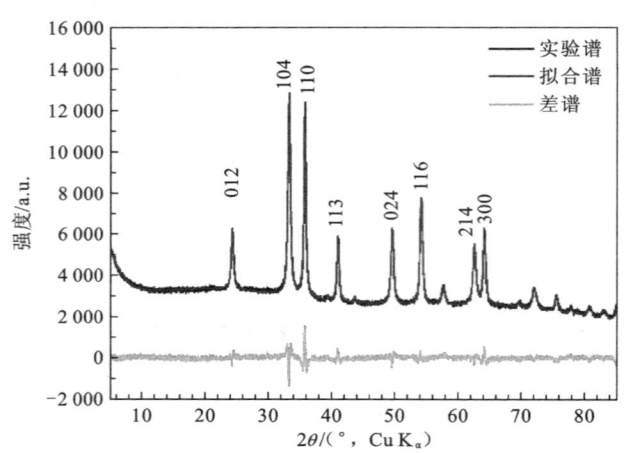

图 1.22　合成 8 nm 赤铁矿粉末 XRD Rietveld 结构精修图

4. 高精度粉末衍射谱数据的采集

进行 Rietveld 全谱拟合结构分析需要高精度粉末衍射谱，具体有以下要求。

（1）采谱模式：步进扫描，步长至少应小于半峰宽（full width at half maxima，FWHM）的 1/5。

（2）高分辨率：小狭缝、小步长和大衍射圆半径。

（3）高准确性：衍射峰的位置及强度要准确。

（4）高强度：增大每步测量时间，使衍射峰的强度达到 10 000 计数以上。

（5）试样粒径：约为 5 μm，增加统计性，消光和微吸收小。

（6）制样：采用侧装法，平铺制样时，避免用力压平表面而造成严重的择优取向。

此外，在采集高精度衍射谱之前，通常可以采集一个快速扫描谱，有助于确定精细采谱参数，如扫描范围和步长等。为节省采样时间，推荐变时测量，提高角度数据质量。

5. Rietveld 精修软件的发展

目前广泛采用的 Rietveld 精修软件主要有 Fullprof、GSAS、TOPAS、BGMN、JANA2000 和 DBWA 等。随着 Rietveld 全谱拟合方法应用越来越普遍，Rietveld 全谱拟合功能常作为一个特殊功能模块被嵌入到常见衍射处理程序中，如德国布鲁克（Bruker）公司的 TOPAS、荷兰马尔文帕纳科（Malvern Panalytical）公司的 HighScore Plus 及美国 MDI Jade 软件的 WPF 等。下面将介绍 TOPAS 软件。

1.5.2　TOPAS 软件及其在环境界面研究中的应用

1. 软件简介

TOPAS 软件是一个基于图形的非线性最小平方线性分析程序，可以进行各种类型的 X 射线和粉末衍射数据分析。该软件集成了 Rietveld 粉末衍射全谱拟合的优点，添加了基本参数法（fundamental parameters approach，FPA）、新的最小二乘迭代指标化方法和蒙特卡罗（Monto Carlo）指标化方法、能量最小法、引入刚体和柔体模型、模拟退火模型等。

TOPAS 软件的功能主要分为两类。第一类是通用峰形分析，包括单峰拟合（single line fitting，SLF）、全谱拟合（whole powder pattern fitting，WPPF）、指标化（indexing）、全谱分解（whole powder pattern decomposition，WPPD）、模拟退火（simulated annealing）未知结构求解、电荷转移（charge flipping）未知结构求解、Rietveld 结构精修（Rietveld structure refinement）、定量 Rietveld 分析（quantitative Rietveld analysis）等。第二类是其他杂项分析，主要包括结晶度计算（degree of crystallinity determination）、各向同性尺寸-应力分析（isotropic size-strain analysis）、刚体模型（the rigid body）构建等。

2. 基本参数法

基本参数法是 TOPAS 软件进行全谱拟合分析的核心策略，从仪器几何参数（光源参数和仪器因素）和试样性质参数来拟合线形。光源参数主要是发射线线宽；仪器参数包括水平方向（如靶宽度、发散狭缝宽度和接收狭缝宽度）和轴向平面（索拉狭缝和靶长度等）；而样品导致的线宽包括水平面（如吸收、样品厚度和斜度等）和轴向平面（样品长度）。在使用 TOPAS 软件进行拟合时，可以直接输入仪器参数和试样性质参数，无须通过测量标样谱来测量仪器峰宽。

3. 晶胞参数

通过对衍射图谱的全谱拟合，可以获得样品晶体的晶胞参数。下面以合成锰钾矿样品的晶胞参数为例进行阐述。首先，导入锰钾矿的粉末 XRD 数据（*.raw）后，通过"Load Emission Profile"输入光源参数（图 1.23）。下一步，在"Background"中设置背景函数（图 1.24）。接着，在"Instrument"中设置仪器参数（图 1.25）。然后，在"Corrections"中设置样品性质等引起的峰形宽化的校正（图 1.26）。最后，在以上基本参数都设置好后，添加 khl_Phase，输入空间群、晶胞参数初始值、并对晶粒大小（Cry size L）、标度因子（Scale）、应力（Strain G）和晶胞体积（Cell Volume）等设置进行精修（图 1.27）。

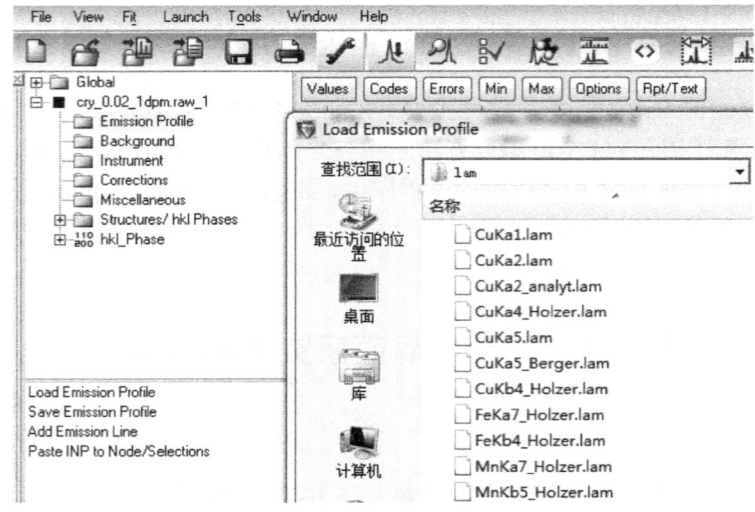

图 1.23　光源文件的选择

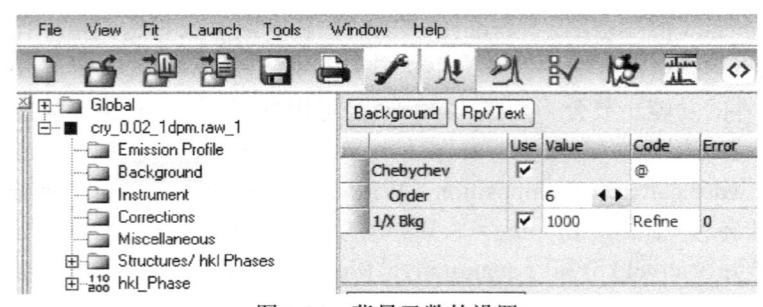

图 1.24　背景函数的设置

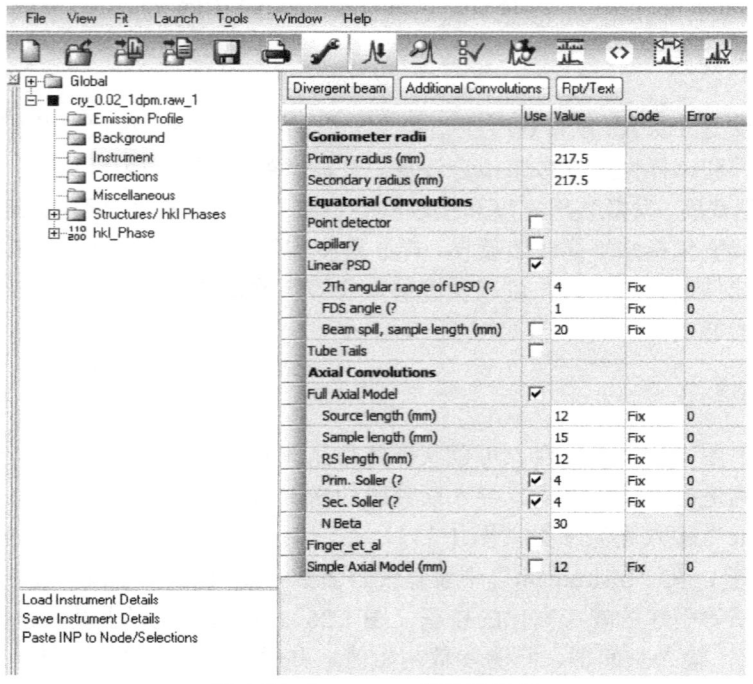

图 1.25　Instrument 参数的设置

图 1.26　Corrections 选项的设置

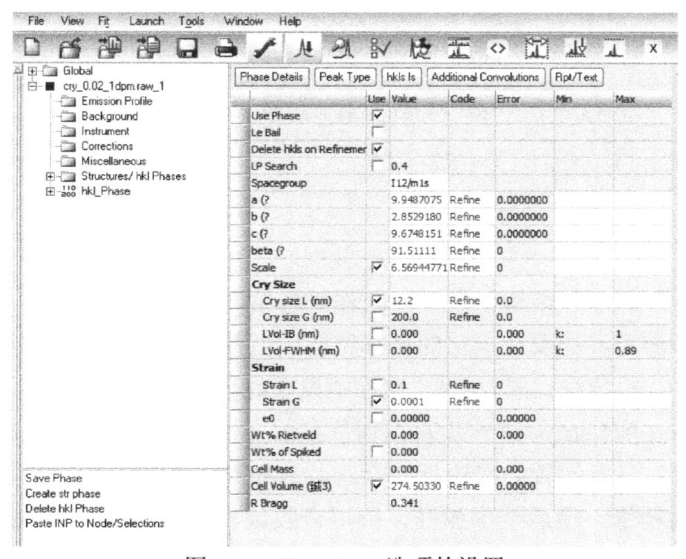

图 1.27　khl_Phase 选项的设置

在设置好以上参数后,点击"运行按钮"或"F6"运行。待拟合收敛后,即可获得样品的结构信息。对一系列不同 Fe 含量的 Fe 掺杂锰钾矿样品进行结构精修,获得不同样品的晶胞参数、相干散射尺寸和晶胞体积等信息,如图 1.28 和表 1.6(Yin et al., 2022)所示。

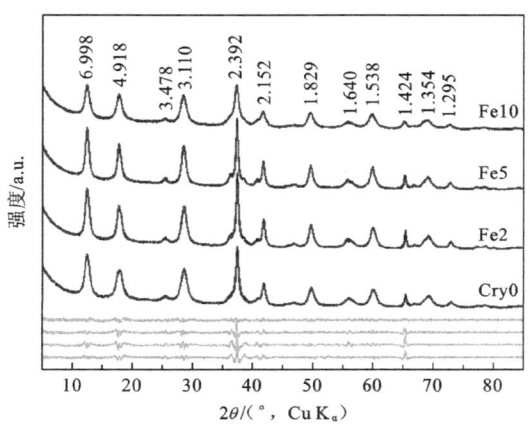

图 1.28　不同 Fe 含量锰钾矿晶胞参数精修结果图

Cry0、Fe2、Fe5 和 Fe10 指初始 Fe 与 Mn 物质的量的比分别为 0、0.02、0.05 和 0.10 的样品

由拟合结果可知，随着 Fe 含量增加，锰钾矿（空间群为 I2/m）晶胞参数 a 和 β、晶胞体积略微减小，而晶胞参数 b 和 c 基本不变。未掺杂 Fe 的锰钾矿的相干散射尺寸为 12.24 nm，随着 Fe 含量的增加，相干散射尺寸增大到 19.08 nm（Fe5）；然后又减小至 12.92 nm（Fe10）。

表1.6　Fe 掺杂锰钾矿的晶胞参数、相干散射尺寸和晶胞体积

样品	a/Å	b/Å	c/Å	β/（°）	相干散射尺寸/nm	晶胞体积/Å³	R_{wp}/%
Cry0	9.948 7（46）	2.852 9（32）	9.674 8（50）	91.511（25）	12.24（21）	274.50（36）	5.39
Fe2	9.909 8（33）	2.851 6（6）	9.671 3（35）	91.338（17）	17.37（30）	273.22（14）	6.24
Fe5	9.866 5（22）	2.852 2（4）	9.671 1（30）	91.050（16）	19.08（27）	272.11（11）	4.84
Fe10	9.877 2（45）	2.854 3（7）	9.671 4（58）	91.112（29）	12.92（17）	272.61（22）	3.27

注：表中括号内数字为基于小数点后最后一位的误差

4. Rietveld 结构精修

为进一步获得样品晶体结构信息，即长程平均结构，包括晶胞参数、相干散射尺寸、晶胞体积、键长等信息，需要在一定的晶体结构模型基础上，对所得样品的高精度数字衍射谱进行 Rietveld 结构精修。在 TOPAS 软件中设置好仪器和样品等基本参数后，导入晶体结构模型文件（*.cif 或*.str），进一步对拟精修参数（包括晶胞参数、晶粒大小、应力、原子位置、占有率等）进行设置。在进行拟合时，首先对仪器和样品参数等进行精修，然后再进行结构参数的精修，最后全部放开。待拟合收敛、R_{wp} 不再减小、实验谱和拟合谱吻合较好，且各参数均具有物理意义时，所得参数即认为无限接近样品结构参数。

以 Co 替代针铁矿样品结构参数精修为例进行说明。合成一系列 Co 替代针铁矿样品，Goe 和 GCoN（N 为 1~9 的整数），这些样品中 Co 与(Co+Fe)的物质的量的比分别为 0、0.011、0.021、0.038、0.048、0.051、0.068、0.080、0.090 和 0.099。Rietveld 结构精修以针铁矿（JCPDS 81-0464）结构模型为基础。设置基本参数之后，导入针铁矿结构文件（图1.29）。在"Sites"中晶格 Fe 位置上添加 Co 位点，根据元素组成结果将占有率设置成原子摩尔分数（图1.30），随后即可运行拟合。

拟合收敛后，勾选"Str Output"下的"Generate Bond-lengths/errors"，则可以输出键长、键角等参数（图1.31）。若勾选"Generate CIF output for structure"，则可以输出 Co 替代针铁矿样品结构精修的晶体结构文件（*.cif），如图1.32所示。

对该系列样品进行 Rietveld 结构精修，结果如图1.33和图1.34（Yin et al.，2020）所示。随着 Co 含量升高，Co 替代针铁矿样品晶胞参数 a、b、c 和晶胞体积线性减小（$n=10$，$\alpha=0.01$）。晶体密度与样品 Co 含量呈显著正相关。针铁矿结构中沿 c 轴方向共边 Fe—Fe(Co) 键长、双齿共角 Fe—Fe(Co)键长随着样品中 Co 含量增加而减小。

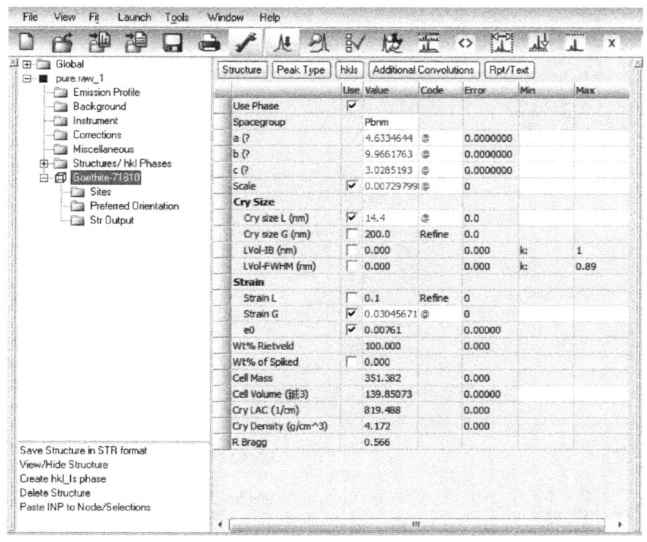

图 1.29　导入*.cif 结构文件后的界面

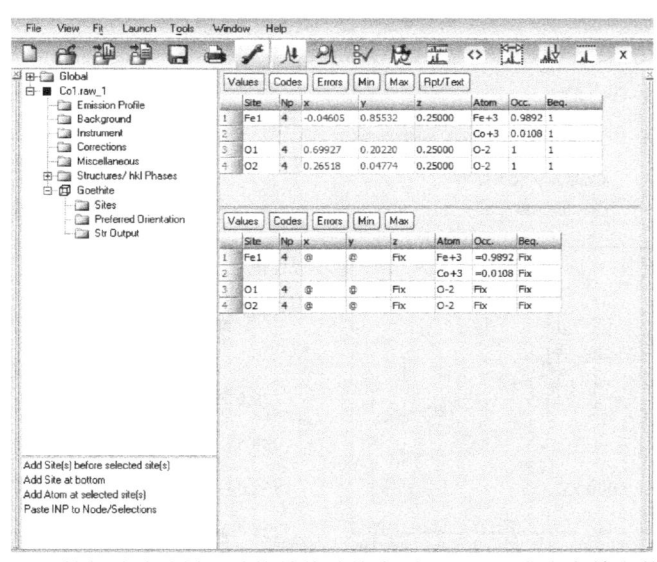

图 1.30　Co 替代针铁矿样品结构精修结构中原子位置、占有率等参数的设置

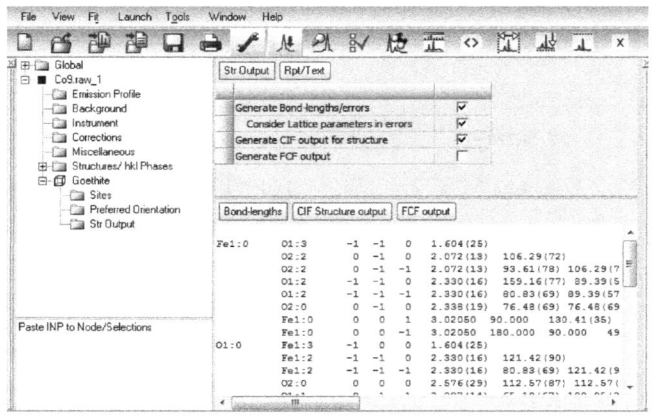

图 1.31　Co 替代针铁矿样品结构精修输出键长、键角等参数的设置

· 31 ·

图 1.32 Co 替代针铁矿样品结构精修输出晶体结构文件

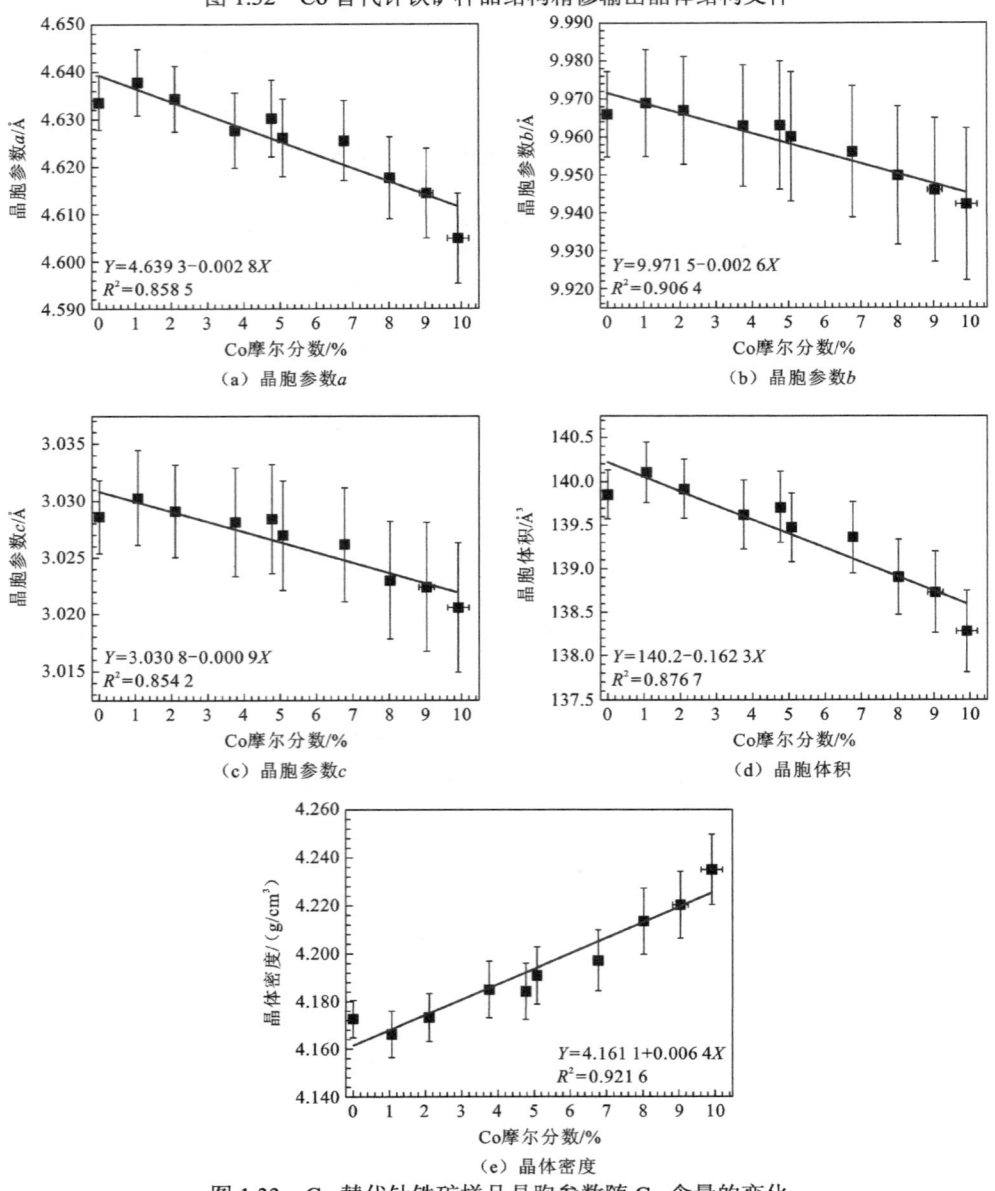

(a) 晶胞参数 a

$Y=4.6393-0.0028X$
$R^2=0.8585$

(b) 晶胞参数 b

$Y=9.9715-0.0026X$
$R^2=0.9064$

(c) 晶胞参数 c

$Y=3.0308-0.0009X$
$R^2=0.8542$

(d) 晶胞体积

$Y=140.2-0.1623X$
$R^2=0.8767$

(e) 晶体密度

$Y=4.1611+0.0064X$
$R^2=0.9216$

图 1.33 Co 替代针铁矿样品晶胞参数随 Co 含量的变化

(a) 沿c轴方向共边Fe—Fe(Co)键长

(b) 双齿共角Fe—Fe(Co)键长

图1.34 Co替代针铁矿样品结构中Fe—Fe(Co)键长随Co含量的变化

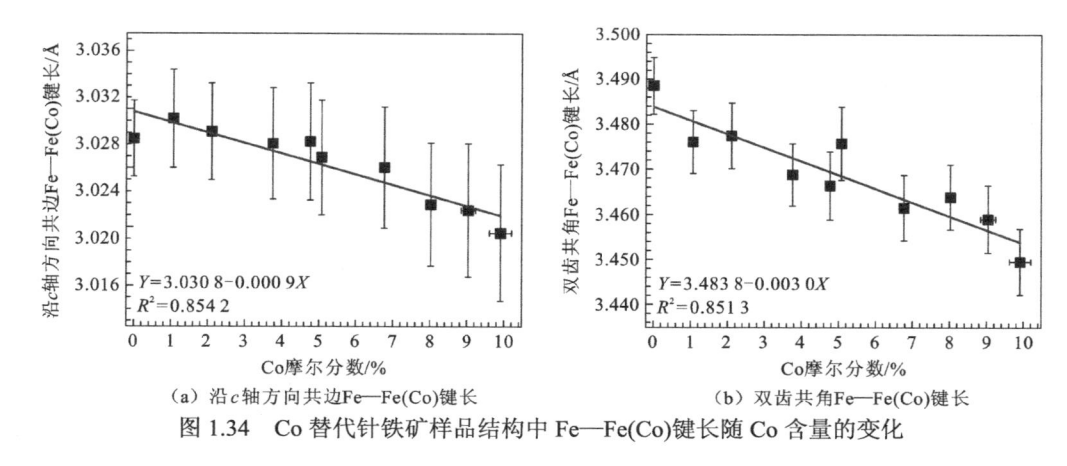

5. Rietveld全谱拟合无标样定量分析

混合物的粉末衍射谱是各组成物相的粉末谱的权重叠加，各相的权重因子与该相在混合物中的体积分数或质量分数有关，因此通过Rietveld全谱拟合确定各相的权重因子（又称定标因子）即可得出其质量分数。该方法具有以下特点：①无须标样校正；②可用于复杂的多相定量，不受物相增加、衍射峰重叠的影响；③择优取向、消光、线宽化、测角仪等引起强度的系统误差可通过模型修正；④背底和全谱拟合以图形显示，提高分析数据的精度；⑤可快速定量，有效用于工业在线监控，如水泥生产。

对混合物进行准确定量分析的关键有：①对试样中的物相鉴定结果必须准确无误；②要求有高质量的*.raw数据谱；③具有所有物相晶体结构文件或各纯相标准谱。

以合成Cd替代铁矿样品的物相分析（Liu et al.，2019）为例进行说明。将150 mL 5 mol/L KOH溶液加入375 mL Cd^{2+}与Fe^{3+}硝酸盐混合溶液中，然后稀释至1 L，调节并保持反应体系pH>13；将悬液在室温下老化72 h，其间每天搅拌2 h。老化结束后，悬液离心分离，所得固体用超纯水洗涤干净后于40 ℃干燥、磨细过筛备用。为了去除样品中非晶或弱晶质部分，按固液比1∶100［质量（g）∶体积（mL）］在矿物样品中加入0.2 mol/L草酸/草酸铵溶液（pH=3），遮光振荡2 h。然后将悬液离心分离，所得固体洗净干燥后备用，命名为6Cd_o，其XRD图谱如图1.35所示。尽管样品所有衍射峰都与针铁矿标准（ICSD 71810）

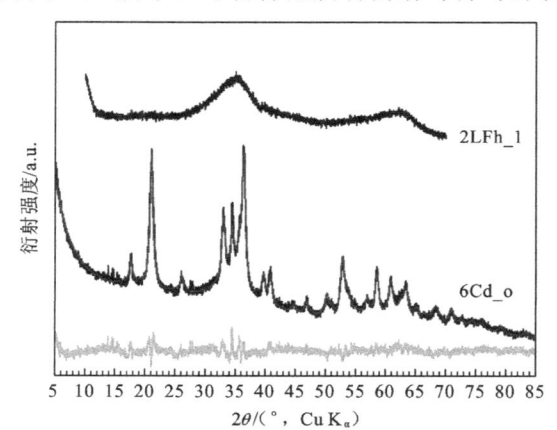

图1.35 草酸/草酸铵处理后样品和进一步硝酸处理后样品的Rietveld结构精修结果
蓝线为实验数据；红线为拟合谱；灰线为差谱；扫封底二维码可见彩图，余同

一致，但是在约 35°和 62°处存在较明显的鼓包。这些鼓包与二线水铁矿（2LFh_1，ICSD 158475）一致，表明该样品中存在二线水铁矿。Rietveld 全谱拟合无标样定量分析表明，6Cd_o 中含 24%±3%的二线水铁矿和 76%±3%的针铁矿（图 1.35）。

参 考 文 献

廖立兵, 夏至国, 2013. 晶体化学及晶体物理学. 北京: 科学出版社.

赵珊茸, 2004. 结晶学及矿物学. 北京: 高等教育出版社.

GUINEBRETIÈRE R, 2007. X-ray diffraction by polycrystalline materials. London: ISTE Ltd.

HAHN T, 2005. International tables for crystallography, Volume A space-group symmetry. Fifth edition. Netherlands: Springer.

LEE M, 2016. X-ray diffraction for materials research: From fundamentals to applications. Canada: Apple Academic Press, Inc.

LIU L, WANG X M, ZHU M Q, et al., 2019. The speciation of Cd in Cd-Fe coprecipitates: Does Cd substitute for Fe in goethite structure? ACS Earth Space Chemistry, 3(10): 2225-2236.

WANG W, ZHANG W, FAN Y, et al., 2022. Facet-dependent adsorption of aluminum(III) on hematite nanocrystals and the influence on mineral transformation. Environmental Science: Nano, 9(6): 2073-2085.

WASEDA Y, SHINODA K, MATSUBARA E, 2011. X-ray diffraction crystallography: Introduction, examples and solved problems. Berlin: Springer.

YIN H, WU Y, HOU J, et al., 2020. Preference of Co over Al for substitution of Fe in goethite (α-FeOOH) structure: Mechanism revealed from EXAFS, XPS, DFT and linear free energy correlation model. Chemical Geology, 532: 119378.

YOUNG R A, LUNDBERG J L, IMMIRZI A, 1980. Application of the Rietveld whole-pattern-fitting method to linear polymer structure analysis: Fiber diffraction methods. American Chemical Society Symposium Series, 141: 69-91.

第 2 章 高能 X 射线总散射

纳米材料在环境中普遍存在，其表面能随晶粒尺寸减小而增加，使其界面化学特性发生相应变化（Banfield et al., 2001）。随着晶粒尺寸进一步减小，纳米材料中的原子排列也可能发生变化，这将极大地影响其性质和环境界面行为。例如，在多相催化领域，催化剂纳米颗粒尺寸减小到一定范围内，其表面原子的电子态和配位环境会发生显著变化，甚至从金属态转变为分子态（Cao et al., 2016）。纳米材料的 X 射线衍射图谱也随其晶粒尺寸变化而改变。根据晶体的衍射图谱，特别是单晶衍射数据，可以由从头解的方法确定其长程结构，但粉晶衍射数据解析结构较为复杂，如果有合适的初始结构模型，利用高质量粉晶衍射数据和结构模拟软件，可以通过 Rietveld 全谱拟合方法对初始结构进行精修（Evans et al., 2004）。

然而，随着晶粒尺寸减小，接近布拉格条件的衍射不能完全消除，布拉格峰变宽，强度降低，甚至与背景难以区分（Cullity et al., 2001）。此外，纳米颗粒的无序度、应力和缺陷随之增加，这些非长程结构特性产生的 X 射线散射则表现为不同于布拉格散射（即衍射）的漫散射的一部分。在 X 射线衍射方法应用于纳米材料结构表征面临挑战时，其他结构分析技术迅速发展，如扩展 X 射线吸收精细结构（extended X-ray absorption fine structure，EXAFS）光谱、高分辨透射电子显微镜（high resolution transmission electron microscope，HRTEM）、总散射及其傅里叶变换原子配对分布函数（atomic pair distribution function，PDF）技术等。EXAFS 可分析吸收原子近邻较少配位壳层的局域结构，却不能获取材料整体原子结构信息（Billinge et al., 2007）。HRTEM 分辨率高，可直接观察晶质纳米颗粒原子排布，但难以分析高无序度纳米材料的原子结构。而基于漫散射和傅里叶变换总散射的 PDF 技术，通过解析所有原子对间距的空间分布，可提供纳米材料全尺度的结构信息（Egami et al., 2012）。

2.1 基 本 原 理

近年来，基于总散射的 PDF 技术，以其分析纳米颗粒的优势及原位和快速采集技术，在不同结晶状态和团聚方式的凝聚态体系结构研究方面发挥越来越重要的作用（Farrow et al., 2007; Billinge et al., 2004）。在处理总散射数据时，不区分漫散射和布拉格散射，因此 PDF 包含材料内原子结构的所有信息。以 X 射线与物质相互作用后产生的散射行为为例（Egami et al., 2012），X 射线光子与物质相互作用后产生的总弹性散射振幅为

$$\psi(Q) = \frac{1}{<b>} \sum_v b_v e^{iQR_v} \tag{2.1}$$

式中：Q 为散射波矢，与散射角度的换算关系为 $|Q|=(4\pi\sin\theta)/\lambda$（$\lambda$ 为散射粒子的波长，θ 为入射束与散射束夹角的一半）；R_v 为第 v 个原子的空间位置矢量；b_v 为第 v 个原子的散射

振幅；$<b>$ 为结构内 N 个原子散射振幅平均值，$<b>=\dfrac{1}{N}\sum\limits_{\nu} b_\nu$。

从式（2.1）可以看出，散射振幅与原子的空间位置矢量存在傅里叶变换的关系，这样倒易空间的弹性散射信息和实空间的原子三维坐标可以关联起来。实际上，实验过程中采集到的散射信息是散射光束的强度：

$$I(Q)=\dfrac{\mathrm{d}\sigma_c(Q)}{\mathrm{d}\Omega}+<b>^2-<b^2> \tag{2.2}$$

式中：散射振幅 $\dfrac{\mathrm{d}\sigma_c(Q)}{\mathrm{d}\Omega}=\dfrac{<b>^2}{N}|\psi(Q)|^2$。事实上，在通常情况下，纳米材料只具有短程的结构有序（Cicco et al.，2003；Gibson et al.，1997）。但是基于三维平移周期特性的结构可以延伸推广到这些具有较大结构无序特性的体系中，将原子的实际位置改写为相对于完美晶格位置的偏移：

$$\boldsymbol{R}_\nu=\boldsymbol{R}_\nu^0+u_\nu \tag{2.3}$$

这样总弹性散射振幅可以写成

$$\psi(Q)=\dfrac{1}{<b>}\sum_\nu b_\nu \mathrm{e}^{\mathrm{i}Q\boldsymbol{R}_\nu}=\dfrac{1}{<b>}\sum_\nu b_\nu \mathrm{e}^{\mathrm{i}Q\boldsymbol{R}_\nu^0}(1+\mathrm{i}Qu_\nu+\cdots) \tag{2.4}$$

上述展开式中第一项为晶体学中的布拉格散射，第二项原子位置偏移一阶微小量即为漫散射。在传统的晶体学方法中，漫散射信号被处理成布拉格衍射峰下的背底，而总散射技术则同时考虑了这两项弹性散射信号结果。

总散射结构函数 $S(Q)$ 是散射强度归一化后得到的干涉函数，其一般形式为

$$S(Q)=\dfrac{I(Q)}{<b>^2} \tag{2.5}$$

对于细晶粒体系，散射锥具有环状均一性，因此结构因子 $S(Q)$ 与散射波矢的关系可以简化为与其模 $|Q|$ 的关系。

定义约化的结构函数为

$$F(Q)=Q[S(Q)-1] \tag{2.6}$$

则其傅里叶变换为

$$G(r)=\dfrac{2}{\pi}\int_0^\infty Q[S(Q)-1]\sin(Qr)\mathrm{d}Q=4\pi r\rho_0[g(r)-1] \tag{2.7}$$

式中：$G(r)$ 为约化的对分布函数（Billinge et al.，2004）；ρ_0 为体系的平均原子数密度；$g(r)$ 为原子配对分布函数。如果把相对原子位置即原子位置关联函数通过一系列原子间距（r）来描述，那么原子间距的分布可以描述为原子配对密度函数（atomic pair density function）：

$$\rho(r)=\rho_0 g(r)=\dfrac{1}{4\pi Nr^2}\sum_\nu\sum_\mu\delta(r-r_{\nu\mu}) \tag{2.8}$$

式中：δ 为狄拉克函数，是一对原子（记为 ν 和 μ）在 $r_{\nu\mu}$ 处产生的函数；$r_{\nu\mu}$ 是原子 ν 和 μ 之间的距离。

ρ_0 和 $g(r)$ 两个函数在特定情况下都可简写为原子配对分布函数（PDF）。原子配对分布函数作为一个一维函数，在间距 $r_{\nu\mu}=|r_\nu-r_\mu|$ 处有峰。当衍射矢量无限大时，倒易空间中反映出的结构信息和实空间的结构信息都是完整且等价的。总散射包含了来自全局平均结构的布拉格衍射、来自静态局域结构的弹性漫散射和部分来自原子动力学的非弹性散射等。

由于具有对局域尺度结构信息在实空间精确呈现的特点，基于总散射技术的局域结构确定成为纳米材料结构研究的重要手段。直观地看，原子配对分布函数将物质的结构信息转换成实空间中不同键长尺度的径向对分布，使传统晶体学中的平均单胞信息可由原子对键长表述。这些被长程平均结构所掩盖的短程、局域结构信息便能够真实地反映出纳米材料存在的本征结构特点（Keen et al., 2015）。

在原子配对分布函数图谱中，峰位代表原子对间距或键长，峰面积代表扣除平均数密度背底后的配位数，峰宽代表结构无序度（涵盖静态无序、热无序和测试的本征宽化）。径向范围内的原子对峰强度衰减情况与纳米颗粒有序结构的空间尺度密切相关，短程尺度下的近邻配位结构与原子对峰一一对应。在时间平均尺度下，原子配对分布函数反映的键长是原子对间距的时间平均，而传统晶体学结构解析获得的键长则是原子空间和时间平均后的间距。因此，从化学成键的本质上看，原子配对分布函数所反映的结构信息能够更加真实地体现纳米颗粒的本征键长特点，因此称为"真实键长"，而对应的晶体学解析获得的键长信息称为"表观键长"。

2.2 数据采集与结构分析

2.2.1 数据采集

对纳米材料进行总散射测定通常以 X 射线为探针，同步辐射装置为原子配对分布函数（PDF）数据采集提供了最佳的高能、高通量 X 射线束。光子通量比实验室产生的 X 射线高很多数量级，大大缩短了收集完整数据集的时间。高能量 X 射线能更好地穿透样品，最大限度地减少重元素或直径较大样品的吸收，使其能够穿透较大或复杂的样品环境，这使得原位测量或操作具有更大的灵活性。大多数适用于总散射测定的同步辐射线站使用快速采集原子配对分布函数（rapid acquisition atomic pair distribution function，RAPDF）模式（Jeong et al., 1999）。X 射线总散射数据也可以用实验室的粉末衍射仪测得，但是测量时间更长，与同步加速器下的秒或分钟相比，一个数据集的测量时间通常为 15~30 h，且光束能量不可调谐。

使用高能同步辐射 X 射线进行总散射实验的实验几何与德拜-谢乐几何相似（图 2.1），但通常使用二维面积探测器，如通用电气（General Electric）或珀金埃尔默（PerkinElmer）公司制造的非晶硅基平板探测器系统（a-Si）。探测器安装在与入射光束正交的位置，并调节样品到探测器的距离以达到测量所需的 Q 范围。例如，当使用 40 cm×40 cm a-Si 探测器，且样品到探测器的距离约为 12 cm，入射 X 射线能量约为 58 keV（λ=0.213 Å）时，在 PDF 中最大可测的 Q 范围约为 25 Å^{-1}，产生的实空间分辨率 δ_r≈0.13 Å。其他实验几何还有带点计数器的双圆衍射仪，但是它通常不适合使用区域检测器进行快速数据采集（Chupas et al., 2003）。因此，测定 PDF 常使用大面积二维探测器同时收集大区域的倒易空间散射数据，测定时间只需几分钟或更短。结合高能量 X 射线（如 50~100 keV 或更高），探测器被放置在样品附近（如距离 150~300 mm），可单次测定一个较大的 Q_{max} 值。但 RAPDF 模式得到的为相对较低 Q 分辨率的散射数据，因此使用第二个探测器或通过移动主探测器，测定用于互补的倒易空间数据。测定时通常把样品装入由弱散射材料（如聚酰亚胺或硼硅酸盐）制成的毛细管中。样品形态不受限制，可以是多晶或无定形固体样品、凝胶、乳膏和蜡等，液体也可以用注射器装入毛细管中进行测定。

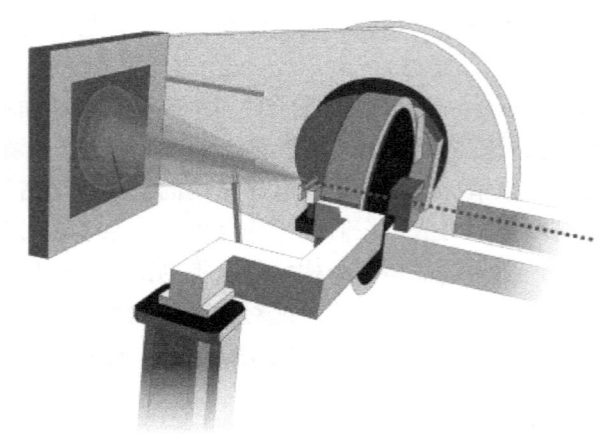

图 2.1　满足德拜-谢乐几何的实验装置示意图
入射高能单射光束（虚线）与样品的散射在二维探测器上形成角度为 2θ 的明亮环，
该环满足布拉格条件；引自 Richard 等（2013）

对总散射数据进行傅里叶变换，便可得到 PDF 图谱。目前常用软件有 PDFgetX3（Juhás et al.，2013）、PDFgetN（Peterson et al.，2000）、PDFgetN3（Juhás et al.，2018）、GSAS-II（Toby et al.，2013）、GudrunX 和 GudrunN（Soper，2011），可用于从 X 射线、中子或电子获得的总散射实验数据中获得 $I(Q)$ 和 $S(Q)$。在一定的 Q 范围进行傅里叶变换，得到 $G(r)$，从而提取原子配对的结构信息。一般而言，为了获得原子尺度信息，Q_{max} 值通常需达到 15~20 Å^{-1}，对较大 Q_{max} 需要应用高能 X 射线或短波长的中子进行测定。此外，还需要高通量，即使在最高 Q 值时，也需要 $S(Q)$ 函数有良好统计数据，使 PDF 数据噪声最小。使用高能 X 射线时，PDF 分析通常在具有专用光束线的高能同步加速器上进行（Billinge et al.，2004）。PDF 分析也可以使用实验室配备 Ag 或 Mo X 射线管的衍射仪或使用中子或电子进行总散射测量（Malliakas et al.，2012）。

2.2.2　直接信息

原子配对分布函数表征样品结构中所有原子之间距离的分布。由于原子配对分布函数的直观性质，可以直接从中获得重要的结构信息。图 2.2 所示为一系列简单、离散和孤立的结构。图 2.2（a）所示为一个由 21 个原子组成的链、且键距为 3 Å 的一维结构的模拟 PDF。3 Å 处的第一个峰代表两个相邻原子之间的距离，6 Å 处的第二个峰是下一对原子之间的距离，以此类推，随后的峰值都遵循相同的模式。如果原子之间的距离发生改变，峰值的位置也会随之改变。如图 2.2（a）所示，当原子间距增加到 3.6 Å 时，PDF 的峰位也会随之增加（红色）。PDF 峰宽由原子对的原子距离概率分布决定，如图 2.2（b）所示，热振动的增加会导致 PDF 峰宽增加。待试样品晶粒尺寸也会影响 PDF，图 2.2（c）比较了

6个原子链模拟的 PDF 和 21 个等距原子链模拟的 PDF。与 21 原子链相比，6 原子链的 PDF 峰强度较低，这是因为短链中存在的原子对较少。此外，PDF 峰强度随着原子间距（r）的增大而减小，当 r 大于结构尺寸时没有 PDF 峰，在短链 PDF 中峰强度减小更快。在纳米颗粒的研究中，这种效应可以用来表征纳米颗粒的晶粒尺寸。PDF 峰强度与原子对出现的频次呈正比，同时也受这对原子的散射强度影响。图 2.2（d）显示了一个由金（Au）和钠（Na）两个不同的原子组成的结构。Na（原子序数=11）的散射强度比 Au（原子序数=79）要低得多，因此，来自 Na（即 Na-Na 和 Na-Au）的原子对的峰强度低于 Au-Au 峰。如图 2.2（e）所示，将 21 个原子一维链中的所有原子位置乘以一个随机数来模拟一个假设的原子结构中的无序效应。原子无序度可以影响 PDF 数据对应的结构特性。例如，图 2.2（e）中的 PDF 峰值因无序而变宽且发生位移。这是由于这些结构特性的变化均影响 PDF 的峰特征，结构无序对 PDF 建模和表征更具挑战性。

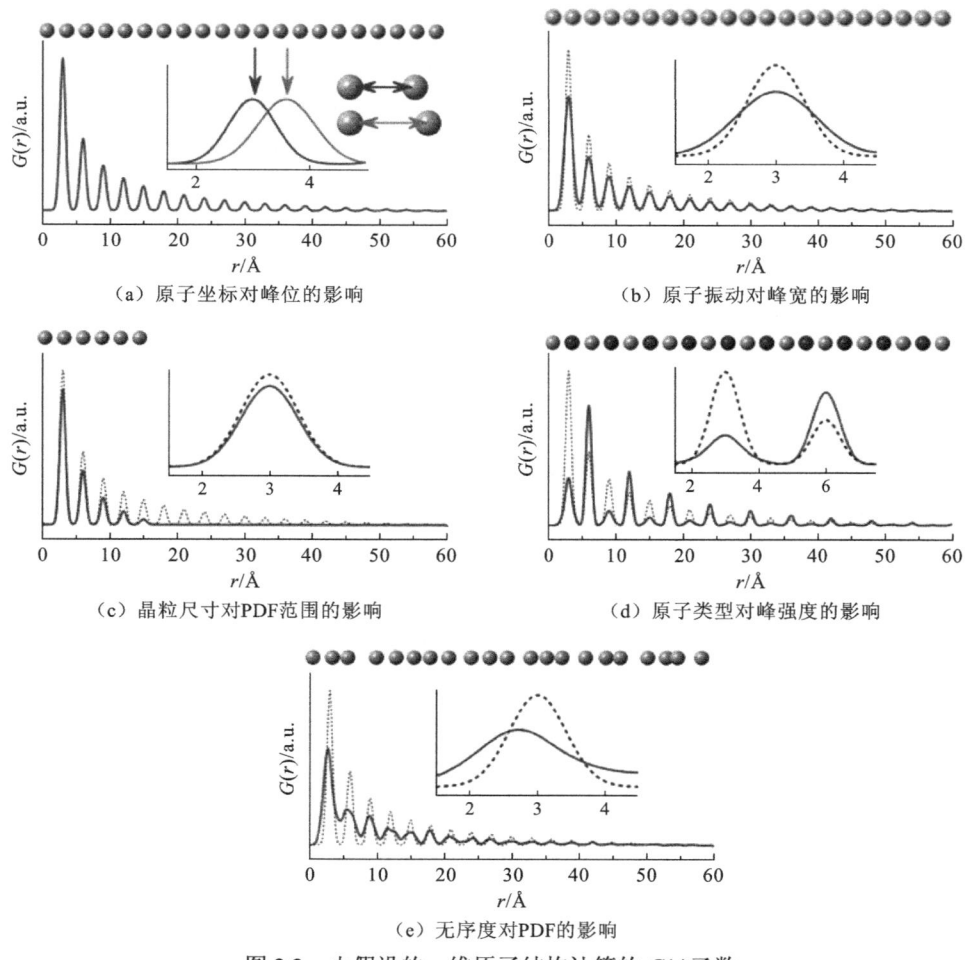

（a）原子坐标对峰位的影响

（b）原子振动对峰宽的影响

（c）晶粒尺寸对PDF范围的影响

（d）原子类型对峰强度的影响

（e）无序度对PDF的影响

图 2.2　由假设的一维原子结构计算的 $G(r)$ 函数

实线为不同因素影响下模拟 PDF，虚线为（a）中模拟 PDF；引自 Christiansen 等（2020）；扫封底二维码见彩图

2.2.3 原子配对分布函数模型拟合

从原子配对分布函数（PDF）图谱可以直接获得原子间距、颗粒尺寸等信息，通过 PDF 模拟可以提取到更多、更可靠的结构信息。给定一个原子结构模型，可以从晶体结构或原子排布，如矿物结构或分子类团簇原子排布中计算出相应的 PDF，将得到的 PDF 与实验数据进行对比，通过改变结构参数使计算谱与实验谱无限接近，从而获得相关样品的丰富的结构信息。

通过建立不同的原子模型均可应用于 PDF 模拟，目前广泛应用的是实空间 Rietveld 模拟法。该方法可在 PDFgui（Farrow et al.，2007）、DiffPy-CMI（Coelho et al.，2015）和 TOPAS（Ghosh et al.，2003）程序中实现。实空间 Rietveld 模拟与倒易空间 Rietveld 结构精修相似，结构模拟是建立在一定平移对称的晶体单胞基础上。因此，相关结构参数（如晶胞参数、原子坐标、同晶替代和原子占据率等）均可通过模型进行拟合和精修，而大多数情况下，拟合中假定空间群对称性保持不变。晶粒尺寸的影响常通过包络函数体现，随着 r 的增加，包络函数 PDF 信号衰减，当达到晶粒尺寸时，衰减至噪声水平。除晶粒尺寸外，包络函数也受颗粒形状的影响，通常假设纳米材料颗粒是球形的，但也可以定义为其他形状和尺寸分布（Gamez-Mendoza et al.，2017；Ghosh et al.，2003）。虽然该方法在概念上类似于倒易空间 Rietveld 结构精修，但对实空间 PDF 进行建模模拟可以分析尺寸非常小的纳米颗粒的结构。材料的局部结构和无序度也可以通过拟合 r 依赖的模型进行分析，其中包括对局域结构和平均体相结构的单独描述（Gianluca et al.，2006）。实空间 Rietveld 分析可以在许多方面得到应用，通过对结构的了解和创建适宜的结构模型，该方法甚至可以应用于复杂的纳米结构解析。

实空间 Rietveld 模拟法非常适用于具有周期性原子结构的材料，以及与相应体相材料晶体结构或其他已知晶体结构有关材料的结构解析。而对于许多具有分子单元、大离子团簇或金属纳米团簇的材料，则不能应用该方法描述其原子结构。这些材料的 PDF 模拟可以在不假设平移对称性和周期性结构的情况下，通过原子坐标建立一个离散的结构对象来进行，并利用德拜方程（Kolb，2012）来计算散射图样，然后计算 PDF（Reinhard et al.，1993）。该方法适用于小的纳米粒子、团簇或小分子等的 PDF 拟合。DISCUS（Proffen et al.，1997）和 DiffpyCMI（Juhás et al.，2015）软件包可对具有离散结构材料的 PDF 进行模拟。例如，使用 X 射线总散射和 PDF 技术分析非晶态 FeS，模拟结果表明它在长度尺度上具有与粒径（2~3 nm）相当的周期性，而且 PDF 可以充分适配其晶体对应物（马基诺矿）的结构模型（Michel et al.，2007）。PDF 分析也可通过"large-box modelling"完成，如逆向蒙特卡罗（reverse Monte Carlo，RMC）方法（McGreevy，2001）。该方法被广泛应用于完全非晶态和无序晶体材料，也能很好地应用于纳米颗粒的结构解析（Vargas et al.，2018）。与建模的方法不同，PDF 拟合质量的好坏通常通过分析拟合度 R_w 因子来确定。R_w 因子可以衡量计算的 PDF 与实验的 PDF 之间的差异，其计算公式为

$$R_w = \sqrt{\frac{\sum_n (G_{\text{obs},n} - G_{\text{calc},n})^2}{\sum_n G_{\text{obs},n}}} \qquad (2.9)$$

式中：$G_{\text{obs},n}$ 为实验的 PDF；$G_{\text{calc},n}$ 为计算的 PDF（Egami et al.，2012）。

值得强调的是，很难确定"好"的拟合度，即 R_w 值应该是多少。由于被表征的材料的结构有序度可能差别很大，预期的 R_w 值在很大程度上取决于所调查的结构类型及数据质量。如果需要拟合的材料是高度有序的晶质颗粒，数据和拟合结果之间的 R_w 为 1%~5% 时，就能获得高质量的 PDF。而对于高无序度的纳米颗粒，R_w 一般为 15% 以上。通常，无序纳米颗粒的复杂性太高，一个相对简单的模型无法完全描述。对良好拟合结果的追求可能导致过度拟合和非物理模型的出现，通过在模型中增加参数的数量使 R_w 值下降，往往是不可取的。当评估拟合质量时，对拟合的目视检查是关键，这是因为残差曲线可以清楚地表明结构模型是否合适。

2.2.4 差分原子配对分布函数

当纳米颗粒因发生界面反应（如表面吸附）而造成微小的结构改变时，差分原子配对分布函数（differential pair distribution function，d-PDF）能够清楚地分辨这种微小的结构变化。在 d-PDF 测定中，首先分别采集没有吸附质吸附的纳米颗粒（Host）和吸附质吸附后纳米颗粒（Host+Guest）的 PDF 图谱，然后从 Host+Guest 图谱中扣除 Host 图谱，通过差分图谱获得纳米颗粒界面与吸附质分子（Guest）之间的结构信息（Chapman et al.，2006，2005），如图 2.3（Li et al.，2011）所示。近年来，d-PDF 技术已广泛应用于负载金属纳米团簇的多相催化和氧化物纳米颗粒的表面吸附等方面（Harrington et al.，2010；Waychunas et al.，1996）。在多相催化领域，催化金属纳米颗粒分散在高表面积的载体上，节省活性物质，防止金属纳米颗粒团聚，并能提高催化活性。载体一般负载 1%~15% 的金属纳米颗粒。分别测量载体表面上有或没有纳米颗粒负载时的 PDF，然后将两个 PDF 相减，即可得到一个只包含与所负载的纳米颗粒相关的 PDF。该方法可用于研究活性催化剂的结构和催化作用发生后的结构变化，这是优化催化剂性能的关键。d-PDF 也广泛应用于表面吸附研究。例如，利用 d-PDF 来表征 As(V) 在水铁矿表面的键合几何构型，结果显示出明显的 As-O 和 As-Fe 相关峰，表明 As(V) 以双齿配位方式吸附于水铁矿表面（Li et al.，2011）。

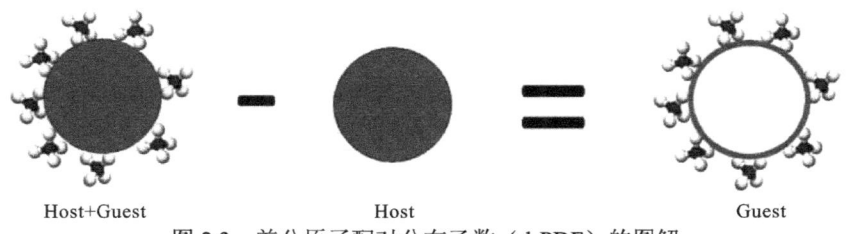

图 2.3 差分原子配对分布函数（d-PDF）的图解

2.3 高能 X 射线总散射分析在环境界面研究中的应用

高能 X 射线总散射原子配对分布函数技术在纳米颗粒原子结构分析中是一个大而快速发展的领域，涵盖了一系列材料类型、实验方法、数据处理和结构解析方法。因此，对纳米颗粒中原子结构 PDF 解析需要建立在对研究体系材料性质及化学结构深入理解的基础上。本节选取环境界面研究中 PDF 应用的相关示例进行说明。

2.3.1 晶粒尺寸分析

在 $G(r)$ 图谱中，随着 r 增加，峰振幅逐渐减小，当 r 接近散射体尺寸时，信号衰减至噪声水平，进而可反映样品尺寸，因此可以直接从 $G(r)$ 中获得样品的晶粒大小。图 2.4 为不同尺寸水铁矿 PDF 图谱。从二线水铁矿（2LFh_1）到六线水铁矿（6LFh_4），$G(r)$ 中峰衰减速率下降，峰衰减至背景时对应的 r 分别为 2.0 nm、2.6 nm、3.4 nm 和 4.4 nm[图 2.4（a）]。这与通过粉末 X 射线衍射 Rietveld 结构精修所得晶粒尺寸（1.6 nm、2.6 nm、3.4 nm 和 4.4 nm）基本一致（Wang et al., 2016）。因此，PDF 是直观获取纳米颗粒的晶粒尺寸的有效手段。

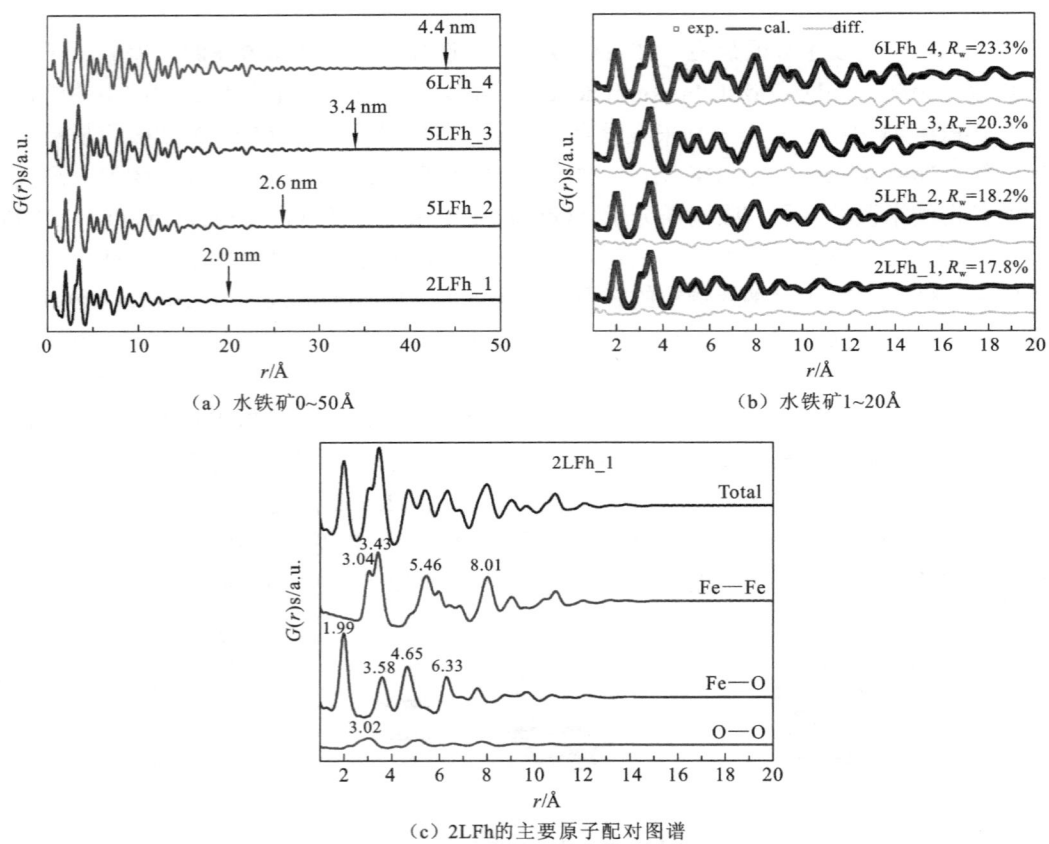

（a）水铁矿 0~50Å

（b）水铁矿 1~20Å

（c）2LFh 的主要原子配对图谱

图 2.4　4 种不同尺寸水铁矿的 PDF 及其模型拟合图谱

（b）图中 exp.、cal. 和 diff. 分别为实验谱、计算谱和差分谱，R_w 为拟合度；（c）图中数字为主要原子对距离（Wang et al., 2016）

2.3.2 弱晶质矿物结构解析

PDF 已被用于表征许多高度无序或纳米结构氧化物的结构特征。下面以环境中普遍存在的弱结晶水铁矿为例，阐述高能 X 射线原子配对分布函数在纳米颗粒中的应用。亚稳态纳米晶水铁矿在环境中普遍存在，包括地表水、土壤、沉积物、生物体，甚至是外星物质（Jambor et al., 2010）。水铁矿是自然环境中风化或成土过程中产生的次生晶质铁（氢氧）氧化物（即赤铁矿和针铁矿）最重要的前驱物（Liu et al., 2012, 2008; Cornell et al., 2003）。水铁矿的粒径小，一般为 1～7 nm（Cismasu et al., 2013; Michael et al., 2008），这使得水铁矿具有较大比表面积和较高的反应活性（Michael et al., 2008）。因此，它在土壤团聚体的形成及污染物和营养物质的迁移和生物利用方面发挥着重要作用，同时也被广泛应用于有机污染物的降解及无机污染物[如磷（Wang et al., 2013; Voegelin et al., 2003）和重金属（Scheinost et al., 2001）]的去除。

由于水铁矿的结晶性较差，其结构尚未得到完全解析，特别是其表面结构和无序性的起源。图 2.4（b）所示为 4 种不同尺寸水铁矿在 1～20 Å 的 $G(r)$ 函数。由图可见，不同尺寸水铁矿具有几乎相同的原子排列，即它们具有相似的中程结构。为了量化由晶体尺寸变化引起的微结构变化，基于 Michel 水铁矿结构模型（Michel et al., 2007）对 $G(r)$ 函数进行 Rietveld 模拟，拟合结果见图 2.4（b）和表 2.1。随着晶粒直径的增加，晶胞参数 a 减小，而晶胞参数 c 和 Fe2、Fe3 位点占有率都增加。此外，对二线水铁矿（2LFh）总 $G(r)$ 进行反卷积处理，可得到结构中 Fe—O、Fe—Fe 和 O—O 等原子对的 $G(r)$ 图谱[图 2.4（c）]。总 $G(r)$ 函数中的前三个峰对应：①FeO$_6$ 八面体中 Fe—O 原子对，键长为 1.99 Å；②两个共边 FeO$_6$ 八面体之间的 Fe—Fe 原子对，距离为 3.04 Å；③两个共角顶的八面体或四面体之间的 Fe—Fe 原子对，距离为 3.43 Å。因此，二线水铁矿纳米颗粒的结构与六线水铁矿相同，不同尺寸的水铁矿之间的主要区别是其相干散射域的大小。

表 2.1 通过 PDF 拟合得到的结构参数

参数	2LFh_1	5LFh_2	5LFh_3	6LFh_4
a/Å	6.017（12）	6.01（11）	5.991（9）	5.995（9）
c/Å	9.074（33）	9.122（27）	9.142（23）	9.227（24）
Fe2 和 Fe3(occ.)	0.825（39）	0.845（38）	0.859（34）	0.882（34）
Q_{damp}	0.077（13）	0.09（6）	0.085（5）	0.083（4）
δ_2	2.7（36）	3.06（41）	2.98（42）	3.09（45）
比例因子	1.235	1.014	1.044	0.944
晶粒直径/Å	16	26	34	44
R_w/%	17.8	18.2	20.3	23.3

注：Fe2 和 Fe3(occ.)代表 Fe2 和 Fe3 的占有率被设置为相等；Q_{damp} 为阻尼因子；δ_2 为震动相关项；晶粒直径指通过 XRD 拟合得到的水铁矿样品的 sp-粒径；计算 r_{min} = 1 Å 和 r_{max} = 20 Å 之间的 R_w 值；括号内的值为拟合误差；改自 Wang 等（2016）

2.3.3 差分 PDF(d-PDF)的应用

表面结构信息对理解污染物和营养元素在矿物环境界面的作用机制十分重要。以表面吸附反应为例，发生于矿物/水界面的表面吸附反应对水处理、养分管理和土壤修复具有重要意义。为了全面了解溶质在固体表面的吸附机制，提供固体表面吸附物种的详细结构信息的研究工具是必不可少的。在过去的几十年里，扩展 X 射线吸收精细结构（EXAFS）光谱在无机离子吸附研究中的成功应用，证明了光谱技术在提供原子到分子尺度上的界面吸附行为方面的能力。然而，在研究含有轻元素（P、Al 等）的体系时，EXAFS 光谱也表现出一定的局限性。而 PDF 技术提供了有效的补充，差分 PDF（d-PDF）可以提供吸附质在吸附剂表面的原子配位信息。例如，利用 d-PDF 技术可解析 As(V)在 γ-Al$_2$O$_3$ 纳米颗粒表面的配位结构（Li et al.，2011）。γ-AlO$_2$、As(V)吸附的 γ-AlO$_2$ 及二者的差谱（d-PDF）如图 2.5（a）所示，d-PDF 只包含砷酸根（AsO$_4^{3-}$）的结构信息，其他结构信息在吸附样品和对照样品中都存在，因此被减去。图 2.5（b）中，在 1.66 Å 和 3.09 Å 处的两个峰清晰可见。1.66 Å 处峰与大多数砷酸盐矿物（如臭葱石）中的 As—O 距离（1.68 Å）相符；3.09 Å 处峰与 As—Al 原子对相关。这与 Arai 等（2001）使用 EXAFS 确定的 As—Al 距离（3.11 Å±0.03 Å）吻合，表明砷酸根在 γ-Al$_2$O$_3$ 表面形成了双齿双核内圈络合物。

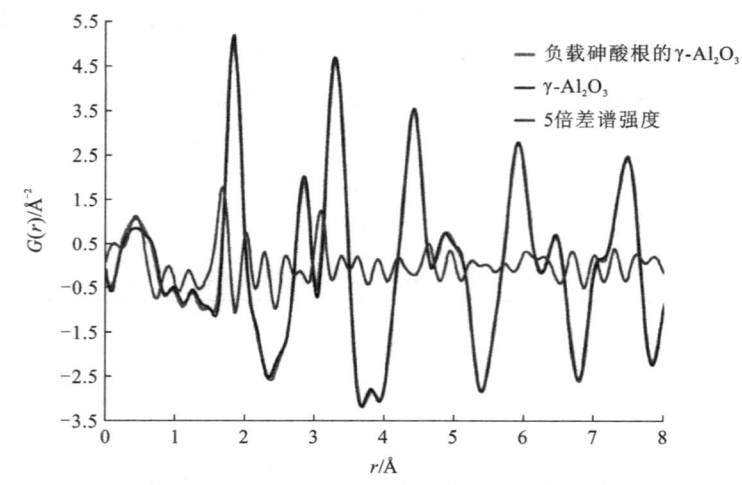

（a）γ-AlO$_2$（黑线）和吸附As(V)的γ-Al$_2$O$_3$（红线）的PDF及二者的差谱（×5倍，蓝线）

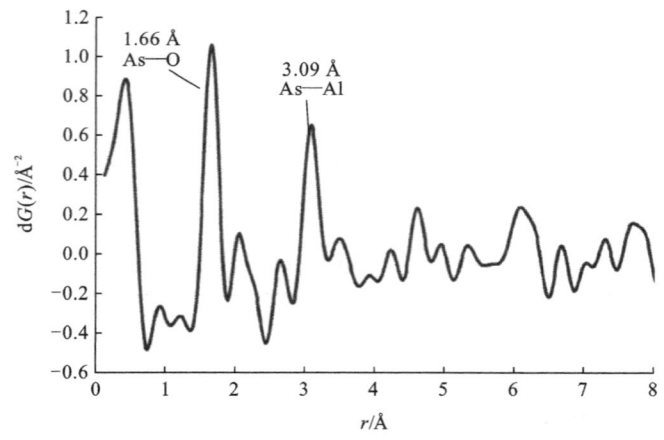

（b）平滑处理后的d-PDF

图 2.5　差分 PDF（d-PDF）技术解析 As(V)在 γ-Al$_2$O$_3$ 纳米颗粒表面的配位结构

扫封底二维码见彩图

同样，利用 d-PDF 技术可揭示无机磷酸根在水铁矿表面结合的分子机制，如图 2.6（Wang et al.，2016）所示。磷酸根在不同粒径的水铁矿表面具有相似的配位结构，在约 1.54 Å 和 3.25 Å 处有两个明显的峰。1.54 Å 处的峰与大多数磷矿的 P—O 距离一致，如蓝铁矿的 P—O 距离为 1.54 Å。3.25 Å 处的峰与 P—Fe 原子对相关。实验 d-PDF 与利用双齿双核络合物模型计算的 d-PDF 一致。因此 d-PDF 分析表明，磷酸根主要以双齿双核络合物形式吸附于水铁矿表面。

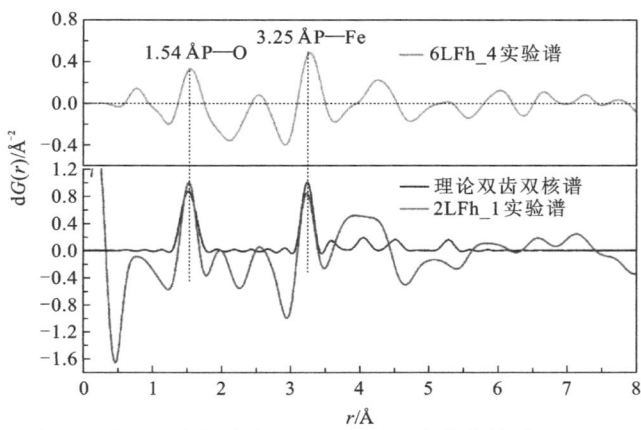

图 2.6　磷酸根吸附于二线水铁矿（2LFh_1）和六线水铁矿（6LFh_2）表面的
d-PDF 实验图谱及根据双齿双核络合物模型的计算图谱

总之，原子配对分布函数技术越来越广泛地应用于各个领域，本章描述的应用于环境纳米颗粒结构分析及界面吸附态离子形态分析的高能 X 射线总散射结构技术，涵盖了一系列不同的 PDF 分析方法，包括直接分析、实空间 Rietveld 模拟、d-PDF 分析，以及使用德拜散射方程的离散结构建模。这些研究的多样性表明，为了实现纳米颗粒结构的 PDF 模拟，具体方法的选择取决于研究对象和需要获得的目标结构信息。通过对研究体系特性和结构的了解，构建一个良好的纳米结构模型对 PDF 模拟尤为重要。

虽然 PDF 分析对解析纳米材料的原子结构非常有用，但其局限性也显而易见。PDF 并不总是包含足够的信息来确定原子结构的唯一模型，尤其是对无序度高和分散性大的纳米材料，需考虑所构建的模型的唯一性和有效性。综合建模（complex modelling）方法是解决这个问题的一个途径，即结构模型是结合来自不同结构分析技术提供的多个数据集进行构建的。这使得模型和改进的参数更加可靠，因为它们包含从不同技术中获得的不同尺度结构信息，如结合小角 X 射线散射（small angle X-ray scattering，SAXS）或 EXAFS 技术。

此外，先进计算技术的发展（如数据库挖掘和机器学习）很可能在未来几年影响原子配对分布函数分析技术的发展与应用。例如，机器学习方法已经应用于 PDF 的组分分析、对称性识别和原子距离拟合等方面。这有助于最大化地从 PDF 数据中提取复杂的结构信息。通过自动建模，即从数据库中挖掘或算法生成大量的结构模型拟合实验 PDF，可以改进结构表征的准确性和构建新的模型。新的发展趋势非常重要，但需要强调可以首先使用相对简单的方法从原子配对分布函数分析中提取有用的信息。

参 考 文 献

ARAI Y, ELZINGA E J, SPARKS D L, 2001. X-ray absorption spectroscopic investigation of arsenite and arsenate adsorption at the aluminum oxide-water interface. Journal of Colloid and Interface Science, 235: 80-88.

BANFIELD J F, NAVROTSKY A, 2001. Nanoparticles and the environment. Berlin: De Gruyter.

BILLINGE S J L, 2004. The atomic pair distribution function: Past and present. Zeitschrift Für Kristallographie-Crystalline Materials, 219(3): 117-121.

BILLINGE S, KANATZIDIS M G, 2004. Beyond crystallography: The study of disorder, nanocrystallinity and crystallographically challenged materials with pair distribution functions. Chemical Communications, 4(7): 749-760.

BILLINGE S, LEVIN I, 2007. The problem with determining atomic structure at the nanoscale. Science, 316(5824): 561-565.

CAO S, TAO F, TANG Y, et al., 2016. Size- and shape-dependent catalytic performances of oxidation and reduction reactions on nanocatalysts. Chemical Society Reviews, 45(17): 4747-4765.

CHAPMAN K W, CHUPAS P J, MAXEY E R, et al., 2006. Direct observation of adsorbed H_2-framework interactions in the Prussian Blue analogue $MnII3[CoIII(CN)_6]_2$: The relative importance of accessible coordination sites and van der Waals interactions. Chemical Communications, 38: 4013-4015.

CHAPMAN K W, CHUPAS P J, KEPERT C J, 2005. Selective recovery of dynamic guest structure in a nanoporous Prussian Blue through in situ X-ray diffraction: A differential pair distribution function analysis. Journal of the American Chemical Society, 127: 11232-11233.

CHRISTIANSEN T L, COOPER S R, JENSEN K, 2020. There's no place like real-space: Elucidating size-dependent atomic structure of nanomaterials using pair distribution function analysis. Nanoscale Advances, 2: 2234-2254.

CHUPAS P J, QIU X, HANSON J C, et al., 2003. Rapid-acquisition pair distribution function(RA-PDF) analysis. Journal of Applied Crystallography, 36: 1342-1347.

CICCO A D, TRAPANANTI A, FAGGIONI S, et al., 2003. Is there icosahedral ordering in liquid and undercooled metals? Physical Review Letters, 91(13): 135505.

CISMASU A C, LEVAR D C, MICHEL F M, et al., 2013. Properties of impurity-bearing ferrihydrite II: Insights into the surface structure and composition of pure, Al- and Si-bearing ferrihydrite from Zn(II)sorption experiments and Zn k-edge X-ray absorption spectroscopy. Geochimica et Cosmochimica Acta, 119: 46-60.

COELHO A A, CHATER P A, KERN A, 2015. Fast synthesis and refinement of the atomic pair distribution function. Journal of Applied Crystallography, 48(3): 869-875.

CORNELL R, SCHWERTMANN U, 2003. The iron oxides: Structure, properties, reactions, occurrences, and uses. Mineralogical Magazine, 61(408): 740-741.

CULLITY B D, STOCK S R, 2001. Elements of X-ray diffraction. Englewood: Prentice Hall.

EGAMI T, BILLINGE S J L, 2012. Underneath the bragg peaks: Structural analysis of complex materials. Amsterdam: Elsevier.

EVANS J S O, RADOSAVLJEVIC E I, 2004. Beyond classical applications of powder diffraction. Chemical Society Reviews, 33: 539-547.

FARROW C L, JUHAS P, LIU J W, et al., 2007. PDFfit2 and PDFgui: Computer programs for studying nanostructure in crystals. Journal of Physics: Condensed Matter, 19(33): 335219.

GAMEZ-MENDOZA L, TERBAN M W, BILLINGE S, et al., 2017. Modelling and validation of particle size distributions of supported nanoparticles using the pair distribution function technique. Journal of Applied Crystallography, 50(3): 741-748.

GHOSH A, BANSAL M, 2003. A numerical method for deriving shape function of nanoparticles for pair distribution function refinements. Acta Crystallographica Section D Structural Biology. D59: 620-626.

GIANLUCA P, EMIL S B, SIMON J L B, 2006. Fine-scale nanostructure in r-Al_2O_3.Chemistry of Materials, 18(4): 3242-3248.

GIBSON J M, TREACY M, 1997. Diminished medium-range order observed in annealed amorphous germanium. Physical Review Letters, 78(6): 1074-1077.

HARRINGTON R, HAUSNER D B, BHANDARI N, et al., 2010. Investigations of surface structures by powder diffraction: A differential pair distribution function study on arsenate sorption on ferrihydrite. Inorganic Chemistry, 49: 325-330.

JAMBOR J L, DUTRIZAC J E, 2010. Occurrence and constitution of natural and synthetic ferrihydrite, a widespread iron oxyhydroxide. Chemical Reviews, 98(7): 2549-2586.

JEONG I, PROFFEN T, MOHIUDDIN-JACOBS F, et al., 1999. Measuring correlated atomic motion using X-ray diffraction. Journal of Physical Chemistry A, 103: 921-924.

JUHÁS P, DAVIS T, FARROW C L, et al., 2013. PDFgetx3: A rapid and highly automatable program for processing powder diffraction data into total scattering pair distribution functions. Journal of Applied Crystallography, 46(2): 560-566.

JUHÁS P, FARROW C, YANG X, et al., 2015. Complex modeling: A strategy and software program for combining multiple information sources to solve ill posed structure and nanostructure inverse problems. Acta Crystallographica Section A: Foundations and Advances, 71(6): 562-568.

JUHÁS P, LOUWEN J N, VAN EIJCK L, et al., 2018. PDFgetN3: Atomic pair distribution functions from neutron powder diffraction data using ad hoc corrections. Journal of Applied Crystallography, 51: 1492-1497.

KEEN D A, GOODWIN A L, 2015. The crystallography of correlated disorder. Nature, 521(7552): 303-309.

KOLB U, 2012. Electron crystallography-new methods to explore structure and properties of the nano world//NATO science for peace and security series B: Physics and biophysics. Netherlands: Springer: 261-270.

LI W, HARRINGTON R, TANG Y, et al., 2011. Differential pair distribution function study of the structure of arsenate adsorbed on nanocrystalline γ-alumina. Environmental Science and Technology, 45(22): 9687-9692.

LIU Q, BARRÓN V, TORRENT J, et al., 2008. Magnetism of intermediate hydromaghemite in the transformation of 2-line ferrihydrite into hematite and its paleoenvironmental implications. Journal of Geophysical Research, 113: B01103.

LIU Q, ROBERTS A P, LARRASOA A J C, et al., 2012. Environmental magnetism: Principles and applications. Reviews of Geophysics, 50(4): RG4002.

MALLIAKAS C D, JUHAS P, BOZIN E S, et al., 2012. Quantitative nanostructure characterization using atomic pair distribution functions obtained from laboratory electron microscopes. Zeitschrift für Kristallographie-Crystalline Materials, 227(5): 248-256.

MCGREEVY R L, 2001. Reverse Monte Carlo modeling. Journal of Physics: Condensed Matter, 13: 877-913.

MICHAEL F H, STEVEN K L, PATRICIA A A M., et al., 2008. Nanominerals, mineral nanoparticles, and earth systems. Science, 319: 1631-1635.

MICHEL F M, EHM L, LIU G, et al., 2007. Similarities in 2- and 6-line ferrihydrite based on pair distribution function analysis of X-ray total scattering. Chemistry of Materials, 19(6): 1489-1496.

PAGLIA G, BOŽIN S E, SIMON B, 2006. Fine-scale nanostructure in γ-Al$_2$O$_3$. Chemistry of Materials, 393: 357-368.

PETERSON P F, GUTMANN M, PROFFEN T, et al., 2000. PDFgetn: A user-friendly program to extract the total scattering structure factor and the pair distribution function from neutron powder diffraction data. Journal of Applied Crystallography, 33(4): 1192.

PROFFEN T, NEDER R B, 1997. Discus, a program for diffuse scattering and defect structure simulations: Update. Journal of Applied Crystallography, 30: 171-175.

RICHARD J, REEDER F, MARC M, 2013. Application of total X-ray scattering methods and pair distribution function analysis for study of structure of biominerals. Methods in Enzymology, 532: 477-500.

REINHARD D, HAL, B D, UGARTE D, et al., 1993. Structures of free ultrafine silver particles, studied by electron diffraction: Observation of large icosahedra. Zeitschrift Für Physik D Atoms Molecules and Clusters, 26(1): 76-78.

SCHEINOST A C, ABEND S, PANDYA K I, et al., 2001. Kinetic controls on cu and Pb sorption by ferrihydrite. Environmental Science and Technology, 35(6): 1090-1096.

SOPER A, 2011. GudrunN and GudrunX: Programs for correcting raw neutron and X-ray diffraction data to differential scattering cross section. Rutherford Appleton Laboratory Technical Reports.

TOBY B H, DR EE LE R, 2013. GSAS-II: The genesis of a modern open-source all purpose crystallography software package. Journal of Applied Crystallography, 46(2): 544-549.

VARGAS J A, PETKOV V, NOUH E S A, et al., 2018. Ultrathin gold nanowires with the polytetrahedral structure of bulk manganese. ACS Nano, 12: 9521-9531.

VOEGELIN A, HUG S J, 2003. Catalyzed oxidation of arsenic(III) by hydrogen peroxide on the surface of ferrihydrite: An in situ ATR-FTIR study. Environmental Science and Technology, 37: 972-978.

WAYCHUNAS G A, FULLER C C, REA B A, et al., 1996. Wide angle X-ray scattering (WAXS) study of 'two-line' ferrihydrite structure: Effect of arsenate sorption and counterion variation and comparison with EXAFS results. Geochimica et Cosmochimica Acta, 60: 1765-1781.

WANG X, LI W, HARRINGTON R, et al., 2013. Effect of ferrihydrite crystallite size on phosphate adsorption reactivity. Environmental Science and Technology, 47(18): 10322-10331.

WANG X, ZHU M, KOOPAL L K, et al., 2016. Effects of crystallite size on the structure and magnetism of ferrihydrite. Environmental Science: Nano(1): 190-202.

第 3 章 X 射线吸收精细结构光谱

3.1 同步辐射光源简介

3.1.1 同步辐射光源发展历程

电磁场理论预言，在真空中相对论性（即速度接近光速）带电粒子在二极磁场作用下偏转时，会沿着偏转轨道切线方向发射电磁辐射。该电磁波后来被英国电信研究所证实存在，但未能直接观察到。1947 年，在纽约通用电气研究实验室的 70 MeV 电子同步加速器上，工程师哈勃·弗洛伊德在透明真空管中首次直接观测到这种电磁波，并称其为同步辐射（Mitchell et al.，1999）。产生和利用同步辐射光的科学装置为同步辐射光源或装置。现代同步辐射装置主要由 4 部分组成：线性加速器、增能环、储存环和束线。

多年来，同步辐射光源已经历了三代的发展，目前已进入第四代光源建设阶段。第一代同步辐射装置借助高能物理实验同步加速器，利用弯转磁铁发光，产生同步辐射，又称"兼用光源"。为了在各个领域广泛应用同步辐射，第二代同步辐射光源应运而生，专门设计建造了电子储存环，同时采用磁聚焦结构如切斯曼-格林阵列以提高辐射亮度。第三代同步辐射光源在电子储存环中增加了直线段设计，插入件的发展和应用使光源不但亮度高、通量大，而且具有优越的偏振和相干性。第四代同步辐射光源主要是基于衍射极限储存环技术，可使光源亮度比第三代光源再提高两个数量级以上（付磊 等，2022）。同步辐射光源的发展将有效推动基础研究和应用研究不断进步。

3.1.2 同步辐射光源特点

同步辐射光源具有以下特点。

（1）高准直性。同步辐射光源的准直性高，可与激光媲美。同步辐射光子主要集中在沿电子轨道切线前方、以切线为轴的极小的圆锥内。如今同步辐射光源电子束发射度可达几百皮米弧度甚至更低。

（2）高亮度。同步辐射光源亮度是实验室常规 X 射线光管的数百万倍。插入件的广泛应用及衍射极限储存环技术也将进一步显著提高光源亮度。

（3）宽波段。同步辐射光是一个频谱宽泛的连续谱，包含远红外线、可见光、紫外线、软 X 射线和硬 X 射线等。使用单色器等可使光源根据需要实现波长连续可调。

（4）偏振性。同步辐射在储存环电子轨道平面内是 100%水平线偏振，而在垂直于轨道平面内是椭圆偏振。调节光源插入件或利用偏光元件，可以获得不同的偏振光。目前偏振性主要应用于物质特性和生物分子手性等的研究。

（5）窄脉冲。同步辐射光有优异的脉冲时间结构，时间间隔为纳秒量级至微秒量级，可根据不同的实验研究进行调控。这种特性能够进行时间分辨研究。

（6）高纯净。同步辐射是无极发射，且在超高真空（10^{-7}~10^{-9} Pa）或高真空（10^{-4}~10^{-6} Pa）状态下产生，不存在其他杂质辐射，是非常纯净的光。

（7）高稳定性。同步辐射装置运行时电子能量、磁场、束团空间位置和截面积都有高度的稳定性，只有束流强度单调衰减（半衰期为数小时），仅受统计噪声影响。

3.1.3 我国同步辐射光源发展情况

我国从 20 世纪 70 年代开始进行同步辐射光源建设，目前有 5 个同步辐射光源在建设/运行。北京正负电子对撞机（Beijing electron positron collide，BEPC），属于第一代同步辐射光源；合肥光源（Hefei light source），属于第二代同步辐射光源；台湾光源（Taiwan light source，TLS）及上海同步辐射光源（Shanghai synchrotron radiation facility，SSRF），属于第三代同步辐射光源；正在建设的高能同步辐射光源（High energy photon source，HEPS）及即将兴建的合肥先进光源，属于第四代同步辐射光源。

北京同步辐射光源（Beijing synchrotron radiation facility，BSRF）基于北京正负电子对撞机（BEPC），1989 年提供同步辐射光，属于第一代同步辐射光源。BEPC 有两种运行模式：兼用模式主要用于高能物理对撞实验，同时也提供同步辐射光；专用模式专用于同步辐射研究。它的专用光能量为 2.5 GeV，流强为 250 mA，发射度为 120 nm·rad，年运行约 3 个月。建有 3 个实验大厅，共有 5 个插入件、14 条光束线和实验站，光源波长涵盖从真空紫外到硬 X 射线波段，可进行 X 射线形貌术、X 射线成像、衍射、小角散射、漫散射、X 射线荧光微分析、X 射线吸收精细结构、光电子能谱、圆二色谱、软 X 射线刻度和计量、中能 X 射线光学、高压结构研究、LIGA（lithographite，galvanoformung and abformung）和 X 射线光刻等实验。

合肥光源于 1991 年对用户开放，是一台专用真空紫外和软 X 射线同步辐射光源。2010~2014 年，合肥光源进行重大升级改造，储存环束流发散度显著降低，光源稳定性明显改善，接近第三代同步辐射光源水平。它的储存环束流能量为 0.8 GeV，流强为 300 mA，发射度<40 nm·rad；拥有 10 条光束线及实验站，包括 5 条插入元件线站，分别为燃烧、软 X 射线成像、催化与表面科学、角分辨光电子能谱和原子与分子物理光束线和实验站，以及 5 条弯铁线站，分别为红外谱学和显微成像、质谱、计量、光电子能谱、软 X 射线磁性圆二色及软 X 射线原位谱学光束线和实验站。

上海同步辐射光源坐落于浦东张江高科技园区，于 2009 年 5 月正式对用户开放，是中国大陆第一台中能第三代同步辐射光源。它的电子能量为 3.5 GeV，运行电流可达 300 mA，发射度约 4 nm·rad。目前共有 23 条光束线 34 个实验站开放运行。主要应用波段为 X 射线，可进行软 X 射线谱学显微、X 射线干涉光刻、X 射线成像、X 射线吸收精细结构、衍射、超高分辨宽能段光电子、X 射线微聚焦、小角散射、生物大分子晶体学、时间分辨红外谱学、蛋白质结构和近常压光电子能谱等实验。

台湾光源位于台湾新竹同步辐射研究中心，于 1993 年 10 月开放运行，是中能第三代同步辐射光源。它的电子束能量为 1.5 GeV，真空紫外线及软 X 射线为其最优能量范围，可进行 X 射线显微、X 射线吸收精细结构、衍射、散射、光电子能谱、蛋白质晶体学等研究。

台湾光子源（Taiwan photon source，TPS）位于台湾新竹同步辐射研究中心，于 2016 年 9 月正式启用。它的电子束能量为 3 GeV，软 X 射线及硬 X 射线为其最佳的能量波段范围，主要进行衍射、蛋白质晶体学、X 射线吸收精细结构、光电子能谱、角分辨光发射、X 射线激发光致发光、散射、成像、透射 X 射线显微和软 X 射线断层扫描等实验。

我国第四代高能同步辐射光源（HEPS）是"十三五"期间优先建设的国家重大科技基础设施，已于 2019 年 6 月在北京怀柔科学城开工建设，预计将于 2025 年 12 月底建成。HEPS 将是亚洲首个第四代同步辐射光源，也是我国第一台高能量同步辐射光源，设计能量为 6 GeV，发射度优于 0.06 nm·rad。HEPS 的建成和运行将进一步推动我国物理、化学、生命科学、材料科学、环境、能源和健康等领域部分前沿方向的科研水平进入国际先进行列（陈森玉 等，2022）。

3.2　X 射线吸收精细结构光谱简介

3.2.1　物质对 X 射线的吸收和 X 射线吸收系数

光在传播过程中会被物质吸收。根据物质对不同波长的光的吸收系数是否相同，物质对 X 射线的吸收分为普遍吸收和选择吸收。事实上，所有介质对光的吸收都有选择性。

物质对光的吸收程度与物质厚度和浓度有关，符合朗伯-比尔定律。一束强度为 I_0 的入射光，经过厚度为 x 的物质吸收后，光强呈指数式衰减，透射光强度为 I，则光经过单位长度物质后减弱的程度，即线衰减系数 μ_l（单位为 cm^{-1}）为

$$\mu_l = \frac{1}{x}\ln\frac{I_0}{I} \tag{3.1}$$

在实际研究中，常应用 μ_l 研究物质吸收 X 射线的各种规律，特别在 X 射线光谱中，研究相对衰减系数或衰减系数间的某一比值。

当考虑同一物质不同聚集态的 X 射线衰减系数时，需要用相同质量物质的衰减系数加以比较，即质量衰减系数 μ_m（单位为 cm^2/g）为

$$\mu_m = \frac{\mu_l}{\rho} \tag{3.2}$$

式中：ρ 为物质的密度，g/cm^3。

不同物质对光的衰减能力不同，特别是当考虑不同原子对光的衰减能力时，通常使用原子衰减系数 μ_a：

$$\mu_a = \mu_m \frac{A}{N_0} \tag{3.3}$$

式中：A 为物质原子量；N_0 为阿伏伽德罗常数（6.02×10^{23}）。由式（3.3）可知，原子序数 Z 越大，原子量越大，μ_a 越大。

大多数物质是由多种元素组成。因此，X 射线在此物质中的质量衰减系数为该物质所有元素的质量衰减系数之和：

$$\mu_m = \sum_i \mu_{m,i} \bar{w}_i \tag{3.4}$$

式中：$\mu_{m,i}$ 为第 i 种物质的质量衰减系数；$\bar{w}_i$ 为该种元素在此吸收体中的质量分数。

上述公式考虑衰减系数与样品厚度、密度、原子量等的关系，未涉及入射光波长或能量的变化。实际上，各种元素的衰减系数与入射 X 射线光子能量有很大的关系。综合起来，原子对 X 射线吸收系数与原子密度、原子序数、原子质量和入射光能量（E）密切相关：

$$\mu(E) \sim \frac{\rho Z^4}{AE^3} \tag{3.5}$$

3.2.2 X 射线吸收精细结构光谱

由式（3.5）可知，物质对 X 射线吸收系数 $\mu(E)$ 随光子能量的增加而平滑减小。但是当光子能量等于或超过核电子结合能时，将目标原子处于低能结合态的电子激发，导致吸收系数急剧增加。这些跳跃即为吸收边。吸收边处的强振荡称为 X 射线吸收近边结构（X-ray absorption near edge structure, XANES）。由于目标原子内层轨道电子被激发后可能跃迁到外层轨道上，可能直接脱离原子核的束缚成为光电子。内层电子原本所处能级不同（由内向外依次是 K、L、M、N 等），跃迁所对应的吸收边称为 K 边、L 边等。除 K 壳层外，每一能级会有不同的轨道和自旋轨道耦合效应。例如，L 层有 2s 轨道、$2p_{1/2}$ 轨道和 $2p_{3/2}$ 轨道，其跃迁分别对应 L_I 边、L_{II} 边和 L_{III} 边。内层电子被激发出来向外出射光电子波。此波在向外传播过程中，受到邻近几个壳层原子的作用而被散射，散射波与出射波的相互干涉改变了吸收原子的电子终态，导致其对 X 射线的吸收在吸收边高能侧出现振荡现象。这些振荡即为扩展 X 射线吸收精细结构（extended X-ray absorption fine structure, EXAFS）。一条完整的 X 射线吸收精细结构（X-ray absorption fine structure, XAFS）光谱如图 3.1 所示。

图 3.1 X 射线吸收精细结构光谱

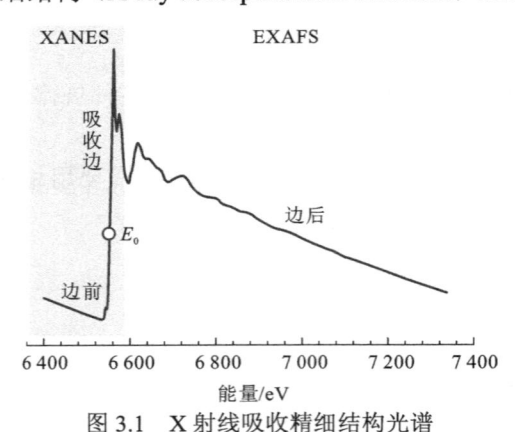

采用同步辐射 X 射线吸收精细结构光谱技术进行环境界面相关研究，具有以下独特优势。

（1）X 射线吸收边具有原子特征，可调节 X 射线的能量对不同元素的原子周围环境分别进行研究。

（2）EXAFS 信号来源于吸收原子周围最近邻的几个配位壳层原子的短程作用，不依赖晶体结构，可用于非晶态物质的研究，获得吸收原子近邻配位原子的种类、距离、配位数及无序度等信息。

（3）XANES 光谱技术采谱时间短、包含信息多，适用于原位动力学实验；对目标原子价态和配位等敏感；对温度依赖弱，可进行高温原位实验。

（4）利用高强度同步辐射光源或荧光探测技术可以测量数个 mg/kg 浓度的样品。

（5）可用于测量固体、液体、气体样品，一般不需要高真空，不损坏样品，且制样简单。

3.2.3 X 射线吸收近边结构光谱

当入射光子能量非常接近吸收边（E_0）区域时，激发的光电子向空轨道跃迁。不同原子同一电子轨道能级不同，发生跃迁时所需要的能量也不相同，据此可以通过 E_0 分析元素种类。同一元素所处的化学环境不同，其 E_0 不同，如元素价态越高，E_0 越大。X 射线吸收近边结构（XANES）特征受到强多重散射效应的影响，与物质晶体结构的三维几何形状有关。Bunker（2010）提供了一种区分目标原子不同配位环境的方法。以 Cr 元素为例，在铬酸根阴离子中 Cr 为+6 价、四面体配位，在其近边谱边前部分有一个很明显的边前峰；而当 Cr 为+3 价、八面体配位时，该边前峰很弱。由此可见，XANES 具有指纹效应，通过将样品谱与标准物质谱进行分析比较，可以快速分辨元素种类、价态及配位。但是在 XANES 光谱中，目标原子近邻原子的散射效应贡献很大。因此 XANES 精细分析需要考虑原子径向分布、原子间键长、键角及原子周围电荷分布等。通过建立模型进行理论计算是一种有效方法。

3.2.4 扩展 X 射线吸收近边结构光谱

当光子能量高于吸收边大约 30 eV 时，光电子跃迁到自由态或连续态。因此，扩展 X 射线吸收近边结构（EXAFS）与化学键无关，取决于周围的原子排列。EXAFS 包含了配位数、原子间距及周围的结构和热无序信息（Rehr et al.，2000）。EXAFS 用精细结构的贡献来表示：

$$\chi(E) = \frac{\mu(E) - \mu_0(E)}{\mu_0(E)} \sim \frac{\mu(E) - \mu_0(E)}{\Delta\mu_0} \tag{3.6}$$

式中：能量相关的分母近似为一个常数，通常选择作为吸收边的高度 $\Delta\mu_0 = \mu_0(E)$，E_0 为吸收阈值的能量。与 $\chi(E)$ 相比，精细结构通常写成光电子波数的函数 $k = \sqrt{2m_e(E-E_0)/h^2}$，其中 m_e 为电子质量，h 为普朗克常数除以 2π。使用多次散射路径展开，精细结构可以表示为各种不同的路径散射贡献的总和：

$$\chi(k) = \sum_j \left(S_0^2 N_j \frac{|f_j(k)|}{kR_j^2} e^{2R_j/\lambda(k)} e^{-2\sigma_j^2 k^2} \right) \times \sin[2kR_j + 2\delta_c(k) + \delta_j(k)] \tag{3.7}$$

把具有相同散射原子种类和相似路径长度的路径分组在索引 j 下。因此，式（3.7）直接将 EXAFS 信号与结构参数 N_j、R_j 和 σ_j^2 联系起来，这些参数分别表示类似路径的数量、平均路径长度的一半和所有路径长度变化。$f_j(k) = |f_j(k)| e^{i\delta_j(k)}$ 为复散射振幅；$\delta_c(k)$

为吸收原子势能中光电子的相移；$\lambda(k)$ 和 S_0^2 分别为与能量相关的电子平均自由程和振幅还原因子。

除振幅还原因子 S_0^2 外，Sayers 等（1971）利用单散射路径平面波近似导出式（3.7）。假设吸收-散射原子对之间的距离足够大，一旦到达散射原子，就可以把发出的球形波当作平面波来处理。对于单次散射，在相同配位壳内，吸收原子周围所有涉及相同散射原子的路径组合在一起。这时，结构参数 N_j、R_j 和 σ_j^2 分别表示配位数、吸收-散射距离均值和分布方差。对于第一邻近壳层，吸收和散射的原子通常由物理键连接，R_j 和 σ_j^2 表示键长的均值和方差。式（3.7）称为标准的 EXAFS 方程，建立了结构分析的工具。

然而，为了精确计算精细结构的贡献，必须考虑多重散射路径、曲线波效应和多体相互作用（Rehr et al.，2000）。尽管如此，$\chi(k)$ 仍然可以表示为原来形式的 EXAFS 方程。就单一和多重散射路径的结构参数而言，这为吸收原子环境提供了一个方便的参数设定。式（3.7）的其他量隐含了现代 XAFS 理论的曲线波和多体效应。

EXAFS 方程的主要特征如下。

（1）干涉图取决于光电子能量或波数及吸收和散射原子之间的距离。这由导致精细结构贡献振荡特性的 $\sin(2kR_j)$ 项给出。

（2）散射强度和 EXAFS 的振幅取决于散射原子的数量和类型，分别由配位数或路径简并度 N_j 和复散射振幅系数 $|f_j(k)|$ 表示。对于单次或多次散射，现代 XAFS 理论用有效的曲线波散射振幅代替了原来的平面波散射振幅。

（3）吸收或散射原子势能导致光电子波发生相移，分别表示为 $\delta_c(k)$ 和 $\delta_j(k)$。吸收原子势能对光电子波起两次作用，分别在输出端和输入端，在式（3.7）正弦函数项中用 $2\delta_c(k)+\delta_j(k)$ 表示。

（4）在特定的配位壳层中的多个原子与吸收原子之间的距离并不完全相同。差异来自热振动（热无序）或原子间距离结构性变化（静态无序）。后者随着 k 增加而减小。特定 R_j 差异导致的散射波相位差随 k 增加而增大。这使得 EXAFS 振荡信号在高波数处衰减加剧。距离分布不对称性很小的系统可假设为方差是 σ_j 的高斯分布。式（3.7）中 $e^{-2\sigma_j^2 k^2}$ 项解释了 k 相关 EXAFS 振荡的衰减。与 X 射线衍射相似，δ_j^2 常被称为 EXAFS 的德拜-沃勒（Debye-Waller）因子。

（5）EXAFS 探测的范围通常在 10 Å 级别，受限于核空穴的有限寿命和光电子的有限平均自由程。当光电子与周围物质发生非弹性相互作用时，如非弹性散射电子或等离子体激发，最终来自更高壳层的电子填充核空穴，从而发射荧光 X 射线或俄歇电子。式（3.7）中 $e^{2R_j/\lambda(k)}$ 项表示光电子波的衰减随距离 R_j 的增加而增加。$\lambda(k) \sim k/(|\mathrm{Im}\,\Sigma|+\Gamma/2)$ 近似表示平均自由程，包括有限的核空穴寿命 Γ 和用固有能量 Σ 计算外来损耗。$\lambda(k)$ 和 σ_j^2 对精细结构贡献的衰减使 EXAFS 成为局域探针，保证了多次散射路径扩展的收敛性。

（6）单电子近似假设仅有一个电子参与吸收过程。然而，在现实中，这是个多体过程和松弛系统，响应瞬时产生的核空穴以减少精细结构成分。原则上，相应的振幅还原因子 S_0^2 与能量弱相关，特别接近吸收阈值。在 EXAFS 区域，振幅还原因子可以作为一个很好的常数近似（Rehr et al.，2005；Filipponi et al.，1995）。

3.3 样品准备和数据采集

3.3.1 实验模式

通过改变双晶单色器的角度，调整入射光能量至目标元素吸收边处，进行 XAFS 谱测定。XAFS 谱图采集主要有透射法和荧光法两类基本模式。

在透射模式下，通过记录前电离室和后电离室的光强 I_0 和 I，根据物质对 X 射线的吸收规律，获得的样品在光透过时的吸收系数 μ 为

$$\mu = \ln \frac{I_0}{I} \tag{3.8}$$

在荧光模式下，记录前电离室光强 I_0，并使用荧光探测器收集荧光信号 I_f，则吸收系数 μ 为

$$\mu = \frac{I_f}{I_0} \tag{3.9}$$

实验模式的选择取决于样品透光性质、目标元素含量和样品量。通常在被测元素含量高（> 10%）、样品透光、样品量足够的情况下，使用透射模式测量。而在被测元素含量较低、样品不透光、样品量很少的情况下，采用荧光模式。

3.3.2 样品准备

不同 XAFS 光谱采集模式的样品制样方法也不同。透射模式可以对薄膜、粉末、溶液和气体样品进行测量。样品要尽量薄或稀（减少基体效应），元素分布均匀、表面平整、稳定，可采用抹胶带、填槽、滤膜封存等方式制样。例如：氧化物、无机盐类等粉末样品，研磨均匀后（颗粒度足够小，如 μm 级以下，一般需要过 400 目筛）可均匀涂抹在 3M 胶带（在一定能量范围内对 X 射线无吸收）或 Kapton 胶带上；液体样品需放置在由对 X 射线吸收小的材料制成的样品室中。

目标元素含量低的粉末和液体样品可采用荧光模式测量。待测元素浓度适用范围：Lytle 探测器为 1%～0.01%（质量分数），固体探测器为 0.1%～0.001%。若粉末样品中基体元素荧光信号强或样品量很少，可以采用氮化硼（BN）粉末进行稀释后压片。

3.3.3 数据采集

1. 吸收边的确定

进行 XAFS 实验之前应了解线站能量范围，确定吸收边。若需进行 EXAFS 分析，还应保证线站能量范围涵盖目标元素吸收边后 800～1 000 eV。不同同步辐射光源相同线站的能量覆盖范围不同。以国内同步辐射光源硬 X 射线吸收谱站为例，北京同步辐射装置 1W1B-XAFS 提供测试的能量范围为 4～25 keV；上海光源 BL14W1-XAFS 线站在聚焦模

式下[Si(111)单色器]能量范围为 4.5～20 keV，在非聚焦模式下[Si(311)单色器]能量范围为 8～50 keV。采集 Cd K 边 XAFS 谱（K 1s 电子结合能为 26 711 eV）应在上海光源 BL14W1-XAFS 线站非聚焦模式下进行。

目标元素吸收边能量可通过 Demeter/Hephaestus 软件查询，如图 3.2 所示。采集重金属污染物 XAFS 光谱图时，首先考虑 K 边，如 Cd、Cr、Ni、Cu、Zn 和 As 等常采集 K 边吸收谱。而当目标元素 K 壳层电子结合能很高，超出线站能量范围，则考虑 L 边，一般选择 L$_{III}$ 边。例如 Pb 和 Hg 的 K 边能量分别为 88 005 eV 和 83 102 eV，而对应的 L$_{III}$ 边能量（即 L$_3$ 2p$_{3/2}$ 电子结合能）分别为 13 035 eV 和 12 284 eV。因此，对 Pb 和 Hg 常采集 L$_{III}$ 边。

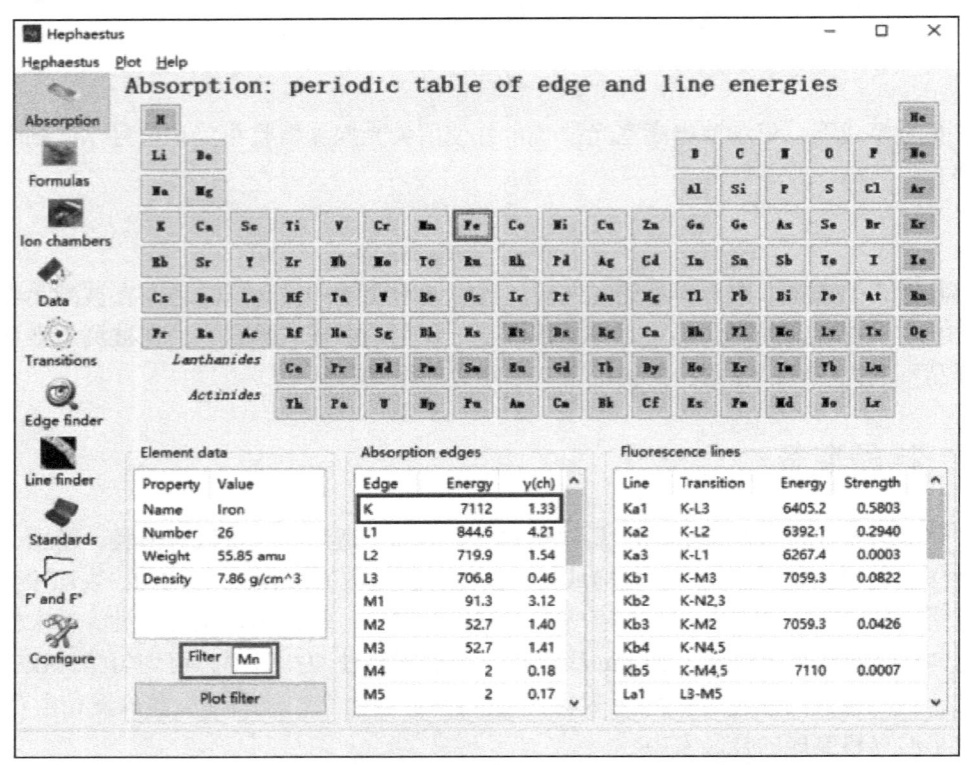

图 3.2　Demeter/Hephaestus 软件查询目标元素 Fe 吸收边能量

红色方框为 Fe K 边能量；绿色方框为测定 Fe 荧光谱所需的滤波片材料；扫封底二维码见彩图

2. 谱图采集参数的设置

采谱积分时间是影响 XAFS 数据统计误差的一个重要因素。每步采样时间越长，统计误差越小，但整个采谱时间延长。为兼顾数据质量与采谱时间，通常将 XAFS 光谱能量扫描范围分为若干段，各段可设置不同的步长及采样时间。例如，采集某元素全谱（XANES+EXAFS），可将全谱分为三段：边前 200 eV～边前 20 eV、边前 20 eV～边后 30 eV 和边后 30 eV～边后 800 eV。各段的步长设置范围分别为 5～10 eV、0.25～1.0 eV 和 1～5 eV（当 δ_k=0.05 Å^{-1} 时）。依次在各段设置逐渐增加的采样时间（如 1 s、1 s 和 2 s）进行采谱，可以提高高 k 空间的信噪比（Bunker，2010）。此外，可根据需要将 EXAFS 部分进一步划分为若干段。若仅采集 XANES 光谱，采谱范围应到边后 300 eV 为宜。

3.4　XAFS 光谱数据前处理

XAFS 光谱数据分析流程如图 3.3 所示。目前 XAFS 光谱数据处理主要使用美国国家标准与技术研究院（National Institute of Standards and Technology，NIST）Bruce Ravel 教授开发的软件包 Demeter。该软件包包含的数据前处理软件 Athena 和 EXAFS 拟合分析软件 Artemis 等，将在本节和下节分别进行介绍。

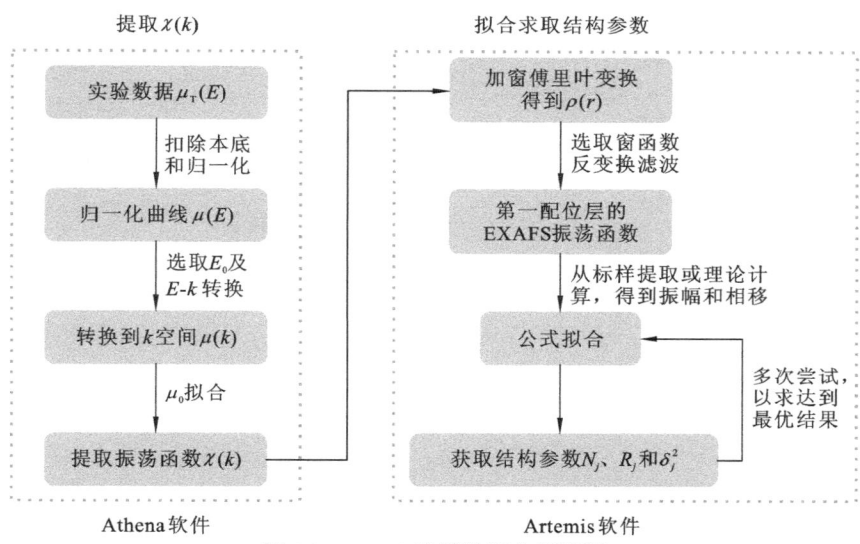

图 3.3　XAFS 光谱数据分析流程

3.4.1　Athena 软件简介

Athena 软件是一个对 EXAFS 数据进行前处理的专用工具，常用功能主要有：数据导入、原始数据基本处理、傅里叶变换、去噪和截断数据、自吸收校正、线性拟合分析及数据保存和输出等。

3.4.2　Athena 软件基本功能

1. 数据导入

Athena 软件数据导入界面如图 3.4 所示。Athena 软件可导入不同同步辐射光源所采集的数据。在导入之前，应注意每一列数据的物理意义。若数据中有吸收系数列可直接导入，否则需要通过导入界面进行计算。对透射模式数据，计算吸收系数时，前电离室光强 I_0 作为分子，后电离室光强 I 作为分母，还要勾选"Natural log"复选框。根据荧光模式数据计算吸收系数时，分子、分母分别选择荧光电离室光强 I_f 和 I_0。

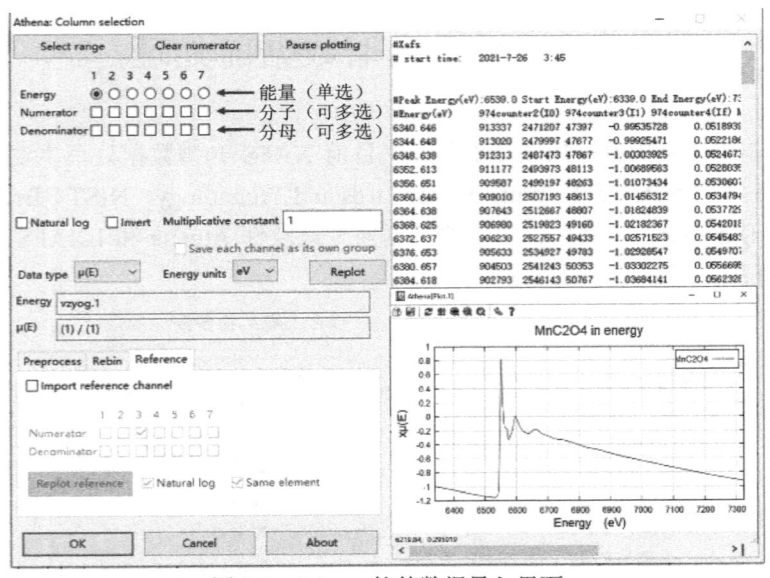

图 3.4 Athena 软件数据导入界面

2. 原始数据基本处理

1) 归一化

由于设备、数据采集模式、入射光强度、样品厚度、吸收原子浓度、探测器和放大器设置等不同，一系列原始谱的吸收强度会有所不同，不具可比性，需要将它们归一化，统一成可比数据。数据归一化通过"pre-edge range"和"normalization range"等参数控制。边前（pre-edge）可采用迭代低次多项式、正交多项式、傅里叶变换过滤法、外推法等模拟。例如，广泛采用一次多项式对边前（-200~-50 eV）进行模拟[图 3.5（a）]。边后（post-edge）常采用二次或三次多项式进行模拟。边前模拟线应与数据重合，边后模拟线在高能端与数据重合，而在低能端应均匀通过振荡的中心。归一化后数据如图 3.5（b）所示。归一化参数，尤其是边后模拟参数的选择对 XANES 和提取的 $\chi(k)$ 函数有重要影响。

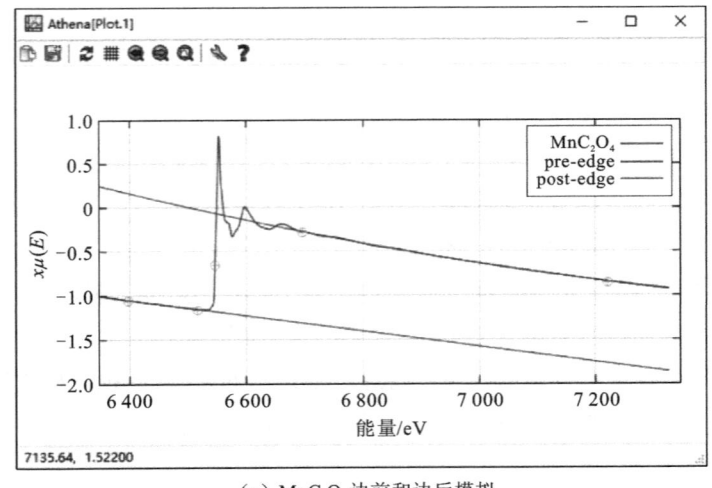

（a）MnC_2O_4 边前和边后模拟

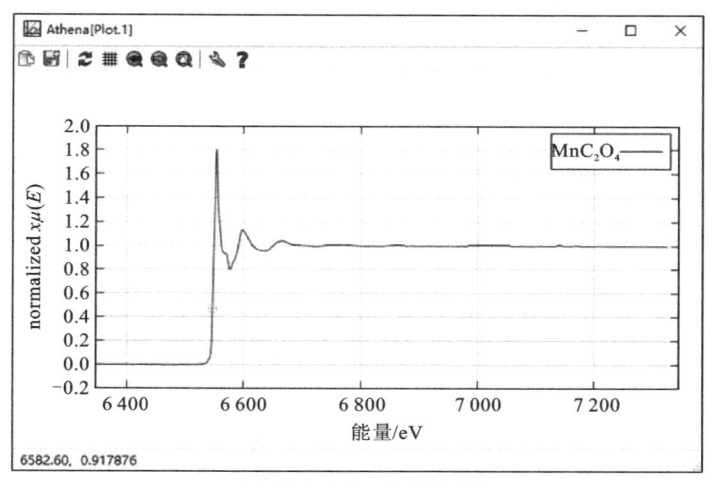

（b）MnC$_2$O$_4$ 归一化后吸收谱

图 3.5　数据归一化处理

2）背景扣除中的 Rbkg

XAFS 光谱原始数据是样品总吸收系数。它不仅包括吸收原子的光电跃迁造成的吸收，还包括吸收原子其他电子及除吸收原子外其他原子的吸收。通常，需要把后者去掉。一般认为在以目标原子为中心，距离（R）小于或等于 Rbkg（默认值为 1.0）时，没有配位原子。在背景扣除时，如果 Rbkg 太小，背景扣除不干净，引进低频噪声；Rbkg 太大，可能将有用信号当成背景扣除。通常 Rbkg 赋值为目标原子第一配位壳距离的一半为佳。Rbkg 参数不同赋值对径向分布函数的影响如图 3.6 所示。

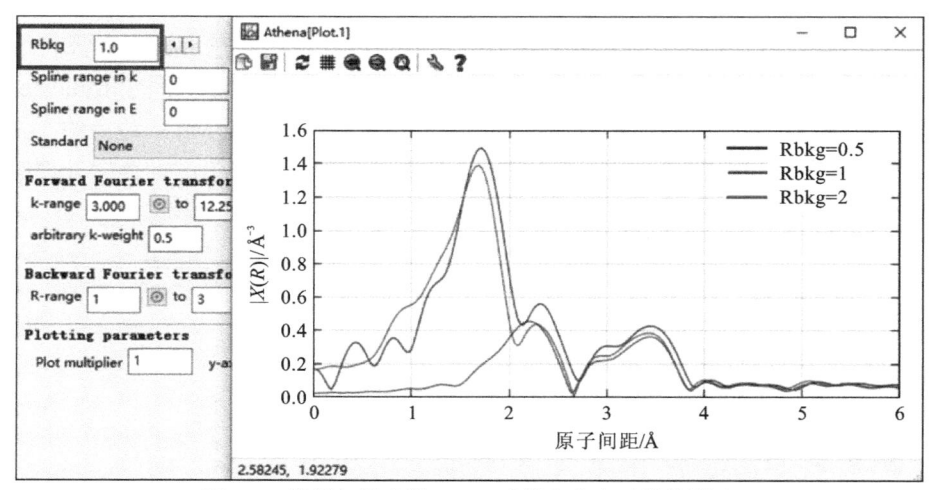

图 3.6　背景扣除参数 Rbkg 对径向分布函数的影响

Rbkg 默认值为 1.0

3）确定 E_0 和 E-k 转换

确定 E_0 的方案很多，例如吸收台阶起始位置、第一吸收峰顶、台阶半高和吸收边拐点等。E_0 精确值并不重要，但是对于同一系列的样品，E_0 的确定方案要一致。

4）样条函数

样条函数范围（spline range）对背景扣除有重要影响。默认情况下，用于近似背景函数的样条曲线在 0 和数据范围的末尾之间计算。样条函数范围可在 k 或能量（E）输入框中设置。如果数据具有大而尖锐的白线峰，背景函数很难模拟 $\mu(E)$ 的快速变化部分。这时，通过增加 k 初始值，如 $0.5~\text{Å}^{-1}$，可以提高背景扣除的质量。样条函数范围的上限通常取数据最大部分。但如果数据高 k 部分噪声较大，则需要适当收缩。

5）k 权重对背景扣除的影响

背景扣除部分的 k 权重参数用于评估在确定背景样条函数时所进行的傅里叶变换。通过改变该值，可以帮助在确定背景时突出数据的低 k 部分或高 k 部分。对于在高能端振荡较小的干净数据，较大的 k 值会产生更好的 $\chi(k)$ 谱。然而，若数据信噪比差，高 k 值会将噪声放大，从而导致对 $\mu_0(E)$ 评估非常糟糕。通常，对于信噪比高的数据，k 取 2 或 3；而对于信噪比低的数据，k 取 1 较好。

3. 异常点去除

在数据采集过程中可能由于单色仪、电子器件或制样等各种问题，会产生异常点。原则上，没有必要对这些异常点采取任何处理。如果异常点影响数据处理与拟合，可通过"Deglitch and truncate data"下的"Deglitch"去除。Athena 软件提供了两种方法：第一种方法是在 E 空间（$\mu(E)$）或 k 空间（$\chi(k)$）中选中每个异常点，逐一去除；第二种方法是在 $\mu(E)$ 中，设置合适的能量边界，同时将多个异常点去除。

4. 数据截断

当样品中含有吸收边与目标元素吸收边接近的杂质元素时，在目标元素吸收边后会出现杂质元素的吸收边，此时可将数据截断（"Deglitch and truncate data"下的"truncate data"）。图 3.7 所示为 Fe 掺杂水钠锰矿（MnO_2）样品 Mn K 边 XAFS 谱，在 Mn K 边后约 570 eV 处，$\mu(E)$ 又开始急剧升高，对应于样品中杂质 Fe 元素的吸收边。对谱图进行数据处理时，应将 Fe K 边吸收部分去掉，然后再进行背景去除和归一化。

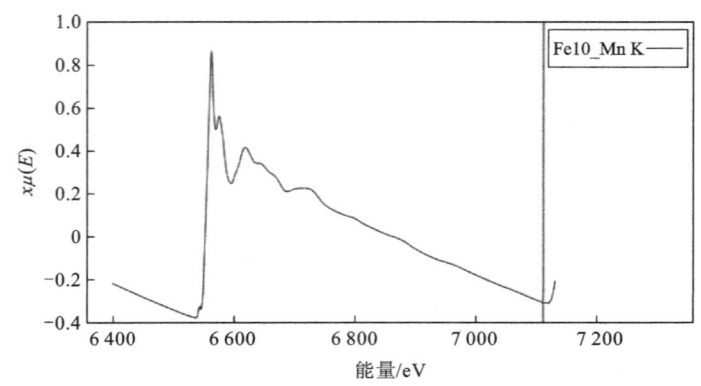

图 3.7　Fe 掺杂水钠锰矿样品 Mn K 边 XAFS 谱

褐色竖线对应 Fe K 边吸收起始位置 E_0=7 112 eV

5. 自吸收校正

理想情况下，在荧光模式下测量的样品中目标元素足够稀释或样品非常薄时，$\mu(E)$等于荧光电离室强度I_f和前电离室强度I_0之比，不受自吸收效应的影响。但通常样品厚度大、目标元素浓度高，自吸收效应严重。自吸收效应影响 XAFS 谱数据的振幅，如 XANES 谱白线峰高度、EXAFS 振荡及其傅里叶变换谱振幅，不会影响键长等参数。对于自吸收效应较严重的样品，数据应进行自吸收校正。

图 3.8 为 Fe 掺杂水钠锰矿中 Fe K 边 EXAFS 光谱自吸收校正结果。选择 Booth 法则，输入样品化学式、入射角和出射角及样品厚度等信息进行校正。图中蓝线（Fe10）为校正前谱，而红线（SAFe10）为校正后谱。经过自吸收校正后，傅里叶变换谱中各峰振幅增加，但峰位一致。

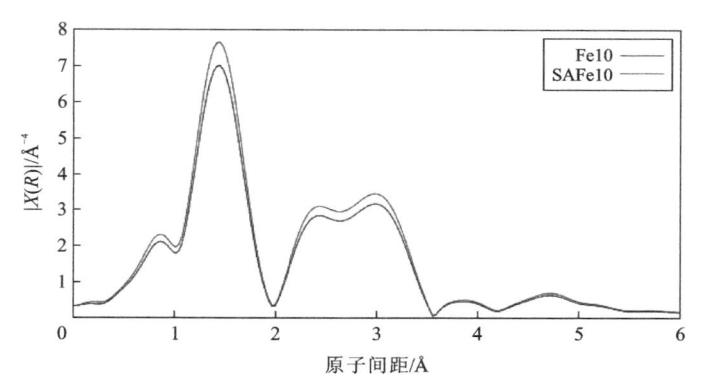

图 3.8　Fe 掺杂水钠锰矿样品 Fe K 边 EXAFS 光谱自吸收校正结果

扫封底二维码见彩图

6. 傅里叶变换

将 EXAFS 振荡函数$\chi(k)$转换成径向分布函数$\rho(r)$，需要进行傅里叶变换，其原理为

$$\rho(r) = \frac{1}{\sqrt{2\pi}} \int_{k_{\min}}^{k_{\max}} W(k) k^n \chi(k) \mathrm{e}^{-\mathrm{i}2kr} \mathrm{d}k \tag{3.10}$$

式中：k取值范围为$[k_{\min}, k_{\max}]$；$W(k)$为窗函数；k的n次权重为k^n。傅里叶变换在数学上要求在全空间积分，但实验数据达不到要求。如果将$\chi(k)$两端强行设置为 0，会给傅里叶变换带来边瓣，因此要在变换中加入一个窗函数$W(k)$，使其两端缓慢变为 0，减少干扰。$k_{\min}$取$y=0$上的点，其值为 2~4，但最好大于 3，以去掉 XANES 部分。$k_{\max}$根据信噪比选择较为平滑的区域，越大越好，取$y=0$上的点，且其值要使振荡为一完整周期，周期越多越好。窗函数常选择汉宁（Hanning）函数。选择不同k范围，傅里叶变换谱不同（图 3.9），k权重可以提高高k部分的信号，但同时也会放大噪声，因此要兼顾高k部分信噪比。通常权重k的选择与原子序数有关。一般认为，原子序数$Z \leqslant 36$时，n取 3；$36 < Z < 57$时，n取 2；$Z > 57$时，n取 1。不同权重对傅里叶变换谱的影响如图 3.10 所示。

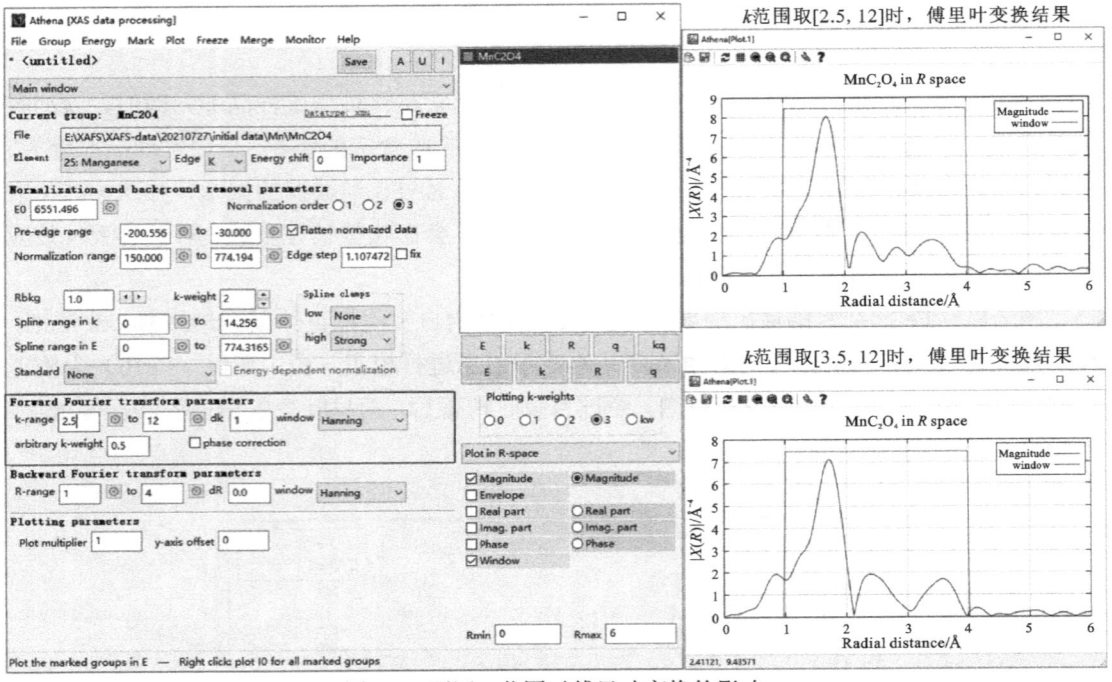

图 3.9　不同 k 范围对傅里叶变换的影响

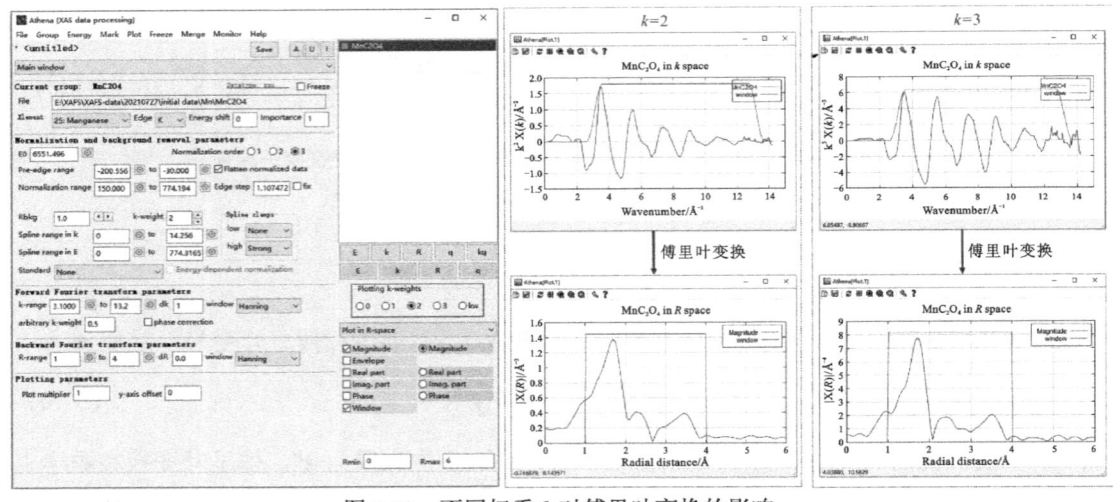

图 3.10　不同权重 k 对傅里叶变换的影响

7. 线性拟合分析

通过标准物质谱对样品谱进行线性组合拟合（linear combination fitting，LCF）分析，以获得样品中成分组成和各成分相对含量信息。LCF 可在归一化后 $\mu(E)$ 谱、$\mu(E)$ 一阶导数谱或 $\chi(k)$ 空间进行。在进行线性拟合分析之前，标准谱和样品谱应进行相同的前处理。在拟合过程中，应对拟合参数进行约束：各标样含量为 0～1、使所有标样的和为 1、限制标样的 E_0 偏移等。

3.5 EXAFS 光谱数据拟合分析

3.5.1 Artemis 软件简介

Artemis 软件利用设定的晶体（团簇）模型，通过内嵌 Feff 软件计算得到理论的散射振幅、相移函数和平均自由程；加上一定的未知结构参数，代入 EXAFS 理论表达式，对 EXAFS 振荡函数进行莱文贝格–马夸特（Levenberg-Marquardt）非线性最小二乘法拟合，得到所求拟合参数的值，即样品结构信息。Artemis 软件本身不能进行 EXAFS 的原始数据处理，输入文件为 Athena 工程文件中的数据。

3.5.2 EXAFS 拟合的理论依据

EXAFS 的理论表达式为

$$x(k) = \sum_j \frac{N_j S_0 F_j(k)}{k R_j^2} \int g(R) e^{-2R_j/\lambda_j(k)} \sin(2kR_j + \phi_j(k)) dR \tag{3.11}$$

式中：j 为目标原子配位壳层；N_j 为理论配位数；S_0^2 为振幅衰减因子；$F_j(k)$ 为散射振幅；R_j 为原子间距；$g(R)$ 为原子配对分布函数；$\lambda_j(k)$ 为电子平均自由程；$\phi_j(k)$ 为相移函数，包括中心原子和散射原子相移。

由于结构无序度（σ_s^2，如结晶度、缺陷形式和含量等）和热无序度（σ_T^2）不同，研究样品体系无序度（$\sigma^2 = \sigma_s^2 + \sigma_T^2$）大小不同，则其原子配对分布函数 $g(R)$ 有不同的形式。

对于晶体等有序体系或弱无序体系，$g(R)$ 为高斯分布函数，如下：

$$x(k) = \sum_j \frac{N_j S_0 f_j(k)}{k R_j^2} \exp(-2k^2 \delta^2) e^{-2R_j/\lambda_j(k)} \sin(2kR_j + \phi_j(k)) \tag{3.12}$$

对于中等无序体系，$g(R)$ 函数中需要添加累积量展开，如下：

$$x(k) = \sum_j \frac{N_j S_0 f_j(k)}{k R_j^2} \exp\left(-2k^2 \delta^2 + \frac{2}{3} C_4 k^4\right) e^{-\frac{2R_j}{\lambda_j(k)}} \sin\left(2kR_j + \phi_j(k) - \frac{4}{3} C_3 k^4\right) \tag{3.13}$$

对于熔体、玻璃态、非晶态等大无序体系，$g(R)$ 函数中需要考虑结构无序度（σ_s^2）的影响，如下：

$$x(k) = \sum_j \frac{N_j f_j(k) S_0^2}{k R_{0j}^2} \frac{\exp(-2k^2 \delta^2)}{\sqrt{1 + (2k\delta_s)^2}} e^{-2R_{0j}/\lambda_j(k)} \sin(2kR_{0j} + \delta_j(k) - \arctan(2k\sigma_s)) \tag{3.14}$$

使用 Artemis 软件拟合时，EXAFS 基本公式中散射振幅 $F(k)$、相移函数 $\phi(k)$ 和电子平均自由程 $\lambda(k)$ 都是经由 Feff 软件计算产生。S_0^2 需要通过标样确定，其值一般为 0.7~1.0。待拟合的参数包括配位数 N、原子间距 R、无序度因子 σ^2、3 阶累积量 C_3、4 阶累积量 C_4 和能量位移 ΔE_0。在这些参数中，N、S_0^2、σ^2 和 C_4 影响峰强，且 N 和 S_0^2 常耦合在一起；R、C_3 和 ΔE_0 影响峰位。N 的拟合精度为 20%，而 R 的拟合精度为 0.01 Å。

3.5.3 Artemis 软件中 EXAFS 拟合

1. 主窗口

Artemis 软件主窗口如图 3.11 所示。顶部是一个菜单栏（编号 1），底部是状态栏（编号 2），实时显示程序运行过程中状态消息。左边选项卡（编号 3）用来显示/隐藏参数设置、绘图、历史文件等。"Add"按钮（编号 4）用于导入数据。"Feff calculation"用于导入晶体结构文件（*.cif）或 Feff 输入文件（*.inp）以计算理论散射振幅和相移。编号 6 显示当前拟合项目信息。编号 7 为执行拟合命令按钮，该按钮的颜色随着拟合质量变化。

图 3.11 Artemis 软件主窗口

2. 数据导入

点击图 3.12 中"Add"按钮（编号 1），可以打开 Athena 工程文件（.prj），并选择需要导入的数据。也可以从"File 菜单"打开 Athena 工程文件（.prj）选择文件或直接导入*.chik 文件。一次只能选择一个数据。数据导入后，其名称将显示在数据列表中。

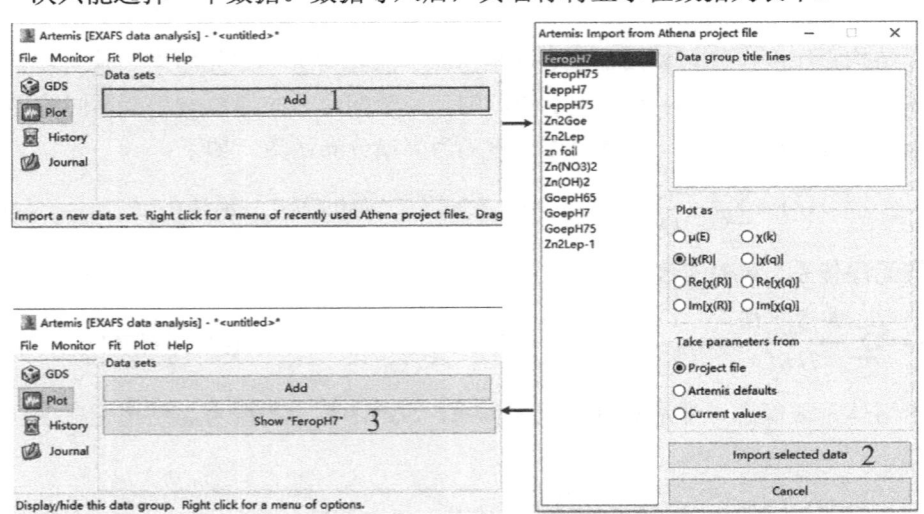

图 3.12 导入 Athena 项目文件

3. 理论散射振幅和相移计算

通过点击图 3.11 中"Feff calculation"中"Add"按钮（编号 5）或图 3.13 中"Import crystal data or a feff.inp file"（编号 1）导入晶体结构文件（*.cif 或 feff.inp 文件），调用"Atoms"和"FEFF"计算理论散射振幅和相移。在导入结构文件后，应注意检查如空间群（Space group）、理论计算的吸收原子（Core）等的正确性，然后依次运行"Run Atoms"、"Run Feff"（图 3.13 中编号 2）。运行完成后所得 Feff 理论计算结果，散射路径列表如图 3.13 中编号 3

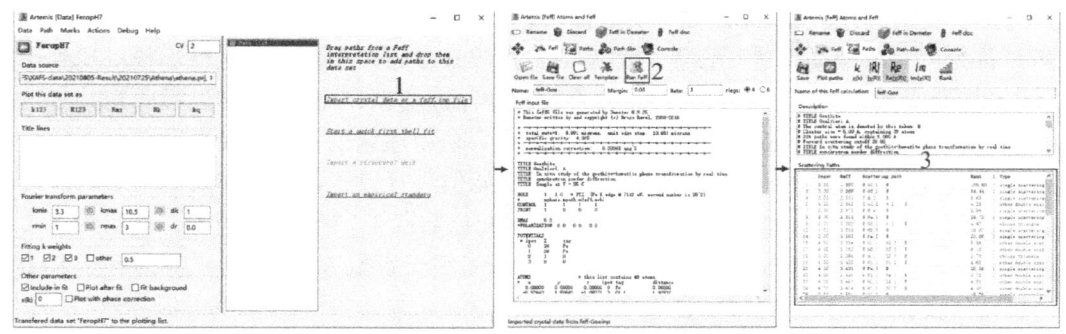

图 3.13　基于 Feff 计算理论散射振幅和相移

所示。在该列表中：Degen 为简并度，即理论配位原子数；Reff 为有效散射路径长度，即理论配位距离；Scattering path 为散射路径；@为吸收原子；Rank 为散射振幅强度。

4. 拟合参数的设置

通常根据理论散射路径的配位距离和振幅来选择路径，将其拖到如图 3.14 所示白色方框中间位置。在开始拟合之前，需要对拟合中所用到的路径进行参数设置。"Label" 为该路径标签，可以根据需要进行设置。振幅为 N 项和 S_0^2 项乘积。N 为配位数，必须是纯数字，初始值设置为理论配位数。N 也可以设置为 1 或振幅还原因子，此时，配位数由 S_0^2 项的数学表达式表示。S_0^2 为振幅还原因子，应通过标准物质来确定，如其值为 m（$0.7 \leqslant m \leqslant 1.0$）。$S_0^2$ 项通常设置为 $m \times \text{amp1}$。当 N 设置为理论配位数时，amp1 的拟合值应在 0～1；若 N 设置为 m 时，则 amp1 拟合值为实际配位数。ΔE_0 用来拟合能量位移，设置为 e1。ΔR 是对路径长度的调整，即理论配位距离与实际距离（R1）的差值（Reff−R1），可直接设置为 delr1 或设置成 Reff−R1。σ^2 是无序度因子，设置为 ss1。3rd 和 4th 分别为三阶和四阶累积量，一般用于无序度较大体系。多条路径拟合时通常共用一个 ΔE_0，以减少拟合变量。

图 3.14　拟合参数设置

· 65 ·

对拟合变量进行设置后，还要对其赋值。变量赋值在主窗口中的 GDS 下进行，如图 3.15 所示。首先可对参数类型进行设置，如 guess 指放开参数，在拟合中进行调整以找到最优值；def 指定义数学关系式，它的值在拟合过程中不断更新；set 指拟合过程固定某参数；skip 指忽略该参数；restrain 指限定在固定值附近。值得注意的是，此处参数名称必须与对应路径中设置的参数名称一致。还需要对参数初始值进行设置，所赋初始值应尽可能接近真实值。如振幅参数 amp1 初始值可设置为理论配位数或 1，能量偏移参数 e1 初始值常设置为 0，键长偏差参数 delr1 初始值也设置为 0 或者键长参数 $R1$ 初始值设置为等于 Reff。无序度因子参数 ss1 初始值常设置为 0.003。

图 3.15　定义拟合参数

5. 简单的单壳层拟合

实际拟合中，仅需要单壳层拟合的情况是极少的，往往需要考虑多条单散射路径，进行多壳层拟合。但是多个壳层的拟合通常是逐步进行的，即多个配位壳层分别进行单壳层拟合。本小节以层状结构氧化锰矿物水钠锰矿 Mn K 边 EXAFS 谱为例来阐述单壳层拟合和多壳层拟合方法。对 Mn—O 第一配位壳（$R+\Delta R=1\sim2$ Å）进行拟合，拟合参数设置、初值、拟合结果如图 3.16 所示。

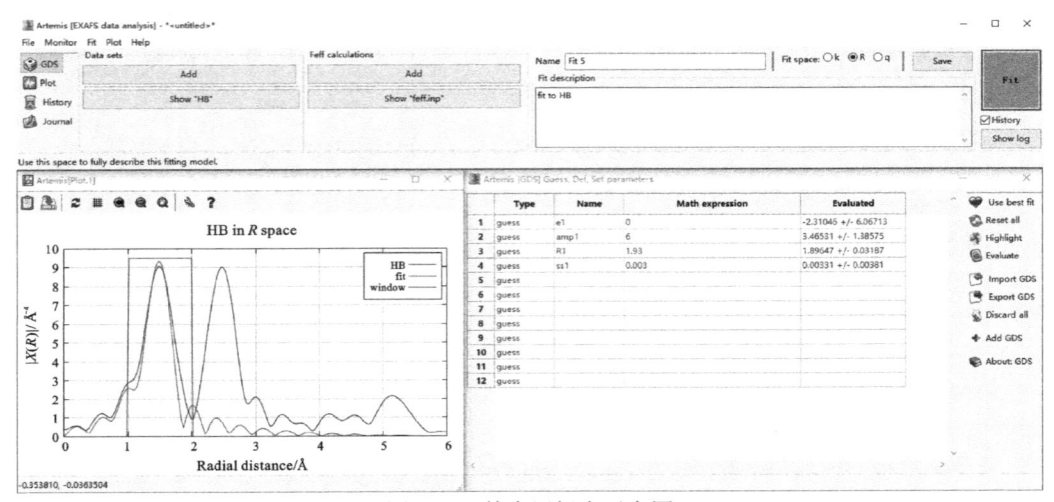

图 3.16　单壳层拟合示意图

6. 多壳层拟合

在第一配位壳拟合基础上，对第二配位壳（$R+\Delta R=2\sim 3$ Å）进行单壳层拟合。然后同时对第一配位壳和第二配位壳进行拟合，即在 $R+\Delta R=1\sim 3$ Å 进行多壳层拟合。拟合结果如图 3.17 所示。

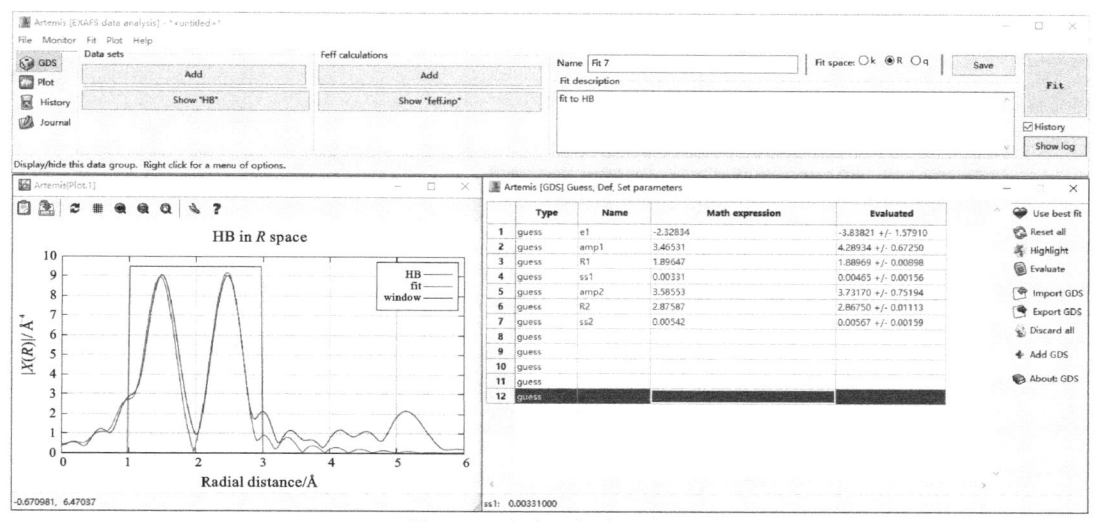

图 3.17 多壳层拟合示意图

当拟合时包含的壳层很多时，必然导致待拟合参数很多。实际拟合的参数数目应小于数据所允许拟合的独立变量数 N_{idp}，其表达式为

$$N_{\text{idp}} = \frac{2\Delta R \Delta k}{\pi} \tag{3.15}$$

在实际拟合中，应合理设置各待拟合参数之间的约束，以尽可能减少待拟合参数个数。常用的策略有：不同的路径采用同一个 S_0^2 和 ΔE_0；对金属体系采用关联德拜（Debye）模型或者关联爱因斯坦（Einstein）模型计算 σ^2，或在不同路径的 σ^2 间建立关联，如高壳层采用同一个 σ^2；原子间距变化采用热膨胀来模拟，或通过其他方式统一描述；配位数根据模型计算得到或者合理设定；如果累积量必须考虑，则可以采用一个参数来大体描述若干条路径。

7. 拟合结果评价

在拟合完成后，软件弹出拟合结果窗口，如图 3.18 所示。该窗口给出 N_{idp}、变量数、参数拟合值和拟合结果评价因子如 χ^2（Chi-square）、reduced χ^2（Reduced chi-square）、R 因子等。χ^2 和 reduced χ^2 反映的是模型相对实验数据的偏差，而 R 因子反映的是拟合值相对实验数据的偏差。χ^2 的极限为 1，一般 10 以内为优；R 因子越小越好，小于 0.02 为优。结合二者判定曲线吻合程度的好坏。曲线吻合程度好，不代表拟合一定可靠，同时得到的参数必须是合理的。

图 3.18　拟合结果窗口

8. 拟合经验及注意事项

EXAFS 拟合必须建立在可靠的实验数据基础之上。如果体系的无序度较大，可以考虑累积量。在拟合过程中，如果参数拟合结果明显不合理，如配位数很大或很小、σ^2 小于 0 等，则可能有多种原因。①信噪比较差，此时应截取合适的 k 数据范围。②模型设置可能与实际样品结构相差较远，此时应重新考虑结构模型。③待拟合变量太多，待拟合变量少于独立点数只是基本要求，实际上需要尽量设置各变量之间的约束，尽可能减少变量。④针对某些变量对结果影响不大的情况，在充分了解研究体系的基础上，适当固定一些参数在合理值。总之，良好的数据和准确的模型是 EXAFS 拟合的关键。

3.6　XAFS 光谱在环境界面研究中的应用

3.6.1　XANES 光谱应用实例

1. 元素赋存形态

目标元素原子不同的赋存形态导致其 XANES 谱特征不同，可以通过对比分析样品 XANES 谱与标准样品谱特征，确定样品中目标元素的赋存形态。图 3.19 为含 Ni 水钠锰矿（Ni5 与 Ni10）与 Ni 参照物质（$NiCl_2$ 与 NiO）的 Ni K 边 XANES 谱（Yin et al.，2012）。

这些光谱在 8 350 eV 附近展现了相对对称的白线峰，是典型的 Ni(II)八面体光谱特征，说明样品中 Ni 以八面体配位形式存在。进一步观察发现，Ni5 和 Ni10 的 XANES 谱振荡与 NiCl$_2$ 更为相似，而与 NiO 明显不同。这表明 Ni 在水钠锰矿结构中的主要配位环境与游离 Ni^{2+} 更相似，而非晶格中的 Ni。

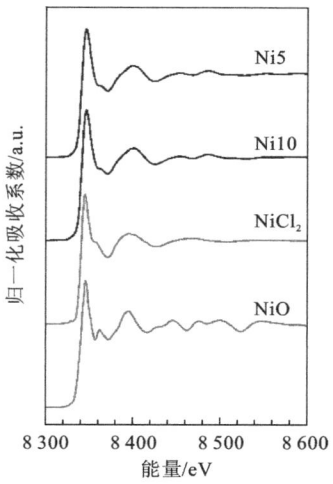

图 3.19　含 Ni 水钠锰矿与 Ni 参照物质的 Ni K 边 XANES 谱

2. 变价元素的价态

通常变价元素的 XANES 随着氧化态的升高而升高。在谱图采集时，对能量的准确校正有利于氧化态的确定。将样品元素 XANES 谱与不同价态标准物质谱进行对比，可以确定样品中目标元素价态。如图 3.20（Zhang et al.，2022）所示，含 As 黑锰矿 As K 边吸收边位置与+5 价标准物质（Na$_3$AsO$_4$）吸收边位置一致，而显著高于+3 价 As 标准物质（As$_2$O$_3$）吸收边，这表明样品中 As 为+5 价。

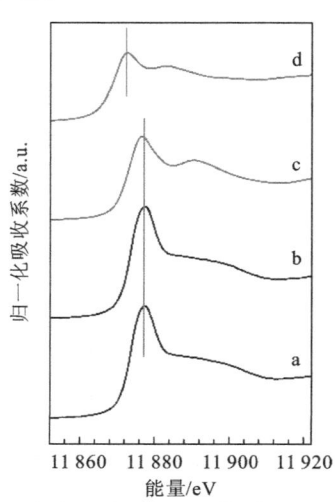

图 3.20　含 As 黑锰矿与 As 参照物质 As K 边 XANES 谱

a 为黑锰矿与 As(III)反应后固体样品；b 为含钴黑锰矿与 As(III)反应后固体样品；c 为 Na$_3$AsO$_4$；d 为 As$_2$O$_3$

若样品中变价元素不是以单一价态存在，而是同时以几种价态存在，则需要以各种单一价态标准物质对各样品 XANES 谱进行线性拟合分析，以确定各种价态的比例。以二氧化锰类矿物（$MnO_{2-\delta}$）为例，在这类矿物中，锰多呈混合价态（如 Mn^{4+}、Mn^{3+} 和 Mn^{2+}）存在。为确定这类化合物中各种价态锰比例及锰平均价态，常采用不同价态锰标样对样品谱进行线性拟合分析。法国环境地球化学家 Manceau 等（2012）开发了确定锰氧化物中锰价态的 Combo 方法。基于大多数天然锰矿物、已知结构和化学组成的合成样品和单一价态物质等共 17 种氧化锰矿物的 Mn K 边 XANES 谱的标样数据库，对样品 Mn K 边 XANES 谱的线性拟合分析结果如图 3.21（Yin et al.，2012）所示。结果表明，样品中 Mn^{2+}、Mn^{3+} 和 Mn^{4+} 质量分数分别为 4.2%、6.0% 和 89.8%，锰平均氧化度为 3.86，该方法的误差为±0.04。使用该方法测定的锰平均氧化度结果与采用草酸还原-高锰酸钾返滴定法测定的结果（3.78）基本一致（Yin et al.，2012）。

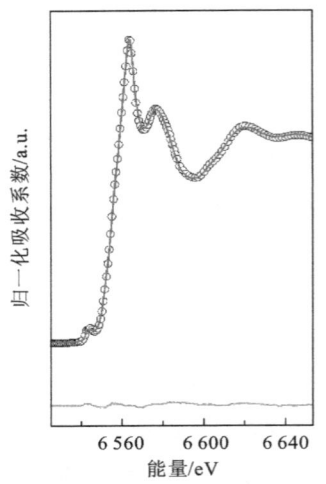

图 3.21　使用 Combo 方法分析水钠锰矿 Mn K 边 XANES 谱线性拟合分析结果

蓝色圆圈为实验谱，橙色实线为最佳线性拟合谱，底部浅灰线为差谱；扫封底二维码见彩图

3.6.2　EXAFS 光谱应用实例

1. 矿物物相分析

EXAFS 可反映目标元素周围的局域配位环境，因此可用来鉴定由相同基本结构单元构成但具有不同晶体结构的物相。例如，不同结构的氧化锰矿物具有不同的 EXAFS 振荡及径向分布函数。图 3.22 展示了生物成因氧化锰矿物（biogenic manganese oxide minerals，BMO）、与 Mg^{2+} 交换后所得生物成因氧化锰矿物（BMO-Mg）、BMO-Mg 加热回流不同时间（8 h、24 h 和 48 h）产物和合成钙锰矿标准物质（Todorokite-STD）的 Mn K 边 EXAFS 谱和傅里叶变换谱（Feng et al.，2010）。样品 BMO k 空间振荡及 R 空间谱图与文献报道生物成因氧化锰一致，为弱晶质层状结构氧化锰矿物——水钠锰矿。镁交换后样品结构未发生明显变化。但是随着 BMO-Mg 回流时间的延长，回流产物的结构逐渐发生变化。在 k 空间谱 7.5~9.5 Å^{-1} 中，BMO 和 BMO-Mg 有两个明显的尖峰，而回流产物中这两个峰逐

渐钝化，与隧道结构氧化锰矿物——钙锰矿类似，这说明生物成因氧化锰逐渐向钙锰矿转化，见图3.22（a）。在傅里叶变换谱中，BMO和BMO-Mg共边Mn—Mn峰，Mn（Edge），振幅较高，且在$R+\Delta R$约5.2 Å处有明显的多重散射峰。随着回流时间的延长，回流产物中这两个峰强度逐渐降低，见图3.22（b）。这表明生物成因层状氧化锰矿物成功转化成了纳米晶钙锰矿。

（a）k空间EXAFS谱　　（b）傅里叶变换谱

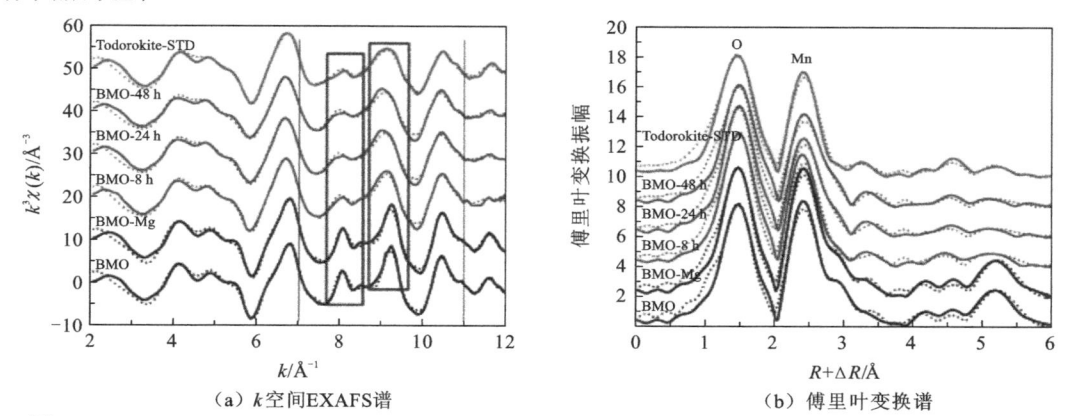

图3.22　BMO、BMO-Mg、BMO-Mg加热回流不同时间产物和Todorokite-STD的Mn K边吸收谱

2. 吸收原子局域配位环境

通过对EXAFS谱在k空间或R空间的拟合，可以获得吸收原子局域配位环境的信息，如配位数、键长和结构无序度等。EXAFS谱拟合需要以一定的结构模型为基础。以水钠锰矿结构中Mn配位环境的解析为例来说明。首先，需要对水钠锰矿的结构有清晰的认识，水钠锰矿是一种层状结构氧化锰矿物，其层由[MnO$_6$]八面体共边连接而形成。当层内部分八面体中心Mn缺失或被低价阳离子（如Mn(III)、Co(III)、Ni(II)等）替代时，层带大量负电荷。这些负电荷由质子、吸附于空位上下方的阳离子如Mn^{2+}、Mn^{3+}及位于层间的碱金属离子来平衡。水钠锰矿[MnO$_6$]八面体层中心Mn原子局域配位环境如图3.23（a）所示。为解析合成水钠锰矿样品中Mn局域配位环境，需借助Mn K边EXAFS光谱进行分析。水钠锰矿样品Mn K边EXAFS谱k空间振荡信号和R空间径向分布函数如图3.23（b）和（c）所示。在其径向分布函数1~4 Å内，主要有3个峰。这些峰的相移未校正峰位（$R+\Delta R$）分别约为1.5 Å、2.5 Å和3.0 Å，对应于中心Mn原子周围第一配位壳氧原子、共边连接Mn原子和共角连接Mn原子。此外，第二配位壳氧原子对（$R+\Delta R$）约3.0 Å峰也有贡献。

在此基础上，以水钠锰矿结构模型为基础，计算理论散射振幅和相移，对EXAFS数据在R空间进行拟合。在拟合过程中为减少变量数目，设定两个Mn—Mn配位壳的德拜-沃勒因子一致，而两个Mn—O壳层的配位数和德拜-沃勒因子均相同（Grangeon et al.，2010）。拟合结果表明，在该水钠锰矿样品中，中心Mn原子周围第一Mn—O配位壳有（4.7±0.5）个O原子，Mn—O键长为（1.905±0.005）Å；与其所在[MnO$_6$]八面体共边连接有（4.5±0.5）个[MnO$_6$]八面体，吸收原子与这些八面体中心Mn原子之间Mn—Mn键长为（2.879±0.007）Å；中心Mn原子周围第二Mn—O配位壳有（4.7±0.5）个O原子，Mn—O键长为（3.646±0.040）Å；有（2.3±0.4）个[MnO$_6$]八面体与中心Mn原子共角连接，中心Mn原子之间的平均距离为（3.506±0.022）Å。

(a) 水钠锰矿结构中[MnO₆]八面体层示意图

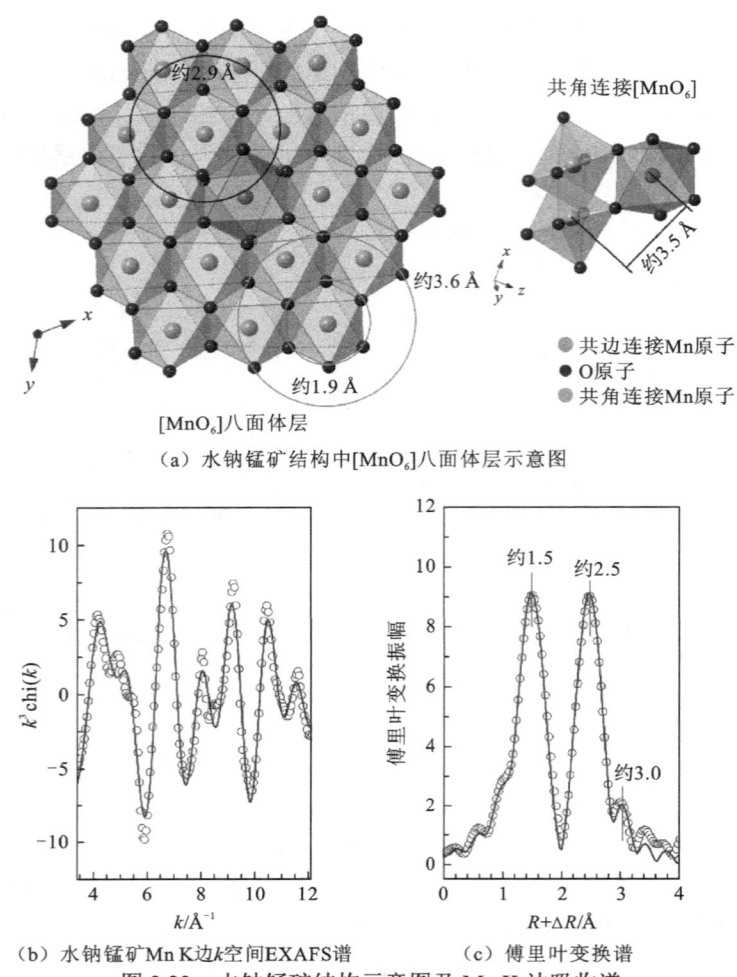

(b) 水钠锰矿Mn K边k空间EXAFS谱

(c) 傅里叶变换谱

图 3.23 水钠锰矿结构示意图及 Mn K 边吸收谱

(b)(c)中圆圈为实验光谱，实线为最佳线性拟合谱

3. 吸收原子不同局域配位环境的定量分析

当吸收原子在样品中以多种配位形式存在或位于不同的晶体学位点时，可以通过 EXAFS 对各赋存形式进行定量分析。下面以含 Ni 水钠锰矿为例进行介绍。天然氧化锰矿物如水钠锰矿中常富集多种过渡金属元素，如 Co、Ni 等。在水钠锰矿表面吸附过程中，仅有部分 Ni 可进入锰氧化物层内，大部分 Ni 吸附于水钠锰矿八面体空位的上下方。在氧化锰矿物结晶过程中，Ni 可以以同晶替代方式进入氧化锰晶格，但是具体机制尚不清楚。通过合成 Ni 共沉淀水钠锰矿，采用 EXAFS 技术研究 Ni 在水钠锰矿结构中的晶体化学特征，有助于揭示富 Ni 锰铁结核的形成机制。合成的两个样品 Ni5 和 Ni10 的 Ni 含量分别为 3.0%和 6.1%（质量分数）。样品 Ni K 边 EXAFS 傅里叶变换谱如图 3.24（Yin et al.，2012）所示。在傅里叶变换谱中主要有 3 个明显的峰：第一个尖峰位于 $R+\Delta R$ 约 1.5 Å 处，与第一壳层 Ni—O 单散射相对应；另两个尖峰在 2.0~3.5 Å，主要由 Ni—Ni(Mn)单散射作用引起。3.6 Å 以上的驼峰是由更长距离 Ni—O 和 Ni/Mn 壳层单次和多次散射引起的。

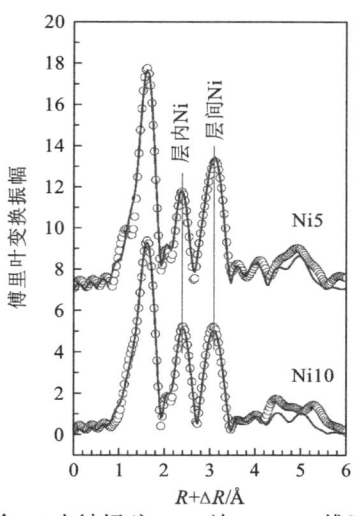

图 3.24 含 Ni 水钠锰矿 Ni K 边 EXAFS 傅里叶变换谱
圆圈为实验谱，实线表示最佳线性拟合谱

如果 Ni 进入水钠锰矿[MnO$_6$]八面体层内（Ni$_E$），其与邻近共边连接八面体中心金属原子之间距离约为 2.9 Å（对应于图 3.24 中层内 Ni $R+\Delta R$ 约 2.4 Å）。而吸附于水钠锰矿层内锰氧八面体空位上下方的 Ni(Ni$_{TC}$)与最近邻层内、与其共角连接八面体中心 Mn/Ni 之间的距离约 3.5 Å（对应于图 3.24 层间 Ni $R+\Delta R$ 约 3.1 Å）。在 Ni5 和 Ni10 样品的傅里叶变换谱中，$R+\Delta R$ 约 2.4 Å 和约 3.1 Å 峰同时存在。这说明这些样品中部分 Ni 进入水钠锰矿层内，部分 Ni 吸附于空位的上下方。此外，Ni10 样品中层内 Ni 峰与层间 Ni 峰相对强度之比要比 Ni5 样品中两峰相对强度之比高，这可能意味着 Ni10 样品中进入水钠锰矿层内 Ni 比例更高。

为了定量确定含 Ni 水钠锰矿结构中两种赋存形态 Ni 的相对比例，以黑锌锰矿结构为基础构建模型，计算理论散射振幅和相移，对 Ni5 和 Ni10 样品 Ni K 边 EXAFS 谱进行拟合分析。在进行理论散射振幅和相移计算时，分别以 Ni 替代黑锌锰矿锰氧八面体层内 Mn 作为层内 Ni 结构模型，而以 Ni 替代黑锌锰矿层间 Zn 作为层间 Ni 的结构模型。将层间 Ni 的比例设置为 f，则层内 Ni 的比例为 $1-f$（Peña et al.，2010），所构建模型如表 3.1（Yin et al.，2012）所示。拟合结果表明，Ni5 样品有 23.7% Ni 存在于水钠锰矿层内，76.3% Ni 吸附于空位上下方；而 Ni10 样品有 34.5% Ni 存在于水钠锰矿层内，65.5%吸附于空位上下方。值得注意的是，当部分 Ni 以双齿共角络合物吸附于水钠锰矿层边面位点时，与最近邻金属离子的距离也约为 3.5 Å，但是该部分赋存形式尚无法准确地区分。这些结果意味着天然锰结核中 Ni 可能通过吸附在水钠锰矿空位的上下方，然后在漫长的过程中逐渐迁移进入层内，并最终全部以层内 Ni 的形式存在。

表 3.1 含 Ni 水钠锰矿 Ni K 边 EXAFS 拟合参数

配位壳	参数	Ni5 样品	Ni10 样品
Ni—O$_1$	CN	6	6
	R/Å	2.041(0.006)	2.043(0.006)
	σ^2/Å	0.005(0.000 4)	0.006(0.000 4)

续表

配位壳	参数	Ni5 样品	Ni10 样品
Ni—Mn$_{1, E}$	CN	$6\times(1-f)$	$6\times(1-f)$
	R/Å	2.844(0.011)	2.864(0.009)
	σ^2/Å	σ^2 (Ni-Mn$_{1, TC}$)	σ^2 (Ni-Mn$_{1, TC}$)
Ni—O$_2$	CN	6	6
	R/Å	3.328(0.033)	3.360(0.058)
	σ^2/Å	0.006(0.003 2)	0.013(0.006)
Ni—Mn$_{1, TC}$	CN	$6\times f$	$6\times f$
	R/Å	3.490(0.010)	3.489(0.010)
	σ^2/Å	0.005(0.000 8)	0.006(0.000 6)
Ni—O$_3$	CN	$9\times f+12\times(1-f)$	$9\times f+12\times(1-f)$
	R/Å	4.456(0.027)	4.450(0.036)
	σ^2/Å	0.008(0.003 0)	0.011(0.004 3)
Ni—Mn$_{2, E}$	CN	$6\times(1-f)$	$6\times(1-f)$
	R/Å	5.021(0.048)	5.000(0.037)
	σ^2/Å	σ^2 (Ni-Mn$_{2, TC}$)	σ^2 (Ni-Mn$_{2, TC}$)
Ni—Mn$_{2, TC}$	CN	$6\times f$	$6\times f$
	R/Å	5.451(0.020)	5.482(0.027)
	σ^2/Å	0.006(0.001 9)	0.008(0.002 3)
	f	0.763(0.038)	0.655(0.045)
	能量偏移 ΔE/eV	−4.657(1.064)	−3.879(1.135)
	R 因子	0.029 5	0.026 5

注：CN 为配位数

4. 吸收原子配位扭曲分析

对于无序度较大体系，在拟合过程中可加入累积量。下面以氧化铁矿物界面 Cd^{2+} 吸附过程中同位素分馏机制的解译为例来说明。近年来随着同位素质谱技术的发展，非传统稳定同位素越来越多被用于重金属溯源和示踪研究。然而地球关键带中铁氧化物界面 Cd 同位素分馏行为及机制研究尚属空白。Yan 等（2021）研究表明，在水铁矿表面吸附过程中，固体表面富集轻 Cd 同位素，其分馏幅度为−0.55‰±0.03‰。根据经典同位素分馏理论，轻同位素富集于弱配位环境（如配位键较长或位于扭曲的结构）中。因此，进一步在上海光源 BL14W1 线站荧光模式下采集 Cd 吸附水铁矿样品和标准样品 Cd(NO$_3$)$_2$ 和 Cd(OH)$_2$ 的 Cd K 边 EXAFS 光谱（图 3.25），以揭示水铁矿表面 Cd 同位素分馏机制。

含 Cd 水铁矿样品的 k^3 权重 Cd K 边 EXAFS 谱及其对应的傅里叶变换谱与标样 Cd(NO$_3$)$_2$ 溶液和 β-Cd(OH)$_2$ 存在显著差异，表明 Cd 在水铁矿表面形成了内圈配合物且没有 Cd(OH)$_2$ 沉淀形成。直接采用高斯（Guassian）模型对水铁矿吸附 Cd 样品 Cd K 边 EXAFS 进行拟合，结果表明吸附于矿物表面 Cd—O 键长比 Cd(NO$_3$)$_2$ 水溶液中 Cd—O 键长短或相同，

(a) k 空间EXAFS谱

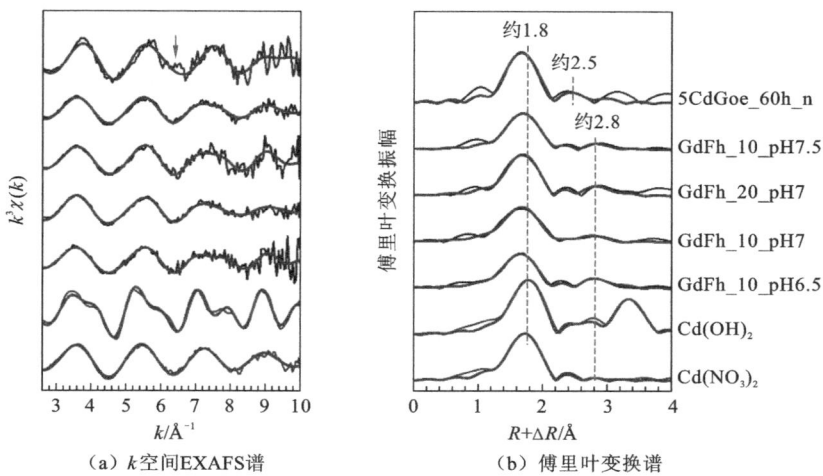

(b) 傅里叶变换谱

图 3.25 Cd 吸附水铁矿（黑线）、Cd 同晶替代针铁矿（蓝线）和 Cd 标准样品（绿线）的
Cd K 边 EXAFS 谱及傅里叶变换谱

红线表示最佳拟合谱

见表 3.2（Yan et al.，2021）。考虑该体系可能无序度较大，采用高斯模型拟合会导致键长的错误收缩，因此进一步考虑在拟合过程中加入三阶累积量，拟合结果如图 3.25 所示。在拟合第一壳层时加入三阶累积量与没有三阶累积量相比，χ^2 和 R 因子降低了 5%～42%，大幅提高了拟合质量。在所有样本和标准物质的光谱拟合过程中使用三阶累积量的 EXAFS 拟合结果表明，在 $Cd(NO_3)_2$ 溶液中，Cd—O 键长平均距离为 2.29 Å±0.02 Å；β-$Cd(OH)_2$ 中[CdO_6]单元的 Cd—O 键长为 2.31 Å±0.02 Å，共边 Cd—Cd 距离为 3.51 Å±0.01 Å；Cd 吸附水铁矿样品中 Cd—O 键长为 2.28～2.32 Å，只有一个 Cd—Fe 壳层，距离为 3.31～3.36 Å，表明 Cd^{2+} 主要形成双齿共边络合物（表 3.2）。与没有加入三阶累积量相比，加入三阶累积量对标样 $Cd(NO_3)_2$ 和 β-$Cd(OH)_2$ 的 EXAFS 拟合结果没有影响，说明标样中 Cd 具有对称的[CdO_6]八面体结构；而 Cd 吸附水铁矿样品中，加入三阶累积量后拟合得到的第一壳层 Cd—O 键长（2.28～2.32 Å）要比没有加入三阶累积量拟合所得 Cd—O 键长（2.24～2.26 Å）长，表明 Cd 吸附样品无序度因子即三阶累积量（0.000 7～0.001 1）大于 $Cd(NO_3)_2$ 和 β-$Cd(OH)_2$ 的三阶累积量（0.000 3～0.000 4）。这些结果表明，吸附于水铁矿表面 Cd 形成高度扭曲的[CdO_6]八面体结构，导致固体表面富集轻 Cd 同位素。

表 3.2 Cd 吸附水铁矿、Cd 同晶替代针铁矿和 Cd 标准样品的 Cd 边 EXAFS 拟合参数

样品	路径	配位数	配位距离/Å	σ^2/Å^2	三阶累积量	能量偏移 ΔE/eV	R 因子
$Cd(NO_3)_2$	Cd—O	6.6±0.6	2.29±0.02(2.27±0.01)	0.008 6±0.001 0	0.000 3±0.000 4	3.3±1.7	0.005 8
$Cd(OH)_2$	Cd—O	7.4±1.1	2.31±0.02(2.30±0.01)	0.009 0±0.001 8	0.000 4±0.000 5	6.5±1.4	0.017 7
	Cd—Cd	10.2±2.7	3.51±0.01	0.011 7±0.002 1			
CdFh_10_pH6.5	Cd—O	6.2±0.7	2.30±0.03(2.24±0.01)	0.011 8±0.001 4	0.001 1±0.000 6	2.4±2.1	0.011 9
	Cd—Fe	0.7±0.4	3.31±0.02	0.002 9±0.004 7			

续表

样品	路径	配位数	配位距离/Å	$\sigma^2/Å^2$	三阶累积量	能量偏移 ΔE/eV	R 因子
CdFh_10_pH7	Cd—O	7.4±1.0	2.31±0.04(2.26±0.01)	0.014 3±0.002 0	0.001 0±0.000 8	4.1±2.4	0.019 5
	Cd—Fe	4.7±1.3	3.33±0.05	0.028 2±0.016 5			
CdFh_20_pH7	Cd—O	5.7±1.2	2.28±0.05(2.24±0.01)	0.008 6±0.002 4	0.000 7±0.000 9	3.2±3.9	0.048 2
	Cd—Fe	0.7±0.3	3.33±0.04	0.003 0			
CdFh_10_pH7.5	Cd—O	5.8±0.7	2.32±0.03(2.26±0.01)	0.010 6±0.001 4	0.001 1±0.000 6	5.2±2.1	0.013 9
	Cd—Fe	0.8±1.0	3.36±0.03	0.009 7±0.010 1			
5CdGoe_60h_n	Cd—O	6.4±1.6	2.29±0.06(2.22±0.02)	0.008 5±0.003 1	0.001 3±0.001 2	7.6±4.4	0.067 5
	Cd—Fe	0.4±0.9	3.07±0.04	0.000 4±0.016 8			

3.7 其他吸收精细结构光谱技术

3.7.1 快速 X 射线吸收精细结构光谱

1. QXAFS 光谱技术简介

时间分辨 XAFS 技术是研究物理和化学反应过程中局域和化学态变化的有力工具，主要包括快速 X 射线吸收精细结构（quick X-ray absorption fine structure，QXAFS）光谱技术和能量分散 X 射线吸收精细结构（dispersive X-ray absorption fine structure，DXAFS）光谱技术。这里主要介绍 QXAFS 光谱技术。得益于同步辐射光源通量和线站硬件的提升，该技术使采谱速度和分辨率大幅提高。自 1988 年弗拉姆等发展 QXAFS 光谱技术以来，QXAFS 光谱技术已逐渐发展成为同步辐射设施上的基本测量方法。目前在全球同步辐射源的 XAFS 光束线上可以进行分秒级测量，若使用专用的单色仪可达到毫秒级。QXAFS 光谱是基于传统的 XAFS 波束，因此使用常规 XAFS 光谱技术研究的样品都可以用 QXAFS 光谱技术进行研究。但是在 QXAFS 光谱实验中，原位实验装置的设计非常重要。原位装置常用铝制品制作；且应尽量降低原位装置耦合到样品台上对测试可能造成的干扰（付磊 等，2022；Iwasawa et al.，2017）。

2. QXAFS 光谱应用

环境中氧化锰矿物由于其强氧化还原反应活性，调控着多种重金属污染物的环境地球化学行为。如氧化锰矿物可将 As(Ⅲ)氧化成 As(Ⅴ)，从而改变 As 的移动性和环境毒性。因此，揭示锰氧化物氧化 As(Ⅲ)反应的初始速率和机制对预测 As 的环境移动性与毒性至关重要。Ginder-Vogel 等（2009）应用 QXAFS 光谱技术在秒级别时间尺度下研究了锰氧化物氧化 As(Ⅲ)动力学过程和机制（图 3.26）。X 射线穿透至水液面以下约 3 cm，通过原位快速采集反应体系中 As K 边 XANES 谱；用 5 mmol/L As(Ⅲ)和 As(Ⅴ)溶液标准谱作为两个端元对样品谱进行线性组合分析以确定反应体系中 As(III)和 As(V)的比例。根据 As 初始浓度可以计算出反应过程中任一时刻 As(III)和 As(V)的浓度。结果表明，在反应 1 s 后，As(V)浓度达到 0.37 mmol/L；在反应 45 s 后 As(V)浓度快速上升至 1 mmol/L；在接下来的反应过程中，As(V)浓度缓慢上升，在 5 min 后达到 1.5 mmol/L。而用液相色谱电感耦合等离子体质谱（liquid chromatograph-inductively coupled plasma-mass spectrometry，LC-ICP-MS）联用仪测定 As 浓度表明，在反应开始前母液中 As(III)浓度为 50.03 mmol/L，且没有检测到 As(V)；在反应开始 15 s 后，As(V)浓度达到 0.55 mmol/L；随着反应的进行，As(V)浓度继续上升，而 As(III)浓度持续下降；在反应 5 min 后，As(V)浓度达到 1.4 mmol/L，As(III)浓度为 3.2 mmol/L。

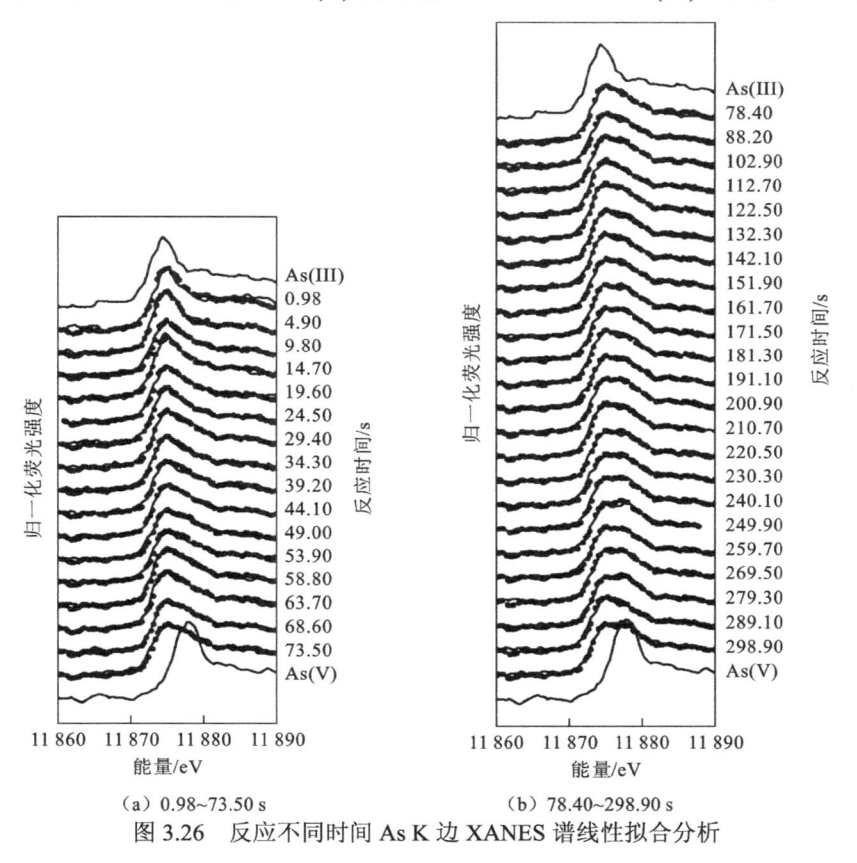

(a) 0.98~73.50 s　　　　　　　　　(b) 78.40~298.90 s

图 3.26　反应不同时间 As K 边 XANES 谱线性拟合分析

通过比较 LC-ICP-MS 与 QXAFS 确定的 As(V)浓度发现，反应 15 s 后，传统方法测定的 As(V)浓度比 QXAFS 计算的 As(V)浓度低约 0.1 mmol/L。反应 15～60 s，两种方法测定的 As(V)浓度平均差值约为 0.15 mmol/L，在反应 240 s 后，平均差值上升至约 0.28 mmol/L。通过这两种方法确定的 As(III)浓度几乎是相同的，这意味着 As(V)的吸附可能是这两种方法确定的速率差异的来源。As(III)消耗速率常数的最大差异发生在反应的初始阶段，用 QXAFS 光谱观察到的 As(III)消耗速率常数几乎是 LC-ICP-MS 的两倍。此外，采用传统方法得到的前 60 s 数据与一级速率模型吻合良好；然而，当使用 QXAFS 光谱分析同一反应时，只有前 30 s 的数据与一阶速率模型符合良好。这与两种方法确定 As 浓度方式差异有关。LC-ICP-MS 只测量溶液中 As 浓度，而 QXFAS 测定的是反应体系（包括固相和液相）中总 As(III)和 As(V)浓度。

3.7.2 微区 X 射线吸收精细结构光谱

1. μ-XAFS 光谱技术简介

微区 X 射线吸收精细结构（μ-XAFS）光谱技术是微束 X 射线技术的一种。微束 X 射线技术主要依托 Kirkpatrick-Baez（K-B）显微镜聚焦，最初在高能光束线被广泛采用，随后逐步扩展至中能光束线，它具有微米级甚至亚微米级的空间分辨率。常规条件下，该技术主要根据光束线的能量范围表征元素周期表中磷、硫和钙以上的金属元素，可有效识别样品化学成分的空间分布及典型微区中元素的价态、微观局域或长程有序的微观结构。此外，该技术还具有样品用量少、多种元素同时表征等优点。在地球科学、环境科学、生命科学领域，μ-XAFS 光谱技术用于研究药物、重金属、毒素细胞在组织中的分布、化学特性和作用机制，微米尺度上污染物的迁移及相关机制，植物和微生物富集或固定污染元素和重金属元素的机制；在化学和材料科学领域，μ-XAFS 光谱技术常用于研究介观-微观尺度上材料的腐蚀过程、陶瓷材料中的缺陷、微孔固体和非均相催化、金属材料的应力和老化等。

2. μ-XAFS 光谱应用举例

进行 μ-XAFS 光谱分析前，需通过其他谱学技术如微区 X 射线荧光（micro X-ray fluorescence，μ-XRF）在不同的入射光能量下产生荧光图谱，确定目标元素的位置、相对丰度等，然后对选定的目标区域进行分析。

1）铅与水铁矿-细菌复合物结合的分子机制

Chen 等（2022）在上海光源 BL15U1 线站采用 μ-XRF 和 μ-XANES 光谱技术，揭示了 Pb(II)在水铁矿-枯草芽孢杆菌复合物上的结合机制。考虑有机质碳能量较低而无法检测到，选取 Fe 和 S 作为特征元素分别代表水铁矿和枯草芽孢杆菌。Pb、Fe、S 元素的 μ-XRF 图谱如图 3.27 所示。这些元素在非常明确的热区积聚，Pb 与 Fe 和 S 的重叠表明复合材料中矿物和细菌之间存在密切的空间相关性，且 Pb 分布与水铁矿和枯草芽孢杆菌的相关性较好。进一步在热点区域选择三个点进行 μ-XANES 分析（图 3.28）。对 Pb L$_{III}$ μ-XANES 谱采用 Pb 吸附水铁矿和 Pb 吸附枯草芽孢杆菌谱进行线性拟合分析，结果表明在高 Pb(II) 含量的情况下，Pb(II)主要吸附在水铁矿上（66.9%～69.9%）。Pb(II)含量较低时，水铁矿的贡献非常有限。在水铁矿-枯草芽孢杆菌复合物样品（FhB_1:1）中，Pb 主要结合到细菌表面。随着矿物含量增加，与水铁矿结合的 Pb 增加，如在 FhB_4:1 样品中，60.6% Pb 结合到枯草芽孢杆菌，39.4% Pb 与水铁矿结合。

2）土壤球囊霉素相关蛋白介导下重金属迁移转化的分子机制

基于铅锌矿区污染土壤的植物修复长期定位试验，Chen 等（2022）在日本高能加速器研究组织的 BL4A 线站利用 μ-XRF 及 μ-XANES 光谱技术研究了重金属在土壤球囊霉素相关蛋白（glomalin-related soil protein，GRSP）介导下的迁移转化机制。以 S 元素表征 GRSP 分子，μ-XRF 图谱显示 Zn、Pb 与 Fe、Ca、S 等元素具有一定的空间分布相似性，说明土壤中重金属离子可能与 GRSP 等物质结合在一起，如图 3.29（a）所示。为进一步量化各

（a）FhB_1∶1(H)

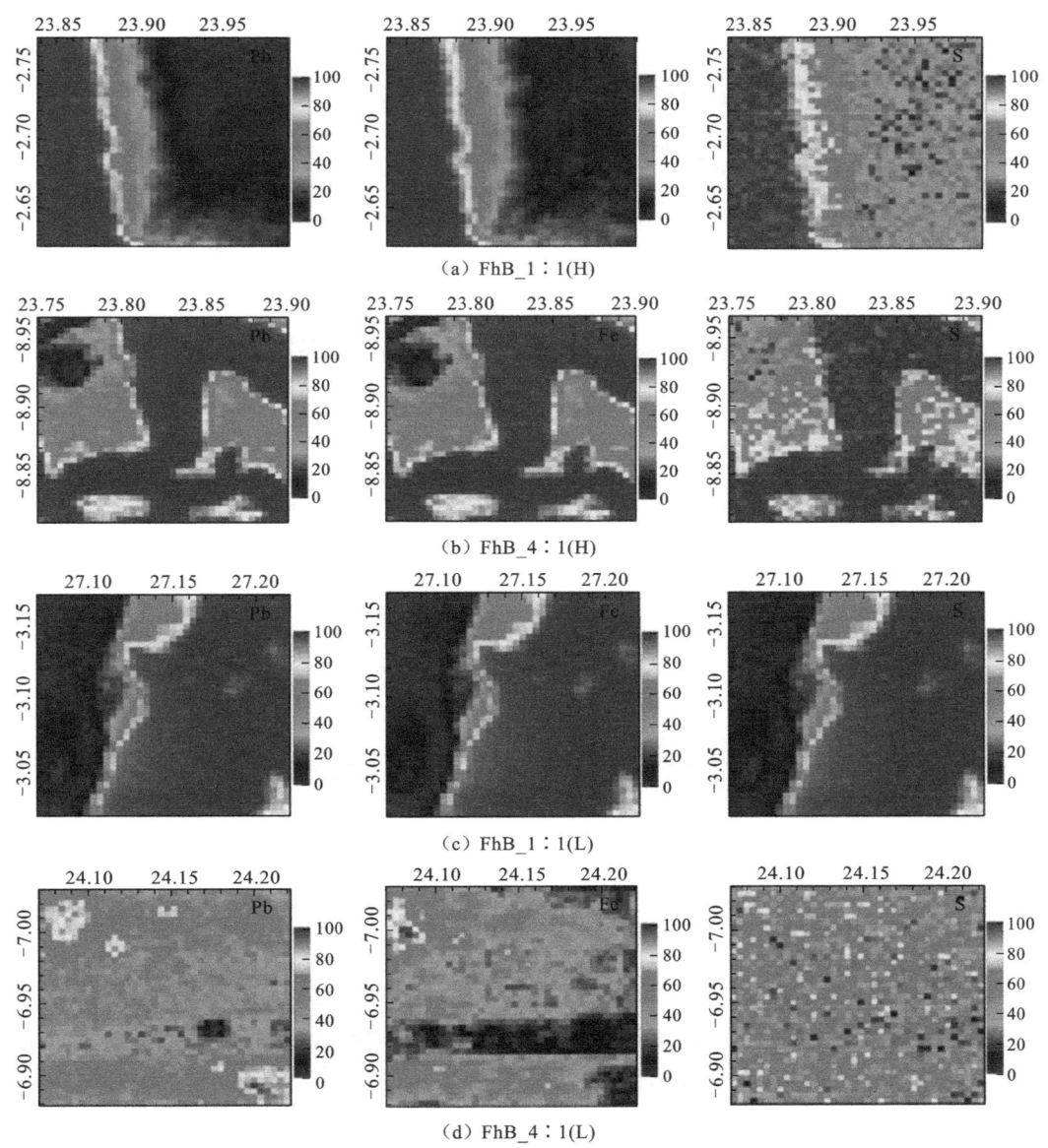

（b）FhB_4∶1(H)

（c）FhB_1∶1(L)

（d）FhB_4∶1(L)

图 3.27　不同 Pb 浓度、不同矿菌比条件下水铁矿-枯草芽孢杆菌复合物 μ-XRF 图谱中 Pb、Fe 和 S 的元素分布图

H 代表较高的 Pb(II)浓度（1.0 mmol/L），L 代表较低的 Pb(II)浓度（0.1 mmol/L）；FhB_1:1 和 FhB_4:1 分别为按矿物-细菌质量比 1∶1 和 4∶1 制备的复合物，后同

重金属形态分布特征，在 μ-XRF 图谱热点区域收集 μ-XANES 光谱[图 3.29（b）]，并采用线性拟合分析不同分子形态重金属的分布比例[图 3.29（c）]。考虑供试土壤 Zn 含量高于 Pb，选择 Zn 进一步分析。结果显示，Zn 与 S 结合态比例在植物修复后的土壤中有明显升高。结合该矿区土壤的相关理化分析，认为 Zn 可能更倾向与 GRSP 表面的含硫基团结合形成稳定络合物，从而降低重金属在土壤-植物系统中迁移转化的环境风险。

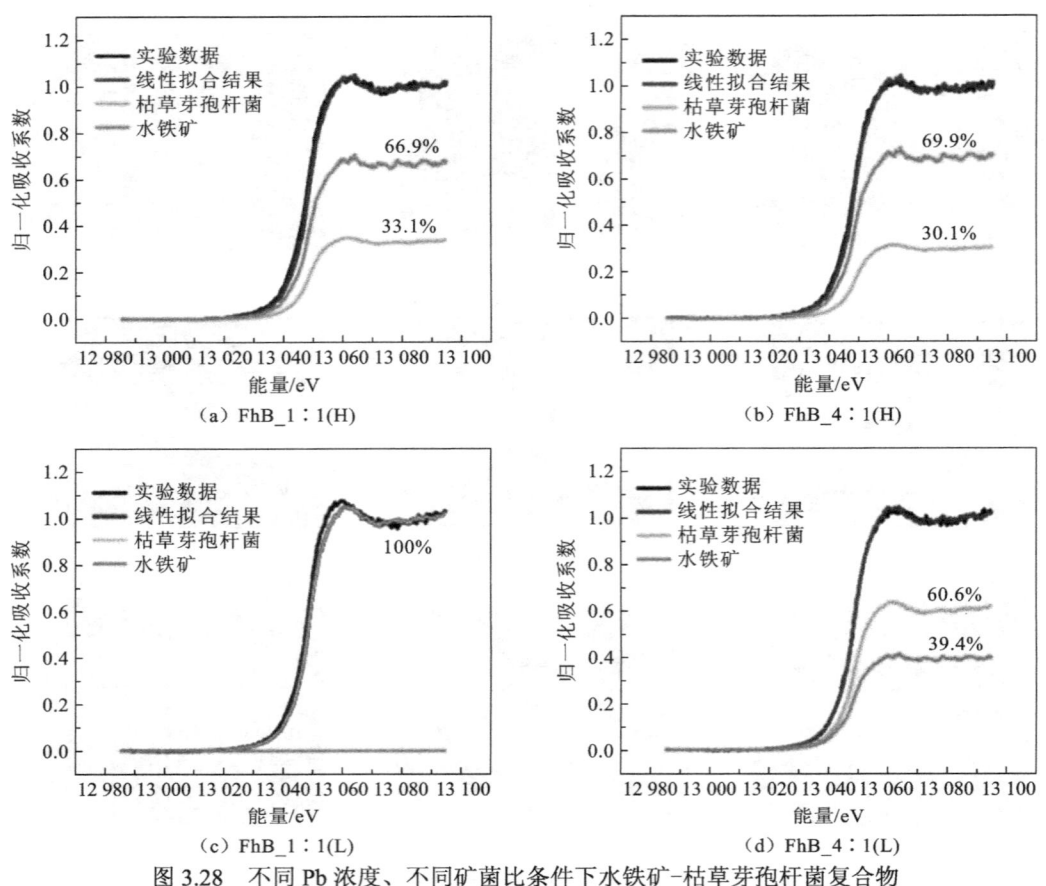

图 3.28 不同 Pb 浓度、不同矿菌比条件下水铁矿-枯草芽孢杆菌复合物中 Pb 热点 μ-XANES 线性拟合谱

3）土壤中锑的形态研究

μ-EXAFS 光谱技术可用于在微尺度上揭示土壤中锑（Sb）的结合形态。Mitsunobu 等（2010）分别在日本 SPring-8 的 BL01B1 线站采集 Sb 吸附与共沉淀水铁矿的 Sb K 边 EXAFS 光谱，在 BL37XU 线站采集天然土壤样品的 Sb K 边 μ-EXAFS 光谱。图 3.30（a）展示了土壤颗粒中 Sb、Fe 和 Si 元素分布及背散射电子（backscattered electro，BSE）图。BSE 图表明土壤颗粒是由离散颗粒和细粒团聚组成的风化产物，表明该产物是由沉积过程中析出的自生矿物组成；元素分布图表明土壤颗粒中富集了大量的 Sb 和 Fe 元素。单点定量分析 Sb 积累部位（Sb 图中红-黄颜色）表明 Fe_2O_3 是含量最高组分（60%～71%）；Sb_2O_5 含量也较高，为 11%～18%，此外，Sb 积累部位其他元素（如 S、Si、Ca、P、Al 和 Mn）含量较少，这表明 Sb 主要赋存于铁氧化物中。土壤颗粒微区[图 3.30（a）中橙色圆圈]Sb K 边 μ-EXAFS 光谱特征与 Sb 共沉淀水铁矿相似[图 3.30（b）]，如光谱中 $k=7$ Å^{-1} 处箭头所示，这表明在土壤颗粒中 Sb 可能主要以与水铁矿共沉淀形态存在。在傅里叶变换谱[图 3.30（c）]中，存在两个主要峰：第一个峰在 $R+\Delta R$ 约 1.5 Å 处，对应于 Sb—O 壳层峰，拟合所得 Sb—O 配位数为 5.9，键长为 1.97 Å；第二个峰对应于 Sb—Fe 配位壳，其中 Sb—Fe_1 键长为 3.11 Å，配位数为 1.0±0.4，Sb—Fe_2 键长为 3.57 Å，配位数 2.2±0.4。这两个 Sb—Fe

(a) μ-XRF表征土壤颗粒中Zn、Pb、Fe、Ca、Si和S等元素的分布

(b) 土壤样品热点区域μ-XANES谱及线性拟合分析

(c) 土壤颗粒中不同分子形态重金属的分布比例

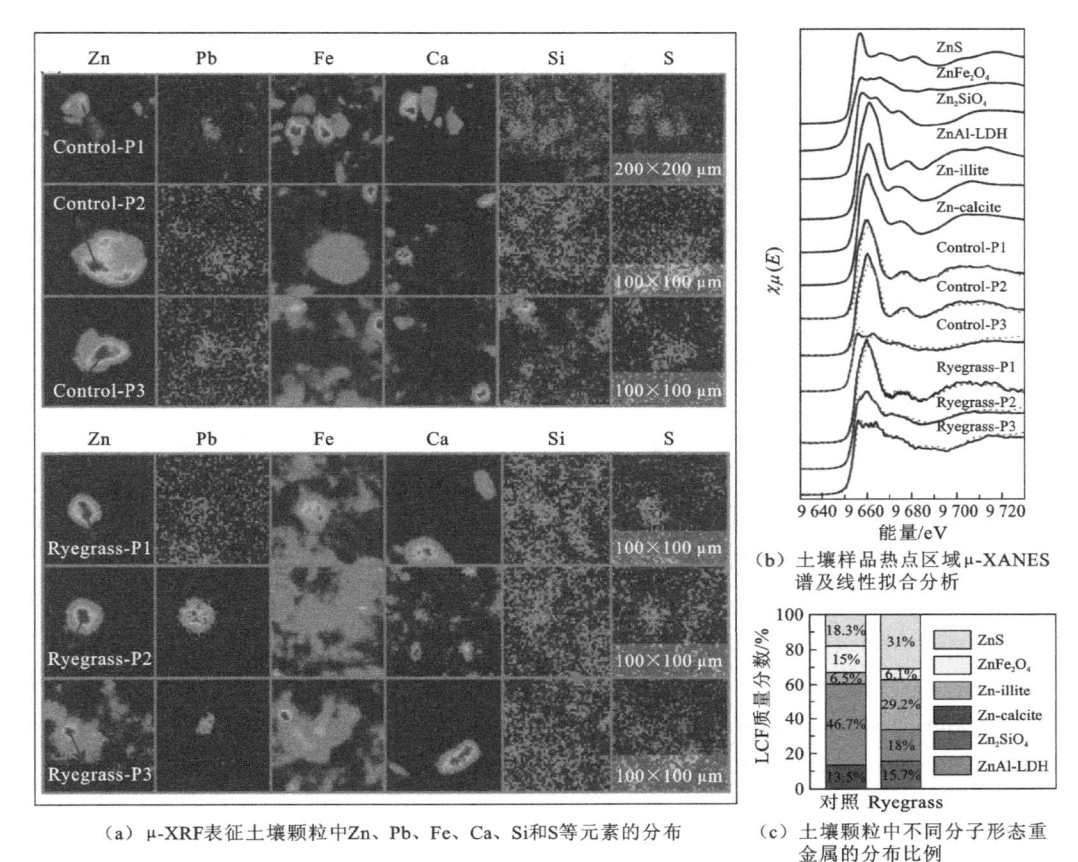

图 3.29 植物修复前后土壤颗粒中重金属的分子形态及空间分布特征

Control 为对照组；ryegrass 为黑麦草；LDH 为层状双氢氧化物；illite 为伊利石；calcite 为碳酸钙

配位壳分别对应于双齿共边配位和双齿共角配位形式。土壤颗粒中 Sb—Fe 壳层总配位数可能为 2.4~4.0，该值大于 Sb 以内圈络合物吸附于铁氧化物表面时的配位数。这进一步表明土壤颗粒中 Sb 不是单纯地通过吸附与铁氧化物相结合，而主要是以与铁氧化物共沉淀或同时以共沉淀和吸附方式赋存于铁氧化物中。

(a) 天然污染土壤颗粒中Sb、Fe、Si的BSE图及元素分布图

(b) 天然土壤颗粒中Sb K边μ-EXAFS谱和合成水铁矿的Sb K边EXAFS光谱

(c) 对应的傅里叶变换谱

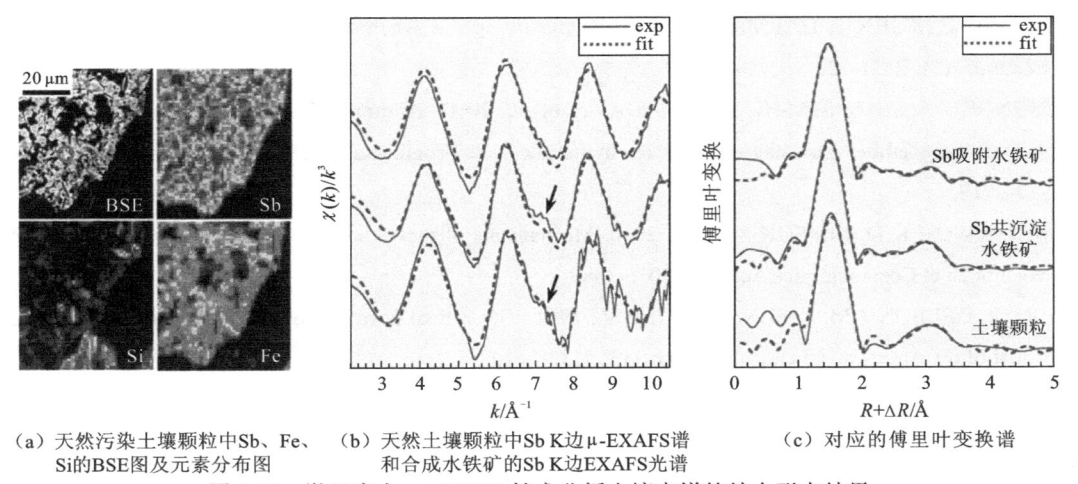

图 3.30 微尺度上 μ-EXAFS 技术分析土壤中锑的结合形态结果

· 81 ·

参 考 文 献

陈森玉, 赵振堂, 2021. 李政道与中国的同步辐射光源. 现代物理知识, 33(Z1): 81-89.

付磊, 何建华, 曾梦琪, 2022. 同步辐射从发现到科学应用. 北京: 科学出版社.

BUNKER G, 2010. A practical guide to X-ray absorption fine structure spectroscopy. New York: Cambridge University Press.

CHEN H, TAN W, LV W, et al., 2020. Molecular mechanisms of lead binding to ferrihydrite-bacteria composites: ITC, XAFS, and µ-XRF investigations. Environmental Science and Technology, 54(7): 4016-4025.

CHEN H, XIONG J, FANG L, et al., 2022. Sequestration of heavy metals in soil aggregates induced by glomalin-related soil protein: A five-year phytoremediation field study. Journal of Hazardous Materials, 437: 129445.

FILIPPONI A, CICCO A D, NATOLI C R, 1995. X-ray-absorption spectroscopy and n-body distribution functions in condensed matter. I. Theory. Physical Review B: Condensed Matter, 52(21): 15122-15134.

FENG X, ZHU Q, GINDER-VOGEL M, et al., 2010. Formation of nano-crystalline todorokite from biogenic Mn oxides. Geochimica et Cosmochimica Acta, 74: 3232-3245.

GINDER-VOGEL M, LANDROT G, FISCHEL J S, 2009. Quantification of rapid environmental redox processes with quick-scanning X-ray absorption spectroscopy(Q-XAS). Proceedings of the National Academy of Science, 106(38): 16124-16128.

GRANGEON S, LANSON B, MIYATA N, et al., 2010. Structure of nanocrystalline phyllomanganates produced by freshwater fungi. American Mineralogist, 95(11-12): 1608-1616.

IWASAWA Y, ASAKURA K, TADA M, 2017. XAFS Techniques for catalysts, nanomaterials, and surfaces. Berlin: Springer.

LIU L, WANG X M, ZHU M Q, et al., 2019. The speciation of Cd in Cd-Fe coprecipitates: Does Cd substitute for Fe in goethite structure? ACS Earth Space Chemistry, 3(10): 2225-2236.

MANCEAU A, MARCUS M A, GRANGEON S, 2012. Determination of Mn valence states in mixed-valent manganates by XANES spectroscopy. American Mineralogist, 97(5-6): 816-827.

MITCHELL E, KUHN P, GARMAN E, 1999. Demystifying the synchrotron trip: A first time user's guide. Structure, 7(5): R111-121.

MITSUNOBU S, TAKAHASHI Y, TERADA Y, et al., 2010. Antimony(V) incorporation into synthetic ferrihydrite, goethite, and natural iron oxyhydroxides. Environmental Science and Technology, 44(10): 3712-3718.

PEÑA J, KWON K D, REFSON K, et al., 2010. Mechanisms of nickel sorption by a bacteriogenic birnessite. Geochimica et Cosmochimica Acta, 74: 3076-3089.

REHR J J, DELEON J M, ZABINSKY S I, et al., 1991. Theoretical X-ray absorption fine-structure standards. Journal of the American Chemical Society, 113: 5135-5140.

REHR J J, ALBERS R C, 2000. Theoretical approaches to X-ray absorption fine structure. Reviews of Modern Physics, 72(3): 621-654.

REHR J J, ANKUDINOV A L, 2005. Progress in the theory and interpretation of XANES. Coordination

Chemistry Reviews, 249(1-2): 131-140.

REHR J J, KAS J J, VILA F D, et al., 2010. Parameter-free calculations of X-ray spectra with FEFF9. Physical Chemistry Chemical Physics, 12: 5503-5513.

SAYERS D E, STERN E A, LYTLE F W, 1971. New technique for investigating noncrystalline structures: Fourier analysis of the extended X-ray: Absorption fine structure. Physical Review Letters, 27(18): 1204-1207.

YAN X R, ZHU M Q, LI W, et al., 2021. Cadmium isotope fractionation during adsorption and substitution with iron (oxyhydr)oxides. Environmental Science and Technology, 55: 11601-11611.

YIN H, TAN W F, ZHENG L, et al., 2012. Characterization of Ni-rich hexagonal birnessite and its geochemical effects on aqueous Pb^{2+}/Zn^{2+} and As(III). Geochimica et Cosmochimica Acta, 93: 47-62.

ZHANG S, LI H, WU Z, 2022. Effects of cobalt doping on the reactivity of hausmannite for As(III) oxidation and As(V) adsorption. Journal of Environmental Science, 122: 217-226.

第4章 分子振动光谱

4.1 红 外 光 谱

自 1947 年双光束红外光谱仪问世以来，红外光谱（infrared spectroscopy，IR）作为一种分析分子结构和鉴定化合物的方法，已广泛应用于有机化学（识别化学官能团）、高分子化学（解析大分子结构）和表/界面反应（赋存形态分析）等研究领域。多元校正技术在光谱分析中的应用及计算机技术的迅速发展，带动了分析仪器的数字化和化学计量学的进一步变革，能够解决光谱信息提取和背景干扰等方面问题，使红外光谱在测样技术上的独有优势更加突出，并成为发展最快、最引人注目的一项独立分析技术。

4.1.1 基本原理

构成物质的分子或原子处于持续运动状态。原子之间的化学键可视为两质点间的弹性连接，当两质点间的弹性作用力与该弹性连接相对其能量最低位置的位移成正比时，原子间的振动可近似地看成谐振子的简谐振动。

早在 19 世纪末，学者就已建立了电磁辐射吸收与分子中原子简谐振动之间的关系。振动光谱（如红外光谱）就是由分子振动与电磁辐射之间的相互作用产生的。当具有特定波长的红外光通过某种物质，其分子中某个基团的振动频率或转动频率与红外光的频率一致时，分子会吸收能量，由原来的基态振（转）动能级跃迁到能量较高的激发态振（转）动能级，此时该处波长的光就被物质吸收。将分子吸收红外光的结果记录下来，就得到红外光谱图。然而，并非所有的振动都能得到红外吸收光谱。红外光的能量必须等于分子两能级的能量差，这是物质产生红外吸收光谱的必要条件，同时决定了吸收峰出现的位置。此外，红外光与分子之间需有耦合作用，只有偶极矩发生变化的振动才能引起可观测的红外吸收，这种振动称为红外活性振动。偶极矩等于零的分子振动不产生红外吸收，称为红外非活性振动。

分子中所有原子以相同频率和相同位相在平衡位置附近所做的简谐振动称为简正振动。简正振动的基本方式分为两类：一类是键长发生变化的伸缩振动；另一类是键角发生变化的弯曲振动。每个简正振动都有一个特征频率，对应红外光谱图上的一个吸收峰。依据图谱中吸收峰的变化，可以得到许多官能团信息，从而确定部分乃至全部分子类型及结构。因此，红外光谱实际上是一种根据分子内部原子间的相对振动信号来确定物质分子结构和鉴别分析化合物的方法。

根据吸收光波长，通常将红外光谱分为三个区域：近红外区（0.75～2.5 μm）、中红外区（2.5～25 μm）和远红外区（25～1000 μm）。化合物的倍频、合频、电子光谱出现在近红外区，中红外光谱属于分子的基频振动光谱，远红外光谱则包括分子的转动光谱和某些基团的振动光谱。绝大多数有机物和无机物的基频吸收带都出现在中红外区（波数 400～4 000 cm^{-1}），因此中红外区是研究和应用最多的区域，积累的数据资料最多，仪器技术也最为成熟。通常所说的红外光谱即指中红外光谱。

按照吸收峰的来源，可以将 2.5～16.7 μm 的红外光谱图大体分为特征频率区（2.5～7.7 μm）和指纹区（7.7～16.7 μm）两个区域。由基团伸缩振动产生的吸收峰基本都在特征频率区，具有很强的特征性，因此该区域主要用于鉴定官能团。例如，羰基在 5.9 μm 处有一个强吸收峰，常见于酮、酸、酯或酰胺等含羰基的化合物中。指纹区的吸收峰多且特征性不强，情况更为复杂，主要是由一些单键振动产生，如 C—N、C—O、C—X（卤素原子）等伸缩振动，C—H、O—H 等含氢基团弯曲振动及 C—C 骨架。同一官能团在不同分子结构中的红外吸收峰位置会略有差异，因此，红外光谱可用于区分结构类似的化合物。

4.1.2 测试分析方法

1. 透射模式

透射模式是最简单也是最常见的傅里叶变换红外光谱测量方法。样品在某种介质中稀释，垂直于红外光束放置，探测器测量透过样品的红外光束量。为了获得样品的光谱信息，首先需要收集纯介质的红外光谱用作背景参考，然后收集样品在介质中的光谱，以获得样品的红外光谱。

固体样品通常先在 KBr 中混匀、稀释，样品与 KBr 质量比为 1%～2%，然后取适量混合样用压力机制成一个薄而透明的圆片，放在样品架上进行分析。为了使红外光传输成功，必须保持整个系统尽可能地干燥，因此在样品稀释之前，KBr 要在烘箱中充分干燥，尽可能去除更多的水分。对于无定形矿物和热稳定性差的固体样品，必须小心处理，避免在高温下发生可能的相变。在测量有机物质的红外光谱时，通常将它们放入一个薄的液体池中或涂抹在 KBr 圆片上，稀释的溶剂应具有相对较低的红外吸收率，并且不应具有与目标有机物重叠的红外峰。

2. 衰减全反射模式

常规的透射模式使用压片或涂膜进行红外测量，要求样品的红外通透性良好，但对于纤维、橡胶等不透明物质，或某些特殊样品（如难溶、难熔、难粉碎的样品），透射测量存在困难。为了克服上述困难，人们开始研究反射光谱。反射光谱包括镜反射光谱、漫反射光谱和内反射光谱。内反射光谱又称衰减全反射（attenuated total reflectance，ATR）光谱。20 世纪 80 年代，人们将衰减全反射技术应用到傅里叶变换红外光谱仪上，产生了衰减全反射傅里叶变换红外光谱（attenuated total reflectance Fourier transform infrared spectroscopy，ATR-FTIR）。它具有制样简单、无破坏性、检测灵敏度高等优点，能够实现原位测试、实时采谱、辅助分析化学官能团等功能，现已成为分析物质表面结构的一种有力工具和手段，在多个领域得到了广泛应用。

在 ATR-FTIR 测量中，当光源发出的红外光经过折射率大的晶体再投射到折射率小的样品表面时，红外辐射能够穿透样品表面内一定深度。根据麦克斯韦理论，红外光进入较

低折射率材料的穿透深度 d_p 定义为电场强度衰减到其在表面值为 1/e 时的深度,即

$$d_p = \frac{\lambda_1}{2\pi(\sin^2\alpha - n_{21}^2)^{1/2}} \tag{4.1}$$

式中:λ_1 为高折射率材料中的波长,$\lambda_1 = \lambda/n_1$,与入射光波长 λ 和晶体材料折射率 n_1 相关;α 为入射角;$n_{21} = n_2/n_1$,n_2 为样品的折射率。

当部分入射光辐射被样品选择性吸收时,反射光辐射强度发生减弱,并且在入射光辐射相应频率内形成吸收带,产生与透射模式类似的红外光谱图,从而获得样品表层的化学结构信息。因此,与透射模式相比,ATR-FTIR 可以提供物质表面薄层结构的光谱信息,特别适合固体表面吸附层的分子结构研究。在土壤科学研究中,ATR-FTIR 常应用于具有红外活性的吸附质在高比表面积矿物吸附剂表面的吸附机制解析。ATR-FTIR 的光谱强度取决于红外辐射穿透到样品中的距离、衰减全反射晶体折射率和反射次数。d_p 与 λ_1 成正比,波长越长,穿透深度越大,光谱强度也越强。最常用的衰减全反射晶体材料是折射率为 2.3 的硒化锌(ZnSe)和金刚石,以及折射率为 4.0 的锗(Ge)。折射率越高,辐射穿透样品的距离越短,光谱强度越弱。折射率为 2.3、入射角为 45° 的衰减全反射晶体对典型有机样品在 1 000 cm^{-1} 处穿透深度约为 4 mm。

常用的 ATR-FTIR 附件有两种:单反射衰减全反射(universal attenuated total reflectance accessory,UATR)附件和水平衰减全反射(horizontal attenuated total reflectance,HATR)附件。UATR 附件是一种内部反射附件(图 4.1),常用于一般固体、粉末、浆糊、凝胶和液体的分析。测量时,首先将固体粉末状、凝胶状或糊状样品黏附在晶体上,当仪器的红外光束通过附件并进入晶体时,光束能够稍微穿透样品表面,接着反射到晶体内部,并返回到仪器中的探测器。样品对红外光辐射的选择性吸收会在光谱中形成特定位置的吸收峰。光谱强度通常受到样品与晶体接触不良问题的影响,因此,为了确保样品与晶体之间良好的接触,UATR 附件上配有将样品夹在晶体表面并施加压力的装置。晶体与样品的接触面积很小,晶体直径仅为 2 mm。常用的 UATR 高折射率晶体有 ZnSe、金刚石-锗复合晶体或 KRS5-金刚石复合晶体。与单一的 ZnSe、金刚石相比,复合晶体具有更好的化学和物理阻力,易于维护,复合晶体表面高效的红外光反射可以弥补因表面接触面积小而造成的信号减少,因此,UATR 光谱信号通常比 HATR 光谱信号强 30%~40%。此外,红外光反射次数越少,水对红外测量的干扰越小,研究的光谱范围就越大,因此可在接近自然状况下原位分析与晶体紧密接触的湿样品,这也是 ATR 模式相比于传统透射模式在环境科学研究应用中的主要优势。

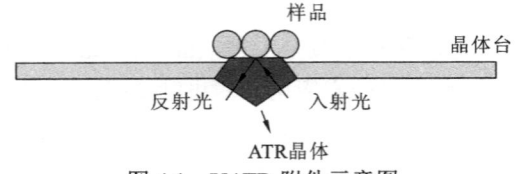

图 4.1 UATR 附件示意图

HATR 附件可以用于分析粉末、浆料、凝胶和液体等。在 HATR 装置中,有一个大的凹式晶体平板,通常规格为 5 cm×1 cm,上表面暴露在外,以容纳液体、粉末或糊状物质(图 4.2)。液体可以简单地滴在晶体上以空气为背景进行测量。对于糊状物质和其他半固体样品,首先需要在晶体表面涂上一层薄薄的固体涂层,然后收集涂层与背景溶液的红外光

谱作为背景光谱，最后再将低浓度反应物以一定流速缓慢通过晶体槽。当红外辐射穿过晶体时，会在上下表面经历数次内反射，矿物表面的吸附质对红外辐射的选择性吸收就能够通过红外图谱反映。每个表面的反射次数通常为5～10次，这取决于晶体的长度、厚度及入射角。由于晶体上的固体质量是恒定的，而且检测不到溶液中的反应物质，通过HATR附件获得的光谱质量高，能够充分反映固体矿物表面吸附质的吸附形态信息，相较于UATR光谱更稳定，研究结果也更贴近原位条件。

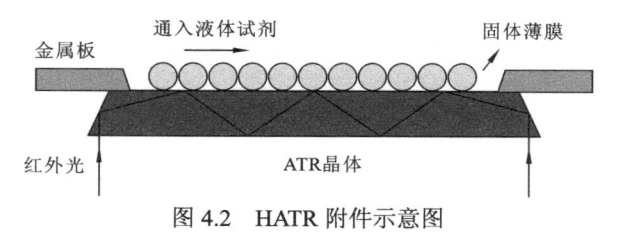

图 4.2　HATR 附件示意图

4.1.3　红外光谱在矿物鉴定中的应用

红外光谱是研究化合物组成和结构的重要手段，广泛应用于化学、化工、医药、生物、石油、食品、矿物研究等领域，本小节主要介绍红外光谱在矿物鉴定中的应用。自然界中每种矿物都有独特的红外吸收光谱，将待定矿物的红外图谱与已知矿物红外标准图谱进行比对，可以确定矿物的结构及官能团信息，客观地反映矿物结构特征与组成成分，能够较为快速、准确地鉴定和鉴别矿物。对于铁氧化物，红外光谱是一种非常有用的结构表征技术，不仅可以鉴定矿物类型，也可以通过某些吸收峰的变化提供关于晶体形貌、结晶度和金属离子同晶替代的信息，还广泛应用于获取矿物表面吸附分子的振动信息，从而判断表面配位构型。

1. 典型铁氧化物的红外特征峰

几种常见铁氧化物的红外光谱图如图4.3（王小明，2015）所示。针铁矿的吸收峰主要来源于Fe—O和Fe—OH振动。3 140 cm^{-1}吸收峰属于结构OH伸缩振动，强度较弱的3 660 cm^{-1}和3 484 cm^{-1}吸收峰属于表面游离OH伸缩振动。当针铁矿表面吸附磷酸根（PO_4^{3-}）后，3 660 cm^{-1}吸收峰完全消失，因此将其归为单配位OH群，因为PO_4^{3-}主要与单配位OH发生配位交换反应；3 484 cm^{-1}吸收峰没有被替代，因此属于双配位或三配位OH群。892 cm^{-1}（δ-OH）和795 cm^{-1}（γ-OH）吸收峰分别属于针铁矿(001)面向里和向外弯曲振动，它们的峰位变化可反映针铁矿结晶度和结构中Al同晶替代信息。

纤铁矿的表面OH在3 620 cm^{-1}和3 525 cm^{-1}产生弱吸收峰，前者属于(001)面双配位OH。纤铁矿结构OH的伸缩振动峰位于2 850～3 160 cm^{-1}，取决于颗粒形貌。随着纤铁矿晶体由片状向棒状转变，[100]方向的OH振动频率减小，而平行于[100]方向不受影响。纤铁矿(010)面向里和向外的弯曲振动峰分别在1 018 cm^{-1}和750 cm^{-1}。Al同晶替代后，纤铁矿OH伸缩振动峰由3 130 cm^{-1}移至3 200 cm^{-1}，(010)面向外的弯曲振动峰由750 cm^{-1}移至733 cm^{-1}。

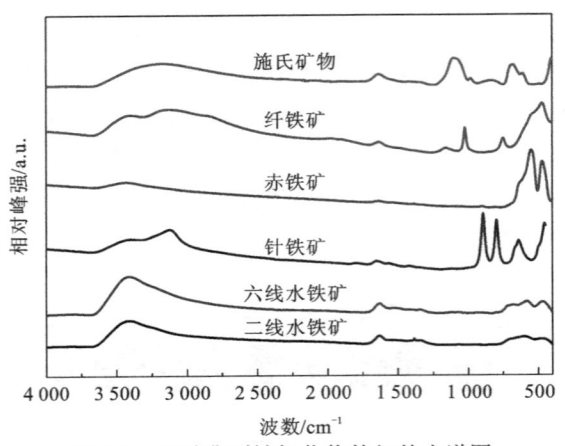

图 4.3 几种典型铁氧化物的红外光谱图

水铁矿表面 OH 振动吸收峰在 3 615 cm^{-1}，结构 OH 伸缩振动峰在 3 430 cm^{-1}，结构 OH 弯曲振动峰在 580 cm^{-1} 和 465 cm^{-1}。水铁矿结构中大多数 OH 很容易氘化，表明表面 OH 与结构 OH 没有显著区别。含 Si 水铁矿在 940 cm^{-1} 有一个宽且强的 Si—O 振动峰，其波数低于 SiO_2 结构中 Si—O 伸缩吸收峰（1 080 cm^{-1}），这是由于 Si 的伸缩振动受邻近 Fe 原子影响。随着水铁矿结构中 Si 含量增加，Si—O 振动峰增强，且峰位逐渐向高波数移动，这是因为 Si 聚合物比例不断升高。

随 Al 同晶替代量从 0%增加到 12.5%（以摩尔百分数计），赤铁矿 Fe—O 吸收峰从 574 cm^{-1} 和 478 cm^{-1} 分别偏移至 530 cm^{-1} 和 456 cm^{-1}。严格来说，赤铁矿结构中不包含 OH，但实际上在边面有可能存在少量 OH。研究表明，当赤铁矿从 200℃加热到 800℃时，其在 3 400 cm^{-1} 处的吸收峰强度明显减小，这与结构 OH 含量减少有关。

四方纤铁矿的红外吸收峰位于 3 480 cm^{-1} 和 3 390 cm^{-1}（OH 和 H_2O 伸缩振动）、1 630 cm^{-1}（OH 弯曲振动）、650 cm^{-1}、490 cm^{-1} 和 420 cm^{-1}（Fe—O 伸缩振动）。施氏矿物与四方纤铁矿结构类似，其红外光谱吸收峰大致在 700 cm^{-1} 和 410~490 cm^{-1}（Fe—O 伸缩振动）、3 370 cm^{-1}（OH 伸缩振动），以及 970 cm^{-1}、610 cm^{-1}、1 170~1 212 cm^{-1}、1 110~1 140 cm^{-1}、1 040~1 070 cm^{-1}（SO_4 振动峰）。磁赤铁矿表面 OH 官能团的吸收峰在 3 740 cm^{-1}、3 725 cm^{-1}、3 675 cm^{-1} 和 3 640 cm^{-1}，而 Fe—O 红外吸收峰则在 700 cm^{-1}、640~660 cm^{-1}、620 cm^{-1}、580 cm^{-1}、560 cm^{-1} 和 460 cm^{-1}。磁铁矿的红外图谱在 580 cm^{-1} 和 400 cm^{-1} 出现宽吸收峰。当铁氧化物表面吸附有阴离子时，通常会在图谱中出现一些新吸收峰，如草酸根在 1 700 cm^{-1}、硝酸根在 1 400 cm^{-1} 及碳酸根在 1 300 cm^{-1} 和 1 500 cm^{-1}。

2. 矿物类型的红外光谱鉴定

傅里叶变换红外光谱（FTIR）可用于鉴定矿物类型，以不同浓度 P 或 Si 存在时绿锈的转化产物为例，如图 4.4（王小明，2015）所示。不加 P 时，产物红外图谱对应于针铁矿的特征振动峰。892 cm^{-1}（δ-OH）和 795 cm^{-1}（γ-OH）的吸收峰分别属于(001)面向里和向外的 OH 弯曲振动。623 cm^{-1} 的峰属于(010)面对称性 Fe—O 伸缩振动，3 185 cm^{-1} 的强峰属于结构 OH 伸缩振动。强度较弱的 3 390 cm^{-1} 和 1 630 cm^{-1} 吸收峰分别属于矿物表面游离 OH 群的伸缩振动和 H_2O 的弯曲振动，这两个峰在含 P 产物中也均有出现。当 P 含量较低时，即 Fe/P（以物质的量计，后同）=48，转化产物由针铁矿变为纤铁矿，1 018 cm^{-1}（δ-OH）、739 cm^{-1} 和 471 cm^{-1}（γ-OH）的吸收峰分别为纤铁矿(010)面向里和向外的 OH 弯曲振动。随着 P 含量继续增加，即 Fe/P=24、12 和 3，FTIR 特征峰表明产物为高铁绿锈和少量纤铁矿和水铁矿。1 552 cm^{-1}、1 359 cm^{-1}、694 cm^{-1} 和较弱的 820 cm^{-1} 振动吸收峰表明高铁绿锈层间存在 CO_3^{2-}。此外，1 030 cm^{-1} 吸收峰属于 PO_4 非对称性 ν_3 伸缩振动峰，表明矿物表面吸附 P，且随着 P 浓度的增加，P 吸收峰增强。

绿锈转化产物的 FTIR 显示，在 Si 存在时，Fe/Si≥12 的产物中均出现针铁矿的特征振动峰，即 623 cm^{-1}、794 cm^{-1} 和 888 cm^{-1}。随着 Si 含量的增加，针铁矿的特征吸收峰和结构 OH 伸缩峰（3 185 cm^{-1}）的强度逐渐减弱。1 524 cm^{-1} 和 1 331 cm^{-1} 的吸收峰属于矿物表面吸附的 CO_3^{2-} 振动峰。当 Fe/Si=3 时，694 cm^{-1}、1 359 cm^{-1} 和 1 552 cm^{-1} 的吸收峰属于高铁绿锈层间 CO_3^{2-} 特征振动峰。970 cm^{-1} 和 1 063 cm^{-1} 的吸收峰为 SiO_3^{2-} 以—O 或—OH 结合吸附于矿物表面的 Si—O—Fe 和/或 Si—O—Si 伸缩振动峰。此外，Si—O 吸收峰强度比同浓度的 P—O 吸收峰弱，这是因为 Si 的红外吸收振动更弱。460 cm^{-1} 的吸收峰为水铁矿的结构 OH 弯曲振动峰，暗示着水铁矿与针铁矿和高铁绿锈共存。

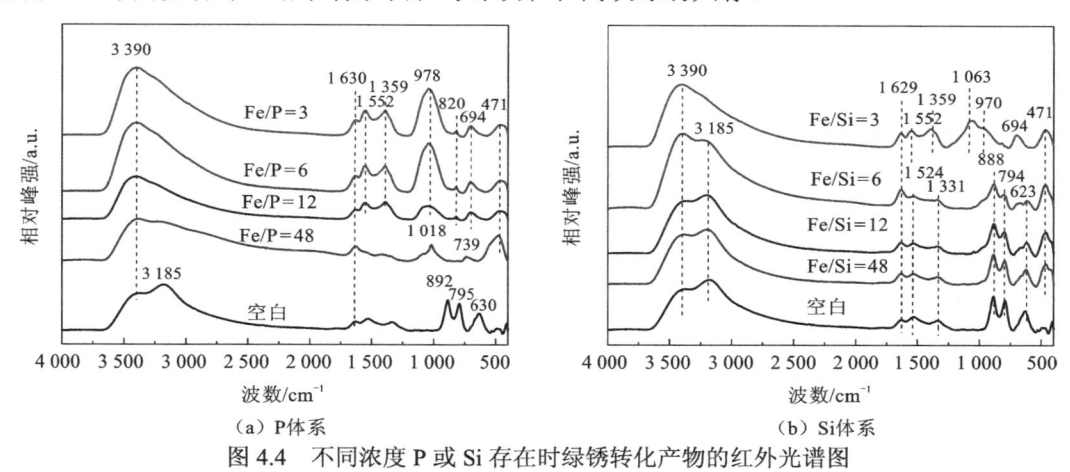

（a）P体系

（b）Si体系

图 4.4　不同浓度 P 或 Si 存在时绿锈转化产物的红外光谱图

4.1.4　红外光谱在固-液界面反应中的应用

水平衰减全反射傅里叶变换红外光谱（horizontal attenuated total reflectance Fourier transform infrared spectroscopy，HATR-FTIR）可用于原位监测固-液界面元素的形态和价态变化。水铁矿与无机磷反应 4 h 的原位红外光谱如图 4.5（a）（王小明，2015）所示，与磷酸盐溶液相比，吸附态磷的红外振动光谱明显不同，表明水铁矿表面通过内圈配位吸附 P。三个红外峰的位置约为 1 102 cm^{-1}、1 028 cm^{-1} 和 1 003 cm^{-1}，属于质子化的 P 双齿双核表面吸附形态。此外，尽管不同尺寸水铁矿表面 P 红外光谱的形状和位置相似，但大尺寸水铁矿表现出更好的 P—O 红外光谱峰分裂，这与其表面无序和结构扭曲程度较低有关。水铁矿吸附 P 的时间分辨光谱[图 4.5（b）]显示，随着吸附时间增加，红外光谱峰强逐渐增强，但位置基本保持不变，表明了吸附过程中 P 表面配位形态没有发生变化。此外，水铁矿吸附 P 的干样红外光谱图显示，仅在约 1 036 cm^{-1} 处出现一宽峰。水铁矿吸附 P 的干

(a) 不同尺寸水铁矿与P反应4 h

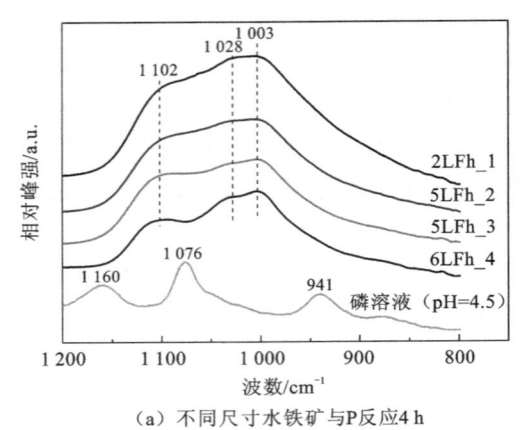

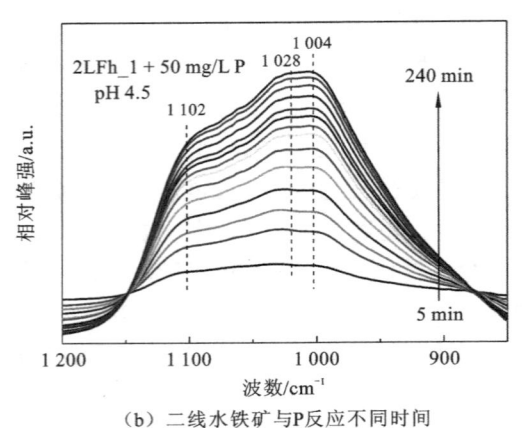

(b) 二线水铁矿与P反应不同时间

图 4.5 水铁矿与 P 反应的 HATR-FTIR

样和湿样红外光谱图存在一定差异，这可能是由于脱水过程影响了表面吸附态磷的质子化程度和对称性，从而改变了红外振动频率。

干燥或湿润施氏矿物样品的单反射衰减全反射傅里叶变换红外光谱（universal attenuated total reflectance accessory Fourier transform infrared spectroscopy，UATR-FTIR）显示，结构中硫酸根的红外光谱包含位于 1 105 cm^{-1}、1 030 cm^{-1} 和 1 170 cm^{-1} 的三重简并非对称伸缩宽峰（v_3）、位于 980 cm^{-1} 的对称伸缩振动峰（v_1）和位于 608 cm^{-1} 的弯曲振动峰（v_4）。溶液 pH 和矿物含水量显著影响硫酸根吸收峰的形状和强度。随着 pH 升高，干样品和湿样品的 v_3 峰分裂程度均逐渐减小，表明内圈配位组分逐渐减少；另外，这些硫酸根红外吸收峰的强度也减小，这归因于高 pH 条件下有更多的硫酸根释放。而且，在相同 pH 条件下，干样品的 v_3 峰比湿样品分裂得更明显，意味着干样品有更多的内圈配位。不同离子强度下施氏矿物的 UATR-FTIR 基本相似，表明离子强度对硫酸根形态的影响不显著。除了硫酸根，其他官能团的红外峰也有变化。干样品的 UATR-FTIR 分别在 840 cm^{-1}（δ_{OH} 峰）和 685 cm^{-1}（Fe—O 伸缩峰）出现施氏矿物的特征峰。随着 pH 升高，δ_{OH} 峰强度逐渐减弱，同时分裂出微弱的针铁矿特征峰，分别在约 892 cm^{-1}（δ-OH）和约 795 cm^{-1}（γ-OH）处，表明高 pH 条件下施氏矿物会逐渐向针铁矿转化。Fe—O 伸缩峰的形状几乎没有变化，但随 pH 升高，Fe—O 峰强度逐渐减弱，这可能是产物结构无序度升高所致。与干样品相比，湿样品的 δ_{OH} 峰和 Fe—O 峰位置表现出很大不同。δ_{OH} 峰向低波数移动（约 786 cm^{-1}），Fe—O 峰也向低波数移动至 665 cm^{-1}，这与湿状态下矿物结构中氢键的影响有关。

水铁矿与 Mn^{2+} 相互作用的 HATR-FTIR 显示，当 Mn(II)浓度为 0.5 mmol/L 时，随反应时间增加，整个红外光谱几乎没有任何的变化，即无任何锰（氢）氧化物沉淀的生成。当 Mn(II)浓度为 15 mmol/L 时，初始阶段在 1 050 cm^{-1} 处产生了六方水锰矿的特征吸收峰；但是随着反应的进行，该峰逐渐被 1 078 cm^{-1} 和 1 103 cm^{-1} 两个振动吸收强峰掩盖，而这两个振动吸收强峰分别属于六方水锰矿和水锰矿的特征吸收峰，表明吸附的 Mn(II)逐渐氧化成六方水锰矿和水锰矿。当 Mn(II)浓度为 30 mmol/L 时，反应 5 min 即出现了六方水锰矿的 1 050 cm^{-1} 特征吸收峰，但是在 2 h 内逐渐消失，且随反应继续进行，只出现了 1 103 cm^{-1} 的水锰矿特征吸收强峰，表明产物由亚稳态的六方水锰矿逐渐转化为较为稳定的水锰矿。因此，随着 Mn(II)浓度的增加，水铁矿表面 Mn(II)形态从吸附态过渡到氧化-沉淀态，且产物由六方水锰矿逐渐转变为水锰矿。增加 Mn^{2+} 浓度，氧化锰产生的速度加快，且产生的沉淀积累也更多。需注意的是，氧化锰的红外吸收峰与报道值有细微偏差，这可能与水铁矿背底干扰和样品状态（如含水量、结晶度等）差异等有关。此外，在 900～1 200 cm^{-1} 没有出现水钠锰矿的特征吸收峰，这是因为 Mn(II)在 pH 7、敞开条件下很难通过非生物途径氧化生成 Mn(IV)矿物。

为了确定蒽醌-2,6-二磺酸盐（AQDS）对 Mn(II)在水铁矿表面氧化过程的影响，利用 HATR-FTIR 表征有无 AQDS 条件下 Mn(II)在水铁矿表面的吸附氧化过程。红外光谱显示，AQDS 对 Mn(II)在水铁矿表面的吸附氧化产生了显著影响。无 AQDS 时，Mn(II)在水铁矿表面吸附 5 min 时未出现任何吸收峰，随后在 1 078 cm^{-1} 和 1 108 cm^{-1} 处逐渐形成了较明显吸收峰，分别属于六方水锰矿和水锰矿。加入一定量 AQDS 显著加快了 Mn(II)的吸附氧化，使 Mn(II)在吸附 5 min 时就出现了 1 032 cm^{-1}、1 070 cm^{-1} 和 1 108 cm^{-1} 三个弱吸收峰，随后又新出现了 981 cm^{-1}、1 042 cm^{-1} 和 1 165 cm^{-1} 三个吸收峰，分别属于斜方水锰矿、六方水锰矿和水锰矿的特征吸收峰。与无 AQDS 体系相比，相同反应条件下 AQDS 存在时 Mn(II)氧化产物的红外吸收峰均更强，表明 AQDS 显著提高了 Mn(II)的氧化速率和氧化程度。

利用 HATR-FTIR 监测 Mn(II)存在时 As(III)在水铁矿表面的吸附氧化过程。As(III)在水铁矿表面吸附的特征吸收峰在 782 cm^{-1} 处，而 As(V)的吸收特征峰在 825 cm^{-1} 和 876 cm^{-1} 处。当通入含 24 mmol/L Mn(II)的 As(III)溶液时，红外光谱图中出现了 825 cm^{-1} 和 876 cm^{-1} 的振动吸收峰，且峰强随反应时间增加逐渐增强，表明 As(III)发生了氧化，且生成的 As(V)逐渐增多。此外，随反应时间的增加，在 782 cm^{-1} 处出现了 As(III)的特征吸收峰，可见部分 As(III)在水铁矿表面吸附。因此，当 Mn(II)存在时，As(III)在水铁矿表面同时存在吸附和氧化，Mn(II)促进了 As(III)的氧化。

4.1.5 二维相关红外光谱及其应用

在普通的光谱学测量中，某种类型的电磁信号（红外光）与物体结构组成（化学基团）之间的相互作用以光谱的形式表现，通过在光谱测量期间对系统施加额外的外部扰动，可以刺激系统在状态、顺序、环境等方面产生一些选择性的变化。受激系统对外加扰动的总体响应使测量光谱发生显著变化。这种由外加扰动引起的光谱变化在二维相关研究中被称为二维动态光谱。在许多二维相关研究中，外加扰动造成的光谱动态变化可以通过直接瞬态函数描述。例如，通过二维分析可研究由机械拉伸引起的聚合物偶极矩跃迁的光谱信号随时间的变化，化学反应也可以用这种方法进行分析。光谱变化的扰动类型可以是任何合理的物理变量，如温度、压力、浓度、应力、电场等。只要光谱特征在某些外部条件下发生系统性的连续变化，就有可能应用相关方法生成一组二维光谱。

1. 二维相关的概念和原理

在外界微扰作用下，假设在变量 v 处测得的光谱强度为 y，则被检测的范围 $T_{min}\sim T_{max}$ 是一个随时间变化的量 $y(v,t)$。因此，由外部扰动引起的系统动态谱 $\tilde{y}(v,t)$ 可定义为

$$\tilde{y}(v,t) = \begin{cases} y(v,t) - \bar{y}(v), & T_{min} \leqslant t \leqslant T_{max} \\ 0, & \text{其他} \end{cases} \quad (4.2)$$

式中：$\bar{y}(v)$ 为参考光谱，通常将其定义为从最初时间（T_{min}）到最终时间（T_{max}）的平均光

谱强度，表达式为

$$\overline{y}(v) = \frac{1}{T_{\max} - T_{\min}} \int_{T_{\min}}^{T_{\max}} y(v,t) \mathrm{d}t \tag{4.3}$$

式中：外部变量 t 通常是传统意义的时间，但它也可以是其他物理变量，如温度、压力、浓度、电压等，取决于实验类型；变量 v 可以是光谱学领域中任何光谱指数，包括拉曼位移、红外和紫外可见光谱中的波数或波长。参考光谱的选择多种多样，通常是变量 v 改变之前的时间点（$T_{\mathrm{ref}} = T_{\min}$）所测量的光谱（$\overline{y}(v) = y(v, T_{\min})$）或改变结束时的光谱（$\overline{y}(v) = y(v, T_{\max})$）；也可以简单地设置为 0，在这种情况下，动态光谱的变化就等于观测到的光谱强度变化，即 $\tilde{y}(v,t) = y(v,t)$。每个参考光谱的选择对特定类型的二维相关分析都有相应的优点，一般情况下，由式（4.3）定义的参考光谱可适用于大多数二维相关分析。

二维相关谱的基本概念是在 $T_{\min} \sim T_{\max}$ 内比较因外部变量 t 改变所造成不同光谱变量 v_1 和 v_2 上光谱强度 $\tilde{y}(v,t)$ 的变化，是对二者相似性或不相似性的定量度量。二维相关谱 $X(v_1, v_2)$ 可以表示为

$$X(v_1, v_2) = \langle \tilde{y}(v_1, t) \cdot \tilde{y}(v_2, t') \rangle \tag{4.4}$$

式中：括号 $\langle \rangle$ 内是一个互相关联的函数，用于比较 v_1 和 v_2 对 t 的相关程度，计算光谱变量 v_1 和 v_2 上测量的光谱强度之间变化的相关性，反映特殊相关分析的基本二维性质。

同时，将 $X(v_1, v_2)$ 视为一个复数函数：

$$X(v_1, v_2) = \Phi(v_1, v_2) + \mathrm{i} \Psi(v_1, v_2) \tag{4.5}$$

式中：两个正交分量（实部和虚部）分别称为同步二维相关强度和异步二维相关强度。同步二维相关强度 $\Phi(v_1, v_2)$ 表示两个不同变量 v_1 和 v_2 对应的光谱强度变化之间的总体相似性或巧合趋势。异步二维相关强度 $\Psi(v_1, v_2)$ 可以被认为是一种差异的度量，或者是光谱强度变化的相异度或异相特性的度量。有许多不同的方法可以表示二维相关强度，而广义二维相关谱是最为简单和实用的特定函数形式。

广义二维相关函数的定义是在式（4.5）的基础上引入同步和异步相关强度：

$$\Phi(v_1, v_2) + \mathrm{i} \Psi(v_1, v_2) = \frac{1}{\pi(T_{\max} - T_{\min})} \int_0^\infty \tilde{Y}_1(\omega) \tilde{Y}_2^*(\omega) \mathrm{d}\omega \tag{4.6}$$

式中：$\tilde{Y}_1(\omega)$ 为外部变量 t 诱导下变量 v_1 对应光谱强度 $\tilde{y}(v_1,t)$ 变化的傅里叶变换形式；$\tilde{Y}_2^*(\omega)$ 为变量 v_2 对应光谱强度 $\tilde{y}(v_2,t)$ 变化的傅里叶变换共轭形式。一旦对以式（4.2）形式定义的动态谱 $\tilde{y}(v_1,t)$ 进行适当的傅里叶变换，式（4.6）将直接得到同步二维相关谱和异步二维相关谱。

2. 同步和异步二维相关谱

同步二维相关谱的强度 $\Phi(v_1, v_2)$ 表示当外部变量 t 在 $T_{\min} \sim T_{\max}$ 的时间间隔内，变量 v_1 和 v_2 处光谱强度变化的同时性或一致性。图 4.6（a）为同步二维相关谱的等高线示意图。同步二维相关谱是关于对角线对称的，在主对角线上有一组峰，它是由动态红外信号自身相关得到的，称为自相关峰（auto peaks），数学上对应于在 $T_{\min} \sim T_{\max}$ 观察到的光谱强度变化的自相关函数。自相关峰总是正峰，它们代表吸收峰对一定微扰的敏感程度。处于非主对角线处的峰称为交叉峰（cross peaks）。两个独立波数处的红外信号彼此相关或反相关时，

就会出现交叉峰，交叉峰可正可负，代表官能团之间的相互作用。当两个不同官能团的振动相应的暂态电偶极矩以同一方向发生变化，就产生一个同相交叉峰；当两个不同官能团的振动相应的暂态电偶极矩发生相反方向的变化，则产生一个异相交叉峰。简单地说，两个官能团对微扰的响应是一致的（同时增强或减弱），则交叉峰为正；反之，若一个增强一个减弱，则交叉峰为负。

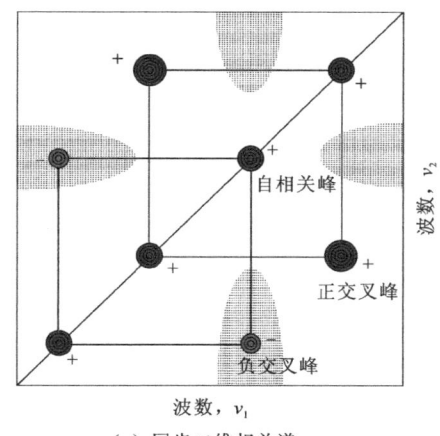

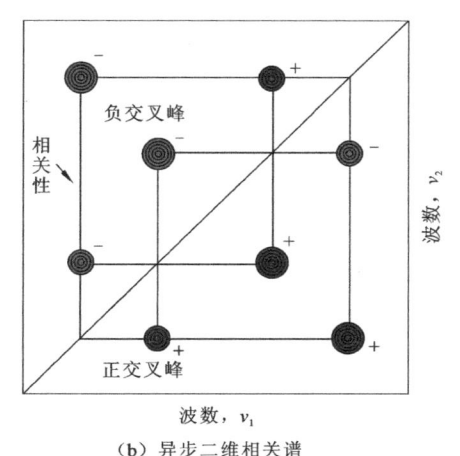

（a）同步二维相关谱　　　　　　　　　　（b）异步二维相关谱

图 4.6　同步和异步二维相关谱的等高线示意图

阴影区域表示负相关强度

异步二维相关谱的强度 $\Psi(\nu_1, \nu_2)$ 表示在 ν_1 和 ν_2 处分别测量的光谱强度不一致或异相变化。图 4.6（b）显示了异步二维相关谱的示例。与同步二维相关谱不同，异步二维相关谱相对于对角线是反对称的。异步二维相关谱图对角线上没有自相关峰，仅由位于非对角线位置的交叉峰组成。交叉峰的出现表明相应的两个独立波数偶极跃迁矩的重定向行为是独立的。简单来说，只有当两个独立波数的光谱强度彼此异相变化时，才会产生异步交叉峰。因此这种"相关峰"正好说明这两个波数对应的官能团之间没有相互连接、相互作用。这一特征对区分由不同来源的光谱信号产生的重叠波段特别有用。例如，复杂混合物的单个组分对光谱强度的不同贡献、化学官能团受到一些外部因素影响或包含多个相或区域的不均匀材料都可以被有效识别。即使光谱带彼此靠近，只要因外部变量改变的光谱强度变化模式在实质上不相同，它们的光谱波数之间就会出现异步交叉峰。异步交叉峰也有正、负之分，它反映了对应的两个偶极跃迁矩重定向的相对快慢。一个正的交叉峰说明 ν_1 处光谱强度的变化比 ν_2 处的变化提前发生，而负的交叉峰则恰恰相反。但是，如果在同一坐标上的同步相关强度变为负值，即 $\Phi(\nu_1, \nu_2)<0$，则该符号规则相反。

3. 二维相关红外光谱的应用

二维相关光谱（two-dimensional correlation spectroscopy，2D-COS）能够分析实验中由外部扰动引起的各种光谱数据的微观变化，在生物、化学和物理学领域中发挥着重要作用，为深入理解分子水平上的问题提供了新的见解，现已广泛应用于红外、拉曼、荧光、紫外-可见、核磁共振、质谱、X 射线吸收光谱等光谱学技术中，其中红外光谱学的应用最为普遍。二维相关红外光谱可以探索蛋白质、聚合物或应用材料的结构变化及分子内或分子间的相互作用，通常与一些特定红外光谱技术如衰减全反射技术相结合。这里主要介绍二维相关红外光谱在铁氧化物表面阴离子络合形态鉴别中的应用。

铁氧化物对磷酸根的吸附已有大量的研究。磷酸根易与铁氧化物表面 OH 位点发生配位交换形成内圈络合物，但对形成的内圈络合物构型仍存在争议。徐晋玲（2019）利用 HATR-FTIR 结合 2D-COS 探讨了针铁矿表面磷酸根的吸附形态与形成顺序，结果如图 4.7 所示。在同步谱中，pH=4 时主要有 1 127 cm^{-1} 和 1 010 cm^{-1} 两个自相关峰；pH=8 时有 1 100 cm^{-1}、1 050 cm^{-1} 和 935 cm^{-1} 三个自相关峰。同步谱中交叉峰均为正，说明各峰强度随时间变化方向一致。pH=4 时异步谱有多个正、负交叉峰：935 cm^{-1}/1 127 cm^{-1}、935 cm^{-1}/1 010 cm^{-1}、1 050 cm^{-1}/1 127 cm^{-1}、1 100 cm^{-1}/1 127 cm^{-1} 和 1 010 cm^{-1}/1 100 cm^{-1}、1 010 cm^{-1}/1 050 cm^{-1}。pH=8 时有两个正峰、一个负峰：935 cm^{-1}/956 cm^{-1}、935 cm^{-1}/1 039 cm^{-1} 和 1 010 cm^{-1}/1 080 cm^{-1}。通过二维相关光谱的划分规则，可以得到三个组分：A 组分为 1 127 cm^{-1} 和 1 010 cm^{-1}；B 组分为 1 100 cm^{-1}、1 050 cm^{-1} 和 935 cm^{-1}；C 组分为 1 080 cm^{-1}、1 039 cm^{-1} 和 956 cm^{-1}，表明针铁矿表面至少存在三种磷酸根吸附形态。A 组分 1 127 cm^{-1} 和 1 010 cm^{-1} 分别属于 $\nu(P=O)$ 振动与 $\nu_{as}(P—(OFe)_2)$ 振动，可能是质子化双核双齿络合物；B 组分为去质子化双核双齿络合物；C 组分为质子化单核单齿络合物，且 B 组分优先形成。

图 4.7 不同 pH 下针铁矿吸附磷酸盐的 HATR-FTIR/2D-COS 谱

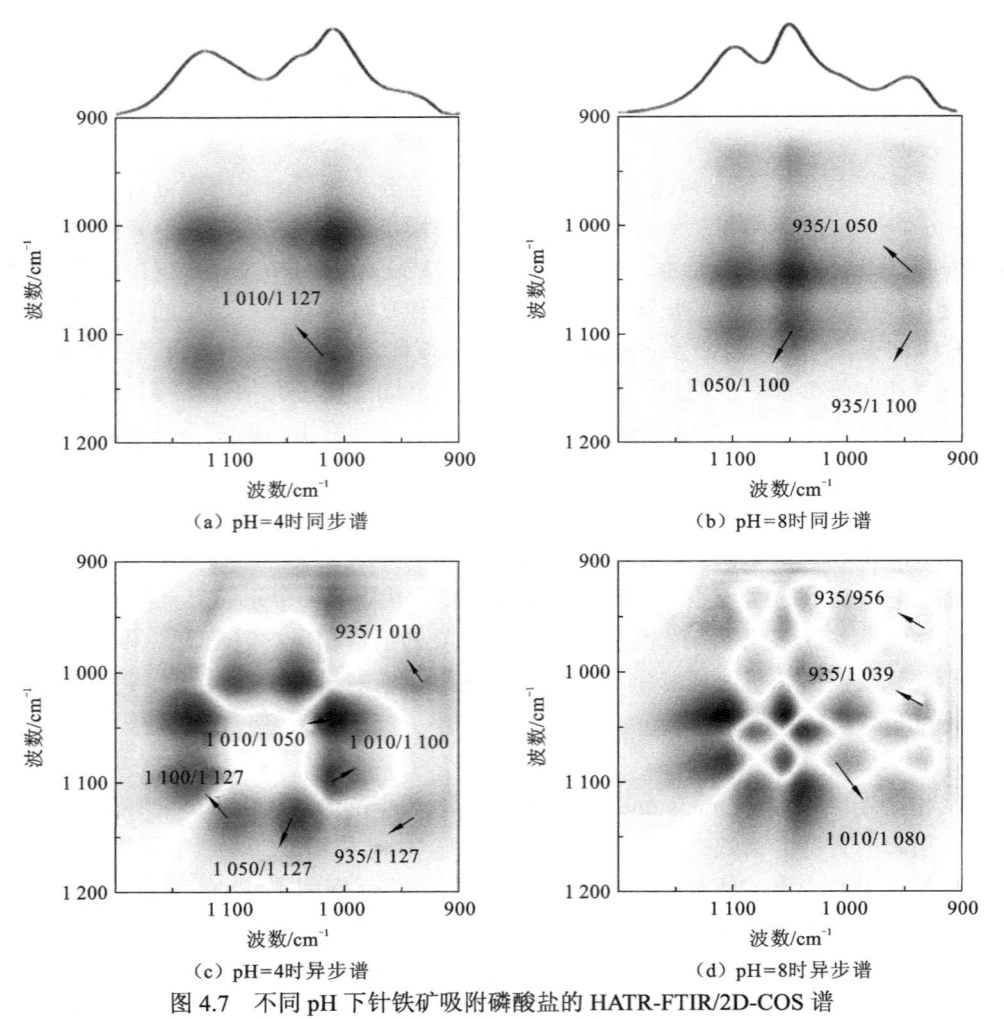

刘晶（2019）对赤铁矿和水铁矿表面磷酸根络合形态进行了二维相关分析，发现赤铁矿表面磷酸根吸附形态与针铁矿类似。当pH=5时，赤铁矿表面磷酸根的同步相关谱显示两个自相关峰，即1 120 cm^{-1}和1 000 cm^{-1}；异步相关谱显示在1 120 cm^{-1}/1 040 cm^{-1}、1 120 cm^{-1}/1 085 cm^{-1}和1 000 cm^{-1}/1 040 cm^{-1}处有三个正交叉峰。因此，可以识别出两个组分：1 120 cm^{-1}和1 000 cm^{-1}、1 085 cm^{-1}和1 040 cm^{-1}。尽管在二维相关光谱中没有发现965 cm^{-1}/935 cm^{-1}处明显的振动信号，但是根据935 cm^{-1}/1 120 cm^{-1}、935 cm^{-1}/1 000 cm^{-1}处的颜色判断，935 cm^{-1}与1 120 cm^{-1}和1 000 cm^{-1}同步振动，965 cm^{-1}与1 085 cm^{-1}和1 040 cm^{-1}一致，因此，明确了赤铁矿表面两个C$_{2v}$磷酸根络合形态，分别位于1 120 cm^{-1}、1 000 cm^{-1}和935 cm^{-1}及1 085 cm^{-1}、1 040 cm^{-1}和965 cm^{-1}。这两种形态分别归属于质子化和非质子化双核双齿络合物。水铁矿表面磷酸根络合物的红外振动峰高度重合，同步和异步相关谱主要有两种组分，分别位于1 085 cm^{-1}、1 040 cm^{-1}和965 cm^{-1}及1 110 cm^{-1}、1 028 cm^{-1}和992 cm^{-1}。前者属于非质子化双核双齿络合物，与针铁矿、赤铁矿一致；而后者可能是质子化单核单齿络合物。此外，pH=7时，同步和异步相关谱还显示出另一组峰：1 110 cm^{-1}和970 cm^{-1}。这些峰位与溶液态HPO$_4^{2-}$的红外振动峰相似，因此，它们对应于矿物表面磷酸根外圈络合物。水铁矿表面磷酸根络合类型不同于针铁矿、赤铁矿，可能是由于水铁矿为弱晶质矿物，表面位点密度高、异质性强、更为复杂。

草甘膦是一种有机磷类污染物，其结构中的磷酸基团也能与针铁矿表面OH形成草甘膦内圈络合物。Yan等（2018）通过HATR-FTIR/2D-COS和密度泛函理论（density functional theory，DFT）探究了针铁矿表面草甘膦的配位形态，如图4.8所示。他们在pH为5~9时提出了5种不同表面络合类型：pH=5为非质子化双核双齿络合物（1 142 cm^{-1}、1 018 cm^{-1}

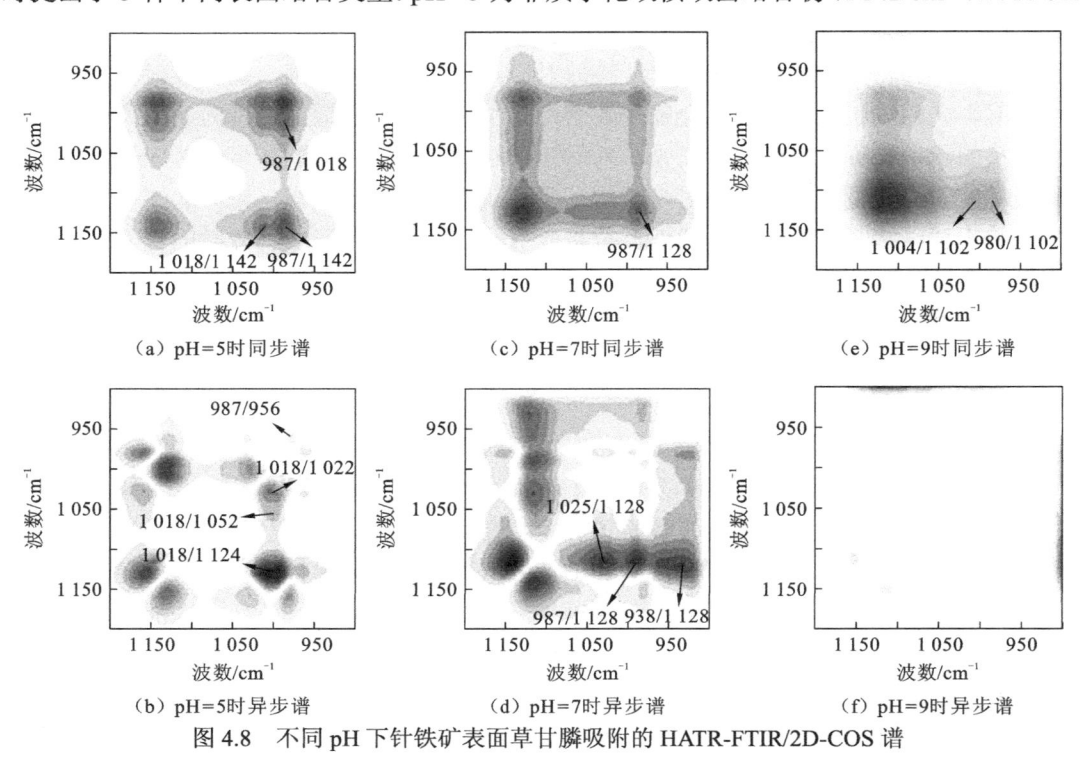

图4.8 不同pH下针铁矿表面草甘膦吸附的HATR-FTIR/2D-COS谱

和 987 cm^{-1}）和非质子化单核双齿络合物（1122 cm^{-1}、1052 cm^{-1} 和 956 cm^{-1}）；pH=7 呈现质子化单核单齿络合物（1128 cm^{-1}、1094 cm^{-1} 和 1060 cm^{-1}）和非质子化双核双齿络合物（1025 cm^{-1}、987 cm^{-1} 和 938 cm^{-1}）；pH=9 为非质子化单核单齿络合物（1102 cm^{-1}、1004 cm^{-1} 和 980 cm^{-1}）。

水铁矿表面硫酸根吸附的同步相关谱在 1100 cm^{-1} 处有一个明显的自相关峰，异步相关谱在 1155 cm^{-1}/1100 cm^{-1}、1130 cm^{-1}/1100 cm^{-1}、1048 cm^{-1}/1100 cm^{-1} 处有三个振动信号。因此，可以通过二维红外光谱分析判断存在两种硫酸根吸附组分，分别位于 1100 cm^{-1} 及 1155 cm^{-1}、1130 cm^{-1} 和 1048 cm^{-1}。其中，1100 cm^{-1} 属于硫酸根外圈络合物，1155 cm^{-1}、1130 cm^{-1} 和 1048 cm^{-1} 为双核双齿络合物。当 pH=5~7 时，水铁矿表面同时存在硫酸根内圈络合物和外圈络合物，且随着 pH 降低，内圈络合物的比例逐渐升高。当 Cd(II) 与硫酸根共存时，水铁矿表面红外振动峰更为复杂。当 pH=9 时，除硫酸盐吸附的外圈络合物和内圈络合物之外，异步相关谱中 1085 cm^{-1}/1150 cm^{-1} 和 1020 cm^{-1}/1150 cm^{-1} 处也出现了交叉峰，说明 Cd(II) 与硫酸盐共存体系中出现了新的内圈络合物。Cd(II) 的存在使 1130 cm^{-1} 峰明显增强，且 1130 cm^{-1} 与 1085 cm^{-1}、1020 cm^{-1} 之间没有异步信号，因此，两种内圈络合物可能都在 1130 cm^{-1} 处有红外振动信号。1020 cm^{-1}、1085 cm^{-1} 和 1130 cm^{-1} 可能是一种与 Cd 桥接的单齿络合物。

4.2　拉 曼 光 谱

印度科学家拉曼（Raman）于 1928 年在一次光学实验中观察到一种与原始入射波长不同的散射光，并将这一现象命名为"拉曼散射"。与瑞利散射不同，拉曼散射作为一种非弹性散射，光的波长在散射前后会发生改变，其中波长增加的散射光称为斯托克斯光，而波长减小的散射光称为反斯托克斯光。入射光子和散射光子之间的能量差对应于激发特定分子振动所需的能量，对这些散射光子进行检测即可得到拉曼光谱，光谱的峰位和强度可直接反映物质结构和含量信息。然而，拉曼散射的信号只相当于瑞利散射的百万分之一，早期没有足够功率的光源，因此并未被广泛应用。随着激光光源及显微技术在拉曼光谱仪中的应用和发展，拉曼光谱在物质光谱特征分析方面迸发出旺盛的生命力。

4.2.1　基本原理

当一束光照射到某体系时，体系中粒子吸收光的能量而被激发，从而发生能级跃迁，同时辐射出散射波。其中，绝大多数光子会发生弹性散射，即瑞利散射，它具有与入射光相同的波长，而极少部分的光子会发生能量（频率）偏离的非弹性散射，即拉曼散射。在拉曼散射中，当散射后光子的频率低于入射光子时，分子由低能级跃迁至高能级，称为斯托克斯拉曼散射，它在拉曼光谱中对应的峰称为斯托克斯拉曼线。而当散射后光子的频率高于入射光子时，分子则由高能级跃迁至低能级，从而产生反斯托克斯拉曼散射线。散射光与入射光的频率差值称为拉曼位移。但拉曼位移与入射光的频率无关，它是由分子振动能级的变化决定的，位移变化越大，拉曼散射越强。而拉曼位移又只与散射分子本身的结构有关，因此由其产生的拉曼位移同样会表现出一定的特征。

拉曼光谱和红外光谱作为互补的手段可以提供分子振动的信息。相较于红外光谱，拉曼光谱具有几个独特优势：①拉曼光谱检测不需要直接接触样品，对样品无接触、无损伤，可重复使用样品，且由于水的拉曼散射较弱，也可将样品放入水中进行检测以减少激光对样品的光热损伤，因此拉曼光谱更适用于含水样品；②不需要特殊的预处理手段，更有利于进行液体或者固体的原位检测；③光谱成像快速简便，时间成本较低，灵敏度高，使用可见光范围内波长的激发光能够得到微米级的光斑，对极小的样品也可得到较好的信号，有助于提高空间分辨率；④拉曼光谱属于每种物质独特的属性，不会随激发光的改变而改变，但不同样品可能对某种特定频率的激发光源更为敏感。

4.2.2 表面增强拉曼光谱

传统拉曼光谱技术在使用时会存在一定的荧光干扰，且对激光的强度、检测样品的体积、性质等有较高的要求。例如传统拉曼光谱技术并不适用于小分子或微量物质的检测，会出现信号较弱、灵敏度较低等问题。因此，人们在传统拉曼光谱技术的基础上进一步发展了许多新技术，如表面增强拉曼光谱（surface enhanced Raman spectroscopy，SERS）。1974 年，弗莱希曼等发现吸附在粗糙化处理银表面上的吡啶分子产生的拉曼光谱信号比预期强度高了几个数量级，而这种增强效应与介质特殊的粗糙表面相关，并将这种改进后的光谱技术称为 SERS。表面增强拉曼过程利用金属和分析物之间的两种相互作用：电磁增强和电荷转移机制，总增强是二者的乘积。其中，电磁增强相对大得多，可以增加激发的幅度和拉曼散射电场，将拉曼光谱信号增强 4~11 个数量级。当入射激光撞击金属和导电界面时，电磁波可以驱动金属纳米颗粒的离域电子集体振荡。当入射光的频率与金属中自由电子的固有振荡频率相匹配时，就会发生表面等离子共振（surface plasmon resonance，SPR）。共振频率取决于粒子的大小、形状、导电环境、电子密度和有效电子质量等因素。目前常用于表面增强拉曼光谱的介质包括银、金、铜等金属，这是因为它们的局部表面等离子体共振频率发生在可进行拉曼光谱测量的可见/近红外光谱区，而且它们的等离子体共振阻尼造成的损失较小。研究表明，当金属表面平整光滑时，表面的等离子体难以被电磁辐射激发，但当其表面变得粗糙或金属为小微粒时，则可以激发表面的等离子体。而表面等离子体振荡增强了激发光和拉曼光的电场，SERS 增强与激发电场的四次方成正比。如果光频率与表面等离子体共振频率的峰值匹配，此时会出现最佳增强。由于激发光与拉曼光的频率不相等，当表面等离子体频率的峰值在拉曼激发频率和拉曼散射频率之间时，最佳增强就会出现。电磁增强不需要靶分子接触金属表面，但是增强会随着相对金属表面距离的增大迅速下降，表达式为

$$I_{\text{SERS}} \propto \left(\frac{a+r}{a}\right)^{-10} \tag{4.7}$$

式中：I_{SERS} 为 SERS 的散射强度；a 为表面增强特征的平均大小；r 为靶分子到金属表面的距离。

SERS 的电荷转移机制是假定形成吸附物-金属复合物，允许附着物和金属间的激发和电荷转移。其中，电荷转移机制难以核实，这是因为它仅在被吸附物的第一单层出现，而

第一单层的电磁增强已经很强。Campion 等（1995）在原子级平坦的铜单晶上观测到 30 倍的 SERS 增强因子，而其电磁增强很小，这为电荷转移机制提供了有力证据。此外，吸附分子的光谱中出现了低能量的电子吸收带，而游离分子的光谱中并不存在，这进一步支持了电子转移机制。

4.2.3 测试方法与数据分析

样品的拉曼光谱测试可简单分为三步：首先，把制备好的样品放置在测样平台上；然后，对样品进行聚焦；最后，采集拉曼光谱。

1. 样品制备

固体样品比较简单，直接放在载玻片上即可。但是，相对于无机样品，有机高分子样品存在大量无序结构，其拉曼光谱信号相对较弱。因此，对于高分子粉末或膜样品，一般需要保证在沿光的入射方向上有一定厚度，同时尽量使其表面保持平整，便于显微镜的聚焦。而对于透明样品，可将其放置于铝箔或者铁片上进行测试，这是因为金属一般都有增强拉曼信号的作用。同时，拉曼光谱仪接收的是散射光，太薄的透明样品极易被激光穿透从而打到基底，因此在制样时要尽可能增大薄膜厚度。此外，由于激光一般都是偏振的，对于取向样品（如纤维），需首先确定入射光的偏振方向，之后再确定样品的（某一）取向轴与入射光偏振方向平行（或垂直），再开始测试，这样才能得到正确的结构信息。

液态样品的拉曼光谱测试，一般可以使用凹面载玻片或者金属制液体样品槽承载无毒、不挥发的样品。测试时可先将激光聚焦于液体表面，然后将样品平台沿激光方向往上抬，使激光聚焦于液体样品内部，从而得到较好的光谱信号。如果液体有毒、易挥发，可以使用盖玻片将样品封闭于容器内或将液体封装入毛细管内。用两端开口的毛细管，将一端浸入溶液中，虹吸得到一段液柱后取出，用酒精灯将毛细管两端烧结，再进行拉曼检测。如果测试样品为气体，最好预先进行压缩处理。

2. 聚焦

聚焦样品时，需根据实际情况进行物镜的选择，一般选择标准为：①根据所用激光器选择相应范围的物镜，如紫外激光器需选择紫外物镜，红外激光器需选择红外物镜；②先用低倍物镜粗调至样品聚焦清楚（低倍物镜视野范围广，方便找样品），然后根据需要切换到高倍物镜，微调即可；③对于透明样品，可选择 10×、20× 等低倍物镜；对于不透明样品，尽可能使用高倍物镜（注意：普通 100× 物镜到样品的距离只有 200 μm，只适用于测试表面非常光滑的样品；对于粗糙表面样品，可选择 50× 长焦物镜）。

拉曼光谱仪提供多种聚焦方式，可根据需要选择 1～2 种进行聚焦，以 HORIBA 拉曼光谱仪为例：①对于固体样品，可直接使用显微图像进行聚焦。②对于液体或表面非常干净光滑的固体样品，可使用激光光斑聚焦；如使用紫外、红外激光器或做高温拉曼光谱测试时，需使用激光光斑进行聚焦；如使用 HORIBA 液体样品池，则只需要将液体装在比色皿里，无须聚焦即可进行拉曼测试。③对于难聚焦的样品或需要聚焦到不同深度的样品，可尝试拉曼信号聚焦。

3. 峰位校准

峰位校准以单晶硅的一阶导数峰（520.7 cm^{-1}）作为参考峰位进行。需要注意的是，该校准过程是针对单个衍射光栅进行的，因此必须对需要使用的每块光栅分别进行校准。软件能够记录每个衍射光栅的校准参数。在进行校准之前，确保用于校准的激光器已打开，并且预热最少 10 min 使激光器达到稳定状态。峰位校准分为手动峰位校准和自动峰位校准。HORIBA 激光拉曼光谱仪均可采用自动峰位校准。如遇不当操作或 Si 峰位偏离 520.7 cm^{-1}过远，导致自动峰位校准失败，可通过手动峰位校准进行调整。进行峰位校准之前，需要先对样品进行聚焦。

4. 图谱采集

在样品聚焦完毕后，点击图标停止白光图像采集，而后进行测试参数设置。设置好相关参数后，点击图标进行光谱采集，采集到的光谱会出现在 spectra 窗口。采集完毕后，激活 spectra 窗口保存光谱，保存格式最好选择 l6s 格式，方便后期查看谱图的采集信息。如需在其他软件中打开光谱数据并进行编辑，则可将光谱数据保存为 txt 格式。如有必要，也可激活 video 窗口保存显微图像，显微图像为 l6v 格式。如果需要将数据处理结果拷到 Word 或 PPT 中，先激活需要保存的窗口，然后右键点击 copy，选中 picture 点击拷贝图标，将结果直接粘贴到 Word 或 PPT 文档即可。

5. 数据处理

要获得高信噪比的拉曼光谱不仅需要低损耗的成像元件和超灵敏的探测器，还需要在采集到拉曼光谱后对其进行一系列的数据处理操作。标准化的拉曼光谱数据处理过程主要包含：光谱去噪、光谱基线校正、光谱亚成分量化分析、光谱无监督聚类分析、有监督的光谱分类分析和拉曼成像数据集的可视化压缩降维等。拉曼光谱的预处理步骤主要有：去除尖峰噪声（spikes removal）、去除高斯噪声（noise removal）、基线校正（baseline correction）和光谱归一化（spectral normalization）等。

拉曼光谱去噪主要指去除光谱中的尖峰噪声和高斯噪声。其中，尖峰噪声去除的原理基于局部中值滤波（local median filtering），这是因为尖峰噪声的强度一般比拉曼特征峰高一个数量级。而对于高斯噪声的滤除，可以使用傅里叶变换频域滤波、小波变换滤波等常规滤波方法，但这些传统方法需要在频域进行，处理过程将花费大量时间，因此 Paul H. C Eilers 提出了一种快速、简单、高效的平滑去噪方法"Whittaker Smoother"。此外，采集到的拉曼光谱中也包含来自样品的自发荧光，但是与拉曼光谱信号相比，荧光散射信号的光谱是平滑的，因此可以利用背景荧光平滑的特性来去除荧光背景信号，这个拉曼信号的处理过程即是光谱基线校正。基线校正可以使用偏最小二乘法或非对称最小二乘拟合法，后者的优点是可以自由调节拟合出基线偏移量，以获取最优的光谱基线校正结果。

拉曼光谱蕴含着样品的分子指纹信息，每一个光谱特征峰与特定的化学基团相对应。拉曼光谱的单变量分析（univariate analysis）是指将拉曼光谱数据集中表示化学特异性的一层或几层提取出来，用以代替其庞大光谱数据集所包含的化学特性的分析方法。由于单变量分析方法只保留了光谱的主要特征，舍弃了大量代表光谱微弱化学特征的其他特征峰，当两种不同物质的主要光谱特征相似时，仅依靠单变量分析法就很难区分这两种物质。于是，拉曼光谱分析领域的研究者又提出了拉曼光谱的多变量分析方法。多变量分析方法可以分为两大类：无监督的光谱分析（unsupervised spectral analysis）方法和有监督的光谱分析（supervised spectral analysis）方法。无监督的光谱分析方法主要有：主成分分析（principal component analysis，PCA）、层次聚类分析（hierarchical component analysis，HCA）、顶点成分分析（vertex component analysis，VCA）、独立成分分析（independent component analysis，ICA）及 K 均值聚类算法（K-means clustering algorithm，K-means）等。有监督的光谱分析方法有：人工神经网络（artificial neural network，ANN）、偏最小二乘回归（partial least square，PLS）、非对称最小二乘回归（asymmetric least square，AsLS）、支持向量机（support vector machines，SVM）、逻辑回归（logistic regression，LR）及线性判别分析（linear discriminant analysis，LDA）等。PCA、HCA 和 K-means 是数据分析领域常用的聚类分析工具，但是在拉曼光谱分析中，VCA 方法常被用来提取大量光谱数据中能代表不同物质化学特异性且比较"纯"的拉曼光谱。如果采集到的拉曼光谱信噪比很低，也常联用多种分类算法进行分析。例如，先使用 K-means 方法分离背景和样品区，之后再使用 VCA 方法对样品区域的拉曼光谱进行二次分析。

4.2.4 拉曼光谱在环境矿物学研究中的应用

拉曼散射技术以光子为探针，可以反映物质内部不同分子间的振动关系，不同分子具有不同的基本化学成分和结构，因而具有不同的拉曼特征谱。每种物质都有一套独一无二的拉曼特征谱图，拉曼光谱也因此被称为指纹谱，广泛应用于化学、物理学、生物学、医学和环境科学等多个领域。拉曼光谱测试具有样品非接触性、灵敏度高、耗时短、样品用量少及样品无须严格预处理等优点，因而受到了越来越多科研工作者的关注。拉曼光谱在矿物学研究领域也得到了广泛的应用。目前关于拉曼光谱法鉴别矿物的报道层出不穷，还在线建立了大量矿物的拉曼图谱库，如 RRUFF 数据库。

以土壤中常见的铁、锰氧化物为例。天然锰氧化物的表征难点在于粒径小、结晶差、化学成分复杂、晶型多变，因此传统的 XRD 或者电子衍射分析都只能笼统地将它们归结为非晶质的锰氧化物。同时，环境中的作用因素太多，各种条件下的矿物成因多变，导致天然矿物成分复杂、元素众多。目前，天然富锰沉积物的矿物学测试分析方法主要是利用化学手段对样品粉末进行前期处理，分离提纯锰氧化物。但这类方法通常很烦琐，且极有可能给实验带来新的人为误差，如改变矿物本身的结晶度等。而利用拉曼光谱对矿物组成进行鉴定则可以减少或避免上述问题带来的影响。因此，许晓明等（2017）利用原位微区拉曼光谱仪对 3 种典型的富锰沉积物进行鉴定，检测到水钠锰矿特征峰位于 573~591 cm^{-1}（沿着锰氧八面体链的 Mn—O 键对称伸缩振动）、646~656 cm^{-1}（垂直锰氧八面体链的 Mn—O 键对称伸缩振动），以及部分较平缓的鼓包（如 296 cm^{-1}）。赖佩欣等（2020）也通过拉曼光谱技术分析了西太平洋某海山区的多金属结核样品，探讨海洋中形成的水羟锰矿和钡镁锰矿的拉曼光谱特征。分析对比潮湿样品和烘干样品锰矿物的拉曼光谱图，发现多金属结核样品中水羟锰矿的特征峰位于 490 cm^{-1}、570 cm^{-1} 和 626 cm^{-1} 附近，钡镁锰矿的特征峰则位于 640 cm^{-1} 附近。而在 RRUFF 数据库中，水羟锰矿的标准拉曼谱特征峰位于

179 cm^{-1}、270 cm^{-1}、382 cm^{-1}、500 cm^{-1}、571 cm^{-1}、626 cm^{-1} 附近，钡镁锰矿的标准谱峰位于 626 cm^{-1} 附近，与实验样品所测得的拉曼谱峰有所不同。同时，样品在 179 cm^{-1}、270 cm^{-1} 和 382 cm^{-1} 附近也没有出现拉曼谱峰，这是因为 RRUFF 数据库中的水羟锰矿和钙镁锰矿样品均来自陆地，而不同环境下形成的氧化锰矿物的拉曼特征峰存在一定差异。

美国矿物与地质学家 Jeffrey E. Post 教授的相关研究提供了迄今为止最为全面的天然或合成的氧化锰矿物的拉曼光谱，并对隧道结构和层状结构锰氧化物的拉曼光谱特征进行了深入探讨和分析，如图 4.9（Post et al.，2021）所示，系统地证实了拉曼光谱可以作为识别和表征不同自然环境中生物/非生物氧化锰矿物相的一种有效工具。层状氧化锰矿物中，黑锌锰矿的拉曼特征非常明显，尤其是在 670 cm^{-1} 处的 Mn—O 振动模式，这可能是因为高价态的 Mn(IV)缩短了 Mn—O 的平均距离，并相应地提高了振动频率。钙锰矿的拉曼特征与黑锌锰矿类似，主要在 667 cm^{-1} 和 578 cm^{-1} 处，来自对称的弯曲振动。水钠锰矿是由 Mn^{4+}O$_6$ 八面体堆叠构成的层状结构，Mn^{3+} 或一些低价阳离子可以取代其中部分 Mn^{4+}，而随着 Mn^{3+} 比例的增加，水钠锰矿由六方对称逐渐转化为三斜晶系，二者的拉曼光谱图也明显不同。因此，拉曼光谱也可用于揭示各种水钠锰矿的层间阳离子类型及其位点对称性或者表征氧化锰矿物结构中离子交换作用及结构转变过程，如图 4.10（Post et al.，2021）所示。570~585 cm^{-1} 与 640~655 cm^{-1} 两个锰氧八面体伸缩振动模式的相对强度及 570~585 cm^{-1} 附近的峰位可以指示水钠锰矿的结构对称型，若该处的拉曼峰强度大、振动频率高，则表现为三斜对称型。而在 280 cm^{-1} 与 500 cm^{-1} 附近的拉曼峰则可用于识别水钠锰矿层间离子类型，层间若为 Na$^+$、K$^+$、Mg^{2+}、Ca^{2+}、Ba^{2+}等碱金属离子，则在 280 cm^{-1} 附近存在 1 个峰值，500 cm^{-1} 存在 2 个峰值；而其他种类的层间离子仅在 500 cm^{-1} 处有 1 个孤峰，表明层间离子排列无序。而在 97 cm^{-1} 附近处存在明显强峰的仅有含 K$^+$的水钠锰矿，且与其他阳离子相比，K$^+$交换的水钠锰矿的拉曼峰表现得更为尖锐，这也表明 K$^+$更适合于水钠锰矿的结构。Soldatova 等（2019）也利用拉曼光谱分析了 MnO$_2$ 纳米颗粒的尺寸，650 cm^{-1}（v_1）和 575 cm^{-1}（v_2）处的两条 Mn—O 拉伸拉曼谱带的强度比（I_{v_1}/I_{v_2}）可以表征颗粒粒径的变化，强度比增加，颗粒粒径减小。

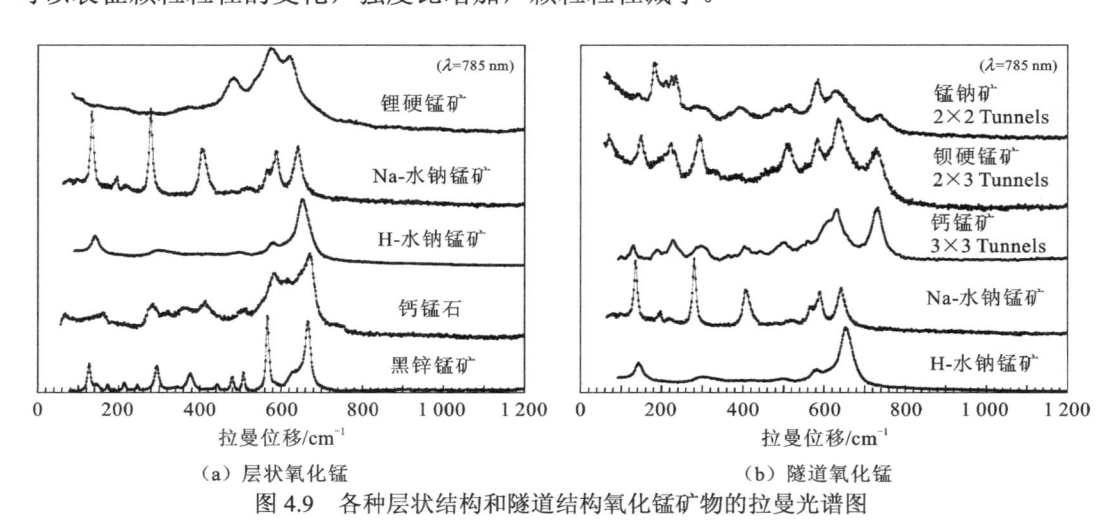

(a) 层状氧化锰　　　　　　　　　　(b) 隧道氧化锰

图 4.9　各种层状结构和隧道结构氧化锰矿物的拉曼光谱图

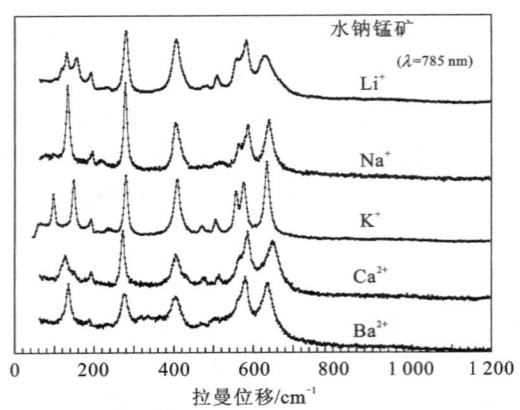

图 4.10　含不同层间阳离子的水钠锰矿样品拉曼光谱图

引自 Post 等（2021）

拉曼光谱也是鉴定氧化铁矿物的一种有效技术手段，它可以补充红外光谱所不能提供的信息，目前对一些常见氧化铁矿物的拉曼光谱特征峰也有详细的报道，如表 4.1 所示。磁铁矿和磁赤铁矿的 XRD 特征峰相似，但拉曼光谱峰位置差异很大，因此可以用拉曼光谱区分和鉴定两种矿物。晶质氧化铁矿物的拉曼光谱特征峰的部分振动位置可能有所重合，例如针铁矿和赤铁矿均在 245 cm^{-1} 和 300 cm^{-1} 附近具有明显的拉曼振动峰，但根据其最强峰及次强峰的位置仍可以区分，针铁矿的最强峰位于 386 cm^{-1} 处，次强峰位于 300 cm^{-1} 处，而赤铁矿的最强峰在 292～300 cm^{-1} 附近。不同于晶质氧化铁，弱晶态的施氏矿物（羟基硫酸盐铁氧化物）的拉曼特征峰中不仅有 Fe—O 振动，还有各种硫酸根（SO_4^{2-}）的振动峰，例如 421 cm^{-1} 处的拉曼最强峰就归属于 $\nu_2(SO_4^{2-})$。而像绿锈这类层状双氢氧化物（layered double hydroxides，LDH）矿物，无论它的层间阴离子是什么，其拉曼特征峰都出现在 420 cm^{-1} 和 510 cm^{-1} 处。但需要注意的是，这些亚稳态的氧化铁矿物长时间暴露于激光束下最终会转化为晶质氧化铁，例如施氏矿物和水铁矿会先向磁赤铁矿转化，然后转化为赤铁矿，而六线水铁矿则会直接转化形成赤铁矿。这是由于二线水铁矿中存在比例较高的不饱和配位 Fe，而非结构态的 ^{IV}Fe。因此，在对这些亚稳态氧化铁矿物进行拉曼光谱分析时，需注意激光强度和曝光时间的影响，避免激光造成矿物转化。

表 4.1　常见氧化铁矿物的拉曼光谱特征峰

矿物类型	特征峰位
针铁矿	205；247；300；**386**；418；481；549
纤铁矿	219；252；311；349；379；**528**；638
四方纤铁矿	314；380；**549**；722
施氏矿物	294；318；350；**421**；544/588^{sh}；715；981
水铁矿	370；510；**710**
赤铁矿	226；245；**292**；411；497；612
磁铁矿	532；**667**
磁赤铁矿	381；486；**670**；718
绿锈	420；510

注：加粗和下划线数字分别表示最强峰和次强峰；sh 表示肩峰；引自 Cornell 等（2003）

4.2.5 拉曼光谱在环境界面反应中的应用

近年来,拉曼光谱在固液界面反应中得到了较为广泛的应用,它能够直接从微观尺度上得到物质微观结构变化的信息。Perassia 等(2014)探讨了磷酸根在 $CaCO_3$-蒙脱石上的吸附和沉淀,通过对比吸附磷酸盐样品的拉曼光谱与文献中的磷酸钙化合物的拉曼光谱,进一步区分 Ca-P 化合物的吸附态和沉淀相。Jia 等(2006)利用拉曼光谱表征水铁矿-砷体系在 pH 3~8 条件下形成的界面固相物质,证实了砷酸铁表面沉淀在反应过程中的产生及相关的溶液条件。拉曼光谱除用于鉴定固液界面的反应产物外,还可以通过原位实验的方法实时监测反应物与生成物的拉曼光谱图变化,从而明确固液界面的反应过程与相互作用机制。Zhai 等(2018)就腐殖酸对镉(Cd^{2+})和砷酸根(AsO_4^{3-})在钙磷石-溶液界面的作用进行了深入研究,并通过原子力显微镜成像、表面增强拉曼光谱分析和 PHREEQC 软件模拟等技术手段,证实腐殖酸可以通过氧化/还原和表面络合等作用机制限制矿物表面 Cd 和 As 的沉淀。其中,表面增强拉曼光谱主要用于表征反应过程中砷酸盐的振动峰位变化和砷形态转化,见图 4.11(Zhai et al.,2018)。随着反应时间的增加,初始加入的 As^{5+} 溶液的拉曼峰位发生偏移,并出现了 As^{3+} 的拉曼特征峰。拉曼光谱的峰面积计算结果证实了反应过程中 As^{5+} 浓度逐渐降低而 As^{3+} 的比例上升,这为砷酸根在钙磷石-水界面上的氧化还原反应提供了直接证据。类似地,在研究钙磷石(二水合磷酸氢钙,dicalcium phosphate dehydrate,DCPD)向羟基磷灰石(hydroxyapatite,HAP)转化过程中,Zhang 等(2019)

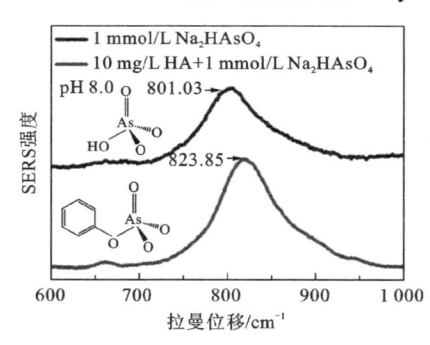

(a)Na_2HAsO_4 和 HA+Na_2HAsO_4 溶液中收集到的表面增强拉曼光谱图

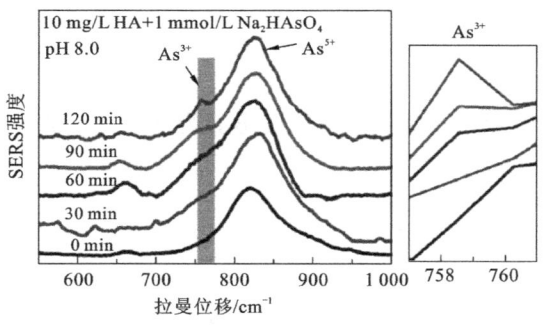

(b)HA+Na_2HAsO_4 反应过程中的拉曼光谱图及 757~761 cm^{-1} 波段的放大图谱

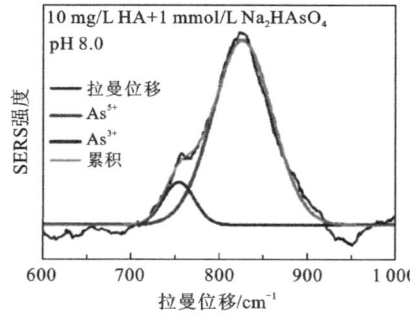

(c)反应 120 min 后拉曼光谱的分峰拟合结果

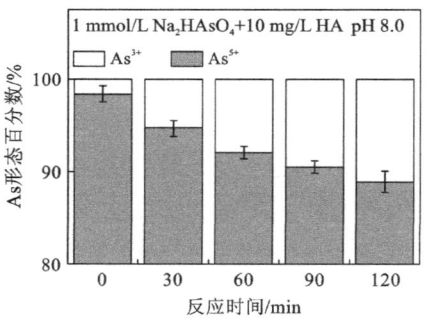

(d)根据分峰面积计算得到的 As^{5+}/As^{3+} 含量变化图

图 4.11 反应过程中砷酸盐的振动峰位变化和砷形态转化的表面增强拉曼光谱表征

扫封底二维码见彩图

也通过原位拉曼实验实时收集反应过程中的图谱，随着反应时间的增加，984 cm^{-1} 处的 PO_4^{3-} 振动峰逐渐减弱直至消失，而在 955 cm^{-1} 和 965 cm^{-1} 附近出现的 PO_4^{3-} 振动峰也在发生缓慢的移动，并在反应 34 h 后集中至 958 cm^{-1} 处（图 4.12），很好地指示了含磷矿相的演化过程。因此，拉曼光谱技术可以原位监测矿物的相转化过程，为矿物-流体界面耦合的氧化还原等化学反应的作用途径和机制提供新的研究方法。

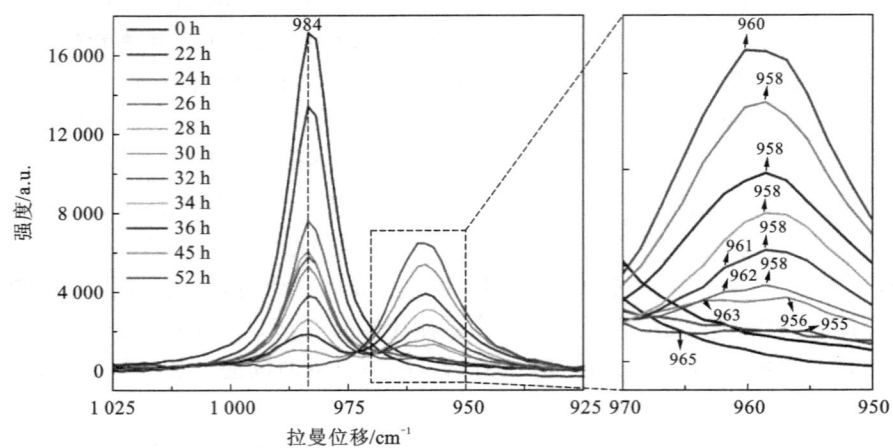

图 4.12　3.0 mmol/L CaCl$_2$ 溶液中钙磷石物相演化过程的拉曼光谱图

离子强度为 0.15 mol/L；pH 为 7.8~8.0；扫封底二维码见彩图

拉曼光谱虽与红外光谱同属于分子振动光谱，但它拥有诸多红外光谱不可比拟的优势，例如高空间分辨率、高解析度、高灵敏度、低时间成本、测试范围包括远红外与近红外光谱波段等。且近年来随着拉曼显微成像技术的不断发展，仪器装备不断革新，拉曼光谱技术在环境界面研究领域迸发出更为强大的活力。拉曼光谱技术获取的矿物晶体化学信息对理解岩石和土壤的形成演变过程具有重要意义，其在固-液界面反应中的实时信息反馈也将受到越来越多科研工作者的关注。当然，拉曼光谱的定量分析在实际应用也会遇到一些技术难题，包括光谱重叠、光谱呈非线性变化等，这需要进一步研究加以解决。此外，在今后的研究中如何实现多设备的联用和同步测试也是一个值得探究的方向，例如在矿物的相演变过程中拉曼光谱与红外光谱的同步在线测试。这对拉曼设备的小型化和成像的快速化都提出了极高的要求。相信随着拉曼技术的不断发展，拉曼光谱技术必将在各个科学研究领域得到更加广泛的应用。

参 考 文 献

赖佩欣, 任江波, 邓剑锋, 2020. 大洋多金属结核中铁锰质矿物拉曼光谱特征初探. 矿床地质, 39(1): 126-134.

刘晶, 2019. 金属离子在典型铁氧化物表面的吸附、氧化/还原及结晶生长研究. 北京: 中国科学院大学.

斯洛博丹·萨希奇, 尾崎幸洋, 2011. 拉曼、红外和近红外化学成像. 杨辉华, 褚小立, 李灵巧, 等, 译. 北京: 化学工业出版社.

王小明, 2015. 几种亚稳态铁氧化物的结构、形成转化及其表面物理化学特性. 武汉: 华中农业大学.

徐晋玲, 2019. 土壤有机活性组分对 Cu^{2+}、磷酸盐形态转化的影响机制. 武汉: 华中农业大学.

许晓明, 李艳, 丁竑瑞, 等, 2017. 3 种典型富锰沉积物的形貌学与矿物学特征. 岩石矿物学杂志, 36(6): 765-778.

CAMPION A, IVANECKY J E, CHILD C M, et al., 1995. On the mechanism of chemical enhancement in surface-enhanced Raman scattering. Journal of the American Chemical Society, 117: 11807-11808.

CORNELL R M, SCHWERTMANN U, 2003. The iron oxides structure, properties, reactions, occurences and uses. Chichester: John Wiley & Sons.

JIA Y, XU L, FANG Z, et al., 2006. Observation of surface precipitation of arsenate on ferrihydrite. Environmental Science and Technology, 40(10): 3248-3253.

NODA I, OZAKI Y, 2004. Two-dimensional correlation spectroscopy: Applications in vibrational and optical spectroscopy. Chichester: John Wiley & Sons.

PERASSI A I, BORGNINO L, 2014. Adsorption and surface precipitation of phosphate onto CaCO$_3$-montmorillonite: Effect of pH, ionic strength and competition with humic acid. Geoderma, 232: 600-608.

POST J E, MCKEOWN D A, HEANEY P J, 2021. Raman spectroscopy study of manganese oxides: Layer structures. American Mineralogist: Journal of Earth and Planetary Materials, 106(3): 351-366.

SOLDATOVA A V, BALAKRISHNAN G, OYERINDE O F, et al., 2019. Biogenic and synthetic MnO$_2$ nanoparticles: Size and growth probed with absorption and Raman spectroscopies and dynamic light scattering. Environmental Science and Technology, 53(8): 4185-4197.

YAN W, JING C Y, 2018. Molecular insights into glyphosate adsorption to goethite gained from ATR-FTIR, two-dimensional correlation spectroscopy and DFT study. Environmental Science and Technology, 52(4): 1946-1953.

ZHAI H, WANG L, HÖVELMANN J, et al., 2018. Humic acids limit the precipitation of cadmium and arsenate at the Brushite-Fluid interface. Environmental Science and Technology, 53(1): 194-202.

ZHANG G Y, PEAK D, 2007. Studies of Cd(II): Sulfate interactions at the goethite-water interface by ATR-FTIR spectroscopy. Geochimica et Cosmochimica Acta, 71: 2158-2169.

ZHANG J, WANG L, PUTNIS C V, 2019. Underlying role of brushite in pathological mineralization of hydroxyapatite. Journal of Physical Chemistry B, 123(13): 2874-2881.

第 5 章 核磁共振波谱

5.1 基 本 原 理

近乎所有的有机或生物分子及大部分无机分子的结构解析都依靠核磁共振（nuclear magnetic resonance，NMR）波谱分析。NMR 波谱法属于吸收光谱分析法，与紫外-可见吸收光谱和红外吸收光谱等分析法的不同之处在于待测物必须置于强磁场中，研究其具有磁性的原子核对射频辐射（4~600 MHz）的吸收（高汉宾 等，2008）。

5.1.1 原子核的自旋

核磁共振主要是由原子核的自旋运动引起的。原子核由中子和质子组成，具有相应的质量数和电荷数。原子核是带正电荷的粒子，某些原子核具有自旋现象。不同原子核自旋运动的情况不同，可以用自旋量子数 I（$I=\frac{1}{2}n$，$n=0,1,2,3,\cdots$）来表示。

按自旋量子数 I 的不同，可以将原子核分为以下三类。

（1）中子数、质子数均为偶数，则自旋量子数 $I=0$，如 ^{12}C、^{16}O、^{32}S 等。此类原子核没有核磁共振行为，不能用核磁共振波谱法检测。

（2）中子数为奇数或偶数，质子数为奇数，则自旋量子数 I 为半整数，如 ^{1}H、^{13}C、^{15}N、^{19}F 和 ^{31}P 的 $I=1/2$，^{11}B、^{33}S、^{35}Cl、^{37}Cl、^{79}Br、^{81}Br、^{39}K、^{63}Cu 和 ^{65}Cu 的 $I=3/2$，^{17}O、^{25}Mg、^{55}Mn、^{27}Al 和 ^{67}Zn 的 $I=5/2$。还有自旋量子数为半整数，如 $I=7/2$、$I=9/2$ 等。这类原子核有自旋现象，可以看作电荷均匀分布的旋转球体。

（3）中子数、质子数均为奇数，则自旋量子数 I 为整数，如 ^{2}H、^{6}Li 和 ^{14}N 等的 $I=1$，^{10}B 的 $I=3$。这类原子核也有自旋现象。

因此自旋量子数 I 非零的原子核都具有自旋现象，即具有自旋角动量 P，其与自旋量子数 I 的关系式为

$$P=\sqrt{I(I+1)}\frac{h}{2\pi} \tag{5.1}$$

式中：h 为普朗克常数，数值为 6.626×10^{-34} J·s。

很多种同位素的原子核都具有磁矩，这样的原子核称为磁性核，具有自旋角动量 P 也就具有磁矩 μ，μ 与 P 之间的关系式为

$$\mu=rP \tag{5.2}$$

式中：r 为磁旋比压。

自旋量子数 $I=1/2$ 的原子核具有两种量子态，在自旋过程中其电荷呈均匀的球形分布于原子核表面，核磁共振谱线较窄，最宜于核磁共振检测，是核磁共振的主要研究对

象。$I > 1/2$ 的原子核，自旋过程中电荷和核表面非均匀分布为椭圆形，其核磁共振的信号复杂。

构成有机化合物的基本元素 ^1H、^{13}C、^{15}N、^{19}F、^{31}P 等都有核磁共振现象，且自旋量子数均为 1/2，核磁共振信号相对简单，因此可用于有机化合物的结构测定。

根据量子力学理论，$I \neq 0$ 的磁性核在恒定的外磁场 B_0 中，会发生自旋能级的分裂，即产生不同的自旋取向。对于具有不同自旋量子数的原子核，其核具有 $2I+1$ 个取向，每一种自旋取向代表了原子核的某一特定的自旋能量状态，可用磁量子数 m 来表示，$m = I, I-1, I-2, \cdots, -(I-1), -I$。在无外加磁场的条件下，这些原子具有相同能量，处于简并状态。当原子核位于外加磁场中，原先处于简并状态的具有不同磁量子数的原子核出现能级裂分。以 ^1H 核的 $I = 1/2$ 为例，它只有两种自旋取向，即 $m = +1/2, -1/2$，这说明在外磁场的作用下 ^1H 核的自旋能级一分为二。以 ^{14}N 核的 $I = 1$ 为例，即 $m = +1, 0, -1$，在外磁场中有 3 种自旋取向，如图 5.1 所示。

^1H 核的每种自旋状态（自旋取向）都具有特定的能量。当将其置于强度为 B_0 的外加磁场中且自旋取向与外磁场 B_0 一致时，$m = 1/2$，^1H 核处于较低能级状态，$E_1 = -\mu B_0$（μ 是 ^1H 核的磁矩）；当自旋取向与外磁场 B_0 相反时，$m = -1/2$，^1H 核处于较高能级状态，$E_2 = +\mu B_0$。通常处于较低能级状态（E_1）的核比较高能级状态（E_2）的核多，是因为处于低能级状态的核较稳定。两种取向的能级差用 ΔE 表示，即

$$\Delta E = E_2 - E_1 = \mu B_0 - (-\mu B_0) = 2\mu B_0 \tag{5.3}$$

ΔE 又称能级分裂能，式（5.3）表明，核自旋能级在外磁场 B_0 中分裂后的能级差随 B_0 强度的增大而增大，发生跃迁时所需要的能量也相应增大，如图 5.2 所示。

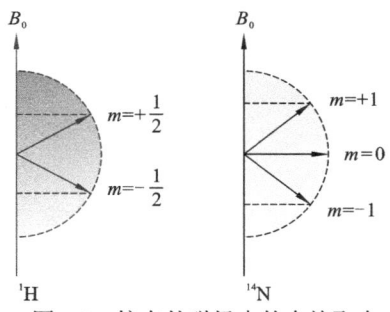

图 5.1 核在外磁场中的自旋取向 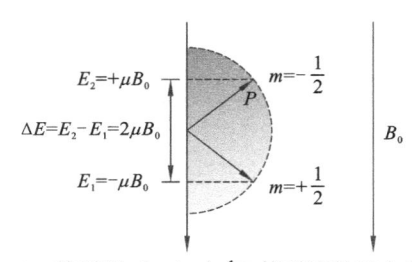　　图 5.2 静磁场（B_0）中 ^1H 核磁矩的取向和能级

同理，对于 $I = 1/2$ 的不同的原子核，即使在同一外磁场强度下，由于其磁矩 μ 不同，发生跃迁时需要的能量 ΔE 也不同。例如，在一磁场 B_0 中，$^{13}_{6}C$ 核与 ^1H 核由于磁矩不同，发生跃迁时 ΔE 就不一样。因此，原子核发生跃迁时所需的能量取决于 μ（核性质）和 B_0（外部）。

如果将 ^1H 核置于磁场强度为 B_0 的外加磁场中，^1H 核的取向与外加磁场平行，此时能量较低，为 $m = 1/2$ 态；^1H 核的取向与外加磁场逆平行，此时能量较高，为 $m = -1/2$ 态。在较低能级状态（或较高能级状态）的 ^1H 核中，如果 ^1H 核的自旋轴与外加磁场 B_0 的方向成一定的角度（$\theta = 54°24'$），外磁场就要使它取向于外磁场的方向。

实际上夹角 θ 并不减小，自旋核受到这种力矩作用后，它的自旋轴就会产生旋进运动

即拉莫尔进动，而旋进运动轴与 B_0 一致，如图 5.3 所示。它类似于陀螺的旋转，陀螺旋转时，当陀螺的旋转轴与其重力作用方向有偏差时，就产生摇头运动，这就是进动。即本身既自旋又有旋进运动，这与质子在外磁场中的运动相仿。

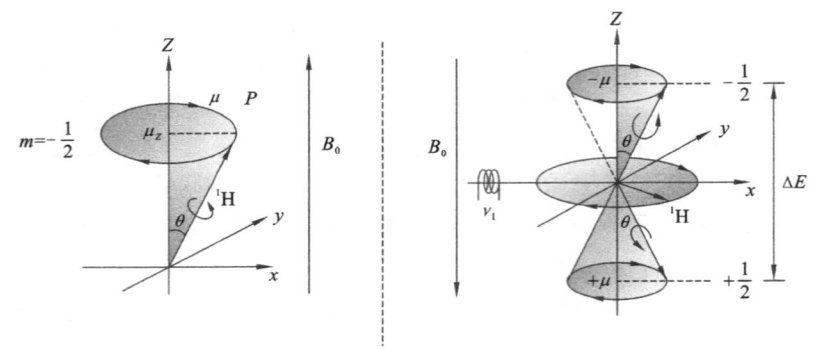

图 5.3 自旋核的拉莫尔进动示意图
自旋核在静磁场（B_0）的拉莫尔进动（左图）；自旋核在 $I=1/2$ 时核磁能级（右图）

进动时有一定的频率，称为拉莫尔进动频率 ν_0，即

$$\nu_0 = \frac{\gamma B_0}{2\pi} \tag{5.4}$$

式中：γ 为旋磁比，$\gamma = \mu/P$。相同的原子核，γ 是常数，反映核本身属性。把磁矩在 Z 轴上的最大分量称为磁矩 μ，即

$$\mu = \frac{1}{2\pi}\gamma I \tag{5.5}$$

因此 ν_0 与 B_0 和 γ 成正比，即拉莫尔进动频率 ν_0 随磁感应强度 B_0 增强而增大；且 γ 越大，ν_0 也越大。

5.1.2 核磁共振信号的产生

将 ^1H 或 ^{13}C 等磁性核置于外磁场 B_0 中，其自旋能级将裂分为低能级状态和高能级状态。若在与外磁场 B_0 垂直的方向上施加一个频率为 ν 的交变射频场 B_1，当 ν 的能量（$h\nu$）与两自旋能级能量差（ΔE）相等时，自旋核就会吸收交变场的能量，由低能级状态跃迁至高能级状态，产生所谓核自旋的倒转。这种现象称为核磁共振，如图 5.4 所示。因此，实现核磁共振需满足条件为 $h\nu = \Delta E = \dfrac{\gamma h B_0}{2\pi}$，即

$$\nu = \frac{\gamma B_0}{2\pi} \tag{5.6}$$

对于同一种核，B_0 增大时，其共振频率 ν 也相应增加。例如，当 $B_0 = 1.4$ T 和 2.3 T 时，^1H 核的共振频率分别为 60 MHz 和 100 MHz。对于不同的核，由于 γ 不同，当 B_0 相同时，其共振频率也不同。

$I=1/2$ 的原子核，如 ^1H 与 ^{13}C 核，在外磁场 B_0 的作用下，室温时处于低能态的核数比处于高能态的核数仅多十万分之二左右，即低能态的核只占微弱多数。而正是这种微弱多数的低能态核，才能吸收射频能量，并从低能态向高能态跃迁，产生核磁共振信号。

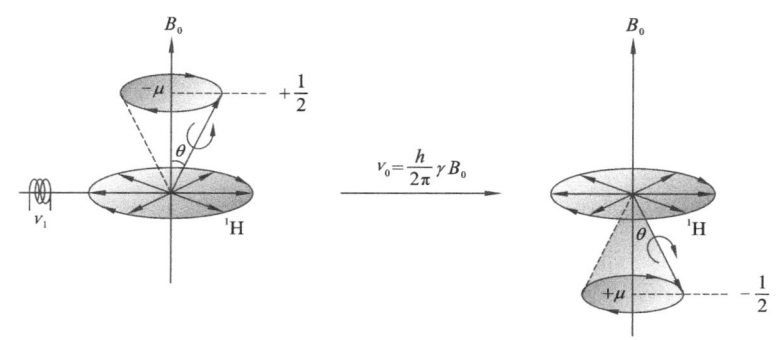

图 5.4　$I=1/2$ 时核磁共振现象示意图

随着低能态核吸收能量后跃迁到高能态，处于低能态核的微弱多数近乎消失，直到跃迁至高能态和以辐射方式跌落至低能态的概率相等时，无法观察到核磁共振现象，此时发生"饱和"现象。维持核磁共振吸收不至饱和，需让高能态的核以非辐射的形式释放能量，并回到低能态，这称为"弛豫"过程。弛豫过程可分为自旋-晶格弛豫和自旋-自旋弛豫。

自旋-晶格弛豫（即纵向弛豫），它是高能态的核与液体中的溶剂分子、固体晶格等周围环境进行能量交换，是处于高能态的核将能量转移给核周围粒子（同类分子或者溶剂分子）而回到低能态的过程。这使高能态的核数减少，低能态的核数增加，自旋体系总能量下降，直至符合玻尔兹曼分布定律（平衡态）。纵向弛豫的时间用 T_1 表示，它是处于高能态核寿命的量度。T_1 越小，纵向弛豫效率越高，反之效率越低，越容易达到饱和。T_1 与核的种类、样品状态、环境温度等有关。气体、液体样品的 T_1 较短，一般为 1 秒至几秒；固体或黏度大的液体，T_1 较长，可达几小时甚至更长。

自旋-自旋弛豫（即横向弛豫），它是两个进动频率相同而进动取向不同的磁性核在一定距离内发生能量交换，进而改变各自的进动取向。在此过程中，高能态的自旋核将能量传递给相邻的自旋核，二者能态转换，但体系中高能态、低能态核的数目比例不变，总能量不变。横向弛豫的时间用 T_2 表示。气体和液体样品的 T_2 约为 1 s，固体或高分子样品的 T_2 较短，一般为 $10^{-4} \sim 10^{-5}$ s。

弛豫时间 T_1、T_2 中的较短者，决定了自旋核在某一高能态停留的平均时间。通常吸收谱线宽度与弛豫时间成反比，而谱线太宽对分析不利。选择适当的共振条件，可以得到满足要求的共振吸收谱线。对于气体及低黏度液体样品，自旋-晶格弛豫占主导，弛豫时间适当，可以获得较窄的谱线。对于固体及高黏度液体样品，其运动受到限制，容易实现自旋-自旋弛豫，T_2 较短，获得的谱线宽度大，因此普通高分辨核磁共振测定要求在低黏度液体样品中进行。

5.1.3　核磁共振信号的检测与分析

常规核磁共振波谱仪配备永久磁铁和电磁铁。不同规格的仪器磁感应强度分别为 1.41 T、1.87 T、2.10 T 和 2.35 T，其相应于 ^{1}H NMR 谱共振频率分别为 60 MHz、80 MHz、90 MHz 和 100 MHz。配备超导磁体的波谱仪的 ^{1}H NMR 谱共振频率可以达到 200～800 MHz。依据仪器工作原理，又可分为连续波核磁共振波谱仪和脉冲傅里叶变换核磁共振波谱仪两类（吕玉光 等，2018）。

连续波核磁共振波谱仪主要由磁铁、探头、射频振荡器、射频接收器、扫描单元等组成，如图 5.5 所示。

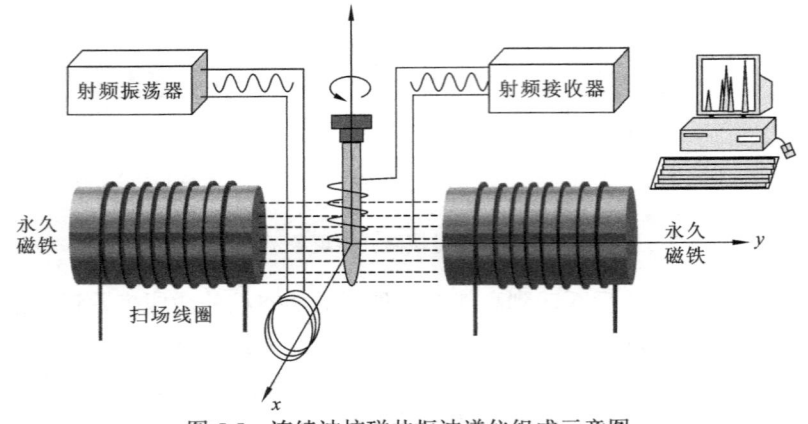

图 5.5 连续波核磁共振波谱仪组成示意图

1. 磁铁

磁铁用于提供一个强而稳定且均匀的外加磁场。常用的有永久磁铁、电磁铁和超导磁铁三种。永久磁铁的磁感应强度最高为 2.35 T，用它制作的波谱仪最高频率只能为 100 MHz。永久磁铁优点是磁场稳定性高，耗电少，但温度变化很敏感，需长时间才达到稳定。电磁铁的磁感应强度最高也为 2.35 T，其对温度不敏感，磁场能较快地达到稳定，但功耗大，需冷却。超导磁铁的最大优点是可达到很高的磁感应强度，温度恒定，磁场很稳定，可以制作 200 MHz 以上的波谱仪。目前已有 900 MHz 的波谱仪，但由超导磁铁制成的波谱仪十分昂贵，维护费用很高，即使仪器不工作也必须利用液氮维持低温。

2. 探头

探头是核磁共振波谱仪的心脏，装在两磁极之间，用来测量共振信号。探头主要由样品管座、射频发射线圈、射频接收线圈、预放大器和变温元件等组成。发射线圈轴、接收线圈轴与磁场方向三者互相垂直，并分别与射频发射器和射频接收器相连。样品管座位于线圈的中心，用于盛放样品。样品管座还连接有压缩空气管，压缩空气驱动样品管匀速而平稳地回旋，使样品分子受到更均匀的磁场作用。

3. 射频发射器

射频发射器用于产生一个与外磁场强度相匹配的射频辐射，它提供能量使磁核从低能级跃迁到高能级。此射频的频率与外磁场磁感应强度相匹配。例如，对于测 ^1H 的波谱仪，超导磁铁产生 7.05 T 的磁场强度，则测定 ^1H 所用的射频发射器产生 300 MHz 的电磁波，因此射频发射器的作用相当于紫外-可见光谱仪或者红外吸收光谱仪中的光源。

4. 射频接收器

线圈接收射频接收器接收到的射频辐射信号，并将接收到的射频信号传送到放大器放大并记录下核磁共振信号。它相当于紫外-可见光谱仪或红外吸收光谱仪中的检测器。

5. 扫描单元

扫描单元是连续波核磁共振波谱仪特有的一个部件，用于控制扫描速度、扫描范围等参数。核磁共振波谱仪的扫描方式有两种：一种是保持频率恒定，线性地改变磁场强度，称为扫场；另一种是保持磁场的磁感应强度恒定，线性地改变频率，称为扫频。但大部分核磁共振波谱仪用扫场方式。扫场线圈通直流电，可产生一附加磁场，连续改变电流大小，即连续改变磁场强度，就可进行扫场。

与连续波核磁共振波谱仪相比，脉冲傅里叶变换核磁共振波谱仪的特点如图5.6所示。

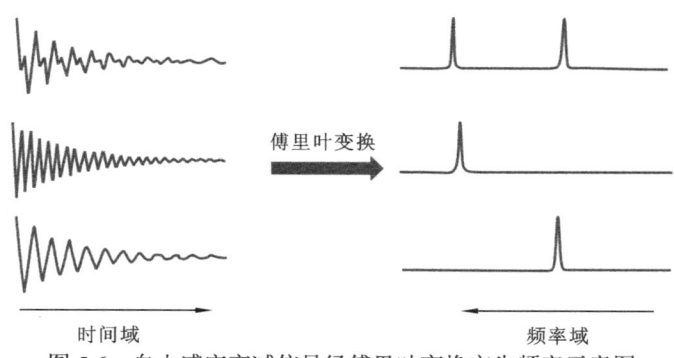

图 5.6　自由感应衰减信号经傅里叶变换产生频率示意图

（1）采用重复扫描，累加一系列自由感应衰减（free induction decay, FID）信号，提高信噪比。因为信号（S）与扫描次数（n）成正比，而噪声（N）与$\sqrt{n}$成正比，所以S/N与$\sqrt{n}$成正比。使用脉冲波，脉冲宽度为1～50 μs，时间间隔为χ，速度快，可增加扫描次数。而对于连续波核磁共振波谱仪，如果250 s记录一张谱图，要使S/N提高10倍，就需要累加100次，即需250×100=25 000 s，因此很难增加扫描次数。

（2）由于脉冲傅里叶变换核磁共振波谱仪灵敏度高于连续波核磁共振波谱仪，对于^{1}H NMR，使用前者时，样品量可从几十毫克降到1 mg，甚至更少。

（3）测^{13}C的信号只能使用脉冲傅里叶变换核磁共振波谱仪，需样品几毫克到几十毫克。

5.2　液体核磁共振波谱

5.2.1　^{1}H谱方法与谱图分析

1. 化学位移的产生

化学位移来源于核外电子云的磁屏蔽作用。孤立的氢核在磁感应强度一定的磁场中，其共振频率也一定。但实际化合物中不同的氢核周围的基团不同，其所处化学环境和核外电子云密度不同，在外加磁场的作用下会产生一个方向相反的感应磁场，使核实际感受到的磁场强度减弱，这称为磁屏蔽作用。核外电子对核的屏蔽作用大小可用屏蔽常数表示：

$$B = B_0 - aB_0 = B_0(1-a) \tag{5.7}$$

式中：B 为原子核实际感受到的磁场强度；B_0 为外磁场实际磁场强度；a 为屏蔽常数，一般为 $10^{-6}\sim10^{-5}$ 数量级，它反映感应磁场抵消外磁场作用的程度，其数值取决于核周围电子云密度和核所在的化合物结构，核外电子云密度越大，产生的感应磁场强度就越大，屏蔽常数就越大。尽管不同化学环境的 a 相差甚微，却是核磁共振波谱结构分析最重要的依据。

因此，在屏蔽作用下，核磁共振实际频率 ν 可表示为

$$\nu = \frac{\gamma}{2\pi} B_0(1-a) \tag{5.8}$$

化学位移是核外电子云对抗外加磁场的电子屏蔽作用所引起共振时，磁感应强度及共振频率的移动。电子云密度又与核外的化学环境及相邻基团是推电子基还是吸电子基等因素有关。因此，可根据化学位移的大小来判断原子核所处的化学环境，以及对应物质的分子结构。

质子（氢核）周围基团的性质差异使其共振频率不同，产生化学位移。图 5.7（a）中三个峰分别代表乙醇分子—OH、—CH$_2$—、—CH$_3$ 等基团质子的核磁共振峰。质子受到相邻基团的质子的自旋状态影响，其吸收峰裂分谱线增加的现象称为自旋-自旋裂分。图 5.7（b）中—CH$_3$ 分裂成三重峰，—CH$_2$—分裂成四重峰，这是由原子间的相互作用引起的，这种作用称为自旋-自旋耦合。核与核之间的耦合作用是通过成键电子传递的。

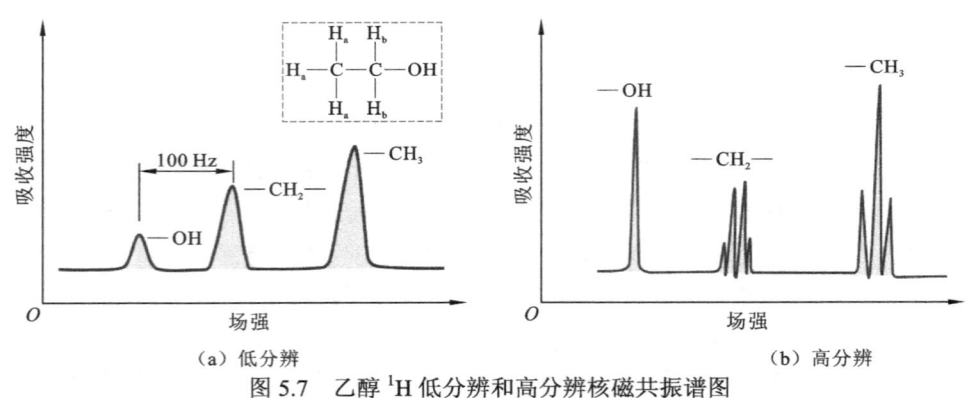

图 5.7 乙醇 ^{1}H 低分辨和高分辨核磁共振谱图

乙醇[图 5.7（b）]中的 H$_a$ 和 H$_b$ 是不同的：H$_b$ 靠近氧原子，核外电子云密度小；H$_a$ 核外电子云密度大。两个 H$_b$ 质子的自旋状态有 4 种可能性，可表示为↑↑、↑↓、↓↑和↓↓，其中一组包括 2 种具有等价磁效应的结合，即↑↓和↓↑。因此，受 H$_b$ 质子的影响，—CH$_3$ 成为三重峰，面积之比为 1∶2∶1。3 个 H$_a$ 质子的自旋状态有 8 种结合的可能性，可表示为↑↑↑、↑↑↓、↑↓↑、↓↑↑、↑↓↓、↓↑↓、↓↓↑和↓↓↓，其中两组包括 3 种具有等价磁效应的结合，即↑↑↓、↑↓↑和↓↑↑，以及↑↓↓、↓↑↓和↓↓↑。因此，受 H$_a$ 质子的影响，—CH$_2$ 分裂成四重峰，面积之比为 1∶3∶3∶1。一般相邻原子的磁等价核数目 n 确定裂分峰的数目，即 $2nI+1$ 个。对于氢核，$I=1/2$，峰裂分数目等于 $n+1$，二重峰表示相邻碳原子上有一个质子，三重峰表示相邻碳原子有两个质子。裂分后各组多重峰的吸收强度比（即面积比）为二项式 $(a+b)^n$ 展开后各项的系数之比，多重峰通过其中点作对称分布，中心位置即为化学位移值。

上述相邻自旋使谱峰分裂称为自旋-自旋裂分，裂分后多重峰之间的距离用自旋-自旋

耦合常数 J 表示，单位为 Hz，它反映核与核之间的耦合程度，是自旋裂分强度的量度。质子间耦合的 J 值的大小一般为 0～30 Hz，取决于连接两核的种类、核间距、核间化学键的个数与类型及它们在分子结构中所处的位置，由此可获取结构信息。但与化学位移不同，J 与磁感应强度无关。目前已积累大量的 J 与结构关系的实验数据，并据此得到一些估算 J 的经验式。$\Delta\nu/J>6$ 时，$n+1$ 规律适用，称为简单耦合，形成的图谱是一级图谱。$\Delta\nu/J\leqslant 6$ 时，$n+1$ 规律不再适用，耦合常数需要通过计算求出，形成的图谱比较复杂，自旋裂分峰强度不再是二项式 $(a+b)^n$ 展开后各项的系数之比，形成的图谱称为二级图谱或者高级图谱。表 5.1 列出一些质子的自旋-自旋耦合常数。

表 5.1 一些质子的自旋-自旋耦合常数 J

结构类型	J / Hz	结构类型	J / Hz
H—C—H	12～15	CH—C=C	4～10
C=C—H (同碳)	0～3	C=C—C=C (H, H)	10～13
C=C (顺反)	顺式 6～14 反式 11～18	CH—C≡CH	2～3
CH—HC (自由旋转)	5～8	CH—OH（不交换）	5
环状 H：邻位	7～8	CH—CHO	1～3
环状 H：对位	2～3	HC(CH$_3$)(CH$_3$)	5～7
环状 H：间位	0～1	H$_2$C—CH$_3$	7

2. 化学位移的表示方法

化合物分子中各种基团的 ^{1}H 核所处的化学环境不同，即它们周围的电子云分布情况不同，这使得不同的质子受到大小不同的感应磁场的作用，即不同程度的屏蔽作用。因此，不同化学环境的 ^{1}H 核共振频率存在微小的差异。例如，当 $B_0=1.41$ T 时，^{1}H 裸核 $\nu_0=60$ MHz，若某 ^{1}H 核受到的屏蔽作用 $\sigma=20$，则其共振频率将比 ^{1}H 裸核低 $\sigma\nu_0=1\,200$ Hz，其共振频率 $\nu=(60\,000\,000-1\,200)$ Hz$=59\,998\,800$ Hz。显然，直接用共振频率表示不同核的差异，不但数值读写不易，且其变化与仪器 B_0 有关，不同仪器测得的数据难以直接比较。因此，引入化学位移的概念表示样品与参比物质吸收峰的频率差。

从理论上来讲，某核的化学位移应该以它的裸核为基准进行比较。对于 ^{1}H NMR 波谱，最理想的参比物质应为外层无电子屏蔽的裸露氢核，但裸露氢核是无法得到的，因此只好在试样中加入一种参比物质，如四甲基硅（$(CH_3)_4Si$，tetramethylsilane，TMS），其共振频率设为 0 Hz，则化学位移 δ 定义为

$$\delta = \frac{\nu_{样品} - \nu_{标准}}{\nu_{仪器}} \times 10^6 = \frac{B_{样品} - B_{标准}}{B_{仪器}} \times 10^6 \tag{5.9}$$

由于样品与参比物质共振频率差相对仪器频率很微小，化学位移数值统一乘以 10^6。TMS 常作为氢谱和碳谱的参比物质，选 TMS 作为内标的优点如下。

（1）具有稳定的化学性能，反应惰性。

（2）$(CH_3)_4Si$ 分子中的 12 个 H 原子和 4 个 C 原子拥有完全一样的化学环境，因此它的 12 个 ^{1}H 核共振频率及 4 个 ^{13}C 核共振频率相同，即化学位移是一样的，氢谱和碳谱中均只有一个共振信号。

（3）硅的电负性弱，其周围碳和氢原子被相对较高密度电子云环绕，屏蔽作用大，因此共振频率非常低，出现在谱图右侧高场处。并且，TMS 的 ^{1}H 核和 ^{13}C 核比大多数有机物的都高，因此不会与试样峰相重叠，在氢谱和碳谱中都规定 $\delta_{TMS}=0$。

（4）TMS 易溶于有机溶剂，沸点低（27 ℃），易从样品中去除，因此回收样品较容易。

化学位移 δ 为无量纲因子，不再使用 ppm 表示。以 TMS 作标准物，大多数有机化合物的 ^{1}H 核都在比 TMS 低的场处共振，化学位移规定为正值。

假如在 60 MHz 的仪器上，某一氢核与标准物 TMS 共振频率差为 60 Hz，则化学位移为

$$\delta = \frac{\nu_{样品} - \nu_{标准}}{\nu_{仪器}} \times 10^6 = \frac{60}{60 \times 10^6} \times 10^6 = 1 \tag{5.10}$$

还是上述 ^{1}H 核，若用 100 MHz 的仪器来测定，则其信号将出现在与标准物共振频率相差 100 Hz 处，其化学位移为

$$\delta = \frac{\nu_{样品} - \nu_{标准}}{\nu_{仪器}} \times 10^6 = \frac{100}{100 \times 10^6} \times 10^6 = 1 \tag{5.11}$$

由此可见，用不同的仪器测得的化学位移 δ 值是一样的，只是它们的分辨率不同，100 MHz 的仪器分辨率更高。

甲苯 ^{1}H 核磁共振谱如图 5.8 所示。图中纵坐标为吸收强度，上方横坐标为频率（ν），下方横坐标为化学位移（δ）。图谱左端为低场、高频端，δ 值大，即常说的去屏蔽（顺磁性）区域；右端为高场、低频端，δ 值小，即常说的屏蔽（抗磁性）区域。在最右侧的一个小峰是标准物 TMS 的峰，规定它的化学位移 $\delta_{TMS}=0$。甲苯的核磁共振谱出现两个峰，它们的化学位移分别是 2.25 和 7.2，表明该化合物有两种不同化学环境的氢原子，即苯环氢原子和甲基氢原子。根据谱图不仅可以知道有几种不同化学环境的核，而且可以知道每种质子的数目。每一种质子的数目与相应峰的面积成正比。峰面积可用积分仪测定，也可以由仪器画出的积分曲线的阶梯高度来表示。积分曲线的阶梯高度与峰面积成正比，也就代表了氢原子的数目。谱图中积分曲线的高度比为 5∶3，即两种氢原子的个数比。在 ^{1}H NMR 谱图中靠右边是高场，化学位移 δ 值小；靠左边是低场，化学位移 δ 值大。屏蔽增大（屏蔽效应）时，^{1}H 核共振频率移向高场（抗磁性位移）；屏蔽减少（去屏蔽效应）时，^{1}H

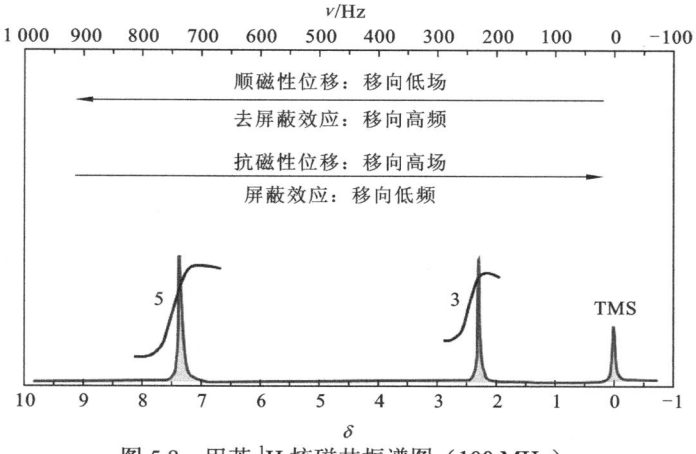

图 5.8 甲苯 ^{1}H 核磁共振谱图（100 MHz）

核共振频率移向低场（顺磁性位移）。

3. 化学位移的影响因素

化学位移是由核外电子云的屏蔽作用造成的。凡是影响核外电子云密度分布的各种因素都会影响化学位移，包括相邻元素和基团的电负性、磁各向异性效应、溶剂效应、氢键作用、诱导效应、共轭效应、范德瓦耳斯效应、质子交换和温度等。

1）电负性

相邻的原子和基团的电负性直接影响核外电子云密度，电负性越强，绕核的电子云密度越小，对核产生的屏蔽作用越弱，共振信号移向低场（δ 值增大）。表 5.2 列出了 CH$_3$X 中质子化学位移与元素电负性的依赖关系。

表 5.2 CH$_3$X 中质子化学位移与元素电负性的依赖关系

项目	CH$_3$F	CH$_3$OH	CH$_3$Cl	CH$_3$Br	CH$_3$I	CH$_4$	TMS	CH$_2$Cl$_2$	CHCl$_3$
取代元素	F	O	Cl	Br	I	H	Si	2×Cl	3×Cl
电负性	4.0	3.5	3.1	2.8	2.5	2.1	1.8	—	—
化学位移	4.26	3.40	3.05	2.68	2.16	0.23	0.00	5.33	7.24

如果存在共轭效应，导致质子周围电子云密度增加，信号向高场移动；反之，信号移向低场。图 5.9（a）中醚的氧原子上的孤对电子与双键形成 p-π 的共轭体系，使双键末端次甲基质子的电子云密度增加，与乙烯质子相比，移向高场；而图 5.9（b）化合物中由于高电负性的碳基，使 π-π 共轭体系中出现次甲基端电子云密度低的情况，与乙烯质子相比，移向低场。

（a）甲基乙烯基醚　　　　（b）甲基乙烯基酮

图 5.9 有机物的分子式

2）磁各向异性效应

比较烷烃、烯烃、炔烃及芳烃的化学位移值发现，芳烃、烯烃的 δ 值大，如果是由于 π 电子的屏蔽效应，则 δ 值应当小，又如何解释 CH≡CH 的 δ 值小于 CH₂=CH₂ 呢？这是因为 π 电子的屏蔽具有磁各向异性效应。磁各向异性效应又称远程屏蔽效应，是由于置于外加磁场中的分子所产生的感应磁场使分子所在的空间出现屏蔽区和非屏蔽区，导致质子在分子中所处的空间位置不同，屏蔽作用不同的现象，是另一种屏蔽效应。这种通过空间起作用的屏蔽效应与通过化学键起作用的屏蔽效应是不同的。

由图 5.10 可见，苯环上的 π 电子在分子平面上下形成了 π 电子云，在外加磁场的作用下产生环流，并产生一个与外加磁场方向相反的感应磁场。可以看出，苯环上的 H 原子周围的感应磁场的方向与外加磁场方向相同，感应磁场与外加磁场相叠加，这些 ¹H 核处于去屏蔽区，即 π 电子对苯环上连接的 ¹H 核起去屏蔽作用。而在苯环平面的上下两侧感应磁场的方向与外加磁场的方向相反，感应磁场与外加磁场相抵消。因此，若在某化合物中有处于苯环平面上下两侧的 H 原子，则它们处于屏蔽区，即 π 电子对环平面上下的 ¹H 核起屏蔽作用。这样就可以解释苯环上的 H 原子化学位移大（δ=7.2），是因为它处于去屏蔽区，在低场共振。

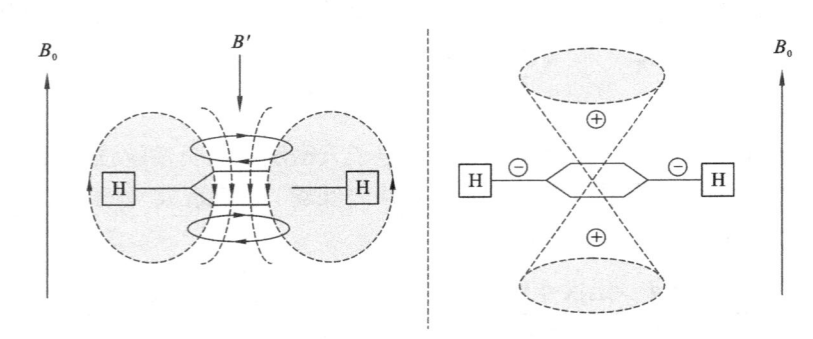

图 5.10 苯环的磁各向异性效应

在磁场中双键的 π 电子形成环流也产生感应磁场。由图 5.11 可见，乙烯分子中的 π 电子云分布于 σ 键上、下两方，形成结面，在外加磁场的诱导下，形成 π 电子环流，产生感应磁场，感应磁场将乙烯分子所处的空间分为屏蔽区和去屏蔽区。处于乙烯平面上的 H 原子周围的感应磁场方向与外磁场一致，处于去屏蔽区，因此 ¹H 核在低场共振，化学位移大（δ=5.84）。在乙烯平面上下两侧的感应磁场的方向与外磁场方向相反，因此，若在某化合物中有处于乙烯平面上下两侧的 H 原子，则它们处于屏蔽区，¹H 在高场共振，化学位移小。

羰基 C=O 的 π 电子云产生的屏蔽作用和双键一样。以醛为例，醛基上的氢处于 C=O 去屏蔽区，因此它在低场共振，化学位移较大（δ≈9）。

C≡C 中有一个 σ 键，还有两个 p 电子组成的 π 键，其电子云是柱状的。由图 5.12 可见，乙炔上的氢原子与乙烯中的氢原子及苯环上的氢原子是不一样的，它处于屏蔽区，因此 ¹H 核在高场共振，化学位移较小（δ=2.88）。

图 5.11 双键的磁各向异性效应

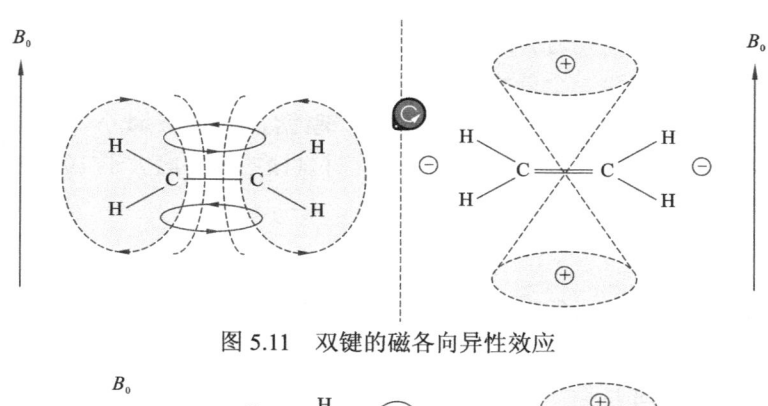

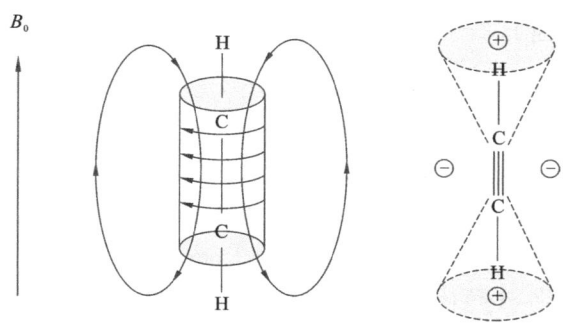

图 5.12 三键的磁各向异性效应

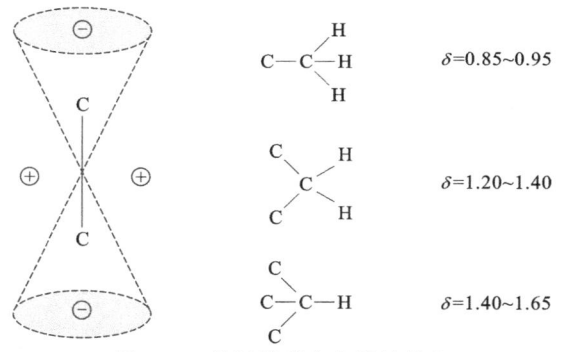

单键的磁各向异性效应与三键相反，沿键轴方向为去屏蔽效应（图 5.13）。链烃中甲基上的氢被碳取代后去屏蔽效应增大，使共振频率移向低场，因此 $\delta_{CH} > \delta_{CH_2} > \delta_{CH_3}$。

$\delta = 0.85 \sim 0.95$

$\delta = 1.20 \sim 1.40$

$\delta = 1.40 \sim 1.65$

图 5.13 单键的磁各向异性效应

3）溶剂效应

由于溶剂的影响而使溶质的化学位移改变的现象称为溶剂效应。核磁共振波谱法一般需要将样品溶解于溶剂中测定，因此溶剂的极性、磁化率、磁各向异性等性质都会影响待测氢核的化学位移。进行 ^{1}H NMR 谱分析时所用溶剂最好不含 ^{1}H，以免产生干扰，可用 CCl_4，或 $CDCl_3$、CD_3COCD_3、CD_3SOCD_3、D_2O 等氘代试剂。

4）氢键作用

当分子形成氢键后，氢核周围的电子云密度因电负性强的原子的吸引而减小，从而产生去屏蔽效应，使氢核化学位移向低场移动，δ 增大。形成的氢键越强，δ 增大越显著；氢键缔合程度越大，δ 增大越显著。通常在溶液中的氢键缔合与未缔合的游离态之间会建立快速平衡，使共振峰表现为一个单峰。对于分子间氢键而言，提高样品浓度有利于氢键的形成，使氢核的 δ 变大；而升高温度则会导致氢键缔合减弱，δ 减小。对于分子内氢键，其强度基本不受浓度、温度和溶剂等的影响，此时氢核的 δ 一般大于 10，例如，多酚质子化学位移可达 10.5～16。

5）诱导效应

与氢核相邻的电负性强取代基的诱导效应，使氢核外围的电子云密度降低，屏蔽效应减弱，共振吸收峰移向低场，δ 增大。诱导效应通过成键电子传递，随着与取代基距离的增大，影响逐渐减弱。当 H 原子与电负性强基团相隔 3 个以上的碳原子时，其影响可忽略不计。

6）共轭效应

在共轭效应的影响中，通常推电子基使 δ 减小，吸电子基使 δ 增大。例如，若苯环上的氢被推电子基—OCH_3 取代后，O 原子上的孤对电子与苯环 p-π 共轭，使苯环电子云密度增大，δ 减小；而被吸电子基—NO_2 取代后，由于 π-π 共轭，苯环电子云密度有所降低，δ 增大。严格地说，上述各 H 核化学位移的改变，是共轭效应和诱导效应共同作用的结果。

7）范德瓦耳斯效应

范德瓦耳斯效应是指当化合物中两个氢原子的空间距离很近时，其核外电子云相互排斥，使它们周围的电子云密度相对降低，屏蔽作用减弱，共振峰移向低场、δ 增大的现象。

8）质子交换

与杂原子（氧、硫、氮原子等）直接相连的氢不仅容易形成氢键，而且原子较易电离，称为酸性氢核。这类化合物之间可能发生质子交换反应：

$$R_1OH_a + R_2OH_b \rightleftharpoons R_1OH_b + R_2OH_a \tag{5.12}$$

酸性氢核的化学位移值是不稳定的，取决于是否进行了质子交换和交换速度的大小，通常会在它们单独存在时的共振峰之间产生一个新峰。例如在乙酸的水溶液中，乙酸的羧基质子与水质子间能发生快速交换而产生一个新的平均峰。质子交换速度的快慢还会影响吸收峰的形状。通常，加入酸、碱或加热时，可使质子交换速度大大加快。因此谱图有助于判断化合物分子中是否存在能进行质子交换的酸性氢核。

9）温度

当温度的改变引起分子结构的变化时，其核磁共振谱图也会发生相应的改变。例如，活泼氢的离解、互变异构环的翻转、受阻旋转等都与温度密切相关，当温度改变时，它们的谱图都会产生某些变化。

5.2.2　^{13}C 谱方法与谱图分析

有机化合物中的碳原子构成了有机物的骨架，因此观察和研究碳原子的信号对研究有机物有着非常重要的意义，也是除 ^1H 核之外在核磁共振中应用最多的。虽然 ^{13}C 有核磁共振信号，但其天然丰度仅为 1.1%，观察灵敏度只有 ^{1}H 核的 1/64，故信号很弱，给检测带来了困难。因此在早期的核磁共振研究中一般只研究核磁共振氢谱。

直到 20 世纪 70 年代，随着脉冲傅里叶变换（pulse and Fourier transform，PFT）-核磁共振谱（NMR）仪问世，以及去耦技术的发展，核磁共振碳谱（^{13}C NMR）才迅速发展起来。目前 PFT-^{13}C NMR 已成为阐明有机分子结构的常规方法，广泛应用于涉及有机化学的诸多领域，如有机化合物结构测定、构象分析、动态过程分析、活性中间体及反应机制的研究，聚合物立体规整性和序列分布的研究及定量分析等，成为化学、生物、医药等领域不可缺少的分析方法。

1. 核磁共振碳谱的特点

1）化学位移范围宽

^{1}H 谱的谱线化学位移值的范围为 0~10，少数谱线可再超出约 5，通常不超过 20；而 ^{13}C 谱的化学位移值范围为 0~250，特殊情况下，^{13}C 核的化学位移可能会进一步增加 50~100，从而超出常规范围。由于化学位移范围较宽，分子结构的微小差别引起的位移变化在碳谱中都能被观测到，它对周围化学环境变化较为敏感，能够区别化学环境有微小差异的核，分辨率高，这对鉴定分子结构更有利。

2）信号强度低

^{13}C 天然丰度只有 1.1%，^{13}C 的旋磁比是 ^{1}H 的旋磁比的 1/4，因此 ^{13}C NMR 信号比 ^{1}H 的要低得多，大约是 ^{1}H 信号的六千分之一。在 ^{13}C NMR 的测定中往往需要进行长时间的累加才能得到一幅信噪比较好的图谱。

3）耦合常数大

由于 ^{13}C 天然丰度只有 1.1%，与 ^{13}C 直接相连的碳原子是 ^{13}C 概率很小，在碳谱中一般不考虑天然丰度化合物中的 ^{13}C-^{13}C 耦合，而碳原子常与氢原子连接，它们可以互相耦合，耦合常数一般为 125~250 Hz。因为 ^{13}C 天然丰度很低，^{13}C 与 ^{1}H 的耦合对 ^{1}H 谱影响小，但是对 ^{13}C 谱影响显著。因此不去耦的碳谱中各个裂分的谱线彼此交叠，很难识别出清晰的碳骨架信息。故常规的碳谱都是去耦谱，得到的各种碳谱线都是单峰，谱线相对简单。

4）共振方法多

^{13}C NMR 除质子噪声去耦谱外，还有多种其他的共振方法，可获得不同的信息。如偏共振去耦谱，可获得 ^{13}C-^{1}H 耦合所带来的丰富结构信息；不失真极化转移增强共振谱，可获得定量信息等。因此，碳谱比氢谱的信息更丰富，解析结论更清楚。

与核磁共振氢谱一样，碳谱中最重要的参数是化学位移。此外耦合常数、峰面积也是较为重要的参数。另外，氢谱中不常用的弛豫时间如 T_1 值在碳谱中因与分子大小、碳原子的类型等有着密切的关系而有广泛的应用。例如弛豫时间可被用于判断分子大小、形状；估计碳原子上的取代数、识别季碳、解释谱线强度；研究分子运动的各向异性；研究分子的链柔顺性和内运动；研究空间位阻及有机物分子、离子的缔合、溶剂化等。

2. 核磁共振碳谱的去耦技术

在 ^{1}H NMR 谱中 ^{13}C 对 ^{1}H 的耦合仅以极弱的峰出现，可以忽略不计。反过来在 ^{13}C NMR

谱中，^1H 对 ^{13}C 的耦合是普遍存在的。这虽然能给出丰富的结构分析信息，但谱峰相互交错，难以归属，给谱图解析、结构推导带来了极大的困难。耦合裂分的同时，又大大降低了 ^{13}C NMR 的灵敏度。为了对谱图进行简化并解决这些问题，通常采用去耦技术消除 ^1H 核对 ^{13}C 核的耦合作用。^{13}C NMR 分析中常用的去耦技术有如下几种。

1）质子噪声去耦

质子噪声去耦又称宽带去耦或完全去耦，是测定碳谱时最常采用的去耦方式。它的实验方法是在测碳谱时，以一相当宽的射频场 B_1 照射各种碳核，使其激发产生 ^{13}C 核磁共振吸收的同时，附加另一个射频场 B_2（又称去耦场），使其覆盖全部质子的共振频率范围，且用强功率照射，使所有的质子达到饱和，则与其直接相连的碳或邻位、间位碳感受到平均化的环境，由此去除 ^{13}C 与 ^1H 之间的全部耦合，使每种碳原子仅给出一条共振谱线，碳谱便是一个一个的单峰。

质子宽带去耦不仅使 ^{13}C NMR 谱大大简化，而且由于耦合的多重峰合并，其信噪比提高、灵敏度增大。然而灵敏度增大程度远大于复峰的合并强度。这种灵敏度的额外增强是核欧沃豪斯效应（neclear Overhauser effect，NOE）影响的结果。在 ^{13}C(^1H) NMR 分析中，观测核的共振吸收时，照射 ^1H 核使其饱和，由于干扰场 B_2 非常强，同核弛豫过程不足以使其恢复到平衡，经过核之间偶极的相互作用，^1H 核将能量传递给 ^{13}C 核，^{13}C 核吸收这部分能量后犹如本身被照射而发生弛豫。这种由双共振引起的附加异核弛豫过程，能使 ^{13}C 核在低能级上分布的核数目增加，共振吸收信号增强，称为核欧沃豪斯效应。但是，由于各碳原子的 NOE 的不同，质子噪声去耦谱的谱线强度不能定量地反映碳原子的数量，只能定性反映分子中 ^{13}C 核的种类。

2）偏共振去耦

与质子宽带去耦方法相似，偏共振去耦（off-resonance decoupling，OFR）也是在测定样品的同时另外加一个照射频率，但这个照射频率的中心频率不在质子共振区的中心，而是移到比 TMS 质子共振频率高 100～500 Hz（质子共振区以外）的位置上。在分子中，直接与 ^{13}C 相连的 ^1H 核与该样 ^{13}C 的耦合最强；^{13}C 与 ^1H 之间相隔原子数目越多，耦合越弱。用偏共振去耦的方法，消除了弱的耦合，只保留了直接与 ^{13}C 相连的 ^1H 的耦合。这样照射的结果使 ^{13}C-^1H 在一定程度上去耦，又称不完全去耦。一般来说，在偏共振去耦时，^{13}C 峰裂分为 n 重峰，就表明它与 $n-1$ 个氢核相连。这种偏共振的 ^{13}C NMR 谱，不仅可以获得化合物中有几种化学环境不同的碳原子，还可以得到碳原子上相连的氢原子的数目等信息。

3）选择性质子去耦

选择性质子去耦（selective proton decoupling，SPD），又称单频率质子去耦或指定的质子去耦。选择性质子去耦是一种特别的偏共振去耦。当调整去耦频率正好等于某种氢的共振频率，与该种氢相连的碳原子被完全去耦，产生一单峰，其他碳原子则被偏共振去耦。使用此法依次对 ^1H 核化学位移位置照射，可使相应的 ^{13}C 信号得到归属，由此得到 ^{13}C-^1H 的相关信息，确定哪个（哪些）氢原子与哪个碳原子相连。

4）不失真极化转移增强技术

不失真极化转移增强（distortionless enhancement by polarization transfer，DEPT）技术

目前是 ^{13}C NMR 测定中常用的方法。DEPT 是将两种特殊的脉冲系列分别作用于高灵敏度的 ^{1}H 核及低灵敏度的 ^{13}C 核，将高灵敏度的 ^{1}H 核磁化转移至低灵敏度的 ^{13}C 核上，从而大大提高 ^{13}C 核的观测灵敏度。此外，还能利用异核间的耦合对 ^{13}C 核信号进行调制来确定碳原子的类型。谱图上不同类型的 ^{13}C 信号均表现为单峰的形式分别朝上或向下伸出，或者从谱图上消失，以取代在偏共振去耦谱中朝同一方向伸出的多重谱线，因而信号之间重叠少、灵敏度高。

DEPT 谱的定量性很强，主要有三种：DEPT（45）谱、DEPT（90）谱和 DEPT（135）谱，其特征见表 5.3。

表 5.3　DEPT 谱的特征

谱图名称	不出峰的基团	出正峰的基团	出负峰的基团
DEPT 45	>C<	—CH$_3$，CH$_2$，—CH	—
DEPT 90	—CH$_3$，CH$_2$，—CH	—CH	—
DEPT 135	>C<	—CH$_3$，—CH	CH$_2$

3. ^{13}C 的化学位移

在质子噪声去耦 ^{13}C NMR 谱中，原来被氢耦合分裂的几条谱线并为一条，每种化学等价的碳原子只有一条谱线，谱线强度增加。但是由于不同种类的碳原子 NOE 不相等，对峰强度的影响也不同，峰强度不能定量地反映碳原子的数量。因此，在质子噪声去耦谱中只能得到化学位移的信息。

化学位移大小与原子核所处的化学环境密切相关。碳谱中化学位移（δ_C）直接反映所观察核周围的基团、电子分布的情况，即核所受屏蔽作用的大小。碳谱的化学位移对核所受的化学环境很敏感，它的范围比氢谱宽得多，一般为 0~250。对于分子量为 300~500 Da 的化合物，碳谱几乎可以分辨每一个不同化学环境的碳原子，而氢谱有时却重叠严重，这显示出碳谱相较于氢谱的优越性。

对于不同结构与化学环境的碳原子，它们的 δ_C 从高场到低场的顺序与和它们相连的氢原子的 δ_H 有一定的对应性，但并非完全相同。δ_C 的一般次序为：饱和碳在较高场，炔碳次之，烯碳和芳碳在较低场，而羰基碳在更低场。

具有不同构型或构象有机分子的碳谱化学位移 δ_C 比氢谱化学位移 δ_H 更为敏感。原因是碳原子是分子的骨架，分子间的碳核的相互作用比较小，不像处在分子边缘上的氢原子，分子间的氢核相互作用比较大。对于碳核，分子内的相互作用显得更为重要。如分子的立体异构、链节运动、序列分布、不同温度下分子内的旋转、构象的变化等，在碳谱的 δ_C 值及谱线形状上常有所反映。这对研究分子结构及分子运动、动力学和热力学过程尤为重要。

5.3 固体核磁共振波谱

5.3.1 固体核磁共振原理与应用

液体 NMR 谱是用于表征溶液状态下物质的微观运动与动力学，其 NMR 谱的线宽一般小于 1 Hz。对矿物及其界面反应机制的研究，则必须在固体状态下测试。固体 NMR 技术已广泛应用于探究矿物的界面反应机制。由于固体样品中的分子运动受限，化学位移各向异性、偶极-偶极相互作用和核四极矩相互作用等各向异性相互作用导致固体 NMR 谱线严重展宽，分辨率大幅下降。因此，固体 NMR 技术的核心就是消除或调控核自旋的各种各向异性自旋相互作用来获得高分辨谱图，并萃取分子间相互作用等重要信息。目前采用的方法有：魔角旋转（magic angle spinning, MAS）、多脉冲（multi-pulse, MP）、交叉极化（cross-polarization, CP）、多量子（multiple quantum, MQ）和稀释自旋。这些方法有各自的优点和局限性，其中魔角旋转方法最有效，用得最多。而魔角旋转与多脉冲、交叉极化和多量子相结合是目前研究固体高分辨 NMR 的主要方法。

魔角旋转是使用机械的办法，将样品绕着与外磁场 B_0 的方向呈 θ 角高速旋转，可以使哈密顿量中含有 $3\cos^2\theta-1$ 因子的作用项平均为 0，从而有效地消除化学位移各向异性和部分偶极相互作用及核四极矩相互作用，进而提高谱图的分辨率。$\theta=54°44'$ 的角度称为魔角，绕与 B_0 成 θ 角的轴旋转称为魔角旋转。随着魔角旋转速度的提高，谱图中线宽减小，谱图的分辨率提高。原则上，只要有足够高的转速就可以消除各种各向异性相互作用，但由于硬件条件的限制，在 20 世纪 90 年代才实现了 30 kHz 的高转速，近年来 NMR 探头可达到 150 kHz 的超高转速，极大地提高了谱图的分辨率（Mark et al., 1997）。

5.3.2 ^{31}P 谱方法与谱图分析

自然界中的磷仅有一种稳定同位素（^{31}P），其丰度为 100%，自旋量子数为 1/2，是较易观测的原子核。磷酸盐的化学位移不同是因为其周围电子感应的小局部磁场对 ^{31}P 核的屏蔽作用不同。因此，具有不同局部结构的磷原子核可以通过不同的化学位移反映出来。铁具有顺磁性，会对磷的 NMR 信号产生干扰，导致共振峰变宽及偏移，因此对铁氧化物表面吸附的磷的 NMR 研究较少。相对于铁氧化物，固体 NMR 特别适合提供富铝矿物表面吸附的磷酸盐形态的基本信息。例如，磷酸铝的化学位移通常为 -30~-10，而磷酸钾、磷酸钠的化学位移均为 4~10，如图 5.14（Li et al., 2013）所示。外圈表面络合物的化学环境类似于固体碱性磷酸盐和溶液 $H_xPO_4^{x-3}$ 的化学环境。因此，磷酸盐外圈表面络合物将产生 $\delta_P=0~10$ 的 NMR 信号。磷酸铝是表面沉淀的模型化合物，由于屏蔽了 Al—O—P 键，产生了更大的负化学位移。在 -30~-10 观察到的 NMR 峰可以认为是 Al—P 表面沉淀；而在 0~-6 的 NMR 峰是典型的内圈络合物。不同形态磷的显著化学位移差异使得磷的表面沉淀、内圈络合物和外圈络合物易于区分。

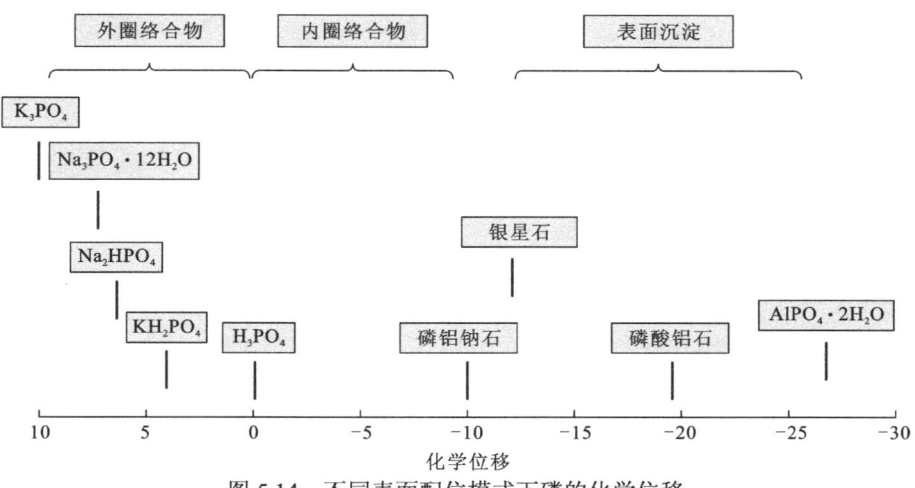

图 5.14 不同表面配位模式下磷的化学位移

例如，通过固体 ^{31}P NMR 技术揭示植酸（又称肌醇六磷酸，inositol hexaphosphate，IHP）在无定形氢氧化铝表面的固定机制（Yan et al.，2014）。采用 500 MHz 布鲁克（Bruker）AscendTM（11.7 T）仪器测定吸附在无定形氢氧化铝（amorphous aluminium hydroxide，AAH）表面植酸（IHP）和 IHP 标样及植酸铝沉淀（Al-IHP）的 ^{31}P 单脉冲/魔角旋转（SP/MAS）-NMR 谱。^{31}P 单脉冲/魔角旋转核磁共振谱采样工作频率为 202.6 MHz，使用 PH MASDVT 500WB BL 4 X/Y/F/H 探针进行测定。将样品保持在以 12 kHz 的速率旋转的 4 mm（外径）ZrO$_2$ 转子中。利用外标法（85% H$_3$PO$_4$）校准样品 ^{31}P 化学位移（δ_P）。其他测量参数是：5.5 μs 的 30° 激发脉冲和 30 s 的弛豫延迟；5 s 的优化脉冲延迟；每个样品进行 300 多次扫描，以获得可接受的信噪比。

图 5.15（a）所示 IHP 的 ^{31}P 化学位移为-0.5，而植酸铝沉淀产生了一个宽峰，其中包括位于 δ_P=-11.2 和-6.4 的 2 个主峰及位于-0.5 处的肩峰。与磷酸盐类似，位于 δ_P=-11.2 处的峰归属于植酸铝沉淀，而位于 δ_P=-6.4 和-0.5 处的峰归属于表面吸附态植酸，位于 δ_P=-0.5 处的峰也有可能来自物理吸附 IHP 的贡献。吸附反应 3 h 时的 AAH 样品（IHP 吸附量为 196.37 μmol/g）的化学位移在-6.5 和-11.8 处；吸附反应至 6 h（IHP 吸附量为 329.96 μmol/g）、2 d（IHP 吸附量为 870.0 μmol/g）甚至 4 d 时，-11.8 处峰强没有显著变化，但与 Al-IHP 沉淀的 ^{31}P 化学位移 δ_P=-11.4 接近。这表明 IHP 在 AAH 上除了形成内圈络合物，还生成表面沉淀。

图 5.15（b）为相同初始 IHP 浓度、不同 pH 条件下，在 AAH 表面吸附 2 d 的 ^{31}P SP/MAS-NMR 谱。可以看出 pH 为 7 时，^{31}P 的化学位移在-6.5，在-1 和-11 处有肩峰，表明 IHP 在表面主要形成络合物，也存在少量表面沉淀。当 pH 降低时，化学位移在-11 处的峰逐渐加强。pH 为 3.5 时吸附样品的峰位与植酸铝沉淀高度类似，说明低 pH 利于 IHP 表面络合物向表面沉淀转化。

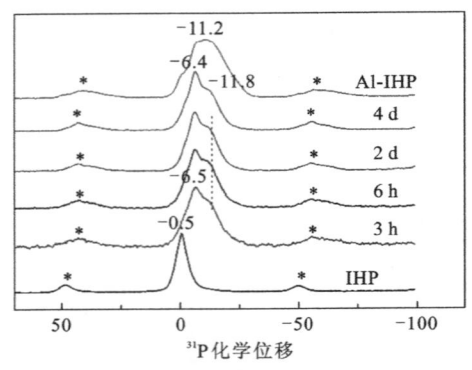

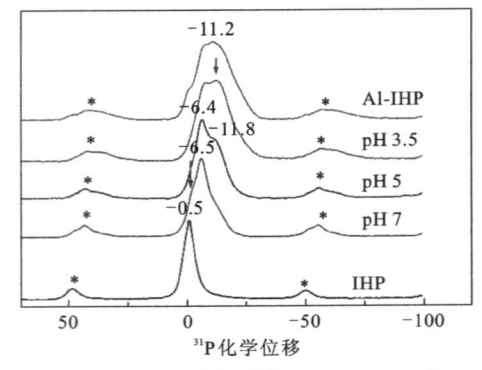

(a) pH=5下反应不同时间的³¹P SP/MAS-NMR谱　　(b) 不同pH下反应2d的³¹P SP/MAS-NMR谱

图 5.15　AAH 与 IHP 反应的固态 ³¹P 单脉冲/魔角旋转 NMR 谱

IHP、AAH 和 Al-IHP 是参考样品；*代表边带峰

5.3.3　²⁷Al 谱方法与谱图分析

本小节通过固体 ²⁷Al NMR 技术揭示磷酸（Pi）和植酸（IHP）在水铝英石表面的固定机制。采用 500 MHz 布鲁克（Bruker）AscendTM（11.7 T）仪器测定吸附在无定形氢氧化铝（AAH）表面植酸（IHP）和 IHP 标样及植酸铝沉淀（Al-IHP）的 ²⁷Al 单脉冲/魔角旋转（SP/MAS）-NMR 谱。采样频率为 130.4 MHz，使用 PH MASDVT 500WB BL 4 X/Y/F/H 探针进行测定。将样品保持在以 14 kHz 速率旋转的 4 mm（外径）ZrO₂ 转子中。5 s 弛豫时间，以 1 mol/L Al(NO₃)₃ 溶液为外标。图 5.16（a）和（b）分别为 Pi 和 IHP 在水铝英石表面吸附后的 ²⁷Al NMR 谱。AlPO₄ 的 ²⁷Al NMR 谱图显示出 2 个宽峰，δ_{Al}=42.4 和 δ_{Al}=−11.9 分别对应于 AlO₄ 四面体和 AlO₆ 八面体结合的磷酸。水铝英石吸附 Pi 后，四面体 Al 和八面体 Al 的化学位移向右移动[图 5.16（a）]。随着水铝英石 Al/Si 值减小，四面体 Al-P（δ_{Al}=50.7）和八面体 Al-P（δ_{Al}=−0.4）峰强增加，表明生成更多的 AlPO₄ 表面沉淀。Al-IHP 的 ²⁷Al NMR 谱图的主峰为 δ_{Al}=−8.8[图 5.16（b）]。水铝英石吸附 IHP 的样品在 δ_{Al}=−3.2 出现明显的肩峰，表明水铝英石表面有 Al-IHP 沉淀生成。随水铝英石 Al/Si（原子比）值减小，肩峰强度增加，表明生成更多的 Al-IHP 表面沉淀。Al-IHP 的 ²⁷Al NMR 谱仅有 AlO₆ 八面体，而水铝英石吸附植酸的 AlO₄ 四面体峰强减弱，表明植酸在水铝英石表面形成 Al-IHP 表面沉淀，部分 AlO₄ 四面体转化为 AlO₆ 八面体。Pi 和 IHP 在水铝英石吸附的 ²⁷Al NMR 结果表明，随水铝英石的 Al/Si 原子比减小，形成的表面沉淀增加。在 ²⁷Al NMR 谱图[图 5.16（c）]中，δ_{Al}=7.9 对应于八面体配位的铝原子（Al$_{VI}$），而 δ_{Al}=60 处的峰对应于四面体配位的铝原子（Al$_{IV}$）。随着 Al/Si 原子比增加，八面体配位 Al 与四面体配位 Al 的峰强比增加，表明水铝英石中八面体配位的 Al 增加。

5.3.4　²⁹Si 谱方法与谱图分析

在硅酸盐矿物材料结构中，每个 Si 一般被 4 个 O 所包围，构成 SiO₄ 四面体，它是硅酸盐的基本构造单位。在晶体结构中，各硅氧四面体可以各自孤立地存在，也可以通过共用四面体角顶上的 1 个、2 个、3 个以至全部 4 个氧原子相互连接而形成多种不同形

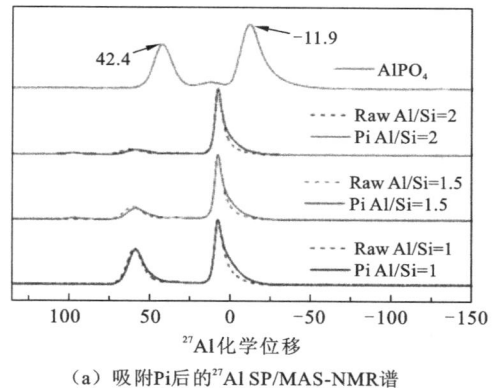

(a) 吸附Pi后的^{27}Al SP/MAS-NMR谱

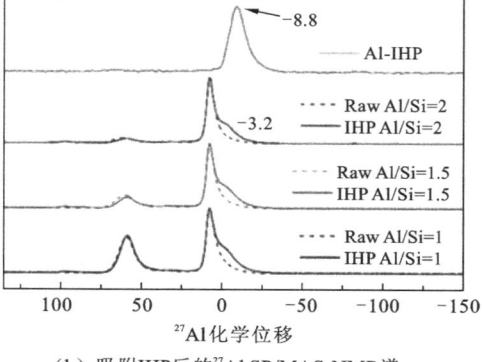

(b) 吸附IHP后的^{27}Al SP/MAS-NMR谱

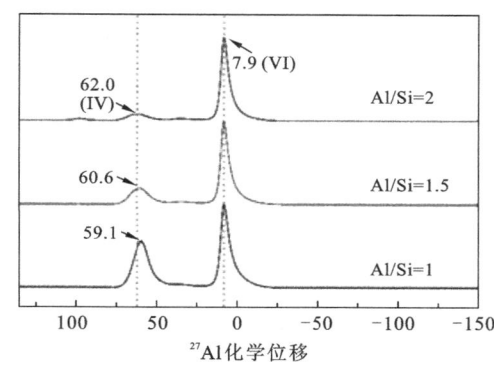

(c) Al/Si=1、1.5和2水铝英石的^{27}Al SP/MAS-NMR谱

图5.16　^{27}Al 单脉冲/魔角旋转-NMR谱

AlPO$_4$ 和 Al-IHP 是参考样品

式的络阴离子，从而形成不同结构类型（骨干）硅酸盐晶体。最主要的 5 种硅氧骨干形式有：岛状硅氧骨干、环状硅氧骨干、链状硅氧骨干、层状硅氧骨干和架状硅氧骨干（聂轶苗 等，2012）。

在 NMR 测试分析中，对应这 5 种四面体骨干，用 5 个 ^{29}Si NMR 信号来表示硅氧四面体的聚集程度，即骨架中 Si 原子 5 种可能的环境，简化表示为 Q^n 结构，其中 n 表示 Si—O—Si 桥氧的数量，$n=0\sim4$。当 $n=0$ 时，结构中没有 Si—O—Si 桥氧，骨架中 Si 原子以孤立的 SiO_4^{4-} 基团（Q^0）存在，如图 5.17（a）所示，对应硅酸盐矿物材料结构中的岛状硅氧骨干，说明材料结构中硅氧四面体的聚合物较低。当 $n=1$ 时，材料结构中有 1 个 Si—O—Si 桥氧，骨架中 Si 原子以含端基的硅氧基团（Q^1）存在，如图 5.17（b）所示，对应硅酸盐矿物材料结构中的端基结构或低聚合度的结构单元。相应地，当 $n=2$、3、4 时，材料结构中分别有 2 个、3 个、4 个 Si—O—Si 桥氧，骨架中 Si 原子以链或环中的中间基团（Q^2）、层中或支链位置上的基团（Q^3）、架状或三维骨架中的基团（Q^4）存在，说明硅酸盐矿物材料结构中的硅氧四面体以链状或环状、层状、架状结构形式结合。硅氧四面体的形式不一定是几何上的正四面体，往往有不同形式和不同程度的畸变。同时，硅（铝）酸盐矿物材料结构中，存在替代或排列的局部无序。因此，在图谱上，对于每种结构，其相应的化学位移不是一个固定的数值，而是一个变化范围，如 Q^4 化学位移为 107~120。

铝在硅酸盐矿物材料结构中有两个作用。一是以金属阳离子的形式存在，对铝硅酸盐矿物材料的结构进行 ^{29}Si NMR 分析时，Al 对硅氧骨架结构的影响不大；对 Al 的分析，只要进行 ^{27}Al NMR 分析即可。二是以铝代硅的形式存在，由于 Al^{3+} 大小与 Si^{4+} 相近，Al^{3+} 可以无序置换 Si^{4+}，其置换的数量不定，此时四面体中 Al^{3+} 与 Si^{4+} 一起组成硅铝氧骨干，形成铝硅酸盐。利用 NMR 对硅铝酸盐进行分析，也有 5 个 ^{29}Si NMR 信号，对应了骨架中 Si 原子 5 种可能的环境，表示为 $Q^n(mAl)$ 结构，其中 n 表示 Si—O—Si 桥氧的数量，m 表示 Al 替代 Si 的数量，$m=0\sim 4$。当 $n=4$、$m=0$ 时，每个 Si 原子周围有 4 个 Si—O—Si 桥氧，没有 Al^{3+} 置换 Si^{4+}，记为 $Q^4(0Al)$。当 $n=4$、$m=1$ 时，每个 Si 原子周围有 4 个桥氧，其中有 1 个为 Si—O—Al，3 个为 Si—O—Si，如图 5.17（c）所示，记为 $Q^4(1Al)$。由于 Al^{3+} 与 Si^{4+} 直径大小不等，它们与 O 原子结合时，作用力大小不同，也就是说，因为 Al—O 键与 Si—O 键的键能、键长不同，反映在 ^{29}Si NMR 图谱中的化学位移也会相应改变。一般而言，随着键强增大、键长变小和键角变大，化学位移有增大的趋势。随着 Al^{3+} 替代 Si^{4+} 数量的增加，化学位移向减小的方向移动。因此，对硅铝酸盐矿物材料进行 ^{29}Si NMR 分析时，必须考虑 Al^{3+} 替代 Si^{4+} 数量或者 Al^{3+} 替代 Si^{4+} 对结构的影响。

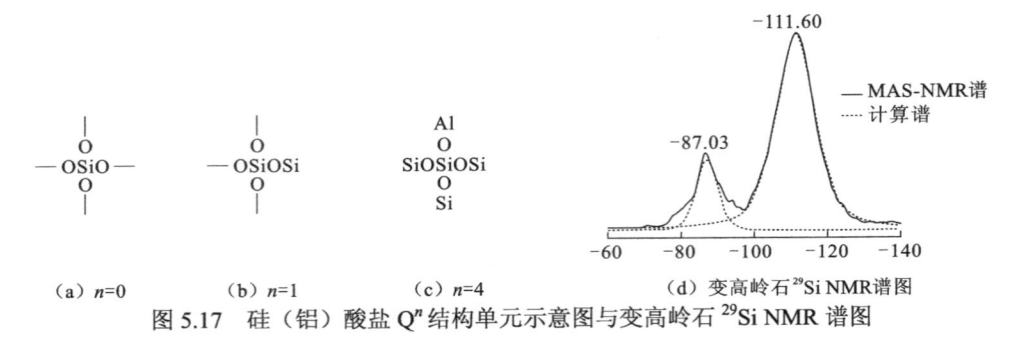

图 5.17 硅（铝）酸盐 Q^n 结构单元示意图与变高岭石 ^{29}Si NMR 谱图

在 ^{27}Al NMR 信号中，对应的铝酸盐结构主要有 3 种：铝氧六次配位（AlO_6）、铝氧五次配位（AlO_5）和铝氧四次配位（AlO_4）。上述 3 种不同结构会同时存在，特别是在通过反应人工合成制得的硅（铝）酸盐的矿物材料结构中。图 5.17（d）中，变高岭石中的 ^{29}Si NMR 谱图中存在 2 个谱峰，其化学位移分别为-87.03 和-111.60。对于化学位移-111.60，^{29}Si 的存在状态为 $Q^4(0Al)$。对于化学位移-87.03，^{29}Si 有 3 种存在状态：$Q^4(3Al)$、$Q^2(0Al)$ 和 $Q^3(1Al)$。这时需要通过计算峰宽或面积，半定量地给出所含结构的相对比例，或者同时结合其他测试分析，以确定其主要结构。通过计算峰面积，同时结合该样品的 XRD、^{27}Al NMR 测试分析，最终确定化学位移-87.03 处，^{29}Si 的存在状态以 $Q^4(3Al)$ 和 $Q^2(0Al)$ 为主。

5.4　二维核磁共振波谱

氢谱、碳谱等均为一维核磁共振（1D NMR）谱，其信号函数只有一个频率变量，它的共振峰仅分布在一条频率轴上。二维核磁共振技术是在一维核磁共振的基础上发展而来的。随着脉冲傅里叶核磁共振技术的出现，在一维核磁共振脉冲上新增一个频率变量（又称时间增量），使信号函数具有两个独立频率变量。第二维的出现缓解了谱线拥挤与重叠的情况，可以更容易地获得核之间相互关系的信息，在复杂大分子的分析应用中起到了很大的作用，因此二维核磁共振技术得到迅速发展。二维核磁共振（2D NMR）波谱简称二维谱，主要应用于复杂化合物的分子结构鉴定、天然产物的分子结构确认及生物大分子结构的研究（严宝珍，2010）。

5.4.1 二维核磁共振波谱基础知识

二维谱是两个独立频率变量的信号函数。这里的两种变量并不是指一个自变量是频率，另一个自变量是时间、温度、浓度等其他的物理化学参数，后者不属于二维谱，只能是一维谱的多线记录。原则上可以通过三类实验得到二维谱。第一类为频率域实验，此时信号直接是两个频率的函数，在双共振实验中先通过强射频场 ω_2 扰动自旋系统，再用强射频场 ω_1 探测频率响应，可以得到信号 $S\omega_2(\omega_1)$，此时二维谱可通过系统地改变 ω_1 和 ω_2 直接得到。第二类为混合时域、频域实验，实验中先通过射频场 ω_2 扰动自旋系统，然后测量脉冲响应时域信号 $S(\omega_2, t_1)$，此时系统地改变 ω_2，再将获得的一系列时域信号经过傅里叶变换便能得到二维谱。第三类为二维时域实验，信号是两个独立时间变量的函数 $S(t_1, t_2)$，二维谱 $S(\omega_1, \omega_2)$ 经过两次傅里叶变换才能得到。为了获得两个彼此独立的时间变量，用"分割时间轴"的办法分段时间轴，使分割开的两段时间独立地变化。一般把第二个时间变量 t_2 表示为采样时间，第一个时间变量 t_1 则是与 t_2 无关的独立变量，是脉冲序列中某一个变化的时间间隔（刘淑萍 等，2012）。

图 5.18 对比了一维 NMR 谱的脉冲序列[图（a）]与二维 NMR 谱的脉冲序列[图（b）]。可见二维序列比一维序列多出时间变量 t_1，t_1 随某一时间增量（Δt）的变化而改变。不同 t_1 对应时间域有不同的 FID 信号相位和幅度[图（c）]，一系列频率域的转换谱[图（d）]可通过傅里叶变换 t_2 后获得。这些谱峰所对应的频率相同，但相位和幅度不同（为 t_1 的函数）。在图 5.18（d）中，从 t_1 方向来看是正弦曲线，此时对 t_1 再进行一次傅里叶变换，得到图 5.18（e）所示的二维谱图。

（a）一维NMR谱脉冲示意图　　　　　（b）二维NMR谱脉冲示意图

（c）不同 t_1 对应时间域的FID信号图　　（d）频率域转换图　　（e）二维堆积图

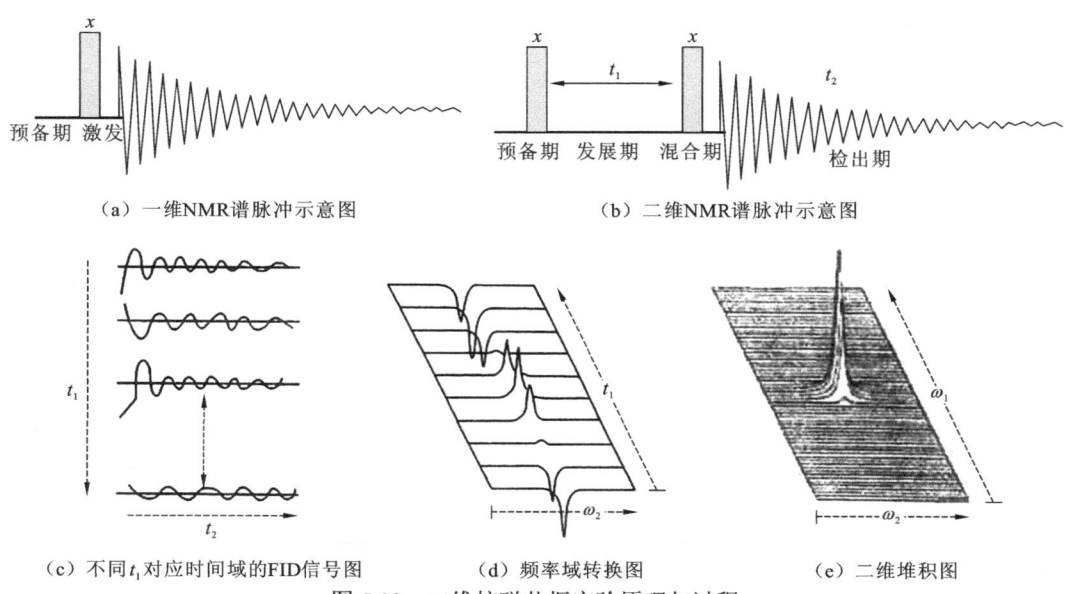

图 5.18　二维核磁共振实验原理与过程

图 5.18（b）中二维实验时间轴上的不同时期分为预备期、发展期、混合期及检出期。无论何种方式，时间轴均可归纳为上述 4 个时期，它们的作用如下。①预备期，使实验前体系重新恢复到平衡状态，通常时间较长。②发展期（t_1），开始时通过一个脉冲或几个脉冲使体系被激发，进入非平衡状态，发展期的时间是变化的。③混合期（t_m），这个时期建立信号检出的条件，但不是必不可少的（视二维核磁共振谱的种类而定）。④检出期（t_2），在检出期内以通常方式检出 FID 信号。

二维核磁共振谱图一般有两种形式：堆积图和等高线图（图 5.19）。一维谱线紧密排列构成堆积图，堆积图具有直观、有立体感的优点，但缺点是很难确定吸收峰频率和发现大峰后面可能隐藏着的较小峰，并且作堆积图较耗时。等高线图类似于等高线地图，峰的位置通过最中心的圆圈表示，峰的强度以圆圈数目表示，最外圈意义为信号的某一定强度的截面，内部第二、三、四圈分别表示强度依次升高的截面。等高线图具有易于找出峰的频率、作图快的优点，其缺点是强信号的最低等高线会波及很宽范围，可能掩盖弱信号，或者强弱信号发生干涉而产生假信号，解谱时要注意辨别。总体而言，等高线图有一些缺点，但与堆积图相比有着更多优点，因此被广泛采用。以上两种图形是二维谱的总体表现形式，对局部谱图有通过某点作截面、投影等其他表现形式。

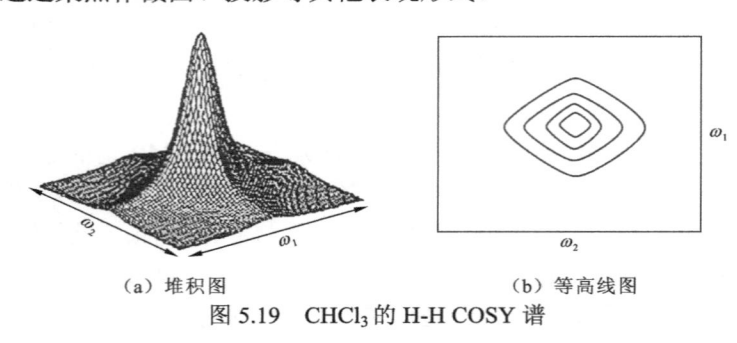

（a）堆积图　　　　　（b）等高线图
图 5.19　$CHCl_3$ 的 H-H COSY 谱

5.4.2　常用的二维核磁共振波谱

二维核磁共振谱有三大类形式，分为 J 分解谱、化学位移相关谱及多量子谱。J 分解谱又称 J 谱、δ-J 谱，可分辨化学位移和自旋耦合的作用，J 谱的形式包括异核 J 谱和同核 J 谱。化学位移相关谱是目前最常用的二维核磁共振谱，也称 δ-δ 谱，表现出共振信号的相关性，是二维核磁共振谱的核心，相关谱的形式包括同核耦合谱、异核耦合谱、NOE 谱和化学交换谱等。多量子谱是当发生多量子跃迁时 Δm 为大于 1 的整数，利用脉冲序列检出多量子跃迁，得到多量子跃迁的二维谱。

1. J 分解谱

一维 NMR 谱中，化学位移和耦合常数同时通过横坐标表示，二者的值在差距较小时会造成谱带相互重叠或部分重叠，此时很难读出耦合常数。在二维 J 分解谱中，分离化学位移和耦合常数并分别表示在二维坐标上，此时只要能分辨化学位移，便可避免重叠的发生。二维 J 谱避免了因为重叠而出现的各种问题，但上面的论述针对的是弱耦合体系。同

核 J 谱与异核 J 谱在 J 值读取方面有所区别，同核 J 谱中可清楚地读出 J 值。异核 J 谱多为碳、氢原子之间耦合的 J 分解谱，ω_2 维的投影如同全去耦碳谱，可从 ω_1 维上清楚地读出 J 值。

2. ^{1}H-^{1}H COSY 谱

同核化学位移相关谱中最经常出现的是 ^{1}H-^{1}H COSY 谱，它是 ^{1}H 与 ^{1}H 核之间的位移相关谱，主要反映 $^3J_{HH}$ 耦合关系，通常简称 COSY 谱。

3. 总相关谱

在 COSY 谱中，通过相邻质子之间的耦合相关，多数情况下反映出 ^3J 耦合关系。总相关谱原则上能够一次性提供同一耦合体系中的所有质子彼此间全部相关的信息，即以某质子的谱峰出发，最终可搜寻到同一耦合体系中的所有质子谱峰的相关峰。总相关谱图中的相关峰数量比 COSY 谱的多，使用时比 COSY 谱具备更多有效作用。目前常用的总相关谱有 TOCSY（total correlation spectroscopy）和 HOHAHA（homonuclear Harmann-Hahn spectroscopy）。TOCSY 和 HOHAHA 的用途及谱图的外观与解析方法相同，只是实验时所用的脉冲序列不同。

4. NOESY 谱

二维核欧沃豪斯效应谱（nuclear Overhauser effect spectroscopy）简称 NOESY 谱。有机化合物结构中核与核之间空间距离的关系可以通过此谱进行反映，这种反映无须在意二者相距多少个化学键。它在确定有机化合物结构、构型和构象及研究生物分子等方面十分重要。氢核的 NOESY 是目前最常用的二维谱之一。

5. 异核位移相关谱

^{13}C-^{1}H COSY 谱是最常见的异核位移相关谱。它是 ^{13}C 核和 ^{1}H 核之间的位移相关峰图，反映 ^{13}C 核和 ^{1}H 核之间的耦合关系，可分为直接相关谱和远程相关谱。前者反映的是 ^{13}C 和 ^{1}H 以 $^1J_{CH}$ 相耦合的关系，而后者反映的是 ^{13}C 和 ^{1}H 以 $^nJ_{CH}$ 相耦合的关系，相隔 2~3 个化学键的 ^{13}C 和 ^{1}H 核都可以关联起来，甚至可跨越季碳、杂原子等。

以异核位移相关谱测试基础，又出现两种方法：一种是对异核（非氢核）进行采样；另一种是对氢核进行采样，是目前常用的方法，所得的直接相关谱称为异核多量子相关（heteronuclear multiple quantum coherence，HMQC）谱或异核单量子相关（heteronuclear single quantum coherence，HSQC）谱，远程相关谱称为异核多键相关（heteronuclear multiple bond correlation，HMBC）谱。因为氢核的天然丰度较碳核高得多，所以对氢核进行采样，可大大减少样品用量且缩短累加时间。

参 考 文 献

高汉宾，张振芳，2008. 核磁共振原理与实验方法. 武汉：武汉大学出版社.
兰伯特，马佐拉，里奇，2022. 核磁共振波谱学原理、应用和实验方法导论. 向俊锋，周秋菊，等，译. 北京：

化学工业出版社.

刘淑萍, 孙彩云, 吕朝霞, 等, 2012. 现代仪器分析方法及应用. 北京: 中国质检出版社.

吕玉光, 郝凤岭, 张同艳, 2018. 现代仪器分析方法及应用研究. 北京: 中国纺织出版社.

聂轶苗, 夏茂辉, 白丽梅, 等, 2012. 硅(铝)酸盐类矿物晶体的 ^{27}Al, ^{29}Si 固体高分辨核磁共振图谱解析方法. 硅酸盐通报, 31(5): 1200-1203.

严宝珍, 2010. 图解核磁共振技术与实例. 北京: 科学出版社.

LI W, FENG X H, YAN Y P, et al., 2013. Solid-state NMR spectroscopic study of phosphate sorption mechanisms on aluminum (hydr)oxides. Environmental Science and Technology, 47: 8308-8315.

MARK A N, ROGER A M, JERRY A L, 1997. Nuclear magnetic resonance spectroscopy in environmental chemistry. New York: Oxford University Press.

YAN Y P, LI W, YANG J, et al., 2014. Mechanism of myo-inositol hexakisphosphate sorption on amorphous aluminum hydroxide: Spectroscopic evidence for rapid surface precipitation. Environmental Science and Technology, 48: 6735-6742.

第 6 章　穆斯堡尔谱

穆斯堡尔谱学（Mössbauer spectroscopy）是应用穆斯堡尔效应研究物质微观结构的学科。穆斯堡尔效应是 γ 射线的无反冲共振吸收，对环境的依赖性非常高，常利用多普勒效应（Doppler effect）[①]对 γ 射线光子的能量进行调制，通过调整 γ 射线辐射源和吸收体之间的相对速度使其发生共振吸收。吸收率（或者透射率）与相对速度之间的变化曲线称为穆斯堡尔谱。穆斯堡尔谱的能量分辨率非常高，可以用来研究原子核与周围环境的超精细相互作用。因此，穆斯堡尔谱学在物理学、化学、生物学、地质学、冶金学、矿物学等领域都得到广泛应用。

6.1　穆斯堡尔效应

6.1.1　穆斯堡尔效应概述

原子核具有能级结构，处于不同状态的原子核具有不同的能量。处于激发态的原子核可以通过释放能量回落到基态，其能量释放是以发射 γ 光子的形式完成，称为 γ 衰变。固体中的某些放射性原子核有一定的概率能够无反冲地发射 γ 射线，γ 光子携带了全部的核跃迁能量。而处于基态的固体中的同种核对前者发射的 γ 射线也有一定的概率能够无反冲地共振吸收。这种原子核无反冲地发射或共振吸收 γ 射线的现象就称为穆斯堡尔效应（图 6.1）。

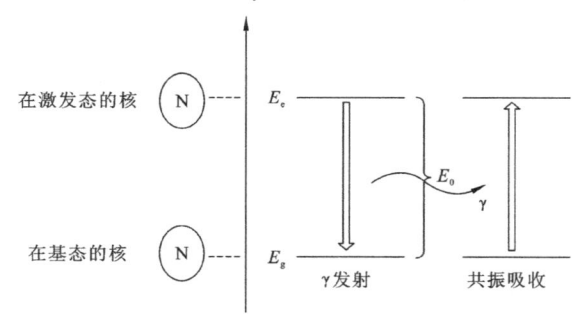

图 6.1　穆斯堡尔效应示意图
E_g 为基态核能量；E_e 为激发态核能量；E_0 为发出的伽马射线能量

---

① 多普勒效应是为纪念奥地利物理学家及数学家克里斯琴·约翰·多普勒（Christian Johann Doppler）而命名的，他于 1842 年首先提出了这一理论：如果声波或者电磁波的波源相对接收者进行相对运动，那么对于接收者而言，其接收到的辐射波的频率或能量就会随着相对运动速度而发生变化，这就是多普勒效应。在运动的波源前面，波被压缩，波长变得较短，频率变得较高（蓝移，blue shift）；在运动的波源后面时，会产生相反的效应，波长变得较长，频率变得较低（红移，red shift）。波源的速度越高，所产生的效应越大。根据红/蓝移的程度，可以计算出波源循着观测方向运动的速度。多普勒效应产生的原因：光源完成一次全振动向外发出一个波长的波，频率表示单位时间内完成的全振动的次数，因此波源的频率等于单位时间内波源发出的完全波的个数，而观察者看到的光的颜色，是由观察者接收到的频率，即单位时间接收到的完全波的个数决定的。当波源和观察者有相对运动时，观察者接收到的频率会改变。在单位时间内，观察者接收到的完全波的个数增多，即接收到的频率增大。同样的道理，当观察者远离波源，观察者在单位时间内接收到的完全波的个数减少，即接收到的频率减小。

理论上，当一个原子核由激发态跃迁到基态，发出一个γ射线光子。当这个光子遇到另一个同样的原子核时，就能够被共振吸收。但是实际情况中，处于自由状态的原子核要实现上述过程是困难的。共振吸收时，光子的吸收，其能量与吸收介质中的跃迁能量精确匹配。激发态原子核具有有限的寿命（τ）。根据海森堡不确定性原理（Heisenberg uncertainty principle），发射的伽马射线的能量没有精确定义，而是服从布雷特-维格纳分布（Breit-Wigner distribution）或洛伦兹分布（Lorentz distribution），以 E_0 为中心，半高宽为 $\varGamma_0$，为 $h/(2\pi\tau)$（h 为普朗克常数），如图 6.2 所示。先前的模型假设离开的伽马光子带走了核跃迁的全部能量，即 $E_\gamma = E_0$。事实上，光子有动量，$p_\gamma = E_\gamma/c$，其中 c 是光速。如果假设发射的原子是孤立的，并且最初处于静止状态，那么动量守恒说明它必须以动量反冲，$p_{\text{nucleus}} = -p_\gamma$，并获得反冲能（$E_R$）。

$$E_R = \frac{(p_{\text{nucleus}})^2}{2M} = \frac{(p_\gamma)^2}{2M} = \frac{E_\gamma^2}{2Mc^2} \tag{6.1}$$

式中：M 为发射核的质量。通过能量守恒，跃迁能量在核反冲和发射的光子之间共享。虽然反冲能量（自由原子为 $10^{-4} \sim 10^{-1}$ eV）（Greenwood et al.，1971）比伽马能量（$10^4 \sim 10^5$ eV）小得多，相对于图 6.2 所示线宽表示的伽马能量分布（$10^{-9} \sim 10^{-6}$ eV），它仍然很大，这表明静止的自由原子之间不可能发生核共振发射吸收过程。

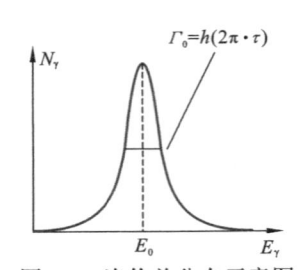

图 6.2 洛伦兹分布示意图

引自 Dyar 等（2006）；E_γ 为伽马射线能量；N_γ 为强度

原子核在放出一个光子时，自身也具有一个反冲动量，这个反冲动量会使光子的能量减少。同样原理，吸收光子的原子核光子由于反冲效应，吸收的光子能量会有所增大。这样造成相同原子核的发射谱和吸收谱有一定差异，自由的原子核很难实现共振吸收。迄今为止，人们还没有在气体和不太黏稠的液体中观察到穆斯堡尔效应。

凡是有穆斯堡尔效应的原子核，简称为穆斯堡尔核。目前，发现具有穆斯堡尔效应的化学元素（不包括铀后元素）只有 42 种，80 多种同位素的 100 多个核跃迁。尤其是尚未发现比钾（K）元素更轻的含穆斯堡尔核素的化学元素。大多数要在低温下才能观察到，仅 ^{57}Fe 的 14.4 keV 和 ^{119}Sn 的 23.87 keV 核跃迁在室温下有较大的穆斯堡尔效应概率。对于不含穆斯堡尔原子的固体，可将某种合适的穆斯堡尔核人为地引入所要研究的固体中，即将穆斯堡尔核作为探针进行间接研究，也能得到不少有用信息。

6.1.2 穆斯堡尔效应的发现

1957 年底，德国物理学家鲁道夫·穆斯堡尔提出实现 γ 射线共振吸收的关键在于消除反冲效应。如果在实验中把发射和吸收光子的原子核置于固体晶格中，那么出现反冲效应的就不再是单一的原子核，而是整个晶体。由于晶体的质量远远大于单一的原子核的质量，反冲能量就减少到可以忽略不计的程度，这样就可以实现穆斯堡尔效应。

鲁道夫·穆斯堡尔使用 ^{191}Os（锇）晶体作 γ 射线放射源，用 ^{191}Ir（铱）晶体作吸收体，于 1958 年首次在实验中实现了原子核的无反冲共振吸收。为减少热运动对结果的影响，放射源和吸收源都冷却到 88 K。放射源安装在一个转盘上，可以相对吸收体做前后运动，用多普勒效应调节 γ 射线的能量。^{191}Os 经过 β 衰变成为 ^{191}Ir 的激发态，^{191}Ir 的激发态可以发出能量为 129 keV 的 γ 射线，被吸收体吸收。实验发现，当转盘不动即相对速度为 0 时，共振吸收最强，并且吸收谱线的宽度很窄，每秒几厘米的速度就足以破坏共振。除 ^{191}Ir 外，鲁道夫·穆斯堡尔还观察到了 ^{187}Re、^{177}Hf、^{166}Er 等原子核的无反冲共振吸收。由于这些工作，1961 年鲁道夫·穆斯堡尔被授予诺贝尔物理学奖。

然而大部分同位素只能在低温下才能实现穆斯堡尔效应，有的需要使用液氮甚至液氦对样品进行冷却。在室温下只有 ^{57}Fe、^{119}Sn、^{151}Eu 三种同位素能够实现穆斯堡尔效应。其中，^{57}Fe 的 14.4 keV 跃迁是人们最常用的、也是研究最多的谱线。

6.2 穆斯堡尔谱及其测定

6.2.1 穆斯堡尔谱仪

目前，穆斯堡尔谱仪以国外产品为主，如原产地德国的 FAST 穆斯堡尔光谱仪系统等。国内产品主要有中核（北京）核仪器有限责任公司开发的穆斯堡尔谱仪等。穆斯堡尔谱仪示意如图 6.3 所示，主要部分为：①放射源，处于激发态的放射性穆斯堡尔核素，即穆斯堡尔母核；②驱动装置，它使放射源在一定范围内获得多普勒速度，实现能量扫描；③吸收体，即所研究的样品；④γ 射线检测系统；⑤记录装置，用以记录穆斯堡尔谱及单道/多道分析器；⑥数据分析系统，用以解析测得的穆斯堡尔谱。

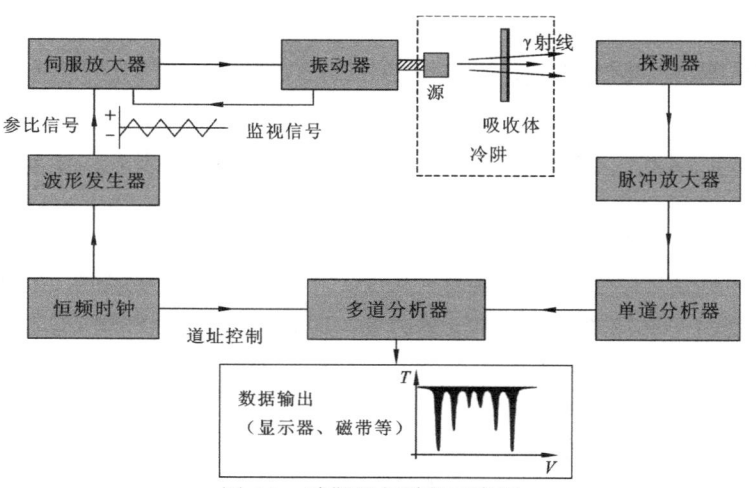

图 6.3 穆斯堡尔谱仪示意图

其中，放射源是提供具有特定能量的 γ 射线源，根据样品（吸收体）的不同来选择。常见的穆斯堡尔放射源为 ^{57}Co、^{119}Sn 和 ^{121}Sb，一般为 ^{57}Fe 源（商业用途多为 ^{57}Co/Rh 源），被安装在振动器的轴上。源与振动器以多普勒速度相对移动。磁有序材料的穆斯堡尔谱的共振峰磁性分离，其多普勒速度持续在 ±10 mm/s 之间变化。驱动装置用来实现放射源的运动，从而根据多普勒效应来调制频率或能量。固定在驱动装置上的γ射线辐射源辐射出使用多普勒速度调制了的γ射线，相应能量的γ射线被吸收体吸收而发生共振，其余的γ射线穿过吸收体后到达检测器。大多数穆斯堡尔放射源辐射出的γ射线不是单色的，因此需要选择合适的探测器。穆斯堡尔核γ射线的能量一般为10～100 keV，因此可以采用正比计数器、NaI（TI）闪烁探测器和半导体探测器。被探测器检测的γ射线的电信号经放大器放大后，进入记录装置而形成穆斯堡尔谱。

以上所述的放射源、驱动装置、吸收体、γ射线检测系统和记录装置构成了穆斯堡尔谱仪最基本的组成部分。一般采用与记录装置直接连接的计算机来采集穆斯堡尔数据，然后使用编制好的计算机程序对穆斯堡尔谱进行分析。除此之外，低温与高温装置、高压装置和外加磁场装置，也是很多穆斯堡尔实验中不可缺少的附属装置。

将穆斯堡尔原子的母核核素通过一定方式嵌入某种基体中制成穆斯堡尔源。最重要的穆斯堡尔源是 ^{57}Co，它衰变得到 ^{57}Fe 的 14.41 keV 穆斯堡尔跃迁。^{57}Co 穆斯堡尔源所发出的辐射见表 6.1。

表 6.1 ^{57}Co 穆斯堡尔源的发射谱

射线能量/keV	发射百分数/%	相对强度
690	0.16	0.2
136.32	11.1	13
122	85.2	100
14.41	9.4	11
6.5（Fe Kα X 射线）	约 55	65

6.2.2 穆斯堡尔谱的产生

即使是同一同位素，发射核和吸收核的能量跃迁也不完全相等，这主要是由于化学环境不同。要想吸收体中某种核发生共振吸收，就必须具有能发出相应于这种核跃迁能量的γ光子的放射源。若要测出共振吸收的能量大小，必须发射一系列不同能量的γ光子。一般放射源发射的只是一种或两种能量的γ光子，不能形成穆斯堡尔谱。但使放射源相对于吸收体运动，利用多普勒效应来调制γ射线的能量，可以得到一系列不同能量的γ光子。根据多普勒效应可知，当放射源向着接收器运动时，频率增加，而远离接收器运动时，频率减小。发射源与吸收体之间相对运动产生的多普勒效应，导致γ光子能量发生变化，只要改变相对运动速度 v 的大小，就能得到一系列不同能量的γ光子。当入射辐射的能量与靶样品中核跃迁的能量相匹配时，将观察到一个吸收峰。据此，可以通过调节辐射源的运动速度来改变接收体接收到的γ光子能量，从而实现共振吸收。为了表示方便，穆斯堡尔谱的横轴就采用多普勒速度 v（mm/s）来表示能量大小，相向运动时 v 取正号，相背运动时 v 取负号。一般而言，辐射源与接收体之间的相对速度仅需每秒几毫米到每秒几厘米。

根据穆斯堡尔效应，经吸收后所测得的γ光子数随入射γ光子的能量的变化关系就是穆斯堡尔谱。它与红外吸收光谱类似，只是激发的电磁波源是波长极短的 γ 射线（大约 10^{-10} m）。通过测量透过吸收体的 γ 光子计数，所得到的穆斯堡尔谱称为透射穆斯堡尔谱。如果测量由吸收体散射后的 γ 光子计数，得到的穆斯堡尔谱称为散射穆斯堡尔谱。即吸收体共振吸收后处于激发状态，再向基态跃迁时发射出 γ 射线，称为二次 γ 光子。图 6.4 是穆斯堡尔透射实验和散射实验的示意图，其中 A 是穆斯堡尔源，B 是共振吸收体，C 是共振散射体。在透射穆斯堡尔谱中，因吸收发生共振时透过计数率最小，所以形成倒立的吸收峰。在散射谱中，由于共振吸收时发射二次光子数目最多，所以穆斯堡尔谱是正立的峰。

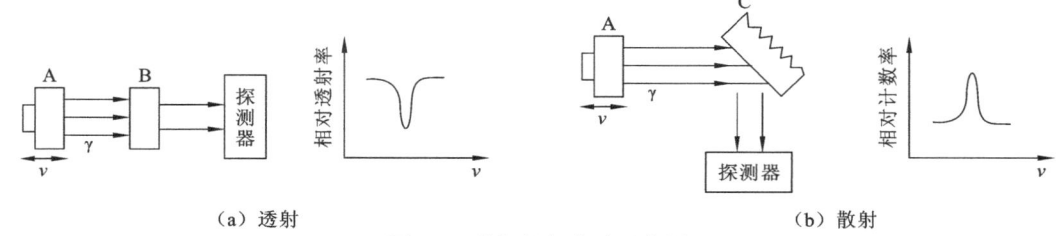

（a）透射　　　　　　　　　　　　　　（b）散射

图 6.4　穆斯堡尔实验示意图

当 γ 射线通过一物体时，如果入射的 γ 光子能量与物体中某些原子核的能级跃迁能量相等，这种能量的 γ 光子就会被原子共振吸收，透过后为计数器所接收的光子数明显减少；而能量相差较大的 γ 光子则不会被共振吸收，透射 γ 光子计数较大。图 6.5 显示了三种类型的光谱：棕色为发射光谱（发射的伽马光子的能量分布），通过移动光源进行多普勒调制；红色为吸收光谱（共振吸收概率）；蓝色为透射光谱，在检测穿过吸收体的 14.4 keV γ 射线时获得。随着源速度的变化，发射光谱逐渐从与吸收光谱无重叠变为最大重叠，然后又变为无重叠。重叠小时，计数率大；重叠大时，由于共振吸收，计数率小。当跟踪图 6.5 中光谱从上到下的演变时，随着速度从一个较大的负值（光源从吸收体移开）到一个较大的正值，透射光谱（蓝色）逐渐被描绘出来（Dyar et al.，2006）。

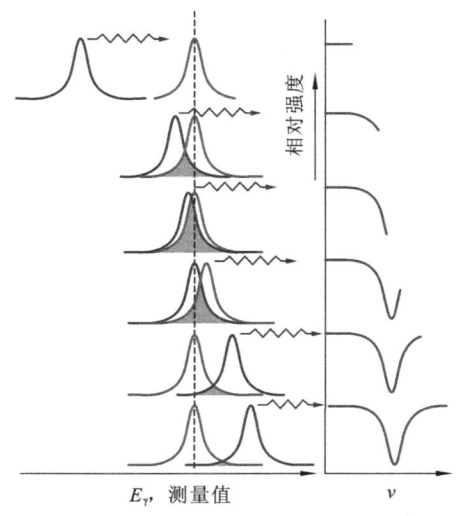

图 6.5　穆斯堡尔谱形成过程示意图

扫封底二维码见彩图

6.2.3 超精细相互作用及相关穆斯堡尔参数

原子核和核外电场、磁场之间存在十分微弱的相互作用，使核能级位置产生微小移动或消除简并，形成核能级的超精细结构，这类相互作用称为超精细相互作用。一般来说，超精细能量分裂比精细结构小三个数量级。应用穆斯堡尔谱研究原子核与核外环境的超精细相互作用的学科称为穆斯堡尔谱学。在穆斯堡尔光谱中，可以观察电单极相互作用、电四极相互作用、磁偶极相互作用三种超精细相互作用及相应参数，可分析研究物质的电子自旋结构、氧化态、分子对称性、磁学性质、相转变、晶格振动等诸多微观性质（Faivre，2016）。

1. 电单极相互作用——同质异能位移 δ

核电荷与周围电子的库仑作用是电单极相互作用。如果把核电荷看作一个点电荷，那么原子核与核外电子（主要是 s 电子）之间的库仑作用使该体系处于能量最低状态。然而，核电荷不是集中在一点上，而是分布在一定体积之内。由于核电荷分布和 s 电子之间的相互作用，s 电子是唯一与核电荷密度重叠概率不为零的电子。s 电子反过来受到 p 电子和 d 电子的影响，因为 p 电子和 d 电子可以穿透 s 轨道，屏蔽原子核电荷中的 s 电子。d 电子的减少导致 s 电子在原子核上的重叠增加，反之亦然。将原子核看作一个均匀带电的球体，其半径在基态和激发态之间变化。当 s 电子穿入原子核体积之内时，原子核的电荷和 s 电子之间的静电作用会使原子核能级形成一个微小的移动，即同质异能位移，又称化学位移。放射核的跃迁能级 E_s 和吸收核的跃迁能级 E_a 之差，等于放射源和吸收体的相应核能级的总移动，在能谱中表现为吸收体谱线相对于放射源谱线的位移，用同质异能位移（δ）表示。实验中可根据谱线中心位置和零速度点之间的距离求得 δ 值（图 6.6）。

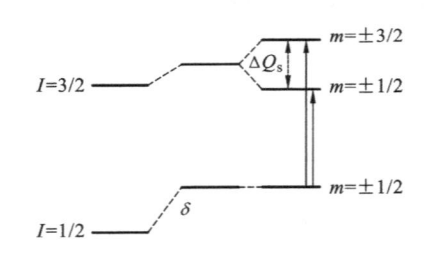

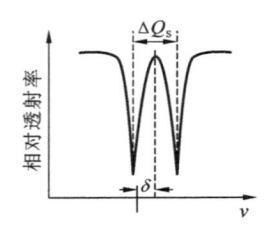

(a) 同质异能位移和四极分裂效应示意图 　　(b) 相应的穆斯堡尔谱

图 6.6　^{57}Fe 原子核 $I=1/2$ 和 $I=3/2$ 水平上同质异能位移和四极分裂效应示意图及相应的穆斯堡尔谱

ΔQ_S 为四极矩分裂

同质异能位移是由穆斯堡尔核电荷与核所在处电场之间的静电作用引起的，取决于激发态下原子核半径的大小。如果激发态核半径与基态核半径不等，则 δ 可以不为零，而与这个穆斯堡尔原子核周围电子配置情况有关。因此，根据 δ 可以得到化学键信息、价态、氧化态、配位基团的电负性等化学信息。如果放射源中穆斯堡尔原子所处的化学状态和吸收体完全相同，则化学位移总为零，所得谱线共振吸收最大处即是谱仪零速度处。δ 可正可负；δ 为正时，说明从放射源到吸收体在核处的电子电荷密度是增加的，原子核体积减小；δ 为负时，说明从放射源到吸收体在核处的电子电荷密度是减小的，原子核体积增大。对于 ^{57}Fe 原子核，激发态半径（$I = 3/2$）小于基态半径（$I = 1/2$），s 电子密度的增加导致负位移。在锡（Sn）中，情况正好相反，s 电子密度的增加导致正位移。由于 d 电子的屏蔽效应及激发态和基态之间半径的差异，对于类似的配体，Fe^{2+} 比 Fe^{3+} 具有更大的同质异能位移（Drago，1992）。

2. 电四极相互作用——四极矩分裂 ΔQ_S

在讨论同质异能位移 δ 时，假设核电荷分布均匀且球形对称。然而，对于大多数核，核电荷分布偏离球形对称，不同的激发态偏离球形对称的程度也不同，可用核电四极矩来描述偏离球形对称的程度。自旋大于 1/2 的核，由于非球形核电荷分布，表现出四极矩。穆斯堡尔原子的价电子及核周围的配体在原子核处形成确定的电场梯度，任何四极矩不为零的核能态都会在电场作用下发生能级的进一步分裂，出现两个亚能级。这种由电四极矩作用而使谱线分裂的现象称为四极矩分裂现象。在谱线上可以观察到两条特征谱线，两峰之间的距离称为四极矩分裂（ΔQ_S），两峰的中心相对零速度就是同质异能位移。

^{57}Fe 原子核的激发态（$I = 3/2$）分裂为两个亚能级（$m = 3/2$，$m = 1/2$）。由于基态有零四极矩，它保持未分裂，并且可以观察到两条吸收线，对应于基态和激发态的两个子能级之间的伽马跃迁（图 6.6）。分裂的大小与铁原子核位置的理想局部对称性的偏差有关，这些偏差源自铁原子核的价电子、配位多面体的几何结构和/或穆斯堡尔原子周围晶格的几何结构。

通过对核四极矩分裂谱的深入分析，可以了解原子核外电荷分布对称性方面的信息，即电子云分布情况和电子云的分布梯度。它不仅与核的化学价态有关，而且与晶体结构的对称性有关，在化学和固体物理的研究中有重要意义。表面原子相对本体原子有较低的对称性，因而有较大的电场强度，根据这个差别可以区分这两种不同原子。表面化学吸附物质的存在可以改变电场梯度，而这又与化学吸附键的强度及化学吸附物质相对于表面原子的位置有关。因此，测量四极矩分裂的大小变化，可以提供表面状况的信息。

3. 磁偶极相互作用——磁分裂 ΔE_M

原子核的磁极矩与核所在处的磁场相互作用时，产生附加能量，从而使核能级分裂为 $2I + 1$ 个等间距的支能级。这就是由塞曼效应引起的磁偶极分裂（周孝安，1998；夏元复 等，1984；Bancroft，1973；Greenwood et al.，1971）。在 ^{57}Fe 的情况下，$I = 3/2$ 的状态分裂成 4 个子状态（$m = -3/2$，$-1/2$、$1/2$ 和 $3/2$），$I = 1/2$ 状态分裂为 2 个子状态（$m = -1/2$ 和 $1/2$）（图 6.7）。转换受到 Δm 必须为 0、1 或 -1 的限制，只允许 6 个跃迁，这就解释了在穆斯堡尔谱中观察到的六线峰谱，即所谓的塞曼六重态。在没有四极矩分裂的情况下，六线峰谱相对于它们的中心是对称的。如果四极矩分裂和磁分裂同时存在，这种对称性就会被破坏（图 6.7）。

· 137 ·

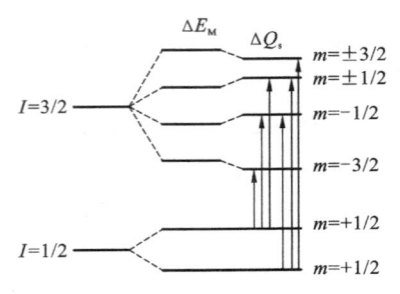

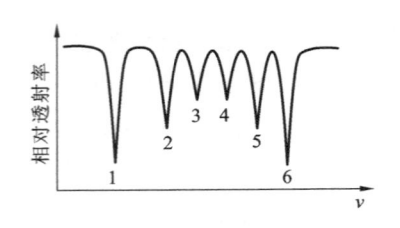

(a）有无四极矩分裂情况下的磁分裂　　　　（b）四极分裂和磁分裂均存在情况下的典型六线峰谱

图6.7　有无四极矩分裂情况下磁分裂示意图及典型的穆斯堡尔六线峰谱

注意谱线相对于光谱中心的不对称性

原子核的分裂与其有效场成正比，因此可以测量原子核的有效场。该有效场可以是内部场[超精细场，hyperfine field，B_{hf}；以特斯拉（T）为单位]和外加场叠加的结果。内场是若干原因的综合表现，主要是由于未配对的 s 电子，也可能是由于未配对的 d 轨道或 f 轨道导致完全充满的 s 壳层中电子的极化。超精细相互作用产生了固体中的磁序、磁序的性质（铁磁性、亚铁磁性、反铁磁性）及特定位置的力矩大小的信息。根据核塞曼分裂的穆斯堡尔谱线，可求得样品核的基态和激发态的核磁矩和固体内部的磁场，这对材料磁性的研究有着重要的应用。

超精细场的温度依赖性与磁化的温度依赖性相同，因此，穆斯堡尔谱也允许观察磁性有序或相变的温度依赖性。超精细场的温度依赖性也可用于计算接近超顺磁性区域的亚铁磁性或铁磁性纳米颗粒的各向异性常数（Cannas et al.，2006）。不同的氧化铁相表现出不同的磁序。有铁磁相（磁铁矿-磁赤铁矿）、反铁磁相（低于莫林温度的针铁矿、四方纤铁矿、纤铁矿、赤铁矿）和弱亚铁磁[①]相（高于莫林温度的赤铁矿）。在奈尔温度或居里温度以上，由于四极矩分裂，顺磁性的氧化物产生的光谱是双峰，这对不同物种的鉴定还不够具体（Murad et al.，2004）。磁有序相的光谱由一个或多个六重态组成，并且更加具体，允许对其进行识别，甚至可以估计其在混合相中的相对数量。例如，四方纤铁矿和纤铁矿在室温下都是顺铁磁性，而在低于奈尔温度时则是反铁磁性的，将温度降低到 77 K 有助于它们的单独识别（Oh et al.，1998）。对于表现出磁超精细分裂的相，磁场的大小可以用来区分 δ 和 ΔQ_S 相似的相。将超精细低温分裂光谱与简单的室温四极矩分裂光谱进行比较，能够帮助在室温和低温研究中鉴别铁氧化物等相。

在实际问题中，上述三种超精细相互作用往往同时存在，从而使谱线形态变得复杂，需要根据实际情况具体分析。为简便起见，讨论和计算时通常以磁偶极相互作用为主，以电四极相互作用为一级微扰，二者导致能级分裂，而电单极相互作用只引起能级移动，较易处理。常见氧化铁的穆斯堡尔参数（同质异能位移 δ、四极矩分裂 ΔQ_S 和超精细场 B_{hf}）见表6.2（Cornell et al.，2003）。

---

① 亚铁磁性、反铁磁性和铁磁性是磁有序的表现。在亚铁磁体中，由于交换作用，相邻原子的磁矩倾向于向同一方向排列。即使在没有外场的情况下，亚铁磁性材料的区域也能表现出净剩磁。这些区域称为磁畴。在反铁磁体中，这种有序性使相邻原子的磁矩指向相反的方向，净剩磁为零。在铁磁体中，相邻自旋的磁矩也在相反的方向上排列，但是相反的磁矩并不相等，表现出净剩磁。

表 6.2 常见氧化铁的穆斯堡尔参数

氧化铁	T/K	δ/（mm/s）	ΔQ_S/（mm/s）	B_{hf}/T
二线水铁矿	295	0.24	0.79	—
	4.2	0.24	-0.01	47
六线水铁矿	295	0.24	0.72	—
	4.2	0.25	-0.06	50
纤铁矿	295	0.37	0.53	—
	4.2	0.47	0.02	45.8
针铁矿	295	0.37	-0.26	38.0
	4.2	0.48	-0.25	50.6
赤铁矿	295	0.37	-0.197	51.75
	4.2	0.49	0.410	54.17
磁铁矿	295	0.26	≤|0.02|	49
	4.2	0.67	0.00	46
磁赤铁矿	295	0.23	≤|0.02|	50.0
	4.2	0.40	≤|0.02|	52.0

6.2.4 制样要求

对于金属和合金材料，先要经锻造或轧制后制成较小的棒状、半条状或块状坯料，再用切割机切成约 0.03 mm 或更薄的薄片，最后再经过机械、化学、磨蚀或电解抛光等减薄方法制成所需厚度的样品。对于单晶样品，须先确定其晶体取向，然后再根据具体要求按一定方向割成薄片。对于固体样品，一般可先研磨成粉末（<100 目孔筛），然后再与适当黏结剂混合均匀、加压成小圆片。黏结剂必须对所研究的穆斯堡尔 γ 射线是惰性的物质，可选用乙酸纤维和丙酮溶液、蔗糖、真空的油脂或碳粉导电胶等。最后将制好的粉末样品夹在两层薄的聚乙烯对苯二酸酯膜、镀铝涤纶膜、铝箔甚至两张滤纸之间，再安放到样品支架上。

6.2.5 穆斯堡尔谱的优缺点

穆斯堡尔谱的主要优点有：①设备和测量简单；②可同时提供多种物理和化学信息；③分辨率高，灵敏度高；④抗扰能力强，对试样无破坏；⑤由于只有特定的核存在共振吸收，穆斯堡尔效应不受其他元素的干扰；⑥穆斯堡尔效应受核外环境影响的范围一般在 2 nm 之内，因此非常适合检测细晶和非晶物质；⑦研究的对象范围广，可以是导体、半导体或绝缘体，试样可以是晶态或非晶态的材料、薄膜或固体的表层，也可以是粉末、超细小颗粒，甚至是冷冻的溶液。

穆斯堡尔谱的主要缺点有：①无法测量气体和不太黏稠的液体（在气体或液体中，发射核可以自由移动并在γ射线发射时反冲，这使得发射的辐射具有比产生发射的核跃迁稍低的能量；同样，吸收核在吸收辐射时也会反冲，因此需要比核跃迁更大的能量。所有这些都会降低共振吸收事件的可能性）；②只有有限数量的核有穆斯堡尔效应，常见的元素为 ^{57}Fe、^{119}Sn 和 ^{121}Sb；③许多实验必须在低温下或在具有制备源的条件下才能进行。这些都使穆斯堡尔谱的应用受到较多的限制。

事实上，至今只有 ^{57}Fe 和 ^{119}Sn 等的穆斯堡尔核得到了充分的应用。虽然如此，穆斯堡尔谱仍不失为固体物理研究的重要手段之一，在有些场合甚至是其他手段不能取代的，并且随着实验技术的进一步开发，可以预期，它将不断地克服其局限性，在各研究领域发挥更大的作用。

6.3 穆斯堡尔谱谱线拟合

一次往复运动得到一个实验数据，为得到精确的穆斯堡尔参数，必须用计算机分析，最常用的是将穆斯堡尔仪测量得到的数据按洛伦兹线型进行拟合。

6.3.1 数学算法

对穆斯堡尔谱线的计算主要有三种方法：高斯-牛顿最小二乘法；改进的高斯-牛顿最小二乘法拟合、剥离、剥离拟合混合运算法；不求逆矩阵的高斯-牛顿法。其他还有蒙特卡罗逼近法等，但都是上述三种方法的改进（周超，2010；周孝安，1998；吴学超 等，1988；夏元复 等，1984；李士 等，1983；蔡瑞英，1981；Bancroft，1973；Greenwood et al.，1971）。

在放射源和吸收体很薄并忽略源内自吸收的情况下，穆斯堡尔谱线可表示为由本底与若干洛伦兹曲线的叠加，其数学表达式为

$$Y_i = B - \sum_{j=1}^{n} \frac{A_j}{1 + \left(\dfrac{X_i - P_j}{B_j}\right)^2} \tag{6.2}$$

式中：自变量 X_i 为道址（或多普勒速度），脚标 i 表示第 i 个实验点；n 为洛伦兹曲线的个数；B 为基线项；A_j、P_j 分别为第 j 洛伦兹曲线的峰高（峰深）和峰的中心位置；B_j 为第 j 个峰半高宽的一半；Y 对应于计数，它是 n 个洛伦兹曲线的包络。

对于一个复杂的复合物相谱，根据对每个单个物相测定，可以得到某些物相的吸收峰强度、半高宽和峰位。把这些作为已知的标准谱（经归一化后），此外还包括其他一些待定参数，这样穆斯堡尔谱的包络线应写成

$$Y_i = B - R\sum_{k=1}^{K_0} S(k) \sum_{k=1}^{l} \frac{A_{kl}}{1+\left(\dfrac{X_i - P_{kl}}{B_{kl}}\right)^2} - P\sum_{j=1}^{n} \frac{A_j}{1+\left(\dfrac{X_i - P_j}{B_j}\right)^2} \tag{6.3}$$

式中：K_0 为物相数目；l 为第 K_0 个物相所含峰个数；A_{kl} 为归一化后强度；P_{kl}、B_{kl} 为第 k 个物相标准谱位置和半宽度的一半；$S(k)$ 为相对复合物相谱的比例因子；R 和 P 为等于 0

或1的数；第二项为已知标准谱K_0个物相的洛伦兹叠加；第三项是待求物相参数的n条洛伦兹曲线的叠加。

还应加上由放射源运动而引起的正弦修正项：

$$B+C\sin[2\pi(x-\theta)/T] \tag{6.4}$$

式中：C为振幅；θ为相位；T为周期（也可用抛物线型修正，$E+Fx+Gx$）（马如璋 等，1996）。如果将镜像对称谱线数据对折也可不进行修正。例如，对简单的不存在叠加的^{57}Fe的穆斯堡尔谱线，可以将其镜像对称后再进行拟合，因此可以不做修正，直接用B表示（Thosar，1983）。

做一般谱线拟合时，令$R=0$、$P=1$，即略去式（6.3）式中的第二项，即为式（6.2）。对于复杂物相谱，在做剥离拟合时，令$R=P=1$，即为式（6.3）；在做剥离时，令$R=1$、$P=0$，即省略式（6.3）中的第三项（周孝安，1998；吴学超 等，1988；李士 等，1983，1981；蔡瑞英，1981）。

6.3.2 拟合程序

拟合程序的基本目标就是对穆斯堡尔谱仪测得的离散谱数据进行拟合计算，绘制出连续谱线，给出谱线（吸收峰）最佳参数值，为后续的超精细结构等的计算和分析提供基本依据。整个谱线拟合程序的基本流程如图6.8所示，每一步的运行结果都可显示于运行界面。

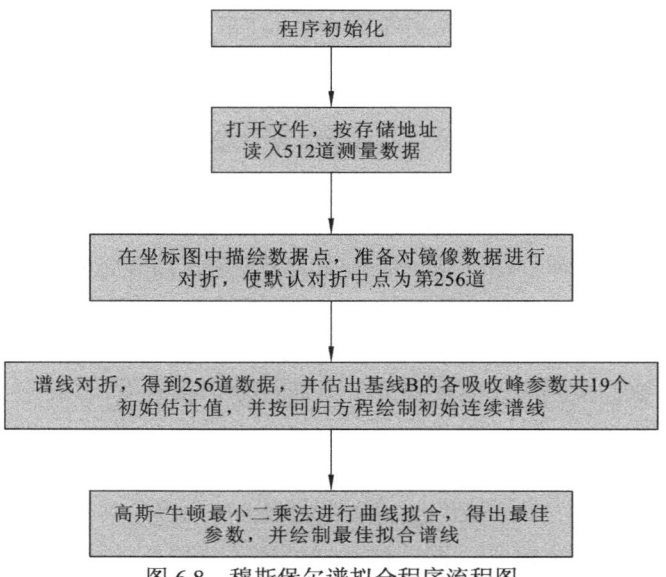

图6.8 穆斯堡尔谱拟合程序流程图

6.4 穆斯堡尔谱的应用

穆斯堡尔效应涉及固体中核激发态和基态能级间的共振跃迁，因而核的能级结构决定着谱形状及诸参量，而共振核的能级结构又取决于核所处的化学环境，因此穆斯堡尔谱能极为灵敏地反映共振原子核周围化学环境的变化。因此，应用穆斯堡尔谱可以清楚地监测原子核能级的移动和分裂，进而研究分子中原子的价态、晶体结构、化学键的离子性、配位数等变化而引起的核能级的变化。

穆斯堡尔效应得到的穆斯堡尔谱线宽（吸收峰半高宽，$\varGamma$）与核激发态平均寿命所决定的自然线宽（$\varGamma_H$）在同一量级，因而具有极高的能量分辨率。以 ^{57}Fe 核 14.4 keV 的跃迁为例，自然线宽 $\varGamma_H$ 为 $4.6×10^{-9}$ eV，能量分辨率（穆斯堡尔谱宽度与 γ 射线的能量之比）约为 10^{-13} 的量级（原子发射和吸收光谱的能量分辨率在理想情况下可达 10^{-8} 的量级）。此外，又如 ^{67}Zn 的 93.3 keV 跃迁能量分辨率约为 10^{-15}，^{107}Ag 的 93 keV 跃迁能量分辨率约为 10^{-22}。因此，穆斯堡尔效应一经发现就在物理学、化学、地质和矿物学、生物学、冶金学、矿业学和考古等领域得到广泛应用。主要应用有穆斯堡尔谱鉴定物质结构、验证广义相对论和测微小振动、磁性和磁性相变研究、化学配位及催化机理研究等（金永君，2004；马如璋 等，1996；Long，1987；Sisson et al.，1982）。

^{57}Fe 是穆斯堡尔光谱学中最常用的同位素。^{57}Fe 光谱的标准来源是钯或铑中的 ^{57}Co 同位素。^{57}Co 能俘获电子，在激发态下衰变为 ^{57}Fe，而激发态又通过 γ 射线的发射衰变为稳定的 ^{57}Fe。下面将对 ^{57}Fe 穆斯堡尔谱的应用进行讨论。

6.4.1 固体的磁性

材料磁性是穆斯堡尔谱学最经常研究的领域之一。对于研究磁性材料来说，^{57}Fe 的穆斯堡尔效应有着特殊的重要性。其原因为：①Fe 是磁性材料中普遍存在的成分；②许多含 Fe 的磁有序化合物具有较高的德拜温度，可以在较高的温度下观察 ^{57}Fe 的共振；③^{57}Fe 的激发态核有相当长的寿命和相当窄的共振线宽，核自旋小及核磁矩大，便于研究超精细结构；④产生 ^{57}Fe 的 ^{57}Co 具有较长的半衰期（270 天），是可以进行大量生产的高质量放射源（马如璋 等，1996；Thosar，1983）。

穆斯堡尔谱在固体的磁性研究中可用来确定磁有序化温度、磁有序化类型，即固体是铁磁性的还是反铁磁性的或是亚铁磁性的，分析磁性离子在各亚晶格间的布局，研究磁结构或自旋结构。在微晶和非晶态固体的研究中，穆斯堡尔谱可以提供磁性微晶的弛豫过程、磁各向异性性能常数、微晶的大小及其分布等方面的信息。

1. 磁铁矿-磁赤铁矿体系

磁铁矿的穆斯堡尔谱由四面体（A）和八面体（B）位置产生的两个六重态叠加而成（Murad et al.，2004）。在室温下，四面体六线峰谱的特征是 $\delta=0.26$ mm/s、$B_{hf}=49.2$ T、ΔQ_S 可忽略。由于电子离域作用，A 位的六线峰谱具有介于 Fe^{2+} 和 Fe^{3+} 之间的参数：$\delta=0.67$ mm/s、$B_{hf}=46.0$ T、ΔQ_S 也可忽略。两个六线峰谱的面积之比，也就是两个位点在化学计量磁铁矿中的占有率，应该接近 1/2。部分氧化的磁铁矿含有过量的 Fe^{3+}，这减少了 A 位中的电子离域，并导致观察到第三个六线峰谱（Vergés et al.，2008）。通过施加一个与 γ 射线束平行的场，有助于分解这个六线峰谱。在磁赤铁矿中，所有铁都以 Fe^{3+} 的形式存在，分布在结构的 A 位和 B 位之间（Matijevic et al.，2004）。这两个位点在穆斯堡尔谱中产生了两个部分重叠的六线峰谱。两个六线峰谱都有一个可忽略不计的 ΔQ_S、一个接近 50 T 的

B_{hf} 和一个不同的 δ。两个六线峰谱的面积之比约为磁赤铁矿化学计量的 1.67。

2. 粒度和超顺磁

对于亚铁磁性或铁磁性粒子，形成磁化反转的能垒主要取决于各向异性能。这个能垒解释了在铁磁性样品中观察到的矫顽力，它与颗粒大小密切相关。对于具有磁性多畴结构的相对较大的粒子，其矫顽力相对较低，因为磁化反转是通过畴壁运动发生的，这不是一个消耗能量的过程。随着粒径的减小，颗粒包含一个磁畴，矫顽力增大。然而，由于各向异性能量与粒子的体积成正比，粒径的进一步减小会导致各向异性能量的减少，而热能会引起磁化的自发反转。当这种情况发生时，粒子的行为就像一个具有超大磁化率的顺磁体，即形成了超顺磁性。室温下，在小于 20 nm 的磁铁矿颗粒中可以观察到超顺磁行为。应该强调的是，一个粒子是否进入超顺磁性区在很大程度上取决于它的大小和温度。室温下具有超顺磁性的样品可以通过降低温度来"阻断"。观测时间或实验技术的典型时间常数对观测超顺磁性也很重要。如果磁化在实验时间窗口内多次切换，则检测到的平均磁化强度可以忽略不计；相反，如果实验时间窗短于平均切换时间，测量的则是净磁化强度。对于穆斯堡尔谱，观测时间相当于核激发态的平均寿命，约为 $10^{-8} \sim 10^{-7}$ s（Liu et al., 2006）。如果磁场超精细场在较短的时间内发生转换，将不会观测到塞曼六重态，它们的穆斯堡尔谱将只由一条线或一个四极双峰组成，见图 6.9 的顶部谱。由于这两种技术的实验时间窗不同，由穆斯堡尔谱测定的"阻断"温度低于磁化测量的"阻断"温度（Cannas et al., 2006）。当实验温度高于"阻断"温度，尖晶石氧化物中的超顺磁性在穆斯堡尔谱中则呈现为双峰谱；当实验温度低于"阻断"温度，则为六线峰谱。对于尺寸分布较宽的样品，可以同时

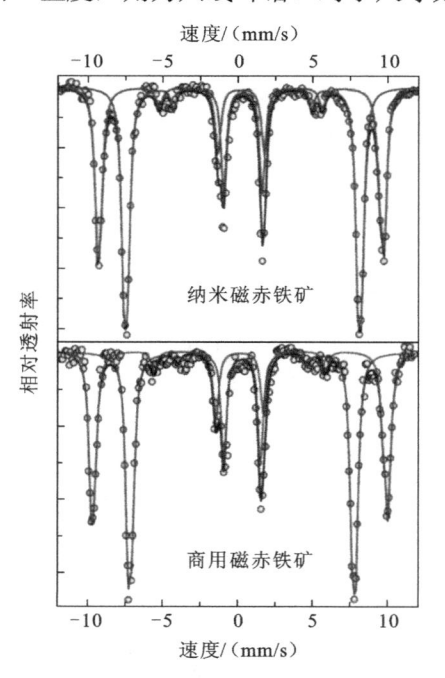

图 6.9 纳米磁赤铁矿和商用磁赤铁矿的穆斯堡尔谱

纳米磁赤铁矿直径约 39 nm，外加 6 T 磁场；商用磁赤铁矿为直径 40~100 nm、长度 1 mm 的棒状物，外加 8 T 磁场；扫封底二维码见彩图

观察到双峰谱和六线峰谱。例如，图 6.10 显示了温度对铁氢化物样品光谱的影响。即使在 25 K 下，也可以看到热涨落的影响（双峰、宽谱线的存在）。如果粒子之间存在强烈的偶极相互作用，则在更大的温度范围内可以看到六重态，并且随着温度的升高，谱线变得更宽，磁分裂减少（Cannas et al.，2006）。

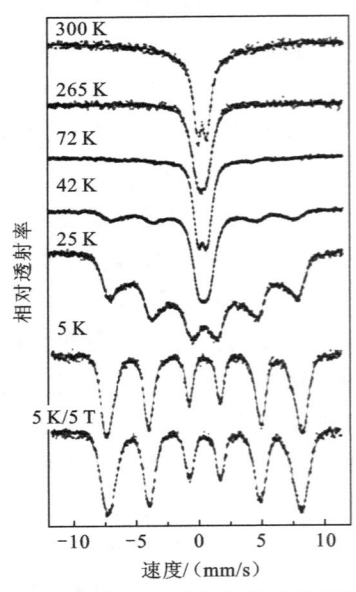

图 6.10 不同温度下纯天然水铁矿的穆斯堡尔谱

在无磁场和外部 5 T 磁场（平行于γ射线束）的情况下测定

自旋倾斜是一种主要在磁赤铁矿纳米颗粒中观察到的尺寸依赖性效应，近 30 年来受到了广泛关注（Daou et al.，2010；Morales et al.，1999，1997；Linderoth et al.，1994）。穆斯堡尔谱是研究纳米氧化铁和铁氧体粒子自旋倾斜的关键技术。为此，在沿γ射线传播方向施加大磁场的情况下获得了穆斯堡尔谱。对于尖晶石氧化物和铁氧体，施加磁场的第一个效应是增加 A 位 Fe^{3+} 的磁分裂，减少 B 位 Fe^{3+} 的磁分裂，从而使两个六线峰谱的分辨更加清晰。第二个效应是改变一些光谱谱线的面积。对于薄吸收体，六线峰谱的相对面积为 $3:p:1:p:3$，其中 p 由下式（Mørup et al.，2013；Pollard，1990）给出：

$$p = \frac{A_{25}}{A_{34}} = \frac{4\sin^2\theta}{1+\cos^2\theta} \tag{6.5}$$

式中：θ 为原子核的有效磁场与γ射线束之间的夹角；A_{25} 为峰2和峰5的面积；A_{34} 为峰3和峰4的面积。原子核的有效磁场是外加磁场和超精细场的矢量和。对于大的外加磁场（在自旋倾斜研究中，磁场超过 4 T），可以认为原子核处的有效磁场与外加磁场完全一致。事实上，在像磁铁矿或磁赤铁矿这样的亚铁磁性材料中，一个子晶格与外加磁场方向平行，另一个子晶格与外加磁场方向相反。那样的话，θ 则为零，因此峰2和峰5的面积也应为零。然而，通常在铁磁性材料的纳米颗粒中未能观察到这一现象，这可以归因于某种程度的自旋无序，即粒子表面或内部的自旋倾斜。图 6.10 显示了沿γ射线束施加磁场下磁赤铁矿颗粒的两个穆斯堡尔谱。很明显，在所有六线峰谱中，峰2和峰5的强度都很小，但不为零。

6.4.2 固体的物相鉴定及相变过程

穆斯堡尔谱可用于固体相变研究中确定相变温度、对复杂物相进行定性或定量的相分析、作为"指纹"技术对未知物相进行鉴别等。含有同一穆斯堡尔原子的不同物相的谱一般不同，只要它们的超精细参量中有一个显著不同，就可很容易地将它们区分开。当有了一系列已知物相的谱参数以后，就可以将穆斯堡尔谱作为"指纹"，鉴定复合物中含有哪些物相。由它们各自的共振谱线的积分面积，可定量或半定量地确定它们在复合物相中的比例。单一物相在发生相变时，若其中含有穆斯堡尔原子，则穆斯堡尔参数在相变点将有不连续的变化，据此可确定相变温度。

据文献报道，环境（土壤、沉积物、结核）中的 Fe 主要以针铁矿、赤铁矿、纤铁矿、水铁矿、磁赤铁矿为主。尽管如此，由于这些铁矿物的晶粒非常微细，结晶不良，甚至呈隐晶质或非晶质状态（Marcus et al.，2015；Lougear et al.，2001），在 X 射线衍射图中极少出现铁矿物的衍射峰。因此，利用穆斯堡尔谱鉴定环境中的铁相矿物是目前主要的研究方法。王海峰等（2019）在马里亚纳海沟挑战者深渊初期多金属氧化物的矿物学、地球化学特征及其成因环境研究中，利用穆斯堡尔谱技术分析了结核中 Fe 的物相组成。利用最小二乘法对穆斯堡尔谱分析结果进行拟合，结果（图 6.11 和表 6.3）显示，该结核样品的穆斯堡尔谱由双线谱组成。其中两对吸收谱的同质异能位移相近，δ 为 0.336~0.352 mm/s，均为 Fe^{3+} 的吸收谱；而四极矩分裂则有较大的差异，内双峰的 ΔQ_S 为 0.441~0.509 mm/s，外双峰的 ΔQ_S 为 0.751~0.821 mm/s，由此辨识出其内双峰为纤铁矿（8.4%），外双峰为正方针铁矿（91.6%）。

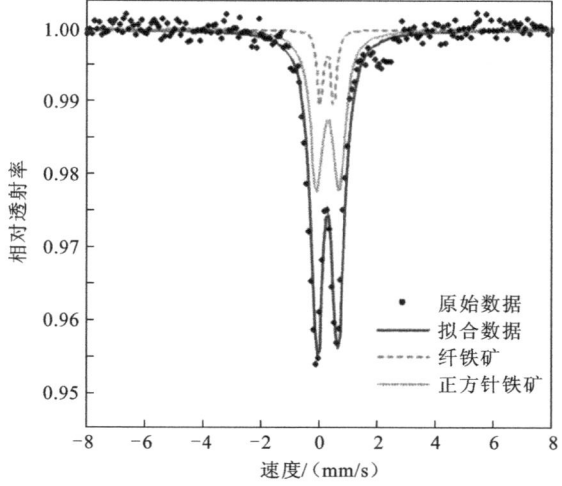

图 6.11　JL7KBC09 样品穆斯堡尔谱分析结果

扫封底二维码见彩图

表 6.3　JL7KBC09 样品穆斯堡尔谱分析结果

铁相矿物		相对含量/%	δ/(mm/s)	ΔQ_S/(mm/s)	半线宽/(mm/s)
para-Fe^{3+}	纤铁矿	8.40	0.336±0.004	0.475±0.034	0.109±0.049
	正方针铁矿	91.60	0.352±0.003	0.786±0.035	0.265±0.005

注：para-Fe^{3+} 为顺磁性高价铁

对于 Fe 的 4 种稳定同位素,穆斯堡尔谱表征只对 ^{57}Fe 具有信号响应,其他 3 种 Fe 稳定同位素在穆斯堡尔谱表征中均为穿透性。刘承帅等(2016)利用同位素示踪,采用 ^{56}Fe(0) 标记试剂(纯度>99.9%)合成了穆斯堡尔谱穿透性的 ^{56}Fe-赤铁矿,与游离态 ^{57}Fe(II) 进行反应,证实游离态 Fe(II) 作用下,赤铁矿与其发生 Fe 原子交换;同时,Fe(II) 驱动赤铁矿晶相重组过程中,分别通过同质外延生长机制和异质外延生长机制形成新的赤铁矿和针铁矿(图 6.12)。这对揭示以稳定态铁(氢)氧化物为主要含铁矿物分布的热带亚热带土壤中元素环境地球化学过程机制具有较重要的作用。

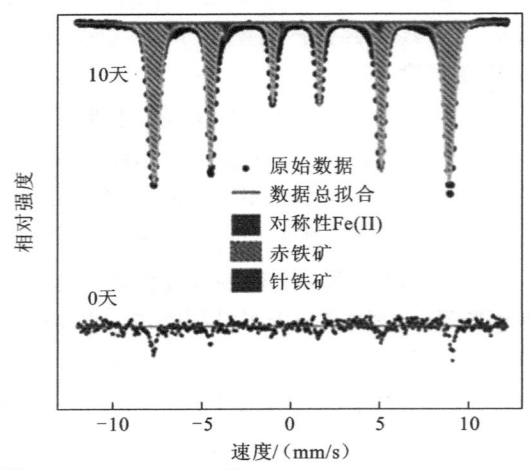

图 6.12　^{56}Fe-赤铁矿与游离态 ^{57}Fe(II) 反应前后的穆斯堡尔谱表征谱图
^{57}Fe(II) 初始浓度为 1.0 mmol/L;赤铁矿剂量为 2 g/L;反应气氛为厌氧气氛;pH 为 7.5

6.4.3　界面电子传递介导黏土矿物结构铁化学形态变化的解析

自然环境中形成的黏土矿物晶体结构中一般均含有不同数量的铁,这种结构态铁约为土壤和沉积物总铁的 50%。黏土矿物结构中 Fe(III)/Fe(II) 既可作为界面反应的电子供体,也可作为电子受体,电子传递过程中结构铁化学形态变化决定着矿物界面反应特性。穆斯堡尔谱可分析界面电子传递过程中黏土矿物结构中铁化学形态变化。图 6.13 是还原态绿脱石氧化 3 h 产物(3hOx-Red-NAu-2)在厌氧放置前和放置 120 h 后 Fe 在 50 K 的穆斯堡尔谱图。根据 Schaefer 等(2011)的方法,采用 1 个 Fe(II) 位点和 2 个 Fe(III) 位点来拟合并得到最佳拟合结果。Fe(II)/Fe$_{total}$ 比例在厌氧放置过程中基本没有发生变化,放置前和放置 120 h 后样品中的 Fe(II)/Fe$_{total}$ 分别为 38.1%和 37.7%,排除了由氧化剂存在引发的氧化反应。有趣的是,厌氧放置前的 Fe(II) 的参数(δ: 1.283 mm/s;ΔQ_S: 3.07 mm/s)明显与放置 120 h 后的参数(δ: 1.343 mm/s;ΔQ_S: 2.94 mm/s)不同(表 6.4)。Fe(II) 配位环境的变化说明厌氧放置过程中还原性绿脱石结构 Fe(II) 和 Fe(III) 之间发生了电子传递。另外,可以发现两个 Fe(III) 位点明显发生了变化,Fe(III)-1(δ: 0.437 mm/s,ΔQ_S: 0.96 mm/s)和 Fe(III)-2(δ: 0.455 mm/s,ΔQ_S: 0.37 mm/s)分别对应 *trans*-和 *cis*-占位的二八面体 Fe(III)(表 6.4)。厌氧放置 120 h,Fe(III)-1/Fe$_{total}$ 从最初的 28.8%减少至 19.4%,而 Fe(III)-2/Fe$_{total}$ 从 33.0% 增加至 42.9%(表 6.4)。这一变化证实了厌氧放置过程中电子传递可介导 Fe(III) 从 *trans*-向 *cis*-占位转化(Liao et al., 2019)。

(a)厌氧放置 0 h　　　　(b)厌氧放置 120 h

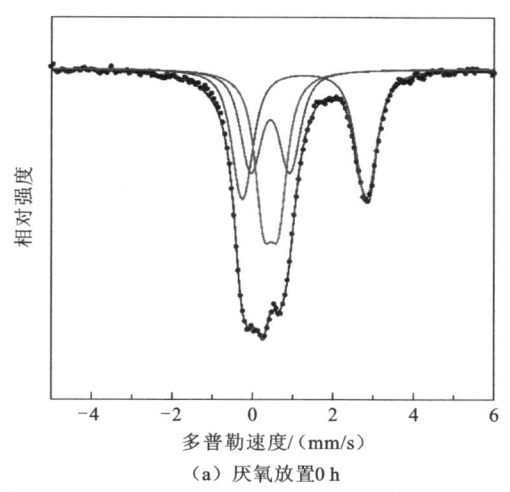

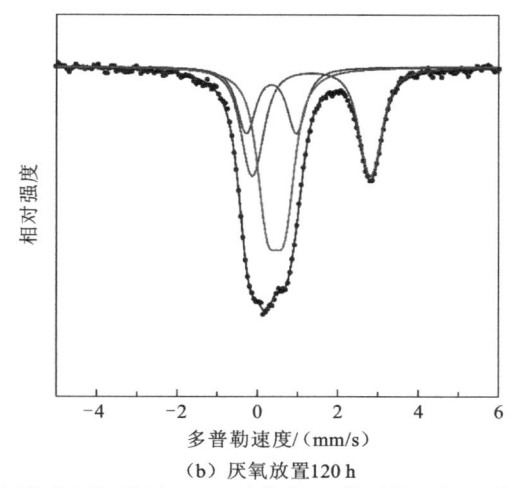

图 6.13　50 K 时 3hOx-Red-NAu-2 的样品在厌氧放置前和厌氧放置 120 h 结构态 Fe 的穆斯堡尔图谱

扫封底二维码见彩图

表 6.4　3hOx-Red-NAu-2 样品的 Mössbauer 拟合参数

3hOx-Red-NAu-2	结构铁	χ^2	δ/(mm/s)	ΔQ_S/(mm/s)	半线宽/(mm/s)	峰面积/%
厌氧放置 0h	Fe(II)	0.86	1.283（0.006）	3.07（0.01）	0.28	38.1（1.9）
	Fe(III)-1		0.437（0.008）	0.96（0.02）	0.28	28.8（1.4）
	Fe(III)-2		0.455（0.005）	0.37（0.008）	0.20	33.0（1.6）
厌氧放置 120h	Fe(II)	0.69	1.343（0.009）	2.94（0.02）	0.24	37.7（1.8）
	Fe(III)-1		0.343（0.007）	1.24（0.007）	0.20	19.4（0.9）
	Fe(III)-2		0.459（0.007）	0.43（0.13）	0.23	42.9（2.1）

6.4.4　地质构造运动的氧化还原环境的解析

断层泥是断层反复摩擦生成的。并非所有断层活动都能形成断层泥，但断层泥的发育是活动断层存在的典型标志之一，断层泥的特征能够一定程度上反映断层所处的地理地质环境及断层的演化历史（郑国东 等，2011）。断层泥中某些灵敏的变价元素化学分布与其所处的氧化还原环境有关，据此可以分析断层的活动性。断层带处于氧化环境说明断层在较长时间内相对稳定，而断层带处于还原环境则说明断层形成时间相对较短，可能还与地下深部还原性物质进行交换作用，这对揭示断层的现今活动性具有良好的指示意义。

穆斯堡尔谱的三个主要的参数（同质异能位移 δ、四极矩分裂 ΔQ_S 及磁分裂 ΔE_M），都是由超精细作用产生的，根据这三个参数可以确定特征元素的价态及来源，并且判断是否存在磁性矿物。田素素（2019）采集江西九江地区断裂构造的武宁—瑞昌断裂（F3）、九江—靖安断裂（F4）和铜陵—九江断裂（F5）的次级断层剖面上的断层泥及断层围岩，利用 ^{57}Fe 稳定同位素穆斯堡尔谱分析，探讨断层的活动性。根据谱图中的吸收峰样式、位置等相关的穆斯堡尔参数得知样品中的 Fe 化学种及其相对含量（表 6.5）。九江地区断裂铁元素化学种分布特征显示：F3-1 断层围岩及断层泥中的铁元素以氧化性化学种为主体，Fe^{3+} 略高于 Fe^{2+}，表明断裂带处于氧化环境，可能为地质体内部断裂或浅部断层；F3-2 断层围岩没有还原性铁，显示氧化性铁富集，表明其处于较强的氧化环境，而断层泥中以还原性铁富集为特征，显示断层带内处于还原环境，存在与地下深部流体的交换作用，为活动断层；F4 断层围岩中铁元素还原性化学种富集，Fe^{2+}含量高于Fe^{3+}，显示还原条件，但断层泥中却以氧化性铁为主导，表明断层带处于氧化环境，说明在演化过程中断层由封闭状态转为开放状态；F5 断层围岩和断层泥中均只检测出氧化性铁，缺乏 Fe^{2+}，显示强氧化条件，为稳定断层。

表 6.5 九江地区断层泥与断层围岩穆斯堡尔谱参数及各种 Fe 化学种的相对含量

分类	样品号	岩性	Fe 化学种	相对含量/%	δ/(mm/s)	ΔQ_S/(mm/s)	半线宽/(mm/s)	ΔE_M/kOe	Fe^{2+}/Fe^{3+}
F3-1 断层	J001	断层围岩	para-Fe^{2+}	40.00±0.59	1.119±0.28	2.597±0.56	0.220±0.41	—	0.667
			para-Fe^{3+}	60.00±0.53	0.366±0.30	0.697±0.48	0.277±0.42	—	
	J002	断层泥	para-Fe^{2+}	39.70±0.58	1.139±0.29	2.573±0.57	0.221±0.40	—	0.658
			para-Fe^{3+}	60.30±0.52	0.367±0.30	0.673±0.49	0.281±0.43	—	
	J003	断层泥	para-Fe^{2+}	38.20±0.41	1.117±0.17	2.631±0.34	0.187±0.25	—	0.618
			para-Fe^{3+}	61.80±0.36	0.362±0.17	0.714±0.29	0.240±0.23	—	
F3-2 断层	J004	断层围岩	para-Fe^{3+}	100.00	0.349±0.82	0.67±0.15	0.18±0.10	—	0
	J005	断层泥	para-Fe^{2+}	45.00±0.38	1.107±0.16	2.517±0.31	0.220±0.23	—	1.083
			para-Fe^{3+}	21.00±0.33	0.413±0.49	0.729±0.82	0.269±0.69	—	
			mag-Fe^{2+}	27.00±0.10	0.351±0.81	−0.016±0.83	0.36±0.14	484±0.57	
			mag-Fe^{3+}	7.00±0.39	0.903±0.45	0.028±0.46	0.099±0.71	434±0.30	
F4 断层	J006	断层围岩	para-Fe^{2+}	17.00±0.18	1.080±0.41	2.612±0.91	0.10±0.10	—	1.525
			para-Fe^{2+}	44.00±0.27	1.132±0.71	1.76±0.24	0.26±0.15	—	
			para-Fe^{3+}	40.00±0.10	0.287±0.43	0.636±0.74	0.142±0.46	—	
	J007	断层泥	para-Fe^{2+}	37.40±0.32	1.116±0.14	2.547±0.26	0.194±0.19	—	0.858
			para-Fe^{3+}	32.40±0.38	0.400±0.51	0.076±0.80	0.388±0.78	—	
			magFe_3O_4	18.40±0.88	0.351±0.85	0.042±0.81	0.30±0.16	488.6±0.62	
				7.90±0.54	0.603±0.81	0.288±0.75	0.17±0.12	455±0.57	
			mag-Fe^{3+}	3.90±0.30	0.065±0.67	−0.380±0.67	0.098±0.97	331.5±0.46	
	J008	断层泥	para-Fe^{2+}	64.00±0.21	0.348±0.73	0.68±0.13	0.24±0.10	—	0.563
			para-Fe^{3+}	36.00±0.29	0.72±0.20	1.81±0.41	0.35±0.31	—	
	J009	断层泥	para-Fe^{2+}	33.00±0.15	1.200±0.73	2.13±0.15	0.22±0.12	—	0.493
			para-Fe^{3+}	67.00±0.12	0.256±0.37	0.732±0.69	0.211±0.52	—	
F5 断层	J013	断层围岩	para-Fe^{3+}	100	0.25±0.27	0.71±0.44	0.36±0.39	—	0
	J014	断层泥	para-Fe^{3+}	30.90±0.80	0.241±0.97	0.62±0.16	0.28±0.13	—	0
			mag-Fe^{3+}	69.00±0.22	0.403±0.58	−0.114±0.58	0.266±0.97	—	

注：para-Fe^{3+}为顺磁性高价铁；para-Fe^{2+}为顺磁性低价铁；mag-Fe^{3+}为磁性的三价铁；mag-Fe^{2+}为磁性的二价铁；相对含量指质量分数；Fe^{2+}/Fe^{3+}表示质量比

参 考 文 献

蔡瑞英, 1981. 计算复杂穆斯堡尔谱的一种方法. 科学通报, 7: 441-445.

金永君, 2004. 穆斯堡尔谱法及其应用. 物理与工程, 14(5): 49-51.

李士, 计桂泉, 1983. 计算机分析穆斯堡尔谱的方法. 物理杂志, 4: 213-221.

李士, 李哲, 王启鸣, 1981. 穆斯鲍尔谱的最小二乘法拟合, 剥离, 剥离拟合法. 原子能科学技术, 6: 674-676.

刘承帅, 伟志琦, 李芳柏, 等, 2016. 游离态 Fe(Ⅱ)驱动赤铁矿晶相重组的 Fe 原子交换机制: 未定 Fe 同位素示踪研究. 中国科学: 地球科学, 46(11): 1542-1553.

马如璋, 徐英庭, 1996. 穆斯堡尔谱学. 北京: 科学出版社.

田素素, 2019. 江西九江地区断裂活动性研究: 来自遥感解译, 地震, 热泉, 断层泥的证据. 南昌: 东华理工大学.

王海峰, 赖佩欣, 邓希光, 等, 2019. 马里亚纳海沟挑战者深渊初期多金属氧化物的矿物学, 地球化学特征及其成因环境研究. 海洋学研究, 37(1): 21-29.

吴学超, 冯正永, 1988. 核物理实验数据处理. 北京: 原子能出版社.

夏元复, 叶纯灏, 张健, 1984. 穆斯堡尔效应及其应用. 北京: 原子能出版社.

郑国东, 梁收运, 梁明亮, 2011. 穆斯堡尔谱技术在地震断层研究中的应用. 第十一届全国穆斯堡尔谱学会议论文集: 43-48.

周超, 2010. BH1224E 型穆斯堡尔谱仪 ^{57}Fe 谱拟合程序的开发. 衡阳: 南华大学.

周孝安, 1998. 近代物理实验教程. 武汉: 武汉大学出版社.

BANCROFT G M, 1973. Mossbauer spectroscopy. New Yoek: Mcgraw-Hill.

CANNAS C, MUSINU A, PICCALUGA G, et al., 2006. Magnetic properties of cobalt ferrite-silica nanocomposites prepared by a sol-gel auto-combustion technique. Journal of Chemical Physics, 125(16): 164714.

CORNELL R M, SCHWERTMANN U, 2003. The iron oxides. 2nd ed. Weinheim, Germany: Wiley-VCH GmbH & Co. KGaA.

DAOU T J, GRENECHE J M, LEE S J, et al., 2010. Spin canting of maghemite studied by NMR and in-field Mössbauer spectrometry. Journal of Physical Chemistry C, 114(19): 8794-8799.

DRAGO R S, 1992. Physical methods for chemists. 2nd ed. Gainesville, FL: Surfside Scientific Publishers.

DYAR M D, AGRESTI D G, SCHAEFER M W, et al., 2006. Mössbauer spectroscopy of earth and planetary materials. Annual Review of Earth and Planetary Science, 34: 83-125.

FAIVRE D, 2016. Iron oxides: From nature to applications. Weinheim, Germany: Wiley-VCH Verlag GmbH & Co. KgaA.

GREENWOOD N B, GIBB T C, 1971. Mössbauer spectroscopy. London: Chapman & Hallltd.

LIAO W J, YUAN S H, LIU X X, et al., 2019. Anoxic storage regenerates reactive Fe(II)in reduced nontronite with short-term oxidation. Geochimica et Cosmochimica Acta, 257: 96-109.

LIU Y, SELLMYER D J, SHINDO D, 2006. Handbook of advanced magnetic materials: Characterization and simulation. New York: Springer.

LINDEROTH S, HENDRIKSEN P N, BØDKER F, et al., 1994. On spin canting in maghemite particles. Journal of Applied Physics, 75(10): 6583-6585.

LONG G J, 1987. Mössbauer spectroscopy applied to inorganic chemistry. New York: Plenum.

LOUGEAR A, KONIG I, TRAUTWEIN A X, et al., 2001. Mössbauer investigation to characterize Fe lattice sites in sheet silicates and Peru Basin deep-sea sediments. Deep-Sea Research, 48(17-18): 3701-3711.

MARCUS A M, EDWARDS K J, GUEGUEN B, et al., 2015. Iron mineral structural, reactivity, and isotopic composition in a South Pacific Gyre ferromanganese nodule over 4 Ma. Geochimica et Cosmochmica Acta, 171(15): 61-79.

MATIJEVIC E, BORKOVEC M, 2004. Surface and colloid science. Boston: Kluwer Academic Publishers.

MORALES M P, SERNA C J, BØDKER F, et al., 1997. Spin canting due to structural disorder in maghemite. Journal of Physics: Condensed Matter, 9: 5461-5467.

MORALES M P, NEINTEMILLAS-NERDANGUER S, MONTERO M I, et al. 1999. Surface and internal spin canting in gamma-Fe_2O_3 nanoparticles. Chemistry Materials, 11(12): 3058-3064.

MURAD E, CASHION J, 2004. Mössbauer spectroscopy of environmental materials and their industrial utilization. Boston: Kluwer Academic Publishers.

MØRUP S, BROK E, FRANDSEN C, 2013. Spin structures in magnetic nanoparticles. Journal of Nanomaterials, 111: 720629.

OH S J, COOK D C, TOWNSEND H E, 1998. Characterization of iron oxides commonly formed as corrosion products on steel. Hyperfine Interactions, 112(1-4): 59-65.

POLLARD R J, 1990. The spin-canting anomaly in ferrimagnetic particles. Journal of Physics: Condensed Matter, 2: 983-991.

SCHAEFER M V, GORSKI C A, SCHERER M M, 2011. Spectroscopic evidence for interfacial Fe(II)-Fe(III) electron transfer in a clay mineral. Environmental Science and Technology, 45(2): 540-545.

SISSON K J, BOOLCHAND P, 1982. A microcomputer system for the analysis of Mössbauer spectra. Nuclear Instruments and Methods in Physics Research, 198(2-3): 317-320.

THOSAR B N, 1983. Advances in Mössbauer spectroscopy. New York: Elsevier Scientific Publishing Company.

VERGÉS A M, COSTO R, ROCA A G, et al., 2008. Uniform and water stable magnetite nanoparticles with diameters around the monodomain-multidomain limit. Journal of Physics D: Applied Physics, 41(13): 134003.

第7章 X射线光电子能谱

X射线光电子能谱（X-ray photoelectron spectroscopy，XPS）是利用软X射线光子激发出物质表面原子的内层电子，对这些光电子进行能量分析的方法。该分析方法主要是基于光电效应发展起来的。德国物理学家海因里希·鲁道夫·赫兹（Heinrich Rudolf Hertz）于1887年发现了光电效应。1905年，阿尔伯特·爱因斯坦（Albert Einstein）揭示了光电效应，提出了光电效应方程，并因此获得1921年诺贝尔物理学奖。1954年，瑞典皇家科学院院士凯·西格巴恩（Kai Siegbahn）教授及其研究小组在研发XPS设备中获得了多项重大进展，获得了氯化钠的首条高能量分辨率X射线光电子能谱，并在此后几年里发表了一系列研究成果，使XPS的应用价值被世人所知。1969年他与美国惠普公司合作制造了世界上首台商业单色X射线光电子能谱仪，精确测定了元素周期表中各种原子的内层电子结合能。凯·西格巴恩教授因其在XPS分析技术方面所做出的杰出贡献获得1981年诺贝尔物理学奖。

多年来，X射线光电子能谱已从最初主要用于对化学元素进行定性分析，逐渐发展成为表面元素定性、定量分析及元素化学价态分析的重要手段。该方法可用于研究除H和He以外的所有元素，能够对样品表面及近表面元素和基团进行定性和定量分析，还能提供诸如元素的价态、化学键型、吸附离子种类、结合方式及固相表面活性等众多化学信息和结构信息。该方法具有表面敏感性，其测试深度一般小于10 nm，原子浓度检测限为0.1%～1%；不损坏样品且用量少，已广泛应用于金属、半导体、无机物、有机物、配合物等物质表面分析，涉及化学、物理学、生物学、材料科学、环境科学、电子学等领域。

7.1 基 本 原 理

光电子能谱的基本原理是光电效应。当一束有足够能量（$h\nu$）的单色光照射到样品表面，样品原子或分子（M）吸收光子的能量后，将其转移给原子内壳层上被束缚的电子；电子受到激发，将一部分能量用来克服结合能（E_B）和功函数（W），余下的能量则作为动能（E_K），若E_K高于真空能级，就可以克服表面势垒，进入真空成为光电子[图7.1（a）]，而原子M则变成激发态离子M$^+$。该过程通常还涉及俄歇电子的发射[图7.1（b）]。X射线的入射使样品原子电离，必然在原子壳层中留下空穴。当较高能级的电子向低能级跃迁填充这个空穴且释放的能量足够大时，可以将原子中的另一个电子激发出去，这就是俄歇电子。

根据被测电子的不同，电子能谱划分为光电子能谱和俄歇电子能谱。根据激发源的不同，光电子能谱又可分为紫外光电子能谱（ultraviolet photoelectron spectroscopy，UPS）和X射线光电子能谱；前者以紫外光作激发源，后者以X射线作激发源。X射线光电子能谱中常用的常规激发源有铝靶（Al Kα=1486.6 eV）和镁靶（Mg Kα=1253.6 eV）。随着同步辐射光源和电子能谱设备的发展，应用硬 X 射线作为激发光源（2~10 keV）的硬 X 射线光电子能谱（hard X-ray photoelectron spectroscopy，HAXPES）近年来已有较多应用。

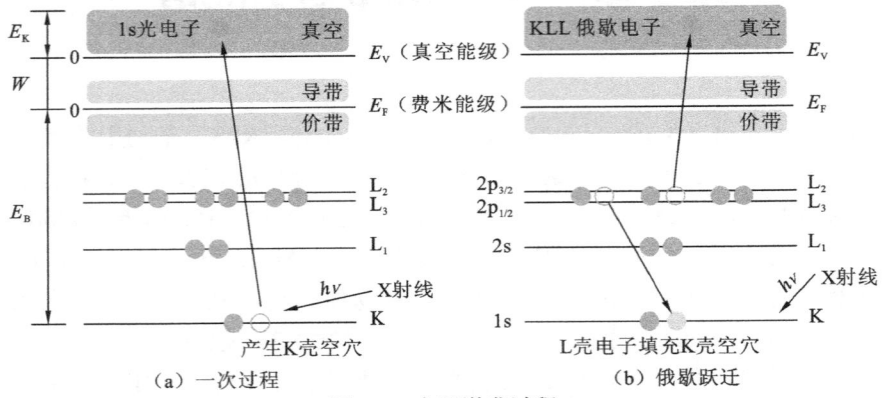

图 7.1 电子激发过程

从样品中激发出的带有一定能量的光电子流经配有电子计数检测系统和记录系统的电子能量分析器，即可将来自不同壳层的光电子依能量大小一一检测并记录，形成可供研究和分析使用的电子能谱图。XPS 测量的是由 X 射线源激发而电离出来的光电子能量。X 射线光子不仅可以使价电子电离，而且可以激发内层电子。周期表中每一种元素的原子内层电子的结合能是一定的，具有高度特征性。因此，只要根据谱图中谱线的强度和能量位置，即可达到对样品原子的定性、定量和化学状态分析。

X 射线光电子能谱仪中使用的是光电离，其过程表示为

$$M + h\nu \longrightarrow M^+ + e^- \tag{7.1}$$

式中：$h\nu$ 为入射光子能量；e^- 为自由电子。该式表明光电离过程是一个单电子跃迁过程。它不同于光吸收或发射的共振跃迁，后者遵守一定的选择定则，而光电离任何轨道（s、p、d、f）的电子均可发生电离。此外，光电离过程中，双电子跃迁属于禁阻跃迁，其概率远小于单电子跃迁概率。因此 XPS 可以精确测定电子结合能。

光电离过程中产生的光电子强度与整个过程发生的概率有关，这种概率称为光电截面（σ）。σ 与入射光子的能量、激发态原子的原子序数及原子中电子所在的轨道相关。当光源能量固定，同一周期的主量子数 n 相同，则同一壳层的 σ 随着原子序数的增加而增加；次量子数 l 一定时，随着 n 值增加，σ 值减小（表 7.1）。由于价电子光电截面远小于内层电子，所以 XPS 主要研究内层电子的结合能。

表 7.1 元素的光电截面 σ 值

主量子数 n 一定	σ	次量子数 l 一定	σ
C 1s	1.00	C 2s	0.047
N 1s	1.80	Ca 2s	2.21
O 1s	2.9	Ca 3s	0.31

7.2 基本概念

7.2.1 原子能级

原子中单个电子的运动状态常用量子数 n、l、m_l、m_s 来表示（表 7.2）。另外，电子既有轨道运动又有自旋运动，存在自旋-轨道耦合作用，导致 n、l 相同的轨道发生能级双重分裂，对于 $l>0$ 的内壳层，分裂出来的轨道能级常用总角量子数 j 表示，$j=|l+m_s|=|l\pm 1/2|$。因此，当 $l=0$ 时，$j=1/2$；$l>0$ 时，$j=l+1/2$ 或 $l-1/2$，即除 s 能级不发生分裂外，其他能级均分裂为两个能级，在谱图中出现双峰。此外，电子能谱是在没有外加磁场的情况下得到的，因此磁量子数 m_l 是兼并的，不产生能级分裂。在电子能谱研究中，通常用 n、l、j 来表征内层电子的运动状态，谱图中能级的标记也通常采用 n、l、j。例如，第 2 能层的 p 轨道，$j=3/2$ 时，其能级标记为 2p$_{3/2}$。由于 s 轨道上无能级分裂，通常将 ns$_{1/2}$ 写成 ns 即可。

表 7.2 原子能级的划分

量子数	取值	光谱学符号	物理意义
主量子数 n	1, 2, 3, 4, …	K, L, M, N, O, P…	决定核外电子能量的量子化；描述原子中电子出现概率最大区域离核的远近
角量子数 l	0, 1, 2, 3, …, $n-1$	s, p, d, f, g…	决定角动量的大小；在多电子层中，与 n 共同决定原子轨道能量及形状
磁量子数 m_l	0, ±1, ±2, ±3, …, ±l		决定自旋角动量的大小；决定原子轨道在核外空间中的取向
自旋量子数 m_s	±1/2		决定电子的自旋方式

7.2.2 结合能和动能

光电离过程中，光子与分子或原子碰撞，其能量足以克服样品原子壳层对电子的结合能，使之电离，并将多余的能量作为该电子的动能，从原子内壳层中发射出去，成为 X 射线光电子，即光子的动能（E_K）。依据能量守恒定律，则有

$$h\nu = E_K + E_B + E_{振} + E_{转} + E_{反} \tag{7.2}$$

式中：$h\nu$ 为入射光子能量；$E_{振}$、$E_{转}$ 分别为分子或离子的振动能及转动能；$E_{反}$ 为电子被击出时与原子反冲有关的能量。由于 $E_{振}$、$E_{转}$、$E_{反}<0.1$ eV，可以忽略不计，故式（7.2）可简化为

$$h\nu = E_K + E_B \tag{7.3}$$

对于孤立电子，电子结合能是从原子所在能级被移到真空能级，从而完全脱离核势场所需的能量，即以真空能级为能量零点。对于固体导体样品，须考虑晶体势场和表面势场对光电子的束缚作用，通常以费米（Fermi）能级（E_F，0 K 固体能带中充满电子时的最高能级）作为能量测定的参考点，即 $E_F=0$（图 7.1）。气体样品则以真空能级为参考标准。固

体非导体样品的导带和价带之间存在带隙（1~4 eV）。对于大多数样品，带结构及带隙宽度是未知的，采用费米能级为参考点会导致一定的不确定性。

电子进入费米能级后进入固体导带，可自由运动，不再受单个原子的束缚。电子若有足够的能量，即可穿过导带，到达真空能级，成为自由电子。电子由费米能级激发到真空能级成为自由电子，还必须消耗一定的能量，与该能量相应的功为逸出功，即功函数（work function，W）。功函数与样品及仪器材料有关。样品的功函数（W_S）随样品而异，对样品材料结构组成、表面物理及化学性质变化特别敏感，也可用于各种表面性质的分析。因此，式（7.3）可以改写为

$$h\nu = E_{K,S} + E_B + W_S \tag{7.4}$$

式中：$E_{K,S}$ 为样品被激发出来的光电子的动能，并不等于能谱仪测得的自由电子的动能 $E_{K,SP}$；W_S 为样品的功函数，其值也可能与能谱仪的功函数 W_{SP} 不相等。

对于导电固体样品，当样品与能谱仪的电接触保持良好时，它们的费米能级相等。当电子离开样品表面进入仪器系统时，会受到 W_S 和 W_{SP} 的影响，由仪器直接测定的电子动能为

$$E_{K,SP} = E_{K,S} + (W_S - W_{SP}) = h\nu - E_B - W_{SP} \tag{7.5}$$

式中：W_{SP} 为能谱仪的功函数，每台仪器的 W_{SP} 通常是一个常数，可以通过测定已知 E_B 的导电样品的光电子能谱来确定，一般在 4~5 eV。因此，式（7.5）可以改写为

$$E_B = h\nu - E_{K,SP} - W_{SP} \tag{7.6}$$

只要用能谱仪测得光电子的动能 $E_{K,SP}$，就可以得到电子在原子轨道上以 E_F 作为基准的结合能 E_B，即该电子从原子内某壳层跃迁到费米能级所需要的能量。对于同一周期的元素，随着核电荷数增大，其原子结合能增大。如图 7.2（孟令芝 等，2009）所示，原子序数（Z）与电子结合能增大具有良好的线性关系。

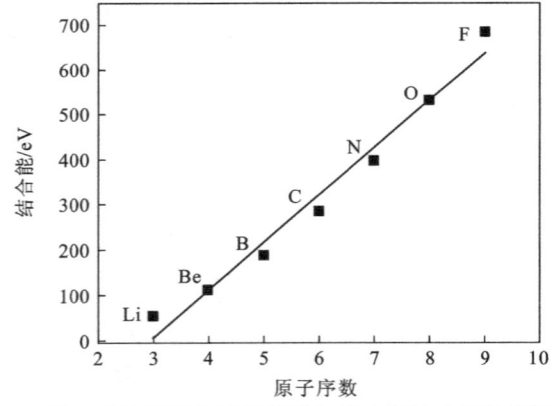

图 7.2 第 II 主族元素的原子序数与其电子结合能的线性关系

7.2.3 化学位移

在 X 射线光电子能谱中，当分子中某原子的电子能谱因其周围化学环境不同（化学结构的改变或元素价态的改变）而引起原子内层电子结合能的改变，从而使谱峰有规律的位

移，即化学位移。化学位移是元素化学状态分析的重要依据。通过对化学位移的测定，可以分析价态、原子所处的化学环境及分子结构等。除惰性元素外，所有元素都有一定的化学位移。化学位移的范围因元素不同而不同，绝大多数元素在化学状态改变时，都可以在 XPS 上产生明显位移。

内层电子一方面受到原子核强烈的库仑作用而具有一定的结合能，另一方面又受到外层电子的屏蔽作用，因而元素的价态改变或周围元素的电负性改变，将导致内层电子结合能的改变。化学位移反映了原子内层电子受价电子的影响，而价电子又受周围环境的影响。根据原子势能模型：

$$E_B = V_{核} + V_{势} \tag{7.7}$$

式中：$V_{核}$ 为核势；$V_{势}$ 为价电子排斥势，为负值。元素价态升高，即原子失去电子，价轨道留下空位，排斥势绝对值变小，核势的影响上升，使内壳层向核紧缩，结合能增大，且失电子越多，结合能增大越多；元素价态降低，即原子得到电子，排斥势绝对值变大，核对内壳层的作用减弱，使内层电子结合能减小，且得电子越多，结合能减小越多。通常随着氧化度增加，结合能逐渐增大。

化学位移也可反映与目标元素相结合的配位原子的电负性。电负性是元素的原子在化合物中吸引电子能力的标度。配位元素的电负性较大，即在化合物中吸引电子的能力越强，离子键性增强，目标元素外层电子云密度降低，对内层电子的屏蔽作用明显减小，从而导致内层电子的结合能明显升高。反之，若配位元素电负性较小，共价键性增强，目标元素外层电子云密度升高，对内层电子的屏蔽作用增强，导致内层电子的结合能明显降低。因此，分子中某原子（或基团）与不同电负性取代基相连，会导致该原子的电子结合能不同，取代基电负性越大，原子外层电子云密度越小，结合能越大。例如，电负性 $F(\chi = 4.0) > Cl(\chi = 3.0) > Br(\chi = 2.8) > H(\chi = 2.1)$，则几种卤代甲烷中 C 1s 的结合能为 $CH_3F(E_B = 293.6 \text{ eV}) > CH_3Cl(E_B = 292.4 \text{ eV}) > CH_3Br(E_B = 291.8 \text{ eV}) > CH_4(E_B = 290.8 \text{ eV})$。又如，在三氟乙酸乙酯分子中，与 4 个 C 原子结合的基团的电负性不同，C 1s 结合能也显著不同，见图 7.3（Greczynski et al.，2020；Gelius et al.，1973）。

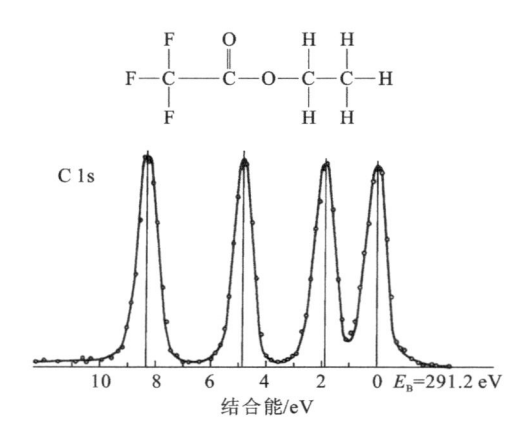

图 7.3 三氟乙酸乙酯的分子结构和 C 1s 结合能

7.2.4 XPS 信息深度

常规 X 射线光电子能谱的 X 射线源一般使用能量较低的软 X 射线激发光电子（例如，Al/Mg 的 K$_\alpha$ 线，能量为 1～1.5 keV），可以穿透 1～10 μm 的固体表层，并激发原子内壳层的电子光电离，产生的光电子在离开固体表面之前，要经历一系列的弹性散射（光电子与原子核或者其他电子相互作用时不损失能量）和非弹性散射（光电子损失能量）。发生弹性散射的光电子形成 XPS 谱主峰；非弹性散射光电子形成某些伴峰或者信号背底。具有特征能量的光电子穿过固体表面时，其强度衰减遵从指数规律。假设光电子的初始强度为 I_0，在固体中经过 dt 距离，强度损失了 dI，则有

$$dI = -I_0 \times \frac{dt}{\lambda(E_K)} \quad (7.8)$$

式中：$\lambda(E_K)$ 为一个常数，是能量为 E_K 的电子在所研究的材料中的非弹性散射平均自由程，又称电子逸出深度，与电子的动能有关。它表示在该深度产生的光电子流有 1/e 可以逃逸出来，其大小主要取决于电子的能量，与基体材料无关。一般定义 3$\lambda(E_K)$ 为 XPS 的信息深度，它与材料性质、光电子能量、样品表面和分析器的角度有关。这表明能够逃离固体表面的光电子在有限的厚度范围内：金属材料为 0.5～3 nm；无机材料为 2～4 nm；有机高聚物为 4～10 nm。

7.3 X 射线光电子能谱谱线

X 射线光电子能谱（XPS）谱图中可以观测到多种谱线，一般把强光电子线称为谱图的主线，把其他谱线称为伴线，这些伴线可以帮助解释谱图，为原子中电子结构的研究提供重要信息。XPS 谱图中横坐标用电子结合能或动能表示，直接反映电子壳层/能级结构；纵坐标用相对光电子强度，即单位时间电子计数（counts per second，CPS）表示；谱峰位置代表原子轨道中电子结合能。对照谱图上每一个峰对应的结合能，就可以分析试样表面元素组成；不同样品中同一个峰的强弱可以反映元素含量的高低。图谱中本底为韧致辐射（由非弹性散射的一次电子和二次电子产生），高结合能的背底电子多，随结合能的升高呈逐渐上升趋势，如图 7.4 所示。本节将对 XPS 图谱中各种谱线进行介绍。

7.3.1 光电子线

光电子线（photoelectron lines）是谱图中强度最大、峰宽最小、对称性最好的谱峰。每一种元素都有特征光电子线，这是元素定性分析的主要依据。一般来自同一壳层上的光电子的总角量子数越大，谱线的强度越大，常见的强光电子线有 1s、2p$_{3/2}$、3d$_{5/2}$、4f$_{7/2}$ 等。光电子线的谱线宽度来自样品元素本质信号的自然宽度、X 射线源的自然线宽、仪器及样品自身状况的宽化因素等多方面贡献的卷积。高结合能端光电子线通常比低结合能端光电子线宽 1～4 eV，绝缘体的光电子线比导体的光电子线宽约 0.5 eV。

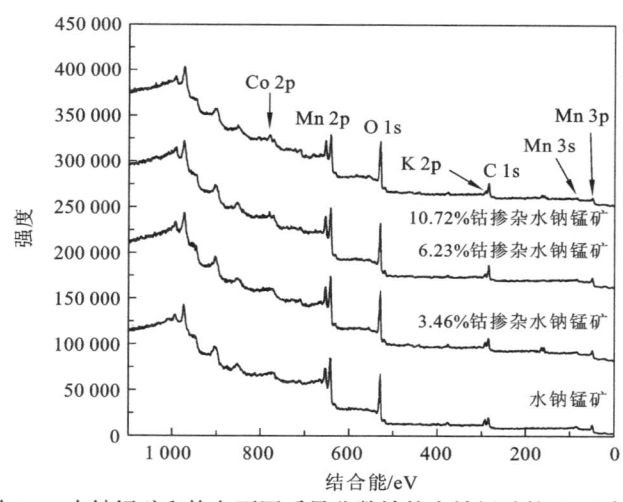

图 7.4　水钠锰矿和掺杂不同质量分数钴的水钠锰矿的 XPS 全谱

7.3.2　俄歇线

X 射线激发的俄歇线（Auger lines）多以谱线群的形式出现，与相应的光电子线相伴，且它到光电子线的距离与元素的化学状态有关。俄歇线的动能值与激发源无关。因而，使用不同激发源时，以动能为横坐标，俄歇线的能量位置不变；以结合能为横坐标，光电子线的能量位置不变而俄歇线的位置发生改变。若区分光电子线和俄歇线有困难，可以换靶。对同一样品分别采用 Mg K_α 和 Al K_α X 射线，以结合能为横坐标采谱，位置发生变化的谱线即为俄歇线。此外，俄歇线的化学位移大，而且与光电子线位移方向一致，若光电子线位移不明显，可以利用俄歇线位移对元素化学状态进行分析。几种元素化学状态发生变化时的光电子线位移和俄歇线位移见表 7.3。

表 7.3　几种元素化学状态发生变化时光电子线位移和俄歇线位移

项目	状态变化				
	Cu→Cu_2O	Zn→ZnO	Mg→MgO	Ag→Ag_2SO_4	In→In_2O_3
光电子位移/eV	0.1	0.8	0.4	0.2	0.5
俄歇线位移/ eV	2.3	4.6	6.4	4.0	3.6

7.3.3　携上线

携上线（shake up line）是光激发与光电离作用同时发生在一个原子里的现象，主要发生于 M（3d～4s）、M（3d～4p）携上过程或涉及配位体所发生的电荷转移。内层电子光电发射后的终态弛豫通常导致外层电子的激发。这种激发使 X 射线源的光子除使用较大的能量激发出内层光电子外，还有一部分能量被原子吸收，使另一壳层的电子激发到更高能级。这种过程实际上反映了光电发射后的多种终态的电子构型耦合作用。携上现象在顺磁性化合物（过渡金属、稀土元素、锕系元素）中非常普遍。携上线强度可同光电子主线相比拟，有时还可能有多条携上线出现。根据携上线离光电子主线的距离及相对强度可以进行某些元素的化学状态分析，对顺磁性化合物的分析尤其有用。以 Co 为例：当 Co 以+3 价存在时，其 Co $2p_{1/2}$ 和 Co $2p_{3/2}$ 没有携上线；而当 Co 以+2 价存在时，Co $2p_{1/2}$ 和 Co $2p_{3/2}$ 主峰高结合能端均出现携上线。样品 Co 2p 谱中出现携上线，则意味着 Co^{2+} 的存在（图 7.5）。

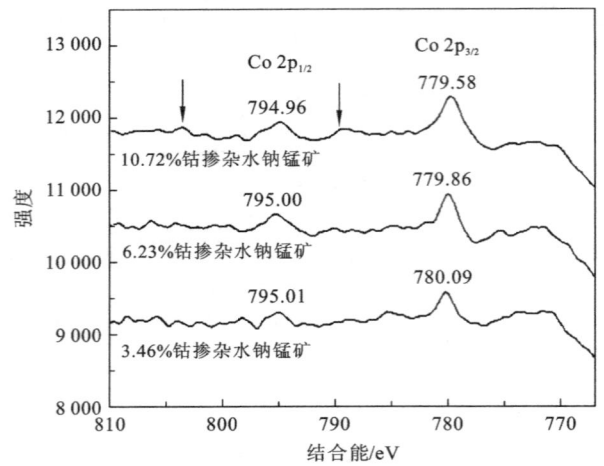

图 7.5 掺杂不同质量分数钴的水钠锰矿样品中 Co 2p 光电子能谱
箭头所示为携上线

7.3.4 多重分裂峰

多重分裂峰（multiple splitting）又称劈裂线。如果光电离产生的未配对电子与外层轨道上本就有的未成对电子自旋方向相反，将产生自旋耦合，使能量降低；如果二者自旋平行，则有较高的能量状态。光电离产生的未配对电子的自旋方向可能是顺时针方向，也可能是逆时针方向，可取两种终态，导致光电子线的多重分裂。多重分裂可发生在 s、p、d、f 轨道上，而且裂分距离常与元素种类及其化学态有关。过渡金属不同轨道的裂分距离一般只有几个电子伏特，与元素的化学状态有关，因此可利用过渡金属多重分裂峰的劈裂值来进行价态分析。例如，可利用 Mn 3s 的劈裂值进行 Mn 价态的确定，在一系列锰价态不同的 $La_{1-x}Sr_xMnO_3$ 化合物中，样品 Mn 3s 劈裂值不同；且 Mn 3s 劈裂值与 Mn 价态之间存在良好线性关系，见图 7.6（Galakhov et al.，2002）。

此外，所有分裂峰的强度都不同，一般与 $2j+1$ 成比例，例如 2 $p_{1/2}$ 与 2 $p_{3/2}$ 的强度比为 $(2 \times 1/2 + 1)$: $(2 \times 3/2+1)$ 即 1 : 2（图 7.6）。但并不是所有情况下的分裂峰强度都严格符合此规律，这是因为光电子线的强度是由多因素控制的。

7.3.5 价电子线

费米能级到结合能（binding energy，BE）为 10~15 eV 的光电子线，往往来自分子轨道或原子的价层轨道及固体能带上的光电子，被称为价电子线。它们往往因强度低和信号弱而被忽视，通常用紫外光电子能谱（UPS）作为分析价电子态的主要方法。近年来，UPS 因其在研究有机化合物的价电子谱上显著的优点而受到越来越多研究者的关注。

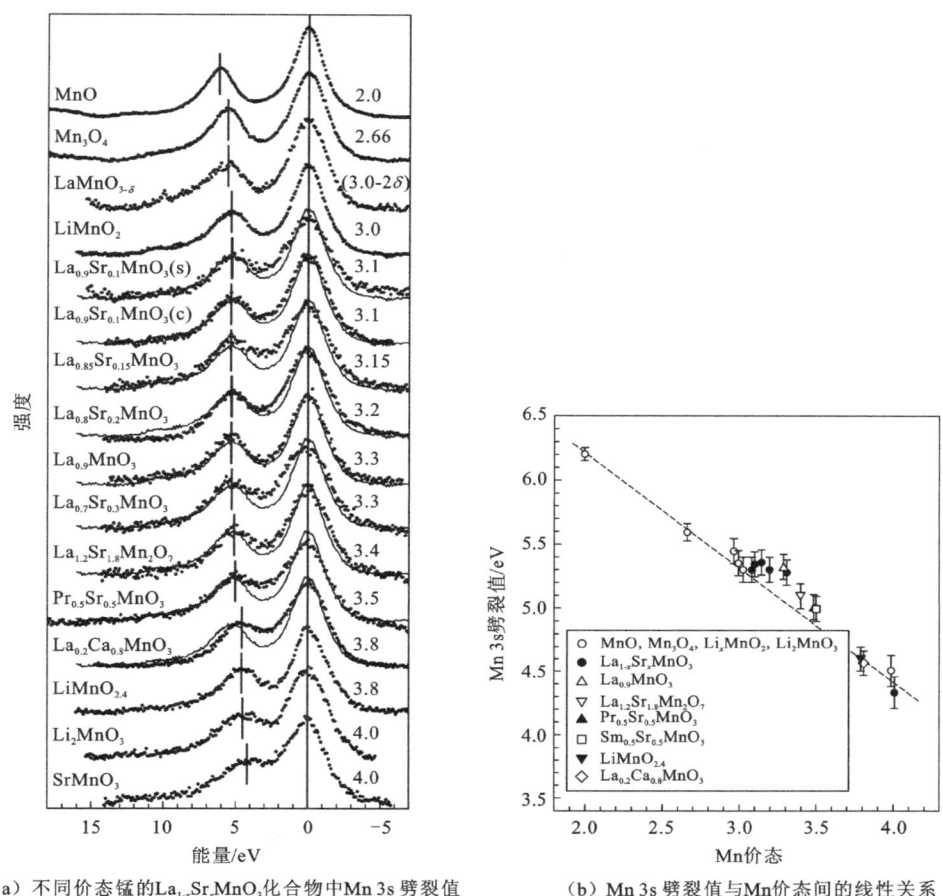

(a) 不同价态锰的La$_{1-x}$Sr$_x$MnO$_3$化合物中Mn 3s 劈裂值　　(b) Mn 3s 劈裂值与Mn价态间的线性关系

图7.6　利用 Mn 3s 的劈裂值进行 Mn 价态的确定

7.3.6　能量损失峰

对于某些材料，光电子在离开样品表面的过程中，可能与表面其他电子相互作用而损失一定能量，在 XPS 高结合能一侧出现一些伴峰，即能量损失峰（energy loss peaks）。

7.3.7　卫星峰

X 射线一般不是单一的特征 X 射线，通常使用的 Mg/Al K$_{\alpha 1,2}$X 射线里混杂有 K$_{\alpha 3,4,5,6}$ 和 K$_\beta$ X 射线，因而除 K$_{\alpha 1,2}$ 所激发的主谱外，在光电子线的低结合能端还有强度较小的卫星峰（satellite peaks）。这些卫星峰离光电子主线的距离和谱线的强度因阳极材料的不同而不同。

7.3.8　鬼峰

X 射线源阳极不纯或被污染，产生的 X 射线不纯。非阳极材料 X 射线所激发出的光电子谱线称为鬼峰（ghost peaks）。

7.4 数据采集与能量校正

7.4.1 仪器简介及测试

元素化学状态分析的准确性,除了需要信号的良好采集,还取决于谱仪能量和谱线能量的正确标定。因此,良好的仪器状态是获得高质量数据的前提和保证。电子能谱仪主要由超高真空系统、光源(激发光源、单色器)、样品室、能量分析器、检测器、记录系统等组成(图 7.7)。

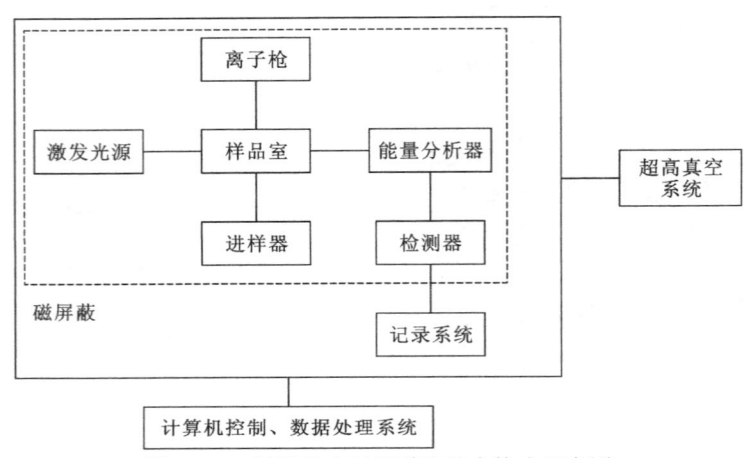

图 7.7 X 射线光电子能谱仪基本构成示意图

超高真空系统($<10^{-3}$ Pa)是进行表面分析的主要部分,除了记录系统,能谱仪其他主要部分都应与超高真空系统连接,以保证光电子在到达能量分析器并进入检测器的整个飞行过程中不与空间中的残余空气碰撞而改变自身的能量。在 X 射线光电子能谱仪中必须采用超高真空系统的原因主要有:①使样品室与分析室保持一定的真空度,减少电子在运动过程中同残留气体分子发生碰撞而损失信号强度;②降低活性参与气体的分压。因为在记录谱所必需的时间内,残留气体会吸附到样品表面,甚至有可能与样品发生化学反应,从而影响电子从样品表面上发射并产生外来干扰谱线。

X 射线源主要由灯丝、栅极和阳极靶构成。目前应用较普遍的阳极靶材料为 Al 和 Mg,因为这两种材料是理想的近单色光源,$K_{\alpha1,2}$ 射线相应的能量分别为 1.486 6 keV 和 1.253 6 keV,能量分布的半峰宽高度在 0.7~0.85 eV。它们是一条未分开的双线,是由 $2p_{3/2}$ 到 1s 和 $2p_{1/2}$ 到 1s 跃迁产生的,可满足 XPS 能谱仪的需要。要获得高分辨率的谱图,需要 X 射线单色器将能量分布范围降低至 0.3~0.4 eV。双阳极靶的灯丝与阳极分开,可防止样品中挥发性物质对阳极的污染。高能靶与低能靶连用可产生强的俄歇电子跃迁,对化学状态与深度分布的研究十分有利。

能量分析器是电子能谱仪的核心,可以精确测定电子的结合能。目前多采用静电式偏转型分析器。该分析器具有体积小、外磁场屏蔽简单、易操作等优点,其中应用最广泛的是半球形能量分析器和筒镜式能量分析器。这两类能量分析器的共同特点是在能量分析器内、外两面的电位差值一定（径向电场一定）时，只允许一种能量的电子通过。如果连续改变两面间的电位差值，就可以对通过能量分析器的电子扫描，以使不同能量的电子依次穿过径向电场，通过出口狭缝，到达检测器。

在检测器和记录系统中，被检测的电子流非常弱，一般在 $10^{-12} \sim 10^{-16}$ A/s，采用电子收集器配合静电计使用时，灵敏度低。因此，目前主要使用灵敏度高的脉冲计数电子倍增器检测，有单通道连续倍增器和多通道倍增器，其原理为当电子进入倍增器内壁并与壁表面发生碰撞，内壁具有发射性，产生倍增的二次电子，这些二次电子在沿内壁电场加速的同时，再一次与壁表面碰撞，从而产生更多的二次电子。

电子能谱仪分析的对象集中在固体样品上，样品室设在尽可能靠近射线源和电子分析器的入口狭缝处，使发射的电子以最大的效率进入谱仪的分析器。所有类型的电子能谱仪都要求发射电子进入检测器之前不与途中任何粒子碰撞，因为任何碰撞都会造成发射电子动能的改变，这就要求其在超高真空下运转。

样品可以是具有确定表面的固体、块状样品和粉末样品等。样品的制备需要结合《表面化学分析 分析样品的制备和安装方法》（GB/T 30815—2014），且在制样过程中需要注意几点：①磁性样品应进行消磁处理；②将可能会释放气体、易挥发及容易造成交叉污染元素的样品进行单独制备；③对于多孔材料或泡沫金属样品，建议压片制样；④尽量保证样品颗粒粒度小、新鲜制备且污染程度较低。由于电子能谱的信号来源于样品表面，深度<10 nm 的信息代表样品固有表面的信息，但需要对样品进行预处理。样品预处理常用的方法有真空加热法和离子溅射法。真空加热法是通过加热的方式，使耐高温的样品在高真空或超高真空条件下去除样品表面的吸附物。离子溅射又称离子刻蚀，通过气体离子束轰击样品表面，以溅射样品表面的污染物。

将制备好的样品放置在仪器制备室达到真空要求后，转移至分析室进行数据采集。一般情况下先采集宽扫描谱（全谱），并根据宽扫描谱了解样品元素组成及大致含量，为高分辨窄区扫描谱的数据采集参数设定提供参考。数据采集过程中需要注意几点：①消磁后的磁性样品数据采集应采取非磁性模式，避免对样品再次充磁；②对含量低的关键元素可适当增加扫描次数提高信噪比；③对分辨率没有太高要求的样品可通过增加通能的方式，提高数据采集的灵敏度；④针对有机样品，在确保仪器真空度无明显变差（由样品挥发导致）的前提下，尽快进行数据采集，尽量避免 X 射线辐射对样品造成损伤；⑤对 X 射线敏感的样品（光电材料），为保证样品表面电荷稳定，采集数据前用 X 射线辐照一段时间（4 min）；⑥数据采集过程中若元素间存在谱峰重叠，可通过加大数据采集范围将重叠谱峰采全，方便后续数据分析。

7.4.2 荷电效应及其消除

测试过程中，在 X 射线的照射下光电子不断从样品表面发射，造成表面电子"亏空"，金属样品可以通过传导补偿，而非导电样品或者导电效果不理想的样品表面会带正电，表面正电荷的积累会抑制电子的进一步逸出，导致动能的改变和谱峰的变宽，这种现象称为荷电效应。消除荷电效应的方法主要有消除法和校正法。消除法有电子中和法和超薄法。校正法有外标法和内标法，外标法包括污染碳外标法、镀金法、石墨混合法、氩气注入法；

内标法有内标法和二次内标法。每种方法各有利弊，这里简单介绍电子中和法和污染碳外标法。电子中和法是确保导电样品与谱仪金属部分之间电接触优良，通过谱仪消除荷电；绝缘体需要用一个附加的低能电子枪中和样品表面的正电荷。该方法可以使谱峰的半峰宽达到最小值，分辨率显著提高。污染碳外标法就是把样品放置在谱仪的分析室内，在 10^{-6} Pa 低压下，让缓慢出现的泵油挥发物的碳氢污染在数小时内均匀地覆盖一层，直到产生明显的 C 1s 信号。通过对 C 1s 结合能的偏移进行样品元素谱图结合能的校正。影响污染碳 C 1s 结合能的因素很多，如污染层中碳的状态和厚度、底材的性质、样品的制备及表面处理，以及谱仪能标的准确性等。因此虽然使用污染碳 C 1s 校正荷电效应使用广泛，但仍存在一些争议。这主要是由于碳的结构性质不明确、非导体的费米能级不确切、样品自身具有强氧化性、C 1s 峰强度太小及样品表面荷电不均匀等。

7.5 X射线光电子能谱的应用

7.5.1 元素定性分析

所有元素内层能级的光电子线都具有唯一性，原则上可以准确地标识各种元素。因此，可以由实测的光电子能谱结合各组成元素的标准光电子能谱，找出各谱线的归属，确定组成元素，从而实现对样品进行定性分析。图 7.4 为采用污染 C 1s 进行能量校正后钴掺杂水钠锰矿的 XPS 全谱，根据各峰的结合能值可以确定其归属元素。分析表明，该系列样品中含有 Co、Mn、O、K 等元素；其中位于 780 eV 附近峰为 Co 2p 峰，且随着样品中钴含量的增加，该峰强度逐渐增加。

7.5.2 元素定量分析

通过测量光电子峰的信号强度可对元素进行定量分析，这是由于信号强度与样品元素含量之间具有一定的相关性。XPS 定量分析的关键是将检测到的信号强度（即峰面积）转变为元素含量。对于同一种元素，谱峰强度大小能直接反映元素浓度或含量的多少；但对于不同元素，谱峰强度不能直接表示出含量的关系，因为谱峰强度并不以简单的比例关系反映样品的浓度。影响峰强度的因素相当复杂，归纳起来有光电子谱仪、光电离过程和样品的性质三个方面。光电子谱峰强度则为上述多个因素的卷积。常见 XPS 定量分析方法有理论模型法、标样法、元素灵敏度因子法等，其中应用最广泛的是元素灵敏度因子法。

元素灵敏度因子法是一种半经验的相对定量法，通常以某一元素的谱峰作为标准，其他谱峰均以此峰作为参照，其计算公式为

$$C_i = \frac{I_i / S_i}{\sum_{1}^{m} I_i / S_i} \quad (7.9)$$

式中：C_i 为待测元素原子 i 的浓度；m 为样品中元素的个数；I_i 为对应元素的谱峰面积；S_i 为对应元素的灵敏度因子。通常是以 F 元素的 1s 轨道谱峰强度等于 1 作为参考标准计算出

相对灵敏度因子。Wanger 等（1979）对 62 种元素的 135 种化合物进行 XPS 测试并进行统计处理，建立了相对原子灵敏度因子的数据表，被广泛采用。

假设某一试样中两个元素 i 和 j，若已知它们的灵敏度因子 S_i 和 S_j，测出各自特定谱线强度（面积）I_i 和 I_j，则样品中各元素原子的相对含量或原子比为

$$\frac{n_i}{n_j} = \frac{I_i/S_i}{I_j/S_j} \tag{7.10}$$

由此可以看出，XPS 定量分析是一种半定量的结果，即得到相对含量而不是绝对含量。另外，在定量分析中必须注意，XPS 给出的相对含量也与谱仪的状况有关。因为不仅各元素的灵敏度因子不同，X 射线光电子能谱仪对不同能量光电子的传输效率也是不同的，并随谱仪受污染程度而改变。XPS 仅提供数十纳米厚的表面信息，不能反映体相成分。样品表面的 C、O 污染及吸附物的存在也会大大影响定量分析的可靠性。

以 MoS_2 材料中元素定量分析（Ganta et al., 2014）为例。XPS 全谱（图 7.8）表明样品表面主要存在 Mo、O、C 和 S 4 种元素。对各元素特征峰进行窄区谱分析，计算各自的峰面积，利用灵敏度因子，代入式（7.9）即可计算得到 4 种元素的摩尔分数，结果如表 7.4 所示。

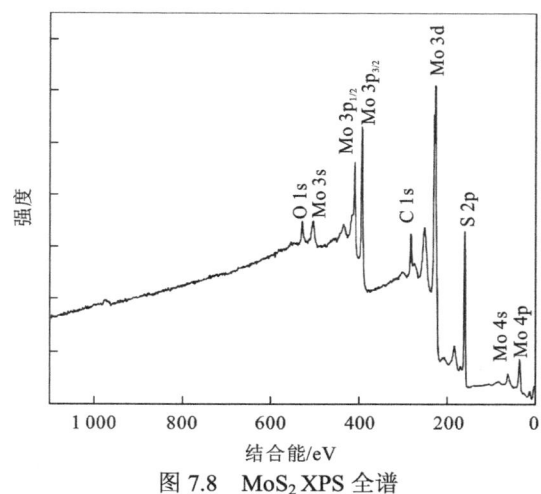

图 7.8 MoS_2 XPS 全谱

表 7.4 MoS_2 样品中 O、Mo、C 和 S 的定量分析

元素	谱线	峰面积	灵敏度因子	摩尔分数/%
O	O 1s	217.2	0.780	3.51
Mo	Mo 3d	6 527.2	3.321	28.20
C	C 1s	310.2	0.278	15.70
S	S 2p	2 371.9	0.668	52.60

注：因修约加和不为 1

7.5.3 元素价态分析

原子的内层电子结合能会随着周围环境的不同（与之结合的元素种类不同或原子具有不同的化学价态等）而在谱图上表现出化学位移，因此当配位原子种类相同时，可以根据

化学位移来确定元素的价态。除少数元素外，几乎所有的元素都存在化学位移，且同一元素不同化学态的化学位移较明显，从而可对其化学态进行准确鉴定。但还有一些元素化学位移较小，根据 XPS 结合能不能有效地进行化学价态分析，在这种情况下，可以从线形及伴峰结构进行分析，从而获得化学价态信息。但是该方法需要元素不同价态的标准图谱。将样品元素的窄区扫描谱与标准谱图做对比，可以确定元素化学价态。以 Co 价态分析为例：已知 CoOOH $2p_{3/2}$ 结合能值为 780.20 eV，而 $Co(OH)_2$ $2p_{3/2}$ 结合能值为 781.00 eV，Co 含量分别为 3.46%和 6.23%的水钠锰矿样品中，Co $2p_{3/2}$ 结合能值为 779.98 eV。这表明这两个样品中 Co 以+3 价存在。而 Co 含量为 10.72%的水钠锰矿样品，其 Co $2p_{3/2}$ 结合能值与 Co(III)偏离较远。此时，可进一步利用 Co $2p_{1/2}$ 和 Co $2p_{3/2}$ 的劈裂值进行 Co 价态的确定。CoOOH 中 Co $2p_{1/2}$ 与 Co $2p_{3/2}$ 劈裂值为 15.10 eV，而 $Co(OH)_2$ 中劈裂值为 15.90 eV。在低含量 Co 掺杂水钠锰矿样品中，劈裂值为 15.03 eV，进一步证实 Co 以+3 价存在；而随着 Co 含量增加，劈裂值增加到 15.38 eV，说明在高 Co 含量样品中，部分 Co 以+2 价存在，结果见图 7.5 和表 7.5。

表 7.5　掺杂不同质量分数钴的水钠锰矿样品 Co 2p 结合能值　　（单位：eV）

样品	Co $2p_{3/2}$	ΔBE（Co $2p_{1/2}$−Co $2p_{3/2}$）
3.46%钴掺杂水钠锰矿	780.09	14.92
6.23%钴掺杂水钠锰矿	779.86	15.14
10.72%钴掺杂水钠锰矿	779.58	15.38
CoOOH[a]	780.20	15.10
$Co(OH)_2$[a]	781.00	15.90

注：a 数据引自文献 Crowther 等（1983）

7.5.4　元素赋存形态定量分析

元素多种价态对应的某一光电子主峰结合能值相近导致各峰重叠，或某一元素虽然价态不变，但以多种状态存在导致其光电子主峰不对称，直接分析存在困难。此时，可进行退卷积多峰拟合处理，以获得元素不同价态或不同赋存形态的相对含量。为确保准确性，分峰拟合需要遵循的原则有：①各价态或化学状态结合能值的确定，可采用理论计算值或标准价态物质分峰拟合结果。②半峰宽设定等需遵循基本物理意义，同种元素不同价态光电子线的半峰宽应接近，且氧化物的半峰宽一般略大于单质（一般情况下，半峰宽不大于 2.7 eV）（丁小艳 等，2020）。在分峰拟合过程中应根据物理意义和样品其他信息，对拟合参数进行约束，尽量减少变量。

下面以水合氧化锰矿物表面 O 1s 窄区谱分析确定矿物表面 O 赋存形态为例进行说明。由图 7.9 可见，水钠锰矿 O 1s 峰不对称，这说明氧以多种状态存在。在水钠锰矿（分子式为 $K_{0.15}MnO_{2.01} \cdot 0.56H_2O$）结构中，O 主要与锰离子配位形成[$MnO_6$]八面体，构成锰氧八面体层骨架，即以晶格氧（$O^{2-}$）形式存在；在[$MnO_6$]八面体中心 Mn 缺失的空位处和层边面位点处，不饱和氧原子会与质子配位形成羟基氧（OH^-）。此外，在水钠锰矿样品中还存在大量水分子，包括物理吸附水、化学吸附水、层间水和以弱静电作用与矿物表面接触的水等（Knipe et al.，1995）。因此，O 1s 峰形的不对称可归结为多种状态氧的存在，其主峰、肩峰和拖尾峰分别对应 O^{2-}、OH^- 和水分子中氧。过渡金属离子（Al^{3+}）的引入显著改变了 O 1s 峰形，如使肩峰强度增加，这说明 Al^{3+} 的引入使水钠锰矿表面羟基氧含量显著增加。

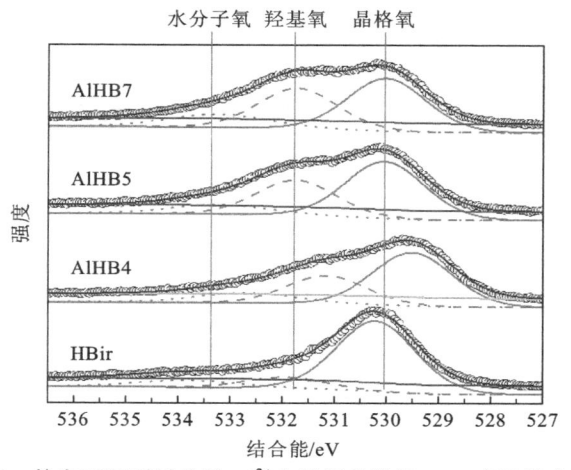

图 7.9　掺杂不同质量分数 Al^{3+} 水钠锰矿样品 O 1s 多峰拟合图谱

圆圈为实验谱，红色粗实线为最佳拟合谱，灰色粗实线为背景谱；下方绿色实线、划线和点线分别为晶格氧（O^{2-}）、羟基氧（OH^-）和水分子氧（H_2O）拟合谱；扫封底二维码见彩图

为了对 Al 掺杂氧化锰矿物表面各种状态氧含量定量分析，采用表 7.6 所列参数对各样品 O 1s 谱进行多峰拟合。拟合结果表明，随着 Al 含量的增加，水钠锰矿晶格氧含量逐渐减小，而羟基氧含量逐渐增加。当水钠锰矿中 Al 与 Mn 物质的量比值分别为 0、0.04、0.05 和 0.07 时，矿物羟基氧的原子百分比分别为 12%、30%、34% 和 37%。这主要有多方面的原因：①Al^{3+} 具有较高的离子势，对 OH^- 的亲和能力更强，这也是导致 Al 替代针铁矿表面 OH^- 含量增加的重要原因；②Al 的引入使水钠锰矿颗粒显著减小，边面位点增多，从而使 OH^- 含量增加。

表 7.6　掺杂 Al 水钠锰矿样品 O 1s 谱拟合参数及结果

样品	赋存状态	结合能/eV	半峰宽/eV	原子百分比/%
HBir	O^{2-}	530.21	1.85	78
	OH^-	531.93	1.85	12
	H_2O	533.85	2.40	10
AlHB4	O^{2-}	529.51	1.85	57
	OH^-	531.16	1.85	30
	H_2O	532.70	2.40	13
AlHB5	O^{2-}	530.05	1.85	54
	OH^-	531.75	1.85	34
	H_2O	533.20	2.40	12
AlHB7	O^{2-}	530.02	1.85	48
	OH^-	531.73	1.85	37
	H_2O	533.25	2.40	15

7.5.5 化合物结构分析

根据样品表面元素化学环境的不同，XPS 可以进行物质结构分析。图 7.10（Lei et al.，2014）所示展示了利用 XPS 分析石墨颗粒和石墨-二氧化钛复合物表面 C 1s 的化学位移。结果表明，石墨颗粒和石墨-二氧化钛复合物中的 C 以 C—C=C、C—O、C=O、O—C=O 4 种形式存在。与石墨颗粒相比，石墨-二氧化钛复合物中含氧碳的峰明显下降甚至消失，表明在制备复合物的过程中，石墨颗粒逐渐被还原。

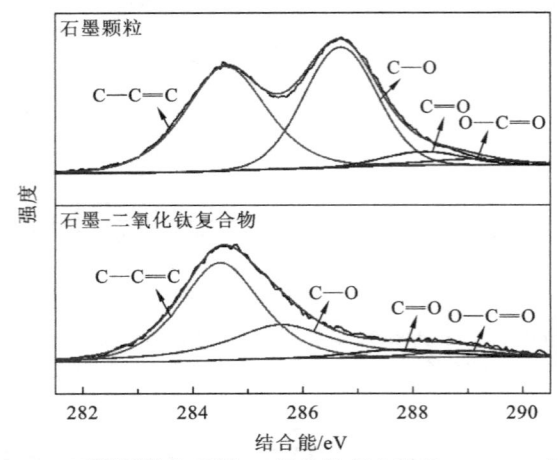

图 7.10　石墨颗粒和石墨-二氧化钛复合物的 C 1s XPS 图谱

扫封底二维码见彩图

参 考 文 献

丁小艳, 武晓, 娄金分, 等, 2020. X 射线光电子能谱测定元素化学态的常见问题探讨. 广州化工, 48: 85-87.

孟令芝, 龚淑玲, 何永炳, 2009. 有机波谱分析. 武汉: 武汉大学出版社.

殷辉, 2013. 几种过渡金属与六方水钠锰矿的相互作用. 武汉: 华中农业大学.

CROWTHER D L, DILLARD J G, MURRAY J W, 1983. The mechanisms of Co(II) oxidation on synthetic birnessite. Geochimica et Cosmochimica Acta, 47: 1399-1403.

GALAKHOV V R, DEMETER M, BARTKOWSKI S, et al., 2002. Mn 3s exchange splitting in mixed-valence manganites. Physical Review B, 65: 113102.

GANTA D, SINHA S, HAASCH R T, 2014. 2-D material molybdenum disulfide analyzed by XPS. Surface Science Spectra, 21: 19-27.

GELIUS U, BASILIER E, SVENSSON S, et al., 1973. A high resolution ESCA instrument with X-ray monochromator for gases and solids. Journal of Electron Spectroscopy and Related Phenomena, 2: 405-434.

GRECZYNSKI G, HULTMAN L, 2020. X-ray photoelectron spectroscopy: Towards reliable binging energy referencing. Progress in Materials Science, 107: 100591.

KNIPE S W, MYCROFT J R, PRATT A R, et al., 1995. X-ray photoelectron spectroscopic study of water adsorption on iron sulphide minerals. Geochimica et Cosmochimica Acta, 59(6): 1079-1090.

LEI M, WANG N, ZHU L H, et al., 2014. A peculiar mechanism for the photocatalytic reduction of decabromodiphenyl ether over reduced graphene oxide-TiO$_2$ photocatalyst. Chemical Engineering Journal, 241: 207-215.

PAUL V D H, 2012. X-Ray photoelectron spectroscopy: An introduction to principles and practices. Hoboken: John Wiley & Sons.

WANGER C D, RIGGS W M, DAVIS L E, et al., 1979. Handbook of X-ray photoelectron spectroscopy. Eden Prairie: Pekin-Elmer Corporation, Physical Electronics Division.

YIN H, KWON K D, LEE J Y, et al., 2017. Distinct Effect of Al^{3+} doping on the structure and properties of hexagonal turbostratic birnessite: A comparison with Fe^{3+} doping. Geochimica et Cosmochimica Acta, 208: 268-284.

第 8 章　二次离子质谱

　　土壤、沉积物、气溶胶、生物膜等大部分固相环境介质都具有高度空间和化学异质性，在微米、纳米甚至亚纳米尺度上产生了一系列的微环境。这些微环境对界面上发生的化学、生物学过程产生选择压力，最终影响物质和能量流动的方向和进程。通过传统化学分析方法获取的环境样品组成和含量的平均信息可以帮助我们了解体系的整体动态，但是这些信息却无法提供不同类型微观界面上的反应过程。因此，在高空间分辨和元素组成分辨下"看清"环境介质中不同物质的分布和动态变化，可以帮助我们理解微尺度下不同界面上的生物地球化学过程，将环境领域的"黑箱"逐渐变成"白箱"。同时具备空间分辨和物质鉴别能力的技术较少，其中二次离子质谱（secondary ion mass spectrometry，SIMS）是一种重要的表面分析手段，可在微纳尺度上提供材料的元素、同位素和物质组成等空间分布信息，已经广泛应用于化学、环境科学、生命科学、地球科学等领域，推动了环境界面化学相关研究的进展。

8.1　概　　述

8.1.1　发展历程

　　二次离子质谱的发展历史可追溯至 1910 年，Thomson 在研究电子的波粒二象性时，在金属盘的电子管中发现了离子效应。随着 20 世纪 40 年代真空技术的进一步发展，Herzog 和 Viehböck 首次将二次离子与质谱分析结合起来，标志着二次离子质谱方法的诞生。20 世纪 60 年代，法国的 Castaing 和 Slodzian 提出了利用发射的二次离子进行显微分析的设想，他们用氩作为初级离子束，发展出可用于微区分析的二次离子质谱仪。基于这项技术，法国 Cameca 公司开发出首台商业化离子探针 Cameca IMS 300。同一时期，美国国家航空航天局的 Liebel 和 Herzog 开始真正利用 SIMS 分析月球岩石样品，获得了样品中从氢到铀所有元素的空间分布。20 世纪 80 年代初，澳大利亚国立大学制造出首台具有大型磁场和电场的高灵敏度高分辨率离子探针（sensitive high resolution ion micro-probe，SHRIMP），提高了分辨率和传输效率，该仪器推动了地质领域微区 U-Pb 年代学的发展。SHRIMP 系列产品也发展了具有 Cs^+ 一次离子源和多接收器功能的产品，升级到 SHRIMP II/MCe。20 世纪 90 年代中期，Cameca 公司研制出 Cameca IMS-1270 大型离子探针，它增加了用于激发负离子的 Cs^+ 一次离子源和二次离子的多接收装置，除 U-Pb 年代学分析外，还能进行 H、C、O、S 等稳定同位素分析。在此基础上，近 20 年逐渐升级到 IMS-1280/1280HR/1300-HR^3 等型号，仪器更具操作性，分辨率和传输效率也得到提高。20 世纪 90 年代初，法国南巴黎大学 Slodzian 又提出纳米离子探针的概念，Cameca 公司在此基础上设计出纳米二次离子质谱（nano secondary ion mass spectrometry，NanoSIMS），因离子光路的共轴设计，它使微区原位分析的空间分辨率从微米级突破性地提高到纳米级。目前 Cameca NanoSIMS 50L 是动态 SIMS 最新一代的离子微探针仪器（李秋立 等，2013）。

与 NanoSIMS 相比，静态飞行时间二次离子质谱（time of flight secondary ion mass spectrometry，ToF-SIMS）电离能量较为温和，产生的碎片离子具有较高的质量数。ToF-SIMS 质量分析器为飞行时间质量分析器，根据二次离子飞行时间来判断离子种类，可获得较多分子峰信息（李展平，2020）。Stephens 于 1946 年提出 ToF-SIMS 装置的概念。1981 年，Chait 和 Standing 将飞行时间装置与二次离子质谱结合，使其灵敏度得到大幅提高。随着多种离子源的开发，ToF-SIMS 一次离子束的束斑直径不断下降。2019 年，德国 ION-TOF GmbH 公司使用改进的 Bi 液态金属离子枪，实现了 50 nm 的横向空间分辨率。近些年虽然 ToF-SIMS 的质量分析器的原理没有变化，但是利用串联质谱和超宽范围动态检测技术进一步提高了质量分辨率。目前 ToF-SIMS 的生产厂家主要有德国的 ION-TOF 公司、日本的 ULVAC PHI 公司及英国的 Kore 公司。商品化的仪器主要是 ION-TOF 的 SIMS 和日本真空技术株式会社旗下的 TRIFT 系列产品。

半个世纪以来，二次离子质谱领域在仪器开发和应用方面均保持着快速增长的趋势。然而，该仪器的制造集成了离子光学系统、离子产出和收集、智能电控、电真空等方面最顶尖技术，难度大，成本高。目前 ToF-SIMS 的市场价格在千万元左右，而 NanoSIMS 的价格更高达数千万元，昂贵的价格导致仪器的装配数量并不多。同时，SIMS 仪器维护较为复杂，样品制备等过程对技术要求也比较高，一般需要专业技术人员操作，这也制约了 SIMS 的广泛应用。据估计，国内各高校及科研院所用于科学研究的 SIMS 仅有二十多台，NanoSIMS 更是屈指可数。1977 年在德国明斯特召开了第一届国际 SIMS 会议，中国也于 1993 年在清华大学举办了第一届 SIMS 会议。虽然起步较晚，我国科学家利用二次离子质谱在地球科学、生命科学等领域仍然取得了较丰硕的成果。近年来，我国在仪器研发和应用研究方面的投入越来越大，启动了国家重大科研仪器研制项目，相信不久的将来我国将拥有自主知识产权的 SIMS 仪器。

8.1.2 基本原理

二次离子质谱的基本原理为利用一次离子束（如 Cs^+、O^-、Bi_3^+ 等）轰击靶物质，与靶物质中的原子发生弹性散射、电离、离子溅射等过程。一次离子轰击过程会产生多种带正负电荷的二次离子，利用电场收集这些发射的离子产物，通过质量分析器后进入检测器记录离子的荷质比，获得靶物质样品表面物质组成的信息。将一次离子束聚焦成微米至纳米级的束斑，在样品表面进行光栅扫描就可以实现元素组成的空间分布分析；或者利用直接成像型离子显微镜，借助一组离子光学透镜，也具备点对点的显微成像功能。SIMS 集成了离子光学系统、离子产出和收集、电真空等方面最顶尖的技术，由离子源、质量分析器、真空系统等关键部件组成。从功能上可分为 4 部分，包括一次离子产生及聚焦光路、二次离子产生及传输光路、质谱仪和信号接收系统，如图 8.1（Herrmann et al.，2007）所示。

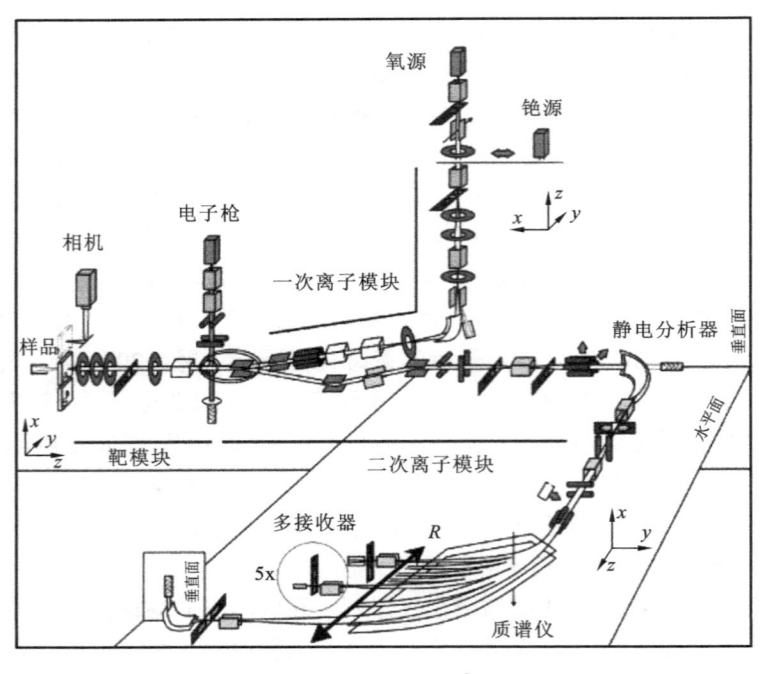

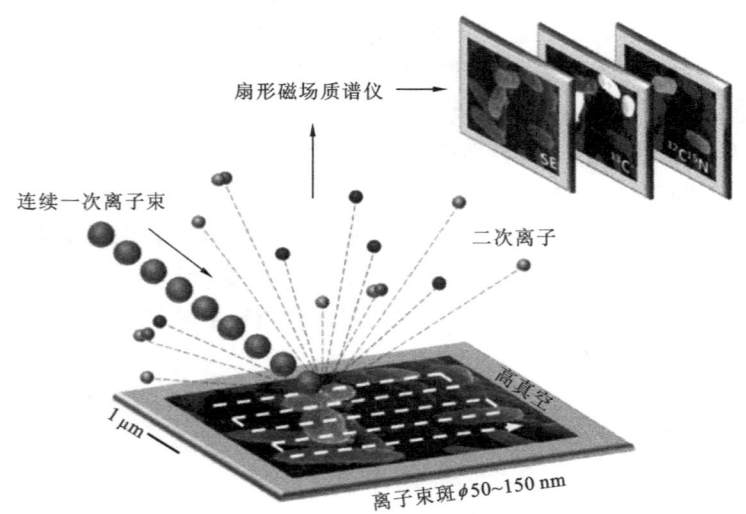

图 8.1　二次离子质谱结构和分析原理示意图

结构包含一次离子源、静电分析器、质量分析器和离子信号检测系统；分析原理包括一次离子源轰击样品、二次离子检测及数据分析过程

根据离子源和质量分析器的区别，二次离子质谱可分为动态二次离子质谱和静态二次离子质谱。动态二次离子质谱又称 NanoSIMS，利用聚焦的离子束以连续方式轰击样品表面，溅射产生低质量数的离子碎片，获得亚微米级甚至纳米级元素及同位素分布的信息。静态二次离子质谱，如 ToF-SIMS，分析过程中一次离子束以脉冲方式轰击样品表面，一般对样品表面的 1~2 个原子层（<1 nm）进行分析，可提供样品浅层表面信息。ToF-SIMS 的优点在于利用一个初级粒子束的脉冲就可以得到一个全谱，实现多种离子同时检测。随着多种分析需求和新技术的发展，SIMS 已从最早的一次离子束发展出快速原子轰击、激

· 170 ·

光解吸电离等多种电离技术。快速原子轰击是用中性粒子作为一次束；激光解吸电离和基体辅助激光解吸电离利用激光束作为一次探测束；溅射中性粒子质谱首先产生中性粒子，再用电子束、射频放电及激光等方式进行后电离。结合环境科学领域的应用情况，本章重点介绍离子溅射电离技术。

8.1.3　离子源

二次离子质谱的一次离子束系统由离子源、偏转磁场、多组透镜和光阑等部件组成。在真空中，由离子源提供的一次离子通过电场加速、质量筛选和聚焦形成带有几千甚至几兆 eV 的一次离子束。利用一次离子束轰击样品表面，激发出二次粒子，包括中性原子、离子、电子、分子等。其中二次离子的产额约为 1%，利用质量分析器检测这些二次离子，就可以得到样品表面物质组成的信息。不同类型的一次离子束可导致不同的二次离子产率、横向分辨率、深度分辨率、刻蚀坑洞的微观形貌及溅射速率等，进而影响分析结果。对于同一离子源，一次束聚焦能力决定横向分辨率，能量决定深度分辨率，入射角度影响溅射产额，束流密度影响溅射速率。二次离子的产额主要受样品中待测物质含量和离子化效率控制。在微量元素分析和生物大分子分析时，由于单位体积内待测物质数量有限，只有通过提高离子化效率，才能在足够小的空间范围内获得足够多的二次离子，用于后续分析。改进的 Kollmer 方程指出了 SIMS 横向分辨率 L 与信噪比 s 之间的正相关关系：

$$L(d) = s\sqrt{\frac{A}{\sum_0^d I}} \tag{8.1}$$

式中：I 为信号强度；A 为束斑面积；d 为探测深度。因此在分析时需要综合考量样品中待测物质含量、探测深度、离子化效率等，以便在可接受信噪比的条件下实现最佳的空间分辨率。

离子源的选择需要根据分析目的而定。在研究有机质结构组成时，需要尽可能保持有机分子的完整结构，因此优先采用软电离的一次离子；而研究同位素组成及分布时，需要尽可能提高二次离子产额，以获得更高的信噪比。常见离子源包括 Ga^+、Au_n^+（$n=1\sim5$）、Bi_n^+（$n=1,3$）、C_{60}^+、Ar_n^+、O^-、Cs^+ 等。

液态金属离子枪技术于 20 世纪 90 年代逐渐发展起来。这一技术基于场致发射理论和电气流体力学理论，在尖端为微米数量级的发射体外表面或内表面附着一层液态金属薄膜，通过外加电场，尖端顶上的液膜产生凸出锥体，使尖端液态金属发射出离子。液态金属离子枪具有发射离子流强度大、易于聚焦和使用寿命长的优点。基于这一技术，2000 年前后开发的 Au 液态金属离子枪，能提供 Au^+、Au_3^+ 一次离子束；2003 年开发的 Bi 液态金属离子源，能提供 Bi^+、Bi_3^+、Bi_3^{++} 一次离子束。Bi_n^+ 的优点在于其较高的二次离子产率及空间分辨能力。Bi^+ 一般适用于无机样品及小分子样品的分析，而 Bi_3^+ 更适用于较高分子量有机物及生物分子的分析。利用 Bi_3^+ 离子束，可实现 300 nm 的横向空间分辨率。液体金属离子枪主要产生小质量碎片的二次离子，不利于有机质结构分析。团簇离子源可使 SIMS 产生二次离子的质荷比更高，甚至可获得有机大分子的准分子离子，对生物和有机体系的研究具有重要意义。2003 年，日本的 Toyoda 等开始研究 Ar_n^+ 团簇，Ar_n^+ 团簇可包含上千个氩原子，其离子半径可以通过增加或减少氩原子数目进行调控，既可作为溅射源用于生物样品的溅射剥离，也可作为分析源进行表面分析。同一时期，C_{60}^+ 离子束也得到发展，在探测深度 100 nm 的情况下，C_{60}^+ 离子束可以获得 100 nm 横向分辨率，显著优于目前常用的 Bi_3^+ 离子束。

目前商品化 NanoSIMS 主要配备有氧源和铯源。铯源由热电离产生，有沸石铯源、碳酸铯源及钨铯源等。在高电压作用下，Cs^+ 从离子枪内射出，在透镜的作用下进行聚焦，可获得 50 nm 的横向分辨率。正电荷的 Cs^+ 有利于产生负的二次离子，因此常用来探测电负性元素，如 C、O、P、S 等。氧源是指通过用高压电子束轰击氧气后形成等离子态的一次离子，包括 O^-、O_2^- 及 O^+，常用的一次离子主要为负氧离子。氧源有利于产生正的二次离子，常用来分析正电性元素（如金属、碱金属等），横向分辨率可达 150 nm。为了进一步提高氧源的空间分辨能力，近年来发展了射频等离子体氧源，其横向空间分辨率可达 37 nm（图 8.2）。同时，与传统双等离子管氧源相比，射频等离子体氧源对正电元素的灵敏度也提高了 5～45 倍（Malherbe et al.，2016）。

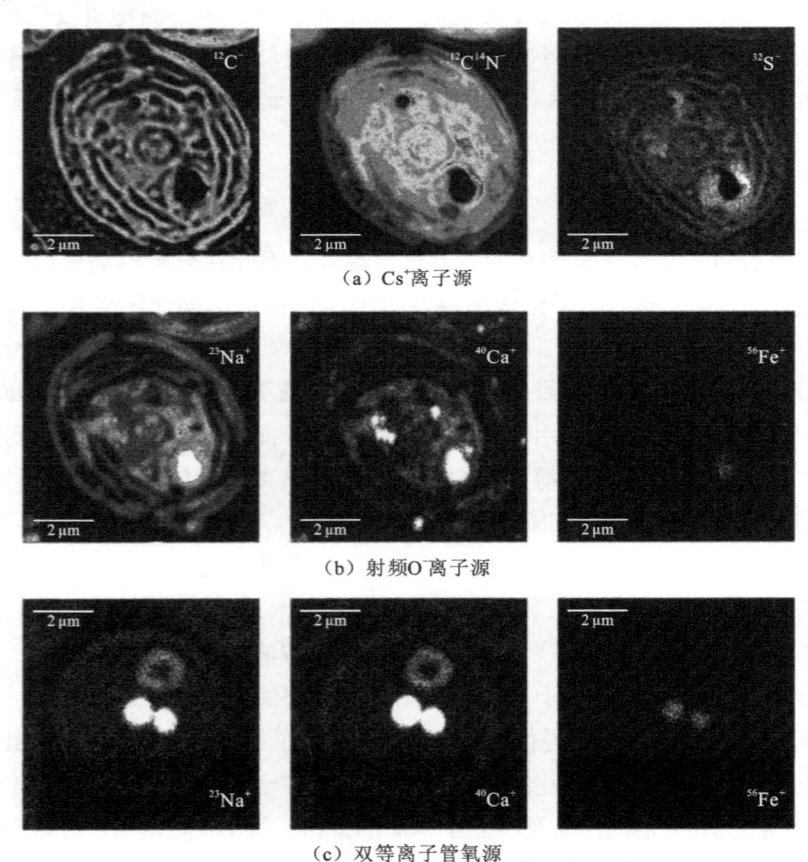

（a）Cs^+ 离子源

（b）射频 O^- 离子源

（c）双等离子管氧源

图 8.2　不同离子源下的莱茵藻细胞成像的横向分辨率比较

扫封底二维码见彩图

8.1.4 质量分析器

质量分析器位于离子源和检测器之间，其作用是将二次离子变为有序的离子束，按照质荷比的顺序进行排序或分离，用于后续检测器的检测。质量分析器是质谱仪的核心组成部件，决定了仪器能够检测的离子质量范围和质量分辨率。商品化的质谱仪通常根据质量分析器的种类命名，足以显示其在质谱仪中的重要地位。常见的质量分析器有：双聚焦磁场、四极杆、离子阱、飞行时间、傅里叶变换离子回旋共振等（表 8.1）。质量分析器重要的性能指标为质量分辨率，是指质谱仪区分两个质量相近（质量差为 Δm）离子的能力。质量分辨率越高，区分质荷比接近离子的能力越强。对于 C 同位素测量，需要约 3 000 的质量分辨率来分离与 ^{13}C 重叠的 $^{12}C^1H$ 峰；而分离 $^{13}C_2^-$ 和 $^{12}C^{14}N$ 离子峰需要约 7 200 的质量分辨率。目前用于检测离子溅射二次离子的商用质谱主要有双聚焦磁质谱和飞行时间质谱（ToF-MS）；其他更高质量分辨率的 SIMS，如离子阱 SIMS（Orbi-SIMS）也处于发展阶段。

表 8.1 几种常见质量分析器性能指标

质量分析器类型	测定参数	质荷比 m/z	质量分辨率	特点
飞行时间	离子飞行时间	>100 000	>10 000	测定离子质量范围宽，扫描速度快，分辨率灵敏度高
扇形磁场	动量/电荷	20 000	>10 000	分辨率高，分子量测定准确
四极杆	质荷比大小过滤	3 000	2 000	体积小，适合不同离子源，易于切换
离子阱	共振频率	2 000	2 000	体积小，价格低，适合多级质谱
傅里叶变换离子回旋共振	共振频率	10 000	100 000	超高分辨率，适合多级质谱，造价高

扇形磁场质量分析器是历史上出现最早的质量分析器。它利用不同质荷比的离子在磁场空间中的回旋半径不同对离子进行质量分离和排序。分析过程中离子束经过电场加速后穿过狭缝进入磁场，不同质荷比的特征离子在磁场中以不同的曲率半径偏转运动，曲率半径越大，质荷比越高。这样，离子的质量数可以通过不同位置的检测器得到，用于定性分析；检测器给出信号的大小可以代表离子数量，用于定量分析。双聚焦磁质谱同时采用了静电分析器和磁分析器，静电分析器将具有不同质量但能量相同的离子聚焦；磁分析器采用扇形磁场，具有方向聚焦、质量色散和能量色散的能力，将质量相同的离子聚焦。双聚焦磁分析器的优点是可以提供精确的质量数信息、分辨率的高低与离子质量大小无关、重现性良好等。这种质量分析器最高质量分辨率大于 20 000，在质量分辨率 5 000 的条件下，其离子传输效率仍可达 90%以上。SHRIMP、Cameca 系列产品均采用了这种类型的质量分析器。

飞行时间质量分析器的主要组成部分是一个没有磁场和电场的离子漂移管，被加速的离子在漂移管中做无场飞行，由于质量数不同，其在漂移管中飞行的时间也有所不同。对于初始动能相同的离子，质量数越大，在漂移管中飞行的时间越长，质量数越小，到达接收器的时间越短，根据这一原理就可以把离子按不同质量数分开。通过延长漂移管或让离子做折返运动的方式，可以延长离子飞行时间，从而提高质量分辨率。因为质量数高的离子速度慢，飞行时间长，更容易测量准确，所以 ToF-MS 对测定大分子物质有明显优势。

此外，ToF-MS 具有结构简单、不需要任何外加电场、扫描速度快、质量数测定上限高等优点，得到了广泛的应用。

8.1.5 检测器

经由质量分析器筛选后的目标离子最终到达检测器，检测器的作用是将得到的目标离子转化为电子。打在检测器上的离子流产生与其丰度成正比的信号，但这部分离子的数量有限，需要放大后才能得到足够的信号响应。电子倍增器是一类常见的检测器，放大倍数通常在 $10^5 \sim 10^8$。电子在检测器内部的作用时间很短，可以实现高灵敏度、快速检测。如果二次离子的信号强度非常高（每秒计数 $>10^6$），一般选择法拉第杯接收信号。法拉第接收器是将离子电流转换为电子电流的传感器，接收效率接近 100%。不同仪器配备的离子接收系统有所不同。以 Cameca 1280 和 NanoSIMS 50L 为例，仪器的接收系统分为 3 个部分：具有 5 个接收位置共 7 个接收器的多接收系统、具有 3 个接收器的单接收系统和微通道板成像系统。多接收系统的 5 个接收位置可在各自轨道上沿聚焦面移动，根据被测同位素信号的强度可灵活选择安装法拉第杯或电子倍增器。多接收器分析可以提高效率，并能抵消一部分由一次离子或仪器波动引起的分析误差，是提高分析精度的最直接手段。实验室的高精度稳定同位素分析都采用多接收器分析。

能量相同而质量不同的离子在飞行时间质量分析器中的飞行时间不同，因此 ToF-MS 是以计时的方式分辨不同离子。高速数据采集系统用于采集飞行时间质谱仪离子检测器的输出信号，是其关键技术之一。时间数字转换器（time-to-digital converter，TDC）和高速模拟数字转换器（analog-to-digital converter，ADC）是两种记录检测器输出信号的基本方法。目前绝大多数 ToF-MS 采用高精度时间数字转换器实现离子的鉴别。时间数字转换器将时间间隔转换为数字信号，其性能影响 ToF-MS 的灵敏度、质量精度等参数。ToF-MS 谱图的形成依靠记录多次离子脉冲信号的累计叠加，而不是仅依靠记录一次离子脉冲的信号。每次离子脉冲发生器被触发称为一次瞬态，ToF-MS 的数据采集系统将每次瞬态记录下的谱线叠加到一定数量之后，得到一幅完整的质谱图。

8.2 样品制备及数据分析

样品靶的制备是开展 SIMS 分析最关键和最重要的基础工作。由于样品台尺寸和仪器真空度的要求，用于 SIMS 分析的样品必须具备合适的尺寸，且要求样品干燥、固态、无挥发性、表面高度平整、导电并能承受超高真空（10^{-8} Pa）。根据样品种类和分析目的，样品制备中需要考虑的因素包括样品靶材质、样品固定方法、抛光材料、抛光程度、标准样品摆放等。样品表面导电是获取准确数据的基本条件，这是因为 SIMS 分析过程中绝缘样品表面电荷的积累会极大降低二次离子的产率。电子中和枪可在一定程度上补偿这种"荷电"效应，但是其效果受材料特性和粗糙度影响。同时，样品粗糙度也会造成不同的同位素分馏现象，也是影响分析结果的另一重要因素。受原子类型和基体效应的影响，不同样品、不同元素及其同位素的二次离子产率存在巨大差异，这将给高精度定量分析带来极大困难。此外，

ToF-SIMS 信息量庞大，对于复杂的环境样品，一幅质谱图可包含成千上万条信息，此时需要借助统计分析方法获取有用信息。本节将围绕 SIMS 样品制备和数据分析展开介绍。

8.2.1 粉末样品制备

对于细微的样品，如矿物胶体、微团聚体、细菌、$PM_{2.5}$ 等，其尺寸较小，将样品分散在水等液相环境形成合适浓度的悬浮液，滴定在导电基片上，风干后即可达到分析的要求。围绕制样方法，中国科学院地质与地球物理研究所离子探针实验室开发了一种利用静电吸附固定样品颗粒的方法，通过制备一个加载有静电的绝缘板，利用静电吸引力和颗粒本身的重力，使用分样筛将样品颗粒固定在基片上（李娇 等，2018）。

对于土壤颗粒，可以将样品与去离子水按照 1∶10 000 充分混合，得到均匀的悬浮液；取 10 μL 分散在直径为 10 mm 的窗片上，在干燥器中过夜干燥。对于土壤等导电性差或者绝缘的样品，需要用导电金膜涂覆以降低"荷电"现象。同时，覆盖数十纳米厚的金膜可在一定程度上降低样品表面粗糙度，减小粗糙度给分析结果带来的误差。此外，电子中和枪的使用也可以补偿荷电效应。然而，当颗粒较粗糙，起伏达数微米以上，则很难通过电子中和枪使电荷平衡。载体为金箔或硅片等导电材料的颗粒样品可以不进行镀膜处理。此外，样品制备过程中还可以进行超声处理，通常超声可以帮助颗粒分散得更均匀，但是会破坏土壤团聚体原有的空间结构。因此，应根据研究目的选择合适的样品前处理方法。同时，需要根据研究目的选择合适的基片，如硅片、金箔、喷镀 TiO_2 的玻片或透射电镜铜网等。应注意的是，基片的选择应避开要分析的元素，尤其是当基片暴露时，可能会对样品信号产生干扰。在 SIMS 分析前，还可以利用扫描电子显微镜观察样品颗粒，选择相对平整且颗粒分布均匀的区域进行后续分析。

8.2.2 生物样品制备

生物样品同样需要满足样品干燥和平整的要求，样品制备一般包括固定、脱水、树脂包埋、切片及导电镀膜处理等步骤。生物组织的固定和脱水通常采用化学方法，戊二醛和多聚甲醛可使细胞中的蛋白质交联，四氧化锇可用于交联脂质并保持细胞定位，随后利用乙醇或丙酮脱水。这种制样方法已经成功应用于真核细胞、细菌生物膜中 C、N、P、Au 等元素分布的研究。然而，目前使用的固定剂仅针对生物组织中特定的组分，化学固定方法可能导致其他细胞质大量流失。冷冻干燥可以避免生物质的流失，但是处理不当也会破坏细胞的完整性。为了保持完整的细胞膜结构，可对样品进行快速高压冷冻，然后利用冷冻切片将组织减薄至厚度为 500~1 000 nm 的薄片。之后将切片转移到硅片或铜网等基片上，待样品自然干燥后进行 SIMS 分析。

对于土壤团聚体，有研究指出冷冻只能使土壤颗粒表面数微米范围内保持完整的结构，但冰晶会对颗粒内部结构造成严重破坏，不利于土壤内部微生物保持完整的结构。此外，也可以将样品包埋在树脂中，打磨暴露出待测平面，抛光并喷镀金膜或碳膜之后进行分析。这种树脂包埋切片的制样方法已经应用于细菌、微藻中 ^{13}C、^{15}N 和 Cd 等元素积累和代谢的研究。样品制备过程中还需要考虑仪器的探测速度、机时和扫描范围的限制，Nano SIMS

观测区域一般控制在数十微米，ToF-SIMS 观测区域可达数百微米。因此，样品制备需要使视野中尽可能多地包含感兴趣的样品。

8.2.3 团块状样品制备

对于土壤团聚体、岩石等团块状样品，为了获得平整的表面，常用树脂包埋，然后打磨抛光供后续分析。SIMS 对真空度有极高的要求，大多数树脂在真空中会出现明显的脱气现象。通过比较不同的树脂，发现环氧树脂 Araldite 502 比较适用于样品包埋处理。此外，中国科学院地质与地球物理研究所推荐使用 Araldite 506 树脂、1,8-二氨基对薄荷烷、氨基乙基哌嗪按照 1∶2∶3 的配比，在 40～50 ℃条件下固化 24 h。为了保证测试过程中样品稳定，建议提前 2 天将样品放入真空腔。树脂厚度会影响稳定性，控制树脂的厚度小于 4 mm 可有效避免脱气问题。

为了消除绝缘土壤矿物颗粒的荷电效应，Höschen 等（2015）探索了类似"三明治"的树脂包埋和抛光制样方法。在这一方法中，首先在抛光的金属铝基片上喷镀一层 Er_2O_3，随后将土壤颗粒放置在基片上，再次喷镀约 500 nm 厚的 Er_2O_3 薄膜。将载有样品的基片用树脂包埋，随后移去铝片，用金刚石研磨膏将样品面打磨平整。这种方法可获得起伏小于 1 μm 的样品，有效降低荷电效应。样品中 Er_2O_3 薄膜镀层可以辅助区分包埋剂和土壤颗粒表面的有机碳，也方便将基片从树脂上脱离。此外，为了避免树脂中碳元素对待测样品碳的干扰，也可以使用单质硫作为包埋介质。然而，由于单质硫熔化需要 112 ℃以上的高温，降低温度会导致硫迅速凝固，因此这种方法只能包被 5～80 μm 的小粒径样品。

8.2.4 元素定量分析

SIMS 分析中，虽然二次离子产额与样品中元素的浓度成正相关，但是关于二次离子的发射机理目前还没有一个完善的定量化理论模型，仍不能通过强度信号获得元素浓度的定量信息。同时，在一次离子轰击样品产生二次离子的过程中，不同元素的离子化效率可以相差几个数量级，同一元素同位素的二次离子产率也有所差异，并且离子化效率受到仪器状态和基体效应的影响，这些因素均给 SIMS 的定量分析带来极大困难。

因此，为了更准确定量样品表面元素及其同位素含量，在样品分析过程中需要采集与未知样品成分和结构均相同的标准物质，建立校正曲线。此外，为了排除仪器状态、靶位置和样品形貌引起的分馏效应，标准物质与未知样品需要粘贴在同一个样品靶上，并且在相同条件下进行分析测试。然而，在实际分析过程中，环境样品的复杂性导致很难找到与其基体相同的标准物质，从而无法进行定量分析。相对于元素绝对定量，SIMS 对元素的各同位素的测量同时进行，因此可获取相对准确的同位素比值（Mueller et al.，2013）。例如，对于高低起伏小于 1 μm 自然 ^{13}C 同位素丰度的细菌孢子，NanoSIMS 同位素比值分析可获得 2‰～4‰的准确度。而对于 ^{13}C 丰度更高的同位素示踪实验，获得同样的精度则允许样品有 10～20 μm 的起伏。此外，由于受到 NanoSIMS 微小扫描区域的限制，二次离子产额一般较低，这也在一定程度上降低了准确度。对于大部分土壤样品，对自然丰度同位素比值分析的精度仅能达到 10‰左右。

8.2.5 数据分析

目前商用 NanoSIMS 仪器的接收系统共有 7 个接收器，能同时分析 7 种不同类型的离子，数据结构相对简单（Nunez et al.，2018）。而飞行时间质谱同时采集几乎所有的质荷比信息，得到所有物质的混合谱图，数据量庞大。ToF-SIMS 谱峰包括无特征小碎片峰、有特征的碎片峰、分子离子峰、金属螯合离子峰及团簇离子峰。通常根据质谱分裂规律对质谱峰先进行定性分析。根据"质量亏损"规律，以碳亏损为零，一般有机离子具有正亏损，无机元素具有负亏损。在高质量分辨条件下，可进一步依据离子质量与理论质量的吻合关系对离子峰进行精确归属。SIMS 在生命科学领域的应用较广，积累了多糖、蛋白质、核苷酸和磷脂等物质的特征峰。根据特征分子离子峰数据表，可判断复杂生物分子的结构及组成。对高分子聚合物的分析，可借助高分子材料的二次离子分析手册，参照其中总结的标准指纹图谱对质谱峰进行归属。此外，自然界元素的同位素比值是恒定的，因此可以根据同位素的丰度与同位素离子峰强，判定离子峰的归属是否准确。对于微生物、土壤颗粒等复杂环境样品，有机物的二次离子数据库还不够完善，分子结构的重构仍存在较大困难。虽然 SIMS 定量分析比较困难，但是根据归一化的二次离子峰值可以准确判断样品中不同物质的相对含量。对于复杂样品，还需要结合多元统计方法比较不同样品的差异（Graham et al.，2012）。图 8.3 展示了对一系列 ToF-SIMS 质谱峰进行主成分分析，并利用分析结果对样品分组，判别不同样品组成差异的分析流程（Huang et al.，2021）。

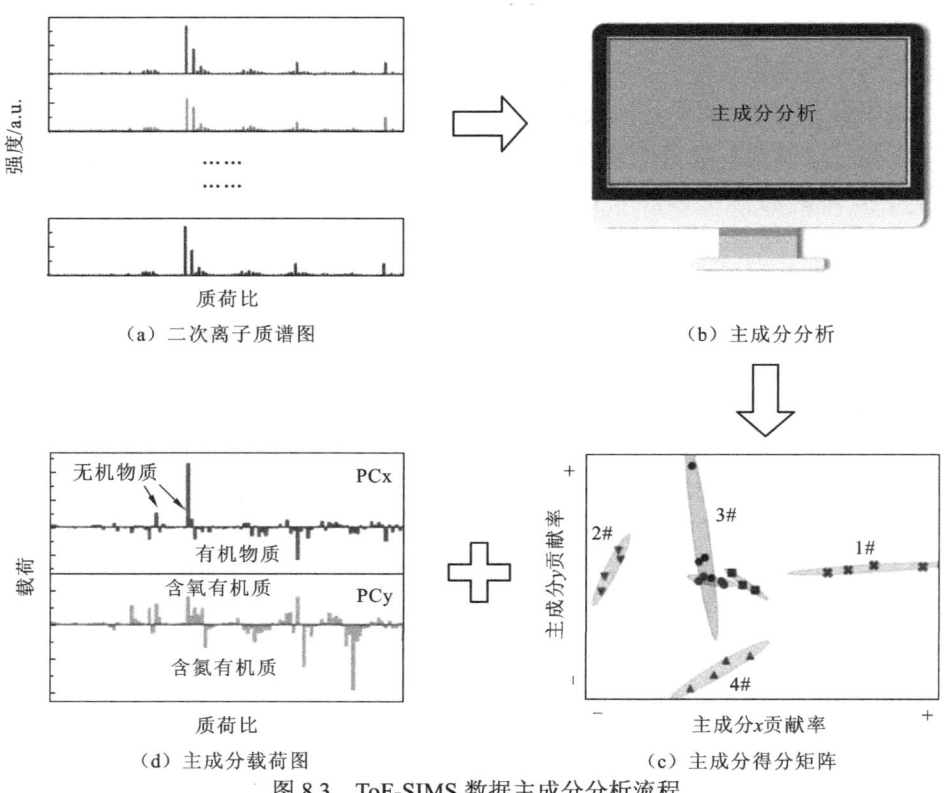

（a）二次离子质谱图

（b）主成分分析

（d）主成分载荷图

（c）主成分得分矩阵

图 8.3　ToF-SIMS 数据主成分分析流程

8.3 二次离子质谱在环境界面研究中的应用

环境介质一般具有极高的空间和化学组成异质性，传统的化学分析方法很难获得微界面元素组成及动态变化的信息。二次离子质谱兼具空间和物质鉴别能力，是当前最为先进的表面和界面分析技术，被广泛应用于环境中污染物及养分元素迁移转化相关的研究。本节将围绕 SIMS 在土壤及水环境中 C、N 等养分元素和污染元素生物地球化学过程相关的研究展开介绍。

8.3.1 重金属及有机污染物界面行为

ToF-SIMS 能检测出样品中几乎所有元素及其同位素，能够对土壤中常见矿质元素、有机质和污染元素等同时成像，可用于研究污染物在土壤中的分布及迁移转化规律。例如，Lago-Vila 等（2019）利用 ToF-SIMS V 仪器系统分析了靶场、矿区等土壤中 Pb、Cu、Zn、Cd 等重金属的分布、吸附及解吸规律，并探讨了磷灰石纳米颗粒对重金属的钝化修复效果。以能量为 25 keV 的 Bi_3^+ 离子探针，45°脉冲入射，10 kV 电压收集正电荷二次离子。利用 Pb^+、Fe^+、Si^+、$C_3H_5^+$、$CaPO_2^+$、$CaPO_3^+$、$CaPO_4^+$ 等分别代表土壤重金属、氧化物、硅酸盐矿物、有机质和羟基磷灰石纳米颗粒。结果发现 Pb 在土壤中的分布具有极大的空间异质性，且与磷灰石颗粒和铁的空间分布高度重合，表明 Pb 主要与土壤氧化铁结合，同时羟基磷灰石的加入对 Pb 起到了较好的固定效果。Smith 等（2018）用 ToF-SIMS 分析了有机污染物普萘洛尔（又称心得安）在土壤中的分布。心得安是一种常用的心脏和降压药物，可能在环境中持久存在，最终进入食物链，危害生物安全和人体健康。宏观吸附研究表明，土壤高的阳离子交换量和有机质含量有利于心得安的吸附，进一步借助 ToF-SIMS 在分子尺度揭示了心得安的吸附机理。ToF-SIMS 分析使用约 0.25 pA 的 Bi_3^+ 离子探针，对 500 μm×500 μm 的区域进行扫描，同时利用脉冲电子中和枪进行电荷补偿。在心得安和 Cu^{2+} 吸附量分别为 1.7 mg/g 和 0.6 mg/g 的土壤中，检测到心得安完整的分子离子峰，表明吸附过程未造成心得安降解，心得安也没有与 Cu^{2+} 形成复合物。对 K^+ 峰的分析发现，吸附心得安后的 K^+ 峰显著降低，表明心得安通过离子交换作用将土壤表面的 K^+ 取代。此外，研究还发现心得安与 Fe^+ 和有机质 $C_3H_5^+$ 有较强的空间相关性，表明该污染物主要与土壤中的氧化物矿物和有机质结合。

NanoSIMS 具有更高的空间分辨能力。目前商用 NanoSIMS 配备的一次离子主要为 Cs^+ 或 O^-，具有较高的横向分辨率（50~150 nm）和元素灵敏度（mg/kg），并可以同时检测 7 种离子。Li 等（2018）应用 NanoSIMS 对土壤团聚体中重金属的空间分布进行了原位表征，探讨了 200 mg/kg 的外源 Cu^{2+} 在红壤中的老化过程，制样方法为土壤悬液滴定法，仪器型号为 Cameca NanoSIMS 50L。分析过程中使用 Cs^+ 离子探针，初级离子束能量为 16 keV，束流约 1 pA，聚焦尺寸为 100~200 nm。对样品扫描过程中，通过法拉第杯接收 $^{12}C^-$、$^{27}Al^{16}O^-$、$^{56}Fe^{16}O^-$ 和 $^{63}Cu^{16}O^-$ 等二次离子，死时间固定在 44 ns，并利用电子中和枪进行电荷补偿。NanoSIMS 结果表明，随土壤团聚体粒径减小，Cu 逐渐富集；同时，随着老化时间延长，Cu 与土壤有机质的空间相关性逐渐增加，而与土壤矿物组分的空间相关性逐渐降低（图 8.4）。外源重金属离子输入土壤后会在不同类型土壤颗粒上发生吸附、迁移和掺杂等界面过程。这一工作从土壤矿物-有机质多组分界面相互作用的角度出发，将老化过程中土壤团聚体上 Cu 的分布可视化，在纳米尺度上诠释了老化过程中 Cu 在土壤微界面上的迁移及分布特征。此外，环境中细菌尺寸一般为数微米，真菌和藻类尺寸可达数十微米。以往受限于仪器的空间分辨率，很难对单细胞和根表微区中元素的空间分布成像，极大限制了生物界面养分及污染元素周转过程的研究。Slaveykova 等（2009）借助 NanoSIMS 纳米级的空间分辨能力，在单细胞水平上实现了小球藻中重金属的空间分布成像，结果表明 Cu 主要与细胞中的蛋白类和含磷类物质结合。

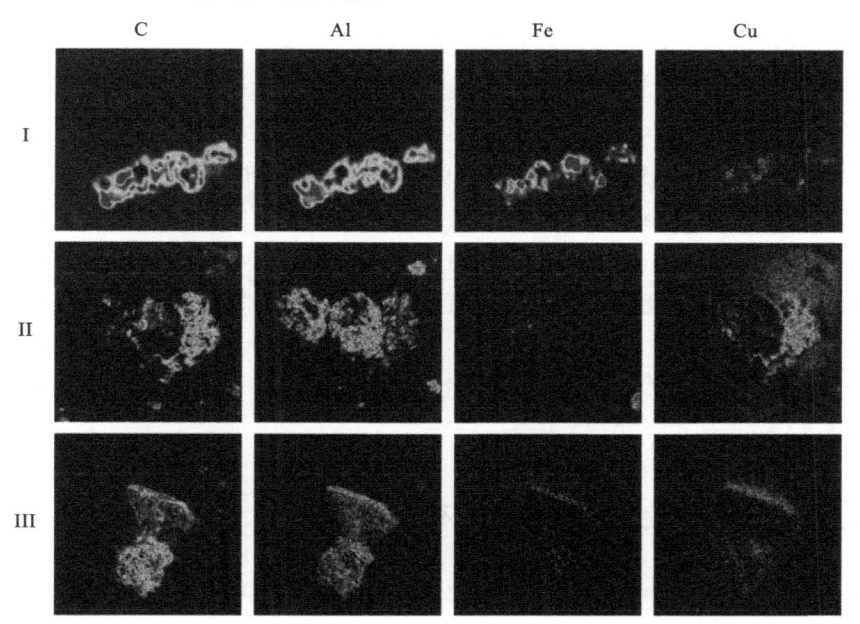

图 8.4　不同粒径团聚体中 $^{12}C^-$，$^{27}Al^{16}O^-$，$^{56}Fe^{16}O^-$ 和 $^{63}Cu^{16}O^-$ 的 NanoSIMS 分布图像

I：颗粒<2 μm，10 μm×10 μm 成像面积；II：颗粒为 2~20 μm，20 μm×20 μm 成像面积；III：颗粒为 20~63 μm，30 μm×30 μm 成像面积；培养时长为 1 年；像素均为 256×256；扫封底二维码见彩图

8.3.2　土壤养分循环

土壤中 C、N、S 等生命元素的生物地球化学循环过程主要由微生物驱动。以往由于缺乏高空间分辨率的原位分析技术，无法准确认识土壤中的养分循环过程。例如，虽然 NO_3^- 的同化会受到 NH_4^+ 的抑制，但是化学分析方法表明在同一土壤中可以同时观察到 NH_4^+ 和 NO_3^- 的同化作用。这种由土壤微环境及微生物分布的空间异质性驱动的养分循环过程仍然不清楚。Cliff 等（2002）通过向土壤中添加 $^{15}NH_4^+$ 和 $^{15}NO_3^-$，建立了土壤 N 周转的 ToF-SIMS 原位研究方法。使用的 ToF-SIMS 型号为 TRIFT-II，质量分辨率可达 9 000，空间分辨率优于 200 nm。为了获得较高的质量分辨率，分析中使用 600 pA 的 Ga^+ 离子探针，能量为 15 keV，离子脉冲小于 1 ns，对 50 μm×50 μm 的区域进行探测；为了获得较高的空间分辨率，使用 60 pA 的 Ga^+ 离子探针，能量为 25 keV，离子脉冲为 17 ns。分析结果表明，随着真菌菌丝伸长，^{15}N 同位素丰度显著降低。同时，成像分析清晰地展示了土壤中矿物、有

机质及同化 ^{15}N 细菌和真菌的空间分布。这一工作为原位条件下开展土壤 N 周转过程及机制的研究建立了 ToF-SIMS 新方法。

NanoSIMS 极高的空间分辨率和灵敏度使其研究土壤中的养分循环更具优势。在粗砂质土壤中添加富集 ^{15}N 的荧光假单胞菌（*Pseudomonas fluorescens*），通过树脂包埋切片，并利用 Cameca NanoSIMS 50 分析，^{12}C$^-$、^{28}Si$^-$、^{12}C^{14}N$^-$ 和 $^{15/14}$N 比值等二次离子信息清晰地展示了细菌在土壤中的分布（Herrmann et al., 2007）。这一工作为土壤微生物生态和养分循环相关研究探索了新的方法，被选为 *Soil Biology & Biochemistry* 期刊封面，环境意义不言而喻。近年来，与同位素标记秸秆的土壤培养实验相结合，NanoSIMS 深入解析了植物凋落物在土壤中的分解动态及固定机制。Vogel 等（2014）通过向淋溶土中添加 ^{13}C 和 ^{15}N 标记的叶片，并开展 42 天的培养，之后使用 NanoSIMS 分析新鲜输入有机质在土壤中的固定方式。研究利用 ^{12}C$^-$ 和 ^{12}C^{14}N 二次离子指示土壤中的老碳，利用 ^{13}C 和 ^{12}C^{15}N 指示新输入的有机质。结果表明，新鲜输入的有机质更易结合在原有的土壤有机-矿物复合体上。在此基础上，进一步利用 NanoSIMS 研究了外源输入 ^{13}C 和 ^{15}N 双标记的紫花苜蓿在变性土和淋溶土中的固定机制（Kopittke et al., 2018）。结果表明，经过 365 天的培养，富含 ^{15}N 的微生物残体优先附着在裸露的矿物表面，证明含氮物质能够促进新的有机-矿物复合体形成，从而固定更多的有机碳。同时，以 2∶1 型蒙脱石矿物为主的变性土比高岭石为主的淋溶土具备更高的微生物残体固定能力，表明土壤矿物类型是调控微生物残体稳定的重要因素，如图 8.5（Vogel et al., 2014）所示。

8.3.3　微生物代谢及含水样品分析

同时获取微生物的遗传多样性与代谢多样性信息是当今微生物生态学研究的难点和热点。然而，环境中大部分微生物不能通过纯培养获得，尤其是具备特殊生理生化功能的微生物，如厌氧甲烷氧化细菌、氨氧化细菌、厌氧光合细菌等。NanoSIMS 具备在单细胞水平上分析微生物生理过程的能力，已经用来原位观察微生物的形态结构和代谢功能。Arandia-Gorostidi 等（2017）应用 NanoSIMS 分析了海洋异养和自养生物的细胞比活性及单细胞之间 C 和 N 转移对升温 4 ℃的响应。在这一工作中，对自养生物使用 ^{13}CO$_2$ 气体，对异养生物使用 ^{15}N-亮氨酸作为稳定同位素标记的底物，在不同温度下培养海水样品，NanoSIMS 用于量化浮游细胞及浮游植物-细菌聚集体对碳和氮的吸收。结果发现，温度升高使总固碳量提高了 50%以上，其中有一小部分碳在 12 h 内转移到异养生物中。升温使浮游植物的丰度增加了 80%，浮游植物转移到细菌的碳总量增加了 17%；同时细菌转移到浮游植物的总氮量增加了 50%。这种浮游植物与细菌的共生模式具有养分利用的生态学优势，并且这种互利关系随着温度的升高而增强。此外，通过同位素标记目标微生物，并与特异性的荧光原位杂交技术、催化报告沉积荧光原位杂交技术、卤素原位杂交技术等联合应用，将进一步在原位条件下揭示微生物遗传及功能多样性（胡行伟 等，2013）。

在溶液条件下分析生物、矿物和电化学界面反应过程一直是仪器分析的巨大挑战。SIMS 在高真空环境中开展分析测试，限制了对液态样品的分析。目前，对含水生物样品

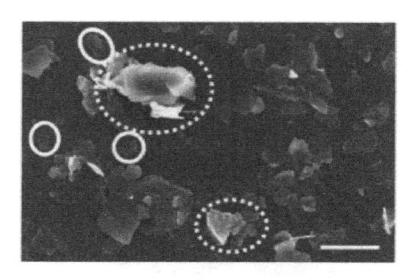

(a) 扫描电镜图像

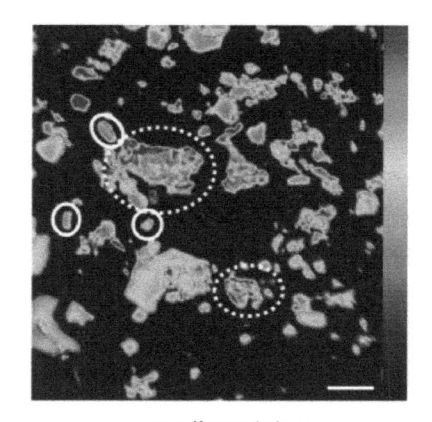

(b) $^{16}O^-$ 二次离子
实线圆代表土壤单颗粒，虚线圆代表土壤团聚体

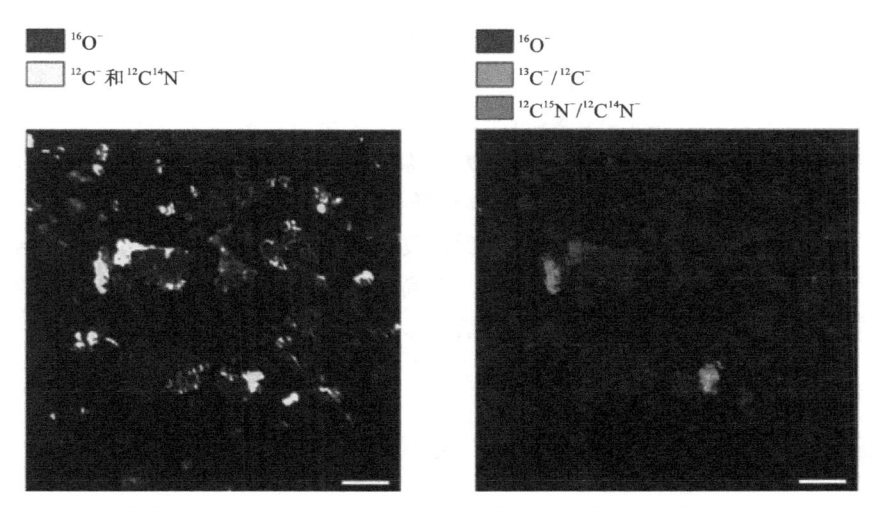

■ $^{16}O^-$
□ $^{12}C^-$ 和 $^{12}C^{14}N^-$

■ $^{16}O^-$
■ $^{13}C^-/^{12}C^-$
■ $^{12}C^{15}N^-/^{12}C^{14}N^-$

(c) $^{12}C^-$ 和 $^{12}C^{14}N^-$ 二次离子，代表土壤中原有的有机质

(d) $^{13}C^-/^{12}C^-$ 和 $^{12}C^{15}N^-/^{12}C^{14}N^-$ 比值，指示新鲜输入有机质主要固定在土壤有机-矿物复合体上

图 8.5　土壤颗粒表面同位素标记碳、氮的空间分布

扫封底二维码见彩图

一般采取冷冻干燥等方式处理后再进行 SIMS 分析。Hua 等（2014）创造性地发明了液体-真空界面分析系统（system for analysis at the liquid vacuum interface，SALVI），用于 ToF-SIMS 对含水样品的检测，极大拓展了 ToF-SIMS 在液体环境中的应用。该装置的主要部分包含一个聚二甲基硅氧烷材质的微通道和一层 100 nm 厚的氮化硅膜。在 ToF-SIMS 检测过程中，首先利用一次离子束在氮化硅膜上打通一个直径为 2~3 μm 的小孔作为检测窗口，用于液体样品的原位检测（图 8.6）。利用这一系统，对 *Shewanella* sp.生物膜进行了深度剖析，获取了脂肪酸等二次离子质谱特征峰在三维空间上的分布。生物膜代表成分的三维化学成像图证明生物膜化学成分存在较大的空间异质性。对不同样品或生物膜不同深度物质组成进行主成分分析，还可进一步比较不同样品之间的差异。目前，这一系统已经被广泛应用于液体环境下微生物、材料电池等界面反应过程的研究。

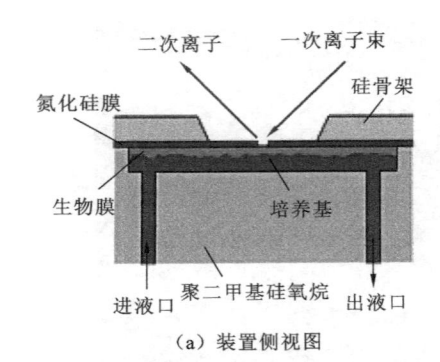

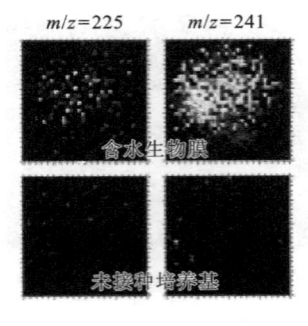

图 8.6 液体-真空界面分析系统结构示意图及其对 *Shewanella* sp.生物膜的剖析结果

(a) 中聚二甲基硅氧烷通道深度为 500 μm，用 100 μm 的 SiN 膜密封

综上所述，SIMS 在多种环境界面过程及生物化学机制的研究中发挥了不可替代的作用。SIMS 作为一种新兴的表面分析技术，具备质量准确度高、表面灵敏度高、检出限低、样品制备简单和用量少等显著优点。然而，目前元素定量分析和复杂质谱信息解析仍存在较大的困难，限制了 SIMS 更广泛的应用。为了弥补这些技术缺陷，未来应针对不同类型仪器的特点，探索可靠的制样方法，加强标准物质谱图数据库的建立，发展数据分析方法，针对环境样品建立合适的标准曲线，提高分析精度。随着新一代离子源、离子传输和检测系统的研发，未来 SIMS 在更高空间分辨率、更高质量分辨率和软电离技术等方面仍有巨大的发展空间，在界面化学、养分及污染元素迁移转化、环境微生物等领域将有更广泛和深入的应用。

参 考 文 献

李秋立, 杨蔚, 刘宇, 等, 2013. 离子探针微区分析技术及其在地球科学中的应用进展. 矿物岩石地球化学通报, 32(3): 310-327.

李展平, 2020. 飞行时间二次离子质谱(ToF-SIMS)分析技术. 矿物岩石地球化学通报, 39(6): 1173-1190.

李娇, 马红霞, 刘宇, 等, 2018. 离子探针样品靶的制备问题探讨. 矿物岩石地球化学通报, 37(5): 852-858.

胡行伟, 张丽梅, 贺纪正, 2013. 纳米二次离子质谱技术(NanoSIMS)在微生物生态学研究中的应用. 生态学报, 33(2): 348-357.

ARANDIA-GOROSTIDI N, WEBER P K, ALONSO-SÁEZ L, et al., 2017. Elevated temperature increases carbon and nitrogen fluxes between phytoplankton and heterotrophic bacteria through physical attachment. The ISME Journal, 11(3): 641-650.

CLIFF J B, GASPAR D J, BOTTOMLEY P J, et al., 2002. Exploration of inorganic C and N assimilation by soil microbes with time-of-flight secondary ion mass spectrometry. Applied and Environmental Microbiology, 68(8): 4067-4073.

GRAHAM D J, CASTNER D G, 2012. Multivariate analysis of ToF-SIMS data from multicomponent systems: The why, when, and how. Biointerphases, 7: 49.

HERRMANN A M, CLODE P L, FLETCHER I R, et al., 2007. A novel method for the study of the biophysical interface in soils using nano-scale secondary ion mass spectrometry. Rapid Communications in Mass Spectrometry, 21(1): 29-34.

HÖSCHEN C, HÖSCHEN T, MUELLER C W, et al., 2015. Novel sample preparation technique to improve spectromicroscopic analyses of micrometer-sized particles. Environmental Science and Technology, 49(16): 9874-9880.

HUA X, YU X Y, WANG Z Y, et al., 2014. In situ molecular imaging of a hydrated biofilm in a microfluidic reactor by ToF-SIMS. Analyst, 139(7): 1609-1613.

HUANG L, YU Q, LIU W, et al., 2021. Molecular determination of organic adsorption sites on smectite during Fe redox processes using ToF-SIMS analysis. Environmental Science and Technology, 55(10): 7123-7134.

KOPITTKE P M, HERNANDEZ-SORIANO M C, DALAL R C, et al., 2018. Nitrogen-rich microbial products provide new organo-mineral associations for the stabilization of soil organic matter. Global Change Biology, 24(4): 1762-1770.

LAGO-VILA M, RODRÍGUEZ-SEIJO A, VEGA F A, et al., 2019. Phytotoxicity assays with hydroxyapatite nanoparticles lead the way to recover firing range soils. Science of The Total Environment, 690: 1151-1161.

LI Q, DU H, CHEN W, et al., 2018. Aging shapes the distribution of copper in soil aggregate size fractions. Environmental Pollution, 233: 569-576.

MALHERBE J, PENEN F, ISAURE M P, et al., 2016. A new radio frequency plasma oxygen primary ion source on nano secondary ion mass spectrometry for improved lateral resolution and detection of electropositive elements at single cell level. Analytical Chemistry, 88(14): 7130-7136.

MUELLER C W, WEBER P K, KILBURN M R, et al., 2013. Chapter one-Advances in the analysis of biogeochemical interfaces: NanoSIMS to investigate soil microenvironments. Advances in Agronomy, 121: 1-46.

NUNEZ J, RENSLOW R, CLIFF J B, et al., 2018. NanoSIMS for biological applications: Current practices and analyses. Biointerphases, 13(3): 03B301.

SLAVEYKOVA V I, GUIGNARD C, EYBE T, et al., 2009. Dynamic NanoSIMS ion imaging of unicellular freshwater algae exposed to copper. Analytical and Bioanalytical Chemistry, 393(2): 583-589.

SMITH R M, SAYEN S, NUNS N, et al., 2018. Combining sorption experiments and time of flight secondary ion mass spectrometry (ToF-SIMS) to study the adsorption of propranolol onto environmental solid matrices-influence of copper(II). Science of the Total Environment, 639: 841-851.

VOGEL C, MUELLER C W, HÖSCHEN C, et al., 2014. Submicron structures provide preferential spots for carbon and nitrogen sequestration in soils. Nature Communications, 5(1): 2947.

第9章 傅里叶变换离子回旋共振质谱

9.1 基 本 原 理

傅里叶变换离子回旋共振质谱仪（Fourier transform ion cyclotron resonance mass spectrometer，FT-ICR MS）是目前较为先进、具有超高质量分辨能力的质谱仪。其核心部分是由超导磁体组成的强磁场和分析池。FT-ICR MS 的分析池置于恒定超导磁场中的立方池，由一对激发电极、一对检测电极和一对收集电极组成，其中收集电极垂直于磁场（图9.1）。

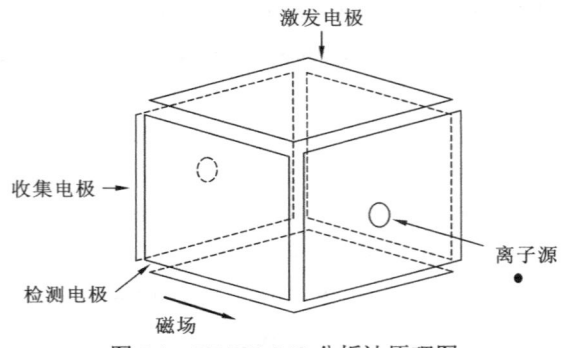

图 9.1 FT-ICR MS 分析池原理图

FT-ICR MS 基于离子在均匀磁场中的回旋运动，当离子进入磁场时，受到洛伦兹力的作用，做垂直于磁场的圆周运动，当离子在一定的轨迹上做匀速运动时，其受到的向心力和洛伦兹力是一对平衡力，即有

$$\frac{mv^2}{R} = qvB \tag{9.1}$$

式中：m 为离子的质量；v 为离子回旋速度；R 为离子回旋半径；q 为离子所带电荷；B 为磁场强度。

而角速度 $\omega = \dfrac{v}{R} = 2\pi f$，其中，$f$ 为回旋频率（Hz）。故式（9.1）转化为

$$\frac{m}{q} = \frac{B}{\omega} \tag{9.2}$$

$$f = \frac{qB}{2\pi m} \tag{9.3}$$

引入质荷比（m/z），m/z 是离子的质量数与该离子所带电荷数的比值。m 为组成该离子所有元素的原子量总和；z 为离子所带的电荷数，数值为离子所带电量与基本电荷之间的比值。而原子量是以一个 ^{12}C 原子质量的十二分之一，即 1.6605×10^{-27} kg，符号为 u 或 Da；基本电荷为 1.6022×10^{-19} C，故式（9.3）转化为

$$f = \frac{1.537 \times 10^7 B}{m/z} \qquad (9.4)$$

由式（9.4）可知，离子的回旋频率与离子的质荷比成反比，与磁场强度成正比，与其速度无关，因此一组在不同空间位置 m/z 相同而速度不同的离子以相同的频率运动（同步回旋），离子的速度只影响其轨道半径。

进入分析室的离子，在强磁场作用下以很小的轨道半径做回旋运动，不产生可检出的信号。通过激发电极向离子加一个射频电场，若射频电压的频率正好与某一质荷比离子回旋的频率相同，则离子发生共振吸收能量，其轨道半径和速度逐渐稳步增加，回旋频率保持不变。当离子达到同步回旋后，由于离子接近检测电极，在检测电极上产生信号。这种信号是正弦波信号，频率与离子回旋频率相同。因此，根据式（9.4）可以计算出该离子的质荷比。其振幅与离子数目成正比，反映离子的丰度。

在实际检测中，FT-ICR MS 采用射频范围覆盖了欲测定的质量范围，将某段质量范围内的离子同时激发到回旋运动轨道上，因此，检测到的信号是同一时间内对应的正弦波信号的叠加。通过傅里叶变换技术将时域谱转换为频域谱，根据式（9.4），将频率转化为质量数，最终得到正常的质谱图。

FT-ICR MS 的分辨率为区分两个质量相近离子的能力，分辨率计算式为

$$\frac{m}{\Delta m} = K \frac{BT}{m/z} \qquad (9.5)$$

式中：Δm 为半峰宽；K 为比例常数；T 为信号持续时间。从式（9.5）可知，分辨率与磁场强度和信号持续时间成正比。

9.2 DOM 样品准备及数据分析

溶解性有机质（dissolved organic matter，DOM）是有机质中通过 0.45 μm 滤膜的部分，它作为土壤有机质的来源之一，对土壤中碳的循环和分布起到重要的作用，如有机质的积累和稳定（Schmidt et al.，2011）。DOM 虽然是土壤有机质中很小的一部分，但它是天然有机质中移动性和反应性最强的部分，影响诸多生物地球化学过程及关键的环境参数（Bolan et al.，2011），如土壤中的微量元素、有机污染物和金属离子的归趋行为（Barriuso et al.，2011），以及胶体稳定性（Philippe et al.，2014）等。此外，DOM 是由众多的小分子通过氢键和疏水作用力自组形成（Kleber et al.，2007），如小分子量羧酸、氨基酸、碳水化合物和富里酸等，其中富里酸是 DOM 最丰富的组分（Bolan et al.，2011）。不同来源的 DOM 的各组分含量不同，表现出不同的物理和化学特性。

DOM 分子的发色官能团在紫外-可见光谱（ultraviolet-visible spectrum，UV-vis）的特定波段有吸收峰，因此可以通过紫外吸收峰值反映 DOM 的特性，如 E2/E3 和 E4/E6 分别表示 250 nm 与 365 nm 和 465 nm 与 665 nm 吸光值的比值，分别表征 DOM 分子的大小和芳香性（Helms et al.，2008）。与 UV-vis 相比，荧光光谱具有更高的敏感性和选择性，通过有机质不同组分的荧光光谱特性可以获得其来源和组成信息（Wang et al.，2018；Borisover et al.，2012）。此外，核磁共振波谱（Kaiser et al.，2003a）、扫描透射 X 射线显微镜和近边

X 射线吸收精细结构，也可用于表征 DOM 中官能团的类型和含量（Chen et al.，2014），但仅能在分子水平提供少量特定官能团的信息。由于 DOM 分子的复杂性和异质性，在分子层次上理解 DOM 的组成依然有许多挑战。

Fievre 等（1997）第一次利用 FT-ICR MS 分析 DOM 样品，开始从分子水平表征 DOM 的化学组成。近年来，随着技术和数据分析方法的发展，FT-ICR MS 能够准确检测 m/z 为 200~1 000 的 DOM 分子中的 C、H、O、N、S 及同位素的个数（Bahureksa et al.，2021；Ohno et al.，2010；Sleighter et al.，2007），FT-ICR MS 已经成为从分子水平分析 DOM 组成的核心工具。

9.2.1 常用电离源

使用质谱技术表征 DOM 需要先通过电离手段将非挥发性分析物从溶液态转化为气相离子。有机质的酸碱度、疏水性、分子量及共轭程度会影响其电离程度，因此，对于不同特性的有机质，可以通过不同的电离技术提高有效电离水平（Ohno et al.，2016；D'andrilli et al.，2010；Hockaday et al.，2009）。电喷雾电离（electrospray ionization，ESI）是一种软电离技术，在大气压下，通过正离子或负离子模式可将具有碱性和酸性官能团的 DOM 分子中各种极性亲水分子电离（Sleighter et al.，2007；Fenn et al.，1990）。正负离子电离模式的选择取决于样品中存在的官能团类型及它们失去或接收质子（或其他阳离子）的能力。正离子模式有利于分析含氮化合物，负离子模式有利于分析阴离子，如具有大量羧酸等酸性基团的样品（Koch et al.，2007）。负离子模式是目前使用 FT-ICR MS 技术分析 DOM 常用的电离技术（Zhang et al.，2020a）。此外，大气压光离子化（atmospheric pressure photoionization ionization，APPI）技术可以把电离范围从极性扩展到弱极性及非极性化合物（Bahureksa et al.，2021），减小了盐离子和溶剂效应的抑制效应。但是与 ESI 相比，APPI 会产生更多的峰，增加了谱图的复杂性，需要更高质量的质谱分辨率和准确度（Hockaday et al.，2009）。

ESI 基本原理如图 9.2 所示。在电场的作用下，样品溶液在毛细管中流出时形成高度荷电的雾状小液滴；随着溶剂的蒸发，液滴缩小，表面电荷与表面积的比值即表面电荷密度不断增加。当电荷之间的斥力足以克服表面张力，以及达到瑞利极限时，液滴发生裂分，反复进行这一过程，最后产生单个多电荷离子。

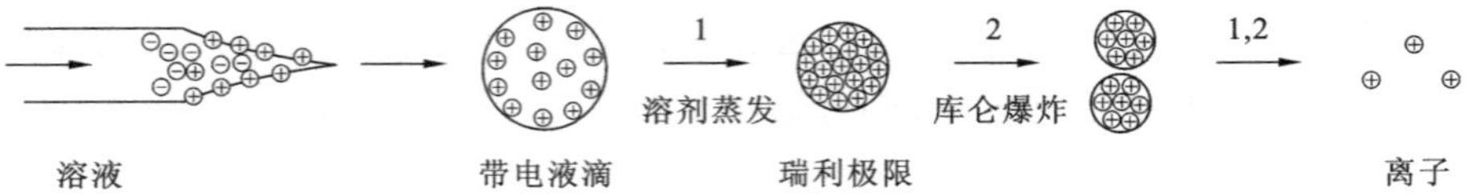

图 9.2 ESI 基本原理示意图

9.2.2 固相萃取

DOM 样品测试一般采用电喷雾电离，而样品中若有盐离子会导致 DOM 分子无法被电离，干扰分析结果。此外，样品中溶解有机碳（dissolved organic carbon，DOC）含量的差异也会带来一定的干扰。为减少测试分析过程中的误差，样品在分析前需经过富集和纯化，以保持样品中的 DOC 含量接近并去除样品中的盐分（Zhang et al., 2021）。目前固相萃取（solid-phase extraction，SPE）已经成为一种广泛应用的 DOM 分离方法（Li et al., 2016）。SPE 原理为利用固体吸附剂吸附样品中的目标化合物，将其与其他物质分离，再通过洗脱液洗脱，最终达到分离和富集的目的。通过比较不同填充物的萃取柱对海水中有机物的萃取效果，发现苯乙烯-二乙烯苯聚合物填充物的萃取柱（PPL）的萃取效果最好（Dittmar et al., 2008）。此外，Li 等（2016）探究了 PPL 萃取 DOM 过程中的上样量、上样浓度和流速对萃取效果的影响，发现当 DOC 浓度为 20 mg/L、流速为 0.5 mL/min、DOC/PPL 质量比为 1∶800 时，PPL 对 DOM 的萃取率可达到 89%。DOM SPE/PPL 固相萃取常规步骤为：①活化 PPL 柱，用 1 体积（3 mL）甲醇（MS 级）和 2 倍柱体积 pH=2 酸化水冲洗 PPL 柱；②上样，加入一定体积的 DOM，在重力作用下通过 PPL 柱；③洗涤和干燥，用 2 倍柱体积的酸化水冲洗 PPL 柱以除去盐分，并用 N_2 干燥；④洗脱，用甲醇（MS 级）将保留在 PPL 柱上的 DOM 洗脱到玻璃小瓶中；⑤保存，在进行 FT-ICR MS 测量前，将获得的 DOM 样品避光保存在冰箱（-20℃）中。

9.2.3 数据分析

测定的质谱通过校准后得到最终的样品谱图，FT-ICR MS 的 m/z 的精度可以达到 10^{-6} 级，以确保最终准确的分子式匹配。图 9.3 为 Suwannee River 富里酸（Suwannee River fulvic acid，SRFA）在 21 T 强磁场下 FT-ICR MS 采集并校准后的质谱图。通过软件、R 语言或 MATLAB 代码，在一定的规则下自动匹配分子式，最终得到 DOM 样品中分子的组成（$C_cH_hO_oN_nS_s$，其中 c、h、o、n 和 s 分别为每个分子式中碳、氢、氧、氮和硫原子的化学计量数）及其丰度（Bahureksa et al., 2021；Bolan et al., 2011）。

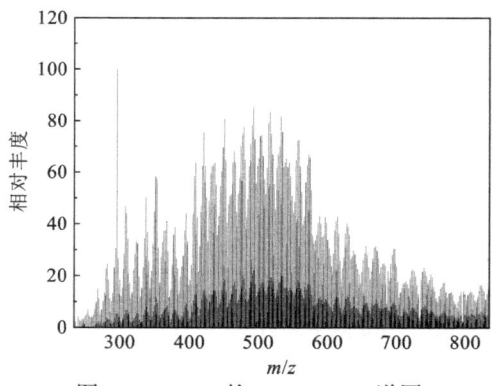

图 9.3　SRFA 的 FT-ICR MS 谱图

FT-ICR MS 可以提供数千个 DOM 的分子式，为了从整体上直观地认识和对比不同类型化合物的差异，将分子式按元素比绘制在范克雷维伦（van Krevelen，VK）坐标系中。VK 图是由 van Krevelen 提出，按分子式中元素的计量比，计算每个分子的氢碳摩尔比（H/C）和氧碳摩尔比（O/C），数据以 H/C 为纵坐标，O/C 为横坐标，每个分子式对应于 VK 图中的一个点（Krevelen, 1950）。Kim 等（2003）将 VK 图引入水体 DOM 的质谱数据分析中，并使用颜色区分每个分子的相对丰度,使 DOM 中的上千个分子化合物更直观地呈现在图中。

基于修正的芳香性指数（AI_{mod}）和 H/C，VK 图中显示的所有分子式可分为不同的组,如图 9.4（Kellerman et al., 2014）所示。具体包括燃烧衍生的稠环芳烃化合物（$AI_{mod} > 0.66$）、维管植物衍生的多酚化合物（$0.66 \geqslant AI_{mod} > 0.50$）、高度不饱和化合物和酚类化合物（$AI_{mod} \leqslant 0.50$ 且 H/C < 1.5）及脂肪类化合物（$2.0 \geqslant H/C \geqslant 1.5$），或在此基础上再进行细分（图 9.4）。

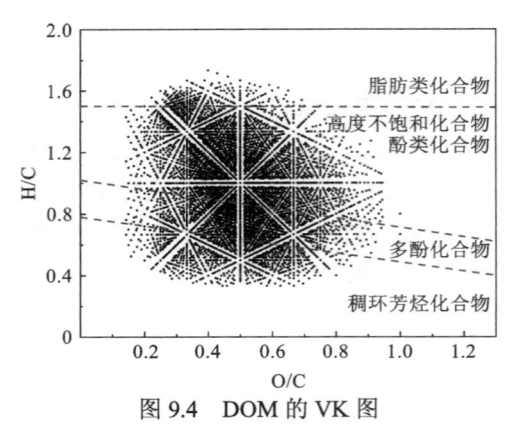

图 9.4 DOM 的 VK 图

此外,DOM 在矿物界面吸附分馏中,通过对比界面反应前后 DOM 分子组成和丰度的变化推测界面反应过程,为了更直观地展示界面吸附的影响,在 VK 图引入相对强度指数（I_{REL}）（Coward et al., 2019; Fleury et al., 2017a; Galindo et al., 2014）。I_{REL} 是 DOM 吸附后溶液中每个分子的相对丰度与吸附前 DOM 中对应分子的相对丰度之比,用于量化每个分子的选择性去除程度。它与矿物表面的相对亲和力有关,分子的 I_{REL} 值越低,其与矿物表面的亲和力越高。根据 I_{REL} 值,去除分子的程度分为三部分。对于 $I_{REL}=0$，这些分子只存在于吸附前的 DOM 中,可认为是完全吸附的分子。对于 $0<I_{REL}<1$，吸附样品中这些分子式的相对丰度低于吸附前 DOM 中的相对丰度,可认为是部分吸附的分子。对于 $I_{REL} \geqslant 1$，吸附样品中这些分子的相对丰度与吸附前 DOM 中的相同或更高,这些分子被认为是低吸附或无吸附。图 9.5 展示了 DOM 在针铁矿表面吸附动力学过程中分子组成的变化,通过 VK 图结合 I_{REL} 可以清晰地观察到在反应初期低 H/C 值的分子优先吸附,尤其是高 O/C 值的分子,随着吸附时间的增加,大部分分子被吸附,整体吸附强度随 H/C 值降低和 O/C 值增加而梯度增加（Coward et al., 2019）。

为了定量描述 DOM 的特性,引入修正的芳香性指数（AI_{mod}）、碳的标准氧化态（nominal oxidation state of carbon, NOSC）（Kroll et al., 2011）、等效双键（double bond equivalent, DBE）（Kind et al., 2007; Koch et al., 2006）等指标,根据分配的分子式（$C_cH_hO_oN_nS_s$）结合其丰度进行计算。

$$AI_{mod} = \frac{1+c-o/2-s-h/2-n/2}{c-o/2-n-s} \tag{9.6}$$

$$NOSC = 4 - \frac{4c+h-3n-2o-2s}{c} \tag{9.7}$$

$$DBE = c - \frac{h}{2} + \frac{n}{2} + 1 \tag{9.8}$$

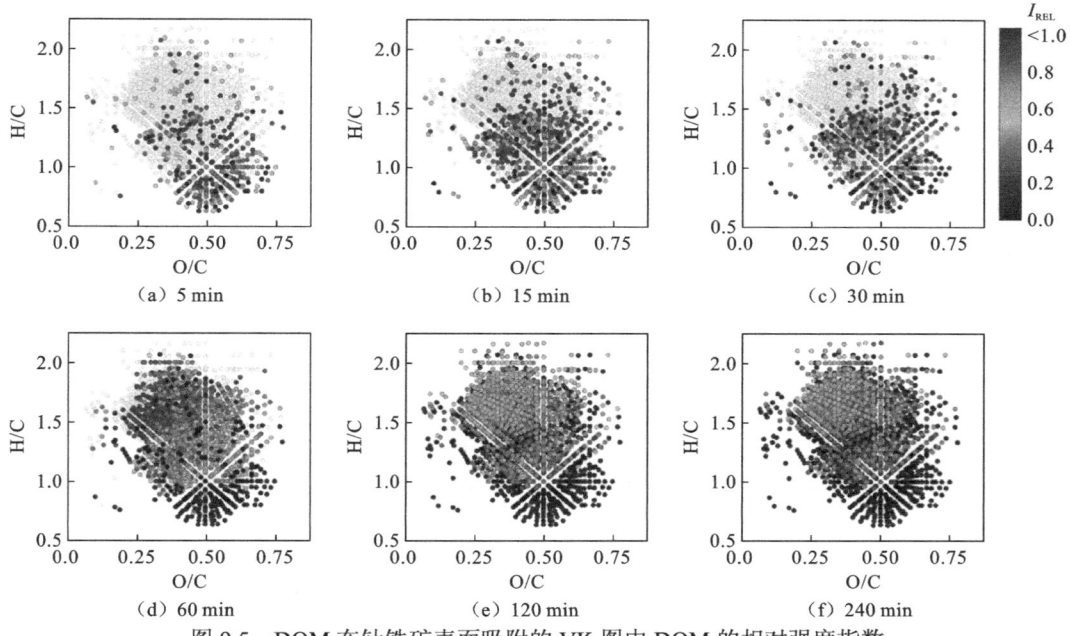

图 9.5　DOM 在针铁矿表面吸附的 VK 图中 DOM 的相对强度指数

灰色点为 $I_{REL} \geq 1$（低吸附或无吸附）的 DOM 分子；扫封底二维码见彩图

基于每个分子中 50%的 O 存在于 C=O 官能团中的假设，AI_{mod} 可用于区分芳香烃（$AI_{mod} > 0.5$）和稠合芳烃（$AI_{mod} > 0.67$）结构（Koch et al.，2006）；NOSC 表示 DOM 中分子碳的氧化状态，用于间接指示化合物的极性程度，其范围从最低还原态（CH_4）的-4 到最高氧化态（CO_2）的+4（Kroll et al.，2011）；DBE 为分子中的双键和环的个数，表示分子的饱和程度（Kind et al.，2007）。

一般 O/C、H/C、AI_{mod}、DBE、NOSC 和分子量的值均使用相对丰度的加权平均值。

分子的相对丰度（relative abundance，RA）计算公式为

$$RA_i = \frac{I_i}{\sum I_i} \tag{9.9}$$

式中：I_i 为 DOM 样本中分子 i 的强度。

$$M_w = \frac{\sum_i RA_i \times (M)_i}{\sum_i RA_i} \tag{9.10}$$

式中：M 分别表示参数 O/C、H/C、AI_{mod}、NOSC 和分子式；w 表示加权计算；RA_i 和 $(M)_i$ 分别为峰 i 的相对丰度和 M 值。

根据以上提到的参数进一步推测 DOM 在界面反应中的机制。图 9.6 为 Suwannee River 富里酸（SRFA）和 Suwannee River 腐殖酸（Suwannee River humic acid，SRHA）分别在棒状赤铁矿和板状赤铁矿表面吸附前及吸附后溶液剩余有机碳分子的 O/C、H/C、DBE 和 NOSC 的相对丰度分布图。SRFA 和 SRHA 在板状赤铁矿表面吸附后，这些参数的丰度分别与吸附前的相近，略有变化。但是在棒状赤铁矿表面吸附后可以明显观察到分子式的 O/C、DBE 和 NOSC 值降低，而 H/C 值增加，表明具有较高氧化态或高度不饱和度的分子优先被棒状赤铁矿吸附（Lv et al.，2018）。

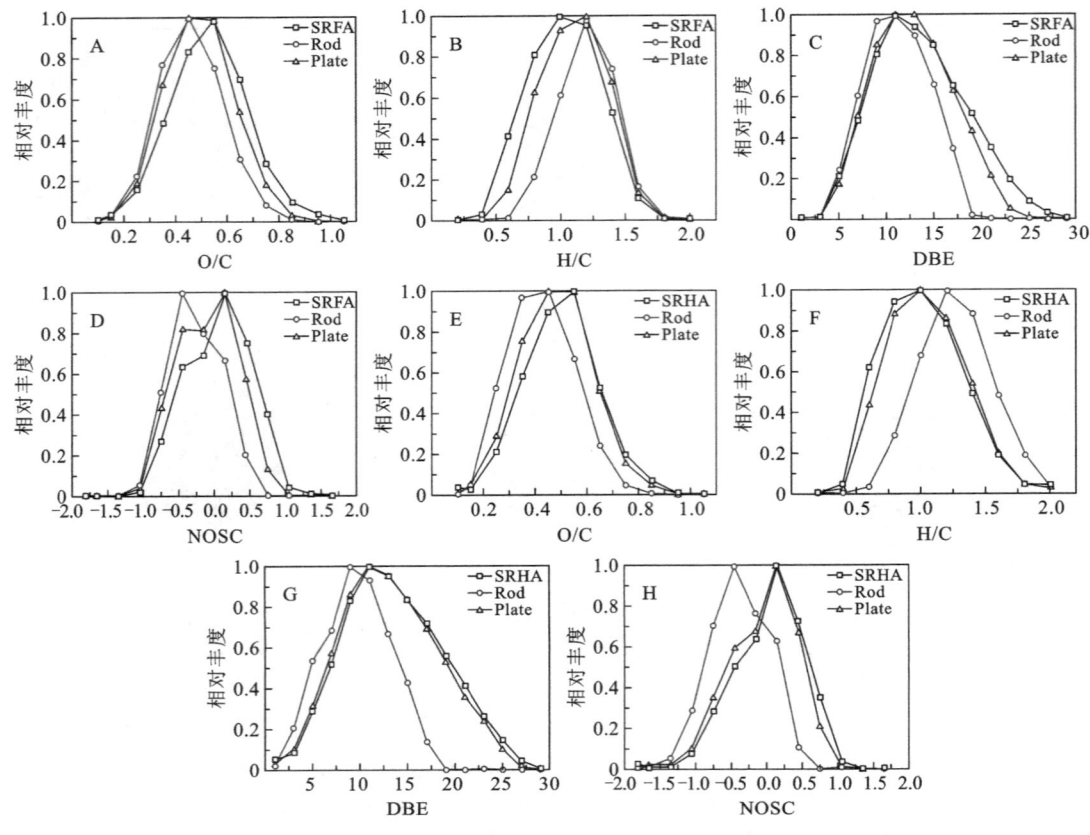

图 9.6　SRFA 和 SRHA 分别在赤铁矿表面吸附前及吸附后溶液剩余分子的
O/C、H/C、DBE 和 NOSC 相对丰度分布图

O/C 比（A，E）、H/C 比（B，F）、DBE（C，G）和 NOSC（D，H）

A~D 为吸附前，D~H 为吸附后。Rod 为棒状赤铁矿，Plate 为板状赤铁矿；扫封底二维码见彩图

在定量比较 DOM 在不同矿物界面的分馏程度时，引入分馏指数（fractionation index，FI）(Huang et al.，2019；Wang et al.，2019；Lv et al.，2018)，定义为

$$\mathrm{FI}_P = \frac{P_{\mathrm{ad}} - P_{\mathrm{ini}}}{P_{\mathrm{ini}}} \tag{9.11}$$

式中：P 代表分子特征，即加权的 H/C、O/C、DBE、$\mathrm{AI}_{\mathrm{mod}}$ 或 NOSC；P_{ini} 和 P_{ad} 分别为吸附前的 DOM 和吸附后残留在溶液中 DOM 的上述特征值。较大的 FI 绝对值对应较高的分馏程度。根据分馏程度的大小与矿物表面特性的相关性，可以确定影响 DOM 在界面吸附分馏的矿物特性。

此外，使用 FT-ICR MS 探究 DOM 矿物界面反应机制中，由于知道反应前后溶液的分子组成及丰度，可根据研究目的通过不同的方法进行数据分析。如可通过分子中的氧原子和 COO 基团进行分组，也可与图 9.4 中的分组相结合进行分析；在图 9.5 中，也可以将 I_{REL} 替换为 DOM 分子的 N/C、S/C、分子量、氧原子个数、DBE、$\mathrm{AI}_{\mathrm{mod}}$ 或 NOSC 等参数。

9.3 FT-ICR MS 在 DOM 与矿物界面中的应用

有机化合物吸附在矿物表面被认为是一种主要的碳稳定机制，可防止微生物和酶对有机化合物的降解（Zimmerman et al.，2004；Kaiser et al.，2003b）。DOM 在胶体颗粒表面吸附机制主要有疏水作用、静电作用和范德瓦耳斯力、配体交换、阳离子桥和氢键等（Philippe et al.，2014）。通常几种相互作用会同时存在，其中配体交换（羧基和酚基）和静电作用是 DOM 在铁铝氧化物表面吸附的主要作用力（Xiong et al.，2018；Filius et al.，2003）。DOM 吸附在次生矿物上，如金属氧化物和硅酸盐矿物，形成矿物-OM 复合物质是调节土壤和沉积物中 DOM 组成的重要途径（Ding et al.，2020；Huang et al.，2019；Coward et al.，2018；Avneri-Katz et al.，2017）。当 DOM 与铁铝氧化物表面相互作用时，吸附亲和力高的 DOM 组分优先吸附在矿物表面，导致 DOM 发生分馏，从而改变溶液中的 DOM 组成（Ohno et al.，2018；Young et al.，2018；Fleury et al.，2017a；Galindo et al.，2014）。此外，DOM 与氧化锰矿物有强烈的相互作用，DOM 可以吸附在锰氧化物表面，随后部分被氧化，改变 DOM 的组成（Allard et al.，2017）。

FT-ICR MS 可以在分子水平表征 DOM，通常通过比较反应前后溶液中 DOM 分子组成及丰度的差异来推测 DOM 在界面发生的反应。目前，FT-ICR MS 技术在 DOM 矿物-水界面的吸附分馏（Coward et al.，2019；Ding et al.，2019；Lv et al.，2018，2016）、吸附降解（Zhang et al.，2021），以及分析 DOM 在土壤中的组成和分馏等方面有较多的应用（Huang et al.，2019；Coward et al.，2018；Avneri-Katz et al.，2017），从分子水平提供了 DOM 在环境循环过程中的新认识。

9.3.1 DOM 在矿物界面的吸附分馏

通过 FT-ICR MS 对比 DOM 在铁铝氧化物表面吸附前后的差异，发现具有高 O/C 值、高芳香性或高 NOSC 值和低 H/C 值的分子被优先吸附，而不同土壤矿物的表面化学特性是影响 DOM 分馏程度的一个重要因素（Lv et al.，2018；Young et al.，2018；Fleury et al.，2017a；Lv et al.，2016）。已有研究表明，与针铁矿和纤铁矿相比，水铁矿对 DOM 的分馏能力更强，这归因于水铁矿表面 Fe 单配位 OH 位点密度更高（>Fe—OH）（Lv et al.，2016）。同样，具有>Fe—OH 密度高主要暴露晶面为(100)面的赤铁矿纳米棒对 DOM 的分馏优于具有主要暴露晶面为(001)面的片状颗粒（Lv et al.，2018）。不同矿物形态的铁对 DOM 的分馏程度也有影响，水铁矿和无定形硫化铁对 DOM 的分馏能力比赤铁矿和黄铁矿强（Wang et al.，2019）。

对于给定矿物，如在水铝英石表面，氧原子、羧基含量和芳香指数较高的 DOM 分子被优先吸附，随着 DOM 和矿物的质量比下降，这种趋势（即分馏）更明显（Ding et al.，2019）。Fleury 等（2017b）发现 DOM 和矿物的质量比是影响 DOM 分子在矿物表面优先吸附的重要因素。在中等 DOM 和矿物的质量比时，高酸度和氧丰富的分子优先吸附在赤铁矿表面；在高 DOM 和矿物的质量比时，稠合芳烃和低氧化脂肪族/非稠合芳烃则优先吸附。另外，低的 DOM 平衡浓度（Lv et al.，2016），以及高的 DOM 吸附百分比（Ding et al.，

2019）均影响 DOM 的分馏程度。

DOM 的组成也是影响其分馏的重要因素。Galindo 等（2014）通过 FT-ICR MS 技术分析发现 FA 和 HA 在氧化铝上的吸附程度与 CH$_2$ 同系物中分子的 CH$_2$ 数量成反比，而与 COO 同系物中的 COO 数量成正比，表明分子的酸度和疏水性是控制 DOM 在氧化物表面吸附分馏的主要因素。Ohno 等（2018）发现 DOM 的亲和力与其类木质素分子含量相关，随着玉米、小麦和大豆中水浸提有机碳中木质素含量的增加，其与铁氧化物表面的吸附亲和力增强。此外，DOM 的来源影响其在矿物表面的选择吸附行为，铁氧化物表面优先吸附低温秸秆生物炭浸提 DOM 中的多环芳烃和多酚组分，而高温秸秆生物炭浸提 DOM 中的高度不饱和化合物和酚类化合物组分优先被铁氧化物吸附（Zhang et al., 2020b）。

此外，DOM 在矿物界面的分馏机制受反应时间的影响。Coward 等（2019）通过吸附动力学实验结合 FT-ICR MS 技术观测到 DOM 在矿物表面的层状吸附过程，结果显示，DOM 在针铁矿表面吸附分三个阶段，首先快速吸附芳香化合物，然后吸附类木质素化合物，最后吸附脂肪族化合物。

相比于铁铝氧化物，FT-ICR MS 结果表明 DOM 在黏土矿物表面的吸附分馏能力较弱。DOM 在高岭石表面吸附表现出较弱的选择性是由于通过非选择性的氢键吸附；氧化铝对稠环芳香烃和富氧化合物表现出强的选择性是由于通过配体交换或者疏水作用吸附（Fleury et al., 2017a）。Young 等（2018）发现 DOM 在 Fe(III)-蒙脱石表面的分馏程度取决于其组成，非选择性吸附机制对矿物-有机质复合物的形成有很大贡献。

9.3.2 DOM 在锰氧化物表面的吸附降解

Zhang 等（2021）使用 FT-ICR MS 比较不同 pH 条件下，DOM 在 δ-MnO$_2$ 表面吸附前后的分子差异，发现低 pH 条件下氧化得更彻底；多环芳烃类物质、碳水化合物和多酚物质比脂类物质及高不饱和酚类物质更容易受到 δ-MnO$_2$ 的氧化；具有较高的分子量、AI$_{mod}$、DBE 和 NOSC 的分子优先被 δ-MnO$_2$ 氧化。Ding 等（2022）使用 FT-ICR MS 比较 DOM 在水钠锰矿表面吸附前后的分子差异，发现部分酚类化合物会被优先吸附和氧化，发生聚合反应，生成含氧量高的化合物及聚合产物。Trainer 等（2021）使用 FT-ICR MS 对比 30 种不同来源的 DOM 样品在酸性水钠锰矿表面的吸附氧化，发现 DOM 中的酚类化合物优先发生氧化，DOM 的氧化程度取决于 DOM 的组成。

9.3.3 DOM 在土壤中的吸附分馏

除了矿物界面，土壤中铁氧化物的结晶度也影响 DOM 的分馏，弱结晶性氧化铁有较强的 DOM 分馏能力，优先吸附芳香化合物和类木质素化合物，而结晶度较高的铁氧化物优先吸附脂肪族化合物（Coward et al., 2018）。DOM 的吸附分馏取决于土壤中 DOM 的负载量，在低 DOM 浓度下选择性吸附高度氧化的化合物，在较高的 DOM 浓度下选择性吸附较少氧化的组分（Avneri-Katz et al., 2017）。在红壤中，DOM 中高度不饱和组分或氧含量高的组分，包括多环芳香族、羧基化合物和高极性分子优先吸附于土壤表面，而氧含量较低的脂肪族化合物和低极性的化合物优先保留在溶液中；DOM 的分馏程度随土壤中氧化铁含量的增加而升高（Huang et al.，2019）。Ding 等（2020）从全国各地采集土壤并提取 DOM，发现气候干旱度和黏粒含量是影响 DOM 分馏的重要因素。

参 考 文 献

ALLARD S, GUTIERREZ L, FONTAINE C, et al., 2017. Organic matter interactions with natural manganese oxide and synthetic birnessite. Science of the Total Environment, 583: 487-495.

AVNERI-KATZ S, YOUNG R B, MCKENNA A M, et al., 2017. Adsorptive fractionation of dissolved organic matter (DOM) by mineral soil: Macroscale approach and molecular insight. Organic Geochemistry, 103: 113-124.

BAHUREKSA W, TFAILY M M, BOITEAU R M, et al., 2021. Soil organic matter characterization by Fourier transform ion cyclotron resonance mass spectrometry (FTICR MS): A critical review of sample preparation, analysis, and data interpretation. Environmental Science and Technology, 55: 9637-9656.

BARRIUSO E, ANDRADES M S, BENOIT P, et al., 2011. Pesticide desorption from soils facilitated by dissolved organic matter coming from composts: Experimental data and modelling approach. Biogeochemistry, 106: 117-133.

BOLAN N S, ADRIANO D C, KUNHIKRISHNAN A, et al., 2011. Dissolved organic matter: Biogeochemistry, dynamics, and environmental significance in soils. Advances in Agronomy, 110: 1-75.

BORISOVER M, LORDIAN A, LEVY G J, 2012. Water-extractable soil organic matter characterization by chromophoric indicators: Effects of soil type and irrigation water quality. Geoderma, 179: 28-37.

CHEN C M, DYNES J J, WANG J, et al., 2014. Properties of Fe-organic matter associations via coprecipitation versus adsorption. Environmental Science and Technology, 48: 13751-13759.

COWARD E K, OHNO T, PLANTE A F, 2018. Adsorption and molecular fractionation of dissolved organic matter on iron-bearing mineral matrices of varying crystallinity. Environmental Science and Technology, 52: 1036-1044.

COWARD E K, OHNO T, SPARKS D L, 2019. Direct evidence for temporal molecular fractionation of dissolved organic matter at the iron oxyhydroxide interface. Environmental Science and Technology, 53: 642-650.

D'ANDRILLI J, DITTMAR T, KOCH BP, et al., 2010. Comprehensive characterization of marine dissolved organic matter by Fourier transform ion cyclotron resonance mass spectrometry with electrospray and atmospheric pressure photoionization. Rapid Communications in Mass Spectrometry, 24: 643-650.

DING Y, LU Y, LIAO P, et al., 2019. Molecular fractionation and sub-nanoscale distribution of dissolved organic matter on allophane. Environmental Science: Nano, 6: 2037-2048.

DING Y, SHI Z Q, YE Q T, et al., 2020. Chemodiversity of soil dissolved organic matter. Environmental Science and Technology, 54: 6174-6184.

DING Z C, DING Y, LIU F, et al., 2022. Coupled sorption and oxidation of soil dissolved organic matter on manganese oxides: Nano/sub-nanoscale distribution and molecular transformation. Environmental Science and Technology, 56: 2783-2793.

DITTMAR T, KOCH B, HERTKORN N, et al., 2008. A simple and efficient method for the solid‐phase extraction of dissolved organic matter (SPE‐DOM) from seawater. Limnology and Oceanography: Methods, 6: 230-235.

FENN J B, MANN M, MENG C K, et al., 1990. Electrospray ionization-principles and practice. Mass Spectrometry Reviews, 9: 37-70.

FIEVRE A, SOLOUKI T, MARSHALL A G, et al., 1997. High-resolution Fourier transform ion cyclotron resonance mass spectrometry of humic and fulvic acids by laser desorption/ionization and electrospray ionization. Energy and Fuels, 11: 554-560.

FILIUS J D, MEEUSSEN J C L, LUMSDON D G, et al., 2003. Modeling the binding of fulvic acid by goethite: The speciation of adsorbed FA molecules. Geochimica et Cosmochimica Acta, 67: 1463-1474.

FLEURY G, DEL NERO M, BARILLON R, 2017a. Effect of mineral surface properties (alumina, kaolinite) on the sorptive fractionation mechanisms of soil fulvic acids: Molecular-scale ESI-MS studies. Geochimica et Cosmochimica Acta, 196: 1-17.

FLEURY G, DEL NERO M, BARILLON R, 2017b. Molecular fractionation of a soil fulvic acid (FA) and competitive sorption of trace metals (Cu, Zn, Cd, Pb) in hematite-solution systems: Effect of the FA-to-mineral ratio. RSC Advances, 7: 43090-43103.

GALINDO C, DEL NERO M, 2014. Molecular level description of the sorptive fractionation of a fulvic acid on aluminum oxide using electrospray ionization Fourier transform mass spectrometry. Environmental Science and Technology, 48: 7401-7408.

HELMS J R, STUBBINS A, RITCHIE J D, et al., 2008. Absorption spectral slopes and slope ratios as indicators of molecular weight, source, and photobleaching of chromophoric dissolved organic matter. Limnology and Oceanography, 53: 955-969.

HOCKADAY W C, PURCELL J M, MARSHALL A G, et al., 2009. Electrospray and photoionization mass spectrometry for the characterization of organic matter in natural waters: A qualitative assessment. Limnology and Oceanography, 7: 81-95.

HUANG Z Q, LV J T, CAO D, et al., 2019. Iron plays an important role in molecular fractionation of dissolved organic matter at soil-water interface. Science of the Total Environment, 670: 300-307.

KAISER E, SIMPSON A J, DRIA K J, et al., 2003a. Solid-state and multidimensional solution-state NMR of solid phase extracted and ultrafiltered riverine dissolved organic matter. Environmental Science and Technology, 37: 2929-2935.

KAISER K, GUGGENBERGER G, 2003b. Mineral surfaces and soil organic matter. European Journal of Soil Science, 54: 219-236.

KELLERMAN A M, DITTMAR T, KOTHAWALA D N, et al., 2014. Chemodiversity of dissolved organic matter in lakes driven by climate and hydrology. Nature Communications, 5: 3804.

KIM S, KRAMER R W, HATCHER P G, 2003. Graphical method for analysis of ultrahigh-resolution broadband mass spectra of natural organic matter, the van Krevelen diagram. Analytical Chemistry, 75: 5336-5344.

KIND T, FIEHN O, 2007. Seven golden rules for heuristic filtering of molecular formulas obtained by accurate mass spectrometry. BMC Bioinformatics, 8: 105.

KLEBER M, SOLLINS P, SUTTON R, 2007. A conceptual model of organo-mineral interactions in soils: Self-assembly of organic molecular fragments into zonal structures on mineral surfaces. Biogeochemistry, 85:

9-24.

KOCH B P, DITTMAR T, 2006. From mass to structure: An aromaticity index for high-resolution mass data of natural organic matter. Rapid Communications in Mass Spectrometry, 20: 926-932.

KOCH B P, DITTMAR T, WITT M, et al., 2007. Fundamentals of molecular formula assignment to ultrahigh resolution mass data of natural organic matter. Analytical Chemistry, 79: 1758-1763.

KREVELEN V, 1950. Graphical-statistical method for the study of structure and reaction processes of coal. Fuel, 29: 269-284.

KROLL J H, DONAHUE N M, JIMENEZ J L, et al., 2011. Carbon oxidation state as a metric for describing the chemistry of atmospheric organic aerosol. Nature Chemistry, 3: 133-139.

LI Y, HARIR M, LUCIO M, et al., 2016. Proposed guidelines for solid phase extraction of Suwannee river dissolved organic matter. Analytical Chemistry, 88: 6680-6688.

LV J T, ZHANG S Z, WANG S S, et al., 2016. Molecular-scale investigation with ESI-FT-ICR-MS on fractionation of dissolved organic matter induced by adsorption on iron oxyhydroxides. Environmental Science and Technology, 50: 2328-2336.

LV J T, MIAO Y X, HUANG Z Q, et al., 2018. Facet-mediated adsorption and molecular fractionation of humic substances on hematite surfaces. Environmental Science and Technology, 52: 11660-11669.

OHNO T, HE Z, SLEIGHTER R L, et al., 2010, Ultrahigh resolution mass spectrometry and indicator species analysis to identify marker components of soil-and plant biomass-derived organic matter fractions. Environmental Science and Technology, 44: 8594-8600.

OHNO T, SLEIGHTER R L, HATCHER P G, 2016. Comparative study of organic matter chemical characterization using negative and positive mode electrospray ionization ultrahigh-resolution mass spectrometry. Analytical and Bioanalytical Chemistry, 408: 2497-2504.

OHNO T, SLEIGHTER R L, HATCHER P G, 2018. Adsorptive fractionation of corn, wheat, and soybean crop residue derived water-extractable organic matter on iron (oxy) hydroxide. Geoderma, 326: 156-163.

PHILIPPE A, SCHAUMANN G E, 2014. Interactions of dissolved organic matter with natural and engineered inorganic colloids: A review. Environmental Science and Technology, 48: 8946-8962.

SCHMIDT M W, TORN M S, ABIVEN S, et al., 2011. Persistence of soil organic matter as an ecosystem property. Nature, 478: 49-56.

SCIGELOVA M, HORNSHAW M, GIANNAKOPULOS A, et al., 2011. Fourier transform mass spectrometry. Molecular and Cellular Proteomics, 10: M111. 009431.

SLEIGHTER R L, HATCHER P G, 2007. The application of electrospray ionization coupled to ultrahigh resolution mass spectrometry for the molecular characterization of natural organic matter. Journal of Mass Spectrometry, 42: 559-574.

TRAINER E L, GINDER-VOGEL M, REMUCAL C K, 2021. Selective reactivity and oxidation of dissolved organic matter by manganese oxides. Environmental Science and Technology, 55: 12084-12094.

WANG X R, FAN W H, DONG Z M, et al., 2018. Interactions of natural organic matter on the surface of PVP-capped silver nanoparticle under different aqueous environment. Water Research, 138: 224-233.

WANG Y, ZHANG Z Y, HAN L F, et al., 2019. Preferential molecular fractionation of dissolved organic matter by iron minerals with different oxidation states. Chemical Geology, 520: 69-76.

XIONG J, WENG L P, KOOPAL L K, et al., 2018. Effect of soil fulvic and humic acids on Pb binding to the goethite/solution interface: Ligand charge distribution modeling and speciation distribution of Pb. Environmental Science and Technology, 52: 1348-1356.

YOUNG R, AVNERI-KATZ S, MCKENNA A, et al., 2018. Composition-dependent sorptive fractionation of anthropogenic dissolved organic matter by Fe(III)-montmorillonite. Soil Systems, 2: 14.

ZHANG J C, MCKENNA A M, ZHU M Q, 2021. Macromolecular characterization of compound selectivity for oxidation and oxidative alterations of dissolved organic matter by manganese oxide. Environmental Science and Technology, 55: 7741-7751.

ZHANG P, LIU A, HUANG P, et al., 2020b. Sorption and molecular fractionation of biochar-derived dissolved organic matter on ferrihydrite. Journal of Hazardous Materials, 392: 122260.

ZHANG X X, HAN J R, ZHANG X R, et al., 2020a. Application of Fourier transform ion cyclotron resonance mass spectrometry to characterize natural organic matter. Chemosphere, 260: 127458.

ZIMMERMAN A R, CHOROVER J, GOYNE K W, et al., 2004. Protection of mesopore-adsorbed organic matter from enzymatic degradation. Environmental Science and Technology, 38: 4542-4548.

第二篇　界面表征技术

第 10 章 电 位 滴 定

10.1 基 本 概 念

电位滴定法是现阶段研究环境中的有机、无机组分界面反应活性位点类型、密度和表面电荷特征最常见和有效的方法。它本质上是一种滴定分析法，原理与常规滴定分析完全相同，主要区别是滴定终点指示方法不同，可简单理解为常规滴定的进阶版，须借助自动电位滴定仪实现。与常规滴定相比，电位滴定的优点有：①分析速度快，灵敏度高，电位滴定体积精度可达到常规滴定的 100 倍；②选择性好，试样用量少，适于微量操作；③待测溶液无须进行复杂处理，可连续测定；④可与计算机联用，并外接其他设备，如配液器、自动进样器和天平等，便于远程监测和自动控制。

10.1.1 定义与类型

电位滴定是指将已知准确浓度的试剂溶液滴加到研究对象溶液中，以指示电极电位作为检测信号并判断滴定终点，根据所加物质与研究对象化学反应的计量关系、滴定剂的浓度和所消耗的体积、研究对象的体积来计算研究对象含量的一种滴定分析法。

电位滴定法必须满足常规滴定法所具备的基本条件：①反应按确定的反应方程式进行，无副反应发生或副反应可忽略不计；②反应速率快，反应速度慢的反应可采用适当措施提高反应速率；③滴定反应完成程度大于 99%。

根据滴定的化学反应类型，可将电位滴定分为酸碱滴定、配位滴定、氧化还原滴定和沉淀滴定。根据滴定的分析过程，可将电位滴定分为直接滴定、返滴定、置换滴定和间接滴定。

10.1.2 滴定剂

电位滴定使用的滴定剂，又称标准溶液，是指滴定到研究对象溶液中已知准确浓度的试剂溶液。标准溶液浓度标定需用到基准物质或基准试剂。基准物质指能准确称量，可用于直接配置具有准确浓度的标准溶液，或用于确定标准溶液准确浓度的物质。它必须符合的条件有：①在空气中稳定存在，即干燥时不分解、称量时不吸潮、不吸收 CO_2、不被 O_2 氧化；②纯度要求大于 99.9%（优级纯）；③实际组成与化学式完全相符，若含结晶水，其含量也应与化学式相符；④试剂的摩尔质量尽可能大，称量相应较多，从而减小称量误差。

配制标准溶液的方法有两种，直接配制法和间接配制法。直接配制法是指准确称取一定量的基准物质，溶于水后定量转移至容量瓶中定容，然后根据所称物质的质量和定容的体积计算出标准溶液的准确浓度。而许多化学试剂（如 HCl、NaOH、KOH 等）的纯度和稳定性不够，不能作为基准物质直接配制标准溶液，则采用间接法配制。间接配制法分为两步，首先是根据试剂浓度，称取或移取适当的量溶解并定容，将其配制成大致所需浓度的溶液。然后，用基准物质或已知准确浓度的溶液来确定该标准溶液的准确浓度。

10.1.3 滴定终点

滴定终点是指滴加的标准溶液与研究对象溶液反应完全时反应体系所处的状态，即到达化学计量点。电位滴定根据相关信号判断滴定终点，包括电位指示法、极化电流指示法、光度指示法、温度指示法和电导指示法等，这些方法比常规化学滴定的指示剂判定更准确便捷。

电位指示法是最常见、应用最广泛的方法。电极电位的变化源自反应溶液中某一种或几种组分浓度的改变，电极电位和物质活度的关系遵从能斯特方程：

$$\varphi_{M^{n+}/M} = \varphi^o_{M^{n+}/M} + \frac{RT}{nF} \ln a_{M^{n+}} \tag{10.1}$$

式中：$\varphi^o_{M^{n+}/M}$ 为参比电极电势；R 为摩尔气体常数（8.314 J/(mol·K)）；T 为绝对温度；n 为离子所带的电荷量；F 为法拉第常数（96485 C/mol）；$a_{M^{n+}}$ 为 M^{n+} 的活度，当溶液浓度很低时，可用浓度代替活度。在滴定过程中监测指示电极电位变化，反应到达化学计量点时，待测物质浓度突变引起电极电势突跃（S 形曲线，图 10.1），以此确定滴定终点，它不受溶液颜色、浑浊度等限制。

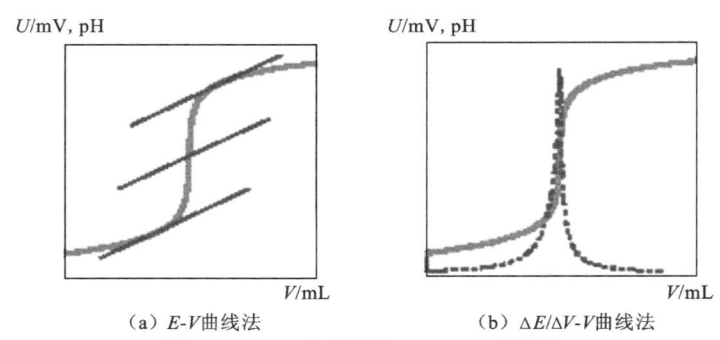

（a）E-V 曲线法　　　　（b）ΔE/ΔV-V 曲线法
图 10.1　E-V 曲线法和 ΔE/ΔV-V 曲线法

电位滴定终点确定的方法有三种：①E-V 曲线法[图 10.1（a）]。利用消耗的标准溶液体积和对应的检测电位绘制 E-V 曲线。在 S 形滴定曲线上，作两条与滴定曲线相切的平行线，两条平行线的等分线与曲线交点为曲线的拐点，对应的体积即为滴定终点所需的滴定剂体积。②ΔE/ΔV-V 曲线法[图 10.1（b）]。如果 E-V 曲线比较平坦，突跃不明显，则可绘制一级微商曲线，即 ΔE/ΔV-V 曲线。ΔE/ΔV 表示 E 的变化值与相应加入的滴定剂体积增量（ΔV）之比，它是一级微商 dE/dV 的近似值。与曲线最高点相对应的体积即为滴定终点时所消耗的滴定剂体积。目前，ΔE/ΔV-V 曲线法判定滴定终点是自动电位滴定仪常用的判定方法。③二级微商法。更优的方法是二级微商法，该方法基于 ΔE/ΔV-V 曲线的最高点是二级微商 Δ²E/Δ²V 等于零处。

10.2 常见电位滴定法

与常规的滴定分析法相同，根据滴定化学反应的类型，也可将电位滴定法分为酸碱滴定法、配位滴定法、氧化还原滴定法和沉淀滴定法 4 种。

10.2.1 酸碱滴定法

酸碱滴定法是以酸碱中和反应为基础的电位滴定分析法，广泛用于工业、农业、医药等方面，如测定蔬菜、水果的总酸度，天然水的总碱度，土壤和肥料中氮、磷含量，有机质或生物炭等表面的酸性官能团等。酸碱反应的特点是：①反应速度快；②反应过程简单，副反应少；③反应进程易从酸碱平衡关系预测。

酸碱滴定法是目前环境界面研究中应用最广泛的方法之一，采用 pH 电极作为自动电位滴定仪的指示电极，监测反应过程中质子活度变化。酸碱滴定的标准溶液一般都是强酸或强碱，如 HCl、H_2SO_4、NaOH 和 KOH 等，测定的是各种具有酸碱性或间接产生的酸碱物质。酸碱滴定既可用于水相滴定，也可用于非水相滴定。水相滴定中采用强酸（碱）滴定强碱（酸）时，滴定曲线是对称的 S 形曲线，多采用 $E\text{-}V$ 曲线法和 $\Delta E/\Delta V\text{-}V$ 曲线法判断滴定终点。强酸（碱）滴定弱碱（酸），如邻苯二甲酸氢钾标定强碱、碳酸钠标定强酸时，滴定曲线相对平缓、电位突跃小，则采用 $\Delta E/\Delta V\text{-}V$ 曲线法判断滴定终点。非水相的酸碱滴定要求有机溶剂不与样品发生反应，尽量避免使用有毒、污染的有机溶剂。常见的非水相酸碱滴定为脂肪或油类的总酸/碱度测定。

酸碱滴定易受环境中 CO_2 的影响，如水中溶解的 CO_2，标准酸碱或配制酸碱的试剂本身吸收了 CO_2，滴定过程中溶液不断吸收空气中的 CO_2 等。CO_2 对滴定的影响是多方面的，其中最重要的是可能与碱反应。CO_2 溶于水后达到平衡时，每种存在形式的分布系数随溶液 pH 变化而不同，因此滴定终点时溶液 pH 不同，CO_2 带来的误差大小也不一样。显然，滴定时 pH 越低，CO_2 影响越小。当滴定终点溶液 pH<5.0 时，CO_2 的影响可忽略不计。因此，在酸碱滴定过程中，可通过煮沸用于配制碱溶液的超纯水、待测溶液用氮气曝气等方式使 CO_2 给酸碱滴定带来的误差最小化。

10.2.2 沉淀滴定法

难溶电解质在溶液中存在沉淀-溶解平衡，这种固相与液相间的平衡属于多相平衡。沉淀滴定法是以沉淀反应为基础的滴定分析方法。沉淀反应很多，但不是所有的沉淀反应都能用于滴定，能用于沉淀滴定的沉淀反应既要满足滴定分析的必需条件，还要求沉淀的溶解度足够小、沉淀的吸附现象应不影响沉淀终点的判断。这些条件不易同时满足，因此能用于沉淀滴定的反应不多。沉淀滴定法常采用的指示电极是金属银电极或离子选择性电极（ion selective electrode，ISE），电极能响应滴定剂或待测物质的活度变化。

沉淀滴定法常见的滴定剂有 $AgNO_3$、$La(NO_3)_3$、$BaCl_2$ 等，滴定曲线是对称的曲线。目前最常用的沉淀滴定法以与 Ag^+ 生成难溶性 Ag 盐反应为基础，称为银量法，可用于测定 Cl⁻、Br⁻、I⁻、CN⁻、SCN⁻和 Ag⁺等离子浓度。银量法有莫尔（Mohr）法、福尔哈德（Volhard）法和法扬斯（Fajans）法三种。莫尔法选择性差，主要用于直接测定 Cl⁻和 Br⁻或二者共存时的总量，不适用于直接测定 I⁻和 SCN⁻；福尔哈德法最大的优点是在酸性溶液中进行，许多弱酸根离子，如 PO_4^{3-}、AsO_4^{3-} 等，都不与 Ag⁺发生沉淀反应，因此选择性较高。但强氧化剂、氮的低价氧化物和铜盐、汞盐等与 SCN⁻反应，干扰滴定，必须预先去除。法扬斯法是指使用吸附指示剂的银量法，吸附指示剂是一类酸性或碱性有机染料，如荧光黄等，采用该方法时需考虑指示剂被吸附的能力、酸度、胶状沉淀颗粒的影响，以及避免直接光照。

10.2.3 配位滴定法

配位滴定法是以配位反应为基础的滴定分析法。配位滴定法以配位剂作为标准溶液，直接或间接滴定待测的重金属离子，如测定水的硬度。滴定接近化学计量点时，金属离子活度发生突变，因此，配位滴定法采用离子选择性电极作为指示电极，监测溶液中金属离子活度的变化。大多数金属离子均能与多种配位剂形成稳定性不同的配合物，但不是所有的配位反应都能用于配位滴定，能用于配位滴定的配位反应除必须满足滴定分析的基本条件外，还必须能生成稳定的、中心离子与配体比例恒定的配合物，且最好能溶于水。

配位滴定法最广泛采用的滴定剂是螯合剂（多基配体），它与金属离子生成的螯合物稳定性高，螯合比恒定，满足配位滴定要求。乙二胺四乙酸（ethylenediaminetetraacetic acid，EDTA）是最常见的配位滴定剂，它具有广泛的配位性能，属于广谱型配位剂，几乎能与绝大多数的金属离子形成稳定的配合物。除 EDTA 与被测目标金属离子间的主配位反应外，溶液中还存在 EDTA 与 H⁺和其他金属离子的配位反应、反应产物与 H⁺或 OH⁻的作用等副反应。这些副反应的存在，使主反应的化学平衡发生移动，主反应产物的稳定性发生变化，较大影响配位滴定的准确度。介质 pH 的影响最为重要，它决定着配合稳定常数。因此，配位滴定应在适宜的 pH 范围内进行，通常要加入缓冲溶液来控制溶液 pH。

10.2.4 氧化还原滴定法

氧化还原滴定法是以氧化还原反应为基础的分析方法，是滴定分析中应用最广泛的方法之一。根据所用氧化剂或还原剂的不同，可将氧化还原滴定法分为高锰酸钾法、重铬酸钾法、碘量法、溴化钾法和铈量法等。它可直接测定许多具有还原性和氧化性的物质，也可以间接测定某些不具备氧化还原性的物质。土壤中的有机质、水中的耗氧量和水中溶解氧等都可用氧化还原滴定法测定。氧化还原滴定法常采用的指示电极是铂（Pt）电极，电极能响应溶液中氧化还原电对的氧化型和还原型活度的相对变化。电极电位同样遵从能斯特方程：

$$\varphi = \varphi^o + \frac{RT}{nF}\ln\frac{c(\text{ox})}{c(\text{red})} \tag{10.2}$$

式中：$c(\text{ox})$和 $c(\text{red})$分别为反应体系中氧化物和还原物的浓度。氧化还原滴定的电位突跃通常很大，滴定终点容易判别。但是，化学计量点附近电势的突跃范围与氧化还原电对的条件电极电势有关。条件电极电势越大，突跃越长，滴定的准确度越高，反之滴定的准确度越低。

10.3　自动电位滴定仪

自动电位滴定仪是电位滴定法中用到的仪器，在滴定过程中通过测量电位变化以确定滴定终点，适用于一般以电位为检测指标的容量分析，是一种实验室常规分析仪器。电位滴定仪通常由电计系统和滴定系统两部分组成。电计系统采用电子放大控制线路，将指示电极的电位信号传给计算机主机，并与预先设置的终点电位相比，计算机主机根据电位之差计算滴定速度，再经电计放大控制滴定系统的滴液速度；达到预设的电位时，滴定自动停止。与仪器相连计算机主机控制滴定系统标准溶液的滴定量和滴定速度等。

自动电位滴定仪工作时选择适当的电极作为指示电极和参比电极，与待测溶液组成一个工作电池，随着滴定剂的滴入，标准溶液与待测物质间发生化学反应，待测物质浓度不断发生变化，指示电极监测的电位随之变化。当接近滴定终点时，被测离子浓度发生突变，引起指示电极电位的突跃，根据该突跃点确定滴定终点，以此点消耗的标准溶液体积、浓度和待测物质体积，可计算出待测物质的量或浓度。本节将以瑞士万通（Metrohm）公司生产的 836、907 型号自动电位滴定仪为例，从仪器的硬件组成、软件操作、常用电极和常用滴定模型等方面，系统介绍自动电位滴定仪的应用。

10.3.1　仪器硬件

万通 836、907 型号自动电位滴定仪的核心部件是 Titrando 系统（图 10.2），即滴定仪的主机，通过 USB、MSB 等端口外接其他功能配件，根据其功能分为 4 大类，分别是：①数显控制中心，即触摸式 Touch Control 装置或安装 Tiamo 软件的计算机，主要作用是存储数据和发布操作命令；②测量探头接口，外接 pH 电极、离子选择性电极、氧化还原电极、参比电极、极化电极和温度传感器等，主要作用是监测目标物质或离子的活度或浓度变化，以及相关指标的变化，采集实验数据；③MSB 接口，连接滴定相关功能配件，包括加液系统、搅拌系统（滴定台）和远程控制盒等；④USB 接口，外接其他装置，包括打印机、PC 键盘、条形码扫描器、电子天平或其他控制设备。

10.3.2　仪器软件

瑞士万通客户端通过操作 Tiamo 软件控制 Titrando 系统，实现命令的发布与执行、数据的收集与存储。Tiamo 软件左侧主菜单栏包含 4 个选项，对应软件操作的 4 个方面。首先是 Workplace，即实验平台（图 10.3），是具体操作命令发布和实时运行显示的窗口，它共包含 4 个子窗口，左上显示调用方法的详细信息，并实时显示运行步；右上是命令发布窗口，选择、开始、暂停和结束调用方法及输入相关样品计算信息；左下显示上一个调用方法执行结束后的报告信息；右下是实时观察窗口，显示加液系统、指示电极自调用方法起始记录的和实时的滴定信息。接着是 Database，即数据储存库，每次调用方法执行结束后，电极与加液系统记录的信息储存在此。然后是 Method，即方法编辑器，在此窗口中，

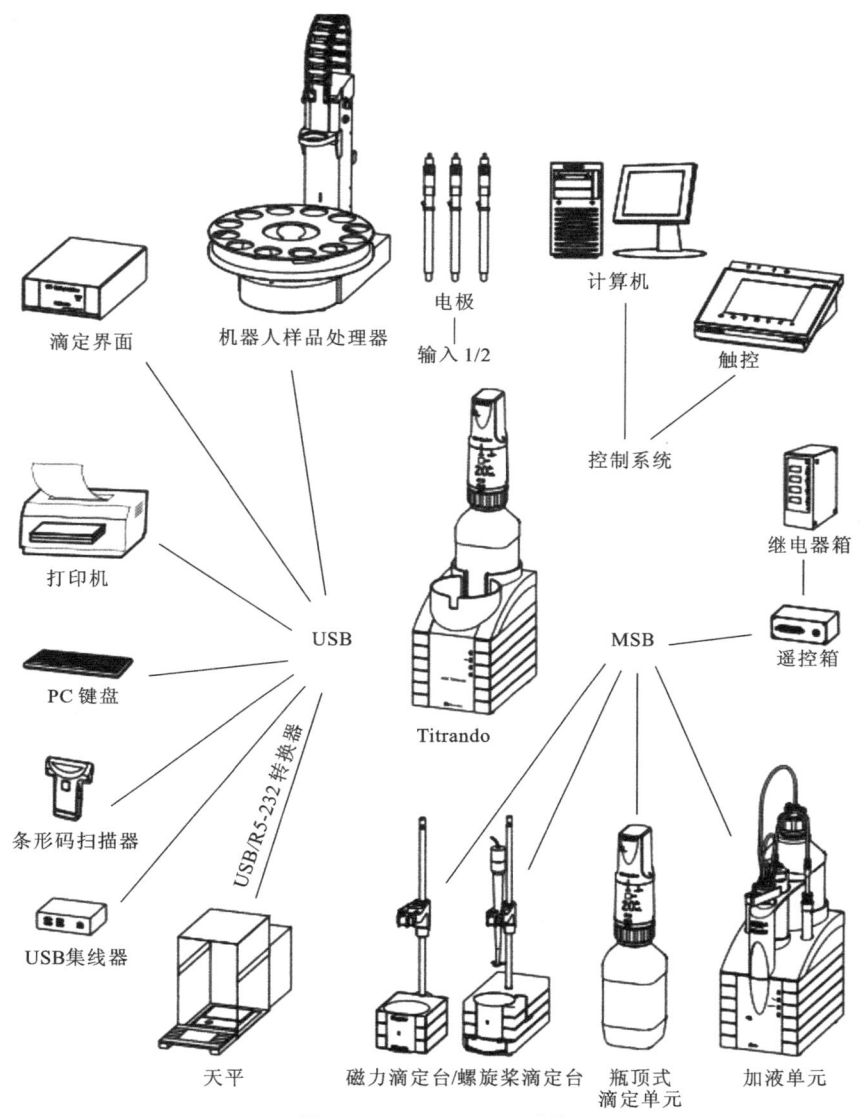

图 10.2　907 Titrando 系统

改自：瑞士万通 907 Titrando 用户手册，8.907.8003CN / 2020-03-03

用户可根据自身实验需求，编辑并保存方法以供实验平台调用。最后是 Configuration，即仪器配置信息设置窗口，包括仪器、滴定剂、电极等信息。每次更换溶液或电极插孔时，应在此窗口对应位置更新相关信息。

10.3.3　常用电极

自动电位滴定仪中电极分为指示电极和参比电极。电位滴定过程中，采用电极指示待测离子活度的变化，电极电势随溶液中待测物质浓度或活度的变化而改变，指示电极必须满足的条件有：①电极电势与目标离子活度的关系符合能斯特方程；②选择性高，干扰物质少；③电极反应快，响应速度快，电势信号稳定快；④重现性好，使用、保存方便。目

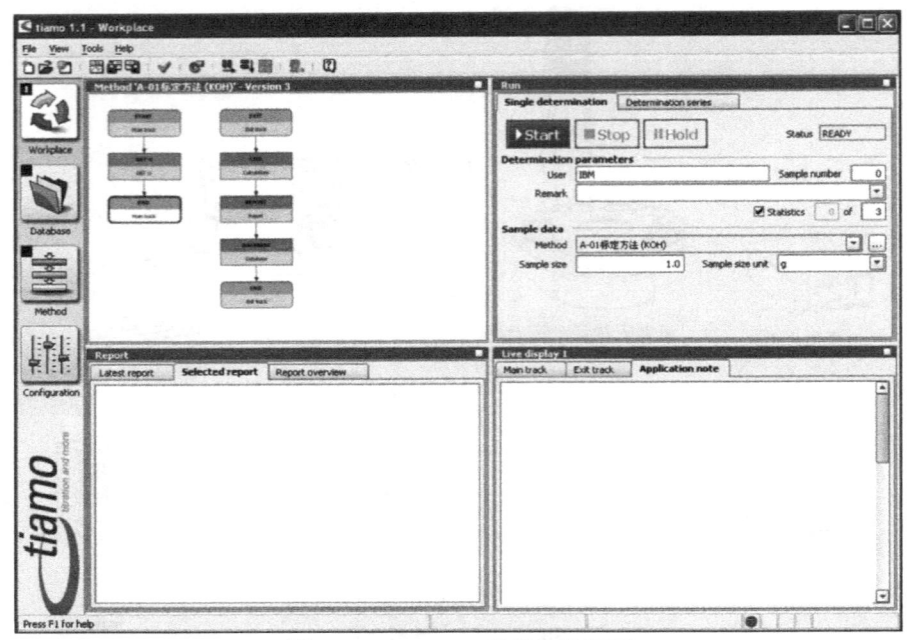

图 10.3　Tiamo 1.1 软件初始界面

前常用的电极有：玻璃电极，主要包括测定溶液 pH 的玻璃电极，用于指示酸碱滴定过程中氢离子活度的变化；离子选择性电极，指示配位滴定和沉淀滴定过程中离子活度的变化；氧化还原电极，指示氧化还原滴定过程中氧化/还原物质浓度的变化。当指示电极是单体电极时，参比电极、工作电极与待测溶液组成工作电池，二者电势差响应溶液中待测物质浓度的变化。

离子选择性电极具有一个能选择性地响应混合物中待测离子的感应膜，电极电势随待测离子活度的变化而变化，且该变化服从能斯特方程：

$$\varphi_{膜} = K \pm \frac{2.303RT}{nF} \lg a_i \tag{10.3}$$

式中：K 为常数，与电极组成相关，不同电极 K 值不同；正负号由离子的电荷性质决定，"+"表示阳离子电极，"−"则代表阴离子电极；n 为离子电荷数。

离子选择性电极所用材料、内部结构和外部性质各具特点，但基本构造相同（图 10.4），感应膜是它的关键部分。根据膜的性质、材料和形式，离子选择性电极分为玻璃膜电极，即 pH 电极、Na^+ 电极等；晶体膜电极，包括 Cu^{2+}、Cd^{2+}、Pb^{2+}、Ag^+、F^-、Cl^-、Br^-、I^-、CN^-、SCN^- 和 S^{2-} 电极等；聚合膜电极，如 Na^+、K^+、Ca^{2+}、NO_3^- 和 BF_4^- 电极等。离子选择性电极多为单体电极，实际应用时需将离子选择性电极与参比电极、待测溶液组成工作电池，其正负极取决于两个电极电势的相对高低。

离子选择性电极并非特定离子的专属电极，它在不同程度上受到干扰离子影响，也就是说离子选择性电极不仅对待

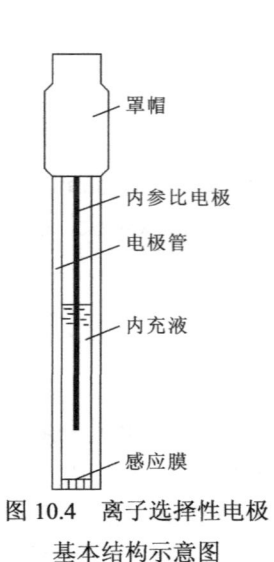

图 10.4　离子选择性电极基本结构示意图
（罩帽、内参比电极、电极管、内充液、感应膜）

测离子浓度产生响应，而且还对其他共存离子产生响应。如 Cu^{2+} 选择性电极受 Ag^+、S^{2-}、Hg^{2+} 等离子干扰；Pb^{2+} 选择性电极受 Ag^+、Cu^{2+}、Hg^+ 等离子影响。考虑干扰离子影响，对于同电价的离子选择性电极，膜电势可以表示为

$$\varphi_{膜} = K \pm \frac{2.303RT}{nF}\lg(a_i + K_{ij}a_j) \tag{10.4}$$

式中：a_j 为干扰离子活度；K_{ij} 为选择性系数，该值越小说明电极对待测离子的选择性越高，干扰离子的影响越小。但是，K_{ij} 不是严格意义上的常数，与离子活度测定方法相关，因而不能用于校正干扰离子存在引起的测量误差，仅可用于判断电极对待测离子的选择性能，大致估算干扰离子导致的测量误差。

玻璃电极是离子选择性电极的一种，除 pH 玻璃电极外，还有对锂、钠、钾等一价离子具有选择性的玻璃电极。pH 玻璃电极是所有离子选择性电极中最为重要的。它用于测定 pH 的优点是对氢离子具有高度的选择性，干扰因素最少，不受氧化性和还原性物质影响，不易因杂质作用而中毒，能在有色的、浑浊的或胶体溶液中使用，且信号平衡快，操作简单，不污染待测溶液。缺点是玻璃电极本身电阻高，测定时必须辅以电子放大装置。电阻受温度影响，多数电极只能在 5~60℃使用。待测溶液过酸（pH<1）或过碱（pH>9）时，电势响应偏离理想曲线，产生测定误差。过酸溶液的测定值偏高，该误差称为"酸差"；过碱溶液的测定值偏低，且受 Na^+ 干扰显著，该误差称为"碱差"或"钠差"。测定误差主要与 pH、温度及碱性离子类型和浓度有关。

玻璃电极的关键部分是玻璃泡，如图 10.5 所示。玻璃泡的下部分是用特殊玻璃制成的敏感膜，膜的厚度为 0.2~0.5 mm，内含 SiO_2、Li^+ 等。电极使用前，必须在水中浸泡，此时膜的表面形成一层厚度约为 0.1 μm 的凝胶状水化层。玻璃泡内是某一 pH 确定的缓冲溶液（内参比溶液），其中内嵌一支银-氯化银电极作为内参比电极。玻璃电极插入待测溶液后，膜外侧的水化层与待测溶液接触。由于水化层和溶液中 H^+ 活度不同，活度差促使 H^+ 由活度较大一侧向较小一侧移动，直至达到活度平衡。实际测定时，玻璃膜两边与内外溶液的两个相界之间发生 H^+ 扩散，打破了界面的电荷平衡，从而建立了两个界面双电层，产生两个相间电势，二者差值即为膜电势。

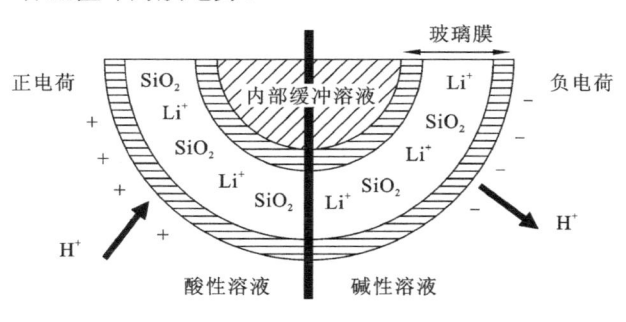

图 10.5 万通 pH 电极玻璃泡的水化层示意图

氧化还原电极是通过电子迁越金属/溶液相界面完成氧化还原反应的电极。实验室常见的氧化还原电极是铂电极、金电极等，如万通生产的铂环电极和金电极，它们的端部是惰性贵金属铂或金，是电极响应溶液中氧化/还原物质浓度变化的感应部位。铂电极浸入含 Fe^{2+}、Fe^{3+} 的水溶液中，当二者发生氧化还原反应时，电极同时作为氧化还原反应的电子赠体和电子受体，起到电子转移的作用，不直接参与反应，电极电势响应 Fe^{2+}、Fe^{3+} 浓度的变化。

参比电极是测量电池电动势和计算电极电势的基准，其电极电势的稳定与否直接决定测量结果的稳定性。因此，参比电极必须满足的要求有：①电极电势已知且稳定；②不受溶液组成影响；③重现性好；④制备简单。标准氢电极被认为是参比电极中的一级标准电极，但制备麻烦，所采用材料有毒，使用极其不便。实验室常用的参比电极是银-氯化银电极和甘汞电极。电位滴定仪系统采用的参比电极以银-氯化银电极为主，它由银丝、难溶的氯化银和含氯的电解质溶液组成。

10.4 常用方法

自动电位滴定仪的常用方法有三类，分别是电极校正、pH 或电位测定和电位滴定。其中，pH 或电位测定与普通 pH 计用法相似，本节不做详细介绍。电极校正包括 pH 玻璃电极和离子选择性电极的校正。电位滴定包括终点滴定、恒 pH 滴定、等体积滴定和动态滴定 4 种。测定或滴定过程中，最重要的三个参数是信号漂移（signal draft，ΔU）、最小等待时间（min waiting time，t_{min}）和最大等待时间（max waiting time，t_{max}），它们在电位滴定所有方法中均存在，综合三者判断溶液体系电极读数是否可接受（measured value acceptance），是否进行下一次加液。例如酸碱滴定过程中，每次加入滴定剂后开始计时（t），判断结果共有三种情况：

（1）$t \leqslant t_{min}$ 时，U_M（实际值）$\leqslant U_s$（设置值），t_{min} 时记录电极读数，进行下一次加液。

（2）$t_{min} < t \leqslant t_{max}$ 时，$\Delta U_M \leqslant \Delta U_s$，$\Delta U_M$ 达到 ΔU_s 时记录电极读数，进行下一次加液。

（3）$t = t_{max}$ 时，$\Delta U_M > \Delta U_s$，t_{max} 时记录电极读数，进行下一次加液。

本节将以酸碱中和滴定为例，从关键参数设置、注意事项、适用范围等方面对上述方法展开详细叙述。

10.4.1 电极校正

采用已知 pH 缓冲液校正 pH 玻璃电极。校正方法分为单点法、两点法或三点法，根据待测溶液要求和 pH 范围，选择校正方法。影响 pH 电极校正的因素有缓冲液、温度、内充液和电极响应等。实际操作时应注意不同类型 pH 缓冲液的 pH 差异，实验前仔细核实缓冲液名称并在编辑的校正方法中确认。缓冲溶液的 pH 与温度有关，校正溶液温度必须与待测溶液温度保持一致，且采用新鲜的缓冲液。电位滴定仪状态随时间推移有起伏，pH 电极必须进行周期性校正。电极内充液 pH 通常为 7.0，多采用 3 mol/L 的饱和氯化钾溶液。电极响应的快慢与是否能准确测定缓冲液 pH 相关，pH 电极校准曲线服从能斯特方程。25 ℃时，校准曲线斜率的理论值是 59.16；若玻璃电极浸泡在与电极内部缓冲液（通常 pH 为 7.0）

完全相同的分析溶液中，即假设内参比电极与外参比电极完全相同，那么理论上测定的电位应为 0 mV。但实际电位测定值会偏离几个毫伏，该偏差即为不对称电位（U_{as}）或零点测量值（pH_{as}），这与装配电极结构相关。通过校正曲线斜率和零点测量值判断电极的工作状态是否良好。万通 pH 电极处于理想工作状态时，曲线斜率与理论值比值 r 与 pH_{as} 满足条件：$0.965 < r < 1.01$，$6.9 < pH_{as} < 7.1$。合格的电极工作状态应满足的条件：$0.95 < r < 1.03$，$6.75 < pH_{as} < 7.25$。若校正曲线不满足上述条件，需确认玻璃电极是否存在故障，并采取相应处理措施或更换电极。

采用离子选择性电极测定目标离子浓度时，有（多点）标准加入法和校正曲线法两种方法。标准加入法测定目标离子浓度时，先测定样品的初始电位值，然后多次加入已知浓度的待测离子，每次加入后测定溶液电位值，根据电位值的变化计算目标离子浓度。实际操作时需注意每次加标的体积尽量小，使加标对待测溶液 pH 和离子强度的影响尽可能小。该方法的优点是省时，缺点是需频繁重复校正，样品基质可能干扰测定，且需准备几种标准溶液。

校正曲线法测定目标离子浓度时，需预先校正电极，校正电极的方法又可分为标准加入法、多点法和络合滴定法。影响离子选择性电极校正的主要因素是 pH、离子强度和干扰离子。离子选择性电极响应溶液目标离子活度的变化，而离子活度随 pH、离子强度的变化而变化。因此，校正离子选择性电极时必须确保标准溶液 pH 和离子强度与待测溶液保持一致或通过化学形态计算确保二者离子活度一致。标准加入法校正电极时，是向同一基准溶液中依次加入不同量的目标离子以改变离子浓度，每次加入目标离子后测定溶液电位，建立浓度与电位的线性关系。标准加入法的优点是消除基体效应影响，只需准备一种标准溶液；缺点是费时。多点法即配制一系列 pH、离子强度相同，目标离子浓度不同的溶液，依次测定各溶液的电位，建立浓度和电位的关系。络合滴定法则是依次向目标离子浓度已知的溶液中滴入 EDTA、乙二胺等络合剂，每次滴定后测定电位值，并根据络合剂加入量与相关络合反应计算每次滴定后目标离子的活度，建立活度和电位的关系。离子选择性电极校正曲线服从能斯特方程。25 ℃时，一价阳离子或阴离子校准曲线斜率的理论绝对值是 59.16 mV，二价阳离子或阴离子则为 29.58 mV。若电极斜率过小，需对电极进行清洗或更换电极。相较于标准加入法，多点法和络合滴定法烦琐耗时，多用于测定具有特定目的或要求的溶液。

10.4.2 终点滴定

终点滴定（Tiamo 软件：Endpoint titration pH/U），即设置终点的滴定，合适的酸碱浓度和滴定参数等是终点滴定成功的关键。当滴定终点接近中性时，采用的酸碱体积不能过大，加液速度也不能过快。如果酸碱浓度过高，加液速度过快，接近滴定终点时滴定剂易滴加过量，且无法与溶液充分反应。此时，计算机识别的终点可能是伪终点或不能识别终点而导致过滴定。当滴定终点远离 pH 7.0 时，若采用的酸碱浓度偏低，则消耗的酸碱体积较大，导致供试溶液其他物质浓度的变化，影响下一步实验处理。再加上滴定速度过慢，将导致滴定时间大大增加。

终点滴定中重要的滴定参数包括滴定终点（ep1 at pH）、最大加液速度（max rate，r_{max}）、最小加液速度（min rate，r_{min}）、动态范围（dynamics pH）和停止条件（stop drift/stop time）。

例如调节待测溶液 pH 至 5.0，r_{max} 和 r_{min} 分别是 0.2 mL/min 和 10 μL/min，动态范围是 1 个 pH 单位。那么当电极测定值（pH_M）与 5.0 相差值大于 1.0 时，滴定仪按照 r_{max} 加入滴定剂；当电极测定值与 5.0 相差值小于 1.0 时，滴定仪将根据滴定剂的浓度、pH_M 和滴定终点等在 r_{max} 和 r_{min} 之间调整加液速度。

10.4.3 恒定 pH 滴定

恒定 pH 滴定（Tiamo 软件：STAT with/without pretitration）是将溶液滴定至设置的控制点（control point）并维持一段时间的滴定。例如，吸附等温实验中，为保持供试溶液的平衡状态，可采用此滴定模式。与终点滴定相同，滴定剂浓度和滴定参数也是恒定 pH 滴定中准确判断滴定终点值的关键，滴定参数设置与终点滴定相似。此外，滴定停止条件设置是溶液 pH 恒定与否的关键。

Tiamo 软件中判断溶液 pH 恒定，滴定停止的变量有三种：停止体积（stop volume）、停止时间（stop time）和停止速率（stop rate）。实际操作中通常采用停止时间作为供试溶液 pH 恒定与否、是否停止滴定的判断条件。预先设置一个停止时间（t_s），计时方式有三种：①自第一次加液开始（start）计时，t_s 后认为溶液 pH 恒定，停止滴定，滴定可能未至滴定终点；②第一次达到控制点开始计时（control point first reached），t_s 后认为溶液 pH 恒定，停止滴定，在此过程中滴定仪根据溶液 pH 变化加入滴定剂维持 pH 恒定；③最后一次加液（last dosing）开始计时，t_s 内不再继续加入滴定剂，即认为溶液 pH 恒定，滴定停止。其中第三种方式是恒定 pH 滴定最常用的终点判断方式。

10.4.4 等量滴定

等量滴定（Tiamo 软件：Monotonic titration U/pH），即每次加入的滴定剂体积相同，是电位酸碱滴定中采用最多的滴定方式。在等量滴定中，除 ΔU、t_{min} 和 t_{max} 外，关键参数还有滴定剂的浓度、体积增加量（volume increment）和滴定终点。滴定体积应根据实验需求设置，例如滴定点的密度、滴定结束时溶液的体积要求等。滴定停止的变量有 5 种：停止体积（stop volume）、停止测量值（stop measured value）、突跃点（stop end point）、突跃点后加液体积（volume after end point）和停止时间（stop time）。

10.4.5 动态滴定

动态滴定（Tiamo 软件：Dynamic titration U/pH）每次加入的滴定剂体积均不相同，是酸碱标定中采用最多的滴定方式。动态滴定中判断信号值 ΔU、t_{min} 和 t_{max} 是否可接受，以及判断是否达到滴定终点的停止条件与等量滴定完全相同，但加液参数存在差异。动态滴定的加液参数与测量点密度（measuring point density）、最小加液量（min increment）、最大加液量（max increment）等相关。滴定过程中，滴定仪根据测量点密度、滴定剂浓度和电极测定值计算加液量，且加液量在最小加液量和最大加液量之间。

10.5 电位滴定的应用

10.5.1 酸碱标定

酸碱标定是实验室中最常见的滴定过程，其化学原理是酸碱中和反应，分别以邻苯二甲酸氢钾和无水碳酸钠作为标准物质，通过电位滴定仪操作软件系统的动态滴定模式标定碱溶液、酸溶液的浓度。本小节将以约为 0.1 mol/L HCl 溶液的浓度标定为例，介绍自动电位滴定的酸碱标定实例。

实验概述：以无水 Na_2CO_3 作为标准品，通过酸碱中和滴定标定浓度约为 0.1 mol/L HCl 的准确浓度。

实验原理：Na_2CO_3 与 HCl 的中和反应是两步反应

$$Na_2CO_3 + HCl \longrightarrow NaHCO_3 + NaCl \tag{10.5}$$

$$NaHCO_3 + HCl \longrightarrow NaCl + H_2O + CO_2 \tag{10.6}$$

仪器设备：烘箱、电炉、分析天平（感量为 0.000 1 g）、自动电位滴定仪、烧杯等。

实验试剂：分析纯 Na_2CO_3、HCl。

操作步骤：

（1）将 1 000 mL 超纯水煮沸 10 min 后冷却；将无水 Na_2CO_3 装入小烧杯中，130 ℃下烘干 2 h，并置于干燥器中冷却保存。

（2）配制 500 mL 浓度约为 0.1 mol/L 的 HCl 溶液，并转移至电位滴定仪的配液瓶中。根据预滴定体积（稍小于滴定管体积）、HCl 浓度和碳酸钠分子量计算 Na_2CO_3 预称量质量，并按此质量精确称取 Na_2CO_3 样品 3 份分别置于 100 mL 的烧杯中，并放入磁子。

（3）仪器准备。打开 Tiamo 软件，完成仪器自检后，在 Configuration 窗口中更新滴定剂信息；核对加液器、指示电极和搅拌器的输入通道是否与待调用方法匹配；确定方法中搅拌速度、加液参数和停止条件（酸标定的滴定终点 pH 应小于 3）等设置是否合理。用 HCl 溶液清洗 HCl 加液器的滴定管 3 次，用超纯水清洗 pH 玻璃电极和滴定头。

（4）滴定。将约 50 mL 煮沸的超纯水加入装有 Na_2CO_3 样品的烧杯中，并置于搅拌台上，打开搅拌装置搅拌 20~30 s 使 Na_2CO_3 充分溶解。将 pH 玻璃电极和滴定管插入烧杯中，并调试至合适位置（图 10.6），选择适宜的搅拌速度避免气泡产生，尽量减少搅拌漩涡对电极测定的影响。打开 Workplace 窗口，调用待用方法，点击"start"按钮开始滴定。按此步骤，依次完成 3 个样品滴定。

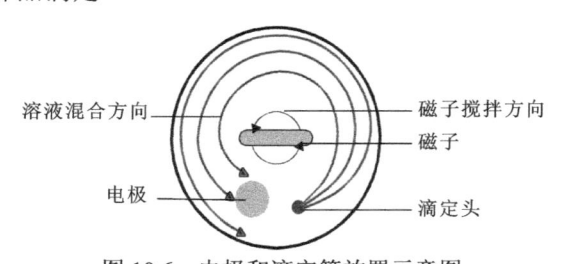

图 10.6 电极和滴定管放置示意图

（5）计算。打开 Database 数据库，调出滴定数据，滴定曲线如图 10.7 所示，曲线有两个突跃点，对应的体积分别 V_1 和 V_2。根据式（10.7）即可计算出 HCl 溶液的准确浓度：

$$C_{HCl} = \frac{m}{106 \times V_1} = \frac{2m}{106 \times V_2} \tag{10.7}$$

式中：C_{HCl} 为 HCl 的标定浓度，mol/L；m 为 Na_2CO_3 称样质量，g；V_1、V_2 分别为 EP1 和 EP2 对应的 HCl 滴定体积，L；106 为 Na_2CO_3 分子量；2 为化学计量比。将 3 个平行样品标定的 HCl 浓度取平均值，即得到 HCl 溶液的最终标定浓度。

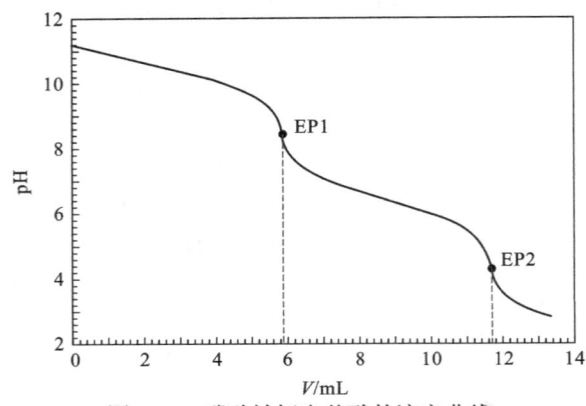

图 10.7 碳酸钠标定盐酸的滴定曲线

10.5.2　针铁矿表面电荷测定

针铁矿是土壤中常见的氧化铁矿物之一，当其表面正电荷量与负电荷量相等时，即净电荷量为零时的 pH 称为电荷零点（point of zero charge，PZC）。电荷零点可通过电位滴定测定，本实验分为酸碱滴定和 STAT-pH 滴定两部分（Xiong et al.，2015）。

实验概述：25 ℃水浴和 N_2 氛围下，以 0.05 mol/L 的 HCl 和 KOH 为滴定剂，通过电位法测定离子强度（KCl 背景）0.01 mol/L、0.03 mol/L 和 0.10 mol/L 条件下，pH 3.5～10.5 针铁矿的表面电荷特征，并获取电荷零点。

实验原理：针铁矿表面通过质子化和去质子化反应[式（10.8）和（10.9）]而带有大量可变电荷，其电荷零点仅与 pH 相关，而与离子强度无关。

$$FeOH^{-0.5} + H^+ \rightleftharpoons FeOH_2^{+0.5} \tag{10.8}$$

$$Fe_3O^{-0.5} + H^+ \rightleftharpoons Fe_3OH^{+0.5} \tag{10.9}$$

仪器设备：烘箱、电炉、分析天平（感量为 0.000 1 g）、自动电位滴定仪、烧杯等。

注意事项：测定针铁矿电荷零点时，pH 的滴定范围是 3.5～10.5。当 pH 大于一定值时，空气中的 CO_2 会溶解于水中，带来滴定误差，且该误差随离子强度增大而增大。因此，酸碱滴定多在 N_2 氛围下进行，以尽可能减少 CO_2 对测定带来的影响。此外，pH 电极测定值还受温度影响，滴定过程中通过水浴维持溶液温度为 25 ℃，保证电极测定的准确性和稳定性。滴定反应池如图 10.8 所示。

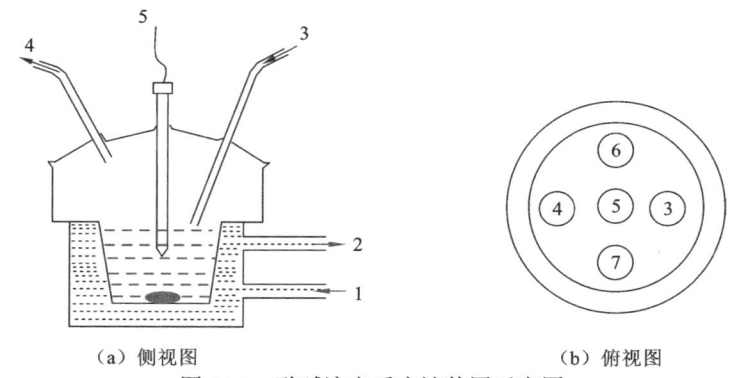

(a) 侧视图　　　　　　　　　(b) 俯视图
图 10.8　酸碱滴定反应池装置示意图

由图 10.8 可知，1 号口和 2 号口分别是进水口和出水口，均与水浴装置相连，循环水下进上出。3 号口是入气口，与流量阀相连，入气管出口略高于溶液液面。4 号口是出气口，插入 $CaCl_2$ 溶液中，气管出口位于反应池上部。入气口和出气口的位置确保进入反应池的 N_2 是自下而上流动，确保反应池中 CO_2 吹洗干净。反应过程中，N_2 流速不能过高，过高可能导致溶液挥发，影响溶液体积测量的准确性；N_2 流速也不能过低，过低难以维持反应池内的微正压，外部空气可能进入反应池，造成溶液的 CO_2 污染。反应开始时，先用大流量 N_2 清洗反应池，然后观察 $CaCl_2$ 溶液中的气泡速度并调节流量阀，调节 N_2 气流至合适速度。6 号口和 7 号口是酸、碱滴定剂的加液管，5 号口是 pH 电极，放置位置参见图 10.8（b）。

实验试剂：分析纯碳酸钠、邻苯二甲酸氢钾、盐酸、氢氧化钾、氯化钾等。

操作步骤：

（1）溶液准备。按 10.5.1 小节酸碱标定部分步骤配制和标定 0.05 mol/L 的 KOH 和 HCl 溶液，作为针铁矿酸电位滴定的滴定剂；配制浓度为 0.01 mol/L 的 KCl 溶液。

（2）pH 电极校正。根据 10.4.1 小节电极校正部分内容校正 pH 电极，记录电极校正曲线并据此判断电极状态是否良好。

（3）针铁矿工作液制备。准确称取 0.25 g 针铁矿置于反应池中，加入 50 mL 浓度为 0.01 mol/L 的 KCl 溶液后置于搅拌台。如图 10.8 所示，接好水浴和 N_2 清洗装置，调节滴定管和 pH 玻璃电极位置，密封反应池。打开搅拌装置，搅拌针铁矿悬浮液 2~3 h 确保样品分散均匀。同时用 N_2 清洗反应池 1 h。采用恒定 pH 滴定，将选择液调节至 pH 3.5 并恒定。

（4）酸碱滴定。在离子强度为 0.01 mol/L 时，分别连续滴加 KOH 和 HCl 溶液在 pH 3.5~10.5 进行往返滴定。当离子强度 0.01 mol/L 体系往返滴定完成后，根据反应溶液的当前体积、当前离子强度、KCl 的分子量和 0.03 mol/L 离子强度计算应加入的 KCl 质量。加入 KCl 后，充分搅拌溶液并重新用 N_2 清洗反应池 1 h。按照上述步骤依次进行离子强度为 0.03 mol/L 和 0.10 mol/L 体系的往返滴定。每个针铁矿样品至少重复进行 2 次。同时，按上述相同步骤滴定不同浓度的 KCl，即空白实验。

酸碱滴定采取的滴定模式是等量滴定。pH 玻璃电极测定溶液电位的时间间隔是 2 s；电极的 $\Delta U < 0.3$ mV/min，t_{min} 一般设置为 120 s，t_{max} 设置为 480 s。根据针铁矿的电荷曲线特征和溶液的缓冲能力强弱，将 pH 3.5~10.5 划分为 4~5 个不同的滴定区间，每个区间设

置的滴定体积不同。完美的滴定体积需满足的要求有：①单位 pH 范围内数据点密度适宜，通常控制在 8~12 个数据点；②数据点分布均匀。滴定剂滴加体积应该使电压在 5~9 mV 变化，对应 pH 在 0.08~0.12 变化。电压的变化值不小于 3 mV，即 0.05 pH 单位；不大于 12 mV，即 0.2 pH 单位。数据点密度越高，滴定所需时间越长，CO_2 引起的滴定误差就越大。pH>7 时电荷曲线是否有掉尾现象（图 10.9），数据点密度至关重要。数据点密度过低，滴定曲线的观赏性下降，且不利于后续的表面络合模型模拟等分析。

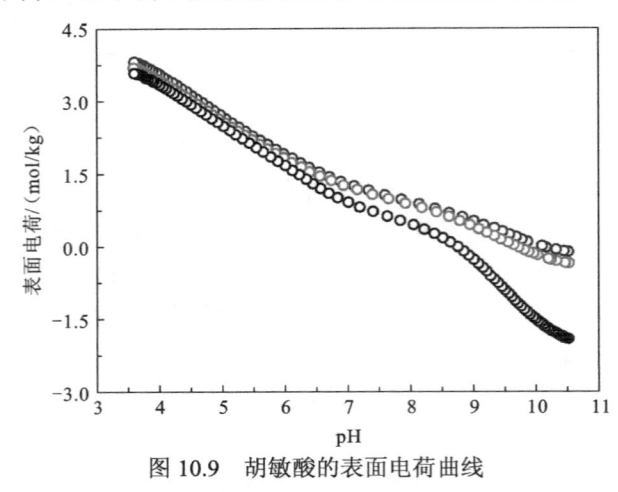

图 10.9 胡敏酸的表面电荷曲线

滴定结束后，打开 Database 窗口，调出数据，绘制重复实验的正反滴定曲线。合格的滴定曲线需满足的要求有：①曲线重现性良好；②正滴定曲线与反滴定曲线对称性良好，消耗的碱量和酸量适量，且二者的相对误差<3%。酸碱消耗量较小，滴定误差偏大，若酸碱消耗量较大可能超过滴定池体积。

（5）STAT-pH 滴定。选择 pH 4.5 进行 STAT-pH 滴定，测定离子强度对针铁矿表面电荷的影响。STAT-pH 滴定是否成功，pH 的选择十分重要。pH 的选择依据：①远离 PZC 点，确保离子强度对表面电荷的影响相对较大，实验误差就更小；②远离中性条件，溶液缓冲能力更强，可以减小实验误差；③尽量选择酸性条件，减小 CO_2 的影响；④pH 为 4.0~9.0（电极校正曲线范围），避免 pH 电极测定时的"酸差"和"碱差"。

滴定开始前，按照步骤（3）准备针铁矿工作液。与步骤（3）不同的是加入 50 mL 超纯水而非 KCl 溶液，恒定的 pH 是 4.5 而非 3.5。当针铁矿工作液 pH 恒定后，加入 pH 4.5 的 KCl 溶液或 KCl 固体调节离子强度至 0.01 mol/L，充分搅拌溶液并用 N_2 清洗反应池 1 h。然后测定记录 pH，采用 pH 恒定滴定将针铁矿悬液回滴至 pH 4.5 并恒定，滴定结束后记录电极读数和滴定剂消耗体积。然后，按照上述步骤继续进行离子强度 0.03 mol/L、0.10 mol/L 和 0.30 mol/L 时的 STAT-pH 滴定，STAT-pH 滴定曲线如图 10.10（a）所示。

STAT-pH 采取的滴定模式是恒定 pH 滴定。pH 玻璃电极测定溶液电位的时间间隔是 2 s，最大加液速度通常不超过 0.2 mL/min（根据预备实验确定），最小加液速度为 10 μL/min，pH 动态范围为 1.0。以停止时间作为停止条件，设置的时间一般为 3 600 s，计时从最后一次加液开始。为准确回滴至 pH 4.5，滴定剂浓度非常重要，对针铁矿采用的滴定剂浓度约为 0.01 mol/L。滴定剂浓度过高，易导致过滴定，且滴定体积消耗较小，测定误差较大。

（6）数据处理。首先，从步骤（4）样品滴定消耗的酸/碱量中扣除空白溶液消耗的酸/

碱量，并结合样品的质量、比表面积等信息，获取针铁矿不同离子强度下的净电荷曲线。标定电荷曲线 pH 4.5 的滴定点，以 0.01 mol/L 电荷曲线该滴定点的电荷量为基准，将 0.03 mol/L 和 0.10 mol/L 的电荷曲线平移，使 pH 4.5 时三条离子强度的电荷量相同。然后，通过步骤（5）STAT-pH 滴定结果[图 10.10（a）]，计算出在 pH 4.5 时离子强度 0.01 mol/L 与离子强度 0.03 mol/L、0.10 mol/L 的电荷量差值Δz_1 和 Δz_2，分别将离子强度 0.03 mol/L 和 0.10 mol/L 的电荷曲线平移 Δz_1 和 Δz_2，此时的电荷曲线称为相对电荷曲线。离子强度不同的三条电荷曲线相交于一点，该点即为针铁矿的电荷零点。根据电荷零点的定义，该点处的电荷量应为 0。因此，整体平移电荷曲线，使交点处电荷量等于 0，相对电荷曲线转变为绝对电荷曲线，如图 10.10（b）所示。此时，曲线各点的电荷量即为对应的 pH 和离子强度条件下的绝对净电荷量。

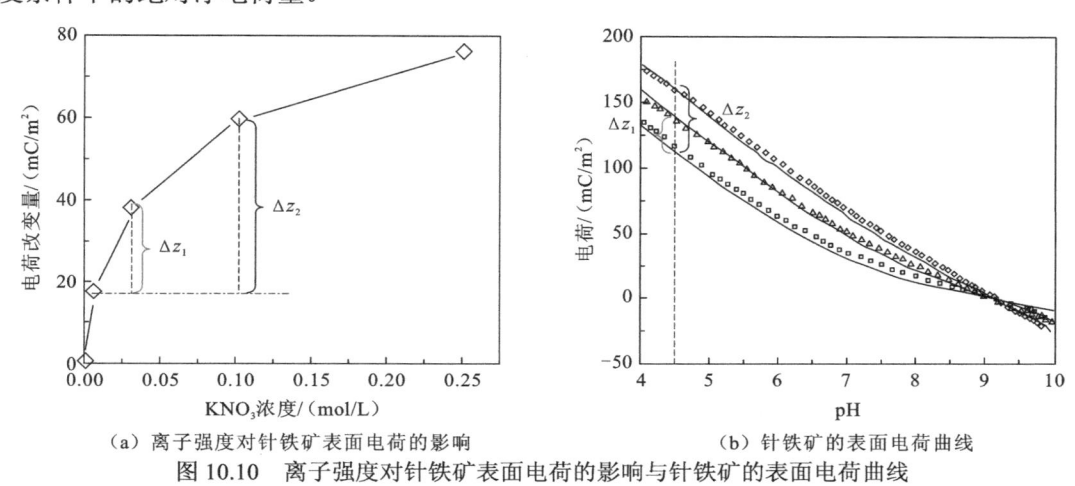

（a）离子强度对针铁矿表面电荷的影响　　（b）针铁矿的表面电荷曲线

图 10.10　离子强度对针铁矿表面电荷的影响与针铁矿的表面电荷曲线

10.5.3　胡敏酸对 Pb 的吸附行为

胡敏酸是腐殖酸的一种，不溶于酸但溶于碱。胡敏酸与 Pb 的相互作用与 pH、离子强度等密切相关，实验室中通过吸附等温实验研究胡敏酸的 Pb 吸附行为。但是，胡敏酸溶液是胶体溶液，不能像针铁矿一般通过离心、过滤等固液分离方法将吸附态 Pb 与游离态 Pb 区分开来。基于 Pb 离子选择性电极仅响应自由态 Pb 的浓度变化，且不感应吸附态 Pb 的变化，因此实际操作中多以 Pb 离子选择性电极作为指示电极，通过 Pb 滴定法测定胡敏酸的 Pb 吸附曲线（Xiong et al.，2013）。

实验概述：25℃水浴和 N_2 氛围下，以 0.001 mol/L 和 0.01 mol/L 的 $Pb(NO_3)_2$ 为滴定剂，采用 Pb 滴定法测定离子强度（KNO_3 背景）0.01 mol/L 和 0.1 mol/L，pH 4.0、6.0 和 7.0 条件下，Pb 在胡敏酸上的吸附。

实验原理：胡敏酸表面富含的羧基、羟基等含氧官能团通过去质子化反应[式（10.10）和式（10.11）]而带有大量负电荷（Tan et al.，2013），能够大量吸附 Pb^{2+} 等阳离子，见式（10.12）和式（10.13）。

$$R-COOH \rightleftharpoons R-COO^- + H^+ \tag{10.10}$$

$$R-OH \rightleftharpoons R-O^- + H^+ \quad (10.11)$$

$$nR-COO^- + Pb^{2+} \rightleftharpoons nR-COOPb^{-n+2} \quad (10.12)$$

$$nR-O^- + Pb^{2+} \rightleftharpoons nR-OPb^{-n+2} \quad (10.13)$$

仪器设备：烘箱、电炉、分析天平（感量为 0.0001 g）、自动电位滴定仪、烧杯等。

注意事项：Pb 滴定时以 Pb 离子选择性电极为工作电极，以 Ag/AgCl 电极为参比电极，二者配套用于溶液中自由态 Pb 浓度的测定。Ag/AgCl 电极的内参比溶液是 3.00 mol/L 饱和 KCl 溶液，外参比溶液是 0.10 mol/L KNO₃ 溶液，以减小外参比溶液外渗对胡敏酸溶液离子强度的影响。滴定池装置与酸碱滴定相似，外接水浴装置维持溶液温度为 25 ℃，避免温度对电极测试的影响；外接 N_2 清洗装置，维持反应池的 N_2 氛围以最小化 CO_2 的影响。如图 10.11 所示，1 号孔是 KOH 溶液和 Pb(NO₃)₂ 滴定剂的加液管，2 号孔和 4 号孔是 Pb 离子选择性电极和 Ag/AgCl 参比电极，3 号孔是 N_2 装置的进气孔和出气孔，5 号孔是 pH 玻璃电极。

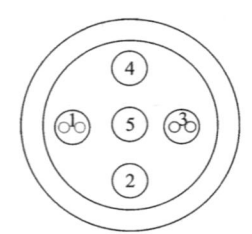

图 10.11　Pb 滴定反应池装置示意图

实验试剂：分析纯碳酸钠、邻苯二甲酸氢钾、硝酸铅、硝酸钾、氯化钾、氢氧化钾、硝酸等。

操作步骤：

（1）溶液准备。按 10.5.1 小节酸碱标定步骤配制和标定 0.01 mol/L 的 KOH 溶液，作为调节和恒定胡敏酸溶液 pH 的滴定剂；配制 1 mol/L 的 KNO₃ 溶液，用于调节胡敏酸的离子强度；配制 3 mol/L 的 KCl 饱和溶液，作为 Ag/AgCl 参比电极的内参比溶液；配制 0.001 mol/L 和 0.01 mol/L Pb(NO₃)₂ 的溶液，作为胡敏酸 Pb 吸附的滴定剂。

胡敏酸储备液配制：准确称取 0.2 g 胡敏酸置于烧杯中，加入适量去 CO_2 超纯水并用 1.0 mol/L KOH 调节 pH＞10。将烧杯置于磁力搅拌器上搅拌 24 h 确保胡敏酸完全溶解并分散均匀，转移至 100 mL 容量瓶中定容（2 g/L），装入塑料瓶中于 5 ℃下储存备用。滴定的胡敏酸溶液由该储备液稀释获取。

（2）Pb 离子选择性电极校正。采用多点法校正 Pb 离子选择性电极。当溶液中 Pb 总浓度＞10^{-6} mol/L 时，Pb 离子选择性电极的检测下限能大幅降低至 $10^{-9.5}$ mol/L。首先，配制一系列 pH 4.0、离子强度为 0.01 mol/L 或 0.10 mol/L、Pb 浓度为 $10^{-6} \sim 10^{-2}$ mol/L 的标准溶液，校正 Pb 离子选择性电极，获取电极电位响应的能斯特方程参数，判断电极状态是否良好。

根据 Pb 的形态分布（图 10.12）计算可知，pH＜6.12、lg Pb^{2+}＜-3.7 时，pH 不影响自由态 Pb 的浓度；pH 为 7.0、lg Pb^{2+}＜-5.5 时，将 pH 4 的电极校准曲线左移 0.035 lg Pb^{2+} 即可校准 pH 对自由态 Pb 浓度的影响。为避免 CO_2 的影响和高 pH 时 Pb 沉淀的生成，Pb 离子选择性电极的校准均在 pH 4.0 时进行。由于胡敏酸带有大量负电荷，它可能附着在电极的晶体感应膜上而影响电极状态。因此，在 Pb 滴定前、滴定后、甚至滴定中，需多次测定 Pb 的标准曲线，以确保 Pb 离子选择性电极测定的稳定性和准确性。当电极校准曲线斜率小于 24 mV（理论值为 29.6 mV）时，对电极进行抛光清洗。

图 10.12　Pb 的形态分布图

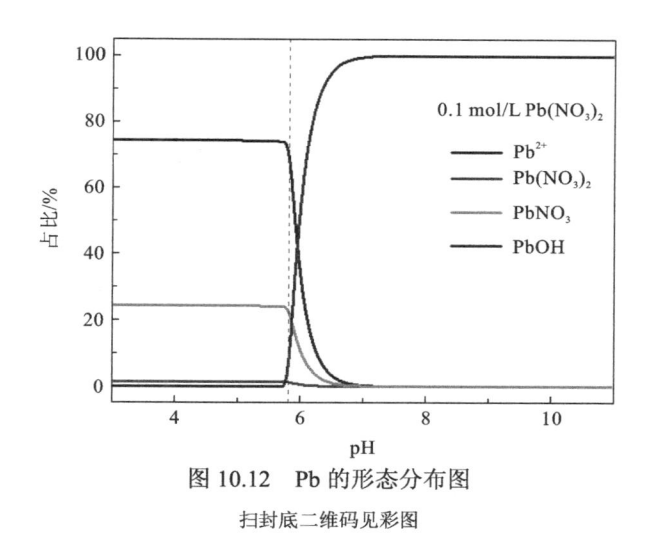

扫封底二维码见彩图

（3）胡敏酸工作液制备。首先，准确移取 10 mL 2 g/L 胡敏酸储备液于反应池中，加入适量体积 1 mol/L KNO$_3$ 调节离子强度为 0.01 mol/L 或 0.10 mol/L，用 0.10 mol/L HNO$_3$ 调节 pH 至实验反应值。加入适量的去 CO$_2$ 超纯水使反应溶液总体积为 50 mL，胡敏酸质量浓度为 0.8 g/L。将反应池置于磁力搅拌器上搅拌，并通入高纯 N$_2$ 冲洗反应池 1 h，密封反应池。然后，采用恒定 pH 滴定，将选择液调节至实验反应值并恒定 12 h，使反应溶液 pH 变化小于 ±0.004 pH 或电位信号漂移小于 ±0.2 mV。

（4）Pb 滴定。在 Workplace 窗口，调用并执行已编辑的实验方法。滴定开始后，先搅拌溶液 30 s，然后向加液系统加入 Pb(NO$_3$)$_2$ 溶液，搅拌 120 s 使溶液混合均匀，测定并记录此时的 pH。然后，以 0.01 mol/L 的 KOH 溶液作为滴定剂，将胡敏酸溶液调回实验初始值并恒定 900 s（最后一次加液开始计时），记录此时 KOH 溶液的消耗体积用于计算 ΔH/ΔPb 交换比（质子释放量/Pb 吸附量）。随后，Pb 离子选择性电极每 2 s 测定一次胡敏酸溶液电位，当最小等待时间为 240 s 且 Pb 离子选择性电极电位信号漂移小于 0.3 mV/min，或最大等待时间为 1200 s 时，记录电极读数。然后，按上述步骤进行下一次 Pb 滴定。滴定过程中，胡敏酸溶液中总 Pb 浓度从 10^{-5} mol/L 逐渐增大到 1.9×10^{-3} mol/L。为控制滴定的 Pb 溶液体积，确保自由态 Pb 浓度跨越较宽范围，且控制 Pb 对溶液离子强度的影响，将 4～6 mL 0.001 mol/L 和 5～10 mL 0.01 mol/L Pb(NO$_3$)$_2$ 相继滴定到胡敏酸溶液中。当反应池中 Pb 浓度达到生成 Pb(OH)$_2$ 沉淀的临界浓度（Pb 形态分布计算确定）时，滴定实验结束。

（5）数据处理。打开 Database 窗口，调出实验数据。将每次 Pb 滴定后 Pb 离子选择性电极测定的电位代入校正曲线，计算出各滴定点游离态 Pb 的浓度。将累积滴定的 Pb 减去对应的游离态 Pb，即为吸附态 Pb 的量，除以胡敏酸的质量即为胡敏酸的 Pb 吸附量，以游离态 Pb 浓度和 Pb 吸附量绘制吸附等温线。根据每次滴定后 KOH 溶液消耗体积计算胡敏酸 Pb 吸附时的质子释放量，同一滴定点累积质子释放量与累积 Pb 吸附量的比值即为 ΔH/ΔPb 交换比。

参 考 文 献

熊娟, 2015. 土壤活性组分对 Pb(II)的吸附及其化学形态模型模拟. 武汉: 华中农业大学.

TAN W F, XIONG J, Li Y, et al., 2013. Proton binding to soil humic and fulvic acids: Experiments and NICA-Donnan modeling. Colloids and Surfaces A: Physicochemical and Engineering Aspects, 436: 1152-1158.

XIONG J, KOOPAL L K, WENG L P, et al., 2015. Effect of soil fulvic and humic acid on binding of Pb to goethite-water interface: Linear additivity and volume fractions of HS in the Stern layer. Journal of Colloid and Interface Science, 457: 121-130.

XIONG J, KOOPAL L K, TAN W F, et al., 2013. Lead binding to soil fulvic and humic acids: NICA-Donnan modeling and XAFS spectroscopy. Environmental Science and Technology, 47(20): 11634-11642.

第 11 章 石英晶体微天平

石英晶体微天平（quartz crystal microbalance，QCM）技术已诞生 60 余年，最初用于薄膜质量和厚度的测量。随着相关技术的发展，QCM 进入了以耗散型石英晶体微天平（quartz crystal microbalance with dissipation，QCM-D）为代表的新时代。QCM-D 的广泛应用使该技术成为研究固-液和气-固界面物理、化学和生物作用过程的有力工具（张光照 等，2015）。QCM-D 具有较高的灵敏度，能够进行原位实时监测，并能分析质量和黏弹性的变化。这些特点可以克服传统技术的缺陷，完善环境界面过程研究的方法体系。QCM-D 可用于土壤环境中有机分子、纳米颗粒、细胞和微生物等界面行为的研究。这些物质在尺寸、形状和密度等方面差异较大，其界面过程和黏附特性也不尽相同。在过去十几年中，QCM-D 在环境界面研究中得到广泛应用，推动了人们对元素生物地球化学循环、胶体和微生物界面行为、生物膜形成等环境过程的理解。

11.1 概 述

11.1.1 发展历史

石英晶体微天平技术最早起源于 1880 年，是由于 Curie 等（1880）发现了罗谢尔盐晶体的压电效应。Cady（1922）利用 X-cut 石英晶体制造出第一个石英晶体振荡器，但是由于 X-cut 石英晶体容易受温度影响，其并未被广泛应用。Lack 等（1934）发现沿着石英晶体主光轴呈 35°15′切割获得的 AT-cut 石英晶体振荡片在室温范围内几乎不受温度的影响，这一发现为石英晶体微天平的应用提供了支撑。

起初，研究者发现当铅笔或橡皮擦划过石英晶体表面时，石英晶体频率会上升或下降，但对这些现象的本质并不清楚。Sauerbrey（1959）建立了石英晶体表面质量变化和频率变化的定量关系，即对于真空或空气中石英晶体表面沉积的均匀刚性薄膜而言，石英晶体振动频率的变化与其表面的质量变化成正比。质量和频率变化的定量关系可用 Sauerbrey（索尔布雷）方程表示，该方程的建立为石英晶体微天平的应用提供了理论基础。二十世纪六七十年代，石英晶体微天平主要应用于空气或真空薄膜质量和厚度的监测。Nomura 等（1982）实现了石英振子在液相中的稳定振动，从此揭开了石英晶体微天平在溶液体系中应用的序幕。如今，石英晶体微天平已经被广泛应用于生物、医学、化学、物理、环境科学等领域。

11.1.2 基本原理

石英晶体微天平技术主要基于石英晶体的压电效应，具体是指外部机械压力导致石英晶体晶格的电荷中心发生偏移，进而产生电极化。这种极化的强弱与机械压力的大小成正比，极化的方向随应变的方向而变化。反之，在石英晶体的两个电极上加一电场，晶片就会产生机械形变，这种物理现象称为逆压电效应。如果在晶片的两极上加交变电压，晶片就会产生机械振动，同时晶片的机械振动又会产生交变电场。在一般情况下，晶片机械振动的振幅和交变电场的振幅非常微小，但当外加交变电压的频率为某一特定值时，振幅明显增大，这种现象称为压电谐振。在实际石英晶体微天平芯片中，将导电金属膜沉积在石英晶体的每一侧作为电触点，晶体在施加交流电压情况下发生振荡，共振频率对其质量变化感知非常灵敏，可用来准确测定芯片质量的微小变化。

石英晶体的机械振荡可以转化为等效电路，并形象地描述了存在质量负载和黏性载荷情况下石英晶体的振荡。Butterworthhe 和 van-Dvke 利用等效电路（BVD 电路）图来表示 AT-cut 石英晶体谐振器，如图 11.1 所示。BVD 电路结合了并联和串联的谐振电路。上支路具有三个串联的监测组件，电容 C_q 表示振荡储存的能量，与石英晶体和周围介质的弹性有关；L_q 表示石英晶体的初始质量；R_q 表示与晶体接触的物质引起的能量损失（即黏性溶液引起的损失）；下支路 C_0 表示远离谐振频率时，石英压电振子等效于简单的平行板电容器的电容量。

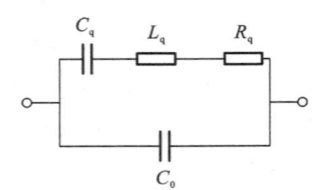

图 11.1 谐振频率附近石英晶体的等效电路图

11.1.3 仪器构造及特点

石英晶体微天平一般由电器驱动系统、石英压电振子系统和信号分析检测系统组成。以瑞典 Q-Sense AB 公司耗散型石英晶体微天平为例：当继电器合上之后，由于交变电压的驱动，石英压电振子会稳定以其谐振频率振动；断开继电器，驱动力瞬间消失，由于阻尼作用，石英压电振子的振幅会逐渐衰减，衰减的快慢即为耗散值。石英晶体微天平通过石英晶体的压电效应，将石英晶体电极表面质量变化转化为石英晶体振荡电路输出电信号的频率变化，并利用计算机等其他辅助设备获得高精度数据。

石英压电振子系统的核心构件是石英晶体传感器，将金涂敷在传感器两个对应面上作为电极，形成三明治结构。石英晶体微天平高精度的构造使其具有以下特点：①质量监测灵敏度高，测量精度能够达到纳克级；②通过耗散值可以同步检测物质的结构变化，获得软材料与表面相互作用后的黏弹性信息；③可以进行数据的实时采集及显示，研究溶胀、吸附、脱附等界面反应动力学过程；④功能拓展性强，样品无须外部标记，可按照需要对金属电极进行镀膜及改性处理。例如，芯片涂覆具备选择性吸附的镀膜，可用于监测化学反应过程或探测气体的化学成分；不同金属及金属氧/氮化物镀膜能够用来研究金属的腐蚀性能。

11.1.4 仪器运行程序

以瑞典 Q-Sense AB 公司耗散型石英晶体微天平（QCM-D）为例，其运行程序如下。
（1）实验开始前连接流动池各管道及蠕动泵，连接样品平台与电子单元。

（2）确保电子单元与计算机正确连接，启动仪器软件。

（3）在流动池内装上芯片，并放在平台的加热板上。

（4）设定实验温度，待温度稳定后，在没有通入溶液的情况下寻找基频。

（5）运行蠕动泵，使缓冲溶液通入流动池中。采集数据，待数据稳定后将数据归零，重新开始实验。

（6）得到平整的基线后，暂停蠕动泵，将进样管切换到样品溶液中，再次开启蠕动泵，在这个过程中持续采集数据。更换样品溶液时注意防止气泡进入体系影响实验结果。

11.1.5 QCM-D 技术的优势和局限性

相比于传统的界面分析手段，QCM-D 具有的独特优势包括：①QCM-D 技术是一种原位和实时监测技术，能够在几秒钟内捕获信号；②QCM-D 的能量耗散监测功能除了可以监测质量变化，还可以探索吸附层的物理化学性质，如黏弹性、疏松度和稳定性等；③QCM-D 具有流速和温度控制的流通装置，可以模拟不同的环境场景。这些特征使 QCM-D 成为研究环境界面相互作用的重要工具，可以提供传统批量吸附实验或土柱实验无法获得的微界面信息。

尽管几乎所有涉及固/液界面质量变化都可以通过 QCM-D 技术进行表征，但其对原子和小分子物质的检测不够灵敏。因此，QCM-D 技术不适用于研究元素和小分子的吸附。另外，对于具有复杂表面性质的颗粒，如细菌细胞，QCM-D 难以对其吸附进行定量分析，需借助显微镜和其他技术联合定量分析。尽管 QCM-D 具有多种标准模式电极（如金属氧化物、二氧化硅、金芯片等）可供选择，也可以根据研究需求通过多种方法（如旋涂、表面吸附和气相沉积）对电极表面进行修饰，但是与实际环境中复杂的异质性表面相比，这些模式表面通常是简单均匀的，在代表性方面仍有缺陷。因此，当前 QCM-D 技术仅适合研究模式表面上的界面过程，分析电荷、疏水性和极性作用等对物质黏附和沉积过程的影响。对于实际环境中的界面过程，如多孔介质中（粒度、孔隙率和粗糙度等物理性质存在差异）或结晶矿物表面，QCM-D 技术并不能很好地解释吸附的机理（Huang et al.，2017）。同时，考虑实际环境中各组分的相互作用和复杂的溶液条件，需要开发出新的理论和方法来更好地理解响应机制并获得更多可以定量的结果。

11.2 数据分析

11.2.1 Sauerbrey 模型

德国科学家 Sauerbrey（1959）研究发现，石英晶体振动频率的变化由薄膜的厚度和密度决定。当物质均匀刚性地吸附在石英晶体微天平的金电极表面，石英晶体的谐振频率变化与外加质量成正比（Lozeau et al.，2015；Strauss et al.，2009；Sauerbrey，1959）。根据 Sauerbrey 方程，吸附在石英晶体传感器上的质量和频率关系式为

$$\Delta f = -\frac{2f_0^2}{A\sqrt{\rho_q \mu_q}} \Delta m \tag{11.1}$$

式中：Δf 为石英晶体的振荡频率；Δm 为工作电极上的质量变化；f_0 为传感器的谐振频率；A 为电极的有效工作面积；ρ_q 为石英晶体的密度；μ_q 为石英晶体剪切模量。由于石英晶体传感器的基频、工作面积、密度和剪切模量为已知量，Sauerbrey 方程可以简化表示为

$$\Delta m = -\frac{C\Delta f}{n} \tag{11.2}$$

式中：C 为常数，当晶体固有振荡频率为 5 MHz 时，其值为 17.8 ng/(cm²·Hz)；n 为泛音数。

值得注意的是，Sauerbrey 方程仅适用于耗散接近零的刚性薄膜。对于非刚性薄膜，Sauerbrey 方程通常会低估黏附质量，因此不能用于分析具有显著耗散的系统。例如，较软的细菌由于表面具有各种蛋白质、多糖、核酸等组分，与 QCM-D 传感器产生非刚性接触，产生耦合共振。随表面沉积质量增加，石英晶体的振荡频率正向偏移。

11.2.2 耦合振荡模型

耗散型石英晶体微天平可以同时测量石英晶体频率和耗散的改变。耗散因子是指当驱动石英晶体振荡的电路断开后，晶体频率降低到零的时间快慢。耗散型石英晶体微天平所测量的石英晶体的能量损失与沉积薄膜的黏弹性直接相关。耗散可以表示为

$$D = \frac{G_{\text{lost}}}{2\pi G_{\text{store}}} \tag{11.3}$$

式中：D 为耗散因子；G_{lost} 和 G_{store} 分别为损耗模量和储能模量。

Voigt-Kelvin（沃伊特-开尔文）扩展黏弹性模型通过在 Δf 与质量的关系和 ΔD 与薄膜刚度的关系中添加修正项，来校正耗散较高情况下的 Sauerbrey 模型（van der Westen et al., 2017; Lozeau et al., 2015）。Voigt-Kelvin 模型可以表示为并联的纯弹性弹簧（弹性元件）和纯黏性阻尼器（黏性元件）（图 11.2），其计算公式为

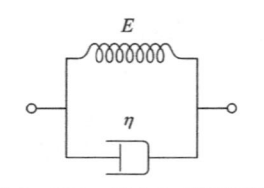

图 11.2 Voigt-Kelvin 模型示意图
E 为弹性模量；η 为黏度模量

$$\Delta f + \frac{\mathrm{i}\Delta D f_0}{2} = \frac{f_F m_p}{\pi Z_q} \cdot N_p \left[\frac{\omega_s^3(\omega_p^2 - \gamma^2) - \omega_s \omega_p^4}{(\omega_s^2 - \omega_p^2)^2 + \omega_s^2 \gamma^2} + \mathrm{i} \frac{\omega_s^4 \gamma}{(\omega_s^2 - \omega_p^2)^2 + \omega_s^2 \gamma^2} \right] \tag{11.4}$$

式中：f_0 为传感器的谐振频率；f_F 为晶体的基频；m_p 为颗粒的质量；ω_p 为共振角频率；ω_s 为传感器角频率；Z_q 为 AT-cut 石英晶体的声阻抗；N_p 为黏附颗粒的数量；γ 为阻力系数，$\gamma = \dfrac{\xi}{m_p}$，$\xi$ 为阻力。

此外，当耗散较高时，Maxwell（麦克斯韦）模型也被用来校正 Sauerbrey 模型（van der Westen et al., 2017）。Maxwell 模型可以表示为串联的纯弹性弹簧（弹性元件）和纯黏性阻

尼器（黏性元件）（图 11.3），计算公式为

$$\Delta f+\frac{\mathrm{i}\Delta Df_0}{2}=\frac{f_\mathrm{F}N_\mathrm{p}}{\pi Z_\mathrm{q}}\left[\mathrm{i}\omega_\mathrm{s}m_\mathrm{p}\frac{1}{1-\frac{\omega_\mathrm{s}^2}{\omega_\mathrm{p}^2}+\frac{\mathrm{i}\omega}{\gamma}}\right] \quad (11.5)$$

图 11.3 Maxwell 模型的示意图

根据这些模型，利用频率和耗散的输出数据即可分析细菌在环境界面的黏附和生物膜的形成过程。然而，不同模型计算结果存在较大分歧。例如，Maxwell 模型计算得出的细菌黏附质量是 Voigt-Kelvin 模型结果的 4 倍（van der Westen et al.，2017）。因此，目前尚不清楚 Voigt-Kelvin 模型和 Maxwell 模型哪一个更适用于黏弹性材料的研究，还需要更准确的模型对 QCM-D 的数据进行分析。

11.2.3 黏弹性计算

QCM-D 能够同时监测振动频率（Δf）和耗散（ΔD），可以用来分析物质吸附过程中吸附层结构的变化（Kao et al.，2018；Otto et al.，1999；Fredriksson et al.，1998）。$\Delta D/\Delta f$ 表示单位质量吸附引起的耗散变化，耗散与频率的比值表示质量的刚度变化，通常用于研究材料与表面相互作用的黏弹性（Kao et al.，2018，2017；Li et al.，2017；Watarai et al.，2012；Yan et al.，2011）。一般来说，当较厚的或弹性的沉积层吸附在石英晶体传感器表面时，这类沉积层的结构更容易发生形变，并产生与晶体不同步的振荡，因此会产生更大的能量耗散（ΔD）。对于更陡的 ΔD-Δf 曲线（更高的 $|\Delta D/\Delta f|$），单位质量（频率）变化导致更大的能量耗散，说明增加的质量更软、弹性更强。反之，对于吸附在表面并与晶体同步振荡的刚性层，单位质量变化导致的能量耗散较小，因此 $\Delta D/\Delta f$ 的值接近于零。$\Delta D/\Delta f$ 的计算方法在环境界面领域的相关研究中被广泛应用。将 $\Delta D/\Delta f$ 分析与图像分析等其他技术相结合，还可用于检测物质的构象变化、表面反应过程等。但是由于界面作用过程的复杂性和模型的不确定性，目前基于 QCM-D 频率和耗散数据只能对石英晶体薄膜做定性分析，定量计算物质的黏附量和黏附强度仍存在巨大挑战。

此外，由于振动波在较低的泛音处有较高的穿透深度，在多个泛音测得的 Δf 和 ΔD 也揭示了离表面不同距离的沉积层的性质。QCM-D 的监测深度（δ）可根据以下公式计算得到（Nirschl et al.，2011；Wingqvist et al.，2009；Voinova et al.，1999）：

$$\delta=\sqrt{\eta/\pi\rho f} \quad (11.6)$$

式中：η 为黏度；ρ 为环境液体的密度；f 为晶体的谐振频率。对于基频为 5 MHz 的晶体，基频对应的监测深度约为 250 nm，随着泛音数（n）的增加，δ 随 $1/\sqrt{n}$ 衰减。

11.2.4 定量分析模型

为了利用 QCM-D 定量分析微粒的黏附，Tarnapolsky 等（2018）开发了一个定量模型

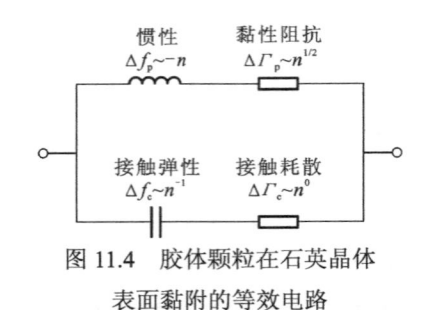

图 11.4 胶体颗粒在石英晶体表面黏附的等效电路

上分支代表颗粒的惯性及黏性阻抗；下分支代表颗粒与传感器表面的接触弹性及接触耗散

和相应的等效电路（图 11.4），用来描述流体中自由振荡颗粒的作用特征。该模型综合考察了弹性、惯性和耦合共振等粒子与周围流体的相互作用，并根据所提出的等效电路图建立了相关模型。通过对 QCM-D 数据的拟合，可以计算出接触弹性（κ_c）、阻尼系数（ξ_c）和颗粒密度（N_p）。该模型的应用使 QCM-D 成为探究颗粒界面行为的重要工具，为原位研究纳米颗粒、细菌细胞等胶体颗粒的界面过程提供了有效的定量分析方法。

负载阻抗等效电路显示了惯性、弹性和耗散负载与泛音的依赖关系。两个平行分支代表由颗粒与传感器接触（下分支）及颗粒自由振荡（上分支）产生的应力。在定量模型中，利用 QCM-D 不同泛音（n=3、5、7、9、11）得到 Δf_n 和 ΔD_n 值来拟合求得颗粒与表面相互作用而产生的接触弹性（κ_c）、阻尼系数（ξ_c）和颗粒黏附密度（N_p），实现了对颗粒与界面相互作用强度及黏附量的定量分析（Tarnapolsky et al.，2018）。

当颗粒吸附在 QCM-D 传感器表面，负载阻抗随着 ΔZ_L^* 变化，总频率的变化可以用如下公式表示：

$$\Delta f^* = \Delta f + \mathrm{i}\Delta \Gamma \tag{11.7}$$

式中：不同泛音对应的频率（Δf_n）和带宽（$\Delta \Gamma_n$）的计算公式为

$$\Delta f_n = -\frac{f_F}{\pi Z_q}\mathrm{Im}(\Delta Z_L^*) \tag{11.8}$$

$$\Delta \Gamma_n = \frac{f_F n}{2}\Delta D_n = \frac{f_F}{\pi Z_q}\mathrm{Re}(\Delta Z_L^*) \tag{11.9}$$

式中：f_F 为基频，等于 5 MHz；ΔD_n 为泛音为 n 时的耗散变化；Z_q 为 AT-cut 石英晶体的声阻抗，等于 8.8×10^6 kg/(m²·s)。

接触区域黏弹性和自由振荡粒子所产生的总载荷 $\Delta f_{\text{total}}^*$ 可以由等效电路图（图 11.4）表示，由以下公式计算：

$$\Delta f_{\text{total}}^* = \left(\frac{1}{\Delta f_p^*} + \frac{1}{\Delta f_c^*}\right)^{-1} \tag{11.10}$$

式中：Δf_p^* 和 Δf_c^* 分别为振荡颗粒和接触区域的频率变化。

振荡颗粒的频率变化 Δf_p^* 由以下公式计算得到：

$$\Delta f_p^* = \Delta f_p + \mathrm{i}\Delta \Gamma_p = \frac{N_p}{Z_q}\left[-\frac{8}{3}\pi R^3\left(\rho_p + \frac{\rho}{2}\right)f_F^2 n + \mathrm{i}6\pi^{0.5}R^2(\eta\rho)^{0.5}f_F^{1.5}n^{0.5}\right] \tag{11.11}$$

式中：ρ 和 η 分别为液体的密度和黏度；R 为颗粒的半径；ρ_p 为颗粒的密度。

接触区域的频率变化 Δf_c^* 由以下公式计算得到：

$$\Delta f_c^* = \Delta f_c + \mathrm{i}\Delta \Gamma_c = N_p\frac{1}{1-\eta_r/\eta_t}\left[\frac{1}{2\pi^2 Z_q}\kappa_c n^{-1} + \mathrm{i}\frac{f_F}{\pi Z_q}\xi_c n^0\right] \tag{11.12}$$

式中：η_t 和 η_r 分别为颗粒平移和旋转的阻力系数。

$$\eta_t = i\frac{4}{3}\pi R^3 \left(\rho_p + \frac{\rho}{2}\right)\omega + 3\pi R^2 \rho\delta\omega \tag{11.13}$$

$$\eta_r = i\frac{8}{15}\pi R^3 \rho_p\omega + \frac{4}{3}\pi R^2 \rho\delta\omega \tag{11.14}$$

式中：ω 为角振荡频率，等于 $2\pi n f_F$；δ 为穿透深度。

$$\delta = \left(\frac{\eta}{\pi\rho f_F}\right)^{0.5} n^{-0.5} \tag{11.15}$$

通过非线性回归，使实验数据（Δf_i^{exp} 和 $\Delta \Gamma_i^{exp}$）与预测值（Δf_i^{model} 和 $\Delta \Gamma_i^{model}$）之间的偏差（d）最小：

$$d = \sqrt{\sum_i (\Delta f_i^{exp} - \Delta f_i^{model})^2} + \sqrt{\sum_i (\Delta \Gamma_i^{exp} - \Delta \Gamma_i^{model})^2} \tag{11.16}$$

蒙特卡罗拟合用于构建 95%的置信区间（Lambert et al.，2012）。

接触区域半径 r_c 可以通过 κ_c 计算得到：

$$r_c = \left(\frac{3\kappa_c R^2}{4E_c}\right)^{1/3} \tag{11.17}$$

式中：E_c 为颗粒和表面的杨氏模量，由以下公式计算得到：

$$E_c = \left(\frac{1-\nu_p}{E_p} + \frac{1-\nu_s}{E_s}\right)^{-1} \tag{11.18}$$

式中：ν_p 和 E_p 分别为颗粒的泊松比和杨氏模量；ν_s 和 E_s 分别为传感器表面的泊松比和杨氏模量。

该定量模型为胶体颗粒和细菌的界面过程的分析提供了一个有效的定量工具，但是该模型的应用也具有一定的局限性，只适用于弹性载荷占主导或耦合共振的黏附状态，在纯惯性载荷状态下模型预测值可能偏离实验测量值。

11.3 QCM-D 在环境界面过程研究中的应用

11.3.1 有机分子的表面吸附

大多土壤中涉及有机分子界面作用，例如有机质-矿物相互作用（Long et al.，2009）、土壤固相组分表面调节膜形成（Orgad et al.，2011）等。其中涉及的有机分子包括微生物胞外聚合物（extracellular polymeric substances，EPS）和天然有机质（natural organic matter，NOM）等。探究这些有机分子界面作用的动力学和热力学过程及吸附层特性，对理解有机分子的生物地球化学过程至关重要。利用 QCM-D 技术可以分析溶液化学性质（如 pH、离子强度和温度）（Orgad et al.，2011；Yan et al.，2011）和环境表面性质（如表面电荷、疏水性和异质性）（Wang et al.，2020）对有机大分子吸附的动力学、热力学过程及吸附层特性的影响，这将极大地促进我们对土壤环境中有机分子界面过程的理解。

QCM-D 技术可以用来量化界面反应平衡时有机分子的吸附量，探究有机分子与环境界面的相互作用机制。此外，也有不少研究利用 QCM-D 技术探究有机分子在传感器表面形成的吸附层特性，探究溶液条件、表面化学性质对不同类型有机质分子构象、吸附层结构和机械特性的影响。例如，根据频率的变化，研究结果显示 Al_2O_3 和羟基磷酸盐表面的 NOM 沉积速率较高，而 Fe_3O_4 和聚苯乙烯表面的沉积速率相对较慢（Li et al.，2017）。在弱酸性条件下，根据频率的偏移量计算得到疏水性腐殖酸在 Al_2O_3 表面的吸附量约是亲水性腐殖酸的 4 倍（Yan et al.，2011）。吸附在二氧化硅上的葡聚糖比吸附在氧化铝上的葡聚糖具有更大的 $\Delta D/\Delta f$ 值，表明了二氧化硅表面葡聚糖吸附层具有更松散的结合构象，有更多的水在吸附层内截留（Kwon et al.，2006）。有机分子通常牢固地附着在传感器表面，形成的黏附层厚度远小于 QCM 声波穿透深度。因此，有机质分子能够被 QCM-D 彻底感知。此外，QCM-D 技术也可以用于探究有机分子在吸附过程中分子构象的变化，Shi 等（2021）的研究表明多糖、蛋白质 β-折叠有利于好氧污泥在矿物颗粒表面的吸附。

11.3.2 纳米颗粒沉积

QCM-D 技术也被广泛用于研究各种纳米颗粒的界面行为，如碳纳米材料、微塑料颗粒和金属氧化物纳米颗粒的沉积和迁移。QCM-D 技术可以用于分析纳米材料的沉积动力学和界面过程中所涉及的作用力。此外，QCM-D 技术还可以用于量化界面反应平衡时的纳米材料的吸附量，监测纳米材料吸附层的结构变化。这些应用极大地提高了我们对纳米材料与环境界面相互作用机制的理解，为评估纳米材料的环境风险提供了科学依据。

与有机分子相比，纳米材料尺寸更大，形成的吸附层具有较大的异质性，因此对 Δf 和 ΔD 数据的分析和解释更加困难。QCM-D 对纳米材料的响应机制在很大程度上取决于纳米材料自身的性质（如尺寸大小、几何形状、刚度和表面化学性质）（Tarnapolsky et al.，2018）及它们在固体表面的接触方式和黏附特性（如覆盖、离散或聚集、单层或多层）（Olsson et al.，2012a；Mecea，2005）。纳米颗粒运动及其与周围溶剂分子的作用会影响沉积过程中耗散值的变化。较大的纳米颗粒的沉积通常产生较大的 $\Delta D/\Delta f$，这是由于大尺寸纳米颗粒具有较大动量，与溶剂的摩擦导致更强的溶液流动和阻力（Tellechea et al.，2009）。

在纳米颗粒沉积动力学的研究中，根据 Δf 计算得到纳米颗粒的沉积速率，并利用相同溶液条件下最优沉积速率对纳米颗粒的沉积速率归一化，得到沉积效率（Yi et al.，2011；Chen et al.，2006）。QCM-D 的 ΔD 常用于探讨在不同条件下形成的纳米颗粒黏附层的特性，利用 $\Delta D/\Delta f$ 可揭示纳米颗粒黏附层的结构。例如，在 Ag 纳米颗粒沉积过程中，$\Delta D/\Delta f$ 的持续增加表明在长期吸附过程中沉积了多层的 Ag 纳米颗粒，产生了 Ag 纳米颗粒聚集体（Furman et al.，2013）。微塑料颗粒在环境中的归趋广受关注，有研究人员运用 QCM-D 监测原始和老化的微塑料颗粒在环境界面的沉积行为，发现土壤和水环境中的溶解性黑炭有利于微塑料颗粒在环境中的稳定（Xu et al.，2021；He et al.，2020）。对不同尺度塑料颗粒的研究发现，与 50 nm 的聚苯乙烯颗粒相比，大尺寸（500 nm）的聚苯乙烯颗粒在二氧化硅表面的附着力更弱，在氧化铝表面的沉积速率更慢（Liu et al.，2021）。

11.3.3　微生物表面黏附与定殖

生物膜在环境中广泛存在，生物膜的形成是一个动态过程，从单个微生物细胞在表面的初始黏附，到生物膜的生长和成熟，最终生物膜细胞解离。初始黏附是一个复杂的过程，决定着细菌能否成功在固体表面定殖。在细胞初始黏附过程中，微生物与环境界面的相互作用受细菌和环境界面性质，以及溶液化学性质的影响。在固体表面定殖后，微生物产生胞外聚合物形成生物膜，并伴随质量和结构发生变化。QCM-D 的功能和特点使其成为表征微生物黏附和生物膜生长的工具。由于微生物细胞的几何形状、表面特性、刚性程度等的差异，QCM-D 对微生物的沉积和吸附的响应与有机分子和纳米材料不同。首先，微生物细胞的大小从几百纳米到几微米不等，远远大于 QCM-D 声传感的穿透深度，它们一般通过点接触黏附在固体表面。此外，微生物具有表面异质性，它们不像有机分子和纳米材料那样与表面产生惰性接触，它们表面的胞外聚合物和附属物使其与固体表面之间形成黏弹性接触。在黏附过程中微生物黏附状态不断变化，这与刚性的二氧化硅不同。二氧化硅颗粒黏附在固体表面后，其黏附状态不会发生动态变化，具有恒定的 ΔD 值，而细胞在固体表面黏附后，ΔD 值随时间发生变化（Olsson et al.，2010）。

基于先前的研究，尽管 QCM-D 不能量化微生物的黏附量，但它对微生物与固体表面之间接触力的高灵敏度使其成为研究微生物黏附过程的工具。初始黏附是一个相对较快的过程，涉及细胞异质性表面与环境表面之间的物理化学相互作用。QCM-D 的实时监测功能可以追踪细胞的动态黏附过程，可研究细胞表面特性、基质表面性质和溶液条件对微生物黏附作用的影响。Jing 等（2020）通过 QCM-D 定量模型，分析了细胞膜蛋白对细菌在矿物表面吸附的贡献度，Zou 等（2022）探究了不同土壤矿物界面细菌的动态吸附行为。此外，$\Delta D/\Delta f$ 值通常用于分析微生物-表面相互作用。例如，微生物与非生物表面的疏水性被证明会影响它们之间的力学性质，疏水细胞对疏水表面呈刚性接触，亲水细胞对亲水表面更倾向于黏性接触（Marcus et al.，2012）。

QCM-D 在生物膜研究中主要用于监测固体表面生物膜生长，根据不同的 QCM-D 响应识别生物膜不同的生长阶段（Walden et al.，2019；Olsson et al.，2015）。Δf 和 ΔD 的变化可能是由代谢物分泌、微生物增殖或细胞破裂引起的（Zhu et al.，2020；Najafinobar，2011；Reipa et al.，2006）。当微生物与表面发生不可逆黏附并与表面稳定结合后，QCM-D 响应信号逐渐稳定。由于 QCM-D 对微生物黏附的响应机制较为复杂，Δf 不能直接用于微生物的细胞吸附量的计算，但可以反映微生物黏附过程中质量负载的变化。与纳米颗粒黏附研究相似，$\Delta D/\Delta f$ 是分析细胞与基材表面之间的接触力学特性的一个重要参数。例如，细胞在表面的沉积导致频率和耗散值变化，在沉积黏附初期 $\Delta D/\Delta f$ 值接近 0，表明细胞通过胞外聚合物发生刚性吸附，随着反应时间的延长，$\Delta D/\Delta f$ 值增加，表明细胞发生黏附和聚集（Kao et al.，2018，2017）。QCM-D 的多功能性使其可以研究各种环境因素，如温度、营养条件、流速和污染物等对生物膜形成动力学的影响。Schofield 等（2007）利用 QCM-D 连续监测 20 h 内生物膜的形成过程，结果显示连续流动条件下的生物膜量比间歇流动体系中的生物膜量更大，并且具有更大的 $\Delta D/\Delta f$ 值，表明连续流动体系中细菌产生了更多的胞外聚合物，并形成了黏弹性更强的生物膜。

参 考 文 献

张光照, 刘光明, 2015. 石英晶体微天平: 原理与应用. 北京: 科学出版社.

CADY W G, 1922. The piezo-electric resonator. Proceedings of the Institute of Radio Engineers, 10(2): 83-114.

CHEN K L, ELIMELECH M, 2006. Aggregation and deposition kinetics of fullerene (C_{60}) nanoparticles. Langmuir, 22: 10994-11001.

CURIE J, CURIE P, 1880. Développement par compression de l'électricité polaire dans les cristaux hémièdres à faces inclinées. Bulletin de Minéralogie, 3: 90-93.

FREDRIKSSON C, KIHLMAN S, RODAHL M, et al., 1998. The piezoelectric quartz crystal mass and dissipation sensor: A means of studying cell adhesion. Langmuir, 14: 248-251.

FURMAN O, USENKO S, LAU B L, 2013. Relative importance of the humic and fulvic fractions of natural organic matter in the aggregation and deposition of silver nanoparticles. Environmental Science and Technology, 47: 1349-1356.

HE L, RONG H, WU D, et al., 2020. Influence of biofilm on the transport and deposition behaviors of nano-and micro-plastic particles in quartz sand. Water Research, 178: 115808.

HUANG R, YI P, TANG Y, 2017. Probing the interactions of organic molecules, nanomaterials, and microbes with solid surfaces using quartz crystal microbalances: Methodology, advantages, and limitations. Environmental Science: Processes and Impacts, 19(6): 793-811.

JING X, WU Y, SHI L, et al., 2020. Outer membrane c-type cytochromes OmcA and MtrC play distinct roles in enhancing the attachment of *Shewanella oneidensis* MR-1 cells to goethite. Applied and Environmental Microbiology, 86(23): e01941-20.

KAO W L, CHANG H Y, LIN K Y, et al., 2017. Effect of surface potential on the adhesion behavior of NIH3T3 cells revealed by quartz crystal microbalance with dissipation monitoring (QCM-D). The Journal of Physical Chemistry C, 121: 533-541.

KAO W L, CHANG H Y, LIN K Y, et al., 2018. Assessment of the effects of surface potential on the kinetics of HEK293T cell adhesion behavior using a quartz crystal microbalance with dissipation monitoring. The Journal of Physical Chemistry C, 122: 694-704.

KWON K D, GREEN H, BJÖÖRN P, et al., 2006. Model bacterial extracellular polysaccharide adsorption onto silica and alumina: Quartz crystal microbalance with dissipation monitoring of dextran adsorption. Environmental Science and Technology, 40: 7739-7744.

LACK F, WILLARD G, FAIR I, 1934. Some improvements in quartz crystal circuit elements. The Bell System Technical Journal, 13: 453-463.

LAMBERT R J, MYTILINAIOS I, MAITLAND L, et al., 2012. Monte Carlo simulation of parameter confidence intervals for non-linear regression analysis of biological data using Microsoft Excel. Computer Methods and Programs in Biomedicine, 107: 155-163.

LI W, LIAO P, OLDHAM T, et al., 2017. Real-time evaluation of natural organic matter deposition processes onto model environmental surfaces. Water Research, 129: 231-239.

LIU L, SONG J, ZHANG M, et al., 2021. Aggregation and deposition kinetics of polystyrene microplastics and nanoplastics in aquatic environment. Bulletin of Environmental Contamination and Toxicology, 107(4): 741-747.

LONG G, ZHU P, SHEN Y, et al., 2009. Influence of extracellular polymeric substances (EPS) on deposition kinetics of bacteria. Environmental Science and Technology, 43(7): 2308-2314.

LOZEAU L D, ALEXANDER T E, CAMESANO T A, 2015. Proposed mechanisms of tethered antimicrobial peptide chrysophsin-1 as a function of tether length using QCM-D. The Journal of Physical Chemistry B, 119: 13142-13151.

MARCUS I M, HERZBERG M, WALKER S L, 2012. *Pseudomonas aeruginosa* attachment on QCM-D sensors: The role of cell and surface hydrophobicities. Langmuir, 28: 6396-6402.

MECEA V M, 2005. From quartz crystal microbalance to fundamental principles of mass measurements. Analytical Letters, 38: 753-767.

NAJAFINOBAR N, 2011. Effect of nanotopography on bacterial adhesion and EPS production. Gothenburg: Chalmers University of Technology.

NIRSCHL M, SCHREITER M, VÖRÖS J, 2011. Comparison of FBAR and QCM-D sensitivity dependence on adlayer thickness and viscosity. Sensors and Actuators A: Physical, 165: 415-421.

NOMURA T, OKUHARA M, 1982. Frequency shifts of piezoelectric quartz crystals immersed in organic liquids. Analytica Chimica Acta, 142: 281-284.

OLSSON A L, VAN DER MEI H C, BUSSCHER H J, 2010. Novel analysis of bacterium-substratum bond maturation measured using a quartz crystal microbalance. Langmuir, 26: 11113-11117.

OLSSON A L, SHARMA P K, MEI H C, et al., 2012a. Adhesive bond stiffness of *Staphylococcus aureus* with and without proteins that bind to an adsorbed fibronectin film. Applied Environmental Microbiology, 78: 99-102.

OLSSON A L, VAN DER MEI H C, JOHANNSMANN D, et al., 2012b. Probing colloid-substratum contact stiffness by acoustic sensing in a liquid phase. Analytical Chemistry, 84: 4504-4512.

OLSSON A L J, MITZEL M R, TUFENKJI N, 2015. QCM-D for non-destructive real-time assessment of *Pseudomonas aeruginosa* biofilm attachment to the substratum during biofilm growth. Colloids and Surfaces B: Biointerfaces, 136: 928-934.

ORGAD O, OREN Y, WALKER S L, et al., 2011. The role of alginate in *Pseudomonas aeruginosa* EPS adherence, viscoelastic properties and cell attachment. Biofouling, 27: 787-798.

OTTO K, ELWING H, HERMANSSON M, 1999. Effect of ionic strength on initial interactions of Escherichia coli with surfaces, studied on-line by a novel quartz crystal microbalance technique. Journal of Bacteriology, 181: 5210-5218.

REIPA V, ALMEIDA J, COLE K D, 2006. Long-term monitoring of biofilm growth and disinfection using a quartz crystal microbalance and reflectance measurements. Journal of Microbiological Methods, 66: 449-459.

SAUERBREY G, 1959. The use of quarts oscillators for weighing thin layers and for microweighing. Zeitschrift für Physik C Particles and Fields, 155: 206-222.

SCHOFIELD A L, RUDD T R, MARTIN D S, 2007. Real-time monitoring of the development and stability of biofilms of *Streptococcus mutans* using the quartz crystal microbalance with dissipation monitoring. Biosensors and Bioelectronics, 23: 407-413.

SHI Y, LIU Y, 2021. Evolution of extracellular polymeric substances (EPS) in aerobic sludge granulation: Composition, adherence and viscoelastic properties. Chemosphere, 262: 128033.

STRAUSS J, LIU Y, CAMESANO T A, 2009. Bacterial adhesion to protein-coated surfaces: An AFM and QCM-D study. JOM, 61: 71-74.

TARNAPOLSKY A, FREGER V, 2018. Modeling QCM-D response to deposition and attachment of microparticles and living cells. Analytical Chemistry, 90: 13960-13968.

TELLECHEA E, JOHANNSMANN D, STEINMETZ N F, et al., 2009. Model-independent analysis of QCM data on colloidal particle adsorption. Langmuir, 25: 5177-5184.

VAN DER WESTEN R, SHARMA P K, DE RAEDT H, et al., 2017. Elastic and viscous bond components in the adhesion of colloidal particles and fibrillated streptococci to QCM-D crystal surfaces with different hydrophobicities using Kelvin-Voigt and Maxwell models. Physical Chemistry Chemical Physics, 19: 25391-25400.

VOINOVA M V, RODAHL M, JONSON M, et al., 1999. Viscoelastic acoustic response of layered polymer films at fluid-solid interfaces: Continuum mechanics approach. Physica Scripta, 59: 391.

WALDEN C, GREENLEE L, ZHANG W, 2019. Real-time interaction of mixed species biofilm with silver nanoparticles using QCM-D. Colloid and Interface Science Communications, 28: 49-53.

WANG W, YAN Y, ZHAO Y, et al., 2020. Characterization of stratified EPS and their role in the initial adhesion of anammox consortia. Water Research, 169: 115223.

WATARAI E, MATSUNO R, KONNO T, et al., 2012. QCM-D analysis of material-cell interactions targeting a single cell during initial cell attachment. Sensors and Actuators B: Chemical, 171-172: 1297-1302.

WINGQVIST G, ANDERSON H, LENNARTSSON C, et al., 2009. On the applicability of high frequency acoustic shear mode biosensing in view of thickness limitations set by the film resonance. Biosensors and Bioelectronics, 24: 3387-3390.

XU Y, OU Q, HE Q, et al., 2021. Influence of dissolved black carbon on the aggregation and deposition of polystyrene nanoplastics: Comparison with dissolved humic acid. Water Research, 196: 117054.

YAN M, LIU C, WANG D, et al., 2011. Characterization of adsorption of humic acid onto alumina using quartz crystal microbalance with dissipation. Langmuir, 27: 9860-9865.

YI P, CHEN K L, 2011. Influence of surface oxidation on the aggregation and deposition kinetics of multiwalled carbon nanotubes in monovalent and divalent electrolytes. Langmuir, 27: 3588-3599.

ZHU B, WEI X, SONG J, et al., 2020. Crystalline phase and surface coating of Al_2O_3 nanoparticles and their influence on the integrity and fluidity of model cell membranes. Chemosphere, 247: 125876.

ZHU P T, LONG G Y, NI J R, et al., 2009. Deposition kinetics of extracellular polymeric substances (EPS) on silica in monovalent and divalent salts. Environmental Science and Technology, 43: 5699-5704.

ZOU M, WU Y, REDMILE-GORDON M, et al., 2022. Influence of surface coatings on the adhesion of *Shewanella oneidensis* MR-1 to hematite. Journal of Colloid and Interface Science, 608: 2955-2963.

第 12 章 原子力显微镜

12.1 基本原理

1982年，扫描隧道显微镜（scanning tunneling microscope，STM）的问世轰动了科学界，其发明人Binnig（宾宁）和Rohrer（罗雷尔）于1986年被授予诺贝尔物理学奖。原子力显微镜（atomic force microscope，AFM）在STM的基础上发展而来，可在真空、大气及液面下探测物质表面结构及性能。AFM主要由带有微悬臂的探针、激光二极管、微悬臂偏转或运动的光斑位置检测器、样品台、驱动样品沿各方向运动的压电扫描管、计算机控制和显示系统构成，如图12.1所示，其中探针和扫描管是AFM的核心部件。AFM测试的基本原理是胡克定律（$f=k\times x$，其中k是悬臂的弹性系数，x是形变量）。当探针接触样品表面时，前端的针尖与样品之间的相互作用力会使微悬臂弯曲，进一步引起悬臂梁激光的反射光发生偏移，AFM系统通过悬臂背面将聚焦的激光反射到光电二极管上，最终通过激光在光电二极管上的位置来确定悬臂的形变量，并转化为电信号呈现出来。同时，扫描管可以通过移动来控制探针与样品之间的相对距离，从而对样品表面的性质进行实时描绘。

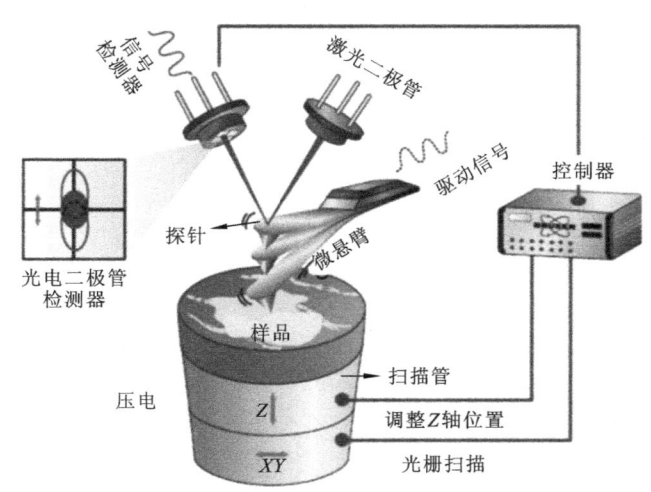

图 12.1 AFM 的结构原理示意图

引自 Bruker（2012）[①]

---

① BRUKER，2012. Probes and accessories.

12.2 成像模式

在对样品表面进行扫描成像过程中，先固定探针弹性悬臂梁，另一端通过探针的针尖与样品表面的相互作用产生吸引力或排斥力，导致探针悬臂梁形变。当光源发射出的激光束照射在悬臂梁的背面，悬臂梁将该激光束反射到光电探测器上，从而检测到探针与样品之间的原子间作用力，随后映射得到样品的表面形貌或其他表面性质的信息。探针每次扫描样品都包括针尖接近样品表面的 A、B、C 阶段和针尖抬起的 D、E、F 阶段，这 6 个阶段探针悬臂变形如图 12.2 所示。

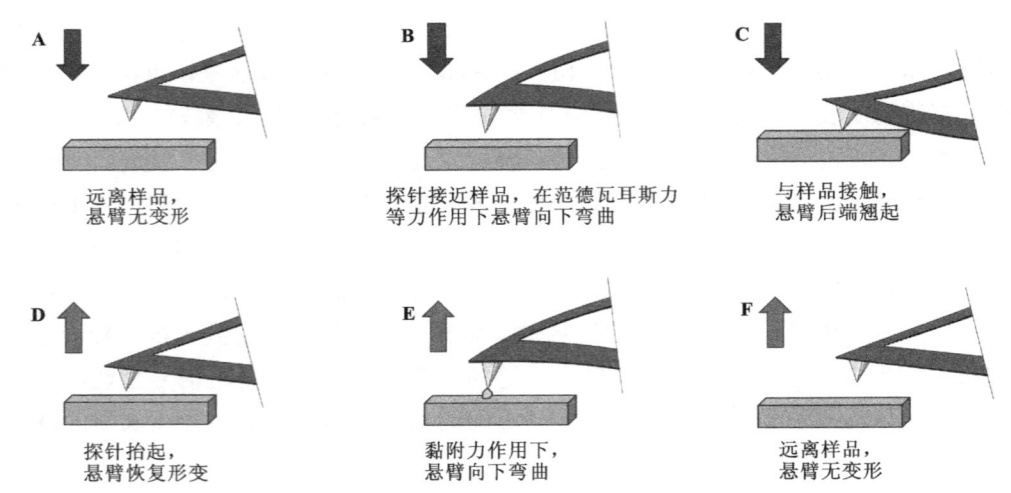

图 12.2　探针与样品间相互作用中探针悬臂形变过程

针尖与样品间相互作用，就会产生作用力。根据针尖与样品之间的作用模式，AFM 主要有三种基本的成像体系，分别为接触模式、非接触模式和轻敲模式。不同模式具有相应的力-距离曲线，如图 12.3 所示。

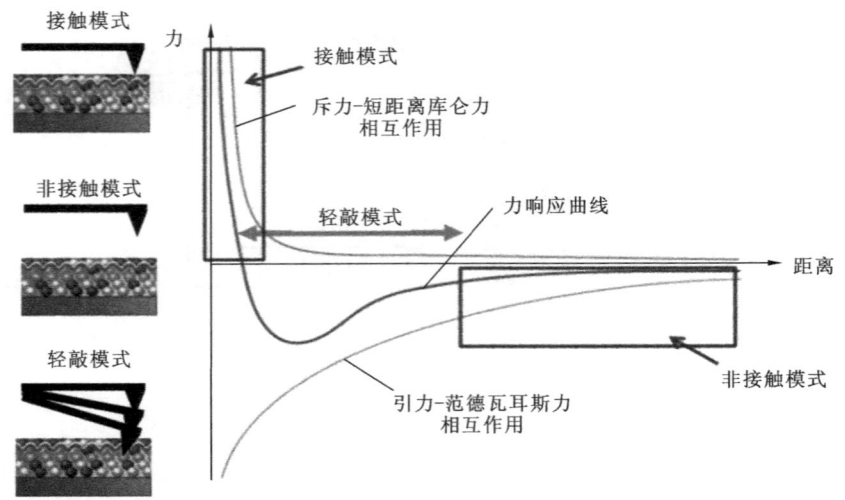

图 12.3　原子力显微镜成像的基本操作模式及对应的探针与样品间相互作用的力-距离曲线

引自 Bruker（2012）

12.2.1 接触模式成像

接触模式是 AFM 的最基本模式，探针在移动过程中时刻与样品表面保持接触，针尖位于弹性系数很低的悬臂末端，当扫描管引导针尖在样品上方扫过（或样品在针尖下方移动）时，接触作用力使悬臂发生弯曲，从而反映出形貌的起伏。接触模式要求样品表面高度差低于微米级，以防止探针在扫描过程中与表面凸起处发生撞针现象。接触模式的优点是可以达到很高的分辨率，缺点是有可能对样品表面造成损坏，横向的剪切力和表面的毛细力都会影响成像。

12.2.2 非接触模式成像

非接触模式中探针悬臂在样品表面附近以特定的频率处于振动状态。针尖与样品的间距通常为 5~20 nm，在这一区域中针尖和样品原子间的相互作用力表现为范德瓦耳斯力。基本原理为当探针接近样品表面时，探针共振频率或振幅发生变化，检测器检测到这种变化后把信号传递给反馈系统，之后反馈回路通过移动扫描器来保持探针共振频率或振幅恒定，进而使探针与样品表面平均距离恒定，计算机可通过记录扫描器的移动获得样品表面的形貌图。非接触模式的优点是对样品表面没有损伤，缺点是分辨率低，扫描速度慢，为了避免被样品表面的水膜黏住，通常只用于扫描疏水表面。

12.2.3 轻敲模式成像

轻敲模式与传统的非接触模式相似，通过处于振动状态下的探针针尖对样品进行敲击来描绘表面形貌，但它比非接触模式有更近的样品与针尖距离。在轻敲模式中，压电陶瓷以一种恒定的驱动力使探针悬臂以一定的频率振动，振幅可以通过检测系统检测。当针尖刚接触到样品时，悬臂振幅会减小到某一数值，在扫描样品的过程中，反馈回路维持悬臂振幅在这一数值恒定。当针尖扫描到样品凸出区域时，悬臂振动受到的阻碍变大，振幅随之减小。相反，当针尖通过样品凹陷区域时，悬臂振动受到的阻力减小，振幅随之增大。悬臂振幅的变化经检测器检测并输入控制器后，反馈回路调节针尖与样品的距离，使悬臂振幅保持恒定。在整个扫描过程中，探针悬臂的振幅随着样品表面形貌的起伏而产生变化，从而得到样品表面高度的起伏。轻敲模式的优点在于能够消除针尖对样品表面造成的损伤，并能够降低毛细管力和横向剪切力对成像过程的影响。但相比于接触模式，轻敲模式的分辨率较低并且扫描速率较慢。目前轻敲模式还开发出峰值力轻敲模式，即悬臂在共振频率以下振动，通过反馈回路系统维持其共振振幅或频率，保持峰值力恒定，以捕获样品表面形貌。该模式大大降低了探针与样品间的作用力（pN 水平），提高了在空气和溶液中的测量稳定性，适合生物大分子等软样品的成像。几种成像模式的特点各有不同，总结见表 12.1。

表 12.1　接触模式、轻敲模式和峰值力轻敲模式比较

项目	接触模式	轻敲模式	峰值力轻敲模式
首次推出年份	1986 年（最初的模式）	1992 年	2009 年
探针-样品相互作用	探针在恒定接触力下扫描样品	悬臂在共振附近振荡，探针间歇地接触或"敲打"样品	整个探针呈正弦倾斜，探针断续地接触或"敲打"样品
成像反馈	恒力（悬臂偏转）	靠振幅恒定轻敲	恒定峰值力
离开表面	F_0	A_{free}	F_0 / F_0
在表面上	F_{SP}	A_{SP}	F_0 / F_{peak}

注：F_0 为自由振幅下的力；F_{sp} 为敲击表面的力；A_{free} 为自由振幅；A_{sp} 为在表面的振幅；F_{peak} 为峰值力；引自 Bruker（2012）

12.3　其他工作模式

12.3.1　开尔文表面电势测量

开尔文探针力显微镜（Kelvin probe force microscopy，KPFM）基于扫描探针显微镜，可用于测试样品表面电势，它可以同时记录样品表面的形貌和电势图像。KPFM 对样品表面电势的测量可理解为一个导电针尖和样品间的电容模型（图 12.4）。表面电势反馈环的作用是调节施加在针尖上的电压，使之与样品表面的电压相等，此时悬臂的振幅为零。

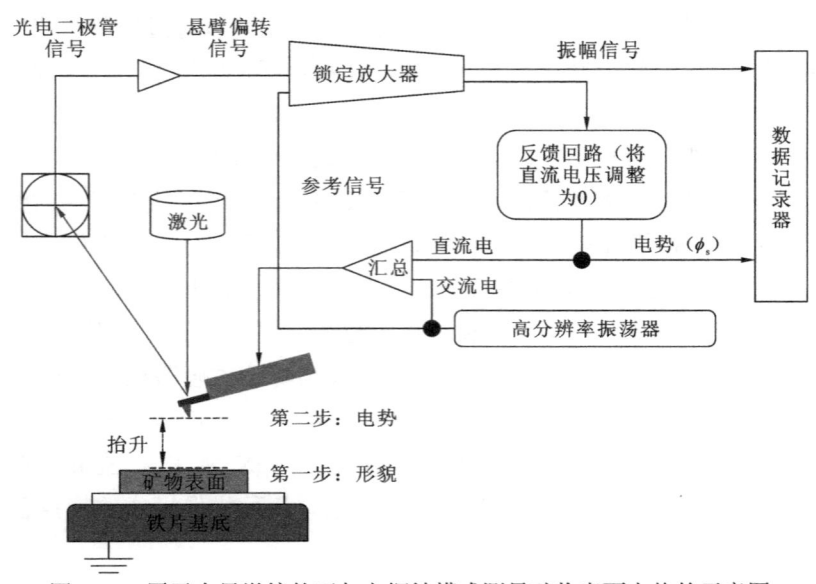

图 12.4　原子力显微镜的开尔文探针模式测量矿物表面电势的示意图

根据以上原理，KPFM 可以检测不同环境条件下矿物表面的电势变化，如在抗生素吩嗪和海藻酸作用下，无定形磷酸铁表面还原溶解前后的电势变化见图 12.5（Ge et al.，2022a）。

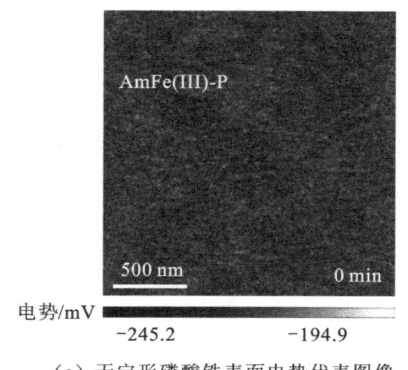

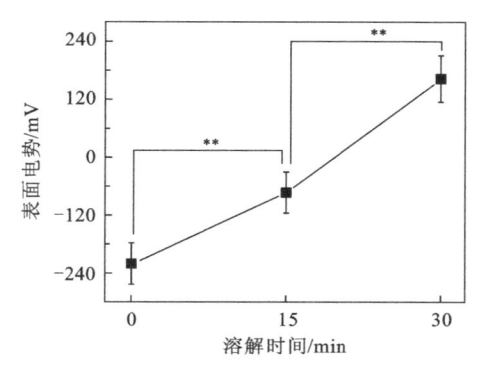

（a）无定形磷酸铁表面电势代表图像

（b）100 mg/L 1-羟基吩嗪和 100 mg/L 海藻酸混合溶液（pH 5；100 mmol/L KCl）共同作用下的表面电势变化

图 12.5　无定形磷酸铁（AmFe(III)-P）还原溶解前后的表面电势表征

12.3.2　单分子力谱测量

AFM 单分子识别成像基于监测悬臂的垂直偏转，实现 AFM 针尖修饰的分子和样品表面间作用力的测定。要实现对单分子力键的拉伸，首先需将被研究的分子末端固定在 AFM 针尖末端。一般固定目标分子的方法主要有两种，见图 12.6，即镀金针尖硫醇化，硅或氮化硅针尖硅烷化，再通过交联剂琥珀酰亚胺基 6-(3-(2-吡啶基二硫)-丙酰胺基)己酸酯（LC-SPDP）或聚乙二醇（polyethylene glycol，PEG）进行目标分子的交联。

针尖被功能化后，逐渐接触样品表面，这样附着于针尖末端的生物分子便会与基底发生相互作用，随着针尖与基底分离，生物分子得到拉伸，针尖微悬臂发生弯曲，同时仪器记录下针尖原始弯曲-应变曲线，随后再转化为相应的力-距离曲线，见图 12.7。AFM 针尖上的配体与基底表面上的受体会产生特异性的黏附力曲线，当探针撤离样品表面时，悬臂会发生向下的偏转，并且随着偏转度的增加，配体-基底间达到最大拉伸距离，从而得到配体-受体之间的断裂力。以此为基础，功能化的 AFM 探针可以检测生物分子如蛋白质、脂质、核酸、糖间特异性和非特异性相互作用（Müller et al.，2021）。

12.3.3　杨氏模量测量

AFM 模量测定主要基于探针施加力后样品产生局部形变，测定探针施加的力、样品的反作用力或样品的形变量，再通过分析此过程中产生的力-压痕曲线，就可以获得样品的多个机械参数，包括弹性模量、塑性和黏弹性，见图 12.8。这些参数可以表征样品的力学特性，描述形变时的行为（Schillers，2019）。其中，弹性是指施加外力（应力）条件下，可逆形变物体的力学信息，即拉伸应力与应变之间的比值，单位为帕斯卡（Pa），通常被称为杨氏模量（E）。刚度是指固体对施加外力变形的抵抗力，取决于实体的大小、形状、

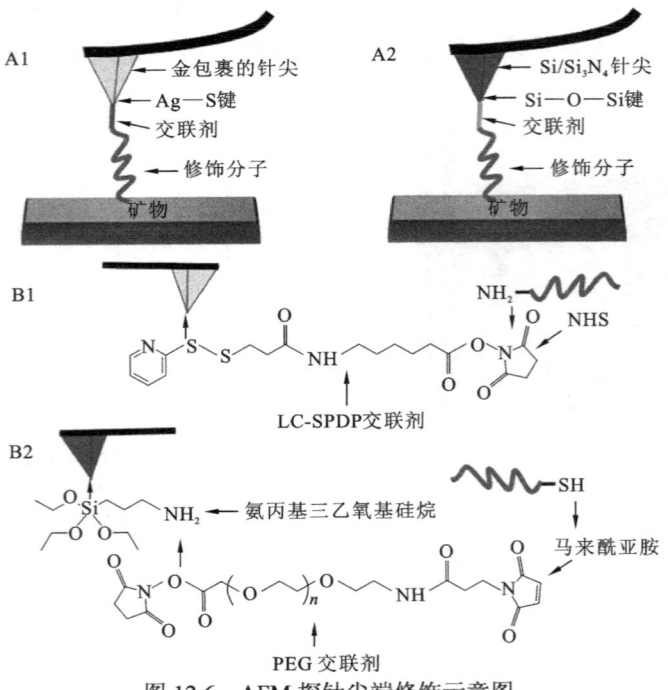

图 12.6　AFM 探针尖端修饰示意图

A1 为修饰分子通过金—硫醇键与交联剂共价结合到金镀膜的尖端；A2 为修饰分子通过 Si—O—Si 键与交联剂共价结合到 Si/Si$_3$N$_4$ 尖端；B1 为 LC-SPDP 交联剂通过与氨基反应将探针分子桥接到金包裹的尖端；B2 为 PEG 交联剂通过与硫醇反应将探针分子桥接到 3-氨基丙基-三乙氧基硅烷激活的 Si/Si$_3$N$_4$ 尖端。引自 Zhai 等（2021）

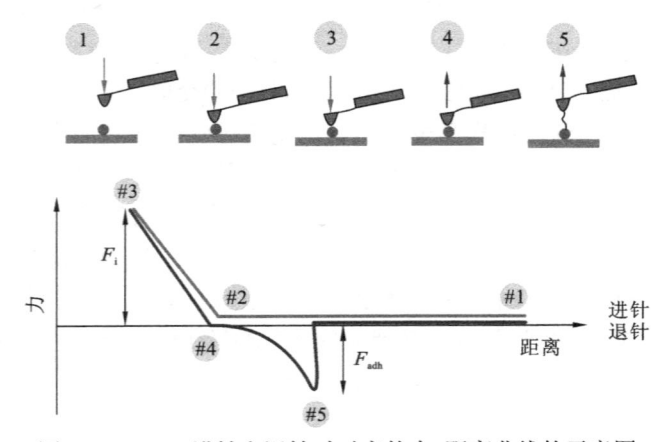

图 12.7　AFM 进针和退针时对应的力-距离曲线的示意图

F_i 为进针施加力。功能化的 AFM 针尖处于远离样品表面的初始位置（#1），随后逐渐接近并压在样品表面（蓝色的接近曲线 #2），达到一定的力阈值后（#3），再逐渐远离样品回复到最初的位置（红色的缩回曲线#4）。由于 AFM 针尖上通过交联修饰的配体（橙色圆圈）会与样品表面上的受体特异性结合，在针尖抬起至交联剂上的配体与基底上的受体达到最大拉伸距离，即配体与受体即将分离处（#5），可以得到黏合力（F_{adh}）。扫封底二维码见彩图；引自 Müller 等（2021）

材料属性及边界条件。简而言之，刚度取决于材料属性和几何形状，而弹性仅取决于材料属性。赫兹（Hertz）模型或 Sneddon 模型常用于弹性模量的拟合，模型的具体选择取决于探针尖端的几何形状，球形针尖一般选用赫兹模型，锥形针尖用 Sneddon 模型（Schillers，2019）。

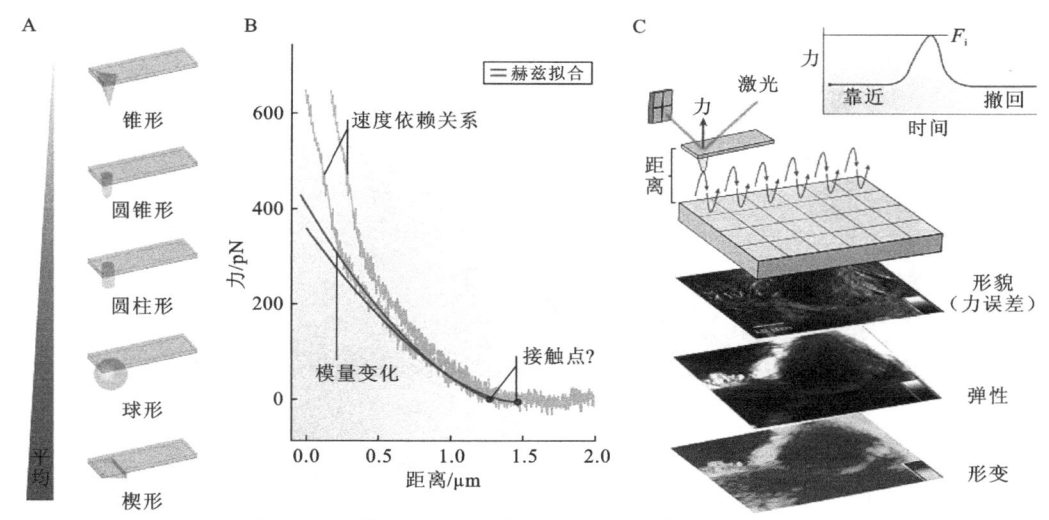

图 12.8 利用 AFM 对样品表面机械强度测量和成像

A.不同的探针可用于样品的机械强度测量，接触样品的探头越大，测量值在较大的样品区域内的平均数就越大；B.在分析力-距离曲线时代表性接触点，并拟合曲线的斜率，表示不同的弹性模量变化；C.基于力-距离曲线的 AFM 可用于描绘样品形貌，同时测量弹性和非弹性变形、黏弹性、能量耗散、机械功、压力和张力。引自 Krieg 等（2019）

12.4　原子力显微镜在环境界面研究中的应用

12.4.1　环境矿物表面溶解动力学

矿物表面的风化和腐蚀速率对理解元素地球化学循环过程起着至关重要的作用，但是利用宏观的实验方法很难对矿物表面的微观变化进行直接观察和量化分析。现阶段能够进行微观观察的电子显微镜一般仍然需要在真空条件下进行。而带有液体池的 AFM 能够记录矿物溶解反应的实时过程，包括矿物表面形貌的动态变化、蚀坑台阶高度和蚀坑台阶移动的相对速度，从而实现在原位溶液中实时观察不同种类的界面反应，如溶解、沉淀等多种过程。

1. 有机酸调控磷酸钙的溶解动力学

在近分子水平上揭示有机酸溶解难溶性磷酸钙，对正确理解根际环境中的有机酸作用具有重要意义。利用耦合液体反应池的原位 AFM 系统地研究二水磷酸氢钙（$CaHPO_4 \cdot 2H_2O$，DCPD）(010)表面的溶解（图 12.9 和图 12.10），通过直接观察分子级蚀坑的台阶撤退速度，可以定量分析溶解速度。实验直接测定了不同有机酸在与土壤溶液条件相关的各种浓度和 pH 条件下的台阶移动速度，发现低浓度的柠檬酸（10~100 µmol/L）在[$\bar{1}00$]$_{Cc}$ 和 [$10\bar{1}$]$_{Cc}$ 两个方向上抑制了溶解，而当柠檬酸浓度大于 0.1 mmol/L 时，这种抑制效应被反转，即台阶移动速度加快（Qin et al.，2013）。

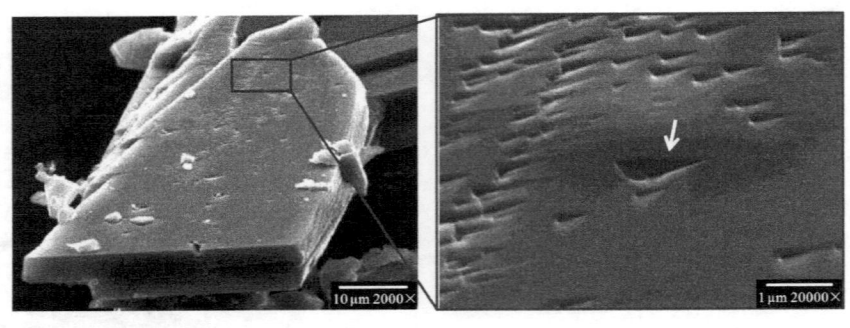

(a) 二水磷酸氢钙矿物扫描电镜图　　　　　(b) 是（a）图中矩形区域的放大

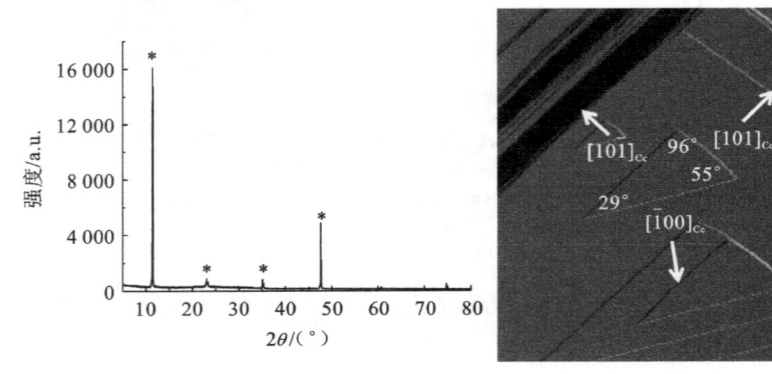

(c) XRD衍射图谱　　　　　(d) 原子力形貌图

图12.9　磷酸氢钙矿物表面形貌

(b) 图揭示透钙石晶体(010)面有很多蚀坑存在，如箭头所示；(c) 图证明样品是纯相透钙石晶体即二水磷酸氢钙（DCPD），如星号标注；(d) 图显示pH 5.8的去离子水可使晶体(010)面溶解形成三角形蚀坑

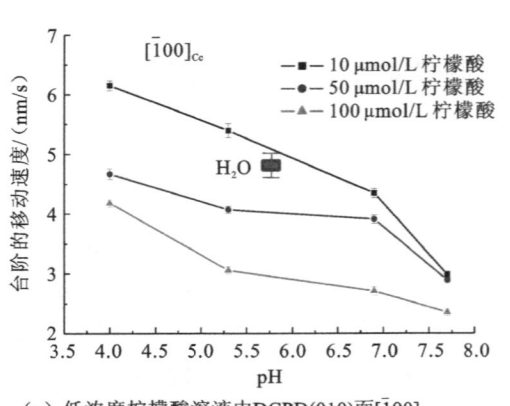

(a) 低浓度柠檬酸溶液中DCPD(010)面$[\bar{1}00]_{Cc}$台阶移动速度

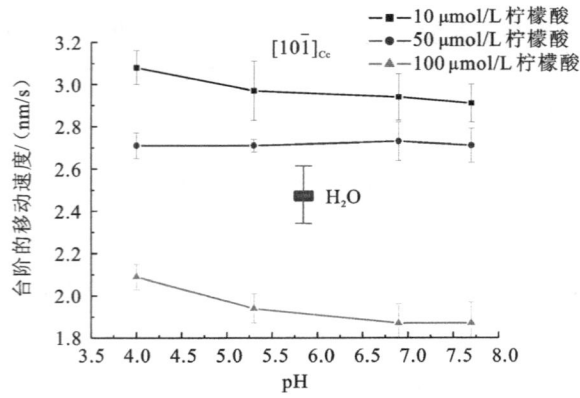

(b) 低浓度柠檬酸溶液中DCPD(010)面$[10\bar{1}]_{Cc}$台阶移动速度

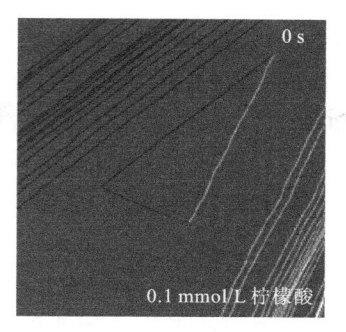

(c) DCPD 在 0.1 mmol/L 柠檬酸水溶液中的溶解蚀坑 AFM 图

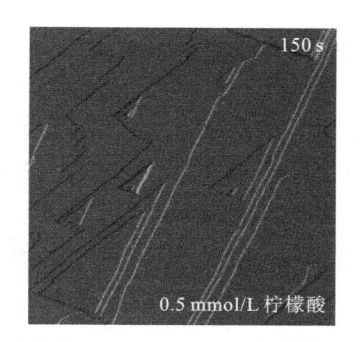

(d) 加入 0.5 mmol/L、pH 5.3 柠檬酸 150 s 后 DCPD 表面形貌图

图 12.10　柠檬酸对磷酸氢钙表面溶解效应的 AFM 测量和成像

（a）和（b）中柠檬酸溶液的 pH 为 4.0~8.0，浓度为 10~100 µmol/L；柠檬酸显著抑制[101]$_{Cc}$台阶的撤退速度，即速度为 0；然而，相对高浓度（>0.1 mmol/L）柠檬酸能增加晶面蚀坑密度和[$\bar{1}$00]$_{Cc}$、[10$\bar{1}$]$_{Cc}$台阶移动速度，促进溶解。（d）显示晶面蚀坑密度显著增加。（c）和（d）扫描范围是 6 µm×6 µm。引自 Qin 等（2013）

2. 有机酸中醇羟基在磷酸钙溶解过程中的作用

通过选择三种具有相同碳链骨架（都含两个羧基）而醇羟基数目不同的有机酸：琥珀酸（succinic acid，SA，不含醇羟基）、苹果酸（malic acid，MA，含一个醇羟基）和酒石酸（tartaric acid，TA，含两个醇羟基），借助 AFM 原位测定 DCPD(010)面在这三种有机酸溶液中的纳米尺度溶解，研究有机酸中醇羟基官能团的作用。结果（图 12.11）发现，有机酸中的醇羟基官能团可以使完全去质子化的有机酸分子（带两个负电荷）与带负电的 DCPD 表面发生强烈的相互作用，而且 DCPD 表面的负电荷可以提高醇羟基的活性。含两个醇羟基的酒石酸分子在完全去质子化时（带两个负电荷），由于空间立体化学匹配效应，可以定

图 12.11　AFM 成像不同种类的有机酸对磷酸氢钙表面溶解的形貌图

AFM 形貌图显示 DCPD (010)面分别溶解在浓度范围为 0~10.0 mmol/L（a）~（d）酒石酸和（e）~（h）苹果酸溶液（pH 4.0）中蚀坑的形貌与纯水间的差别；图（b）和（c）中的箭头代表新形成的台阶[102]$_{Cc}$，而苹果酸没有引起蚀坑形貌的变化。引自 Qin 等（2017）

向吸附于DCPD(010)面的[101]$_{Cc}$台阶。质子化的有机酸在矿物表面解离的H$^+$参与DCPD(010)面的溶解，而有机酸在矿物表面的解离与质子解离常数（pK$_a$）及是否与矿物表面的立体化学匹配密切相关，这说明有机酸中醇羟基的作用与DCPD晶体表面的物理化学性质及羧酸官能团的质子化状态相关（Qin et al., 2017）。

12.4.2 环境矿物界面中的溶解-再沉淀

矿物-溶液界面上发生的化学反应控制许多重要的环境界面过程，如地质化学元素循环、污水中的养分回收、有毒元素的扣押及地质碳的存储等目前人类面临的重大环境问题。深入研究（亚）纳米尺度到原子和分子尺度的界面反应机制有助于揭示宏观尺度的反应动力学。并且界面研究中所涉及的微观尺度的实验方法及反应机制也是国内外关注的热点问题（Wang et al., 2020）。

1. 碳酸钙矿物表面溶解-再沉淀生成磷酸钙

原子力显微镜可原位观测纳米级碳酸钙典型晶面的溶解-再沉淀形成磷酸钙的耦合反应。如图12.12所示，在高盐条件下，碳酸钙表面诱导磷酸钙快速成核（Wang et al., 2012）。

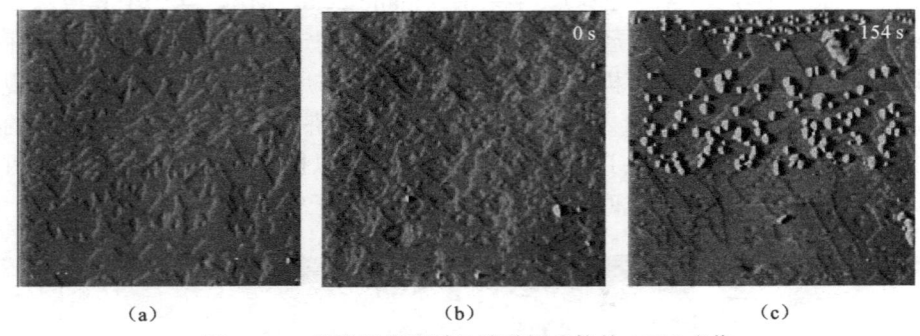

图 12.12 碳酸钙表面诱导磷酸钙成核的 AFM 成像

(a) 在低盐（0.01 mol/L NaCl）和（b）高盐（0.5 mol/L NaCl）下碳酸钙表面的溶解；(c) 在高盐（0.5 mol/L NaCl）和 50 mmol/L (NH$_4$)$_2$HPO$_4$（pH 7.9）条件下，碳酸钙表面诱导磷酸钙快速成核。引自 Wang 等（2012）

当成核一旦发生，磷酸钙纳米粒子将黏附到碳酸钙表面，相互连接形成链状结构，之后发展形成片层结构，如图12.13所示。新形成的磷酸钙晶相通过拉曼表征后确定为羟基磷灰石（Wang et al., 2012）。

2. 针铁矿表面溶解-再沉淀生成磷酸铁

针铁矿的表面溶解提供了Fe(III)源，在通入含有磷酸根的溶液后，界面液体层铁-磷沉淀相对过饱和，进而在溶解的针铁矿表面上再沉淀形成磷酸铁。原位 AFM 成像指出，在早期成核阶段形成高度为 1~3 nm 的粒子，在后期的生长阶段形成高度为 6 nm 的球形粒子。缓慢扩散限制的生长过程最终导致反应表面几乎完全被铁-磷沉淀覆盖，从而逐渐减少Fe(III)释放。成核粒子沿着特定方向持续生长形成一维短链（图 12.14）。链形的排列与台阶取向有关，而台阶取向与针铁矿晶体结构相关（Wang et al., 2015）。

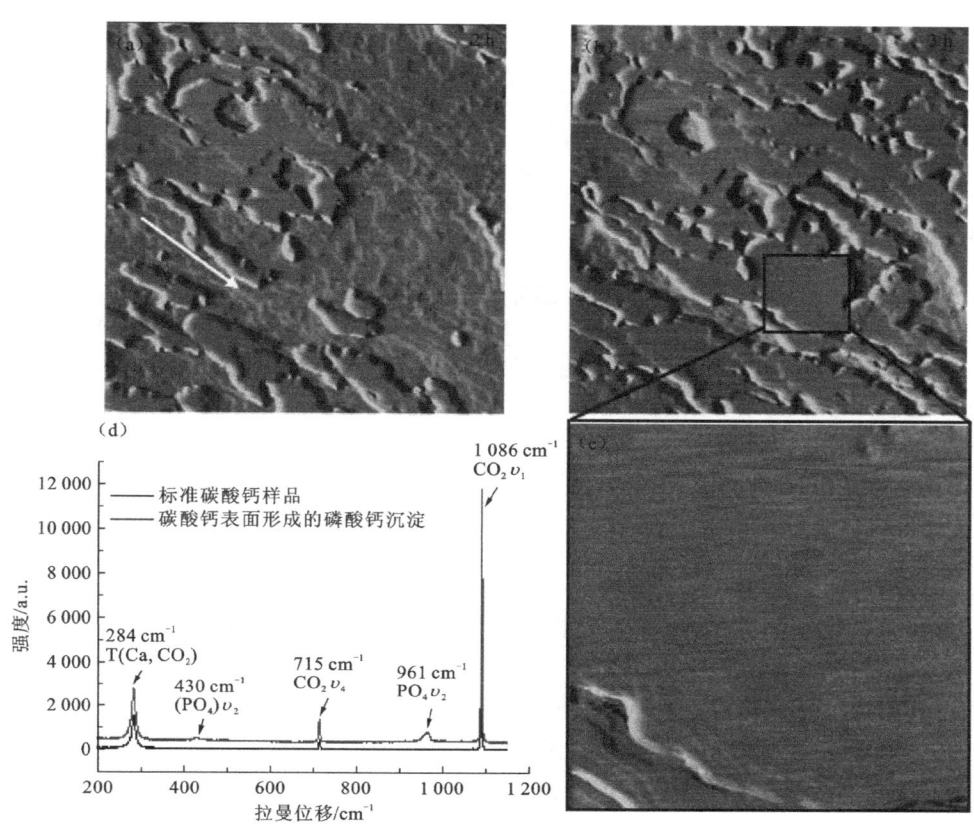

图 12.13 磷酸钙成核之后的生长过程

（a）成核粒子相互连接后团聚成一维链状，（b）～（c）成核之后生长形成二维片状，（d）拉曼光谱表明形成的磷酸钙晶相是羟基磷灰石。图（a）和（b）的扫描范围是 10 μm×10 μm，图（c）的扫描范围是 2 μm×2 μm。引自 Wang 等（2012）

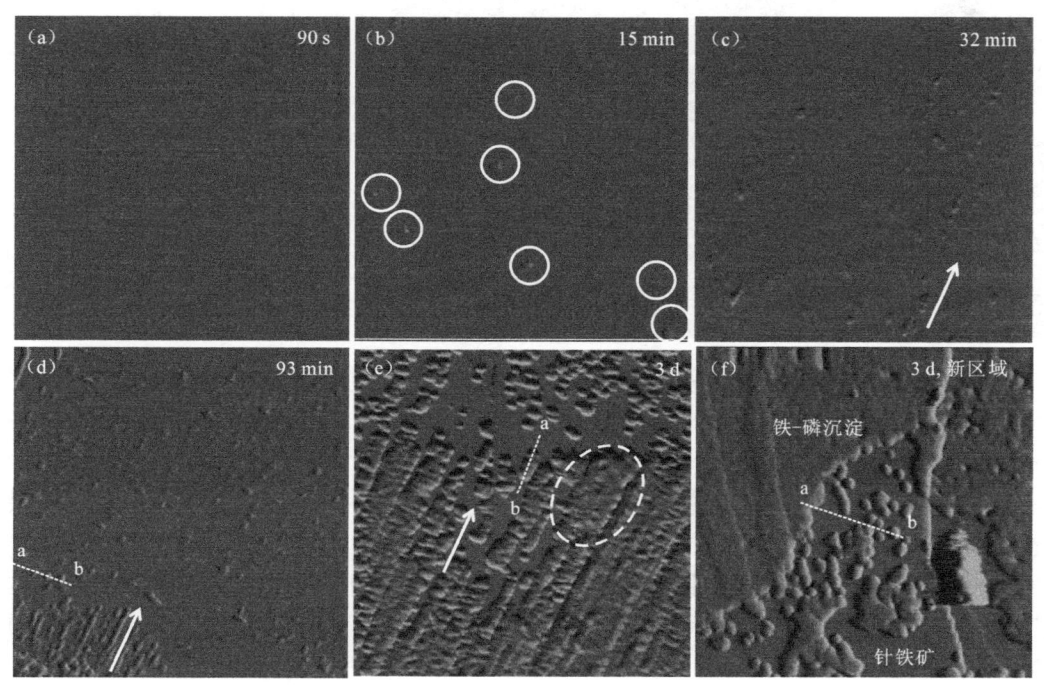

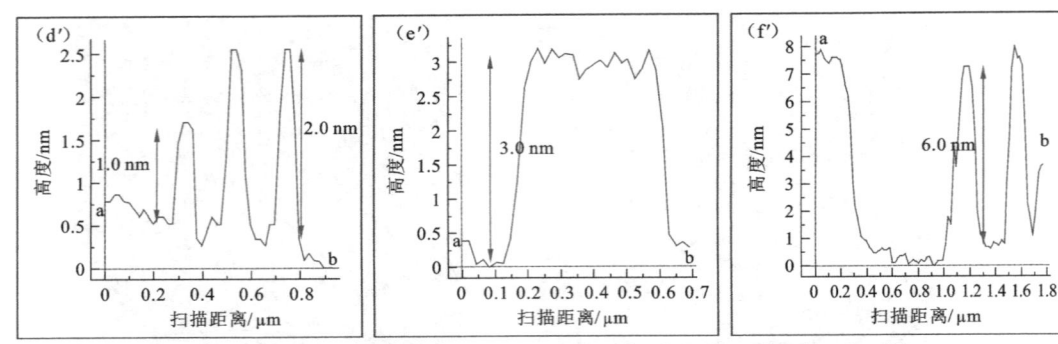

图 12.14　磷酸铁在针铁矿表面的成核和生长过程的 AFM 时间序列图

50 mmol/L NH₄H₂PO₄，pH 4.5，时间 t 分别为（a）90 s、(b) 15 min、(c) 32 min 和（d）93 min；(e)～(f) 离位 AFM 图显示反应 3 天后针铁矿表面已被磷酸铁层覆盖；图 (a)～(f) 的扫描范围为 5 μm×5 μm；图 (d')～(f') 高度分析指出初始形成的磷酸铁粒子为 1～3 nm，3 天后的高度为 3～6 nm。引自 Wang 等（2015）

3. 磷酸钙矿物表面通过溶解-再沉淀固定镉和砷

土壤中镉和砷的生物有效性和移动性能够在二水磷酸氢钙（DCPD）-溶液界面通过耦合溶解再沉淀的机制被有效地降低。Zhai 等（2018b）采用原位 AFM 观察了 DCPD (010) 面暴露在不同浓度的 CdCl₂ 或者 Na₂HAsO₄ 溶液（pH 4～8）中的溶解与表面沉淀过程（图 12.15），揭示了 DCPD 可以通过吸附和溶解再沉淀机制对镉和砷进行同时固定。这些直接观察到的现象将显著加深对磷酸钙矿物表面诱导镉和砷同时固定机制的理解。

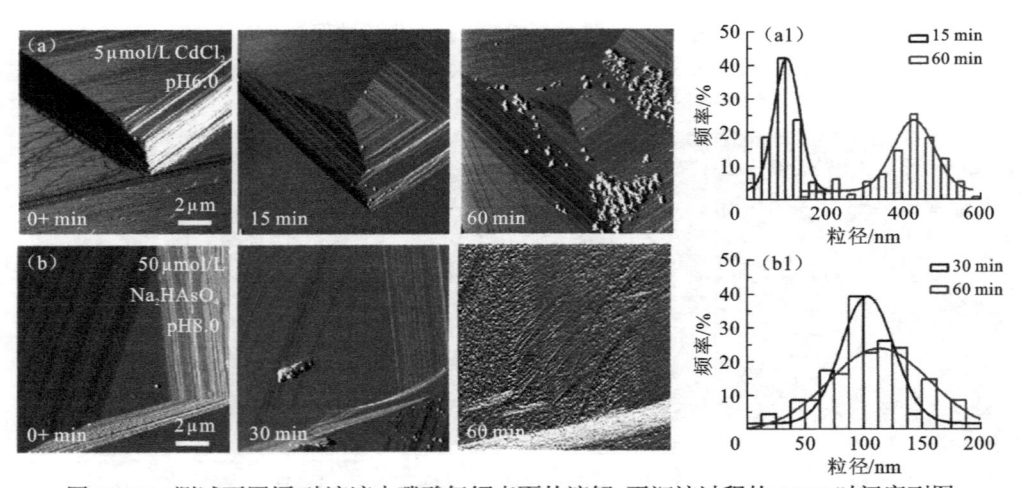

图 12.15　测试不同镉/砷溶液中磷酸氢钙表面的溶解-再沉淀过程的 AFM 时间序列图

DCPD 在（a）5 μmol/L CdCl₂（pH 6.0）和（b）50 μmol/L Na₂HAsO₄（pH 8.0）溶液中溶解的 AFM 时间序列图；(a1) 和 (b1) 分别为形成的颗粒在不同时间段尺寸的分布图。引自 Zhai 等（2018b）

实验进一步探测了土壤环境中普遍存在的腐殖酸（HA）对上述过程的调控作用。结果显示在不含 HA 的条件下，沉淀能够迅速产生；但是加入 HA 后，形成沉淀所需时间加长，表明 HA 抑制了镉和砷沉淀的产生，见图 12.16。这说明土壤环境中存在的腐殖质可能通过氧化还原反应及络合作用抑制镉和砷的沉淀过程，而这个过程将加剧这些污染物通过表面径流转移至水体。

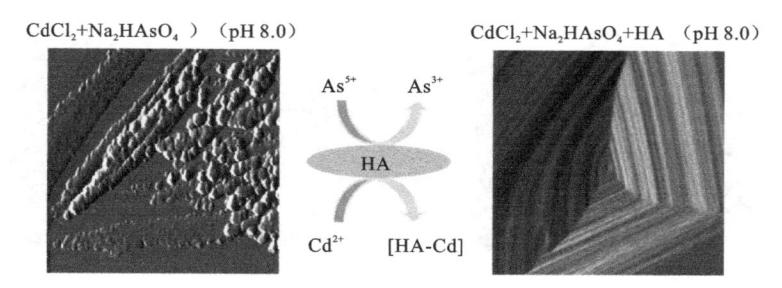

(a) DCPD表面形成镉砷的复合沉淀　　(b) 腐殖酸抑制镉砷复合沉淀物的形成

图12.16　腐殖酸对镉砷固定过程的调控作用

引自Zhai等（2019a）

12.4.3　无机矿物-有机物界面作用机制

无机矿物和有机物的界面作用是土壤中一个重要的过程，其对固定土壤有机质和有机污染物起着重要作用。土壤中有机-矿物界面作用过程主要包括矿物表面对有机组分的吸附、沉淀及包埋过程。原子力显微镜可以在纳米尺度上进行原位表征，用于研究模拟土壤溶液条件下矿物和有机物的界面作用过程，尤其可以使矿物对有机物的吸附和包埋过程可视化。同时，可以借助基于原子力显微镜的动力学力谱，定量研究有机物和矿物在不同溶液条件下的结合能，从而进一步分析有机-矿物界面的相互作用过程。

1. 矿物表面有机物的吸附

吸附过程主要是指有机组分在矿物表面积累的过程（Kleber et al.，2015）。关于矿物对土壤有机质（糖、腐殖质、蛋白、核酸、脂肪族和芳香族羧酸类等）及有机污染物（有机农药、微塑料等）的吸附过程，目前已经有了大量研究。这些研究结果表明吸附过程受多种因素的共同影响和调控。原子力显微镜可原位监测有机质吸附到矿物表面的过程。例如，Zhai等（2019b）使用由矿物（云母）-核酸（环境DNA，eDNA）组成的模式体系，借助AFM，系统地改变矿物界面溶液的离子组成、离子强度（ionic intensity，IS）和pH，研究了DNA分子在不同pH条件下及不同背景电解质（Mg^{2+}、Cd^{2+}和Na^+）中在云母(001)面上的吸附情况（图12.17）。使用pH 7的5 μg/mL的DNA纯溶液，没有在云母表面观察到DNA分子；但是在上述溶液中添加1 mmol/L $MgCl_2$之后，可以观察到闭合环状的DNA分子。通过单位面积上吸附的DNA分子数量来比较环境因素对DNA吸附的影响发现，吸附在单位面积的DNA数量呈现$Mg^{2+}>Cd^{2+}>Na^+$的顺序，并且随着溶液中$MgCl_2$浓度从0.1 mmol/L上升到10 mmol/L逐渐增加。此外，随着pH从5升高到9，DNA吸附量显著下降，表明酸性条件更适宜DNA吸附到云母表面。

2. 矿物对有机物的包埋作用

矿物通过有机-矿物颗粒聚合反应包埋土壤有机质的过程在土壤中广泛存在（Eusterhues et al.，2011）。包埋过程受到多种因素共同调控，包括土壤有机质或有机污染物的性质、矿物种类及土壤溶液条件。学者对以上过程的研究主要是在宏观尺度上进行。为深入了解反

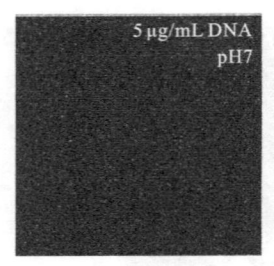

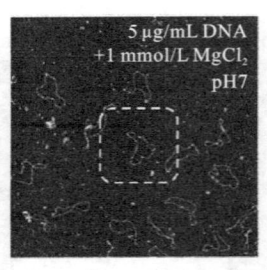

(a) pH7的5 μg/mL DNA纯溶液　　(b1) pH7的5 μg/mL DNA纯溶液+1mmol/L MgCl₂　　(b2) b1中虚框放大图

图 12.17　云母在不同溶液条件下对 DNA 的吸附过程

引自 Zhai 等（2019b）

应的实质，Chi 等（2021）借助原子力显微镜，原位观察了铁氧化物对纳米塑料（polystyrene with function groups，PSFG）、草甘膦（glyphosate，简称 PMG）及二者复合体的包埋过程，结果见图 12.18。在 pH 5.2 的氯化铁溶液中，可以看到尺寸为 80~100 nm 的颗粒会快速沉积在云母上，之后这些颗粒会继续聚合、结晶，到 45 天时可以看到结晶性良好的晶面[图 12.18（a）~（d）]。通过拉曼光谱也可以发现铁氧化物（赤铁矿）Fe—O 键的对称弯曲振动信号逐渐变尖[图 12.18（e）]，说明矿物在逐渐结晶。同时可以观察到 PSFG 或 PSFG-PMG 复合体的拉曼特征峰。对不同时间的样品进行 xz 范围的拉曼成像，可以发现在表面和内部均有 PSFG-PMG 复合体的拉曼信号[图 12.18（f）]。同时，PMG 存在时可以加强 PSFG 的拉曼信号[图 12.18（g）、（h）]，这说明 PMG 同样可以被铁氧化物包埋。

除通过颗粒聚合的方式包埋有机组分之外，矿物还可以通过其他潜在的方式固定有机组分。对生物矿物或模式材料进行观察发现，有机基质可以伴随晶体螺旋生长过程被包埋进入矿物内部。Chi 等（2019）研究了模式矿物碳酸钙对不同土壤有机组分的包埋过程和保护效果。在高过饱和度的碳酸钙过饱和溶液（过饱和度指数 σ=1.196，pH=8.3）中，方解石晶体的$(10\bar{1}4)$面通过螺旋生长的方式生长。方解石的螺旋为菱形，包括"迟钝的"（v_+）和"尖锐的"（v_-）两个方向的台阶，每个台阶的高度约为 0.31 nm[图 12.19（a）]。通入

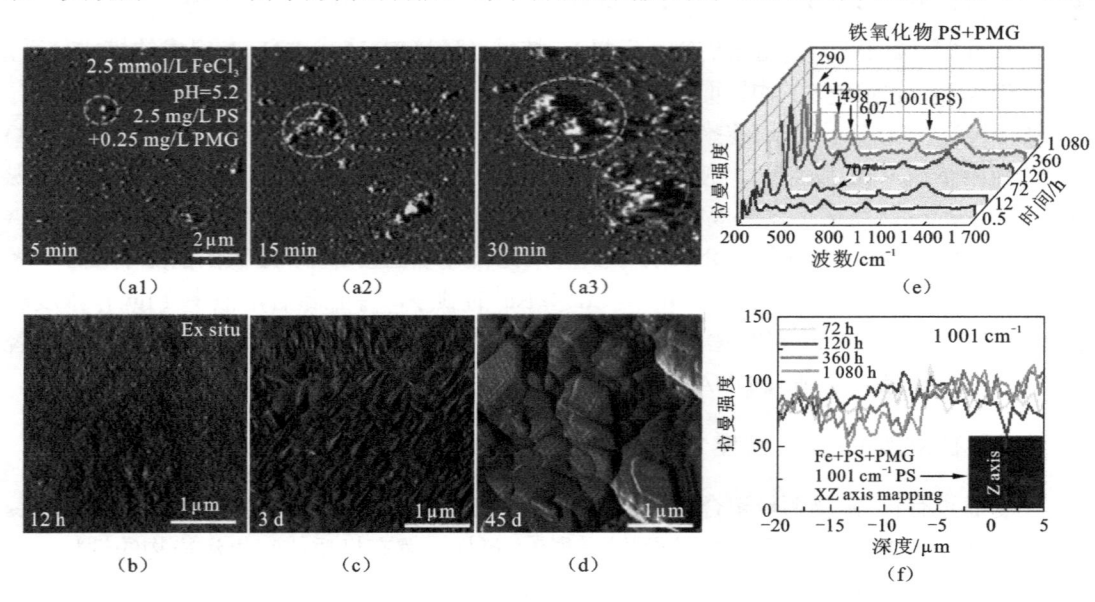

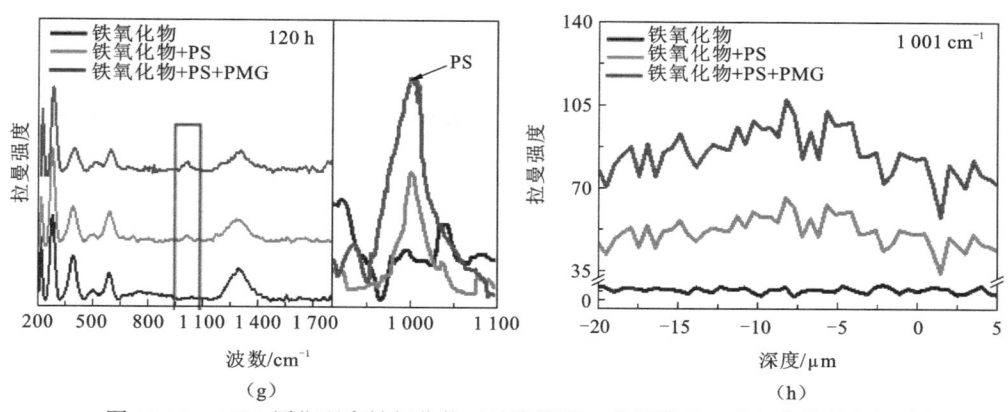

图 12.18 AFM 原位观察铁氧化物对纳米塑料、草甘膦及二者复合体的包埋过程

(a1~a3) 含 2.5 mg/L 聚苯乙烯微塑料（PS）和 0.25 mg/L 草甘膦（PMG）时铁氧化物成核和聚合的原位 AFM 形貌图。(b~d) 含 2.5 mg/L PS 和 0.25 mg/L PMG 时铁氧化物结晶和相转变过程的离位 AFM 形貌图。(e) 原位拉曼光谱，说明 PS-PMG 复合体被包埋进入赤铁矿内部。(f) 铁氧化物不同结晶时间在 1 001 cm^{-1} 处 z 轴的拉曼信号，在整个 z 轴均有 PS 的信号。内部插图为含 2.5 mg/L PS 和 0.25 mg/L PMG 铁氧化物的 PS 信号的 xz 轴的拉曼成像。(g) 铁氧化物在含 2.5 mg/L PS 或 2.5 mg/L PS 和 0.25 mg/L PMG 的拉曼光谱。(h) 含 2.5 mg/L PS 或 2.5 mg/L PS 和 0.25 mg/L PMG 的铁氧化物中 PS 在 z 轴的拉曼信号强度。引自 Chi 等（2021）

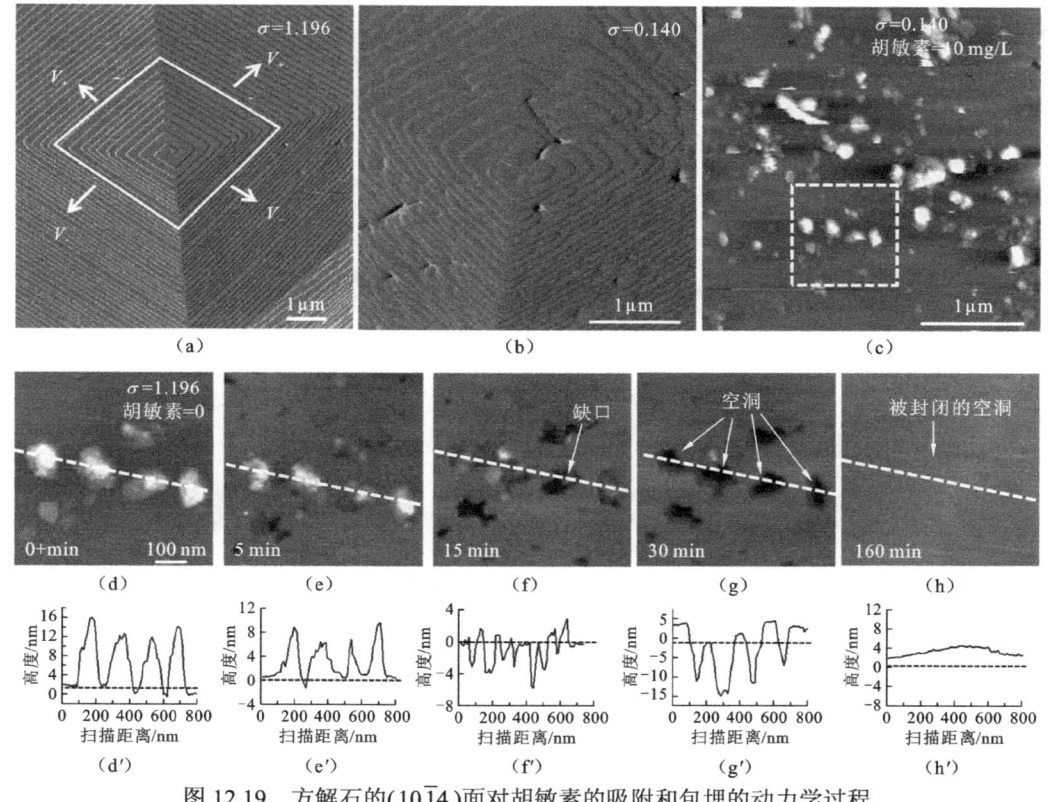

图 12.19 方解石的 $(10\bar{1}4)$ 面对胡敏素的吸附和包埋的动力学过程

(a) 方解石的 $(10\bar{1}4)$ 面在碳酸钙过饱和溶液（σ=1.196）中通过螺旋生长方式生长。(b) 在近平衡的碳酸钙过饱和溶液（σ=0.140）中，台阶的前进速度为 0。(c) 通入存在 10 mg/L 胡敏素的碳酸钙过饱和溶液（σ=0.140）后，胡敏素可以吸附到晶体表面。(d)~(h) 为图 (c) 中虚线方框部分的放大图。重新通入 σ=1.196 的碳酸钙过饱和溶液后，吸附的胡敏素颗粒伴随着台阶的前进持续被包埋进入晶体中，在这个过程中，会形成一些缺口或者空洞，(f)~(g) 显示最终空洞会被前进的台阶封闭。(d')~(h') 为 (d)~(h) 中沿虚线标注位置测量的颗粒高度变化，说明在包埋过程中颗粒高度会发生变化。图 (a) 和 (b) 是使用接触模式获取的图像，图 (c)~(h) 是使用自动扫描模式获取的图像。引自 Chi 等（2019）

· 243 ·

低过饱和度的碳酸钙过饱和溶液（$\sigma=0.140$，pH=8.3），台阶的移动速度变为 0，即台阶不会发生前进，也不会发生撤退[图 12.19（b）]。之后，再通入含有 10 mg/L 腐殖质的近平衡态的碳酸钙过饱和溶液，腐殖质的颗粒吸附到螺旋表面[图 12.19（c）]。当重新通入 σ 为 1.196 的碳酸钙过饱和溶液之后，晶体重新开始生长，因此台阶重新向前移动。在这个过程中，吸附的腐殖质颗粒的高度开始减小，同时这些颗粒被包埋进入晶体内部[图 12.19（d）～（h），（d'）～（h'）]。在包埋吸附腐殖质颗粒的过程中，会有一些缺口或者空洞产生[图 12.19（f）和（g）]。伴随着晶体的生长，这些空洞会逐渐变深，直到其彻底地被台阶所覆盖。最终，所有的腐殖质颗粒被前进的台阶彻底包埋进入晶体内部[图 12.19（h）]。

12.4.4 土壤矿物-有机分子间弱相互作用

有机-矿物相互作用可以通过测量界面能来量化。多种模式体系下的微观手段及真实土壤中采用的宏观方法都可以测量有机组分和矿物的界面能，量化有机-矿物相互作用。常用方法有接触角、傅里叶变换红外光谱、微量热等。但是它们都有一些局限性，比如很难直接测量有机组分和矿物特定面之间的结合能。AFM 的动力学力谱原位测量技术可以通过在 AFM 针尖修饰有机组分，测量有机组分与矿物之间的平衡力及结合能（Friddle et al., 2012）。Zhai 等（2018a）借助原子力针尖修饰及单分子力谱技术，揭示了简单六肽可通过氢键特异性与磷结合而不与砷结合的分子机制（图 12.20）。

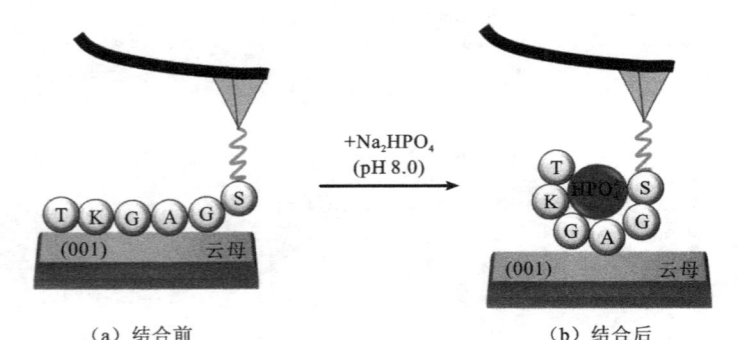

图 12.20 原子力针尖修饰的六肽与磷结合前和结合后在云母表面的单分子力谱示意图

引自 Zhai 等（2018a）

Ge 等（2020）选择代表复杂腐殖酸分子的 CH_3、NH_4^+、PO_3^- 和 COO^- 功能基团，将它们分别修饰到原子力针尖上。使用基于 AFM 的动态力谱技术，测定了不同官能团和矿物表面的单分子结合自由能（图 12.21），发现这些含有不同官能团的有机分子和无定形磷酸钙（amorphous calcium phosphates，ACP）的结合能显著大于它们与云母（mica）间的结合能，在单分子尺度上解释了腐殖酸分子通过带正负电的功能基团强烈结合到无定形磷酸钙表面，形成有机-矿物分子键合后抑制无定形磷酸钙相转变。

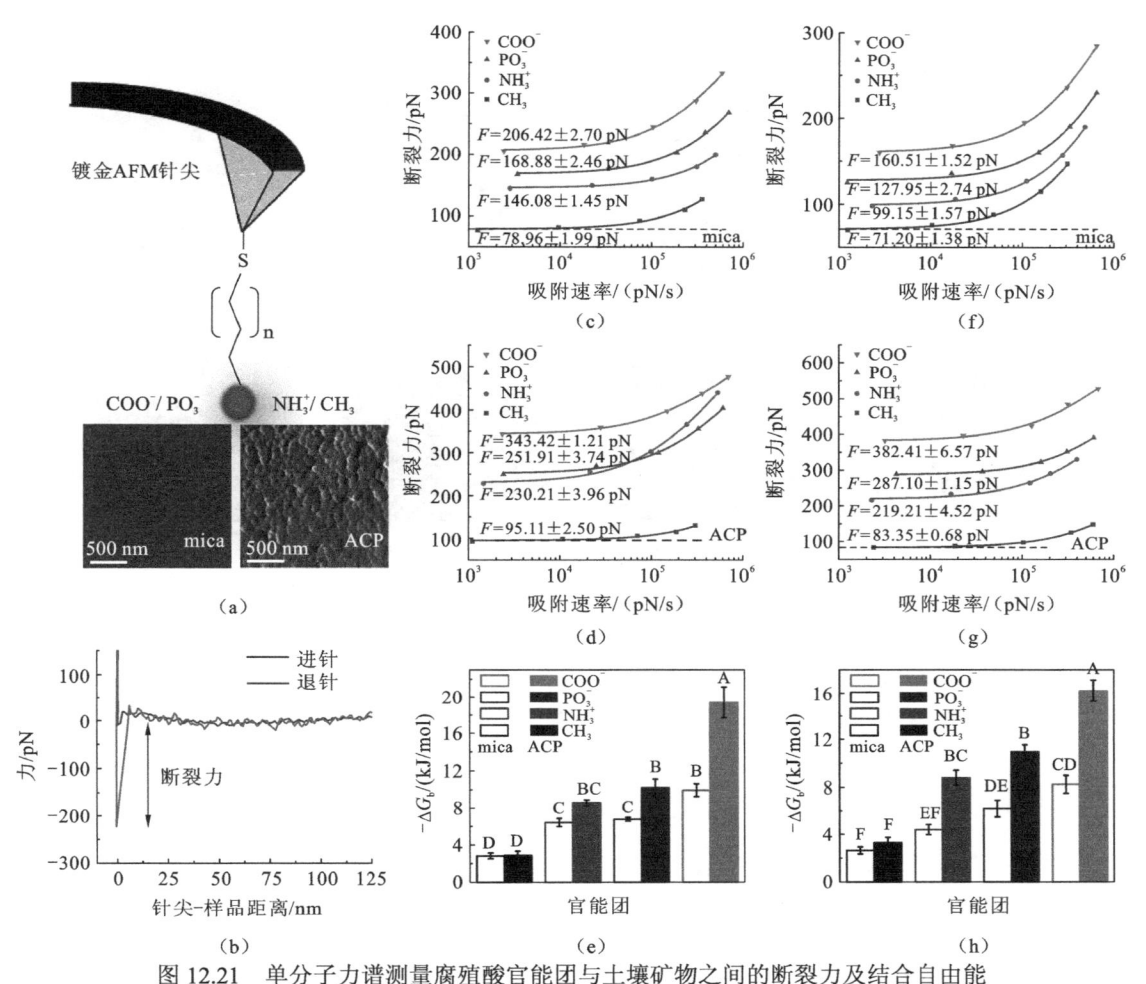

图 12.21　单分子力谱测量腐殖酸官能团与土壤矿物之间的断裂力及结合自由能

（a）~（b）原子力探针修饰的腐殖酸代表性官能团和矿物表面作用的单分子力距离曲线。（c）~（e）酸性条件（pH 5.6）下，腐殖酸官能团与土壤矿物（云母和无定形磷酸钙）之间的断裂力及结合自由能（ΔG_b）。（f）~（h）碱性条件（pH 8.0）下，腐殖酸官能团与土壤矿物间的断裂力及结合自由能（ΔG_b）。引自 Ge 等（2020）

AFM 的力学测量还可以用于定量表征植酸酶和腐殖酸共存体系下的相互作用。图 12.22 表明，植酸酶和腐殖酸的相互作用要显著地高于不同的土壤界面，从而证明了腐殖酸能提高植酸酶活性。

为了进一步研究腐殖酸如何提高植酸酶的活性，采用 AFM 的单分子力谱模式表征植酸酶活性域构象变化。AFM 力谱结果表明，与云母表面得到的单齿力曲线相比，与腐殖酸作用后的植酸酶活性域出现了双齿力曲线（图 12.23）。结合拉曼二级构象的分析发现，双齿力曲线的出现是由植酸酶活性域通过与腐殖酸作用形成的氢键造成的。因此，通过原子力显微镜技术，Ge 等（2022c）确认了腐殖酸通过改变植酸酶蛋白构象从而提高其分解植酸的活性。

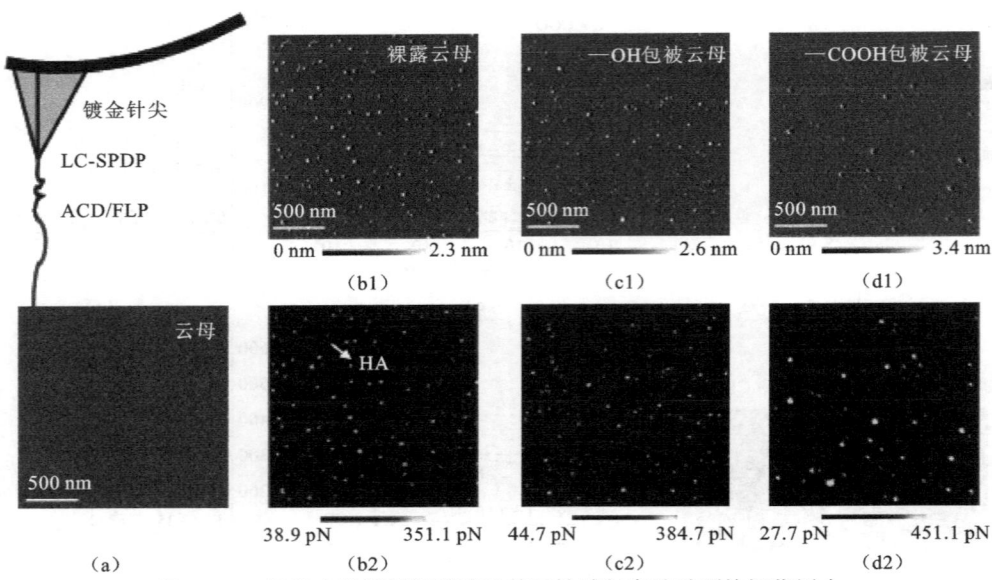

图 12.22　纳米力学测量植酸酶及其活性域与腐殖酸颗粒间作用力

(a) 原子力显微镜的纳米力学测量模式示意图，植酸酶或其活性域修饰在原子力针尖上，从而用于定量表征其与沉积在不同云母表面上的腐殖酸颗粒的相互作用力。腐殖酸颗粒分别沉积在 (b1) 无修饰的、(c1) 羟基修饰的和 (d1) 羧基修饰的云母表面上的原子力显微镜高度图。(b2)～(d2) 植酸酶活性域与沉积有腐殖酸颗粒的不同云母表面之间相互作用力的定量表征。

引自 Ge 等（2022b）

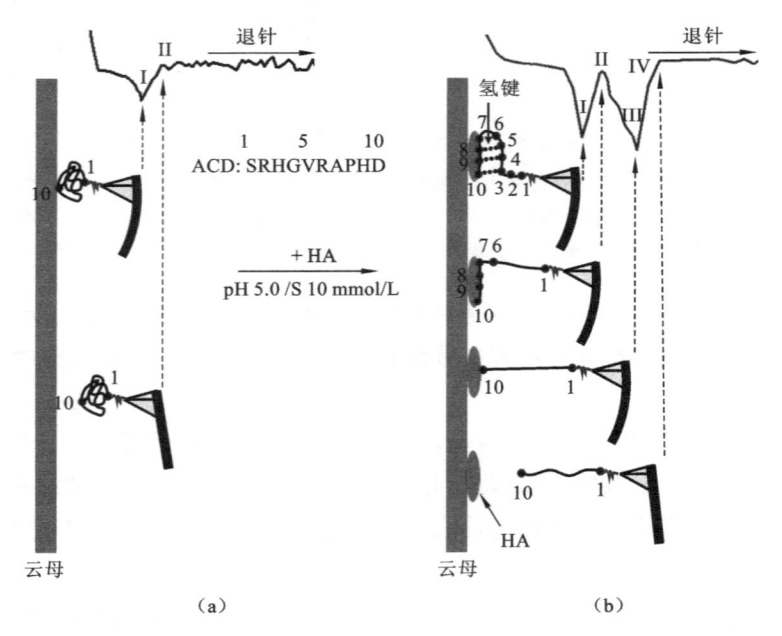

图 12.23　AFM 测定植酸酶活性域与腐殖酸颗粒间力-距离曲线

(a) 修饰在原子力探针针尖上的植酸酶活性域（ACD）接触云母表面后，依次（I）撤退、（II）远离的 AFM 力谱图。(b) 修饰在原子力探针针尖上的植酸酶活性域（ACD）接触沉积在云母表面上的腐殖酸颗粒后，依次（I）撤退、（II～IV）远离的 AFM 力谱图。引自 Ge 等（2022c）

· 246 ·

参 考 文 献

CHI J L, ZHANG W J, WANG L J, et al., 2019. Direct observations of the occlusion of soil organic matter within calcite. Environmental Science and Technology, 53: 8097-8104.

CHI J L, YIN Y F, ZHANG W J, et al., 2021. Direct observations of the occlusion of nanoplastics mixed with glyphosate within soil minerals. Environmental Science: Nano, 8: 2855-2865.

EUSTERHUES K, RENNERT T, KNICKER H, et al., 2011. Fractionation of organic matter due to reaction with ferrihydrite: Coprecipitation versus adsorption. Environmental Science and Technology, 45: 527-533.

FRIDDLE R W, NOY A, DE YOREO J J, 2012. Interpreting the widespread nonlinear force spectra of intermolecular bonds. Proceedings of the National Academy of Sciences of the United States of America, 109: 13573-13578.

GE X F, WANG L J, ZHANG W J, et al., 2020. Molecular understanding of humic acid-limited phosphate precipitation and transformation. Environmental Science and Technology, 54: 207-215.

GE X F, WANG L J, YANG X, et al., 2022a. Alginate promotes soil phosphorus solubilization synergistically with redox-active antibiotics through Fe(III) reduction. Environmental Science: Nano, 9 (5): 1699-1711.

GE X F, ZHANG W J, PUTNIS C V, et al., 2022b. Direct observation of humic acid-promoted hydrolysis of phytate through stabilizing a conserved catalytic domain in phytase. Environmental Science: Processes & Impacts, 24(7): 1082-1093.

GE X F, ZHANG W J, PUTNISBC C V, et al., 2022c. Molecular mechanisms for the humic acid-enhanced formation of the ordered secondary structure of a conserved catalytic domain in phytase. Physical Chemistry Chemical Physics, 24: 4493.

KLEBER M, EUSTERHUES K, KEILUWEIT M, et al., 2015. Mineral-organic associations: Formation, properties, and relevance in soil environments. Advances in Agronomy, 130: 1-140.

KRIEG M, FLÄSCHNER G, ALSTEENS D, et al., 2019. Atomic force microscopy-based mechanobiology. Nature Reviews Physics, 1(1): 41-57.

MÜLLER D J, DUMITRU A C, LO GIUDICE C, et al., 2021. Atomic force microscopy-based force spectroscopy and multiparametric imaging of biomolecular and cellular systems. Chemical Reviews, 121(19): 11701-11725.

QIN L H, ZHANG W J, LU J W, et al., 2013. Direct imaging of nanoscale dissolution of dicalcium phosphate dihydrate by an organic ligand: Concentration matters. Environmental Science and Technology, 47: 13365-13374.

QIN L H, WANG L J, WANG B S, 2017. Role of alcoholic hydroxyls of dicarboxylic acids in regulating nanoscale dissolution kinetics of dicalcium phosphate dihydrate. ACS Sustainable Chemistry and Engineering, 5: 3920-3928.

SCHILLERS H, 2019. Measuring the elastic properties of living cells//SANTOS N C. Atomic force microscopy: Methods and protocols. New York: Humana Press.

WANG L J, RUIZ-AGUDO E, PUTNIS C V, et al., 2012. Kinetics of calcium phosphate nucleation and growth on calcite: Implications for predicting the fate of dissolved phosphate species in alkaline soils. Environmental

Science and Technology, 46: 834-842.

WANG L J, PUTNIS C V, RUIZ-AGUDO E, et al., 2015. In situ imaging of interfacial precipitation of phosphate on goethite. Environmental Science and Technology, 49: 4184-4192.

WANG L J, PUTNIS C V, 2020. Dissolution and precipitation dynamics at environmental mineral interfaces imaged by in situ atomic force microscopy. Accounts of Chemical Research, 53(6): 1196-1205.

ZHAI H, QIN L H, ZHANG W J, et al., 2018a. Dynamics and molecular mechanism of phosphate binding to a biomimetic hexapeptide. Environmental Science and Technology, 52: 10472-10479.

ZHAI H, WANG L J, QIN L H, et al., 2018b. Direct observation of simultaneous immobilization of cadmium and arsenate at the brushite-fluid interface. Environmental Science and Technology, 52: 3493-3502.

ZHAI H, WANG L J, HÖVELMANN J, et al., 2019a. Humic acids limit the precipitation of cadmium and arsenate at the brushite-fluid interface. Environmental Science and Technology, 53: 194-202.

ZHAI H, WANG L J, PUTNIS C V, 2019b. Molecular-scale investigations reveal noncovalent bonding underlying the adsorption of environmental DNA on mica. Environmental Science and Technology, 53: 11251-11259.

ZHAI H, ZHANG W J, WANG L J, et al., 2021. Dynamic force spectroscopy for quantifying single-molecule organo-mineral interactions. CrystEngComm, 23: 11-23.

第 13 章 微 流 控

微流控芯片是结合微加工技术、分析科学、生命科学及环境科学等多领域，对微小体积的液体样品进行系统化、规范化处理或操作的一门科学技术。该微型实验系统通过微机电系统（micro-electro-mechanical systems，MEMS）在几微米至几百微米的通道内将系统化、规范化、程序化的操作单元（如微反应器、微泵、微阀、微储液器、微电极、微检测元件等功能元器件）集成到芯片材料上，如图 13.1 所示。目前，微流控分析技术由于具有集成度高、反应速度快、流体精确控制、试剂消耗少、携带性高等优势，已经成为重要的化学及生物分析手段。此外，由于微流道对环境微界面的精确模拟并且具有与生物细胞良好的相容性，其在环境科学中的试样处理、动态反应及化学检测方面也有诸多应用，成为界面分析实时检测和研究的新平台。

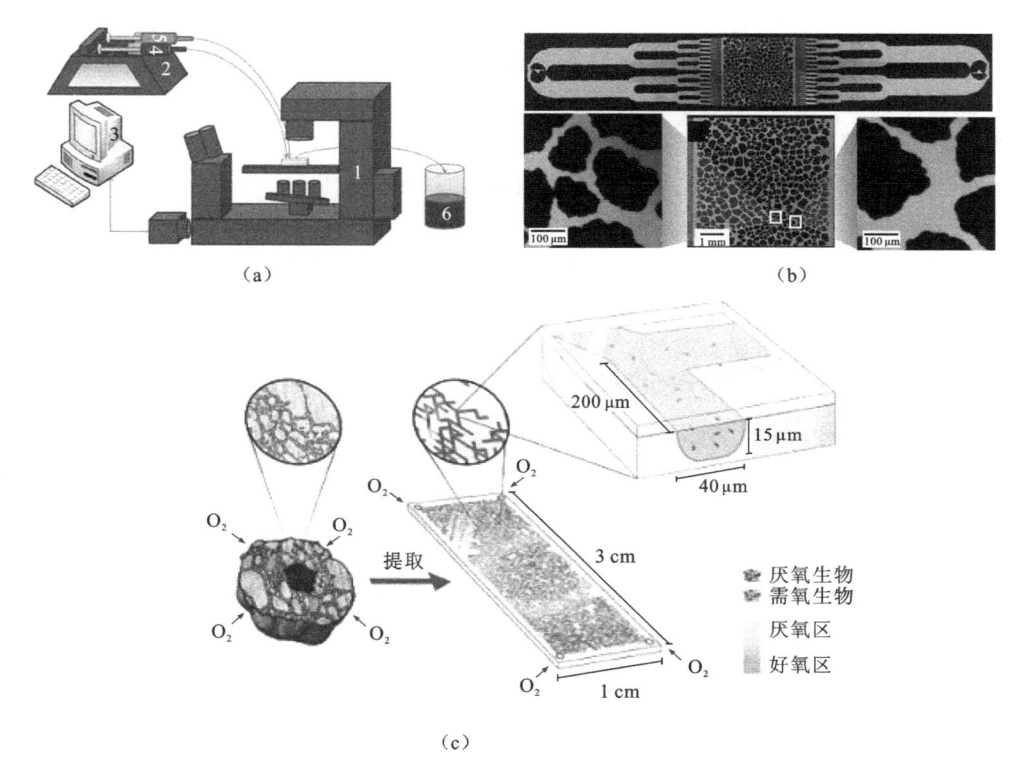

图 13.1 典型微流控芯片系统

(a) 通过注射泵或恒压泵等设备精确控制微流体流速或流量，驱动液体形成微流路；注射泵"2"用于控制流速和流量，驱动注射器"4"和"5"内的溶液进入微流控芯片；芯片作为微反应器进行着各种微观界面反应；"6"是废液缸，用于收集芯片流出液；"1"是用于原位表征的激光扫描共聚焦显微镜（Hassanpourfard et al., 2014）。(b) 模拟自然沙粒形状和布局的微流控装置（Aufrecht et al., 2019）。(c) 玻璃蚀刻法制作的模拟土壤孔隙结构的微流控芯片（Borer et al., 2018）。

在微米级通道与结构中实现分析系统微型化，不仅改变分析设备尺寸，而且带来众多分析性能上的优点。①具有极高的效率。由于其微米级通道中的高导热和传质速率，微流控系统具有极高的分析或处理速度。微流控芯片可在数秒至数十秒时间内自动完成样品预处理、测定、分离等复杂操作。与宏观分析方法对比，微流控分析和分离速度常提高 1~2 个数量级。②大幅降低试样与试剂消耗量，消耗量现已降低至数微升水平，并随着微流控技术发展，还有可能进一步减少。这既降低了分析费用和贵重生物试样的消耗，也减少了环境污染。③微加工技术制作而成的微流控芯片部件的微小尺寸使多个部件与功能集成在数平方厘米的芯片上，在此基础上易制成功能齐全的便携式仪器，用于各类现场分析。④微流控芯片的微小尺寸使材料消耗甚微。当实现批量生产后芯片成本可大幅度降低，有利于普及应用。

13.1　微流控芯片的设计制作

13.1.1　微流控芯片材料

微流控芯片材料主要有硅、玻璃、石英、有机高聚物及复合材料等，可根据微流控芯片结构及功能进行选择。其中，硅材料具有良好导电性、化学惰性和热稳定性，常被用于制作微流控分析芯片。在微电子学发展的过程中，单晶硅生产工艺和硅的微细加工技术已趋成熟，利用高精度的光刻技术可在硅片上制作复杂二维图形，并可使用成熟工艺进行复制、加工及批量生产。硅材料也存在部分缺点，如易碎、价格高、不透光且表面化学行为复杂。这些局限限制了它在微流控芯片中的广泛应用。然而，硅材料良好的光洁度和成熟的加工工艺，使其可用于加工微泵、微阀等液流驱动和控制元器件。此外，在用热压法、模塑法制作高分子聚合物芯片时常用硅材料制作相应的模具。

相比于硅材料，玻璃和石英具有良好的电渗和光学性质，且它们的表面性质（如亲水性、表面吸附和反应性等）都有利于使用不同的化学方法对其进行表面改性加工。光刻和蚀刻技术可在玻璃和石英上加工微通道网络，因此，玻璃和石英材料已广泛地应用于微流控芯片制作。

微流控芯片常用的有机高分子材料有环氧树脂、聚甲基丙烯酸甲酯[poly(methyl methacrylate), PMMA]、聚碳酸酯（polycarbonate, PC）和聚二甲基硅氧烷（polydimethylsiloxane, PDMS）等，具有选择范围宽、加工成型方便、价格低等优点，适合大批量微流控芯片制作。不同的高分子材料物理化学性质不同，因此要根据微流控芯片的结构设计、加工工艺、应用对象和检测方法等因素及高分子聚合物的光电、机械和化学性质综合分析，选择适用的聚合物材料。环氧塑料、热固性聚酯是常用的热固性材料，具有一次性塑形、成本低和弹性弱的特点。热塑性材料如 PMMA、PC、聚苯乙烯（polystyrene, PS）等具有能多次塑形、加工成本低的特点，但弹性较差。PDMS 是模塑法芯片制作工艺中最为常用的芯片材料，其主要特点有：①材料透明，具有低荧光特性，能透过 300 nm 以上的紫外光和可见光，可以在显微镜等光学仪器下观察微通道内的物质及反应；②可变形且易于成型，可用于高保真地复制微流控芯片。PDMS 与固化剂混合后，在常温下仍然维持液态数小时，这种特性促进高分辨率模塑出所需细微结构；③材料没有生物毒性且成本较低，并且具有相对较高的化学惰性。基于 PDMS 的微流控芯片可以与常用的流体（如水、甘油、乙醇等）一同使用，具有较高的稳定性。

近年来，纸成为一种新型微流控芯片材料。纸芯片微流控是在纸表面加工出具有一定结构的微流体通道，其同时具有微流控技术和纸的优点（田恬 等，2015）。与传统的微流控芯片相比，纸芯片具有优势：①纤维素便宜易得，可进行批量生产；②不需要外力装置，流体在纸上可通过毛细管作用运动；③多孔结构、比表面积大；④生物兼容性好，可通过化学修饰改变纸的性质；⑤易储存运输，操作简便，不需要专业技术人员。作为一门新型技术，纸芯片微流控还需要进一步改善：①提高纸芯片检测的重现性和检出限；②开发更多类型的纸芯片，扩大其应用范围；③将纸芯片和新型材料结合，增强生物兼容性以实现纸芯片的功能多样化和商品化；④研究流体在纸芯片上的驱动机理，实现更精准的控制；⑤延长试剂在纸芯片上的储存时间及纸芯片的寿命等。

13.1.2 微柱阵列微观结构设计

以土壤孔隙环境的微柱阵列微流控芯片制作为例，介绍微流控芯片的制作流程。该微流控芯片的主体材料为 PDMS，在模塑后含有微柱阵列的 PDMS 最终从硅片母模上脱模出来，所有微结构最终都在 PDMS 上呈现。孔隙环境的微通道主要由进口、微柱阵列、出口组成。微柱阵列需要考虑整体排布、各微柱间距、尺寸大小等参数的影响。利用微流控模拟土壤孔隙结构时除了考虑微柱阵列结构大小，还应考虑倒模材料的弹性限度、微柱间的黏附力及制作硅片母模的刻蚀工艺等因素。

首先通过光刻、刻蚀两个步骤在硅片上制作微结构。光刻机的直写精度可达 0.6 μm，完全满足精度要求。高深宽比的刻蚀加大了工艺难度。当深宽比大于 10 时，到达沟槽底部的氟离子浓度会随刻蚀深度的增大而降低，这时容易形成倒梯形槽。这需要随反应适当逐步增大极板的功率，同时增大气体流量和刻蚀时长以保证侧壁的垂直度，若参数调整不当会产生正梯形槽。PDMS 和固化剂混合在硅片母模中一同固化，由于 PDMS 是柔性材料，当微柱直径太小或高度较大时，难以将 PDMS 完整无损地从硅片中取出。即便使用性能优良的脱模剂，也不能确保侧面的摩擦作用不会撕裂脆弱的微柱。因此，建议高度不超过直径的 10 倍。选用 600 μm 厚度硅片进行制作，装置中微通道高度与微柱直径一致。

微柱之间具有一定的黏附力，该力的大小与它们之间的间距呈负相关。如果各微柱之间相隔太近，当微柱之间相互作用的黏附力大于其所能承受的最大弯曲应力时，就会使微柱纠缠在一起，影响微柱阵列的排布，破坏微柱直立的整体结构。键合时，纠缠的微柱无法使其顶端与玻片紧密贴合，难以实现预期设计的微通道结构。当硅片沟槽的深宽比达到 7，且微柱阵列的间距小于两倍微柱直径时，很容易发生 PDMS 微柱阵列的纠缠与坍塌现象。因此，在此设计中，微柱之间间距为微柱直径长度。与进出口连接的针管直径采用 0.75 mm。由于人为使用打孔器有较大误差，同时为了使流速尽量平均，要保证进出口邻近的通道宽度略小于进出口直径。将微流控芯片进出口设计成直径为 4 mm 的圆形，并在进出口和微柱阵列之间分别设计三个分流口，使进入、流出微柱阵列的液体流速更加均匀。硅片母模设计样式如图 13.2（a）所示。

图 13.2 微流控芯片设计与制作

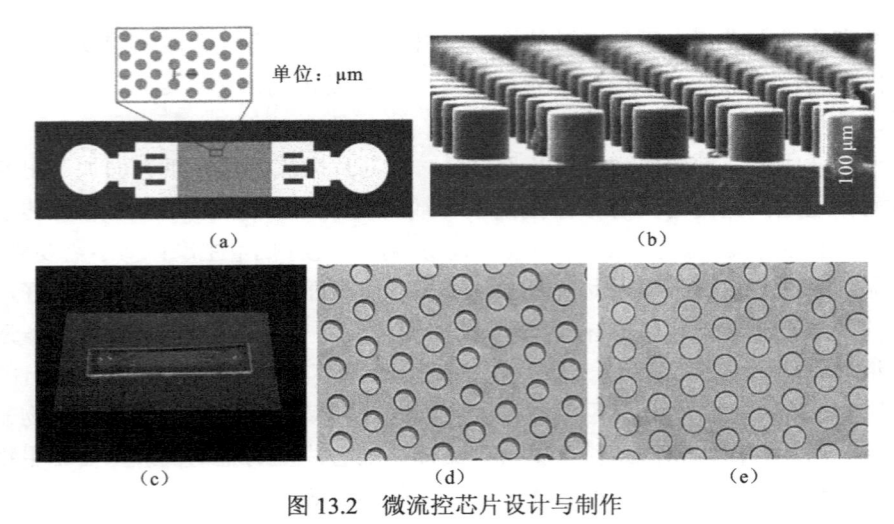

（a）微柱阵列微流控芯片硅片母模设计样式；（b）电子显微镜观察下的 PDMS 微柱列阵；（c）完成键合封装后的微流控芯片；（d）~（e）利用光学显微镜观察微流控芯片键合状况，当 PDMS 微柱未完全与玻片贴合时，图像呈现出阴影圈，而完全键合后微柱整体呈透明状

13.1.3 微流控芯片制作步骤

由于微流控芯片基本组成单元的微米级尺寸结构，母版在制备过程中必须对洁净室环境进行严格控制。芯片母模光刻的制作步骤包括硅片清洗、气相成底膜、旋涂光刻胶、光刻、显影、硅片刻蚀和后处理。

1. 硅片清洗

用丙酮在超声清洗机作用下净化硅片表面，清洗 3 min，再使用异丙醇浸洗 2 min 去除硅片表面残留的丙酮。浸洗后，用去离子水冲洗 2 min，随后用氮枪去除硅片表面水分以方便光刻胶黏附。最后，将相对洁净的一面朝内放入等离子清洗机中进行处理，进一步去除硅片表面的有机物。

2. 气相成底膜

首先，将硅片用托板放置到 120 ℃的恒温加热板上进行脱水烘焙，裸片烘烤时间为 10 min，保证表面干燥以利于光刻胶的黏附。随后进行成膜处理，将其放置到另一 120 ℃恒温加热台上的培养皿内，在硅片下的无尘布上滴加六甲基二硅胺（hexamethyldisilazane，HMDS），注意不要让液滴碰到硅片，盖上密封熏蒸 5 min 形成底膜，作为硅片和光刻胶的结合剂。由于 HMDS 有生殖毒性，滴加 HMDS 之后须离开黄光室。最后取出硅片，待其自然冷却。

3. 旋涂光刻胶

光刻胶含多种有机化合物，包括基体材料、增感剂和溶剂。经光照分解，从油溶性变为水溶性的光刻胶称为正胶；在光照下链状分子之间发生交联反应，能形成抗腐蚀的不溶网状分子的光刻胶称为负胶。如果光刻胶过于黏稠，则不便于匀出厚度较薄的光刻胶。正胶在未曝光区域与显影液不发生反应，具有良好的线宽分辨率，其对比度通常也比负胶高且更加安全。硅片经 HMDS 处理后，应在 4 h 之内完成匀胶。事先将光刻胶从冰箱中取出升至室温后备用，并且操作中避免产生气泡。用托板把硅片置于匀胶机正中心，打开真空吸附，旋转检查硅片是否正好处于中心位置。将适量光刻胶平稳不间断地倒到硅片上，防止出现气泡，观察光刻胶的质量。将硅片置于 120 ℃恒温加热台上烘 3 min，去除光刻胶中的溶剂，有利于硅片与光刻胶之间的黏附。随后加热适当时间使光刻胶中的溶剂挥发，增强光刻胶与基片黏附及胶膜的耐磨性，保证曝光时能进行充分的光化学反应。

4. 光刻

光刻设备主要包括紫外光源、光学系统和对准系统。光刻设备能通过紫外光照射使光刻胶的理化性质发生相应改变，从而将目标图形精确地转移到硅片表面的光刻胶上。光刻的质量不仅依赖设备光学系统的分辨率、系统的聚焦精度、光的种类，也与硅片表面材料的性质和光刻胶的类型，以及扫描速度、扫描次数、功率和曝光剂量等工艺参数的选择密切相关。采用光刻机直写，省去传统掩膜版制作流程。首先在光刻机上对硅片自动对焦，使硅片圆心正好处于光学系统的坐标原点。然后选择合适剂量和镜头进行曝光，将图形转移到光刻胶上。最后放到 120 ℃热板上烘 1 min，增强硅片与胶的黏附并减少驻波。

5. 显影

在完成硅片对准和曝光后，图形就已经通过紫外线转移到光刻胶中。为了在光刻胶中获得精准的图形，通过显影操作将曝光区的光刻胶溶解。光刻胶图案的质量直接决定随后工艺的成功与否，因此合格的显影工序是提高成品率的基础。用显影液去除曝光过的基片中应去掉的部分光刻胶，以获得精准的目标图案。首先，配制显影液，用镊子小心将硅片放到显影液中，轻轻摇晃培养皿，可以观察到光刻胶由暗变亮再变暗的现象。显影过程大约持续 6 min，当硅片表面不再发生变化说明显影过程即将结束。此时已经溶解掉产生反应的光刻胶，将图形留在硅片表面。随后，用去离子水冲洗硅片 2 min，除去表面残留的显影液。显影过程不可过长，否则未曝光的光刻胶也会在显影液的作用下从边缘向里钻溶，破坏图案边缘的形貌，严重时可能造成脱胶。最后，在显微镜下检查光刻胶上的图形是否有缺陷。显影完成之前不能将硅片暴露在白光中。显影结束后，对其清洗并在一定温度下烘烤，以彻底去除残留于胶膜中的溶剂或水，增强胶膜抗蚀能力。

6. 硅片刻蚀

刻蚀的目的是将光刻胶作为掩蔽层，采用电感耦合等离子体（ICP）刻蚀硅片，从而获得与光刻胶上完全对应的图形。ICP 刻蚀是常用的一种干法刻蚀方式，它的优点是刻蚀区域的均匀性好、控制精度较高，与反应离子刻蚀（reactive ion etching，RIE）相比产生的离子密度更高，刻蚀速率更快。ICP 刻蚀机有两个相互独立的射频电源 RF_1 和 RF_2。RF_1 接到缠绕在腔室外部的螺旋线圈上，产生交变的电场，当电压加到一定程度时，刻蚀气体发生辉光放电现象，产生高密度等离子体。RF_2 接到腔室内部的电极上，提供偏置电压，给等离子体一个竖直向下的加速度，使其垂直作用于硅片表面，与之反应生成可挥发的气体。本案例中使用 SF$_6$ 作为刻蚀气体，使用 C$_4$F$_8$ 作为钝化抑制气体来进行侧壁抑制刻蚀。SF$_6$ 经电离被分解为离子态的 SF$_5^+$ 和 F$^-$。其中 F 可作为活跃的刻蚀剂与硅片发生反应，产生 SiF$_4$ 气体。短暂的刻蚀后，开始淀积保护侧壁的钝化层，在等离子体状态下 C$_4$F$_8$ 气体被分解为 CF$_2$ 和 C$_2$F$_4$ 基团，它们在硅表面反应形成一层高分子钝化膜(CF$_2$)$_n$。接下来继续进行刻蚀，RF$_2$ 开启偏压后，离子获得大量能量，它们高速轰击硅片的表面产生气态的碳氟化物 CF$_x$，从而除去底部的钝化物，使刻蚀剂能继续与硅片新暴露的表面进行反应。离子运动的方向性保证了侧壁的钝化层不易受到轰击，侧壁得到了相对好的保护。刻蚀过程与钝化过程相互交替进行，在刻蚀的沟槽深度不断增加的过程中，保持侧壁陡直，实现刻蚀剖面的各向异性。影响 ICP 刻蚀的主要因素有射频电源 RF$_1$ 和 RF$_2$ 的功率、气体组分和流量、工作气压的大小、工作温度等。

7. 后处理

刻蚀后需进行有机处理去除硅片表面的洗油。首先用洗油浸洗样片 2 min，再将其移入丙酮中，使用超声波清洗机以 40 kHz 频率和 40%功率（120 W）超声清洗 3 min。随后取出硅片，用异丙醇浸洗 2 min，再用去离子水冲洗 2 min，用镊子取出硅片，最后用氮枪吹干。

硅片模板制作完成后通过模塑法制作 PDMS 芯片。在制作之前可用脱模剂对硅片进行处理，以方便后续 PDMS 脱模。具体流程：①按质量比 10∶1 称取 PDMS 和固化剂于培养皿内，并在真空腔内抽真空至无气泡；②将母模轻轻放入无气泡的 PDMS 中，再次抽真空至无气泡；③将硅片和 PDMS 放入 80℃烘箱烘 20 min 至 PDMS 完全固化；④取出固化 PDMS，用小刀将 PDMS 从硅片上剥离下来并切至适宜大小；⑤用手持式打孔器分别在入口及出口处打两个孔，孔的外径为 0.75 mm；⑥采用等离子清洗机处理 PDMS 与封装玻片 45 s，将二者键合密封，在键合过程中施加一定载荷加强连接强度；⑦将键合好的芯片置于加热板上加热 8 h 以加强键合效果；⑧利用扫描电镜和光学显微镜对脱模后的 PDMS 进行观察，验证 PDMS 上的微柱阵列是否发生粘连、变形、断裂等形态变化。如图 13.2（e）所示微柱表面光滑整洁，各微柱纵向垂直，未出现断裂、粘连或变形现象，说明 PDMS 微柱阵列制作成功，芯片符合预期实验设计。

13.1.4　微流控芯片修饰与改性

自然环境界面由多种复杂固相组成。结合微流控基质材料及界面修饰方法可模拟不同微尺度环境界面。为保证良好的透光性，传统微流控基底材料为石英或 PDMS。在不同的应用场景（如同步辐射和红外吸收），芯片材料也可使用 Si$_3$N$_4$、CaF$_2$ 等基质。在界面修饰方面，化学气相沉积、物理气相沉积、热气相沉积、喷涂或旋涂等技术为常用的化学方法，可在微流控基质表面固定金属及陶瓷材料。除此之外，可使用黏结剂修饰法和表面硅烷化修饰法等常用的物理化学界面修饰方法固定矿物颗粒。

明胶（gelatin）是一种大分子的亲水胶体，常作为黏结剂使用（Neu et al., 2010）。进行界面修饰前，在去离子水中加入 0.5%明胶并在 56℃水浴锅中加热溶解。加热完成后取出冷却，在冷却的明胶溶液中加入 0.1 g CrK(SO$_4$)$_2$·12H$_2$O，室温下搅拌 10 min 使固体全部溶解。向微流控芯片中注入明胶溶液，静置 10 min 后注入去离子水将多余的明胶溶液冲洗出来，再注入溶于去离子水的矿物悬液后静置 10 min，通入氮气干燥，完成微流控芯片矿物修饰（图 13.3）。

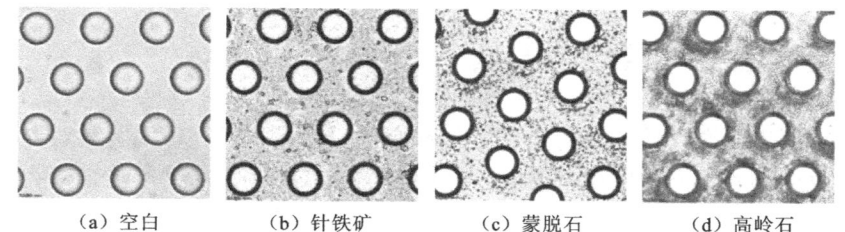

(a) 空白　　(b) 针铁矿　　(c) 蒙脱石　　(d) 高岭石
图 13.3　利用明胶在微流控芯片表面修饰不同矿物

硅烷化修饰也是近年来常用的界面修饰手段。通常利用 3-氨基丙基三乙氧基硅烷 [(3-aminopropyl) triethoxysilane，APTES] 对矿物进行硅烷化修饰（Seyedpour et al., 2019）。APTES 是一种典型的硅烷偶联剂，以在芯片内修饰针铁矿为例，表面修饰法第一步需要进行针铁矿硅烷化修饰：①将 5 g 针铁矿分散在 95%的乙醇中；②用 1%乙酸将溶液的 pH 调至 4；③15 min 后逐滴加入 5 g APTES；④为了提高反应效率，在 120 ℃高温处理 12 h 进行硅烷化处理；⑤处理后的针铁矿用 95%乙醇洗涤两次，在 100 ℃干燥 5 h。第二步是通过二苯甲酮（benzophenone，BP）表面修饰 PDMS，在紫外光激发的作用下使 PDMS 中的 C—H 键的氢原子被三重态的 BP 捕获，从而使硅烷化的矿物在活性表面固定。具体步骤：①通道依次注入甲醇和去离子水彻底清洗；②利用氮气干燥微流控管道；③将 BP 溶液（质量分数 10%乙醇）均匀注射到芯片中，在室温下静置 2 min；④注入甲醇洗涤 3 次并用氮气干燥；⑤将 1 g 表面改性的针铁矿加入 20 mL 去离子水中，通过磁搅拌分散 20 min；⑥悬浮液注入芯片并暴露在紫外线（90 mJ/cm^2，254 nm）下 10 min；⑦向芯片中注射去离子水冲洗反应后未结合的针铁矿的最终产物，即完成矿物修饰。值得注意的是，在微流控进行表面修饰的过程中需摸索合适的矿物悬液浓度，使修饰在芯片中的矿物能够均匀分布而不出现大量的聚集造成孔道堵塞，影响微流控内部物理结构。

13.2　微流控芯片的流体控制

13.2.1　流体驱动方案

根据驱动原理和形式，微流控芯片内流体驱动和控制技术可分为 4 类。①压力驱动，把机械能转化为驱动流体的流动动能。压力驱动一般包括宏观泵和微观结构（如微泵和微阀）驱动流体两种模式。宏观方法简单、低价且已有成熟商品化产品。宏观泵对溶液没有特别要求，缺点是不易微型化。为了解决该问题，可通过微加工技术制得微泵和微阀，利用气阀的周期性变化驱动流体。②电驱动，利用电场力驱动流体。电驱动的主要优点有：不需要泵和阀，易于自动化；溶液方向可以通过电流的方向来调整；采用简单的方式（如等电聚焦等方法）能富集目标分析物。电驱动局限性包括：溶液需要导电；电泳时产生的焦耳热可能产生气泡，切断导电溶液；电泳装置需为非导电材料。③离心力驱动，主要在圆形芯片上采用。流体在马达带动下通过离心力到达反应区，离心力驱动对 pH、离子强度和溶液化学组成无太高要求。④毛细作用力和重力驱动，主要通过毛细管现象驱动液体，其优点是体积小、操作简单方便、价格较低。

13.2.2 流体理化参数控制方法

自然条件下界面微环境是极为复杂且动态变化的。为了研究环境因素对界面过程的影响，传统研究会制备不同浓度试剂溶液，这种方法研究通量低，试剂消耗量大，且难以达到微尺度的精准控制，无法按需生成不同变化规律的浓度梯度。微流控技术可对流体环境精准控制，构建浓度梯度渐变的微环境，拓展了界面研究表征能力和通量，能够实现在同一时间对多个理化环境进行表征。

微流控浓度梯度产生方法主要有两种，一是单相体系浓度梯度，二是液滴型浓度梯度（Wang et al., 2017）。单相体系浓度梯度又可根据生成通道中有无流动液体的剪切作用进一步分为两种类型。其中有流体剪切作用的结构中最为经典的是早期提出的"圣诞树"流动结构。该结构浓度梯度生成效果稳定，应用范围广，但是生成中伴随的剪切作用会对部分生物化学检测产生干扰，同时"圣诞树"结构占据芯片的空间较大，影响芯片整体体积。针对这些问题，后期研究对该结构进行改进。通过在液体流动通道和浓度生成腔之间加入阻挡结构，极大地减弱了流动剪切造成的影响，而重新设计分流通道的交汇结构减少了通道的分裂级数，使芯片的占用面积大幅缩减。为了消除浓度梯度生成过程中的剪切力影响，研究人员设计了基于"薄膜"结构的浓度产生体系。具有渗透功能的薄膜完全阻隔流动液体的通过，只允许化学分子渗透通过。该结构从根本上去除了流动剪切作用的影响。需要注意的是，这种"薄膜"结构微流控芯片在运行过程中要注意控制流动速度及更换源头液体，否则长期分子交换的积累会改变初始液体浓度，导致分子浓度梯度的变化。另一种单相无流体剪切结构为"压力平衡"结构。其包含液体流动部分和分子扩散部分，液体流动部分的压力调节平衡之后可以保证浓度生成腔中只存在分子扩散作用，而流动剪切作用只会停留在液体流动通道中。该方法集合流动通道的快速传递和浓度生成腔的无剪切作用的优点，为未来微流控结构设计提供一种新的思路。

"液滴"体系为典型两相浓度产生技术。液滴两相界面的包裹特性天然屏蔽了外部流动液体的干扰，保证内部环境的相对独立。虽然离散相在液膜的作用下存在旋转涡，但是由此带来的剪切作用非常微弱，远远小于其他结构产生的流动剪切作用。同时液滴的离散体积也可以实现对反应结果的定量检测，这也是液滴两相流技术的显著优势。因此，与两种不同的浓度梯度产生方法相比，流动液体在通道中生成浓度梯度的速度较快，该方法适用于生成动态浓度梯度，但会伴随较大的剪切力。浓度梯度生成腔内无流动液体的生成方法可以避免剪切作用的影响，更适合静态浓度梯度的生成。利用液滴的多相流系统可以提供封闭的微环境，实现液滴内部较小的剪切作用，但是要求精确的液滴生成和控制技术。在具体应用中，针对不同培养或检测方面的需求，选取适用的浓度梯度生成方法，并将多种生成方法进行结合，以规避单一结构的缺陷，提高浓度梯度生成系统的精度和适用效果。

浓度梯度结构在界面过程中已有较多应用，特别是培养液中细胞生长、污染物迁移和生物应激抵抗，重金属毒性检测，粒子或纤维等材料制备，生物酶活性检测，蛋白质在线表达等。在细菌趋化性的研究中,浓度梯度结构是一种常用的技术。游动的细菌能感知并对环境中的化学信号做出反应,并向有利于它们生存的化学物质浓度增加的方向迁移,这就是细菌的趋化性现象。趋化性是微生物具有的一种能力,它使微生物能够检测和响应环境中特定的化学梯度。

Roggo 等（2018）在平行流稳定且可以产生化学梯度的微流控芯片中对细胞的趋化性进行了量化,测试了 *E. coli* 对引诱剂（丝氨酸、天冬氨酸和甲基天冬氨酸）的趋化反应,在 5~10 min 内就可以观察到细菌的趋化现象,比典型的生物反应器读出速度（30 min 到几小时）要快得多。Chen 等（2019）用趋化现象的分类（ChemoSort）芯片设备和高通量微流控平板划线分离技术对土壤菌群进行了富集和筛选,发现趋化菌群（来源于富集菌群）对咪唑啉酮的降解速率比富集菌群（来源于土壤菌群）高 10%。Mao 等（2003）通过层流中平行液体流之间的扩散,在微通道内建立化学梯度,发现细胞对低浓度（3.2 nmol/L）天冬氨酸盐表现出显著响应,比标准毛细管法的检测限低三个数量级。Salek 等（2019）受生态学中 "T" 迷宫的启发,设计了一种由 "T" 连接的微流控装置,细菌在培养液浓度梯度下选择运动至 "T" 结点的两个微通道,进而研究 *E. coli* 对甲基天冬氨酸梯度趋化敏感性来验证芯片的可行性。对在 0~50 μmol/L 和 0~500 μmol/L 两种浓度梯度下筛选出的细菌与初始未筛选的细菌再次进行趋化性实验,发现经过筛选的细菌在高浓度梯度下比未筛选的细菌数量更多,说明该装置可用于不同种群中高度趋化细菌的筛选。

除化学梯度外,新型的微流控结构设计可同时模拟化学和机械梯度环境。例如,Dou 等（2020）报道了一种微流控芯片,能够产生正交的硬度梯度和化学梯度,进而研究硬度和表皮生长因子对胶质瘤细胞的协同作用。通过移动光聚合法在芯片的培养腔中制备了具有 1~40 kPa 的连续硬度梯度的聚丙烯酰胺（polyacrylamide, PAA）凝胶片,同时在正交方向上设计了 U 形通道和微通道阵列产生基于扩散的表皮生长因子梯度。正交梯度的构建使研究人员能够根据细胞的位置解析细胞所处的微环境并对其生理特征进行耦合分析。

13.3　微流控系统界面过程表征技术

目前,在微流控芯片的界面研究中主要采用光学检测和电化学检测手段。光学检测灵敏度高、设备简单且易于与微流控芯片结合,更有潜力应用于界面过程实时检测。光学检测方法依原理可分为可见光检测、荧光检测、化学发光和生物发光检测、拉曼光谱检测、折射率检测、热透镜光谱检测和表面等离子激元共振检测等。根据不同检测原理,显微光谱技术主要分为可见光显微镜技术、荧光显微技术、红外吸收光谱技术、拉曼散射光谱技术和基于同步辐射的 X 射线显微光谱技术,它们允许监测在（亚）微米级芯片内环境微生物细胞内部和周围的生物地球化学过程。

13.3.1　可见光和荧光显微技术

传统可见光学显微技术联用微流控芯片已广泛用于微界面上矿物的结晶过程研究。例如,Yoon 等（2019）构建了基于 PDMS 的微孔隙结构,量化碳酸钙在二维和三维反应表面积下的矿化沉淀过程，以评估微结构中碳酸盐沉淀和溶解反应速率。利用光学和激光扫描共聚焦显微镜获得沉淀物的二维和三维图像，利用图像分析得到的有效表面积和基于几何形状的表面积来评估定义反应表面积；比较溶解阶段观察到的溶解离子迁移与二维孔隙尺度反应迁移模型结果，可以说明微流控芯片结构中溶解过程的机理。通过估计反应表面积，可以将有效沉淀和溶解速率与之前工作中的结果进行定量比较。结果表明，只有借助局部流体动力学、晶型和综合图像分析的知识，才能更准确地评估微流体系统中有效反应区域的时空变化。同时该研究强调了反应速率和流体动力学之间的反馈机制。溶解阶段的孔隙尺度模拟结果用于解释溶解的碳酸钙颗粒与不稳定的碳酸钙相的溶解的实验观察。矿物的沉淀和溶解导致复杂的动态孔隙结构，从而影响孔隙尺度的流体动力学。沉淀物演化的孔隙尺度分析可以揭示化学和孔隙结构控制对反应和流体迁移的重要性。

由于荧光检测具有高灵敏度和高效性，荧光显微技术是微流控研究中最为常用的表征技术，可对微流控芯片内具有荧光信号的化合物、颗粒、细胞进行实时追踪。此外，荧光化合物可与微流控结构内特定物质进行选择性结合，并在一定的激发波长下产生特定的荧光，而其他物质对荧光信号的干扰很小，因此可以灵敏地检测荧光物质。荧光染料可用于表征微观理化特征和细胞的活性。例如，通入 LIVE BacLight 染料（Invitrogen /Molecular Probes Eugene USA）可以区分死/活细胞，其中 SYTO 9 和碘化丙啶核酸染料分别标记具有完整细胞膜的活细菌和细胞膜受损死细菌的 DNA，并发出绿色和红色荧光以区分细胞活性。氧化还原染料 5-氰基-2, 3-二甲苯基四氮唑（5-cyano-2, 3-ditolyl tetrazolium chloride, CTC）可对微环境中的氧气浓度进行检测。CTC 是一种无色染料，可穿过细胞膜结构并被细胞电子传递链所还原，形成红色荧光沉淀物质 CTC 甲䐶（CTC formazan, CTF），其含量可直接通过荧光显微镜进行量化。结合荧光原位杂交（fluorescence in situ hybridization, FISH）技术可对不同微生物进行标记。

除了对化学环境的表征，研究人员利用荧光示踪物可实时对微观结构中的流场状态进行原位表征。Biswas 等（2018）借助荧光聚苯乙烯微球作为示踪剂观察荧光假单胞菌（*P. fluorescens*）生物膜飘带的发育情况，发现生物膜的移动可分为瞬时移动和长时间移动，并且在移动过程中出现了多次停滞和断裂，最终导致整个飘带结构脱落。在更复杂的微观孔隙环境中，结合荧光示踪物和共聚焦显微镜可在选定的时间对沉淀物的演变进行二维和三维成像，并利用图像分析结果比较有效表面积和基于几何形状的表面积。例如，Singh 等（2015）在生物矿化过程中评估了矿物沉淀和溶解反应速率，正确定义反应表面积，探究了微生物代谢活动对碳酸钙生物矿化的影响。该研究发现在碱性条件下，微生物代谢活动可促进生物矿化，而目前的生物地球化学模型不足以预测这一复杂过程。这些研究说明微流控技术结合流体动力学、晶型和综合图像分析对探究生化反应和水分运动之间反馈机制的重要性。

微流控芯片结合荧光底物可实现对不同结构有机分子的周转过程的研究。Yang 等（2021）利用荧光有机质对黏土界面的有机碳转化过程进行表征。尽管人们普遍认为黏土的吸附作用会强烈阻碍微生物分解土壤有机质，但在某些条件下也观察到黏土相关有机碳的加速降解。由于黏土与有机碳相互作用的机制尚未完全了解，黏土影响微生物分解的机制仍然不确定。因此，研究人员在微流控芯片内通入具有荧光标记的有机质、微生物和人工合成的透明蒙脱石黏土（锂皂石），原位解析了模式黏土团聚体中有机碳吸附和释放的时空动态及酶分解的作用。结果表明，黏土对有机碳的保护是由于黏土聚集体中高分子量有机质的不可逆吸附和较低的生物可利用性。相反，低分子量有机质（如葡萄糖）通过可逆吸附至黏土表面，随后逐渐释放到溶液中被微生物利用。该研究表明土壤微生物分泌的胞外酶的活性和多样性及这些酶与矿物的相互作用对预测土壤有机碳的周转与稳定尤为重要。

除了传统的荧光标记物，近几年涌现出的荧光纳米粒子具有更高的荧光量子产率、光稳定性及更优的水分散性和生物相容性。将其用于细菌观测的优势主要体现在荧光纳米粒子具有尺寸微小且表面原子数多的结构特性。由于其较强的吸附性能，同一个细菌可同时与多个纳米粒子结合，使得标记目标菌具有更高的荧光强度。并且荧光纳米粒子的荧光稳定性高，可以在几十分钟到数小时内对细菌进行实时跟踪检测。多色化的荧光纳米粒子可标记多种细菌并同时对多个靶向目标进行研究。此外，在纳米粒子表面包覆惰性物质壳层可使纳米粒子对细菌的毒性远远低于有机染料带来的毒性。

13.3.2　红外吸收光谱技术

微流控芯片材料具有良好透光性且不会对红外光的吸收产生影响。因此，微流控芯片可利用红外吸收光谱进行直接表征，联用微流控芯片和红外吸收光谱技术可进行单细胞鉴定及分析有机污染物的动态迁移转化行为。Chan 等（2009）利用微流控-衰减全反射红外光谱成像技术表征界面上污染物降解的整体动态过程。超高折射率衰减全反射模块与PDMS 材质的微流控芯片直接接触，可在接触界面上利用成像阵列探测器检测内部红外反射。红外吸收信号包含了可定量表征的空间分布数据，用于反映微流控芯片内污染物的化学组成及含量分布特征。

Seyedpour 等（2019）利用红外吸收和微流控联用技术分析土壤矿物孔隙环境中污染物的迁移过程。在此研究中，研究人员开发了一种微流控芯片，结合表面硅烷化在其表面修饰纳米黏土，作为模拟土壤和可视化污染物传输过程的平台，应用 SEM 成像、接触角和红外光谱来评估涂层效果，并采用多孔介质理论和计算流体动力学方法对所开发芯片中的污染物运移进行了模拟。最终将两种模型的计算结果与微流控平台的计算结果进行比较，结果表明多孔介质理论与实验的一致性较好。

13.3.3　拉曼散射光谱技术

拉曼光谱常用来研究系统中分子的振动、转动及其他低频率振荡，这些光谱提供的"化学指纹"可以用来鉴定特定分析物。不同于分子红外光谱，极性分子和非极性分子都能产生拉曼光谱，而且由于水分子不会对光谱产生影响，拉曼光谱不需要分析物绝对干燥。激光诱导拉曼显微术结合微流控芯片适用于微环境下样本的混合、结构性质的原位探测，结合纳米探针、染料标记、流道表面修饰、光学镊子等技术可对细胞及其代谢物进行无标记实时监测。因此，联合运用微流控和共聚焦拉曼显微镜可为界面微生物的培养和表征提供新平台。

Feng 等（2015）联合运用微流控和共聚焦拉曼显微镜对铜绿假单胞菌界面生物膜进行培养和表征，区分生物膜不同的发育阶段，结果表明，拉曼光谱特征与激光共聚焦显微镜的生物膜形貌分析结果密切相关。同时微流控拉曼平台也可动态监测微生物对不同条件和污染物刺激的反应。Baron 等（2020）利用声阻尼捕获活的分枝杆菌，分析其受异烟肼胁迫下的拉曼指纹变化特征，发现异烟肼导致分枝杆菌中脂质增加，这可能使细胞对抗生素更具耐受性。

由于微流控系统的灵活性和可拓展性，拉曼微流控芯片可与电化学表征联用分析界面电化学特性。电化学是通过电极将溶液中待测物的化学信号转变成电信号以实现对待测组分检测的一种分析方法，具有灵敏度高、选择性好、体积小、装置简单、成本低廉、适合微型化和集成化等优点。希瓦氏菌（*Shewanella oneidensis*）是一种电化学活性细菌的模式微生物，其生物膜特征已得到了广泛的研究。为了获取有关该物种的分布信息，需要开发一种在单细胞水平上捕获和检测 *S. oneidensis* 的方法。Chen 等（2018）报道了一种快速且免标记的用于捕获、计数和检测 *S. oneidensis* 细胞的微流控平台。含有不同孔径的孔阵列微流控芯片与改进的介电泳捕获技术相结合，通过数值模拟和精心设计的电场，芯片孔阵列中成功地捕获并定位 *S. oneidensis* 细胞。利用捕获过程中的实时荧光成像并借助自制的图像分析程序，对捕获的细菌进行了准确计数。结果表明，该芯片设计可成功完成 *S. oneidensis* 细胞拉曼识别和单细胞计数。该微流控平台在细胞水平上提供了一种新型的样品制备和定量分析方法，可广泛应用于环境和能源领域。

拉曼细胞分选是一种免标记的细胞分选技术，可以将表型功能与细胞的基因型特性联系起来。然而，其广泛的应用受到与通量和生物系统复杂性等相关挑战的限制。为克服这一困难，Lyu 等（2020）设计并制作了一种全自动连续拉曼激活细胞分选的三维流体动力学微流控系统。该系统由一个三维打印制成的探测室（1 mm³）组成，该探测室包含基于 PDMS 的分拣单元、光学传感器和在线收集模块。它能够精确定位探测室中的细胞以进行拉曼测定，有效消除设备材料的光谱干扰。这使得分选系统能够长时间稳定运行并在高通量条件下对各种细胞（从细菌到哺乳动物细胞）进行分选。该系统简便和稳健的运行为微生物学、生物技术、生命科学和诊断领域中基于功能的流式细胞术和分选应用提供了一种新选择。

随着分析技术的快速发展，检测痕量的化学和生物分析物也变得更加容易。表面增强拉曼散射（SERS）显微术通过表面共振加强技术可进一步提高拉曼光谱的灵敏度，不仅可以对样品进行光谱研究，还能进行功能性成像，提高了分子分析的信息量。作为一种高度灵敏的分析工具，SERS 可用于表征与 SERS 活性底物相互作用的化学和生物分析物。然而，在复杂的实验条件下获得一致且可重复的 SERS 光谱结果一直是一个挑战。微流控是一种高精度控制小体积液体样品的工具，可用于克服基于 SERS 技术的主要缺陷。在微流控装置内产生的连续流中可实现 SERS 光谱的高重现性。Zhang 等（2008）将微流控和 SERS 及共聚焦显微分光镜结合，原位检测了单个黑线仓鼠（俗称中国仓鼠）卵巢细胞对外界条件刺激的响应光谱。Liu 等（2005）在硅基质上刻蚀纳米结构形成模板，用此模板构建了具有纳米结构的 PDMS 微流道，然后在其上沉积银膜，形成纳米阱结构。实验证明在纳米阱上 Ag SERS 基质的拉曼散射信号比普通 PDMS 上平滑 Ag 镀层的信号强 107 倍。此外，对微流道中形成微液滴进行 SERS 检测也是一种有效的定量分析方法。细胞和微生物可被包被到微液滴中，然后进行实时 SERS 检测和定量分析。Strehle 等（2007）用 SERS 检测微流道中微液滴内的分析物，克服了常规黏附胶体/分析聚合物在光学玻璃上留下的曲线痕迹（即记忆效应）的影响，提高了定量分析的重复性。

13.3.4　X 射线显微光谱技术

随着基于同步辐射表征技术的快速发展，X 射线联用微流控技术有望提供更多的原位观测方案，从而在环境界面研究方面发挥越来越大的作用。许多土壤功能是由土壤生物地球化学界面的过程调节，但时空观测土壤微环境界面有机质的化学组成和生物地球化学行为受到其微环境的异质性和不透明性的阻碍。近年来，Huang 等（2017）联用微流控和 X 射线显微光谱技术表征土壤-水界面过程。为模拟土壤微尺度过程，研究者开发了一种模拟土壤微环境的土壤微流控芯片，用于评估微界面的异质性和时间动态特性。该土壤芯片方法通过将分散的土壤颗粒均匀分布在 800 mm 直径微阵列芯片中，然后将它们浸泡在含有土壤溶解有机质的溶液中，经过一段时间孵育后，利用 X 射线光电子能谱定量测定了土壤微环境界面中各元素的动态变化。通过对比分析两种不同矿物学组成的典型土壤生物地球化学界面的形成过程，发现土壤生物地球化学界面是元素循环的热区，其受到土壤地球化学背景（矿物学和化学组成）、养分供给和微生物群落的影响。进一步结合 X 射线光电子能谱和固体芯片上的离子溅射，直接证明了微生物修饰和矿物有机质结合层将有机质固定在土壤-水界面的三维多层结构中（Huang et al.，2020）。这些生化和物理化学过程共同控制土壤/沉积物微环境中有机质的迁移与周转过程。更重要的是，z 轴方向增厚的土壤-水界面为增加土壤和沉积物中的碳固存提供了新的结构视角。总之，结合复杂的表面表征技术，土壤芯片为在时空分辨率上直接研究矿物-有机物-微生物相互作用，以及随后在纳米和微米尺度上重建土壤/沉积物中有机和无机生物地球化学行为的机制开辟了新途径。虽然孵育过程中的微生物群落可能与原生土壤不同，但该方法为阐明土壤生物地球化学界面中矿物质、有机质和微生物之间相互作用的详细信息提供了一个模型，在未来研究中可结合荧光染色、同位素示踪和纳米二次离子质谱技术多角度地解析土壤微界面过程。

除了对环境有机质界面行为的研究，微流控与同步辐射观测联用使 X 射线显微光谱能够在高时空分辨率下对复杂界面反应进行量化分析。由于传统模型依赖蚀变层物质传输过程的表征数据，传统方法不能解决砷反应过程中蚀变层流动、矿物反应表面积和局部流体化学等关键问题。针对这些技术难点，Deng 等（2020）利用平行通道微流控芯片和 4 条同步加速器束来生成丰富的数据集，包括 X 射线断层扫描（X-ray computed tomography，XCT）、X 射线荧光（XRF）、X 射线吸收近边结构（XANES）及 X 射线衍射（XRD），以详细分析碳酸盐反应、孔隙空间、元素组成和砷氧化态。该研究结果为构建蚀变层中三维反应输运模型提供了必要数据，也为表征和预测有害金属的迁移转化提供了独特视角。

综上所述，多种显微光谱技术的互补使用有利于获得有关样品中元素的分子和元素组成、氧化态和局部结构的信息。微流控芯片与显微光谱技术联用已经在界面科学前沿研究领域取得了一系列突破，包括在微尺度空间分辨率下分析微生物对环境触发的化学反应、原位对土壤微生物单细胞进行表型识别和系统发育分类、确定重金属和有机污染物（包括微塑料）对土壤的空间和时间分辨效应，以及土壤有机质动态的空间分辨分析。未来，调整芯片设计可以进一步提高芯片光学透明度，并加强与不同谱学和显微方面的联用，有助于深入揭示环境界面过程及其生物化学驱动机制。

参 考 文 献

田恬, 黄艺顺, 林冰倩, 等, 2015. 纸芯片微流控技术的发展及应用. 分析测试学报, 34: 257-267.

AUFRECHT J A, JASON D F, AMBER N B, et al., 2019. Pore-scale hydrodynamics influence the spatial evolution of bacterial biofilms in a microfluidic porous network. PloS One, 14: e0218316.

BARON V O, CHEN M Z, BJÖRN H, et al., 2020. Real-time monitoring of live mycobacteria with a microfluidic acoustic-Raman platform. Communications Biology, 3: 1-8.

BISWAS I, RANAJAY G, MOHTADA S, et al., 2018. Near wall void growth leads to disintegration of colloidal bacterial streamer. Journal of Colloid and Interface Science, 522: 249-255.

BORER B, TECON R, OR D, 2018. Spatial organization of bacterial populations in response to oxygen and carbon counter-gradients in pore networks. Nature Communication, 9: 769.

CHAN K L A, SHELLY G, JOSHUA B E, et al., 2009. Chemical imaging of microfluidic flows using ATR-FTIR spectroscopy. Lab on a Chip, 9: 2909-2913.

CHEN D W, LIU S J, DU W B, 2019. Chemotactic screening of imidazolinone-degrading bacteria by microfluidic slipchip. Journal of Hazardous Materials, 366: 512-519.

CHEN X Y, LIANG Z T, LI D B, et al., 2018. Microfluidic dielectrophoresis device for trapping, counting and detecting *Shewanella oneidensis* at the cell level. Biosensors and Bioelectronics, 99: 416-423.

DENG H, JEFFREY P F, RYAN V T, et al., 2020. Acid erosion of carbonate fractures and accessibility of arsenic-bearing minerals: In operando synchrotron-based microfluidic experiment. Environmental Science and Technology, 54: 12502-12510.

DOU J, MAO S, LI H, et al., 2020. Combination stiffness gradient with chemical stimulation directs glioma cell migration on a microfluidic chip. Analytical Chemistry, 92: 892-898.

FENG J S, CÉSAR DE L F, MICHAEL J T, et al., 2015. An in situ Raman spectroscopy-based microfluidic "lab-on-a-chip" platform for non-destructive and continuous characterization of *Pseudomonas aeruginosa* biofilms. Chemical Communications, 51: 8966-8969.

HASSANPOURFARD M, SUN X H, AMIN V, et al., 2014. Protocol for biofilm streamer formation in a microfluidic device with micro-pillars. Journal of Visualized Experiments, 90: 51732.

HUANG X Z, LI Y W, LIU B F, et al., 2017. SoilChip-XPS integrated technique to study formation of soil biogeochemical interfaces. Soil Biology and Biochemistry, 113: 71-79.

HUANG X Z, LI Y W, GUGGENBERGER G, et al., 2020. Direct evidence for thickening nanoscale organic films at soil biogeochemical interfaces and its relevance to organic matter preservation. Environmental Science: Nano, 7: 2747-2758.

LIU G L, LUKE P L, 2005. Nanowell surface enhanced Raman scattering arrays fabricated by soft-lithography for label-free biomolecular detections in integrated microfluidics. Applied Physics Letters, 87: 074101.

LYU Y K, YUAN X F, ANDREW G, et al., 2020. Automated Raman based cell sorting with 3D microfluidics. Lab on a Chip, 20: 4235-4245.

MAO H B, PAUL S C, MICHAEL D M, 2003. A sensitive, versatile microfluidic assay for bacterial chemotaxis. Proceedings of the National Academy of Sciences, 100: 5449-5454.

NEU T R, BERTRAM M, FRANK V, et al., 2010. Advanced imaging techniques for assessment of structure, composition and function in biofilm systems. FEMS Microbiology Ecology, 72: 1-21.

ROGGO C, CRISTIAN P, XAVIER R, et al., 2018. Quantitative chemical biosensing by bacterial chemotaxis in microfluidic chips. Environmental Microbiology, 20: 241-258.

SALEK M M, FRANCESCO C, VICENTE F, et al., 2019. Bacterial chemotaxis in a microfluidic T-maze reveals strong phenotypic heterogeneity in chemotactic sensitivity. Nature Communications, 10: 1-11.

SEYEDPOUR S M, JANMALEKI M, HENNING C, et al., 2019. Contaminant transport in soil: A comparison of the theory of porous media approach with the microfluidic visualisation. Science of the Total Environment, 686: 1272-1281.

SINGH R, YOON H, SANFORD R A, et al., 2015. Metabolism-induced $CaCO_3$ biomineralization during reactive transport in a micromodel: Implications for porosity alteration. Environmental Science and Technology, 49: 12094-12104.

STREHLE K R, DANA C, PETRA R, et al., 2007. A reproducible surface-enhanced Raman spectroscopy approach: Online SERS measurements in a segmented microfluidic system. Analytical Chemistry, 79: 1542-1547.

WANG X, LIU Z M, YAN P, 2017. Concentration gradient generation methods based on microfluidic systems. RSC Advances, 7: 29966-29984.

YANG J Q, ZHANG X N, IAN C B, et al., 2021. 4D imaging reveals mechanisms of clay-carbon protection and release. Nature Communications, 12: 622.

YOON H, KIRSTEN N C, MARTINEZ M J, et al., 2019. Pore-scale analysis of calcium carbonate precipitation and dissolution kinetics in a microfluidic device. Environmental Science and Technology, 53: 14233-14242.

ZHANG X L, YIN H B, JON M C, et al., 2008. Characterization of cellular chemical dynamics using combined microfluidic and Raman techniques. Analytical and Bioanalytical Chemistry, 390: 833-840.

第三篇　界面模型与理论计算

第14章 表面络合模型

14.1 模型概述

根据构建原理，用于描述土壤环境中元素界面行为和化学形态的模型可以分为经验性模型和机理性模型。经验性模型以土壤样品的实验室分析数据为基础，通过回归分析建立某种形态浓度或元素分配系数与元素总浓度、土壤性状或环境条件等的数量关系。虽然具有计算简便和易于理解掌握等优点，但是经验性模型作为"黑箱"模型，准确性很大程度受统计数据制约，依赖环境条件和土壤特征。它虽可定量描述和预测建模所采用数据范围土壤中相应环境条件下某一离子形态的分布特征，但受土壤体系组分和溶液化学性质复杂多变的影响，难以推广至其他土壤中。因此，经验性模型具有普适性差、机理不清、预测性不强等缺点。机理性模型是以吸附剂的位点和电荷等理化性质为基础，考虑吸附质与吸附剂的反应过程和作用机制，是遵循能量、质量和电荷守恒而建立的定量化学模型，又称"白箱"模型。将酸碱反应、配位化学、表面化学、沉淀溶解平衡和氧化还原过程等基本理论和计算方法融入化学模型中，基于化学平衡概念、热力学原理和土壤活性组分的基本理化性质，建立一系列用于计算和表征土壤与土壤活性组分界面元素吸附行为和形态分布的机理性模型，统称为表面络合模型（surface complexation model，SCM）。

表面络合模型的发展经历了从单一吸附界面（有机质、无机矿物）向天然环境样品（土壤、水体和沉积物）的过程。目前单一吸附界面的机理性模型已经比较成熟，根据土壤活性组分的类型，可将表面络合模型分为两类：①描述和预测有机组分表面质子和金属元素的界面行为和形态分布的模型，包括非理想竞争吸附-道南（non-ideal competitive adsorption-Donnan，NICA-Donnan）模型和胡敏酸离子吸附模型（humic ion-binding models II-VI）；②描述和预测无机矿物表面质子和元素的界面行为和形态分布的模型，包括电荷分布-多位点络合（charge distribution and multi-site complexation，CD-MUSIC）模型、恒电容模型（constant capacitance model，CCM）、扩散双电层（diffuse double layer，DDL）模型和三层模型（triple layer model，TLM）等。而以单一吸附界面模型和土壤的理化性状为基础，综合考虑土壤固相、液相的络合反应、沉淀-溶解和吸附反应等过程，建立描述多吸附界面或真实环境体系元素界面行为和形态分布的表面络合模型，包括天然有机物-电荷分布（natural organic matter-charge distribution，NOM-CD）模型，配位电荷分布（ligand charge distribution，LCD）模型和多表面模型等。

14.2 土壤有机物离子吸附的表面络合模型

14.2.1 NICA-Donnan 模型

1. 起源和发展

20 世纪 90 年代，Koopal、Benedetti 和 Kinniburgh 等学者根据腐殖酸的酸性官能团组成、表面电荷分布和分子结构特征，提出了用于描述不同环境条件下腐殖酸等有机物对质子和重金属离子吸附的 NICA-Donnan 模型，该模型由非理想竞争吸附（non-ideal competitive adsorption，NICA）模型和道南（Donnan）模型两部分组成。其中，NICA 方程由朗缪尔（Langmuir）方程推导衍生而成，表征质子和重金属离子在腐殖酸表面的专性吸附，理想吸附条件下的 NICA 方程即为朗缪尔-弗罗因德利希（Langmuir-Freundlich）方程。Donnan 模型描述腐殖酸对质子和重金属离子的非专性吸附（静电吸附）。随着模型的不断完善和日趋成熟，其应用范围从发展初期的胡敏酸和富里酸，逐渐扩展至与其具有相似官能团组成和电荷分布特征的天然有机物、微生物及其胞外聚合物、生物炭和农业废弃物等。在此过程中，准确确定表面官能团的类型和质子亲和能力是模型应用成功的关键。

2. NICA 模型

1）位点异质性与非理想吸附

腐殖酸是由不同结构、不同大小分子随机组合而成的高分子聚合物，具有高度异质性，其表面分布着不同数量、不同类型的酸性官能团，且同一类型官能团的质子解离能力和重金属离子吸附能力存在差异，NICA 方程需考虑吸附位点的异质性。在实验室条件下或自然环境中，腐殖酸的质子、金属离子吸附反应并不严格遵守整数或整数的倒数（如 1:1 或 1:2）化学计量反应。因此，NICA 方程计算质子和重金属离子的表面络合反应时，也将离子吸附的非理想性纳入考虑。基于上述两点，Langmuir 方程转变为

$$\theta_{i,L} = \frac{((K_i C_i)^{n_i})^p}{1+((K_i C_i)^{n_i})^p} \tag{14.1}$$

式中：$\theta_{i,L}$ 为位点覆盖度；C_i 为离子浓度；K_i 为络合常数。p 表示吸附剂表面的内在异质性，其值为 0~1，当 $p=1$ 时，表示吸附剂表面位点是均质的，离子吸附特性完全相同；p 越小，位点异质性越大。n_i 表示离子 i 专性吸附的非理想性，$n_i>1$，表示某一位点能够结合多个质子或金属离子；$n_i<1$，表示多个位点共同吸附一个质子或金属离子；n_i 等于 1，表示一个位点专性吸附一个质子或金属离子，是离子吸附的理想条件。

2）连续型亲和分布

腐殖酸表面的酸性官能团以羧基和羟基为主，还存在少量的含硫基团和含氮基团。从酸碱滴定曲线的一阶导数可知，腐殖酸表面位点质子解离呈现出两个宽峰，分别位于 pH 2~3 和 pH 8~9，两峰之间存在部分重叠。因此，NICA 方程将腐殖酸表面的酸性官能团分为高亲和力（羧基类）和低亲和力（羟基类）两种。官能团亲和常数分布的描述方法有

离散型和连续型两种，NICA 方程采用连续型分布。基于腐殖酸官能团质子解离的双峰特征，NICA 方程运用两个 Sips 函数[式（14.2）]描述高亲和力位点和低亲和力位点的亲和分布，且两个 Sips 函数存在部分重叠，如图 14.1 所示。

$$f_j(\lg k) = \frac{\ln(10)\sin(\pi m_{Hj})}{\pi\left(\left(\dfrac{k}{K_{Hj}}\right) + \left(\dfrac{K_{Hj}}{k}\right) + 2\cos(\pi m_{Hj})\right)} \tag{14.2}$$

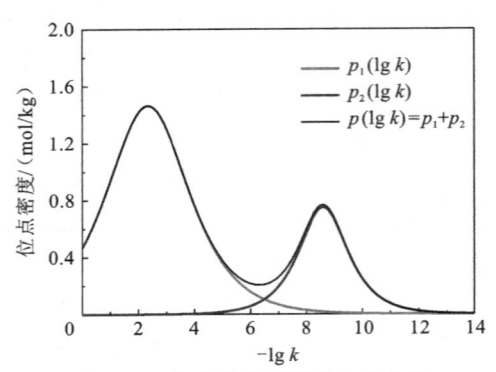

式中：f_j 为频率。

图 14.1 腐殖酸的质子亲和分布谱

选择 Sips 函数描述质子亲和分布的主要原因：①该函数只需峰位（平均亲和常数，$\lg K_{Hi}$）和峰宽（表观化学异质性常数，m_{Hj}）两个参数即可描述质子亲和分布，最大限度减少未知参数的引入；②Sips 函数分布是类高斯分布，以 Langmuir 吸附等温方程作为局部吸附方程，二者联合可计算整个非均质表面的离子吸附。对于异质性吸附位点的单组分吸附，方程演变为 Langmuir-Freundlich 方程。

基于已知局部吸附等温方程，通过求解位点异质性、离子吸附的非理想性局部吸附等温公式，对 Sips 函数积分，可获得整个吸附剂表面位点质子或金属离子 i 的覆盖率：

$$\theta_{i,t} = \left(\frac{(\bar{K}_i C_{D,i})^{n_i}}{\sum_i (\bar{K}_i C_{D,i})^{n_i}}\right) \frac{\left(\sum_i (\bar{K}_i C_{D,i})^{n_i}\right)^p}{1 + \left(\sum_i (\bar{K}_i C_{D,i})^{n_i}\right)^p} \tag{14.3}$$

式中：$\bar{K}_i$ 为离子 i 的平均亲和常数；$C_{D,i}$ 为 Donnan 体积中离子 i 的浓度；p 为亲和分布的宽度，反映腐殖酸的内在化学异质性，对于不同的离子 i，p 值是相同的。

NICA 方程以质子作为参比离子，且腐殖酸表面存在两种主要的吸附位点，因此 NICA 方程可表示为

$$Q_i = \theta_{i,1}\left(\frac{n_{i,1}}{n_{H,1}}\right)Q_{max,H1} + \theta_{i,2}\left(\frac{n_{i,1}}{n_{H,1}}\right)Q_{max,H2} \tag{14.4}$$

式中：1 和 2 分别为高亲和力位点（羧基类位点）和低亲和力位点（羟基类位点）；$Q_{max,H1}$ 和 $Q_{max,H2}$ 分别为各位点的最大位点密度。

3）单/多组分吸附

单组分吸附是指体系中只存在质子，不存在其他金属离子的吸附。NICA 模型以质子

作为参比离子，因此该体系中 $n_i=n_H$，即 $n_i/n_H=1$。模型实际应用时，由于不存在离子间的相互竞争，用 NICA 方程拟合电荷-pH 曲线优化模型参数时，并不能将内在化学异质性（p）从表观化学异质性（m_H）中区分出来。因此，腐殖酸对质子的吸附量表示为

$$Q_H = Q_{\max,H1}\frac{(K_{H1}C_{D,H})^{m_{H1}}}{1+(K_{H1}C_{D,H})^{m_{H1}}} + Q_{\max,H2}\frac{(K_{H2}C_{D,H})^{m_{H2}}}{1+(K_{H2}C_{D,H})^{m_{H2}}} \tag{14.5}$$

式中：Q_H 为腐殖酸专性吸附质子的总量。

当体系中存在其他金属离子时，金属离子与质子竞争吸附腐殖酸的表面位点，即 $n_i \neq n_H$。此时，需考虑不同离子之间的竞争关系，从金属离子吸附数据拟合 NICA 模型参数时，表观化学异质性为内在化学异质性与质子专性吸附非理想参数的积（$m_H = n_H \times p$）。因此，多组分体系中，腐殖酸对某一离子 i 的吸附量可表示为

$$Q_i = Q_{\max,H1}\frac{n_{i,1}}{n_{H,1}}\frac{(\bar{K}_{i,1}C_{D,i})^{n_{i,1}}}{\sum_i(\bar{K}_{i,1}C_{D,i})^{n_{i,1}}}\frac{\sum_i((\bar{K}_{i,1}C_{D,i})^{n_{i,1}})^{p_1}}{1+\left(\sum_i(\bar{K}_{i,1}C_{D,i})^{n_{i,1}}\right)^{p_1}} + Q_{\max,H2}\frac{n_{i,2}}{n_{H,2}}\frac{(\bar{K}_{i,2}C_{D,i})^{n_{i,2}}}{\sum_i(\bar{K}_{i,2}C_{D,i})^{n_{i,2}}}\frac{\sum_i((\bar{K}_{i,2}C_{D,i})^{n_{i,2}})^{p_2}}{1+\left(\sum_i(\bar{K}_{i,2}C_{D,i})^{n_{i,2}}\right)^{p_2}}$$

$$\tag{14.6}$$

4）化学计量数

质子、金属离子在腐殖酸上的吸附并不严格遵守 1：1 或 1：2 的反应关系，因此 n_i 值不是整数或整数的倒数。由多组分吸附数据拟合得到的 n_H 值均小于 1，而羧基或羟基的质子吸附反应化学计量数是 1，说明 n_H 不能反映化学计量数。在 NICA 模型中，n_M/n_H 表示单个质子吸附位点所能吸附的金属离子个数，因此 n_M/n_H 的倒数应比 n_M 值更适合反映金属离子专性吸附的平均化学计量数。理论而言，最小的平均化学计量数应等于 1，说明 n_M 小于或等于 n_i 且 n_M/n_H 小于 1。但在模型的实际应用中，由于用于拟合的吸附数据有限，n_M/n_H 值很容易超出此限制值。

5）ΔH/ΔM 摩尔交换比

n_M/n_H 从参数角度直接反映金属离子专性吸附的化学计量数。在实验过程中，也可通过测定金属离子吸附时所释放的质子量计算 ΔH/ΔM 摩尔交换反应化学计量数。在 NICA 方程中，ΔH/ΔM 摩尔交换比 r_{ex} 表示为

$$r_{ex} = \frac{n_H\left[(\bar{K}_H H)^{n_H}\left\{1+\left[(\bar{K}_H H)^{n_H}+(\bar{K}_H M)^{n_M}\right]\right\} - p(\bar{K}_H H)^{n_H}\right]}{n_M\left[(\bar{K}_H H)^{n_H}\left\{1+\left[(\bar{K}_H H)^{n_H}+(\bar{K}_H M)^{n_M}\right]\right\} + p(\bar{K}_H H)^{n_H}\right]} \tag{14.7}$$

式中：M 为金属离子的浓度。由此可知，ΔH/ΔM 摩尔交换比与 n_M/n_H 有着密切的关系，且 $r_{ex} \leq n_M/n_H$。吸附反应发生时，腐殖酸部分位点处于质子解离状态，吸附的金属离子并不能置换出质子，因此测定的 r_{ex} 一般小于或等于配位比。但是，在实验室中 r_{ex} 是通过控制某一 pH 的加碱量与金属离子吸附量计算得到的，实验误差相对较大，r_{ex} 测定值也可能大于 n_M/n_H（Kinniburgh et al., 1999）。

3. Donnan 模型

腐殖酸表面酸性官能团解离使其表面带有大量负电荷，通过静电作用吸附溶液中的反

电荷离子，从而在腐殖酸颗粒周围形成静电层。进入静电层中的离子一方面可通过静电作用吸附在腐殖酸上；另一方面，在静电层中累积并靠近腐殖酸表面的离子，更易与酸性官能团发生专性吸附作用。因此，模型包含一个静电模型来描述和计算因静电作用而被吸附的离子数量。目前根据对腐殖酸结构的假设，可将静电模型分为离子不可渗透型和离子可渗透型两类（Satio et al., 2005）。离子不可渗透型模型认为腐殖酸分子是一个离子不可渗透的刚性球体或圆柱体，如刚性球体（rigid sphere, RS）模型。离子可渗透性模型则认为腐殖酸是一个离子可自由渗透的胶体，根据它对腐殖酸分子尺寸假设的不同，该类模型又可分为两类：第一类模型假设腐殖酸是分子尺寸已知的离子可渗透球体（ion-permeable sphere, IS）；第二类是 Donnan 类模型，认为腐殖酸分子尺寸是未知的。Donnan 类模型包括 Donnan（NICA）模型、Donan 扩展体积（Donnan-extended-volume, EV）模型和 Donnan 双电层（electrical double layer, EDL）模型等，主要区别在于 Donnan 半径及 Donnan 电势计算方法的差异。土壤腐殖酸模型中一般采用的是 Donnan（NICA）模型（下文均表述为 Donnan 模型）。

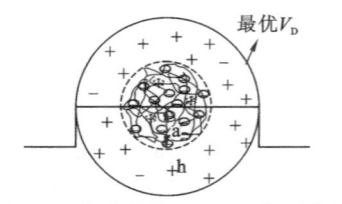

图 14.2 腐殖酸的 Donnan 相示意图

Donnan 模型不需对腐殖酸分子的几何形状做出任何假设，认为腐殖酸是一个胶体物质（Donnan 相），酸性官能团解离产生的负电荷能被渗透进入胶体内的反离子电荷中和，且胶体内部的弥散电势是一个常数，这个已知的电势称为 Donnan 电势（ψ_D）（Satio et al., 2005）。式（14.8）可描述 Donnan 相内电荷平衡（图 14.2）：

$$\frac{q}{V_D} + \sum z_i(C_{D,i} - C_{bulk,i}) = 0 \tag{14.8}$$

式中：q 为腐殖酸所带的负电荷量；V_D 为 Donnan 体积；z_i 为离子 i 所带的电荷；$C_{bulk,i}$ 为本体溶液中离子 i 的浓度。离子 i 在 Donnan 体积中的浓度 $C_{D,i}$ 可以通过其在本体溶液中浓度计算得到

$$C_{D,i} = C_i \exp\left(-\frac{z_i F \psi_D}{RT}\right) \tag{14.9}$$

式中：F 为法拉第常数，取 96 485 C/mol；R 为摩尔气体常数，取 8.314 J/(mol·K)；T 为绝对温度；指数部分表示离子分布的玻尔兹曼因子。对于已知负电荷的腐殖酸分子，Donnan 体积越小，其所带的反离子电荷则越多，玻尔兹曼因子越大，因此 Donnan 电势绝对值就越大。这说明 Donnan 体积与 Donnan 电势是相关的。在式（14.9）中，尽管 ψ_D 是未知参数，但是求解腐殖酸所带的负电荷量，V_D 是关键参数。Donnan 体积与 pH 和离子强度（I）有关，直接测定 Donnan 体积难以实现；但黏度测定表明，当离子强度大于 0.01 mol/L 时，pH 的影响不显著。Benedetti 等（1996）发现 Donnan 体积随离子强度的增大而减小，且当离子强度为 10 mol/L 时，所有腐殖酸的 Donnan 体积都约为 0.11 kg^{-1}。因此，Donnan 体积表达式为

$$\lg V_D = b(1 - \lg I) - 1 \tag{14.10}$$

式（14.10）是 Donnan 模型的半经验方程，式中 b 是唯一待拟合参数。

14.2.2 WHAM 模型

1. 起源和发展

WHAM 模型是由英国学者 Tipping（2002）提出和发展的腐殖酸离子吸附系列模型（Models II-VI），是一种离散型位点分布/静电型模型。早期的 WHAM 模型，即 Models II-IV 仅用于描述腐殖酸对质子、Al^{3+} 和碱金属离子的吸附，随后的 Models V/VI 则可描述腐殖酸对金属阳离子的吸附。Models V/VI 认为腐殖酸分子均是分子尺寸相同的刚性小球，酸性官能团随机分布在颗粒表面，吸附位点的化学异质性由不同大小分子之间的静电差异造成。因此，腐殖酸分子结构变化对重金属离子吸附的影响可忽略不计。

2. 专性吸附模型

1）吸附位点

WHAM 模型根据腐殖酸酸性官能团的质子解离常数分布特点，认为其表面共存在 8 种酸性官能团，用 pK_i 表示静电作用不存在时的质子亲和常数，即内在质子亲和常数。根据吸附能力的强弱，酸性官能团分成两类：①强酸性官能团（A 类：1~4），组成主要是羧基；②弱酸性官能团（B 类：5~8），组成主要是羟基。各酸性官能团亲和常数呈离散型分布，其 pK 值可通过 pK_A、ΔpK_A、pK_B 和 ΔpK_B 4 个参数定义。

A 类（1~4）：
$$pK_i = pK_A + \left(\frac{2i-5}{6}\right)\Delta pK_A \tag{14.11}$$

B 类（5~8）：
$$pK_i = pK_B + \left(\frac{2i-13}{6}\right)\Delta pK_B \tag{14.12}$$

Models V/VI 还假设同类官能团位点密度相同，B 类酸性官能团位点密度是 A 类的一半。

2）吸附方式

在腐殖酸表面吸附时，金属离子、金属离子的水解产物及质子之间存在相互竞争，单齿配位为最简单的吸附方式，吸附常数（以 A 类酸性官能团为例）表示为

$$\lg K(i) = pK_A + \frac{(2i-5)}{6}\Delta pK_A - pK_{MHA} \tag{14.13}$$

式中：pK_A、ΔpK_A 和 pK_{MHA} 均为常数，因此不同 A 类酸性官能团的金属离子吸附常数与质子吸附常数的差值相等，方程（14.13）转换为以下两式：

$$\lg K(i) = \lg K_{MA} + \frac{(2i-5)}{6}\Delta LK_{A1} \tag{14.14}$$

$$\lg K(i) = \lg K_{MB} + \frac{(2i-13)}{6}\Delta LK_{B1} \tag{14.15}$$

式中：ΔLK_{A1} 和 ΔLK_{B1} 均为常数，可从实验数据拟合得到。各类酸性官能团的 $\lg K(i)$ 值围绕 $\lg K_{MA}$ 和 $\lg K_{MB}$ 均匀分布，但其空间分布与质子并不完全相同。

多价金属离子或金属离子水解产物在腐殖酸表面吸附时，也可能与多个酸性官能团发生螯合，模型需考虑多齿配位吸附情况。在 Model V 中，模型只考虑双齿配位吸附，反应平衡常数是参与配位的两个酸性官能团单齿配位常数之和。在 Model VI 中，假设金属离子

及其第一水解产物通过双齿配位及三齿配位键合在腐殖酸的表面，其中双齿配位吸附常数表示为

$$\lg K(i,j) = \lg K(i) + \lg K(j) + x \cdot \Delta LK_1 \quad (14.16)$$

三齿配位吸附常数表示为

$$\lg K(i,j,k) = \lg K(i) + \lg K(j) + \lg K(k) + y \cdot \Delta LK_2 \quad (14.17)$$

式中：ΔLK_2 为可调参数，由实验数据拟合得到，不同金属离子具有不同的ΔLK_2；x、y 为反应结合强度的可能范围。对于参与双齿配位的位点，90.1%位点的 x 值为 0，9%位点的 x 值为 1，剩余 0.9%位点的 x 值为 2。对于参与三齿配位的位点，三种不同位点比例的 y 值分别为 0、1.5 和 3。如果考虑更小比例的吸附位点，吸附强度范围将会增大，导致 $x>2$、$y>3$。从吸附方式比较 Model V 和 Model VI 可知，二者主要区别：①Model VI 考虑三齿配位的存在；②Model VI 通过引入ΔLK_1、ΔLK_2 两个参数改善结合强度的分布；③Model VI 考虑了不同吸附位点的化学异质性。

3）离子配位方式

Models V/VI 假设质子位点随机分布在半径为 0.8 nm（富里酸，FA）或 1.72 nm（胡敏酸，HA）球状分子表面，腐殖酸几何形状决定了单个质子位点形成双齿配位和三齿配位的贡献比例。在模型中分别应用 f_{prB}、f_{prT} 表示形成双齿配位与三齿配位的单质子位点比例。对于富里酸，f_{prB} 和 f_{prT} 分别为 0.42 和 0.03；而胡敏酸的 f_{prB} 和 f_{prT} 分别为 0.50 和 0.065。在 Model VI 中，如果所有质子位点均参与双齿配位和三齿配位吸附，则共有 36 种双齿配位形式、120 种三齿配位形式。为避免复杂的计算，加速拟合过程，模型只考虑贡献比例较高位点形成的具有代表性的配位方式，但相同质子位点形成的配位方式不在考虑之列。据此，共有 24 种质子位点组合形式被模型纳入考虑，而式（14.16）、式（14.17）中化学异质性相 x、y 取值有差异，模型实际考虑位点组合形式为 72 种。

3. 静电模型

1）静电作用

在离散模型中，所有反应亲和常数均是内在亲和常数，即假设反应物不带电荷，物质之间不存在静电作用。实际中，所有反应物均是带电物质，所带电荷会对离子吸附产生重要影响，因此模型将静电相互作用纳入考虑。在 Models V/VI 中，基于 Debye-Hückel（德拜-休克尔）理论和 Gouy-Chapman（古依-查普曼）理论，对吸附反应内在平衡常数进行静电相互作用影响的校正。当金属离子以单齿配位吸附时，反应亲和常数表示为

$$R^Z + M^z \rightleftharpoons RM^{Z+z} \quad (14.18)$$

$$K_M(Z) = \frac{[RM^{Z+z}]}{R^Z a_M} = K_M \exp(-2\omega zZ) \quad (14.19)$$

式中：K_M 为金属离子亲和常数；Z 为腐殖酸的平均负电荷量；z 为金属离子的电荷；a 为活度；ω 为与离子强度相关的静电相互作用因子，运用静电理论根据分子尺寸和表面电荷可以计算出该值，但在 Models V/VI 中用经验方程表示：

$$\omega = p \cdot \lg I \quad (14.20)$$

式中：p 为常数；I 为离子强度。当离子强度为 1 mol/L 时，ω 等于 0，而在实际环境中，

离子强度等于 1 mol/L 的情况是较少见的。

2）Donnan 体积

腐殖酸表面负电荷通过静电作用使反电荷离子在其表面静电双电层的扩散层中大量累积。低离子强度时，反电荷离子累积是一个重要的吸附机制；随着离子强度增大，盐离子的掩蔽作用使这种吸附变弱。Models V/VI 假设相同电荷离子（阴离子）不会进入扩散层中，一定体积扩散层内的反电荷离子可完全中和腐殖酸分子所带的负电荷，该体积称为 Donnan 体积（V_D）。因此，扩散层中反电荷离子浓度与到腐殖酸表面的距离直接相关：

$$\frac{[H^+]_D}{[H^+]_S} = \left\{\frac{[M^{z+}]_D}{[M^{z+}]_S}\right\}^{\frac{1}{z}} \tag{14.21}$$

求解式（14.21）需已知扩散层体积，该体积由腐殖酸分子的大小及扩散层厚度决定。该模型采用与离子强度相关的 Debye-Hückel 参数 k 描述静电层的尺寸特征。模型发展早期假设腐殖酸分子表面是比较平坦的表面，可以通过 $1/k$ 与估算的腐殖酸比表面积估计扩散层体积。对于体积较小的富里酸，这种假设不合理。因此，模型发展中后期采用球形静电模型计算反电荷离子累积扩散层体积：

$$V_D = \frac{1000N}{MW} \frac{4\pi}{3}\left[\left(r + \frac{1}{k}\right)^3 - r^3\right] \tag{14.22}$$

式中：N 为阿伏伽德罗常数；MW 为分子量；r 为分子半径。Donnan 体积内离子浓度与本体溶液中离子浓度的关系可以表示为

$$\frac{C_D(i)}{C_S(i)} = K_{sel}(i) \cdot R^{z(i)_{mod}} \tag{14.23}$$

式中：$Z(i)_{mod}$ 为形态的电荷系数；R 为中和腐殖酸表面电荷 Z 所需的反离子量与 Z 的比值；$K_{sel}(i)$ 为一个可调的选择性参数，表示反电荷在扩散层中累积与电荷之间的关系。

14.2.3 NICA-Donnan 模型与 Models II-VI 的异同

NICA-Donnan 模型与 Models V/VI 均能准确描述和预测腐殖酸的质子、金属离子吸附行为。二者均考虑了腐殖酸吸附位点的化学异质性、静电相互作用、化学计量数等，但在位点亲和常数的分布、静电模型选择等方面仍存在较大差异，主要体现在如下几个方面。

1. 吸附位点描述的差异

在 NICA-Donnan 模型中，假设腐殖酸分子表面由高亲和（羧基类）和低亲和（羟基类）两类酸性位点组成，质子亲和常数是连续分布的，可用 Sips 函数描述，而且 Sips 函数的宽度能反映吸附位点的化学异质性。酸性位点密度可从实验数据拟合得到。在 Models V/VI 中，假设腐殖酸分子表面具有强酸性（A 类）位点和弱酸性（B 类）位点，每类位点由 4 种酸性位点组成。位点质子亲和常数是离散分布的，即不同位点具有不同的亲和常数。位点的化学异质性通过不同类型位点的分布值（ΔpK_A，ΔpK_B）体现。A 类官能团位点密度由实验数据拟合得到，B 类官能团位点密度是 A 类的一半。

2. 专性吸附类型的定义

NICA-Donnan 模型没有直接定义金属离子吸附的配位方式，但化学计量数（n_M/n_H 的倒数）可反映其吸附类型。此外，NICA-Donnan 模型只考虑金属离子在某一类位点上的多配位吸附，未考虑两类位点均参与配位的吸附方式，而这在实际中是必然发生的。Model V 直接定义了金属离子及其一级水解产物在不同类型不同位点上的单齿配位与双齿配位吸附；Model VI 在 Model V 的基础上，还定义了金属离子及其水解产物在不同类型不同位点上的三齿配位吸附。

3. 腐殖酸分子几何形状定义及静电模型的选择

NICA-Donnan 模型采用的静电模型是 Donnan 模型，该模型不必考虑腐殖酸分子形状、大小等几何因素，假设腐殖酸是离子可渗透的胶体物质。腐殖酸分子所带负电荷可由被渗透进入胶体内的反离子电荷及共存离子电荷中和，胶体内部的弥散电势是常数。Donnan 相内离子 i 的浓度可由玻尔兹曼方程计算得到。Models V/VI 假设腐殖酸分子是离子不可渗透的刚性小球，酸性位点在其表面随机分布，胡敏酸和富里酸的分子半径分别为 1.72 nm 和 0.8 nm。腐殖酸分子所带负电荷由 Donnan 相中累积的反离子电荷中和，但相同电荷离子不能进入 Donnan 相。反离子在 Donnan 相中的浓度与距腐殖酸分子表面的距离完全相关，可引入 Debye-Hückel 参数 k 计算得到。

4. 参数差异

在 NICA-Donnan 模型中，描述质子吸附的主要参数有位点密度（$Q_{max,H1}$，$Q_{max,H2}$）、质子吸附常数（$\lg K_{H1}$，$\lg K_{H2}$）、表观化学异质性参数（m_{H1}、m_{H2}）和静电常数（b）。其中，位点密度可通过化学滴定法（乙酸钙与氢氧化钡间接滴定法）、核磁共振等方法获得；b 值可通过排阻色谱测定获得。金属离子吸附的主要参数有亲和常数（$\lg K_{M1}$，$\lg K_{M2}$）、非理想吸附参数（n_{H1}，n_{H2}，n_{M1}，n_{M2}）和内在化学异质性参数（p_1，p_2）。质子、金属离子吸附参数可同时拟合电荷-pH 曲线和金属离子吸附等温曲线获取，但该拟合方法可调参数太多（13 个），无限制条件时，较难获取满意的拟合结果。因此，多采用分步拟合法，先拟合电荷-pH 曲线获取质子吸附参数，然后将其固定再拟合金属离子吸附等温曲线获取金属离子吸附参数。Models V/VI 共有三种途径获取参数：①从参考文献值估计参数，如分子量 MW、分子半径 r；②从分子结构特征计算参数，如参与二齿配位和三齿配位吸附的质子位点比例（f_{prB}，f_{prT}）；③从实验数据拟合获取，包括位点密度（n_A）、质子亲和常数（pK_A，pK_B）、质子亲和常数分布常数（ΔpK_A，ΔpK_B）、金属离子吸附常数（$\lg K_{MA}$，$\lg K_{MB}$）、金属离子吸附常数分布常数（ΔLK_1，ΔLK_2）、静电常数（p）和反离子累积常数（K_{sel}）。

14.3 土壤无机矿物的表面络合模型

20 世纪 70 年代至今，学者提出一系列描述和预测无机矿物表面质子和离子吸附的表面络合模型，主要包括：非静电模型（non-electrostatic model，NEM）、恒电容模型（CCM）、扩散层模型（diffusion layer model，DLM）、三层模型（TLM）、三面模型（triple plane model，TPM）和电荷分布-多位点络合（charge distribution-multi sites complexation，CD-MUSIC）模型等。其中，CD-MUSIC 模型被公认为较先进的描述无机矿物表面元素行为与形态分布的表面络合模型，应用最为广泛和成功。

14.3.1　CD-MUSIC 模型

1. 起源和发展

CD-MUSIC 模型于 20 世纪 80 年代末 90 年代初，由 Tjisse Hiemstra 等荷兰学者以 1-pK 模型为基础提出和发展而来。它不但用于描述和预测土壤活性矿物，如氧化铁、氧化铝、碳酸钙和层状硅酸盐矿物等与金属阳离子、含氧阴离子的相互作用，也用于表征无机矿物界面根系分泌物、抗生素等有机小分子及富里酸的吸附行为。CD-MUSIC 模型从无机矿物自身的晶体形貌学特征出发，分析自身物理特性主导的离子或分子界面过程对环境介质条件变化的响应，根据实际发生的化学反应，通过静电势特征量化土壤活性矿物对元素吸附固定的影响与机制。

2. 模型基本框架

CD-MUSIC 模型结构示意如图 14.3 所示，包括 4 个方面。①晶体形貌学。从晶体结构、晶面组成、晶面位点类型和位点密度出发，分析土壤活性矿物的表面结构特征。该类型参数是物理性参数，不随环境介质条件的变化而改变，仅与土壤矿物结构和组成相关。②表面化学。矿物表面具有不同质子亲和能力的反应位点，随环境介质条件的改变，表面位点易发生质子化和去质子化反应，使矿物表面带电，能静电吸引溶液中的背景盐离子，在矿物/水界面形成静电双电层，可根据距矿物表面的距离和离子浓度计算静电层的静电势分布特征。③物理数据。通过 XAFS、FTIR 等光谱学技术和密度泛函理论计算，从微观角度出发，解析活性矿物表面位点与元素相互作用时的配位方式和配位结构信息。④化学数据。通过吸附等温曲线和 pH 吸附边曲线，从宏观角度解析土壤活性矿物与元素相互作用对环境介质条件变化的响应特征。本小节主要以氧化铁为例，系统介绍 CD-MUSIC 模型的相关理论和参数。

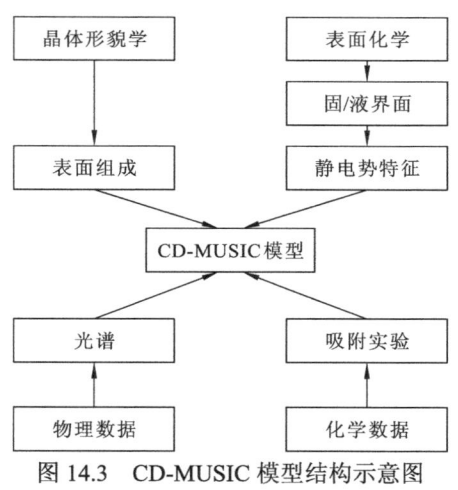

图 14.3　CD-MUSIC 模型结构示意图

改自 Venema 等（1996）

3. MUSIC 模型

1）表面位点

（氢）氧化铁是土壤中常见的矿物，在我国南方酸性土壤中广泛存在。它具有比表面积大、吸附能力强、带有大量正电荷等特点，常以细颗粒、胶膜形态赋存于土壤颗粒表面，是元素吸附的主要活性界面之一。除水铁矿结构中存在少量的 FeO_4 四面体外，组成（氢）氧化铁结构的基本单元均是 FeO_6 或 $FeO_3(OH)_3$ 八面体，它们以共角、共边、共面形式连接。土壤中主要的（氢）氧化铁矿物有水铁矿、针铁矿、赤铁矿和磁铁矿等。不同类型氧化铁矿物具有不同形貌。氧化铁表面的 O^{2-}（或 OH^-）可能与 1 个、2 个或 3 个 Fe 配位，根据与 O 配位的 Fe 原子个数，将氧化铁表面羟基位点类型定义为单配位基（—FeOH）、双配位基（—Fe_2OH）和三配位基（—Fe_3O）3 种。不同类型氧化铁因结构和形貌差异通常表现出不同的位点密度，但因位点局部化学环境相似，不同类型氧化铁的相同位点对离子的亲和能力并无显著差别。以针铁矿为例，介绍氧化铁/水界面离子吸附固定的 CD-MUSIC 模型。

CD-MUSIC 模型认为针铁矿晶体多呈针状，横截面呈菱形，暴露的主要晶面以针尖部分的类[021]晶面和与 c 轴平行类[110]晶面，见图 14.4（a）。二者对针铁矿比表面积的贡献率分别为 10%和 90%。[021]晶面存在—FeOH 与—Fe_2OH 两种不同的铁羟基位点，二者交替排列，两个相邻基团共用一个质子；位点密度相同，均为 7.5 位点/nm^2，见图 14.4（b）。[110]晶面上—Fe_3O 是主要吸附位点，与 c 轴平行排列，铁羟基位点总密度为 15.15 位点/nm^2。一个结构单元内—Fe_3O、—Fe_2OH 和—FeOH 的个数分别是 3、1 和 1，即三者的位点密度比值是 3∶1∶1，分别是 9.09 位点/nm^2、3.03 位点/nm^2 和 3.03 位点/nm^2，见图 14.4（c）。

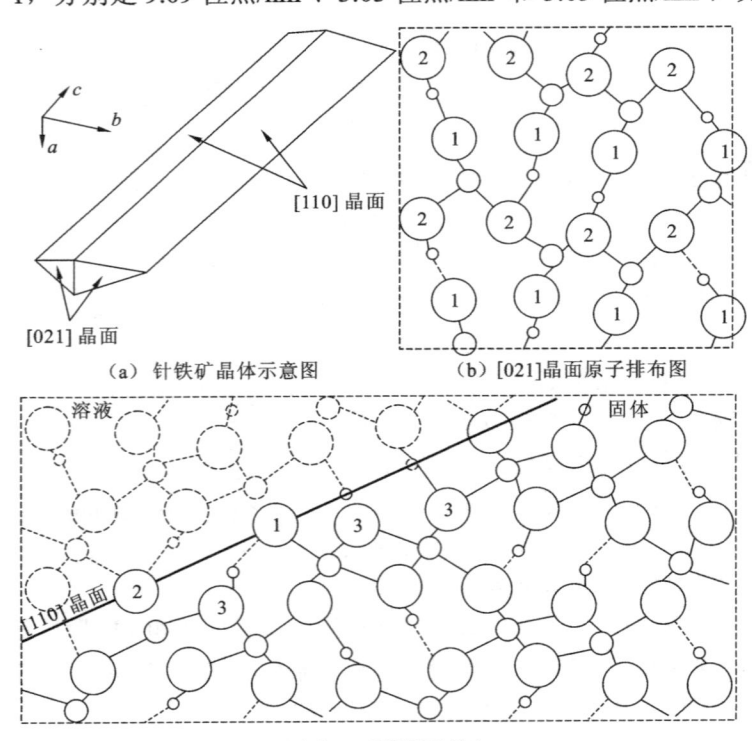

(a) 针铁矿晶体示意图　　(b) [021]晶面原子排布图

(c) [110]晶面原子排布

图 14.4　针铁矿晶体形貌和结构示意图

引自 Venema 等（1996）

大圆圈表示 O 原子，中等圆圈表示 Fe 原子，小圆圈表示 H 原子；大圆圈内数字表示与 O 原子配位的 Fe 原子数目

2）静电双电层

针铁矿表面铁羟基位点 O 原子负电荷被 Fe 原子和液相质子中和，随 pH 变化界面质子可能过多或者不足，使针铁矿表面带正电或负电，且能被溶液中的电解质离子中和，在针铁矿表面形成一个离子层，称为扩散双电层。扩散双电层中反电荷离子浓度随着距表面距离增加而减小，而共存离子浓度则增大。电解质离子是具有一定体积的水化离子，因此电荷中和不是直接从针铁矿表面开始的，使扩散双电层中有一个不带电荷的静电层（Stern 层）存在，此时扩散双电层可用基本 Stern（basic Stern，BS）模型描述。电解质离子与表面位点形成的离子对化合物位于 Stern 层外（图 14.5，2-plane），所带的电荷是点电荷，分布在 2-plane 上。

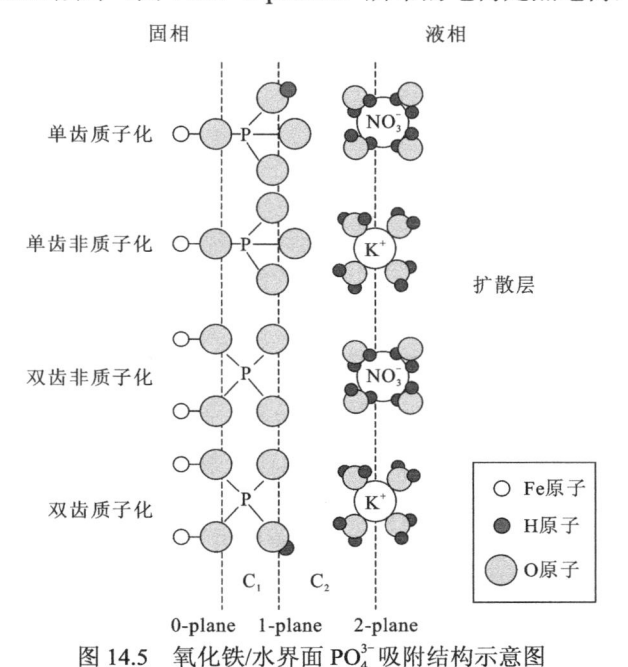

图 14.5　氧化铁/水界面 PO_4^{3-} 吸附结构示意图

但是针铁矿表面位点通过配位交换专性吸附磷酸根，形成内圈络合物。与外圈络合物相比，内圈络合物更接近针铁矿表面，所带电荷分布在 Stern 层中。扩散双电层中内圈络合物表面铁羟基位点的 O 原子与水分子 O 共用中心 P 原子，P 所带电荷按照一定比例分布在针铁矿表面（0-plane）和 Stern 层静电面上（图 14.5，1-plane）。因此，当扩散双电层中有专性吸附磷酸根时，用扩展 Stern（extend Stern，ES）模型或三面模型（TPM）描述扩散双电层。

扩展 Stern 模型或三面模型由三个静电面构成，分别命名为 0-plane、1-plane 和 2-plane（图 14.5），两两静电面之间是静电层，具有不同静电容量。当铁羟基位点未专性吸附离子时，1-plane 不带电荷，扩展 Stern 或三面模型简化为 Stern 模型。此时，拟合 pH-电荷曲线获取 Stern 层的总电容（0-plane 与 2-plane 构成的静电场电容，C_T）。当专性吸附 PO_4^{3-} 等离子时，由于内圈络合物的出现，在 Stern 层形成一个新的静电面（1-plane），它将 Stern 层划分为两个静电面，1-plane 与 0-plane、2-plane 组成的静电场的电容分别是 C_1 和 C_2，与总电容 C_T 的关系如下，两个静电层电容之一必须是可调参数（Hiemstra et al., 1996）。

$$\frac{1}{C_T}=\frac{1}{C_1}+\frac{1}{C_2} \tag{14.24}$$

4. CD 模型

根据 Fe 原子和 O 原子的价态、与 O 原子配位的 Fe 原子个数,计算针铁矿表面铁羟基位点所带电荷量的价键理论有两种,分别是 Pauling 价键理论和 Brown 价键理论。Pauling 价键理论认为氢键是对称分布的,各配位原子与中心原子的距离相等(Pauling,1929)。Brown 价键理论考虑氢键的非对称性,认为各配位原子与中心原子的距离不相等(Brown,1978)。

1)Pauling 价键理论

Pauling 价键理论认为针铁矿晶体结构中,中心 Fe 原子的正电荷完全被与之配位 O 原子的负电荷中和,O 原子的负电荷也被与之配位 Fe 原子的正电荷中和(Pauling,1929)。Pauling 价键理论的表达式为

$$v = \frac{z}{CN} \quad (14.25)$$

式中:v 为中心阳离子电荷对称分布到与之配位阴离子的电荷量;z 为中心阳离子的电荷量;CN 为与中心阳离子配位的原子个数。根据式(14.25)计算,表面位点—FeOH、—Fe$_2$OH 和—Fe$_3$O 所带电荷分别是-0.5、0 和-0.5,即—FeOH$^{-0.5}$、—Fe$_2$OH^0 和—Fe$_3$O$^{-0.5}$,质子化反应方程可表示为

$$— FeOH^{-0.5} + H^+ \rightleftharpoons — FeOH_2^{+0.5} \quad (14.26)$$

$$— FeO_3^{-0.5} + H^+ \rightleftharpoons — FeOH_3^{+0.5} \quad (14.27)$$

[021]晶面上,—Fe$_2$OH^0 的电荷量为 0,自然环境条件下(pH 0~14)不易发生质子化与去质子化反应,CD-MUSIC 模型也认为它是惰性位点,不吸附磷酸根。因此,[021]晶面能参与磷酸根吸附的活性位点是—FeOH$^{-0.5}$,位点密度为 7.50 位点/nm^2。由于氢键存在,且不考虑其对称性时,—Fe$_3$O$^{-0.5}$ 以质子化(—Fe$_3$OH$^{+0.5}$)和去质子化(—Fe$_3$O$^{-0.5}$)两种状态存在,二者质子亲和能力及所带电荷均不同。CD-MUSIC 模型中,质子亲和能力高的—Fe$_3$O$^{-0.5}$ 与质子亲和能力低的—Fe$_3$OH$^{+0.5}$ 同时存在时,二者质子化反应的电荷相互抵消,认为其是惰性位点,不参与溶质离子界面吸附反应。因此,剩余的两类基团(—Fe$_3$O$^{-0.5}$ 和—FeOH$^{-0.5}$)共同决定[110]晶面的电荷特性,位点密度均为 3.03 位点/nm^2,如表 14.1(Hiemstra et al.,1996)所示。

表 14.1 针铁矿的表面位点

晶面	位点	位点密度/(位点/nm^2)
[110]	FeOH$^{-0.5}$	3.03
[021]	Fe$_3$O$^{-0.5}$	3.03
	FeOH$^{-0.5}$	7.50

2)Brown 价键理论

针铁矿晶体结构中,不同 Fe—O 间的距离并不相等,且不同 O 原子间可能形成氢键。此时,O 原子电荷被三个 Fe 原子和一个不对称的氢键中和,形成 Fe$_3$OH—OFe$_3$ 结构,见图 14.6(Venema et al.,1998)。由于氢键电荷分布的不对称性,Fe$_3$O 中 Fe 原子对 O 原子电荷的中和比 Fe$_3$OH 多。Pauling 价键理论忽视了这种差异,认为 Fe$_3$O 与 Fe$_3$OH 的 Fe 对

O 的电荷中和是相等的，它的计算结果不能真实反映针铁矿表面基团的电荷分布情况。

考虑氢键不对称分布的 Brown 价键理论可用于准确计算针铁矿表面位点电荷量。Brown 价键理论认为真实价键（S_{i-j}）与原子间的键长（R_{i-j}）的关系式为

$$S_{i-j} = e^{(R_{i-j} - R_{0,i-j})/0.37} \quad (14.28)$$

式中：$R_{0,i-j}$ 为离子专性参数，$R_{0,Fe-O} = 1.759$。当两个铁羟基位点之间形成氢键时，氢键多带电荷不均等地分配给与之相连的两个 O 原子，根据 Fe—O 键长和氢键的分布计算针铁矿表面位点所带电荷，如表 14.2（Venema et al., 1998）所示。

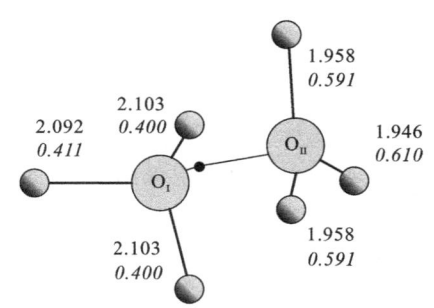

图 14.6 Fe₃OH—OFe₃ 结构示意图

正体数字为键长，Å；斜体数字为键价

表 14.2 CD-MUSIC 模型中 Brown 价键理论参数

晶面	位点类型	键长/Å			S			电荷
[110]	FeO$_{II}$H	1.946	1.767		0.610	0.194		−0.39
	Fe₂O$_{II}$H	1.958	1.958		0.591	0.591		+0.18
	Fe₃O$_{II}$	1.958	1.946	1.946	0.591	0.610	0.610	−0.21
	Fe₃O$_{I}$	2.092	2.103	2.103	0.411	0.399	0.399	−0.79
[021]	FeO$_{II}$H	0.958	1.767		0.591	0.194		−0.41
	FeO$_{I}$H	2.103	1.041		0.399	0.806		−0.6
	Fe₂O$_{II}$	1.958	1.946	1.767	0.591	0.610	0.194	−0.8
	Fe₂O$_{I}$H	2.103	2.092	1.041	0.399	0.411	0.806	−0.19

注：下划线表示氢键结构里相应的键长

氢键不对称分布使—Fe₂OH 带 0.18 单位正电荷。环境条件下—Fe₂OH 虽不易发生质子化与去质子化反应，但不能忽视其所带电荷。不同质子亲和能力的—Fe₃O 所带电荷分别为 −0.21 和 −0.79，对针铁矿表面电荷的贡献不能相互抵消，针铁矿表面基团位点密度见表 14.3（Venema et al., 1998），与真实位点密度一致。表面基团质子亲和常数可由针铁矿的 pH-电荷曲线拟合获取。电荷零点（PZC）是所有表面位点质子化反应共同作用的宏观表现，在一定程度上代表针铁矿表面位点质子化反应的难易度。

表 14.3 CD-MUSIC 模型中的表面位点参数

晶面	位点类型	lg K_H	位点密度/(位点/nm²)
[110]	FeO$_{II}$H$^{-0.39}$	7.95	3.03
	Fe₂O$_{II}$H$^{+0.18}$	0.4	3.03
	Fe₃O$_{II}$$^{-0.21}$	−0.2	3.03
	Fe₃O$_{I}$$^{-0.79}$	11.5	6.06
[021]	FeO$_{II}$H$^{-0.41}$	7.95	3.75
	FeO$_{I}$H$^{-0.6}$	11.9	3.75
	Fe₂O$_{II}$$^{-0.8}$	7.9	3.75
	Fe₂O$_{I}$H$^{-0.19}$	7.7	3.75

CD-MUSIC 模型中，拟合针铁矿的表面电荷曲线获取模型参数时，对表面位点质子化反应的亲和常数有两种假设：①不同表面位点质子化反应的亲和常数相同，且等于 PZC；②不同表面位点质子化反应的亲和常数各不相同，通常由 pH-电荷曲线拟合得到。第一种假设的优点是可以最大限度减少模型的待拟合参数；缺点是未考虑表面位点的异质性，忽视了不同表面位点竞争吸附质子与溶质离子的差异，模型计算的元素形态分布特征偏离实际情况。第二种假设虽然最大程度考虑了表面位点的异质性，但大大增加了模型拟合时参数的个数，使模型拟合难度增加。

3）电荷分布

针铁矿表面铁羟基位点通过配位交换吸附 PO_4^{3-}，形成的带电内圈络合物不是点电荷，具有一定的体积。当它在扩散双电层中位置确定时，所带电荷的分布也能确定。内圈络合物中心 P 原子与表面铁羟基位点的 O 原子或其他来源 O 原子配位，所带正电荷被配位 O 原子中和。在 CD-MUSIC 模型中，P 原子电荷分配给表面铁羟基位点 O 原子的比例称为电荷分配因子，用 f 表示，剩余电荷分配给 1-plane 的 O 原子，比例为 $1-f$。

电荷分配因子受针铁矿表面性质等诸多因素影响，分配方式有三种：①根据 Pauling 价键理论，P 原子的正电荷均等分配给与之配位的 O 原子，如图 14.7（a）所示，P 的正电荷均匀分配给 4 个 O 原子，中和 O 原子-1 单位电荷。均等电荷分布虽与 Pauling 价键理论吻合，但与固相界面位点电荷中和趋势是相悖的。②如果固相表面电荷完全中和，f 因子为 0.6，P 分配给铁羟基 O 原子的电荷是+1.5，此时针铁矿表面电荷为 0[图 14.7（b）]。③实际拟合中，综合考虑上述情况，针铁矿与 PO_4^{3-} 通过配位交换形成双齿内圈络合物的 f 是 0.8[图 14.7（c）]。

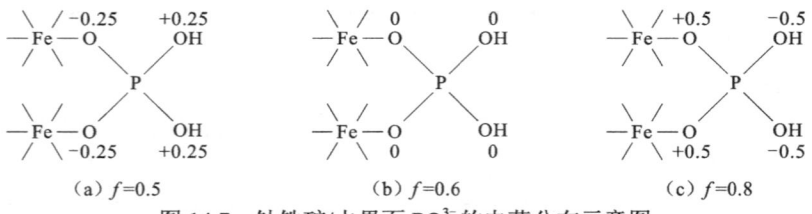

图 14.7 针铁矿/水界面 PO_4^{3-} 的电荷分布示意图

5. 其他土壤无机矿物

1）水铁矿

与针铁矿相比，水铁矿具有极大的比表面积，无固定晶体形貌，确定它的物理性参数（如位点类型和密度），是构建水铁矿溶质离子吸附 CD-MUSIC 模型的关键。水铁矿结晶度较低，合成水铁矿粒径多为 2～6 nm。天然水铁矿也多为纳米级，颗粒之间具有较强的聚集性，通常认为它是一种纳米矿物聚集体。土壤中主要存在二线水铁矿和六线水铁矿两种类型，但尚不明确二者是否仅尺寸存在差异，还是晶体结构也不同。在 CD-MUSIC 模型构建过程中，为了简化模型、限制参数个数，通常认为二者仅在尺寸上存在差异。

CD-MUSIC 模型认为水铁矿是一个多相结构，它由铁氧八面体（$Fe(OOH)_6$）组成，部分结构可能与针铁矿类似。因此，CD-MUSIC 模型选择针铁矿作为水铁矿的纳米替代品，

[100]/[110]晶面贡献较小，[001]/[021]晶面贡献较大。针铁矿呈针状形貌，水铁矿主要由球状颗粒组成，各晶面对比表面积的贡献与针铁矿不同。水铁矿表面的铁羟基位点类型与针铁矿相同，也即—FeOH$^{-0.5}$、—Fe$_2$OH^0 和—Fe$_3$O$^{-0.5}$，后者只存在[100]/[110]晶面上。当[100]/[110]晶面与[001]/[021]晶面的贡献相同时，—FeOH$^{-0.5}$ 的位点密度是[110]+[001]+[021]=0.5×3 位点/nm^2 + 0.25×7.5 位点/nm^2+0.25×8.8 位点/nm^2，约 5.6 位点/nm^2。由于缺陷存在，[110]晶面的贡献可能减小(<0.5)，[001]和[021]晶面的贡献增大(>0.25)。Hiemstra 等（2009）对水铁矿位点密度的最终计算表明，—FeOH$^{-0.5}$ 的位点密度是 6.0 位点/nm^2。不同晶面上，—Fe$_2$OH 与—FeOH$^{-0.5}$ 的位点密度相同，—Fe$_2$OH 的位点密度也是 6.0 位点/nm^2。[100]/[110]晶面—Fe$_3$O$^{-0.5}$ 的有效位点密度是 3.0 位点/nm^2，因此水铁矿上—Fe$_3$O$^{-0.5}$ 的位点密度是 1.2 位点/nm^2。

2）赤铁矿

赤铁矿是土壤中热稳定性最高的铁氧化物。赤铁矿晶体结构与刚玉相同，属于六方紧密堆积结构。在自然环境中，赤铁矿形貌多变，呈现板状、立方体状等相貌，主要暴露晶面是[001]、[101]、[110]、[012]、[104]、[018]和[113]等，各晶面位点密度如表 14.4 所示。根据赤铁矿的形貌特征和主要晶面组成，即可计算出不同形貌赤铁矿 CD-MUSIC 模型的晶体形貌学参数。与针铁矿相同，组成赤铁矿的单位晶胞也是铁氧八面体，二者表面活性位点类型相同，即—FeOH$^{-0.5}$、—Fe$_2$OH^0 和—Fe$_3$O$^{-0.5}$ 三种。同一溶质离子在赤铁矿/水界面的吸附与针铁矿具有相似性，差异主要来源于二者不同类型位点密度和比表面积。因此，除晶体形貌学参数不同外，赤铁矿界面离子吸附 CD-MUSIC 模型的构建和模型参数与针铁矿类似，而由于其晶面组成的复杂性，CD-MUSIC 模型构建难度高于针铁矿。

表 14.4 赤铁矿主要暴露晶面与位点组成

晶面	单配位点/(位点/nm^2)	双配位点/(位点/nm^2)	三配位点/(位点/nm^2)	毗邻单配位点/(位点/nm^2)
[100]	5.8	2.9	—	2.9
[110]	5.0	5.0	5.0	2.5
[012]	7.3	—	7.3	3.7
[104]	5.3	5.3	5.3	—
[118]	—	6.3	3.2	—
[113]	4.1	4.1	8.3	2.1
[001]	—	13.7	—	—

3）氧化锰

环境中存在多种氧化锰矿物。水钠锰矿是一种广泛存在、具有强反应活性的层状结构锰氧化物，常以纳米颗粒存在，同时具有内、外表面。在水钠锰矿 CD-MUSIC 模型的构建中，根据其内、外表面位点类型和表面电势衰减特征，运用不同的静电模型计算扩散双电层中的电势分布。水钠锰矿的内、外表面是相互独立的，外表面使用传统的 ES 模型，设定内外 Stern 层电容值相等（$C_1=C_2=C_{ex}$），不同锰氧化度的水钠锰矿具有不同的电容值。

ES 模型由三个电势面组成,质子电荷位于 0 电势面,背景电解质离子电荷位于 1 电势面。对内表面则运用 Donnan 模型描述其电势分布特征。Donnan 模型假设:①由于质子和溶质离子的专性吸附,内表面电荷是可变的;②内表面电荷完全由 Donnan 体积中的共存离子中和;③Donnan 体积中由表面电荷产生的静电势随离子强度不同而改变;④由于 Donnan 电势的存在,Donnan 体积中可移动离子浓度不同于本体溶液;⑤Donnan 体积是不变的,等于层内总溶液体积。

利用 XRD 图谱的 Rietveld 结构精修获得水钠锰矿微结构信息,包括晶胞参数、层内和层间 Mn—O 键长、空位含量、层内和层间 Mn(III)含量及晶粒尺寸,以此建立水钠锰矿晶粒几何模型,计算水钠锰矿单晶粒中 MnO_6 片层数和 MnO_6 片层每条边共有的 Mn 原子个数,从而计算出水钠锰矿结构中不同活性位点的密度。水钠锰矿表面存在 5 种活性位点: $—MnO_I^{-4/3}$ 和 $—Mn_2O_{II}^{-2/3}$ 位于边面; $—Mn_2O_{III}^{-2/3}$ 和 $—Mn_2Mn_iO_{IV}^{-\delta 1}$ 位于空位,但后者键合一个层间 Mn(III)原子(Mn_i); $—Mn_3O_V^{-\delta 2}$ 为与 3 个层内 Mn 原子键合的活性位点。依据 Brown 价键理论可计算不同活性位点的一级、二级质子亲和常数。氧化锰的活性位点密度与亲和常数的确定受其锰氧化度影响,计算难度更大。

4)碳酸钙

碳酸钙是普遍存在于土壤和含水层的活性矿物,呈中性,基本不溶于水,易溶于酸。我国北方的干旱、半干旱地区广泛分布着富含碳酸盐的土壤。碳酸钙具有结晶性好、颗粒较大、表面积小等特点,在石灰性土壤中含量较高。合成碳酸钙多呈不规则立方体状,晶面比较平滑;晶体生长过程中,不同生长面相互竞争,生长快的晶面消失,生长慢的晶面暴露,呈多层重叠结构,主要暴露晶面是[104]面。碳酸钙的表面活性位点是表面位点水化而形成的,主要包括质子化的—CO_3 和水化的—Ca 位点,二者的比例是 1:1,位点密度是 8.22 $\mu mol/m^2$。—CO_3 位点主要包括—CO_3^- 和—CO_3Ca^+两种;—Ca 位点主要包括—$CaCO_3^-$ 和—$CaOH_2^+$,以及占比小于 10%的—$CaHCO_3^0$。碳酸钙与磷酸根相互作用时,主要的吸附位点是—Ca 位点,磷酸根与溶液中的 CO_3^{2-} 和 H_2O 竞争吸附该位点。溶液环境条件下,CO_2 分压直接决定了 CO_3^{2-} 的浓度,难以确定—$CaCO_3^-$ 位点和—$CaOH_2^+$位点的浓度。因此为了简化计算,CD-MUSIC 模型一般将上述—Ca 位点简化为高、低两种亲和能力位点,二者位点密度分别是 0.95 $\mu mol/m^2$ 和 7.27 $\mu mol/m^2$(Sø et al., 2012)。

在 CD-MUSIC 模型中,对晶面、边和角的活性位点进行了区分。假设碳酸钙是尺寸 10 μm 的完美菱形晶体,边位点、角位点分别占总位点密度的比例是 10^{-4} 和 10^{-9},晶体的不规则性可能使上述比例增大 1~2 个数量级,但仍远小于晶面位点密度,因此上述位点密度在磷酸盐的吸附过程中可以忽略不计。

碳酸钙表面—CO_3 位点的 O 原子位于 0-plane 上,与磷酸根相互作用形成的内圈络合物位于 0-plane 和 1-plane 之间,形成的外圈络合物位于 2-plane 上。在构建碳酸钙的 CD-MUSIC 模型中,通过不同电势面的距离计算不同静电层的电势,计算公式为

$$C = \frac{\varepsilon_0 \varepsilon_r}{d} \tag{14.29}$$

式中：C 为两个平板电容器两个静电面之间的电容；ε_0 为真空介电常数；ε_r 为水的介电常数，78.5 F/m（25 ℃）；d 为两个静电面间的距离。当 1-plane 与 2-plane 的距离为 1.55 nm 时，计算的外 Stern 层的电容（C_2）为 4.5 F/m²。已知外 Stern 层电容值时，根据酸碱滴定曲线拟合的 C_T，即可计算内 Stern 层的电容（C_1），碳酸钙吸附磷酸根的 C_1 多为 1.3～3 F/m²。

14.3.2 其他无机矿物表面络合模型

无机矿物均采用 Langmuir 模型作为化学络合模型计算离子的表面络合反应，不同模型的主要区别在于矿物表面活性位点的类型和数量，以及所采用的静电模型类型。图 14.8 是无机矿物表面络合模型所采用静电模型对双电层结构的描述和相关参数。恒电容模型假设针铁矿/H_2O 界面双电层是亥姆霍兹（Helmholtz）型恒定电容模式，其相当于平板电容器，静电势与表面电荷密度呈线性关系，电解质离子是惰性离子，适用于固定离子强度的体系；缺点是离子亲和常数是条件亲和常数，受介质离子种类和浓度影响。双层模型采用 Gouy-Chapman 型双电层结构，电解质离子密度或浓度的变化服从玻尔兹曼分布，遵循泊松-玻尔兹曼（Poisson-Boltzmann）关系式，离子亲和常数和表面位密度计算方法均与恒电容模型相同；双层模型的优点是参数较少，表面质子亲和常数是表观亲和常数，不随离子强度变化而变化，但随电解质种类变化而变化。Stern 模型认为一部分电解质离子位于 Stern 层，与表面电荷构成平行板电容，另一部分分布在扩散层中；Stern 模型综合考虑离子对与扩散层的作用，但未考虑表面电荷对溶液中惰性电解质离子的吸附。三面模型考虑各种离子电荷对静电势的影响，双电层具有 C_1、C_2 两个电容值；与恒电容模型、双层模型相比，三层模型认为电解质离子对针铁矿表面电荷也有一定贡献，可与表面位点形成离子对化合物。当溶液仅存惰性电解质离子时，无机矿物表面的反应主要是电解质离子专性吸附和质子解离反应。

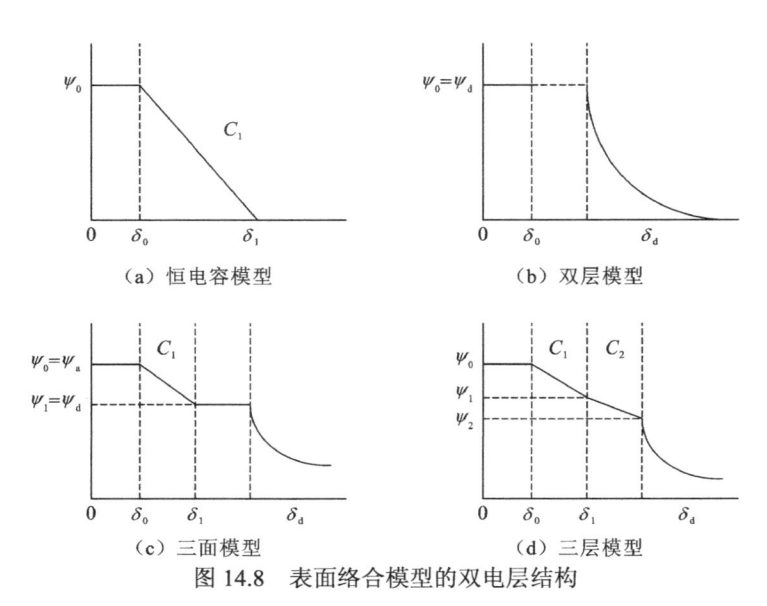

图 14.8 表面络合模型的双电层结构

（a）恒电容模型　　（b）双层模型　　（c）三面模型　　（d）三层模型

14.4 多相或土壤体系的表面络合模型

14.4.1 NOM-CD 模型

1. 起源和发展

土壤是一个具有高度异质性的复杂体系,带负电荷的天然有机质(NOM)与带正电荷的金属氧化物共存,天然有机质的羧基、羟基均与金属氧化物表面基团存在强烈的相互作用,因而能够改变含氧阴离子在金属氧化物上的吸附。不存在有机质的竞争吸附时,CD-MUSIC 模型可准确预测金属氧化物对阴离子的吸附;但当有机质存在时,单独的 CD-MUSIC 模型不能精准计算离子的吸附特征。因此,Hiemstra 等(2013)提出了 NOM-CD 模型,将 NOM 对阴离子在金属氧化物上的位点竞争和静电作用考虑成其上吸附的一种表面基团(—FeNOM)。目前,该模型已经成功地计算和预测了有机质存在条件下,针铁矿表面磷酸根和砷酸根的吸附行为和形态分布特征。

2. 无机矿物界面的离子吸附

NOM-CD 模型中,金属氧化物对质子、目标阴离子和共存离子的吸附均采用 CD-MUSIC 模型,模型参数与单一吸附界面相同,模型简介详见 14.3.1 小节。

3. 无机矿物界面的有机质吸附

NOM-CD 模型不考虑有机质分子的尺寸和其在静电层中的空间分布特征,而是将其当成一种虚拟的计算 $HNOM^{-1}$,能与氧化铁表面的单配位基团(—$FeOH^{-0.5}$)形成三种表面络合物,即内圈络合物—FeNOM、外圈络合物—$FeOH_2NOM$ 和质子化内圈络合物—FeNOMH,反应方程式为

$$—FeOH^{-0.5} + HNOM^{-1} \rightleftharpoons —Fe^{-1.5+\Delta Z_0}NOM^{\Delta Z_1,\Delta Z_2} + H_2O \quad (14.30)$$

$$—FeOH^{-0.5} + HNOM^{-1} \rightleftharpoons —FeOH_2^{-1.5+\Delta Z_0}NOM^{\Delta Z_1,\Delta Z_2} \quad (14.31)$$

$$—FeOH^{-0.5} + H^+ + HNOM^{-1} \rightleftharpoons —Fe^{-1.5+\Delta Z_0}NOMH^{\Delta Z_1+0.5,\Delta Z_2+0.5} + H_2O \quad (14.32)$$

NOM-CD 模型计算中,待拟合的参数包括 NOM 在针铁矿上的吸附总量,即—$FeNOM_T$,以及形成—FeNOMH 络合物的质子化亲和常数,即 $\lg K_H$。

14.4.2 LCD 模型

1. 起源和发展

20 世纪初,Weng、Filius、Hemistra 等学者基于腐殖酸界面吸附的 NICA-Donnan 模型和金属氧化物界面吸附的 CD-MUSIC 模型提出和发展了电荷分布(LCD)模型。与传统的组分相加模型不同,LCD 模型考虑了背景电解质离子和专性吸附离子共存条件下,带正电的金属氧化物与带负电的土壤有机质之间的相互作用形成的离子桥化合物,也考虑了具有一定

体积有机质分子的空间分布特征及所带负电荷对针铁矿/水界面静电势分布的影响（Weng et al., 2006）。与 NOM-CD 模型相比，二者最大的差异是计算中对有机质的处理方式不同。

发展初期，LCD 模型主要用于描述针铁矿与小分子有机酸（乳酸、邻苯二甲酸、偏苯三羧酸和均苯四甲酸等）的相互作用。随后，它成功地描述了针铁矿对富里酸、胡敏酸等有机大分子的界面吸附。近年来，LCD 模型逐渐用于不同介质条件下富里酸和胡敏酸对针铁矿/水界面 PO_4^{3-}、AsO_4^{3-} 界面行为的影响，以及真实土壤界面磷酸根的行为。如图 14.9 所示，LCD 模型由 4 个模块组成，分别是液相中离子的形态分布、NICA-Donnan 单元、CD-MUSIC 单元和 NICA-LD 单元。不同模块的输入不同。下面将从不同模块的化学反应、腐殖酸分子的空间分布特征及模块间形态迭代计算 3 个方面，详述针铁矿/腐殖酸/磷酸根三元体系中，针铁矿/水界面磷酸根吸附固定行为的 LCD 模型构建。

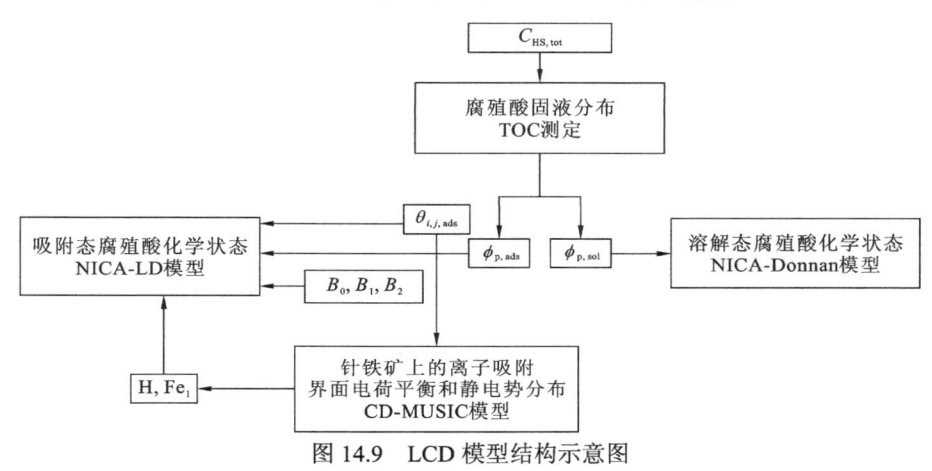

图 14.9　LCD 模型结构示意图

2. 液相溶质离子形态分布

以液相介质条件，如 pH、离子强度等作为变量，根据无机离子络合反应及相应常数计算液相溶质离子的形态分布特征。

3. NICA-Donnan 单元

该单元由 NICA-Donnan 模型结合液相离子的化学形态分布组成，计算溶解态有机质的离子吸附（详见 14.2.1 小节）。LCD 模型假设溶解态有机质的离子吸附行为与单组分有机质完全相同。单元输入参数溶解态腐殖酸的体积分数（$\phi_{p,sol}$）由总有机碳分析仪测定的液相腐殖酸浓度计算确定。

4. CD-MUSIC 单元

该单元计算针铁矿的质子、离子吸附和针铁矿/水界面的电荷平衡与静电势（详见 14.3.1 小节）。该单元的输入参数是吸附态腐殖酸体积分数（$\phi_{p,ads}$），溶解态腐殖酸体积分数（$\phi_{p,sol}$）和吸附态腐殖酸的平均化学状态（$\theta_{i,j,ads}$）。迭代计算中，$\phi_{p,ads}$ 根据 TOC 阶段结果计算，$\theta_{i,j,ads}$ 由 NICA-LD 单元输入。输出参数是针铁矿表面位点质子化摩尔比例（Θ_{H,Fe_1}）和针铁矿/水界面静电面的玻尔兹曼因子（B_0、B_1 和 B_2）。

5. NICA-LD 单元

该单元计算小离子、针铁矿表面位点与吸附态腐殖酸酸性位点间的复合反应。NICA 方程计算吸附态腐殖酸酸性位点的平均化学状态，包括酸性位点的质子化与去质子化反应、羧基与针铁矿单配位位点的络合反应和离子桥复合物生成反应。LCD 模型假设吸附态腐殖酸酸性位点的质子化、去质子化反应与溶解态腐殖酸相同。LD 模型计算吸附态腐殖酸酸性位点在扩散双电层压缩层中的分布、反应的电荷分布和计算静电面的电势变化。该单元输入参数是针铁矿表面位点质子化摩尔比例（$\varTheta_{H,Fe_1}$）和针铁矿/水界面静电面的玻尔兹曼因子（B_0、B_1 和 B_2）。除第一次迭代计算外，上述参数均从 CD-MUSIC 单元输入。输出参数是吸附态腐殖酸的平均化学状态（$\theta_{i,j,ads}$）。

6. 有机质与氧化铁的相互作用

NICA-LD 单元计算针铁矿与腐殖酸的相互作用，以及腐殖酸负电荷影响下针铁矿/水界面的静电势分布特征，需考虑两方面问题：①针铁矿与腐殖酸的相互作用；②针铁矿/水界面腐殖酸分子的空间分布。除 PO_4^{3-} 外，腐殖酸也会竞争吸附针铁矿表面的活性位点，其 RCOO⁻或 RCO⁻可能与针铁矿的铁羟基位点形成内圈络合物，反应方程式为

$$—FeOH^{-0.5} + RCOO^{-1} + H^+ \rightleftharpoons —FeOOCR^{-0.5} + H_2O \quad (14.33)$$

$$—FeOH^{-0.5} + RCO^{-1} + H^+ \rightleftharpoons —FeOCR^{-0.5} + H_2O \quad (14.34)$$

$$—Fe_3O^{-0.5} + RCOO^{-1} + 2H^+ \rightleftharpoons —Fe_3OOCR^{-0.5} + H_2O \quad (14.35)$$

$$—Fe_3O^{-0.5} + RCO^{-1} + 2H^+ \rightleftharpoons —Fe_3OCR^{-0.5} + H_2O \quad (14.36)$$

FTIR 分析针铁矿与腐殖酸的相互作用表明，针铁矿的—$FeOH^{-0.5}$ 与腐殖酸的 RCOO⁻ 之间形成的内圈络合物是主要的吸附形态。LCD 模型计算也表明，考虑其他三种络合方式并不能显著改善拟合结果，说明忽略其他络合形态的贡献是可行的。因此，LCD 模型计算时认为腐殖酸的 RCOO⁻与针铁矿的—$FeOH^{-0.5}$ 按 1：1 生成内圈络合物，非理想吸附参数 $n_{s,1}$ 与腐殖酸质子反应相同，即 $n_{s,1}=n_{H,1}$。参与反应 RCOO⁻的电荷均等分布在 0-plane 和 1-plane，即 $\Delta Z_1=\Delta Z_2=-0.5$，亲和常数是-1.0（Weng et al., 2006）。

7. 有机分子的空间分布

腐殖酸分子被无机矿物吸附后，有一部分仍位于溶液中，直接影响静电双电层的静电势分布特征，该影响由腐殖酸分子在 Stern 层和扩散层的分布比例决定。根据腐殖酸分子形成络合物的情况，位于内 Stren 层的腐殖酸分子（f_{HS1}）的电荷分布在 0-plane 或 1-plane；位于外 Stern 层腐殖酸分子（f_{HS2}）的电荷分布在 2-plane 上；位于扩散层腐殖酸分子（f_{HS3}）的电荷影响扩散层中的电势分布。为了估计腐殖酸分子在静电双电层中的空间分布，需考虑腐殖酸分子吸附时的构象变化。对于分子量较小的富里酸，普遍认为它发生构象改变完全进入 Stern 层中。因此，LCD 模型计算时，认为吸附的富里酸分子均等分布在 Stern 层中，即 $f_{HS1}=f_{HS2}=0.5$，所带负电荷仅影响 0-plane 和 2-plane 的电势。

以九宫山山地草甸土中提取的富里酸（0.8 nm）与胡敏酸（4.5 nm）存在时针铁矿上的离子界面行为为例，介绍不同尺寸富里酸和胡敏酸在扩散双电层中的空间分布特征。当胡敏酸在针铁矿上吸附时，由于其分子尺寸较大，部分分子位于扩散层中。在 LCD 模型中，

为了描述胡敏酸分子所带电荷对扩散层电势的影响,在静电双电层中距离 2-plane 约 1 nm 处加入一个新的静电面 3-plane,成为新的扩散层起始端。静电双电层中所有未被中和的电荷均位于 3-plane 上。当 3-plane 电势已知时,根据玻尔兹曼方程计算 2-plane 与 3-plane 之间静电层中离子的浓度,再结合 2-plane 与 3-plane 的距离,即可计算该静电层的"扩散"电荷密度。3-plane 的净电荷密度则由扩散层近溶液端电荷补偿,维持体系正负电荷平衡。

胡敏酸分子在扩散层中的分布到底是多少?针对这一问题,目前有两种计算方法。

方法一基于离子强度对胡敏酸分子尺寸的影响。由于胡敏酸是一个胶体物质,随介质环境中离子强度增大,胡敏酸分子收缩,分子体积变小;离子强度变小时,胡敏酸分子膨胀,分子体积变大。针铁矿表面吸附的胡敏酸受表面正电荷影响,靠近矿物表面部分的分子结构易发生一定程度的畸变,位于外 Stern 层中胡敏酸分子的比例相对稳定,约占整个胡敏酸分子的 25%。膨胀或收缩导致的扩散层中胡敏素分子的比例(f_d)对离子强度变化的响应(Weng et al.,2006)如下:

$$f_d = 1 - f_2 - I^{0.7} = 0.75 - I^{0.7} \tag{14.37}$$

式中:I 为离子强度(mol/L)。

方法二基于针铁矿表面覆盖度对胡敏酸分子构象的影响。针铁矿表面吸附的胡敏酸较少时,覆盖度较低,Stern 层中容纳胡敏酸的空间充足,胡敏酸易发生构象变化;吸附的胡敏酸较多时,覆盖度较高,受 Stern 层空间限制,胡敏酸难以发生构象变化。针铁矿表面胡敏酸吸附量的多少与静电双电层中胡敏酸的空间分布直接相关。LCD 模型认为,当 Stern 层中吸附态胡敏酸分子的体积分数(ϕ,胡敏酸分子体积与 Stern 层体积之比)小于 0.7 时,胡敏酸分子通过构象变化完全位于 Stern 层中,均等地分布在内 Stern 层和外 Stern 层中,$f_{HA1}=f_{HA2}=0.5$,$f_{HA3}=0$。当被吸附的胡敏酸分子在针铁矿 Stern 层中的 ϕ 大于 0.7 时,被吸附的胡敏酸在外 Stern 层和扩散层的分布逐渐增大,保持 $f_{HA1}=f_{HA2}$ 直至 Stern 层完全被胡敏酸占据。此时,内 Stern 层、外 Stern 层和扩散层中胡敏酸的空间分布的计算式(Xiong et al.,2018)如下:

$$f_{HA1} = f_{HA2} = a_{d-HA} + \frac{b_{s-goe}}{Q_{ads}} + \frac{c}{Q_{ads}} \tag{14.38}$$

$$f_{HA3} = 1 - 2f_{HA1} \tag{14.39}$$

式中:Q_{ads} 为无机矿物对胡敏酸的吸附量;a_{d-HA} 为常数,与 HA 分子直径相关;b_{s-goe} 为与针铁矿比表面积相关的常数;c 可由 a_{d-HA} 和 b_{s-goe} 计算得到。

8. 有机分子对离子形态分布的影响

当无机矿物/水界面吸附固定有机质和含氧阴离子时,带负电荷的有机质可通过三种途径影响含氧阴离子与无机矿物的相互作用。①二者都带负电,相互静电排斥,均能在无机矿物表面形成内圈络合物,竞争吸附活性位点;②有机质分子具有丰富的负电荷,能大大降低矿物表面电势,减弱含氧阴离子与矿物间的静电引力,影响含氧阴离子的吸附固定;③有机质分子量大,如胡敏酸分子直径可达几个纳米,且它是一种类胶体物质,当其在无机矿物表面吸附固定时,分子易随局部弥散静电场电势变化发生形变,在矿物表面产生空间位阻效应,屏蔽其表面活性位点,抑制含氧阴离子的吸附固定。众所周知,根据溶解性的差异,可以将有机质分为富里酸、胡敏酸和胡敏素。其中,富里酸的分子量远小于胡敏酸,但单位质量电荷密度显著大于胡敏酸，富里酸对含氧阴离子在无机矿物表面吸附固定的影响显著强于胡敏酸。这是由于富里酸颗粒更小，更易接近针铁矿表面而对含氧阴离子产生屏蔽作用；同时它带有更多的负电荷，更大程度降低针矿物表面静电势而使二者的静电引力减小。

当无机矿物/水界面吸附固定有机质和金属阳离子时，与含氧阴离子类似，有机质与无机矿物表面位点形成内圈络合物，竞争吸附活性位点，所带负电荷降低矿物表面电势，影响阳离子的吸附固定。此外，阳离子也可以桥键形态存在于有机质与无机矿物之间，吸附于无机矿物表面。相关研究表明，在重金属离子浓度较低时，阳离子桥形态是针铁矿表面阳离子的主要吸附形态。

14.4.3 多表面模型

1. 起源和发展

土壤是一个多相复杂的系统。土壤固相中的氧化物、有机质及黏土矿物均通过颗粒表面的吸附/解吸、氧化/还原、沉淀/溶解等过程影响元素的界面过程和形态分布。为将单组分的表面络合模型从土壤组分拓展到真实土壤，Weng 等（2001）根据土壤组成特征，以单土壤组分离子吸附的表面络合模型为基础，采用线性叠加方法创建了多表面模型。模型根据界面吸附反应和液相无机离子络合，以土壤组分含量和相应模型参数为计算参数，以 pH、非稳态目标离子和共存离子浓度等为变量，计算真实土壤中离子的界面过程和形态分布。

多表面模型发展初期广泛用于旱作体系土壤特征元素的界面行为研究，主要用于分析和预测不同类型污染土壤 Cd、Pb 等重金属的形态分布和转化。近年来，多表面模型逐渐推广应用到预测污染农田土壤重金属的活性和评估重金属的生物有效性，且该方法明显优于化学提取法。但是，针对淹水/排水过程中出现的氧化还原交替现象，现有多表面模型仅能准确预测排水过程中重金属的溶解度变化，但它对淹水过程中重金属溶解度的预测明显偏离了实测结果，且氧化还原越低偏离程度越大，尚无法准确计算淹水土壤中重金属的界面过程和形态分布。

2. 多表面模型框架

多表面模型充分考虑了土壤固相、液相中各组分对元素界面吸附和形态分布的贡献。它认为土壤由黏土矿物、氧化物和有机质组成，两两组分之间并无相互作用，溶质离子在土壤中的吸附量是不同组分界面吸附量的线性叠加之和，模型结构如图 14.10 所示。根据土壤组成特征，多表面模型包括 5 个模块，除土壤溶液外，固相模块分别是有机质、黏土矿物、晶质金属氧化物和无定形金属氧化物。

3. 有机质单元

土壤中有机质含量虽然远低于金属氧化物和黏土矿物，但其表面具有丰富的酸性官能团和负电荷，是决定土壤中重金属的界面吸附和形态分布关键组分。实验室建立有机质的 NICA-Donnan 模型时，一般以分离纯化的胡敏酸和富里酸为代表，而研究土壤时仅分别确定固相有机质和可溶性有机质的含量，但实际环境中有机质的组成、离子结合能力与其来源和土壤时空分布密切相关。因此，为简化土壤有机质组成和确定理化性质，建立多表面

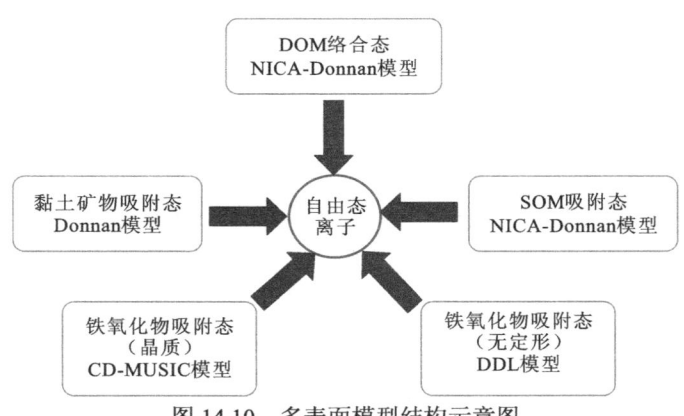

图 14.10 多表面模型结构示意图

模型时将土壤有机质组成转换成含量和吸附能力相当的腐殖酸和富里酸。第一种方法是将一定比例有机质视为富里酸或者胡敏酸。例如，Schroder 等（2005）假定土壤固相体系有机质的 50%为胡敏酸，土壤液相中可溶性有机质的 40%为富里酸，其余均为惰性有机质。第二种方法是测定土壤的胡敏酸和富里酸含量，同时假定土壤中起作用的有机质是此部分测定的胡敏酸和富里酸。例如：Dijkstra 等（2009）确定了 8 种沙壤中腐殖酸占有机质的 25%~67%；Groenenberg 等（2012）测定了沙壤中腐殖酸占有机质的 81%~87%；Lofts 等（2011）研究结果表明富里酸和胡敏酸占液相溶解性有机质的 63.5%；Ren 等（2015）认为土壤液相仅有 26.2%的可溶性有机质是腐殖酸（以富里酸为主）。第三种方法是考虑有机组分和无机组分的相互作用、动植物残体的存在等影响因素，根据土壤总阳离子交换量与土壤黏土矿物阳离子交换量计算土壤有机质的电荷密度，以此为依据转换成胡敏酸和富里酸含量。例如：Weng 等（2001）估算沙壤中有机质的电荷携带量当量于 16%~46%胡敏酸；Gustafsson 等（2003）通过 pH 与溶解态 Al 和 Ca 的浓度关系，拟合了 14 种土壤腐殖酸组分含量，结果显示土壤活性有机质质量分数为 17%~84%。

多表面模型中描述有机质界面质子和重金属离子吸附行为和形态分布的子模型是 NICA-Donnan 模型，模型介绍详见 14.2.1 小节。通常采用 Milne 等优化获取的富里酸、胡敏酸重金属离子吸附模型通用参数作为模型输入参数，见表 14.5（Milne et al.，2003，2001）。

表 14.5 多表面模型中有机质的 NICA-Donnan 模型参数

物质	b	$Q_{max, H1}$	$Q_{max, H2}$	p_1	p_2
胡敏酸	0.49	3.15	2.55	0.62	0.41
富里酸	0.57	5.88	1.86	0.59	0.70

离子	物质	$\lg K_1$	n_1	$\lg K_2$	n_2
H^+	胡敏酸	2.93	0.81	8.00	0.63
	富里酸	2.34	0.64	8.60	0.76
Ca^{2+}	胡敏酸	−1.37	0.78	−0.43	0.75
Fe^{3+}	富里酸	3.50	0.30	17.50	0.25
Al^{3+}	胡敏酸	−1.05	0.40	8.89	0.30
Zn^{2+}	富里酸	0.11	0.67	2.39	0.27

4. 黏土矿物单元

土壤中黏土矿物类型和含量是多表面模型定义土壤吸附界面的重要参数。首先，通过分析土壤质地确定土壤黏粒（<2 μm）含量。然后，将提取的土壤黏粒去除氧化铁铝，采用 XRD 半定量分析，并结合采样地土壤黏土矿物信息，确定土壤中黏土矿物的主要类型和相对含量。最后，通过土壤黏粒含量和各代表性黏土矿物的相对含量，计算单位质量土壤中各黏土矿物的含量，作为多表面模型的输入参数。

根据黏土矿物结构特点和位点电性特征，可将表面活性位点分为永久电荷位点和可变电荷位点。永久电荷位点位于片状结构的基面，电荷由其结构内同晶替代现象产生，主要通过静电作用吸附阳离子。多表面模型中采用 Donnan 模型描述永久电荷位点对阳离子的静电吸附，认为它的电荷密度近似于伊利石的阳离子交换量（0.1～0.4 mol/kg），Donnan 体积为 1 kg/L。黏土矿物片状结构的侧面与金属氧化物表面类似，分布着铝羟基等可变电荷位点，电荷由位点质子化与质子化反应产生，通过专性吸附方式吸附溶质离子。多表面模型中采用 CD-MUSIC 模型描述可变电荷位点与溶质离子间的相互作用，模型介绍详见 14.3.1 小节，参数设置将在"金属氧化物单元"详细叙述。

5. 金属氧化物单元

土壤中金属氧化物多以铁、铝（氢）氧化物为主，锰氧化物相对含量较少。因此，在构建多数土壤的多表面模型时，仅考虑铁或铁-铝的（氢）氧化物对溶质离子的吸附；但对一些锰氧化物有极强亲和力的离子（如铅等），则不能忽视氧化锰的贡献。铁、铝氧化物对同一离子的吸附方式和亲和能力十分接近，多表面模型重点考虑不同氧化物比表面积的差异对溶质离子界面行为的影响。土壤中铁、铝（氢）氧化物的总含量采用 DCB（连二亚硫酸钠-柠檬酸钠-碳酸氢钠）还原络合法提取并测定，无定形铁、铝（氢）氧化物由草酸铵提取并测定。一般将草酸铵提取的铁、铝视为无定形氧化物，DCB 与草酸铵提取量之差视为晶质氧化物。结合土壤类型、组成特征，选择针铁矿或赤铁矿作为代表性晶质金属氧化物，水铁矿作为代表性无定形金属氧化物。

多表面模型采用 CD-MUSIC 模型和 DDL 模型分别表征晶质金属氧化物和无定形金属氧化物上溶质离子的界面行为和形态分布。比表面积是多表面模型中金属氧化物模块最重要的输入参数。对于晶质金属氧化物和无定形金属氧化物，该值通常设置为 100 m^2/g 和 600 m^2/g，且在一定范围内可调。此外，可以将磷酸根作为探针，结合土壤组成特征，通过吸附量确定具有反应活性金属氧化物的比表面积。

碳酸钙主要存在于石灰性土壤中，其在土壤中的含量通过酸碱中和滴定法确定。碳酸钙结晶度好、比表面积小、活性位点密度低、与多数溶质离子的相互作用很弱，通常可忽视其对土壤元素界面行为和形态分布的贡献。但是，碳酸钙对磷酸根的吸附作用相对较强，且在石灰性土壤中是潜在的可交换钙来源，可能参与钙磷沉淀过程。因此在构建石灰性土壤中磷酸根的多表面模型时，不能忽视碳酸钙的存在。多表面模型中，采用 CD-MUSIC 模型表征碳酸钙与磷酸根的相互作用，模型介绍见 14.3.1 小节。

6. 非稳态溶质离子总量

土壤中元素以不同形态存在，包括活性极高易被植物直接吸收利用的可溶态、吸附在各土壤界面因而相对稳定但能被植物潜在吸收利用的形态及植物不能利用的形态，包括沉淀态和矿物结构中的形态等。多表面模型输入的溶质离子总量指能参与界面吸附反应的离子浓度，不包括已存在的沉淀态和矿物晶格中的形态。对于重金属阳离子，强酸能溶解很多一般情况下难以溶解的矿物，王水消解法测定的土壤重金属含量高估了非稳态重金属（如 Cd、Pb、Zn、Ni）含量。通常，以 0.43 mol/L 硝酸和 EDTA 提取土壤的 Cd、Cr、Cu、Ni 和 Zn 等浓度与模型分析结果能很好地吻合。土壤中非稳态含氧阴离子的浓度多采用草酸铵提取法测定，提取原理是吸附态含氧阴离子随着金属氧化物的溶解而释放。

7. 输入与输出

多表面模型的输入包括三类。①土壤体系组成定义，即主要吸附界面的确定。输入参数主要包括土壤有机质含量和活性位点密度，代表性黏土矿物、晶质与无定形金属氧化物和碳酸钙的类型和含量、比表面积和位点密度等。②界面反应定义，包括土壤溶液中无机离子的络合反应、沉淀反应和固相界面溶质离子的吸附反应。输入参数包括体系中所有溶质离子的种类和浓度，液相络合反应常数，各吸附界面活性位点与溶质离子的配位方式、亲和常数与电荷分配因子及相应子模型中的其他参数。③介质条件定义。输入参数包括 pH、离子强度和 CO_2 分压等。这些参数可以是单个数值，也可是一组数值，是多表面模型计算时的自变量。

多表面模型的输出分为两类。①模型输入相关参数和数据均可作为模型的输出。②多表面模型运算结果，包括液相各溶质离子及相应无机络合形态的浓度、各吸附界面元素不同吸附形态的浓度、扩散双电层中溶质离子浓度分布和电势分布特征等。根据模型输出可绘制土壤中元素的形态分布图。

14.5 常见化学形态模型分析软件的应用

为了快速、方便地实现对复杂体系中元素界面行为和化学形态分布特征的计算和预测，人们开发了多种计算机软件。常用的化学形态模型分析软件有 ECOSAT（Keizer et al.，1998）、Visual-Minteq（Gustafsson，2009）、Phreeqc（Parkhurst et al.，1999）、ORCHESTRA（Meeussen et al.，2003）和 WHAM6（Tipping，1994）等。这些软件的基本原理和组成模块基本相似，即根据化学反应平衡和质量平衡建立方程式组，由软件的方程解锁运算核心，采用最小二乘法或迭代计算优化未知模型参数。软件中预先定义了酸碱反应、沉淀反应、吸附模型等反应的数量关系，使用者可根据自身需求定义研究体系组分与反应类型，建立具体的化学反应平衡体系。上述化学形态模型分析软件多为集成软件，也就是说反应体系定义、模型运算法则和输入输出等多已固定，操作简单，便于掌握。但由于模块相对固定，它们适合单一界面吸附的表面络合模型分析，而对于复杂的多界面或土壤体系，应用则受限。其中，ORCHASTRA 软件采用开放定义反应类型的数量关系，使用过程中用户可自由地调整/增加模块，更具备灵活性。应用 LCD 模型、多表面模型等分析多界面体系或土壤中元素的界面形态和形态分布，多借助该软件实现。

14.5.1 基于 ECOSAT 软件的水相磷酸根的形态分布分析

采用 ECOSAT 软件（Keizer et al., 1998），根据相关络合反应计算液相中磷酸根浓度为 0.001 mol/L、pH 为 3~11 时不同磷酸根形态的浓度，绘制此条件下磷酸根形态分布图。

1）软件界面

打开ECOSAT运行文件，进入软件操作界面，此时界面出现7个不同按钮：①"ECOSAT：Input + Run"，进入该按钮界面后，可定义反应体系和运算变量；②"ECOSAT：Output"，此按钮界面可定义模型运算的输出项；③"Show Outman.dat"，此界面可查看和保存输出数据；④"Run FIT"，链接外部软件 FIT；⑤"Help"，查看用户帮助文件；⑥"Change ECOSAT working directory"，更换 ECOSAT 文件存储位置；⑦"Exit"，退出软件。液相磷酸根形态分布分析将用到按钮①、②和③。

2）反应体系定义

进入"ECOSAT：Input + Run"界面后，软件显示的操作界面如图 14.11 所示。第一步：在 Ecosat 目录栏中点击"File"，在下拉菜单的"New"中建立新文件，命名后返回上级界面。第二步：点击"Edit"，在下拉菜单中选择"Components"进入选择界面，根据实际情况定义磷酸根的反应体系，即 PO_4^{3-}、K^+、H^+ 和 OH^-，如图 14.12 所示。返回上级界面，在"Edit"下拉菜单中选择"Species"查看体系中存在的所有溶质离子的无机络合形态。如果所定义的体系可能有沉淀生成，也可在"Phases"中定义相关沉淀反应。在"Environment"界面定义反应体系的离子强度和温度，如需考虑 CO_2 对溶质离子形态的影响，也可在此定义 CO_2 分压。

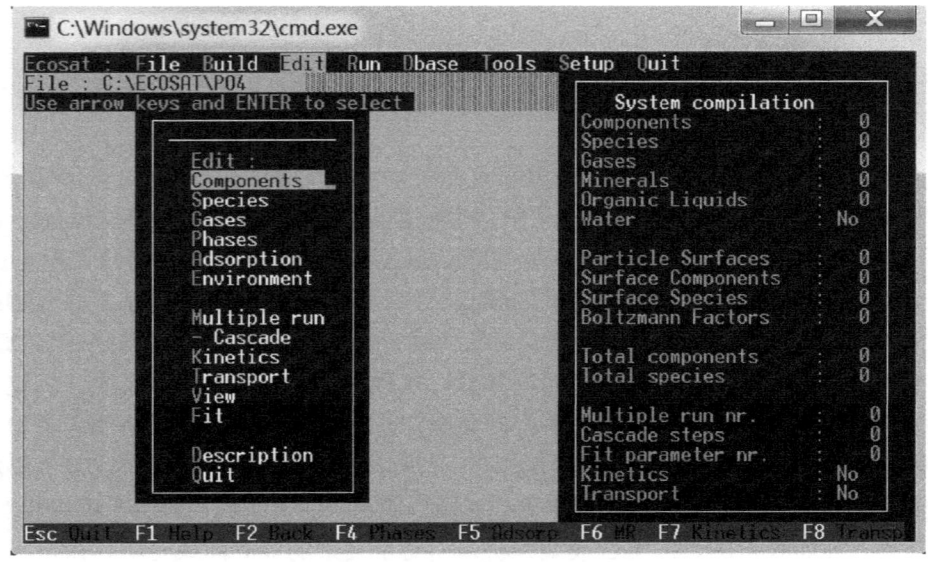

图 14.11　ECOSAT 软件"Edit"界面

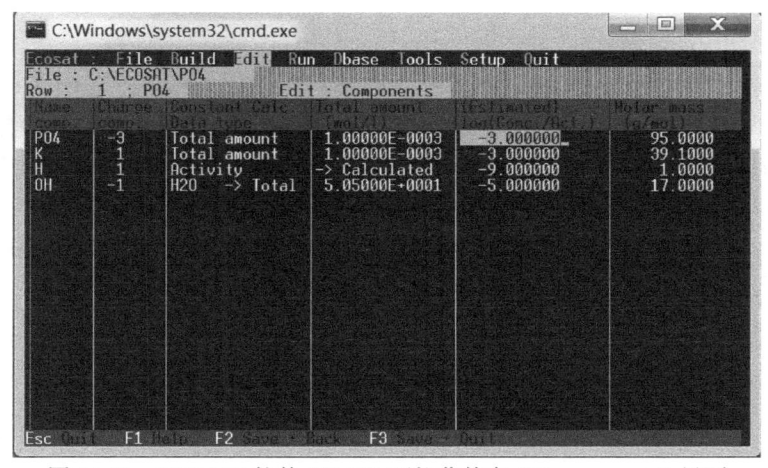

图 14.12　ECOSAT 软件"Edit"下拉菜单中"Components"界面

3）自变量定义

液相中磷酸根的形态分布受浓度、离子强度和 pH 的影响，其中 pH 是最主要的影响因素。在本案例中，以 pH 为自变量，计算磷酸根的形态分布特征。点击"Edit"下拉菜单中的"Multiple run"，出现如图 14.13 所示的操作界面。pH 的定义是质子活度的负对数，pH 的变化可定义为质子浓度的变化。在"Multiple run"下拉菜单的"Components"中定义自变量时，选择对象是"H$^+$"，数据类型是活度（-log activity），单位是 mol/L，自变量输入方式选择"1~5"中的任意变量行，同时定义起始计算值和每一步计算的步值。此定义下，软件计算中，pH 根据设置的步值按规律变化。若 pH 变化无规律，自变量输入方式可选择"File"，以文件形式输入。自变量定义完成后，返回上级界面。如果自变量根据步值变化，在下拉菜单中选择"Dim./File Param."，在自变量定义中选择的数字变量行的对应位置输入软件运算次数即可。例如，在本案例中，计算 pH 3~11 时磷酸根的形态分布，计算的起始值是 pH 3，步值设置为 0.2 个单位 pH，pH 按规律升高至 11 共 41 步。若自变量以文件形式输入，则在下拉菜单中选择"Read MR file data"，根据提示选定输入文件，定义输入文件格式并读取文件。

图 14.13　ECOSAT 软件"Edit"下拉菜单中"Multiple run"界面

4）运行和输出

完成反应体系和自变量的相关定义后，重新回到"ECOSAT：Input+Run"界面，在 Ecosat 目录栏中点击"Run"，即完成软件的运算。此时，软件自动跳转至按钮"ECOSAT：Output"的执行界面，在 Outman 目录栏中点击"Choice"，在此下拉菜单中用户可根据自身需求选择输出的数据名称和类型。然后，返回上级界面，在 Outman 目录栏中点击"Make"，即完成数据输出。此时软件跳转至初始操作界面，在此界面点击按钮"Show Outman.dat"，即可查看和保存输出数据。将输出数据导入 EXCEL 表格中，打开并处理，即可绘制液相磷酸根的形态分布，如图 14.14 所示。

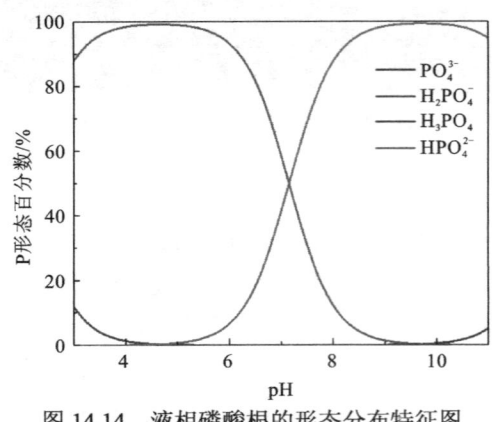

图 14.14　液相磷酸根的形态分布特征图
扫封底二维码见彩图

14.5.2　基于 NICA-Donnan 模型的胡敏酸上 Pb 吸附行为和形态分布分析

参数优化是化学形态软件应具备的基本功能之一，以联用 ECOSAT 软件与 FIT 软件并应用 NICA-Donnan 模型分析胡敏酸上 Pb^{2+} 的吸附行为和形态分布为例，本小节从实验方法、数据拟合和形态分析三个方面介绍表面络合模型与形态分析软件的应用。

1）实验方法

胡敏酸吸附 Pb^{2+} 的界面行为研究实验包括两部分。①采用电位酸碱滴定获取不同离子强度（KCl 作为背景电解质）下电荷-pH 曲线，获取胡敏酸的酸性官能团和表面电荷特征等信息，具体实验过程和数据分析方法见第 10 章；②吸附实验，获取不同 pH、离子强度条件下胡敏酸吸附 Pb^{2+} 的吸附等温曲线或吸附边曲线。鉴于胡敏酸以胶体形式存在于溶液中，难以对其进行固液分离，胡敏酸吸附 Pb^{2+} 的信息多采用金属滴定法获取，以吸附等温曲线呈现，具体滴定过程见第 10 章。

2）数据拟合

数据拟合过程分为两步：①拟合电荷-pH 曲线，获取 NICA-Donnan 模型的质子吸附参数，包括酸性官能团的位点密度（$Q_{max, Hj}$）、质子亲和常数（$\lg K_{H,j}$）、表观异质性常数（$m_{H,j}$）和静电常数（b）；②拟合 Pb^{2+} 等温吸附曲线，获取 NICA-Donnan 模型的 Pb^{2+} 吸附参数，包括

Pb^{2+}亲和常数（lg$K_{Pb,j}$）、质子和 Pb^{2+}的非理想吸附参数（$n_{H,j}$ 和 $n_{Pb,j}$）及内在异质性常数（p_i）。

用于拟合胡敏酸质子吸附的 NICA-Donnan 模型参数的 pH-电荷曲线一般为三条，对应三个不同的离子强度。联用 ECOSAT 软件与 FIT 软件拟合电荷-pH 曲线时，液相无机离子络合反应的定义与液相磷酸根体系定义类似，即 K$^+$、Cl$^-$、H$^+$和 OH$^-$；"Environment"中离子强度的数据类型选择"Variable"。此外，在"Edit"的下拉菜单中选择"Adsorption"，界面如图 14.15 所示。在"Particle surfaces"下描述胡敏酸的基本信息，包括颗粒类型（solid、suspended、bioto）、浓度和所选择的表面络合模型；在"Surface sorption"下定义胡敏酸界面反应的 NICA-Donnan 模型参数；在"Q_0"下定义胡敏酸的初始质子化状态，若待拟合的 pH-电荷曲线以相对电荷表示，该参数可不赋值或任意赋值，不影响最终拟合结果。胡敏酸界面吸附的 NICA-Donnan 模型定义分为三部分（图 14.16）：①"Components（surf）"中定义胡敏酸表面官能团的类型、电荷、位点密度和异质性；②"Surface species"中定义酸性官能团的质子和金属阳离子的吸附反应，包括亲和常数、非理想吸附参数和电荷分布。在拟合电荷-pH 曲线时非理想吸附参数设置为 1，不是待拟合参数；③"Model parameters"中定义 Donnan 模型参数。通常 Donnan 体积的计算方程选择"lg$V_d=B$lg$I-B-1$"，并给 Donnan 电势赋初始值。

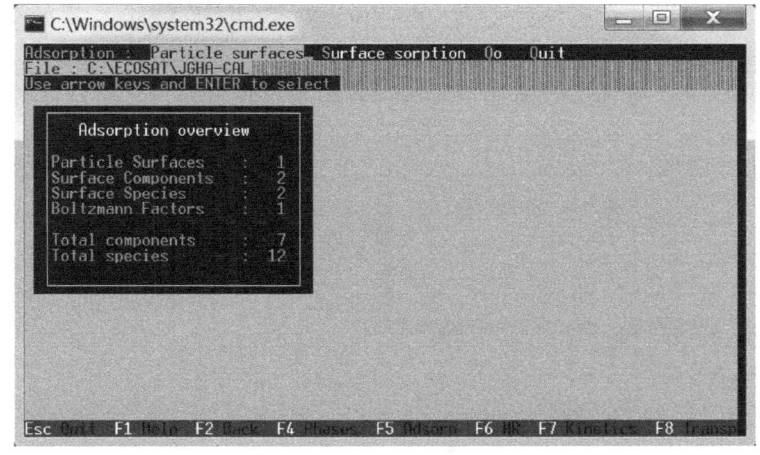

图 14.15 ECOSAT 软件"Edit"下拉菜单中"Adsorption"界面

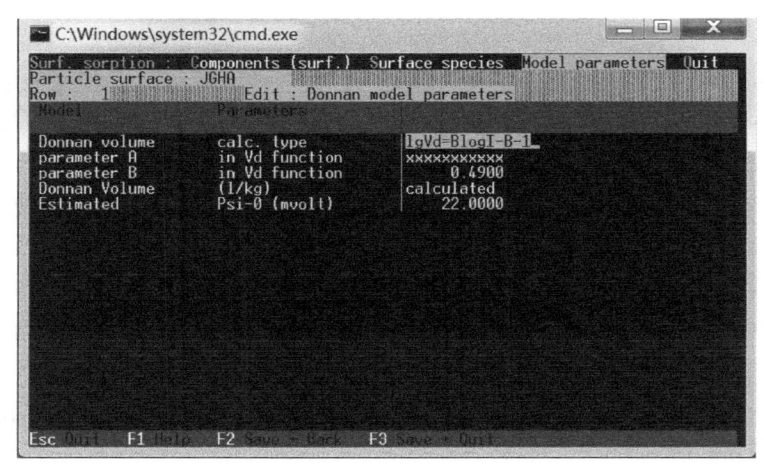

图 14.16 ECOSAT 软件中"Edit"下拉菜单中"Adsorption"—"Surf. Sorption"—
"Model parameter"界面

胡敏酸表面电荷随 pH 和离子强度的变化而改变，因此 ECOSAT 软件运算时的自变量是 pH 和离子强度，即 H^+、K^+ 和 Cl^-。前者数据类型是活度（-log activity），后两者数据类型是总量（Total amount），单位均是 mol/L。实验数据的自变量不呈现规律性变化，以文件形式输入到 ECOSAT 中。

ECOSAT 软件与 FIT 软件联用拟合模型参数时，需在 ECOSAT 软件中定义待拟合参数、待拟合因变量和 FIT 软件的数据输入文件格式，并将相关信息传递给 FIT 软件，这均在"Edit"的下拉菜单"Fit"中进行。其中，在"Parameter choice"中定义待拟合的模型参数；在"Dependent (Y)variable"中定义因变量位置，即输出文件中表面电荷的数据列。上述步骤完成后，进行 ECOSAT 软件的后续操作，在此过程中记录待拟合参数的顺序。

通过 ECOSAT 软件操作界面上的按钮"Run FIT"链接外部数据拟合软件 FIT，采用最小二乘法拟合实验数据。进入"FIT"界面（图 14.17）后，在"Edit"下拉菜单"List of models"中选择第 62 号模型（ECOSAT optimization）；在"Problem definition"中定义输入变量的个数（Number of variables read in）、因变量的位置（Dependent variable position）；在"Model parameters"中按照 ECOSAT 软件中参数顺序依次给参数赋初始值；在"Input/Output files"中定义数据输入和输出文件名；在"Optimization parameters"中定义最大迭代次数，即软件运行次数。定义完成后，回到初始界面，点击"Run"，拟合 pH-电荷曲线。拟合完成后，可在数据输出文件中查看优化的参数和曲线拟合结果及拟合结果评价的统计学分析数据。

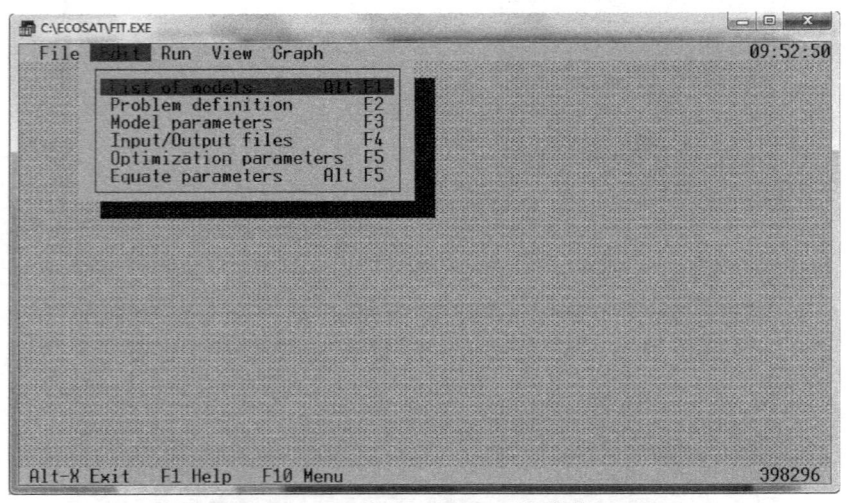

图 14.17　FIT 软件"Edit"下拉菜单界面

将优化的质子吸附参数输入 ECOSAT 软件中并保持不变，拟合胡敏酸对 Pb^{2+} 吸附等温曲线，拟合过程总体与电荷-pH 曲线拟合过程相似。不同之处主要体现在 4 个方面：①液相无机离子络合反应在电荷-pH 曲线拟合基础上加入"Pb^{2+}"，并在"Edit"下拉菜单的"Phase"中定义氢氧化铅沉淀反应；②非理想吸附参数不为 0，是待拟合参数，根据该值与表观异质性参数可计算内在异质性参数；③自变量除 pH 和离子强度外，还包括液相中 Pb^{2+} 浓度，且该自变量以对数形式输入；④FIT 拟合时，Pb^{2+} 等温吸附曲线以对数形式（lg Pb^{2+}-lg Pb^{2+} bound）输入。

拟合同一有机质吸附不同重金属离子的吸附曲线时，获取的 p_1、p_2 值存在差异。同一腐殖酸质子的非理想吸附参数和表观亲和常数是不变的，这说明拟合同一有机质对不同重金属的吸附曲线获取的 p_1、p_2 值在理论上是相同的。因此，拟合同一有机质对不同重金属吸附时，需进一步分析优化各重金属的 p_1、p_2，综合选择一组最优的 p_1、p_2 值。然后，以此值作为初始值，按照上述步骤重新拟合各组的吸附曲线，优化模型参数，获取相同的 p_1、p_2 值。

3）形态分析

将优化的质子吸附参数和 Pb^{2+} 吸附参数输入到 ECOSAT 软件中，根据需求设置自变量（pH、离子强度、Pb^{2+} 离子浓度等），运行软件，计算胡敏酸上 Pb^{2+} 的界面吸附，绘制吸附态 Pb^{2+} 的形态分布图（图 14.18）。

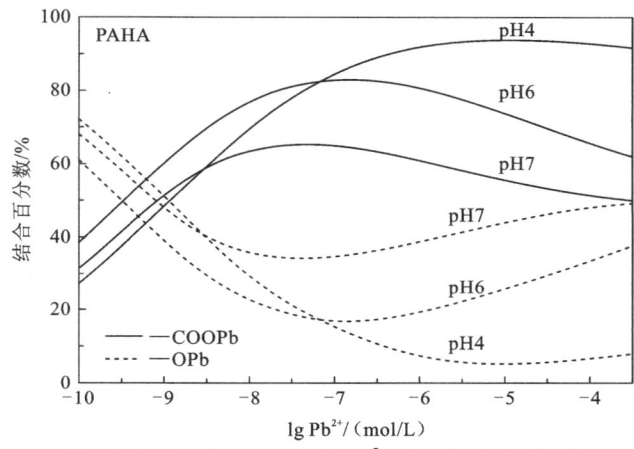

图 14.18 胡敏酸上吸附态 Pb^{2+} 的吸附分布特征图

参 考 文 献

熊娟, 2015. 土壤活性组分对 Pb(II)的吸附及其化学形态模型模拟. 武汉: 华中农业大学.

BENEDETTI M F, VAN RIEMSDIJK W H, KOOPAL L K, 1996. Humic substances considered as a heterogeneous Donnan gel phase. Environmental Science and Technology, 30(6): 1805-1813.

BROWN I D, 1978. Bond valences: A simple structural model for inorganic chemistry. Chemical Society Reviews, 7: 359-376.

DIJKSTRA J J, MEEUSSEN J C L, COMANS R N J, 2009. Evaluation of a generic multisurface sorption model for inorganic soil contaminants. Environmental Science and Technology, 43: 6196-2201.

GROENENBERG J, DIJKSTRA J, BONTEN L, et al., 2012. Evaluation of the performance and limitations of empirical regression models and process based multisurface models to predict trace element solubility in soils. Environmental Pollution, 168: 98-107.

GUSTAFSSON J P, 2009. MINTEQ Ver 2.61. Royal Institute of the Technology, Department of Land and Water Resources Engineering. Stockholm, Sweden.

GUSTAFSSON J P, PECHOVA P, BERGGREN D. 2003. Modeling metal binding to soils: The role of natural organic matter. Environmental Science and Technology, 37: 2767-2774.

HIEMSTRA T, VAN RIEMSDIJK W H, 1996. A surface structural approach to ion adsorption: The charge distribution (CD)model. Journal of Colloid and Interface Science, 179(2): 488-508.

HIEMSTRA T, VAN RIEMSDIJK W H, 2009. A surface structural model for ferrihydrite I: Sites related to primary charge, molar mass, and mass density. Geochimica et Cosmochimica Acta, 73(15): 4423-4436.

HIEMSTRA T, MIA S, DUHANT P B, et al., 2013. Natural and pyrogenic humic acids at goethite and natural oxide surfaces interacting with phosphate. Environmental Science and Technology, 47(16): 9182-9189.

KEIZER M G, VAN RIEMSDIJK W H, ECOSAT, 1998. Wageningen Agricultural University, Wageningen; Department Soil Science and Plant Nutrition.

KINNIBURGH D G, VAN RIEMSDIJK W H, KOOPAL L K, et al., 1999. Ion binding to natural organic matter: Competition, heterogeneity, stoichiometry and thermodynamic consistency. Colloids and Surfaces A: Physicochemical and Engineering Aspects, 151(1-2): 147-166.

KOOPAL L K, SATIO T, PINHEIRO J P, et al., 2005. Ion binding to natural organic matter: General considerations and the NICA-Donnan model. Colloids and Surfaces A: Physicochemical and Engineering Aspects, 265(1): 40-54.

LOFTS S, TIPPING E, 2011. Assessing WHAM/Model VII against field measurements of free metal ion concentrations: Model performance and the role of uncertainty in parameters and inputs. Environmental Chemistry, 8(5): 501-516.

MEEUSSEN J C L, ORCHESTRA, 2003. A new object-oriented framework for implementing chemical equilibrium models. Environmental Science and Technology, 37(6): 1175-1182.

MILNE C J, KINNIBURGH D G, TIPPING E, 2001. Generic NICA-Donnan model parameters for proton binding by humic substances. Environmental Science and Technology, 35(10): 2049-2059.

MILNE C J, KINNIBURGH D G, VAN RIEMSJK W H, et al., 2003. Generic NICA-Donnan model parameters for metal-ion binding by humic substances. Environmental Science and Technology, 37(5): 958-971.

NOWACK B, MAYER K U, OSWALD S E, et al., 2006. Verification and intercomparison of reactive transport codes to describe root-uptake. Plant and Soil, 285: 305-321.

PARKHURST D L, APPELO C A J, 1999. User's guide to PHREEQC (version 2): A computer program for speciation, batch-reaction, one-dimensional transport, and inverse geochemcial calculations. Denver: U. S. Geological Survey.

PAULING L, 1929. The principles determining the structure of complex ionic crystals. Soil Science Society of America Journal, 51(4): 1010-1026.

REN Z L, TELLA M, BRAVIN M N, et al., 2015. Effect of dissolved organic matter composition on metal speciation in soil solutions. Chemical Geology, 398: 61-69.

SATIO T, NAGASAKI S, TANAKA S, et al., 2005. Electrostatic interaction models for ion binding to humic substances. Colloids and Surfaces A: Physicochemical and Engineering Aspects, 265(1): 104-113.

SCHRODER T J, HIEMMSTRA T, VINK J P M, et al., 2005. Modeling of the solid-solution partitioning of heavy metals and arsenic in embanked flood plain soils of the rivers Rhine and Meuse. Environmental Science and Technology, 39: 7176-7184.

SØ H U, POSTMA D, JAKBSEN R, et al., 2012. Competitive adsorption of arsenate and phosphate onto calcite: Experimental results and modeling with CCM and CD-MUSIC. Geochimica et Cosmochimica Acta, 93: 1-13.

TIPPING E, 1994. WHAM C: A chemical equilibrium model and computer code for waters, sediments, and soils incorporating a discrete site/electrostatic model of ion-binding by humic substances. Computers and Geosciences, 20(6): 973-1023.

TIPPING E, 2002. Cation binding by humic substances. Cambridge: Cambridge University Press.

VENEMA P, HIEMSTRA T, VAN RIEMSDIJK W H, 1996. Multisite adsorption of cadmium on goethite. Journal of Colloid and Interface Science, 183(2): 515-527.

VENEMA P, HIEMSTRA T, WEIDLER P G, et al., 1998. Intrinsic proton affinity of reactive surface groups of metal (hydr)oxides: Application to iron (hydr)oxides. Journal of Colloid and Interface Science, 198(2): 282-295.

WENG L, TEMMINGHOFF E J M, VAN RIEMSJK W H, 2001. Contribution of individual sorbents to the control of heavy metal activity in sandy soil. Environmental Science and Technology, 35(22): 4436-4443.

WENG L, AN RIEMSDIJK W H, KOOPAL L K, et al., 2006. Adsorption of humic substances on goethite: Comparison between humic acids and fulvic acids. Environmental Science and Technology, 40(24): 7494-7500.

XIONG J, WENG L P, KOOPAL L K, et al., 2018. Effect of soil fulvic and humic acids on Pb binding to the goethite/solution interface: Ligand charge distribution modeling and speciation distribution of Pb. Environmental Science and Technology, 52: 1348-1356.

第15章 胶体颗粒相互作用和稳定性

"胶体"是一种高度分散的体系,由分散质和分散剂组成,包括气溶胶、液溶胶和固溶胶(陈宗淇 等,2001)。胶体颗粒的粒径范围并没有统一的规定,实际上颗粒的分散特性与其表面性质密切相关,能够表现出胶体特性的颗粒均可称为胶体颗粒。溶胶本质上属于热力学不稳定体系,但是由于胶体颗粒时刻做布朗运动,在一定程度上维持了颗粒的动力学稳定性。布朗运动与粒子质量成反比,因此一般粒径越小的颗粒运动越快,越有利于胶体稳定。胶体相互作用是研究分散体系的物理化学性质和界面现象的科学。根据成因不同,水环境中胶体间的作用可分为范德瓦耳斯作用、静电作用、疏水作用、空间位阻、成键作用等不同类型的界面相互作用。胶体颗粒尺寸和颗粒之间相互作用力的大小共同决定了体系的稳定性。当颗粒之间存在排斥作用,或吸引作用不足以克服粒子的动力,则可以维持胶体颗粒分散;相反,当环境条件改变时,胶体颗粒之间的吸引力强于斥力,表现出团聚和聚沉现象。

土壤固相颗粒粒径减小,表现出的胶体特性越显著。其中,小于 2 μm 的黏粒部分有较强的表面活性,具备胶体属性(李学垣,2001)。土壤胶体相互作用是土壤表现出一系列物理、化学特性的根本原因,包括土壤颗粒沉降、团聚体稳定、土壤酶活性、污染物及有机质迁移等。因此,研究胶体相互作用、稳定性和界面化学过程对理解土壤学基本过程至关重要。环境中的胶体颗粒既包括表面坚硬的矿物颗粒,又包括不同类型的有机大分子,还存在由胞外聚合物包裹的微生物,这些表面性质的差异导致胶体颗粒之间存在复杂多样的相互作用。针对不同类型的界面相互作用,发展了不同的理论模型来描述胶体颗粒的界面作用,例如 DLVO(Derjaguin-Landau-Verwey-Overbeek)理论、聚合物刷模型、"补丁"电荷模型等。本章将围绕胶体颗粒的表面性质、颗粒间的作用机制和相关理论方法在环境界面领域的应用展开介绍。

15.1 DLVO 理 论

DLVO 理论是物理化学中的经典理论,它从界面作用力的角度解释胶体的稳定性。这一理论于 20 世纪 40 年代由苏联与荷兰学者 Derjaguin、Landau、Verwey 和 Overbeek 提出,并用 4 人姓氏首字母的缩写命名(Verwey et al.,1948;Derjaguin et al.,1941)。DLVO 理论认为胶体颗粒间的相互作用由范德瓦耳斯力(van der Waals force,简称 LW)和静电力(electrostatic forces,简称 EL)控制。总作用能(G^{Tot})为二者之和:

$$G^{Tot}(d) = G^{LW}(d) + G^{EL}(d) \tag{15.1}$$

式中:G 为作用能;d 为胶体间距。范德瓦耳斯力通常为引力。而当胶体带同种电荷时,静电力为斥力,带异种电荷时,静电力为引力。各分力作用能均有相应数学公式计算,只需测定颗粒尺寸、表面 zeta 电位等参数,运用 DLVO 理论就可以模拟胶体颗粒与固相表面或者胶体颗粒间的相互作用能曲线，解释和预测胶体的稳定特性。

15.1.1 范德瓦耳斯作用力

范德瓦耳斯力存在于所有物体之间，是色散力、取向力和诱导力三者的总称，以色散力为主。范德瓦耳斯力大小随胶体间距衰减，且与距离的 6 次方成反比，又称六次律。同时，范德瓦耳斯力与胶体哈马克（Hamaker）常数和物体几何尺寸成正相关。对于几何形状为"球体–球体"及"球体–平板"相互作用的胶体，简化后的范德瓦耳斯作用能表达式（Gregory，1981）为

$$G^{LW}(d) = -\frac{A_{1W2}a}{12d}\left[1+\frac{14d}{\lambda}\right]^{-1} \tag{15.2}$$

式中：d 为胶体间距离；a 为胶体半径，对于球体–平板相互作用，a 为球体半径，对于球体–球体作用，a 与两球体半径关系为 $a=a_1a_2/(a_1+a_2)$；λ 为特征波长，通常取 100 nm；A_{1W2} 为水溶液中相互作用胶体 1 和胶体 2 的哈马克常数，其与胶体特性、介质的折射率和介电常数有关，可通过接触角的测定，借助数学模型计算：

$$A_{1W2} = 24\pi d_0^2(\sqrt{\gamma_1^{LW}}-\sqrt{\gamma_W^{LW}})(\sqrt{\gamma_2^{LW}}-\sqrt{\gamma_W^{LW}}) \tag{15.3}$$

式中：γ^{LW} 为表面张力的范德瓦耳斯组分，可通过接触角的测定来获取，这部分内容将在 15.3.3 小节详细介绍。在水环境中，实际测得各种物质的 A_{1W2} 数量级均在 10^{-20} J 左右。范德瓦耳斯力为短程作用力，受溶液条件影响很小，在特殊的环境中，当其他作用力很小时，可能起主要作用。然而，实际环境中由于颗粒表面带有大量电荷，并具备不同的疏水特性，导致范德瓦耳斯力的贡献远远低于静电力、疏水作用等作用力。

15.1.2 静电作用力

在水溶液中，矿物和有机胶体表面通常带有电荷，土壤胶体表面电荷产生的机制不同（图 15.1）。金属氧化物和硅酸盐矿物边面含有羟基基团，如铁羟基、铝羟基、硅羟基等，有机组分表面富含羧基、羟基、磷酸基和氨基等。水有较高的介电常数，可使这些表面官能团解离，因而拥有随体系 pH 而变的可变电荷，一般 pH 偏离等电点位置越远，胶体携带电荷量越大。对于层状硅酸盐矿物，同晶替代作用导致矿物具有永久负电荷，电荷量不受溶液 pH 条件影响。此外，胶体表面吸附的阴、阳离子也能使胶体颗粒带电。在电场作用下，溶液中电性相反的离子会聚集到带电表面附近，而同性离子则远离表面，形成"扩散双电层"结构。双电层中离子的分布可用 Poisson-Boltzmann（泊松–玻尔兹曼）方程描述，从而可计算出表面电势和表面电荷。

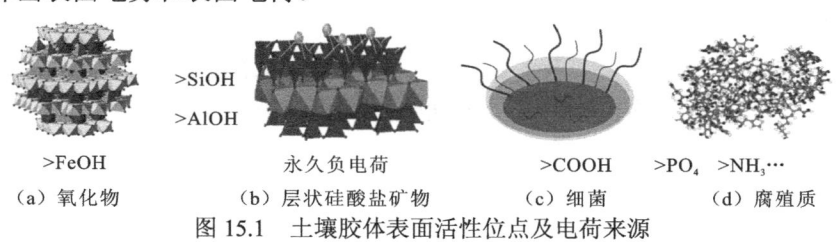

>FeOH >SiOH 永久负电荷 >COOH >PO₄ >NH₃···
>AlOH

（a）氧化物　（b）层状硅酸盐矿物　（c）细菌　（d）腐殖质

图 15.1 土壤胶体表面活性位点及电荷来源

任何两带电物体之间均存在静电作用。两胶体颗粒之间静电力随距离呈指数衰减，衰减速度受溶液离子强度和颗粒表面电荷密度控制。对于"球体-平板"之间的静电作用，静电作用能 G^{EL} 与 d 的关系式（Bos et al.，1999）为

$$G^{EL}(d) = \pi\varepsilon a\left[2\zeta_1\zeta_2\ln\left(\frac{1+e^{-\kappa d}}{1-e^{-\kappa d}}\right) + (\zeta_1^2+\zeta_2^2)\ln(1-e^{-2\kappa d})\right] \quad (15.4)$$

式中：ε 为 298 K 时水的介电常数，为 $6.96\times10^{-10}/(m\cdot V^2)$；$\kappa$ 为德拜长度的倒数，受离子强度控制，计算公式为 $\kappa=0.328\times10^{10}\times I^{0.5}/m$；$\zeta$ 为胶体的 zeta 电位。此外，"球体-球体"、"平板-平板"等不同形貌胶体之间静电作用能的计算公式可根据作用界面的几何形貌来推导。

离子强度强烈影响表面电层结构，对胶体间的静电力存在较大影响。随着电解质浓度的升高，表面电荷被屏蔽，颗粒间的静电斥力逐渐减小。因此，胶体颗粒发生黏结和聚沉的概率随着电解质浓度的升高而增大，在宏观上表现为团聚速率随着电解质浓度的升高而呈现一个近似线性的增长。当离子强度达到临界值时，胶体间的静电力变得很微弱，胶体团聚速率达到最大，此时的电解质浓度称为临界絮凝浓度（critical coagulation concentration，CCC）。此外，电解质离子的价态越高，胶体颗粒表面的扩散层越薄，静电作用能衰减越快。Schulze-Hardy（舒尔策-哈代）规则描述了临界絮凝浓度值与电解质离子价态的关系，即不同价态离子临界絮凝浓度值的比值与其价态的 6 次方成反比。溶液 pH 可以通过影响表面基团质子化程度来改变胶体表面净电荷量，从而影响静电力的大小和作用范围。绝大多数细菌和大分子有机质的等电点在 4.0 以下，溶液 pH 越高，有机胶体表面电位越低，即负电荷量越大。因此，对于带永久负电荷的矿物与有机胶体的作用，pH 升高将抑制其团聚；而对于可变电荷的矿物，pH 变化将同时影响矿物和有机胶体的电荷量，胶体间静电作用也变得更加复杂。

15.2 非 DLVO 相互作用

DLVO 理论将胶体作用与它们的表面性质联系起来，因而可以对不同环境条件下的吸附趋势加以模拟和预测。然而，DLVO 理论主要考察的是刚性颗粒的相互作用，而且模型中仅考虑了胶体间的范德瓦耳斯作用和静电作用（Grasso et al.，2002）。实际环境中，胶体的种类繁多，胶体间作用类型更加多元。例如，对于有机分子包裹的颗粒，如矿物-有机复合体、微生物等，它们的表面具有柔性聚合物的性质，胶体间可能存在桥接或者空间位阻作用；同时，矿物颗粒表面电荷分布可能不均一，如层状硅酸盐矿物的边面和基面带有不同类型的电荷，这将导致胶体颗粒间的作用具有方向性；此外，土壤溶液中还存在不同类型的可溶性有机质及矿质离子，它们可以吸附在胶体表面，改变胶体颗粒的界面作用方式。了解不同类型的胶体界面作用机制，有助于深入理解复杂环境介质中多元的界面反应过程。

15.2.1 疏水相互作用

Kauzmann（1959）在研究蛋白质的解聚过程中明确提出了疏水作用的概念，并指出非极性表面会靠拢在一起以降低暴露在水中的面积。当疏水有机物或基团聚集时，原来在其周围有序排列的水分子结构被破坏，疏水作用将这部分水分子排入自由水中，这样就引起水的混乱度增加，即熵增效应。疏水作用力是多种作用的综合效果，其能量主要来自相互作用胶体周围水分子结合的氢键能。到目前为止，疏水相互作用的来源和物理本质尚未完全阐明。对于分散在水中的 200 nm 十六烷油滴，极化振动和频散射光谱研究表明，水分子在油滴表面形成 C—H···O 氢键，产生了意想不到的强电荷转移相互作用（Pullanchery et al.，2021）。这为疏水颗粒表面水分子结构和疏水作用的本质提供了直接的实验证据。原子力显微镜力谱分析结果表明，疏水作用受颗粒尺寸控制，1 nm 是一个较为普适的转变半径。颗粒尺寸小于 1 nm，水合的热力学过程由熵主导，颗粒尺寸大于 1 nm，水合的热力学过程由焓主导（Di et al.，2019）。疏水作用力属于短程相互作用，作用力随距离呈指数下降，当胶体接触距离小于 10 nm 时疏水作用才足够明显。疏水性是影响胶体稳定性的重要指标，在胶体距离很近时，疏水作用力常高于范德瓦耳斯力和静电力。

疏水作用能（G^{AB}）随胶体间距（d）的衰减速度与胶体几何尺寸有关。对于两个半径为 a 的理想球体，它们之间的疏水作用能有如下关系（van Oss，1989）：

$$G^{AB}(d) = 2\pi a \lambda_{AB} G^{AB}_{d_0} \exp\left[\frac{d_0 - d}{\lambda_{AB}}\right] \tag{15.5}$$

式中：d_0 为胶体接触的最小平衡距离，一般取 0.157 nm；$G^{AB}_{d_0}$ 为最小平衡距离时胶体间的路易斯酸碱自由能，可通过接触角的测定及胶体表面张力电子受体 γ^+ 和电子供体 γ^- 组分计算，将在 15.3.3 小节介绍；λ_{AB} 为水分子衰减长度，取 0.5 nm。DLVO 模型同时考察疏水作用时，称为扩展 DLVO 理论。

自然环境中的多种界面过程均有疏水作用的参与，尤其是生物大分子和有机高分子存在的体系，疏水作用可能强于静电作用和范德瓦耳斯作用。多项研究表明，天然有机质在土壤矿物表面的吸附受控于疏水作用。吸附过程中存在典型的分子分馏现象，被吸附的有机分子主要是疏水组分，而残留在溶液中的是亲水组分。同时，有机物分子量越大，疏水性越强，越容易被吸附。碱提取的土壤腐殖质中脂肪族有机碳含量可占 1/3 以上，被认为是贡献疏水作用的主要结构。疏水作用也普遍存在于微生物的界面黏附过程中。Marshall 等（1973）发现了金曲杆菌和生丝微菌垂直吸附于玻璃表面，证明疏水作用参与了细菌的黏附。之后的研究发现，真菌、细菌等微生物表面广泛存在疏水蛋白。疏水蛋白是一类具有特殊理化性质的小分子量蛋白质，能够在亲疏水界面自组装成膜。研究较多的疏水蛋白包括枯草芽孢杆菌生物膜中的 BslA 蛋白、假单胞菌属的 LapA 蛋白等，这些疏水蛋白在细菌黏附及生物膜形成中起着关键作用。El-Kirat-Chatel 等（2015）利用原子力显微镜单分子力研究发现单个 LapA 蛋白在疏水界面上的黏附力可达 250 pN。此外，不同类型土壤矿物疏水特性差异显著，例如云母、针铁矿、石英、蒙脱石、勃姆石等矿物与水的接触角从 16.2° 逐渐增加到 60.4°（Hong et al.，2012）。这些表面疏水特性将导致它们与土壤其他胶体间疏水作用的强度存在显著差异。

15.2.2 水合作用

除疏水作用外,水合力是另外一种主要由溶剂而非胶体本身性质引起的相互作用力。当一个不带电的分子或颗粒在水中悬浮,水分子将与颗粒形成弱化学键,如氢键,这样的水分子就是"束缚水",在颗粒外部形成水化层。水合作用力是一种典型的短程排斥力,强度随胶体距离增加呈指数衰减,衰减长度与水化层厚度有关(Parsegian et al., 2011)。第一水化层为吸附在胶体表面的单层水分子,厚度为 0.2~0.4 nm;第二水化层受溶液背景电解质影响,衰减长度等于德拜长度。大多数具有表面活性基团的亲水物质通常高度水化,因此具有很强的水合力。目前关于水合作用在实验和理论方面均缺乏足够的研究,对水合力的认识还相对较少。

15.2.3 成键作用

当胶体颗粒接触距离小于 1 nm 时,成键作用可能促进胶体的团聚。成键作用主要包括化学键、氢键、π 键等作用类型(图 15.2)。使离子相结合或原子相结合的作用力称为化学键,以往认为的化学键主要包括共价键、离子键、金属键。早期利用红外光谱、X 射线吸收光谱和量子化学计算等技术证明细菌可以在针铁矿表面形成 P—OFe、C—OFe 等内圈配位的化学键(Fang et al., 2012; Omoike et al., 2006)。这种络合成键作用也是天然有机质在土壤矿物,尤其是水合铁、铝氧化物及黏土矿物可变电荷表面黏附的主要成键方式(Kleber et al., 2021)。氢键是一种永久偶极之间的作用力,发生在氢原子和另一个原子之间(X—H⋯Y)。氢键具有饱和性和方向性,通常产生氢键作用的氢原子两边的原子是电负性较强的原子,如氧原子和氮原子。以往认为氢键的作用比范德瓦耳斯力强,但是键能比共价键弱,为 10~30 kJ/mol。近年来,随着氢键理论的发展,研究者逐渐认识到有机分子之间可能存在强结合的氢键,其强度接近稳定的共价键(Dereka et al., 2021)。氢键在有机胶体分子内的作用中尤其重要。腐殖质"超分子"聚集学说解释了溶液中腐殖质分子的团聚行为,认为腐殖质是由有机小分子片段通过氢键和疏水相互作用自组装聚集而成的大分子(Piccolo, 2001)。此外,氢键在电中性矿物与有机胶体界面作用中也发挥着重要的作用。

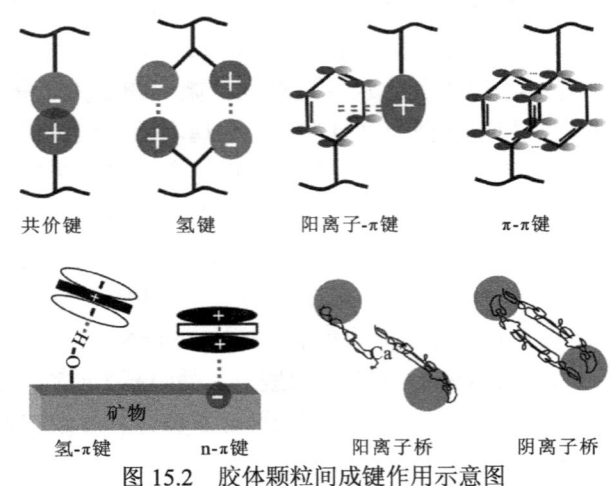

图 15.2 胶体颗粒间成键作用示意图

对于土壤芳香性组分，例如生物炭、芳香性有机质等，在芳香分子的芳香环之间还会形成 π-π 作用。芳香环各原子的一些原子轨道垂直于键轴，并以"肩并肩"方式重叠形成 π 键，因此具有高度的方向依赖性，其作用强度会随角度和距离的变化而大幅改变。典型的分子内 π-π 作用是 DNA 分子的双螺旋结构。在 DNA 分子中，相对的碱基之间以氢键相连接；而相邻的碱基之间会形成 π-π 作用，从而保证了双螺旋结构的稳定性。在土壤中，芳香族化合物可通过多种方式吸附在矿物表面。例如，通过阳离子架桥作用，芳香物质可在矿物表面形成阳离子-π 键；π 键与矿物表面的羟基作用，可形成氢键-π 结构；与层状硅酸盐硅氧烷表面永久负电荷位点作用，可形成 n-π 结构（Keiluweit et al.，2009）。π 系统参与的吸附键能与络合作用相当，一般强于氢键。

15.2.4　桥接作用

当胶体体系中存在背景电解质时，这些共存的阳离子或阴离子物质可通过桥接作用促进胶体团聚。阳离子桥接作用常发生在高价阳离子与胶体颗粒之间，15.2.3 小节提到的阳离子-π 作用也属于阳离子桥接作用的一种。土壤环境中存在较为丰富的 Ca^{2+}、Mg^{2+}，当这些离子结合在金属氧化物表面的负电荷位点时，可增加矿物表面的正电荷量，促进负电荷有机分子吸附，形成阳离子架桥作用。此外，Ca^{2+}可与多种有机质形成螯合物，这种螯合结构有利于进一步使有机分子桥接在其他有机物或矿物表面，从而降低有机质的移动性。自然土壤中广泛观察到钙与有机质的积累呈现显著正相关关系，离子桥接作用可能是钙离子促进土壤有机碳积累的主要机制。与阳离子桥接作用类似，柔性有机高分子物质可以通过阴离子桥连接相邻的颗粒，促进颗粒发生团聚。阴离子桥接作用范围与有机分子链长有关，不受胶体间短程作用力的限制。细胞表面含有肽聚糖、脂多糖、蛋白和菌毛等不同类型生物大分子，这些生物大分子可以通过阴离子桥接的方式促进细菌在矿物表面发生黏附。尤其是当表面不利于细菌吸附时，这些伸展在溶液中的生物大分子由于其尺寸小，在吸附发生时面临的能垒相对较小，有助于穿透静电能垒，在一级能量最低点发生不可逆吸附（Wu et al.，2014）。

15.2.5　空间位阻作用

空间位阻作用发生于带有柔性聚合物的表面之间。两表面接近到一定距离时，聚合物长链结构受空间的限制而不能自由移动，导致体系熵值减小，产生斥力。这种位阻斥力属于物理相互作用范畴，作用范围与聚合物长度相当。由于聚合物分子具有不同结构的复杂构型，常利用平均场方法模拟这种界面作用。描述聚合物空间斥力涉及高分子物理的多个理论模型，如亚历山大-德让纳（Alexander-de Gennes）模型、弗洛里-哈金斯（Flory-Huggins）模型、自洽场（self-consistent field，SCF）理论等。环境中生物大分子、超分子物质的广泛存在，导致很多胶体颗粒间的相互作用有空间位阻作用的参与。例如，大分子有机质吸附到刚性矿物颗粒表面会形成一定厚度的大分子涂层，这种包覆作用增加了颗粒之间的距离，从而减小了颗粒与颗粒之间的范德瓦耳斯吸引力，起到抑制胶体颗粒团聚的作用。此外，细胞表面含有多种不同类型的生物大分子，当微生物-固相表面距离较近时，微生物表面生物大分子受到空间限制难以自由移动，此时整个反应体系熵值减小，产生排斥作用。Kim 等（2009）研究表明，在高 pH 溶液中大肠杆菌在石英柱中的沉积与溶液离子强度成反比，这一现象与 DLVO 理论矛盾，但可以用依赖 pH 的空间位阻效应解释。为了量化带电高分子涂层胶体间的作用力，Pincus（1991）建立了计算静电作用力和空间位阻作用力的简化模型，用以描述作用力 F 与接触距离 H 的关系：

$$F = \frac{4\pi f \kappa_B T N_B}{d^2} \ln\left[\frac{2L_B}{H}\right] \tag{15.6}$$

式中：f 为高分子涂层携带离子电荷的百分数；N_B 为聚合物携带离子电荷的单体数；d 为链间距；L_B 为聚合物的宽度；κ_B 为玻尔兹曼常数；T 为温度。可以看到，胶体颗粒间的作用一般同时受多种作用力控制。随着环境条件的变化，有机高分子既可以形成阴离子桥，也可能导致空间位阻作用，模拟胶体间界面作用应综合考虑胶体类型及溶液条件。

15.3 胶体颗粒表面性质分析

由胶体界面作用机制可知，胶体颗粒间可能存在多种类型的相互作用，作用强度受颗粒粒径、表面电荷、疏水性、异质性等性质共同控制。胶体的这些表面特性是模拟计算胶体界面作用、预测体系稳定性及胶体团聚能力的基础。其中，胶体颗粒粒径、电荷特性和疏水性的测定方法发展较早，目前已经建立了较成熟的研究方法。但是，近年来逐渐发现这些经典的方法并不能准确反映环境中不同类型胶体的表面特性。围绕胶体颗粒电荷空间异质性、形貌粗糙度等，新的理论和方法相应发展起来，推进胶体界面领域的研究不断向前发展。

15.3.1 粒径分析

通过电子显微镜、静态光散射、动态光散射等多种途径可以获得胶体颗粒和团聚体的粒径和结构。光散射仪可以在溶液条件下原位分析颗粒的动力学直径。粒子在液体中做随机布朗运动，这种随机热运动与颗粒粒径有关，颗粒越小运动速度较快，颗粒越大运动相对缓慢，Stokes-Einstein（斯托克斯-爱因斯坦）方程描述了粒径与其布朗运动速度之间的关系。动态光散射仪可以记录光斑移动速度，根据它们的运动速度和 Stokes-Einstein 方程就可以计算颗粒的粒径分布。商用动态光散射粒子分析仪的测定范围在小于 1 nm 至数微米之间，是研究胶体粒径分布及其团聚特征最常用的工具。此外，散射光的强度取决于高聚物的分子量、链形态、溶液浓度、散射角度和折光指数增量。静态光散射仪可以记录一段时间内散射光的强度，通过分析散射光强与散射角度的关系，也可以获得分子量、颗粒粒径大小和形状的信息。

15.3.2 表面电荷分析

当带电颗粒悬浮于液体中时，带相反电荷的离子会被吸引到颗粒表面。接近表面的离子吸附牢固,而较远的离子则吸附松散,形成所谓的扩散层。在扩散层内,有一个概念性边界,当颗粒在液体中运动时,在此边界内的离子将与颗粒一起运动,但此边界外的离子将与颗粒脱离。这个边界称为滑动平面,滑动平面上的电位叫作 zeta 电位。利用电泳和激光多普勒测速相结合的测量技术,可以测量粒子在电场中的运动速度,获得胶体的电泳迁移率。Zeta 电位、电泳迁移率、溶液黏度和介电常数之间的关系用 Henry(亨利)方程计算:

$$U = \frac{2\varepsilon z f(ka)}{3\eta} \tag{15.7}$$

式中:U 为电泳迁移率;ε 为介电常数;z 为 zeta 电位;η 为溶液黏度系数。在中等电解质浓度的水溶液中进行 zeta 电位的测定,根据 Smoluchowski(斯莫卢霍夫斯基)近似,$f(ka)$ 取 1.5。如果胶体颗粒具有较大的正或负的 zeta 电位,静电斥力将使它们互相排斥,形成稳定的悬液。一般认为,zeta 电位大于+30 mV 或小于−30 mV 可保持胶体颗粒稳定。

Smoluchowski 近似可满足大多数情况下电荷测定的需求。然而,对于高分子聚合物包被的颗粒,例如细菌、矿物-有机复合体等,胶体电荷分布于表面聚合物层中,造成 Smoluchowski 近似与实际情况差异较大。Ohshima(1995)发展了带电软颗粒电泳模型,模型假设颗粒具有一个刚性的核,电荷分布在表面具有一定厚度的软物质中,离子可以穿透这一层软物质,颗粒的电泳迁移率为

$$U = \frac{\varepsilon_0 \varepsilon_r}{\eta} \frac{\dfrac{\psi_o}{K_m} + \dfrac{\psi_{DOM}}{\lambda_s}}{\dfrac{1}{K_m} + \dfrac{1}{\lambda_s}} + \frac{eZN}{\eta \lambda_s^2} \tag{15.8}$$

式中:ε_0 为真空介电常数,8.85×10^{-12} C^2/(J·m);ε_r 为溶剂的相对介电常数;η 为溶剂的黏度;ψ_o 为软颗粒表面电势;ψ_{DOM} 是聚合物层的 Donnan 势;K_m 是聚合物层的 Debye-Hückel 参数;e 是电子电荷;Z 是聚合物中带电基团的价电数;N 为带电官能团的密度;$1/\lambda_s$ 为聚合物层柔软度参数。Ohshima 提出的软粒子电泳理论提高了电位分析的准确度,在此基础上发展的软 DLVO 模型能更准确地模拟细菌与固体表面的作用力(Gordesli et al.,2012)。

15.3.3 疏水性分析

水-烃两相分配法是利用胶体颗粒在正十六烷与水相中的分配比例,定性分析颗粒的相对疏水性;胶体颗粒在烃中分配的百分比越大,表明疏水性越强。通过测定胶体颗粒与不同液体的接触角,可定量计算胶体颗粒的疏水性。通过不同表面张力液体接触角的大小,可以评估胶体颗粒的疏水性。接触角分析一般采用静态液滴法,用量角仪测定。分析前一般将胶体颗粒滴定在平整的表面,或利用真空抽滤使胶体平铺在微孔滤膜上。胶体膜的制备要确保平整并形成一定厚度,避免液体渗漏影响分析结果。将胶体膜风干后即可上机测试。对于细菌等含水样品,可在干燥器中风干 30 min 后上机测定。两胶体颗粒表面疏水作用可用颗粒(i)在水(w)中的相互作自由能变(van Oss,1995)来表征:

$$\Delta G_{iwi} = -2(\sqrt{\gamma_i^{LW}} - \sqrt{\gamma_w^{LW}})^2 - 4(\sqrt{\gamma_i^+} - \sqrt{\gamma_w^+})(\sqrt{\gamma_i^-} - \sqrt{\gamma_w^-}) \tag{15.9}$$

式中:γ^{LW} 为表面张力中的范德瓦耳斯力组分;γ^+ 和 γ^- 分别为路易斯酸碱电子受体和供体组

分。当 $\Delta G_{iwi} > 0$ 时，表面亲水，值越大，表明亲水性越强；当 $\Delta G_{iwi} < 0$ 时，表面疏水。其中待求的固体表面张力参数 γ_i^{LW}、γ_i^+ 和 γ_i^- 可通过测定固体与三种液体的接触角和解 Young's 方程来计算：

$$\gamma_1^{Tot}(1+\cos\theta_{li}) = 2(\sqrt{\gamma_1^{LW}\gamma_i^{LW}} + \sqrt{\gamma_1^+\gamma_i^-} + \sqrt{\gamma_1^-\gamma_i^+}) \tag{15.10}$$

式中：θ_{li} 为液体（l）在固体（i）表面所形成的接触角；γ_i 为探测液体的表面张力参数。接触角分析常用探测液体的表面张力参数见表 15.1。

表 15.1 接触角测定常用探测液体的表面张力参数

探测液体	γ^{Tot}	γ^{LW}	γ^{AB}	γ^+	γ^-
水	72.8	21.8	51	25.5	25.5
甘油	64.0	34.0	30	3.92	57.4
乙二醇	48.0	29.0	19	1.92	47.0
甲酰胺	58.0	39.0	19	2.28	39.6
二甲亚砜	44.0	36.0	8	0.50	32.0
α-溴萘	44.4	44.4	0		
二碘甲烷	50.8	50.8	0		
十六烷	27.5	27.5	0		

注：γ^{Tot} 为总表面张力，mJ/m^2；γ^{LW} 为表面张力的范德瓦耳斯力组分；γ^{AB} 为表面张力的路易斯酸碱组分；γ^+ 和 γ^- 分别为表面张力参数的电子受体和供体组分

根据这些参数，可以计算最小平衡距离（d_0）时两胶体颗粒 1 和颗粒 2 之间的路易斯酸碱自由能：

$$\Delta G_{d_0}^{AB} = 2(\sqrt{\gamma_1^+} - \sqrt{\gamma_2^+})(\sqrt{\gamma_1^-} - \sqrt{\gamma_2^-}) - 2(\sqrt{\gamma_1^+} - \sqrt{\gamma_w^+})(\sqrt{\gamma_1^-} - \sqrt{\gamma_w^-}) - 2(\sqrt{\gamma_2^+} - \sqrt{\gamma_w^+})(\sqrt{\gamma_2^-} - \sqrt{\gamma_w^-}) \tag{15.11}$$

15.3.4 表面异质性分析

经典胶体界面作用的理论模型假设颗粒表面是硬质光滑的，在模拟计算界面作用时将颗粒视作均质化的颗粒，获得界面作用的整体效应。然而，土壤胶体颗粒异质性极强，层状硅酸盐矿物拥有负电荷基面和可变电荷边面，具有形貌和电荷分布的空间异质性。不同矿物伴生及矿物-有机质的复合会进一步增强这种空间异质性。例如，某些带正电荷的胶体颗粒与带负电荷的有机质发生吸附作用时，由于浓度较低或者吸附较弱，可能导致吸附到胶体颗粒上的物质并不能完全覆盖颗粒表面，在表面形成像"补丁"一样的正负电荷交错分布。近年来，研究者逐渐认识到胶体颗粒形貌和化学异质性对界面作用的影响，这种异质性导致的界面作用强度可能比传统 DLVO 预测结果大一个数量级（Drelich et al.，2011）。因此，表征胶体的空间异质性尤为重要。原子力显微镜等表面分析技术的普及，使得对形貌和化学空间异质性的探测成为可能。利用化学试剂对原子力显微镜探针进行修饰，可以同时获得胶体颗粒的形貌、电荷及疏水性分布等信息。例如：利用甲基修饰的探针，可以在溶液条件下获得细胞表面疏水性物质空间分布（Dague et al.，2007）；利用羧基修饰的探

针，通过测定带电探针与胶体的静电作用力，可以反映细菌和矿物-有机复合体表面电荷的空间分布（Ahimou et al.，2002）。近年来发展的峰值力定量纳米力学成像技术，实现了样品表面形貌和力曲线的快速测定，可进一步提高空间异质性相关分析的精度（Taboada-Serrano et al.，2005）。基于胶体颗粒表面纳米尺度的粗糙度和电荷分布异质性，在经典 DLVO 模型的基础上，逐步发展了模拟胶体表面异质性相互作用的理论模型（Rajupet，2021；Bradford et al.，2018）。未来，发展结合空间和化学分辨的原位探测技术、建立符合胶体特异性的模型，将能够更准确地模拟环境中胶体颗粒界面作用过程及机制。

15.4　胶体界面理论的应用

土壤和水环境中存在多种类型的胶体颗粒，其中矿物与有机胶体界面作用对土壤团聚体形成、微生物定殖、有机质稳定、污染物迁移等具有深刻影响。近年来，随着胶体界面理论在环境领域的广泛应用，土壤活性矿物、有机胶体、污染物等界面相互作用的物理化学机制逐渐明晰，推动了环境界面化学的发展。本节将围绕环境中常见的矿物-细菌、矿物-有机分子、土壤胶体-酶等的界面相互作用，选取代表性研究成果展开介绍。

15.4.1　矿物-细菌黏附的扩展 DLVO 模型模拟

微生物与土壤矿物的界面作用深刻影响微生物的代谢活性及其生物地球化学功能。然而，由于土壤黏粒矿物与细菌粒径相近，分离游离态与吸附态的细菌存在技术上的困难，限制了对这一界面过程的研究。在利用密度梯度离心法解决细菌分离难题的基础上，结合等温吸附、胶体表面特性表征及扩展 DLVO 理论计算，分析典型土壤黏土矿物表面性质对细菌吸附的影响。在这一工作中，选取了枯草芽孢杆菌与高岭石、蒙脱石、针铁矿、水钠锰矿、石英和云母 6 种典型土壤矿物作为研究对象，利用氮气吸附法分析了矿物的比表面积，利用激光粒度仪分析了平均粒径，测定电泳速率并由 Smoluchowski 公式计算得到 zeta 电位，采用静态液滴法用量角仪分析了胶体颗粒与水、甲酰胺和二碘甲烷的接触角。基于这些表面性质信息，运用扩展 DLVO 理论模拟计算了细菌和矿物间相互作用能，考察范德瓦耳斯力、静电力和疏水作用对矿物-细菌黏附的影响。通过细菌吸附量与矿物表面性质、作用能的相关性分析发现，细菌吸附容量主要受矿物外表面积控制，而吸附亲和力则取决于扩展 DLVO 模型预测的能障大小。在不同类型的界面作用力中，静电斥力主导细菌与负电性矿物间的能障，而疏水作用的影响较小。这一研究结合实验分析和扩展 DLVO 理论计算，率先明确了矿物表面物理化学性质对细菌黏附的调控机制。

由于扩展 DLVO 理论考察的是范德瓦耳斯力、静电力和疏水力的共同作用，整体作用能可能存在不同的模式（图 15.3）。当作用能恒大于零，胶体间表现为斥力，吸附和团聚作用不能发生。当作用能恒小于零，胶体间表现为引力，体系不稳定，胶体容易发生团聚。当作用能曲线出现次极小能位时，吸附可能发生。此时，可以根据次极小能位的大小和位置判断可能的吸附类型。当次极小能位引力较弱，吸附一般为可逆过程；次极小能位对应胶体间距离较大，说明此时两颗粒并无直接接触，吸附受长程作用力控制。短程作用力主导了主极小能位的吸附作用，作用能一般较强，但是要到达主极小能位则需要跨越位于两极小能间的能障。矿物与细菌间的界面作用强度深刻影响微生物的活性。例如，进一步的研究发现不同类型和不同粒径的土壤矿物与细菌黏附的作用能均是控制细菌活性的主要因素，界面作用能越强，对细菌活性的抑制作用越大（Qu et al.，2019；Cai et al.，2013）。

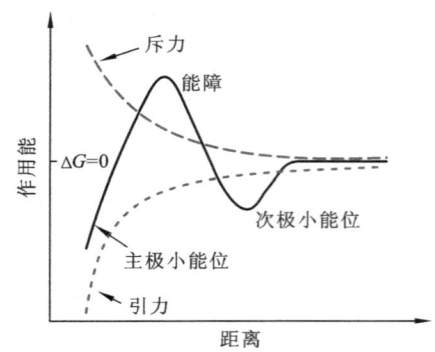

图 15.3　扩展 DLVO 理论预测的胶体颗粒作用能示意图

15.4.2　矿物-有机分子界面作用

随着新技术方法的应用，近年来研究人员对土壤有机质的分子结构和稳定机制有了新的认识。科学家发现，土壤中的有机质通过氢键和疏水相互作用自组装聚集形成"超分子"结构。矿物对有机分子的团聚固定作用是有机质在土壤中保持长期稳定的主要原因。土壤矿物与有机胶体可能发生多种类型的相互作用，例如矿物对有机质的吸附和团聚作用、矿质离子与有机分子的共沉淀作用、有机大分子界面作用等，这些作用均属于胶体界面研究的范畴。有机质对土壤纳米矿物团聚行为影响的研究结果表明，天然有机质对水铁矿的团聚作用具有背景电解质价态、浓度和有机质分子量的依赖效应（Li et al.，2020）。在 NaCl 溶液中，当有机质浓度较低时，补丁电荷作用促进了水铁矿的团聚；而当有机质浓度较高时，天然有机质会完全包裹矿物颗粒，通过空间位阻作用抑制水铁矿的团聚。而在 $CaCl_2$ 溶液中，有机质的桥接作用促进了水铁矿的团聚。对于不同分子量的有机质，大于 3 kDa 的分子可以通过空间位阻作用抑制水铁矿的团聚，并且分子量越大抑制作用越明显。这表明主导矿物-有机分子界面作用的机制随环境条件发生变化，胶体界面理论是理解这些复杂环境过程的重要手段。

土壤酶是土壤有机组分中具有催化功能的一类蛋白质，分子量在数千道尔顿至上百千道尔顿，溶液中尺寸在数纳米至数十纳米。酶进入土壤后易与有机质、矿物等土壤活性组分结合，而酶与其他胶体界面作用的强度控制了其催化活性、稳定性和迁移行为（Tan et al.，2009）。Li 等（2021）研究分析了石英、针铁矿、胡敏酸复合体系中酶的黏附和迁移行为，选取了分子量为 14.3 kDa 的溶菌酶，等电点约为 10.5，DLVO 模型被用来评估酶与土壤胶体的界面作用能。研究发现，pH 和初始浓度会影响酶在针铁矿表面的吸附和活性。pH 从 5 升至 8 时，溶菌酶在针铁矿包被石英柱中的迁移能力减弱，在接近酶蛋白等电点时有最大滞留。在这一研究中，酶与迁移柱之间的静电作用并不符合不同 pH 条件下溶菌酶的迁移现象。相反，蛋白质正电荷和负电荷区域异质性分布的补丁电荷效应、石英-针铁矿填充柱表面的电荷异质性和粗糙度是影响酶胶体迁移的主要因素。相关研究加深了我们对酶参与生物地球化学过程的理解，可为通过农业管理措施和土壤改良调控土壤酶活性提供了理论支持。

15.4.3 胶体团聚动力学及团聚形态

胶体颗粒间界面作用强度还可以通过胶体团聚动力学来研究。当胶体颗粒间斥力小，每次碰撞都可能造成永久性接触，这种团聚方式为快速团聚，受颗粒的物理碰撞率控制，又称扩散受限阶段。而胶体颗粒间斥力较大，可以阻止颗粒的自动聚集，这种团聚称为缓慢团聚，又称反应受限阶段，团聚过程受溶液离子强度和 pH 等性质调控。将缓慢团聚与快速团聚阶段絮凝速率的比值定义为颗粒的黏附系数。黏附系数越大表明发生聚集的概率越大，它是定量描述胶体团聚动力学的一项重要参数。在胶体颗粒团聚过程中，可以利用动态光散射仪连续记录颗粒的水动力学直径。在颗粒团聚的初始阶段，即水动力学直径从 $t=0$ 开始至达到初始值的 1.5 倍，水动力学直径 $D_h(t)$ 随时间增加呈线性递增，初始团聚速率常数 k 与 $dD_h(t)/dt$ 成正比（Holthoff et al., 1996）：

$$k \propto \frac{1}{N_0}\left(\frac{dD_h(t)}{dt}\right)_{t \to 0} \tag{15.12}$$

式中：N_0 为胶体初始浓度；$D_h(t)$ 为时间 t 时的平均水动力学直径。

黏附系数（α）通过扩散受限阶段的颗粒初始团聚速率（$(D_h(t)/dt)_{t \to \text{fast}}$）归一化初始团聚斜率（$D_h(t)/dt$）计算得到：

$$\alpha = \frac{k}{k_{\text{fast}}} = \frac{\left(\dfrac{dD_h(t)}{dt}\right)_{t \to 0}}{\left(\dfrac{dD_h(t)}{dt}\right)_{t \to \text{fast}}} \tag{15.13}$$

有机分子与矿物胶体的相互作用控制了土壤团聚体的形成和稳定。细菌胞外聚合物是自然环境中普遍存在的有机大分子，在团聚体形成和稳定中发挥着重要作用。以枯草芽孢杆菌胞外聚合物和针铁矿为对象，Lin 等（2018）研究了 pH、离子类型、离子强度和胞外聚合物浓度对 10 mg/L 针铁矿团聚的影响，利用动态光散射每间隔 20 s 测定了 1 h 内针铁矿的水动力学直径的变化。结果表明胞外聚合物对针铁矿的团聚作用显著受 pH 影响，当针铁矿表面带正电荷时，胞外聚合物的加入可促进针铁矿团聚，而当针铁矿表面带负电荷或不带电荷时，胞外聚合物的加入促进了颗粒分散。阴离子类型对针铁矿团聚有显著影响，$NaCl$、$NaNO_3$ 和 Na_2SO_4 三种溶液中针铁矿的临界絮凝浓度分别为 43 mmol/L、56.7 mmol/L 和 0.39 mmol/L。Lin 等（1989）研究表明，不同团聚速率可能导致不同的团聚体分形特征。快速形成的团聚体质量分形维数约为 1.8，团聚松散，形成的团聚体半径随时间呈幂函数增长；而慢速形成的团聚体质量分形维数约为 2.1，团聚紧密，形成的团聚体半径随时间呈指数函数增长。对团聚体形成过程和调控因子的研究有助于深入理解并合理调控环境中胶体颗粒的团聚行为。

综上可知，胶体界面作用是由上述多种作用力共同参与的。这些力的大小和相对强度随着胶体性质和溶液条件的变化而改变；同时，随着胶体接触距离的变化，这些作用力大小也会发生改变。目前，我们虽然认识到环境界面作用的复杂性，但是对这些界面过程的定量模拟还远远不够。未来，应结合高分辨的仪器分析技术，发展更精确的模型方法，准确模拟胶体界面作用过程和机制。例如：原子力显微镜既可以原位探测胶体颗粒的形貌、电荷、疏水特性的空间异质性，也可以直接获取胶体颗粒间的作用力；环境冷冻电镜可以原位分析胶体团聚过程。这些新技术的应用结合模型构建将推动胶体界面科学理论更加丰富和完善。

参 考 文 献

陈宗淇, 王光信, 徐桂英, 2001. 胶体与界面化学. 北京: 高等教育出版社.

李学垣, 2001. 土壤化学. 北京: 高等教育出版社.

AHIMOU F, DENIS F A, TOUHAMI A, et al., 2002. Probing microbial cell surface charges by atomic force microscopy. Langmuir, 18(25): 9937-9941.

BOS R, VAN DER MEI H C, BUSSCHER H J, 1999. Physico-chemistry of initial microbial adhesive interactions: Its mechanisms and methods for study. FEMS Microbiology Reviews, 23(2): 179-230.

BRADFORD S A, SASIDHARAN S, KIM H, et al., 2018. Comparison of types and amounts of nanoscale heterogeneity on bacteria retention. Frontiers in Environmental Science, 6: 56.

CAI P, HUANG Q, WALKER S L, 2013. Deposition and survival of *Escherichia coli* O157: H7 on clay minerals in a parallel plate flow system. Environmental Science and Technology, 47(4): 1896-1903.

DAGUE E, ALSTEENS D, LATGÉ J P, et al., 2007. Chemical force microscopy of single live cells. Nano Letters, 7(10): 3026-3030.

DEREKA B, YU Q, LEWIS N H C, et al., 2021. Crossover from hydrogen to chemical bonding. Science, 371 (6525): 160-164.

DERJAGUIN B, LANDAU L, 1941. Theory of the stability of strongly charged lyophobic sols and of the adhesion of strongly charged particles in solutions of electrolytes. Acta Physicochimica URSS, 14: 633-662.

DI W, GAO X, HUANG W, et al., 2019. Direct measurement of length scale dependence of the hydrophobic free energy of a single collapsed polymer nanosphere. Physical Review Letters, 122(4): 047801.

DRELICH J, WANG Y U, 2011. Charge heterogeneity of surfaces: Mapping and effects on surface forces. Advances in Colloid and Interface Science, 165(2): 91-101.

EL-KIRAT-CHATEL S, BOYD C D, O'TOOLE G A, et al., 2014. Single-molecule analysis of *Pseudomonas fluorescens* footprints. ACS Nano, 8(2): 1690-1698.

EL-KIRAT-CHATEL S, BEAUSSART A, DERCLAYE S, et al., 2015. Force nanoscopy of hydrophobic interactions in the fungal pathogen *Candida glabrata*. ACS Nano, 9(2): 1648-1655.

FANG L, CAO Y, HUANG Q, et al., 2012. Reactions between bacterial exopolymers and goethite: A combined macroscopic and spectroscopic investigation. Water Research, 46(17): 5613-5620.

GORDESLI F P, ABU-LAIL N I, 2012. Combined Poisson and soft-particle DLVO analysis of the specific and nonspecific adhesion forces measured between *L. monocytogenes* grown at various temperatures and silicon nitride. Environmental Science and Technology, 46(18): 10089-10098.

GRASSO D, SUBRAMANIAM K, BUTKUS M, et al., 2002. A review of non-DLVO interactions in environmental colloidal systems. Reviews in Environmental Science and Bio/Technology, 1(1): 17-38.

GREGORY J, 1981. Approximate expressions for retarded van der waals interaction. Journal of Colloid and Interface Science, 83(1): 138-145.

HOLTHOFF H, EGELHAAF S U, BORKOVEC M, et al., 1996. Coagulation rate measurements of colloidal particles by simultaneous static and dynamic light scattering. Langmuir, 12(23): 5541-5549.

HONG Z, RONG X, CAI P, et al., 2012. Initial adhesion of *Bacillus subtilis* on soil minerals as related to their surface properties. European Journal of Soil Science, 63(4): 457-466.

KAUZMANN W, 1959. Some factors in the interpretation of protein denaturation. Advances in Protein Chemistry, 14: 1-63.

KEILUWEIT M, KLEBER M, 2009. Molecular-level interactions in soils and sediments: The role of aromatic π-systems. Environmental Science and Technology, 43(10): 3421-3429.

KIM H N, BRADFORD S A, WALKER S L, 2009. *Escherichia coil* O157: H7 transport in saturated porous media: Role of solution chemistry and surface macromolecules. Environmental Science and Technology, 43(12): 4340-4347.

KLEBER M, BOURG I C, COWARD E K, et al., 2021. Dynamic interactions at the mineral-organic matter interface. Nature Reviews Earth & Environment, 2: 402-421.

LI Y, KOOPAL L K, CHEN Y, et al., 2021. Conformational modifications of lysozyme caused by interaction with humic acid studied with spectroscopy. Science of the Total Environment, 768: 144858.

LI Z, SHAKIBA S, DENG N, et al., 2020. Natural organic matter (NOM)imparts molecular-weight-dependent steric stabilization or electrostatic destabilization to ferrihydrite nanoparticles. Environmental Science and Technology, 154(11): 6761-6770.

LIN D, CAI P, PEACOCK C L, et al., 2018. Towards a better understanding of the aggregation mechanisms of iron (hydr) oxide nanoparticles interacting with extracellular polymeric substances: Role of pH and electrolyte solution. Science of the Total Environment, 645: 372-379.

LIN M Y, LINDSAY H M, WEITZ D A, et al., 1989.Universality in colloid aggregation. Nature, 339(6223): 360-362.

MARSHALL K C, CRUICKSHANK R H, 1973. Cell surface hydrophobicity and the orientation of certain bacteria at interfaces. Archiv für Mikrobiologie, 91(1): 29-40.

OHSHIMA H, 1995. Electrophoresis of soft particles. Advances in Colloid and Interface Science, 62(2): 189-235.

OMOIKE A, CHOROVER J, 2006. Adsorption to goethite of extracellular polymeric substances from *Bacillus subtilis*. Geochimica et Cosmochimica Acta, 70(4): 827-838.

PARSEGIAN V A, ZEMB T, 2011. Hydration forces: Observations, explanations, expectations, questions. Current Opinion in Colloid & Interface Science, 16(6): 618-624.

PICCOLO A, 2001. The supramolecular structure of humic substances. Soil Science, 166(11): 810-832.

PINCUS P, 1991. Colloid stabilization with grafted polyelectrolytes. Macromolecules, 24(10): 2912-2919.

PULLANCHERY S, KULIK S, REHL B, et al., 2021. Charge transfer across C—H···O hydrogen bonds stabilizes oil droplets in water. Science, 374(6573): 1366-1370.

QU C, QIAN S, CHEN L, et al., 2019. Size-dependent bacterial toxicity of hematite particles. Environmental

Science and Technology, 53(14): 8147-8156.

RAJUPET S, 2021. DLVO Interactions between particles and rough surfaces: An extended surface element integration method. Langmuir, 37(45): 13208-13217.

TABOADA-SERRANO P, VITHAYAVEROJ V, YIACOUMI S, et al., 2005. Surface charge heterogeneities measured by atomic force microscopy. Environmental Science and Technology, 39(17): 6352-6360.

TAN W F, KOOPAL L K, NORDE W, 2009. Interaction between humic acid and lysozyme, studied by dynamic light scattering and isothermal titration calorimetry. Environmental Science and Technology, 43(3): 591-596.

VAN OSS C J, 1989. Energetics of cell-cell and cell-biopolymer interactions. Cell Biophysics, 14(1): 1-16.

VAN OSS C J, 1995. Hydrophobicity of biosurfaces: Origin, quantitative determination and interaction energies. Colloids and Surfaces B: Biointerfaces, 5(3): 91-110.

VERWEY E J, OVERBEEK J T G, 1948. Theory of the stability of lyophobic colloids. Amsterdam: Elsevier Publishing.

WU H, CHEN W, RONG X, et al., 2014. Adhesion of *Pseudomonas putida* onto kaolinite at different growth phases. Chemical Geology, 390: 1-8.

第16章 密度泛函理论

密度泛函理论（density functional theory，DFT）是一种通过电子密度研究多电子体系电子结构的量子力学方法，是计算材料学和环境界面研究最常用的方法之一。在早期的第一性原理计算方法中，哈特里-福克（Hartree-Fock）方法可以计算多电子体系的波函数与能量，但哈特里-福克方法在计算几十个电子的体系时仍然受到限制，而且没有考虑电子间的关联能。直至霍恩伯格（Hohenberg）和科恩（Kohn）等科学家提出了有关电子密度和能量泛函的定理，Kohn 和沈吕九（Sham）等科学家在此基础上提出了密度泛函理论，第一性原理计算方法才有了新的突破。

16.1 量子力学发展历程

16.1.1 薛定谔方程

20 世纪初，人们在研究微观世界粒子运动时发现，它与宏观规律差别极大，牛顿经典力学搭建的物理学框架体系已不再适用。因此，人们建立了量子力学来描述微观世界粒子运动的客观规律。量子力学告诉我们微观粒子的运动遵循薛定谔方程。薛定谔方程可以写成基本形式[式（16.1）]和定态薛定谔方程[式（16.2）]两种形式。定态指能量具有确定值，而哈密顿量是描述系统总能量的算符。

$$-\frac{\hbar^2}{2\mu}\frac{\partial^2 \psi(x,t)}{\partial x^2} + U(x,t)\psi(x,t) = i\hbar\frac{\partial \psi(x,t)}{\partial t} \tag{16.1}$$

$$\left(-\frac{\hbar^2}{2m}\nabla^2 + U\right)\psi = i\hbar\frac{\partial \psi}{\partial t} \tag{16.2}$$

式中：$\psi(x,t)$ 为势场的波函数；ψ 为单个电子波函数的乘积；∇ 为拉普拉斯算符，是分别对 $\psi(x,y,z)$ 的梯度求散度；$\hbar$ 为总相关函数；U 为描述势场的函数。

作为薛定谔方程的解，体系的波函数 $\psi(x,t)$ 包含了一个系统在某一个态下所有的信息，这为模拟任意体系提供了可能。然而，实际的理论化学计算面对的是有相互作用的多粒子系统，无法用像类氢体系这样的简单体系求解，即便是数值解，在理想与现实之间也隔着人类计算能力的鸿沟。

16.1.2 玻恩-奥本海默近似

由于电子的质量远远小于原子核的质量，从动量守恒的角度，电子运动的速度远远大于原子核运动的速度。当原子核位置发生改变时，高速运动的电子可以几乎瞬时跟上原子核的位置变化，反之，原子核只能缓慢跟上电子运动的变化。因此，可以近似认为电子运动时，原子核是固定的。对于电子在原子核的势场中的运动，可将原子核与电子的运动分开考虑，从而完成多粒子系统到多电子系统的转化，即玻恩-奥本海默（Born-Oppenheimer）近似。

在绝热近似下，可将波函数的解写成原子核波函数和电子波函数乘积的形式，即玻恩-奥本海默近似下的多粒子体系波函数[式（16.3）]，若依次考虑电子系统和原子核系统的薛定谔方程，则可分别描述为电子系统薛定谔方程[式（16.4）]和原子核系统薛定谔方程[式（16.5）]：

$$\psi(r,R) = x(R)\Phi(r,R) \tag{16.3}$$

$$H_e\Phi(r,R) = E(R)\Phi(r,R) \tag{16.4}$$

$$[T(R)+E(R)]x(R) = E^H x(R) \tag{16.5}$$

式中：r 为电子位置，R 为原子核位置；$\psi(r,R)$ 为波函数；$x(R)$ 为原子核的波函数；$\Phi(r,R)$ 为电子波函数；H_e 为电子的哈密顿算符；$E(R)$ 为电子总能量；$T(R)$ 为原子核动能；E^H 为该体系下的能量本征值。

原子核的瞬时坐标 R 在电子波函数中仅作为参数出现，当解出电子波函数 $\psi(r,R)$ 和电子总能量 $E(R)$ 后，将电子总能量作为核运动的势，写出原子核系统的薛定谔方程，再通过求解核系统的薛定谔方程得到核波函数。通过玻恩-奥本海默近似，在理论上完成了原子核与电子的分离。

16.1.3 哈特里-福克近似

尽管将多粒子体系简化为多电子体系向前迈进了一大步，但求解仍然存在挑战。哈特里（Hartree）简化了电子-电子的库仑相互作用，将单个电子受到其他电子的库仑作用平均化和球对称化处理，就可将多电子问题简化为单电子问题，使求解成为可能。同时，Hartree 提出用单电子波函数的乘积作为电子系统的近似解。这个近似有单电子图像，玻恩对波函数的统计诠释能够很好解释上述结果。玻恩指出，波函数的模平方代表了某一时刻在某点处单位体积内粒子出现的概率密度，即在某点附近找到粒子的概率。

Hartree 近似是一个十分巧妙的单电子近似。然而，多电子体系是近似的费米电子体系，量子力学要求其波函数具有交换反对称性，即如果两电子交换坐标，波函数应该反号，但 Hartree 近似显然没有考虑这一点。针对 Hartree 近似的不足，福克（Fock）提出采用斯莱特行列式的形式来解决这个问题。当引入斯莱特行列式后，便可以求解系统的能量期望值。量子力学指出，在波函数归一化的条件下，可通过求解定态薛定谔方程得到体系能量的本征值，这与变分原理等价。基于变分原理，在波函数归一化的条件下，通过让期望值取变分极值得到体系的能量本征值。

基于哈特里-福克（Hartree-Fock）近似，多电子相互作用问题成功转化为单电子有效势问题，得到的哈特里-福克方程是一个单电子有效势方程，没有相互作用项。通过玻恩-奥本海默近似和哈特里-福克近似不断探索，人们从中得到求解多粒子体系薛定谔方程的核心思路，即求解无相互作用的单电子问题。但哈特里-福克方法仅考虑了交换作用，未考虑关联作用，因而计算求解精度不高。此外，哈特里-福克方程仍是以波函数作为求解的基本变量，这将使求解问题成为一个三维及大于三维的问题，Kohn 将其称为"指数墙"问题。依据哈特里-福克方法提供的核心思路和不足之处，人们希望找到一种新的方法，能克服哈特里-福克方法的精度缺陷，并尽可能地降低计算复杂度。

16.1.4 霍恩伯格-科恩定理

任何量子力学计算问题，都需要考虑大量数目的电子体系。而对于超过两个电子以上的体系，薛定谔方程已难以严格求解。对于实际研究体系，不可能由薛定谔方程来严格求解其体系的电子结构。建立于霍恩伯格-科恩（Hohenberg-Kohn）定理基础上的密度泛函理论不但给出了将多电子问题简化为单电子问题的理论基础，同时也成为分子和固体的电子结构和总能量计算的有力工具。因此，密度泛函理论是多粒子系统理论基态研究的重要方法。

密度泛函理论基础建立在 Hohenberg 和 Kohn 等关于非均匀电子气理论基础上，它可归结为以下两个基本定理。

霍恩伯格-科恩第一定理：外场势可由基态粒子数密度加一个常数来确定，对于电子系统，可具体表述为多电子系统的基态能量是电荷密度的唯一泛函。这表明粒子数密度是确定多粒子系统基态物理性质的基本变量。多粒子系统的所有基态物理性质，如能量、波函数及所有算符的期望值，都由粒子数密度唯一确定。这意味着问题的基本变量从 $3N$ 维的波函数变为三维的密度。密度是坐标的函数，而能量是密度的函数，函数的函数为泛函。

霍恩伯格-科恩第二定理：对于任何一个多电子系统，在电子总数保持不变的条件下，总能量关于电荷密度泛函的最小值就是系统基态的能量，对应的电荷密度为基态电荷密度。该定理说明，如果得到基态粒子数密度函数，就可确定能量泛函的极小值。这个极小值等于基态的能量。

Kohn 和 Sham 随后提出用分离的、无相互作用的泛函来代替全体系的、有相互作用的泛函，再将所有误差都用交换关联泛函来表示。也就是说，用无相互作用的、但易于求解计算的动能和势能来替代真实的动能和势能，将其近似值与真实值的差都放进交换关联泛函，仅用交换关联泛函一项来包含所有的误差和未知的效应，即为密度泛函理论的核心思想。

对于密度泛函理论，能量泛函是准确表示的，因为交换关联泛函项包含了所有的误差和未知效应。通过近似，分离出一个容易计算的、无相互作用的、但不准确的结果，再将所有误差单独收进交换关联泛函中留待分析。因此，对交换关联泛函项的选择非常重要，因为它将直接决定计算结果的精确程度。

16.1.5 交换相关能量泛函

在密度泛函理论中，除了交换关联能，其他量都可以精确计算。因此，高精度密度泛函理论计算的关键在于如何选择准确的交换关联能。在实际计算过程中，交换关联能可通过交换关联泛函近似计算得到。这种近似主要包括局域密度近似（local density approximation，LDA）和广义梯度近似（generalized gradient approximation，GGA）。

局域密度近似提出的很早，几乎是和密度泛函理论一起提出的，是最为简明的交换关联泛函。通常，LDA 本身不是一个泛函的名称，而是一种近似方法，其自身包含很多泛函。固体材料的电荷密度的空间分布是非均匀的。LDA 假定电荷密度随空间坐标缓慢变化，这样就可以将整个系统分解为多个足够小的体积元，在每一个体积元中电荷密度可以被近似看成是一个不变的常数，或者说整个系统是由多个无相互作用的、密度均匀的电子气组成。LDA 在材料学研究中使用得较为广泛。总体而言，LDA 计算比较准确，但是存在高估结合能、低估反应活化能及错估相稳定性等不足。

LDA 在电子密度改变较快的体系中表现不佳，因此，通过修正局域密度近似可得到广义梯度近似泛函。绝大多数 GGA 泛函是基于一些 LDA 泛函的修正，其引入的一阶梯度可以被解释成电子云演化的"速度"（或者更直观地说是电子的移动速度）。比较成功的 GGA 泛函包括 BLYP（Becke-Lee-Yang-Parr）、PBE（Perdew-Berke-Ernzerhof）和 HTCH（Hamperecht-Tozer-Cohen-Handy）等。相比于局域密度近似，广义梯度近似能够更准确地计算原子和分子能量及反应活化能等，然而它不总是优于局域密度近似。广义梯度近似泛函通常会给出偏低的键能及偏大的晶格参数。

16.2 常用计算软件

密度泛函理论计算受到了越来越多科研工作者的关注，并在机理研究中发挥了极为重要的作用。目前，市面上开发的量子化学计算相关的软件众多，主要包括 VASP、Materials Studios、Gaussian、Quantum ESPRESSO、LAMMPS 和 ADF 等。

16.2.1 VASP

VASP 是维也纳大学 Hafner 小组开发的进行电子结构计算和量子力学-分子动力学模拟的软件包，是目前材料模拟和计算物质科学研究中非常流行的商用软件之一。

VASP 软件通过近似求解薛定谔方程得到体系的电子态和能量，既可以在密度泛函理论框架内求解 Kohn-Sham 方程（已实现了混合泛函计算），也可以在 Hartree-Fock 的近似下求解 Roothaan 方程。此外 VASP 软件也支持格林函数方法（GW 准粒子近似，ACFDT-RPA）和微扰理论（二阶 Møller-Plesset）。与 CPMD（Car-Parrinello Molecular Dynamics，一种第一原理分子动力学方法）不同的是，它在每个分子动力学模拟计算的时间步长内精确求解体系的瞬时基态。在精确计算原子所受的力和体系的应力张量后对原子的位置进行弛豫，使之到达瞬时基态。

VASP 软件计算目前多在以 Linux 系统为主的服务器（或超级计算器）中运行。VASP 软件采用周期性边界条件（或超原胞模型）处理原子、分子、团簇、纳米线（棒）、薄膜、晶体、准晶和无定形材料，以及表面体系和固体计算。其功能强大，主要包括以下功能。

（1）计算材料的结构参数（键长、键角、晶格常数、原子位置等）和构型。
（2）计算材料的状态方程和力学性质（体弹性模量和弹性常数）。
（3）计算材料的电子结构（如能级、电荷密度分布、能带、电子态密度等）。
（4）计算材料的光学、磁学、晶格动力学性质。

（5）表面体系的模拟。
（6）从头算分子动力学模拟。
（7）计算材料的激发态。

VASP 软件的正常运行，需要准确的输入文件（INCAR、POSCAR、KPOINTS 和 POTCAR）和指令执行参数。其中 INCAR 为程序运行的主要参数，包括波函数、离子位置优化方法等；POSCAR 代表优化前体系的结构信息，包括晶轴矢量、原子坐标；KPOINTS 指布里渊区积分的 k 点网格；POTCAR 为各元素对应的赝势函数，由 VASP 软件包自带。

VASP 软件运行的结果以数字化的形式呈现，为了计算结果的直观性，用户会根据不同的计算结果与相应的软件联用，如计算门户软件 Xshell、晶体可视化软件 VESTA、查看各类计算性质的软件 P4VASP 等。

16.2.2　Gaussian

Gaussian 软件是由美国 Gaussian 公司主导研发的进行半经验计算和从头计算使用最广泛的量子化学软件。Gaussian 是一个量子化学综合软件包，用于研究分子能量和结构、过渡态的能量和结构、化学键及反应能量、分子轨道、偶极矩和多极矩、原子电荷和电势、振动频率、红外和拉曼光谱、核磁共振、极化率和超极化率、热力学性质和反应路径等。Gaussian 软件可以模拟在气相和溶液中的体系，模拟基态和激发态，支持对周期边界体系进行计算。

Gaussian 软件可执行程序可以在不同型号的大型计算机、超级计算机、工作站和个人计算机上运行，并支持不同的版本（Windows、Linux 与 Mac OS 等主流操作系统，以及其他 Unix 系统）运行。它适合研究小分子体系与大分子体系（ONIOM 方法），主要功能包括以下几个方面。

（1）分析化学反应过程，如稳态及过渡态结构、反应热、反应能垒、反应机理及反应动力学等。

（2）确定化合物稳态结构，如中性分子、自由基、阴离子和阳离子等。

（3）谱图的验证及预测，如拉曼光谱、核磁共振谱、紫外可见光/近红外分光光谱、气相色谱、旋光光谱、X 射线光电子能谱及电子顺磁共振谱等。

（4）分析分子各种性质，如静电势、偶极矩、布居数、轨道特性、键级、电荷、极化率、电子亲和能、电离势、自旋密度、电子转移和手性等。

（5）进行热力学分析，如熵变、焓变、吉布斯自由能变、键能分析及原子化能等。

（6）分析分子间相互作用，如氢键及范德瓦耳斯作用。

（7）确定激发态结构，并进行激发能、跃迁偶极矩、荧光光谱、磷光光谱、势能面交叉研究等。

Gaussian 软件从量子力学的基本定律出发，在各种不同的化学环境中预测分子结构、能量、振动频率、分子性质与反应。它既可应用于稳定的体系与化合物，也适用于实验中很难或不可能观察到的体系或化合物（如生存周期很短的中间体和过渡态结构）。因此，Gaussian 软件特别适合有机分子反应机理研究，如取代基的影响、化学反应机理、势能曲面和激发能等。

Gaussian 软件包在量子计算化学方法上做了增强，尤其是 NIOM 模块，修改和增强了溶剂模块，在分子动力学模拟上做出了修正（玻恩-奥本海默分子动力学、提供原子中心密度矩阵传播分子动力学方法）；它常与 GaussView 搭配使用，运行输入方式有 4 种，分别为通过输入文件的 link0 输入（%-lines）、通过命令预约行预约、通过环境变量输入、通过 Default. Route 文件输入。目前，Gaussian 软件已被全世界各地的化学家、化学工程师、生物化学家、物理学家和其他学科的科学家们广泛地使用。Gaussian 软件不断发展，目前已经更新到 Gaussian 16 版本。该版本提供了当今最先进的建模功能，包括许多新功能和增强功能，显著地扩大了可以研究的问题和体系的尺度。通过 Gaussian 16，研究者可以在一般计算硬件条件下研究比以往更大的体系及更复杂的问题。

16.2.3　Materials Studio

Materials Studio（MS）是美国 Accelrys 公司开发的新一代材料计算软件，是专门为材料科学领域研究者开发的一款可运行在个人电脑上的模拟软件。软件高度模块化，是一个集量子力学、分子力学、介观模型、分析工具模拟和统计相关应用等为一体的三维建模软件，模拟的内容包括催化剂、聚合物、固体及表面、晶体与衍射、化学反应等材料化学研究领域的主要课题。它可以帮助解决当今化学、材料工业中的一系列重要问题。Materials Studio 软件支持 Windows 98、Windows 2000、Windows NT、Unix 及 Linux 等多种操作平台，使化学及材料科学的研究者能更方便地建立三维结构模型，对各种晶体、无定形及高分子材料的性质及相关过程进行深入的研究。

Materials Studio 软件的最大优势是其友好的用户界面（Microsoft 标准用户界面）。对于不熟悉 Linux 系统的用户，通过 Materials Studio 软件进行建模及后续的理论计算是一个很好的选择。它集成的主要模块包括 Visualizer 模块、CASTEP 模块、DMol3 模块、ONETEP 模块、Forcite 模块、GULP 模块、Amorphous Cell 模块及 QMERA 模块等。各个功能以模块化方式排布，可对建模的对象直接进行可视化处理，如 CASTEP 模块和 DMol3 模块。

CASTEP 模块是由剑桥凝聚态理论研究组开发的一款基于密度泛函理论的先进量子力学程序，广泛应用于陶瓷、半导体、金属等多种材料研究中。程序采用平面波函数描述价电子，利用赝势替代内层电子，因此也被称为平面波赝势方法。可计算的任务包括：研究晶体材料结构优化及性质；研究表面和表面重构的性质；计算和分析能带结构、态密度、声子谱、电荷密度及波函数；研究材料的光学性质、磁学性质及力学性质等；显示体系的三维电荷密度及波函数；模拟扫描隧道显微镜图像及红外或拉曼光谱；计算体系电荷差分密度。

DMol3 模块是由伯纳德·得利（Bernard Delley）教授发布的一款基于密度泛函理论的先进量子力学程序。它采用原子轨道线性组合的方法描述体系的电子状态，因此也被称为原子轨道线性组合方法。DMol3 模块是独特的密度泛函量子力学程序，是唯一可以模拟气相、液相、表面及固体等过程及性质的商业化量子力学程序，应用于化学、材料、化工、固体物理等领域中，可用于研究均相催化、多相催化、分子反应、分子结构等，也可预测溶解度、蒸汽压、配分函数、熔解热、混合热等性质。

Materials Studio 作为一个集群软件包，倾注了科学家大量的心血，也由此赋予了它无比强大的功能。

（1）搭建各种高分子、无定形聚合物、晶体及界面模型，对小分子、高分子、晶体及无定形聚合物等进行结构优化，得到合理的三维分子模型，键能、键长、键角及相应的振动模式，最高占据分子轨道和最低未占分子轨道，红外谱图和拉曼谱图等。

（2）计算多个物质（小分子、无定形聚合物）间及界面间的相互作用能、结合能，包括分子间相互作用（氢键、静电相互作用等）和化学键相互作用（共价键、配位键、离子键等）。

（3）模拟体系分子动力学，体系平衡后，分析体系中的物质进行径向分布函数，均方根位移，键长、键角及末端距等结构变化。

（4）分析化学反应过程，搜索反应的过渡态，从化学反应的热力学和动力学角度判断化学反应的过程、反应的难易程度等，计算化学反应的势能变化（ΔE）、焓变（ΔH）、自由能变化（ΔG）等。

（5）模拟不同压力和温度等条件下，吸附剂骨架对吸附质分子的吸附过程，得到饱和吸附量、吸附的最佳位点、吸附能、吸附热等，判断骨架与分子的吸附形式（物理吸附与化学吸附）。

16.2.4　LAMMPS

LAMMPS 是由美国桑迪亚国家实验室开发的一套分子动力学模拟的开源程序包。LAMMPS 最初为美国政府与私人机构合作项目，由美国能源部与另外三所私有企业实验室合作开发。目前由桑迪亚国家实验室负责维护和发布，当前使用 C++编写，早期版本使用 Fortran77 及 Fortran90。

LAMMPS 软件兼容当前大多数的势能模型，可以模拟软材料和固体物理系统，在材料体系模拟中应用非常广泛，支持生物分子模拟，也支持包括气态、液态及固态百万级的原子分子体系，并提供支持多种势函数。LAMMPS 软件为大规模原子分子并行模拟器，主要用于分子动力学相关的一些计算和模拟工作，凡分子动力学所涉及的领域，LAMMPS 代码均有涉及。

LAMMPS 软件具有一定的特色，它对分子动力学中的单元粒子、相互作用、积分器等关键组分进行了抽象，并暴露了对各组分进行灵活配置的应用程序接口（application programming interface，API）。基于此抽象，LAMMPS 软件实现了异常丰富的对粒子类型和力场的支持，模拟对象不限于某一门类的体系，应用相当广泛。同样是基于上述抽象，结合 C++的模块化特性，LAMMPS 代码具有很强的功能可扩展性。用户通过对几个主要基数的继承可以很容易地对分子动力学框架下的各个组分进行定制，从而实现新的原子类型（atom style）、相互作用类型（bond style）、计算类型（compute style）、积分器（fix style）等。

LAMMPS 软件主要功能有：①支持多种粒子类型，可用于原子、聚合物分子、生物分子、金属、颗粒等类型系统的模拟；②支持多种力场，包括多种多体势函数；③支持多种可极化模型；④支持多种粗粒化模型；⑤兼容多种常见力场；⑥支持刚体动力学积分；⑦支持多种增强采样算法，包括并行复制动力学（parallel replica dynamics）、温度加速动力学（temperature accelerated dynamics），并行回火（parallel tempering）；⑧通过消息传递接口和空间区域分解（spatial-decomposition of simulation domain）支持并行模拟；⑨支持图形处理单元（graphics processing unit，GPU）、英特尔至强融核处理器（Intel Xeon Phi）和 OpenMP（open multiprocessing）等常用功能；⑩可编译为库，通过库的应用程序界面或 Python 软件编译的应用程序界面调用。

16.2.5　ADF

阿姆斯特丹密度泛函（Amsterdam density functional，ADF）软件最初由阿姆斯特丹自由大学的 Baerends 和卡尔加里大学的 Ziegler 团队合作开发。20 世纪 70 年代，其名为 HFS，后更名为 Amol，再后来更名为 ADF。随着 DFT 在 90 年代的兴起，ADF 软件已经成为一个流行的计算化学软件包。90 年代，创始团队首次提出了相当精确的处理电子相对论效应（尤其是自旋轨道耦合）的 ZORA 理论，并将其在 ADF 软件中实现。2000 年以后，更多的计算模块，如自行开发的周期性体系密度泛函计算的 BAND、流体热力学程序 COSMO-RS，以及其他研究组发展的流行程序，如反应力场 ReaxFF、Quantum Espresso、MOPAC、DFTB 也逐渐纳入其中。ADF 软件在光谱学、过渡金属和重元素方面表现优异。2017 年，ADF 软件将最先进的相对论密度泛函方法 X2C 嵌入其中。X2C 在精度与效率方面，皆远优于 ZORA。此外，能量分解方法、成键分析工具 ETS-NOCV 等化学分析方法，不仅被集成到 ADF 模块中，还被创造性地应用于周期性体系的密度泛函计算中，使 BAND 成为一个极具特色、功能强大的周期性体系研究工具。

总之，ADF 软件可计算气相、液相和蛋白质体系，并附带独立程序 BAND 用于处理周期性体系，如晶体、聚合物及固体表面，广泛应用于许多研究领域，如催化作用、光谱性质、（生物）无机化学、重元素化学、表面性质、纳米技术和材料科学等。

为避免 ADF 软件平台与其中 ADF 模块重名，同时也因为其他模块越来越强大、完善，ADF 2018 版本更名为 AMS（Amsterdam Modeling Suite）。但各个模块名字如 ADF、BAND、COSMO-RS 等保持不变。

16.2.6　GROMACS

GROMACS 是用于研究生物分子体系的分子动力学开源程序包，主要用于生物化学分子研究领域，如蛋白质、脂类及诸多复杂的化学键相互作用。由于 GROMACS 在计算非键合相互作用（通常主导模拟）方面非常快，许多研究者使用它来研究非生物系统，如聚合物。

GROMACS 支持几乎所有当前流行的分子模拟软件的算法，而且与同类软件相比，它还具有一些特有的优势。

（1）GROMACS 进行了大量算法的优化，其计算功能更强大。例如，在计算矩阵的逆时，算法的内循环会根据自身系统的特点自动选择由 C 语言或 Fortran 来编译。无论是在 Linux 系统还是在 MacOSX 系统上，GROMACS 对 Altivec-loops 的计算都要比其他软件快 3～10 倍。GROMACS 在提高计算速度的同时也保证了计算精度。

（2）具有友好的用户界面，拓扑文件和参数文件都以文档的形式给出。在程序运行过程中，并不用输入脚本注释语言。所有 GROMACS 的操作都通过简单的命令行进行，而且运行的过程是分步的，随时可以检查模拟的正确性和可行性，可以减少时间上的浪费。

（3）操作简单，功能丰富，初学者易于上手。用户可以通过详细的免费使用手册得到更多的信息。

（4）在模拟运行的过程中，GROMACS 会不断报告程序的运算速度和进程。

（5）具有良好的兼容性，输入文件和输出的轨迹文件的格式都独立于硬件。

（6）能通过二进制文件写入坐标，提供了一个压缩性很强的轨迹数据存储方法，压缩方式的精度可以由用户选择。

（7）为轨迹分析提供大量的辅助工具，用户不必再为常规分析编写任何程序；还提供轨迹的可视程序，而且兼容许多可视化工具。

（8）允许并行运算，使用标准的 MPI 通信。

（9）GROMACS 程序包中包括各种常见的蛋白质和核酸的拓扑结构，如 20 种标准氨基酸及其变异体、4 种核苷和 4 种脱氧核苷、糖类和脂类或一些特殊基团、亚铁血红素和一些小分子等。

GROMACS 的运行过程主要由一系列的文件和命令组成。一般的模拟过程可以分成以下三个阶段。

（1）前处理过程。生成模拟对象的坐标文件、拓扑结构文件、平衡参数及其外力作用参数等文件。

（2）模拟过程。首先对系统进行能量最小化，避免结构不合理而在模拟中出现错误；然后对系统进行升温，先给系统的各个原子以玻尔兹曼分布初速度，再模拟较短的时间以达到初步的平衡；最后进行真正的分子动力学模拟，即平衡过程。此过程一般时间步长为 1 fs（飞秒，$1\text{ fs}=1\times 10^{-15}\text{ s}$），运行时间在纳秒量级，以保证模拟系统尽可能找到势能的最低点。当然，对于其他操作，如施加外力（模拟 AFM 加力）需要在平衡之后进行。在分子动力学模拟的过程中，用户可以运用配套的可视化软件（如 VMD 等），随时观测模拟的过程及系统的状态。

（3）后处理过程。分子动力学模拟结束后，GROMACS 会产生一系列文件，如 pdo 文件（受力分析文件）、trr 文件（模拟过程结果文件）、edr 文件（能量文件）等。同时，GROMACS 本身还提供多种分析程序，可以对这些文件进行分析，得到分子体系的各种信息。

与其他程序相比，GROMACS 具有极高的性能。此外 GROMACS 拥有几个最先进的算法，包括一个完全自动化的蛋白质甚至是多元结构的拓扑构建器。

16.2.7 AMBER

AMBER 是加利福尼亚大学旧金山分校的 Peter A Kollman 教授和其同事共同编译，运行于 Linux 计算机。AMBER 不是一个一体化的分子动力学软件，而是由多个部分构成的工具集。除高性能动力学引擎外的其他组分统称为 Amber Tools，可免费使用；包含动力学引擎的发布版本，则须购买授权。三十多年来该软件不断发展，有越来越多的算法开发者加入了自己的贡献，工具集中的组分也不断演化，当前最新版本 Amber Tools 17 中包含上百种工具，核心动力学引擎开发语言为Fortran90，其中Sander代码量约为20万行，Pmemd代码量约为30万行。

AMBER不仅指代分子动力学程序，也指代一组力场，描述了生物分子相互作用的势能函数和参数。为了在AMBER中运行分子动力学模拟，每个分子的相互作用都由分子力场描述，力场为每个分子定义了特定的参数。功能涵盖种类非常多的生物分子，包括蛋白、核酸及药物小分子。AMBER软件包有4个主要的大程序：①Leap，用于准备分子系统坐标（xleap）和参数文件（tleap）；②Antechamber，用于生成少见小分子力学参数文件，部分小分子Leap程序无法识别，需要加载其力学参数，这类力学参数文件就需要通过Antechamber生成；③Sander，分子动力学数据产生程序，即MD模拟程序，被称为AMBER的大脑程序；④Ptraj，分子动力学模拟轨迹分析程序。

此外，图形处理单元（GPU）也为其增添了不少吸引力。使用Sander或者Pmemd运行分子动力学模拟需要三个必备文件，即Prmtop（用于描述系统中分子的参数和拓扑）、Inpcrd（描述系统初始分子坐标）和Mdin（描述AMBER分子动力学程序的设置）。

AMBER主要功能体现在力场、算法及对处理器的支持上。

（1）力场。AMBER力场包括多个不同名称的组分，分别支持蛋白质、DNA、RNA、碳水化合物、脂肪等不同分子类型，以及一种针对有机小分子的通用力场和多种水分子模型。用户可以使用Amber Tools中的CHAMBER工具将CHARMM力场文件转换成AMBER格式以在AMBER中使用。与之类似，tinker_to_amber工具可以转换TINKER原生的AMOEBA力场供AMBER使用。除了AMOEBA，AMBER本身还支持一种基于诱导偶极子理论的可极化力场ff02，该力场比AMOEBA计算量小，曾被广泛使用，且是首个支持核酸的可极化力场，但该力场在较新版本（如Amber 16）中已不推荐使用。

AMBER支持多种隐式溶剂模型，同时支持分子溶剂模型（reference interaction site model，RISM）。此外，AMBER通过Sander支持QM/MM混合模拟。Sander内建多种NDDO及DFTB类型的半经验哈密顿量，Amber Tools同时包含一个名为sqm的工具可提供基于这些半经验哈密顿量的纯量化计算，代码大部分基于MOPAC。Sander同时提供接口可对接多种常用量化软件，包括ADF、GAMESS-US、NWChem、Gaussian、Orca、Q-Chem、TeraChem。

（2）算法。AMBER支持的采样算法包括Self-Guided Langevin Dynamics、Accelerated Molecular Dynamics、Gaussian Accelerated Molecular Dynamics、Targeted MD、Multiply-Targeted-MD、Low-Mode Methods、Replica Exchange Molecular Dynamics、Adaptively Biased MD、Steered Molecular Dynamics等。

AMBER支持的自由能计算方法包括Thermodynamic Integration、Absolute Free Energies Using EMIL、Linear Interaction Energies、Umbrella Sampling等。上述算法中的Umbrella Sampling存在不止一种实现方式。其中三个模块Ncsu_Smd、Ncsu_Pmd和Ncsu_Bbmd为同一框架下的实现。在基本算法的基础上，AMBER还通过Amber Tools提供一些工作流工具，为特定的计算任务提供从计算到分析的流程化辅助，如自由能计算工作流工具FEW和MMPBSA。

（3）自Amber11起，AMBER加入了对GPU的支持；自Amber 14起，Pmemd加入了对Intel Xeon Phi协处理器的支持。

16.2.8 其他软件

除上述计算软件外，也有其他用于密度泛函理论计算的软件，如 NWChem、ABINIT 和 Calypso 等。NWChem 使用标准量子力学描述电子波函或密度，计算分子和周期性系统的特性，还可用于经典分子动力学和自由能模拟。ABINIT 主程序使用赝势和平面波，用密度泛函理论计算总能量、电荷密度、分子和周期性固体的电子结构，进行几何优化和分子动力学模拟，用 TDDFT（对分子）或 GW（G 为格林函数，W 为动态屏蔽库仑相互作用）近似计算激发态。ABINIT 专注于固体物理、材料科学、化学和材料工程的研究，包括固体、分子、材料的表面及界面（如导体、半导体、绝缘体和金属）。Calypso 是一种高效的结构预测方法及其同名计算机软件，只需给定化合物的化学成分就可以预测给定外部条件（如压力）下的稳定或亚稳结构，可用于预测/确定晶体结构和设计多功能材料（如超硬材料）。

16.3 密度泛函理论计算在环境界面研究中的应用

随着计算能力的不断提高，密度泛函理论已经从基础的理论研究走向应用研究，在环境界面研究中的应用越来越广泛。

16.3.1 吸附配位预测与模拟

通过 DFT 计算可预测不同物质对同一类污染物（或其他物质）的吸附路径、吸附能力强弱及可能的配位形式。预测吸附性能一方面有助于指导研究者进行更加科学的实验设计，另一方面也有助于研究者分析吸附机理。例如，Ou 等（2018）运用 VASP 软件对富缺陷与贫缺陷的 Mg(OH)$_2$ 矿物进行了多种氧阴离子（HAsO$_4^{2-}$、CrO$_4^{2-}$，SO$_4^{2-}$ 和 NO$_3^-$ 等）建模吸附计算（图 16.1）。研究指出缺陷有利于 Mg(OH)$_2$ 对污染物的吸附。对比吸附前后的结合能变化状态，缺陷态的吸附结合能最低。此外，含氧阴离子三齿三核配位吸附能>双齿双核配位吸附能>单齿单核配位吸附能（表 16.1）。

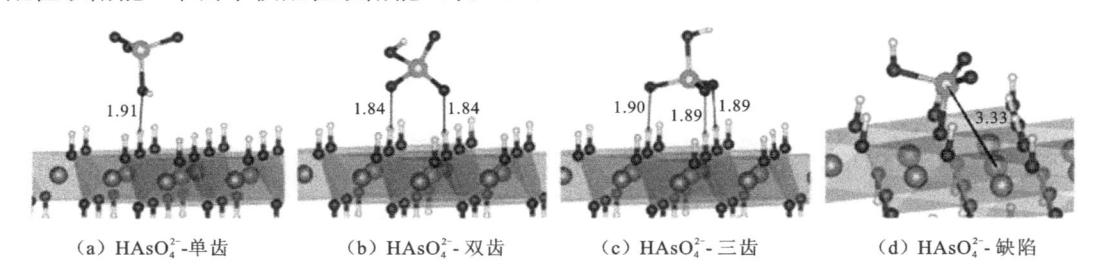

(a) HAsO$_4^{2-}$-单齿　　(b) HAsO$_4^{2-}$-双齿　　(c) HAsO$_4^{2-}$-三齿　　(d) HAsO$_4^{2-}$-缺陷

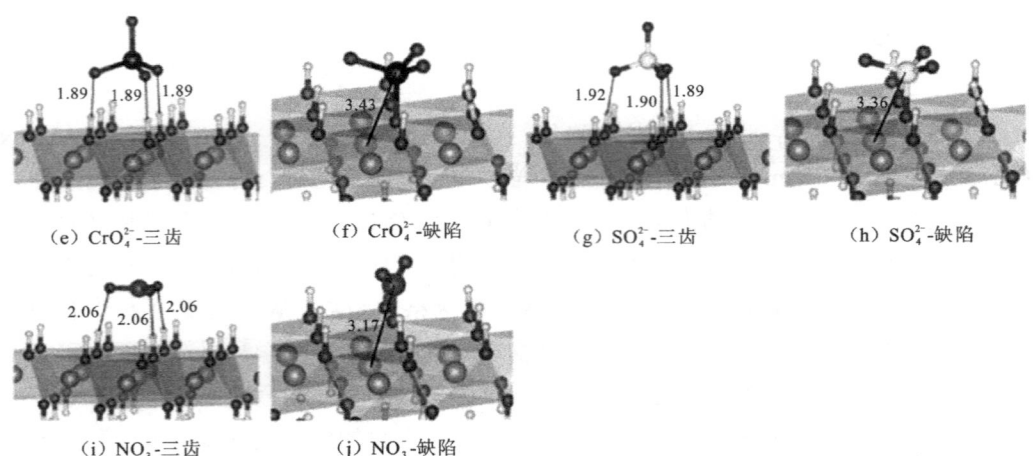

(e) CrO$_4^{2-}$-三齿　　(f) CrO$_4^{2-}$-缺陷　　(g) SO$_4^{2-}$-三齿　　(h) SO$_4^{2-}$-缺陷

(i) NO$_3^-$-三齿　　(j) NO$_3^-$-缺陷

图 16.1　氧阴离子在 Mg(OH)$_2$(001)表面的络合模型

表 16.1　Mg(OH)$_2$ 表面吸附的氧阴离子巴德尔电荷、能量和键长等

模型	O—H$_{表面}$/Å	M—Mg$_{表面}$/Å	ΔE_{ads}/(kJ/mol)	q_B/|e|
As(V)-单齿	1.91	5.95	−15.14	−1.92
As(V)-双齿	1.84, 1.84	4.81	−32.83	−1.86
As(V)-三齿	1.89, 1.89, 1.90	4.25	−44.45	−1.82
As(V)缺陷	—	3.33	−157.29	−1.73
Cr(VI)-单齿	1.83	5.76	−15.85	−1.92
Cr(VI)-双齿	1.83, 1.84	4.87	−30.55	−1.89
Cr(VI)-三齿	1.89, 1.89, 1.89	4.41	−42.57	−1.87
Cr(VI)-缺陷	—	3.34	−130.56	−1.80
SO$_4^{2-}$-三齿	1.89, 1.90, 1.92	4.38	−37.13	−1.87
SO$_4^{2-}$-缺陷	—	3.36	−114.39	−1.79
NO$_3^-$-三齿	2.06, 2.06, 2.06	4.00	−21.81	−0.94
NO$_3^-$-缺陷	—	3.17	−41.53	−0.93

砷污染的治理研究一直深受环境领域的众多研究者关注，Yan 等（2020）借助 DFT 计算，研究了暴露不同晶面[(001)、(110)和(214)]的赤铁矿对 As(III)和 As(V)的吸附机理。吸附实验和 DFT 计算发现，赤铁矿(001)面对 As(III)和 As(V)的吸附亲和性一致，而赤铁矿(110)面对 As(III)的亲和性强于 As(V)，(214)面则与之相反（图 16.2）。这表明赤铁矿对 As 的吸附存在晶面依赖机制，且本质在于表面配位模式及其结合强度。

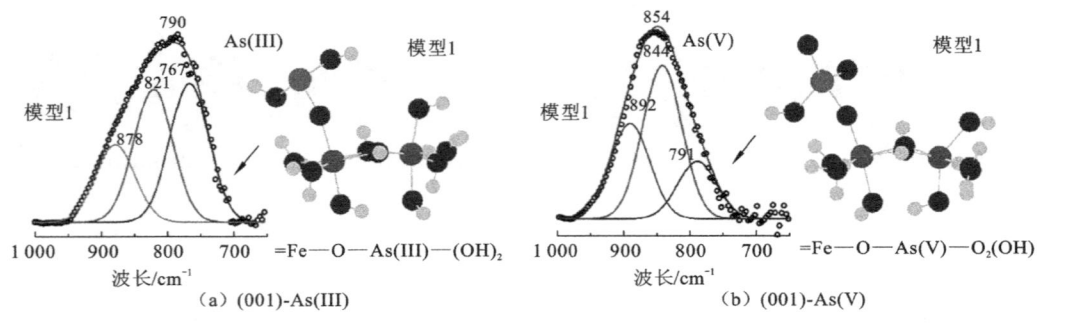

(a) (001)-As(III)　　(b) (001)-As(V)

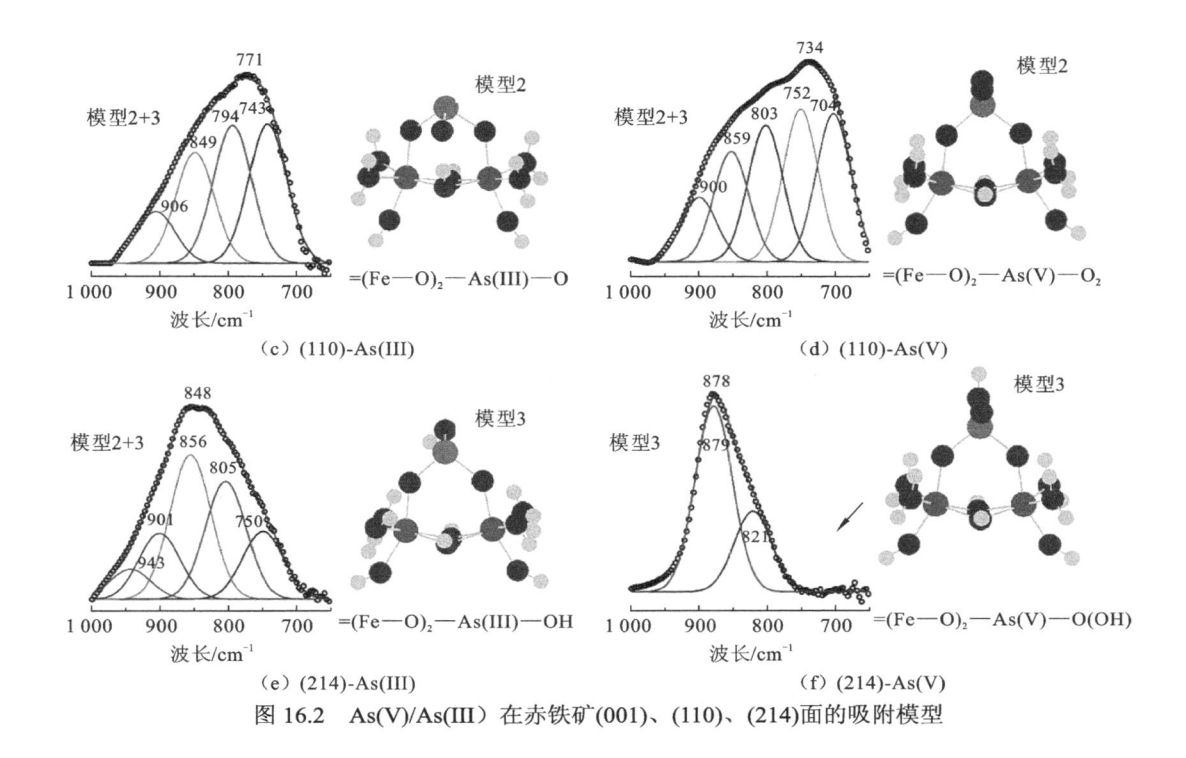

(c) (110)-As(III)　　　　　　　　　(d) (110)-As(V)

(e) (214)-As(III)　　　　　　　　　(f) (214)-As(V)

图 16.2　As(V)/As(III) 在赤铁矿(001)、(110)、(214)面的吸附模型

16.3.2　催化反应机理

表面化学催化反应机理是热门的研究领域,如 O_2 分解和缔合的氧化还原反应(oxidation-reduction reaction,ORR)机理。目前,从分子水平上获取的纳米催化剂表面的氧化还原反应中间体的直接光谱证据较少,严重限制了对氧化还原反应的理解。为阐明铂基纳米催化剂的独特结构和电子性质,以确定铂材料如何影响催化剂表面的吸附物种,Wang 等(2019)借助纳米粒子增强拉曼原位光谱、氘同位素实验和 DFT 计算研究了 Pt_3Co 纳米催化剂上的氧化还原反应过程。结果表明,酸性和碱性溶液中均观察到 Pt 位点上的桥吸附氧(b-O_2^*)和 *OOH 反应物中间体;而在碱性溶液中,Co 位点上观察到了 *OH 吸附。Co—OH 的原位拉曼光谱分析显示,初始富 Pt 表面在工作条件下可能会演化。基于 DFT 计算和原位拉曼光谱测出的含氧物种,由 Pt_3Co 催化的氧化还原反应涉及 *OOH 的缔合机理见图 16.3,具体步骤如下。

$$^*O_2 + H^+ + e^- \rightarrow {}^*OOH$$
$$^*OOH + H^+ + e^- \rightarrow {}^*O + H_2O$$
$$^*O + H^+ + e^- \rightarrow {}^*OH$$
$$^*OH + H^+ + e^- \rightarrow H_2O$$

此项研究中,DFT 计算被用来确定吸附物的形态(物种)。在 Pt 纳米颗粒催化的氧化还原反应中,OOH、OH 和 H_2O 形成的能量变化基本相同。向 Pt 中引入 Co,*O 和 *OH 之间的能量差上升了 0.11 eV,即 *O 的吸附变弱,与实验中观察到的 Pt_3Co 的氧化还原反应活性一致。

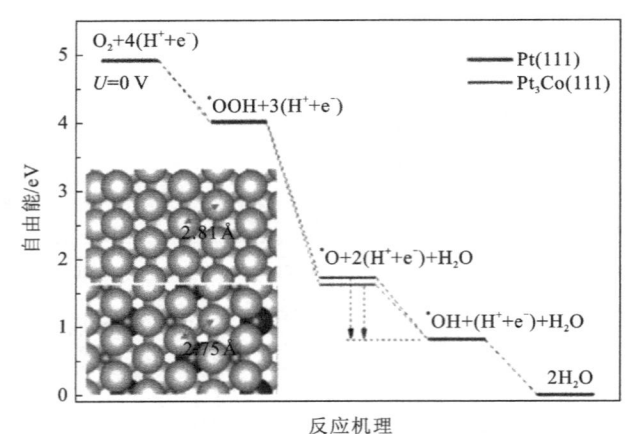

图16.3 Pt₃Co 纳米催化剂上氧化还原反应机理图

扫封底二维码见彩图

16.3.3 矿物稳定性分析

重金属掺杂引起的空位缺陷会改变矿物材料的化学稳定性，进而影响环境中重金属离子的迁移转化。Bylaska 等（2019）预测 Zn 掺杂出现 Fe 空位会提供赤铁矿还原再结晶过程中锌释放的驱动力。为了更好地理解和预测难溶相（Zn 掺杂赤铁矿）释放 Zn 的潜力，首先需详细研究 Zn 在赤铁矿中的配位环境。受铁氧化物电荷平衡机制、构型紊乱程度及其结构中容纳 Zn 能力等信息影响，研究难以进行。Frierdich 等（2012）指出 Zn^{2+} 在针铁矿中是八面体配位，而在赤铁矿中是四面体配位。Bylaska 等（2019）采用 DFT 模拟手段，通过不断调换缺陷赤铁矿中的 Zn 原子和 Fe 空位的位置（图16.4）进行研究，并结合同步

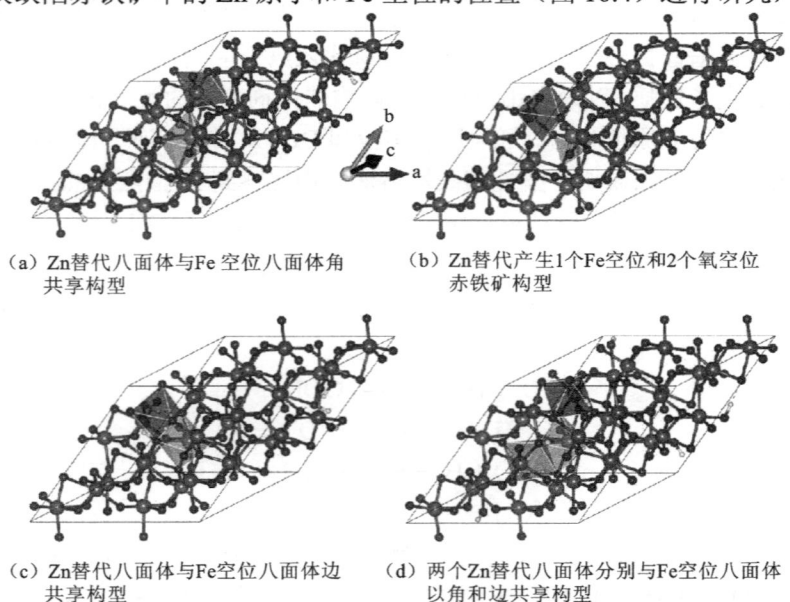

(a) Zn替代八面体与Fe空位八面体角共享构型

(b) Zn替代产生1个Fe空位和2个氧空位赤铁矿构型

(c) Zn替代八面体与Fe空位八面体边共享构型

(d) 两个Zn替代八面体分别与Fe空位八面体以角和边共享构型

图16.4 Zn 替代赤铁矿中 Fe(III) 八面体分子动力学模拟构型图

灰色八面体为 Fe 空位，蓝色/紫色八面体中心原子为 Zn；金色、红色和白色原子分别代表 Fe、O 和 H 原子

扫封底二维码见彩图

辐射 X 射线吸收光谱测试结果对比分析，阐明了铁空位在驱动赤铁矿还原再结晶过程中的影响机制。在铁空位驱动 Zn 掺杂的氧化铁还原再结晶过程中，掺杂的 Zn 会逐渐从 Fe 缺陷赤铁矿中解离，表明原有的 Zn 掺杂体系在周围环境变化下会逐步转化为新的稳定状态，此过程直接影响原有矿物自身的化学稳定性。

16.3.4 大气污染物形成机制

二次有机气溶胶（secondary organic aerosols，SOA）是城市群大气中细颗粒物的重要组成部分，对人类健康和气候具有深远的影响。为了弄清 SOA 的形成化学机制，Ji 等（2020）通过 DFT 计算手段，系统阐明了全球 SOA 形成的关键机理，具体机理见图 16.5 和图 16.6。研究提出了小分子量 α-二羰基化合物在弱酸性气溶胶及云/雾滴中的阳离子介导反应机理，揭示了反应过程中碳正离子的出现是其能够快速聚合形成 SOA 的关键因素。研究表明，甲基乙二醛（methyglyoxal，MG）的质子化可降低其水合反应能垒，能有效生成二醇及四醇类中间产物，进而生成低聚反应所需的碳正离子。而不断产生的多代碳正离子和醇类化合物发生的亲核反应，又将是 MG 聚合反应的重要步骤。

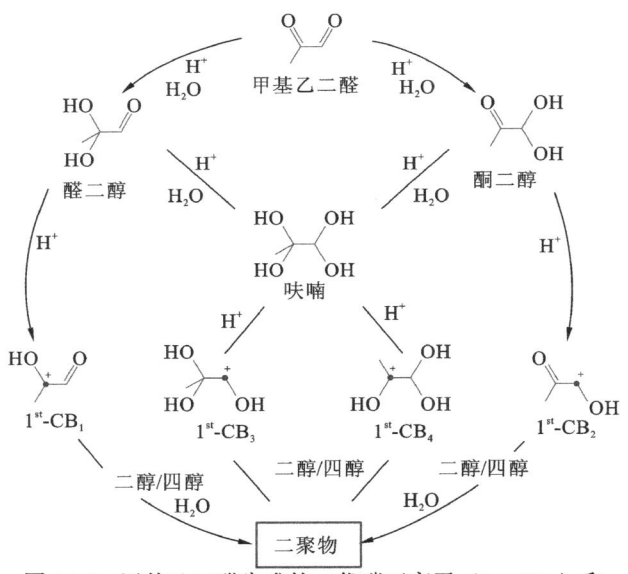

图 16.5 甲基乙二醛生成的一代碳正离子（1st-CBs）和二醇及四醇中间产物聚合反应的机理图

此外，也有研究将量子化学计算和大气团簇动力学模型相结合，研究 NH$_3$ 大量释放的高污染地区重要气态污染物 SO$_3$ 和 NH$_3$ 之间的自催化反应。Li 等（2018）研究发现，在 NH$_3$ 浓度较高的干燥地区，此反应是污染物 SO$_3$ 除与 H$_2$O 反应之外的另一条重要消耗路径，如图 16.7 所示。同时，反应产物氨基磺酸可不同程度增强城市地区大气关键成核团簇（硫酸-二甲胺团簇）的形成速率，并进一步提出高度污染地区 NH$_3$-SO$_3$ 的自催化反应引发的气溶胶新粒子形成机制（图 16.7），为我国复合大气污染条件下新粒子形成机制研究提供了新的思路和理论指导。

图 16.6　阳离子中间体 CIs 和—OH 的逆反应及通过质子化和随后的水合正向反应的竞争过程

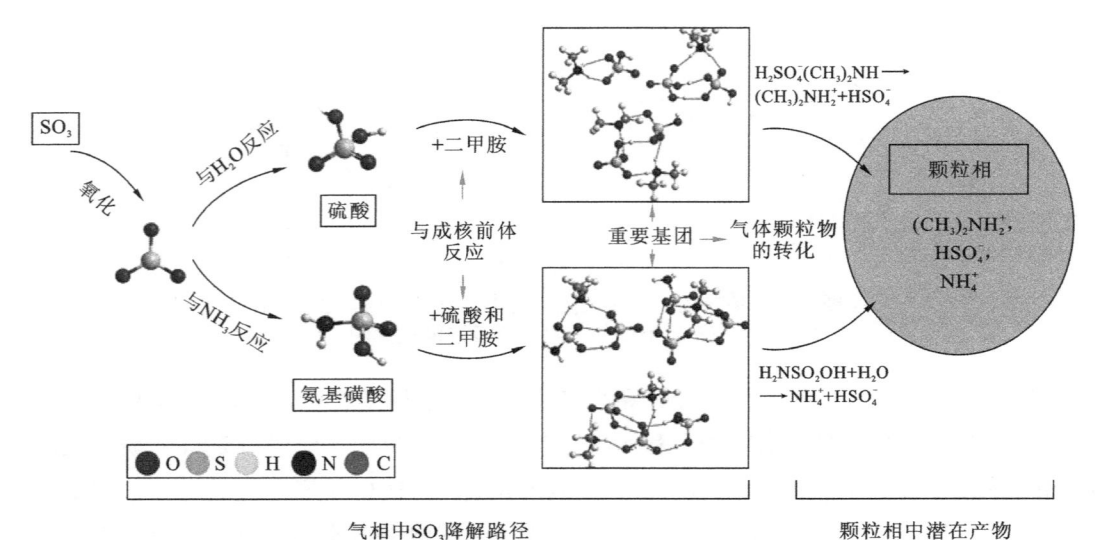

图 16.7　氨基磺酸参与新粒子的形成示意图和大气中污染物 SO_3 的可能命运

参 考 文 献

BYLASKA E J, CATALANO J G, MERGELSBERG S T, et al., 2019. Association of defects and zinc in hematite. Environmental Science and Technology, 53: 13687-13694.

FRIERDICH A J, SCHERER M M, BACHMAN J E, et al., 2012. Inhibition of trace element release during Fe(II)-activated recrystallization of Al⁻, Cr⁻, and Sn-substituted goethite and hematite. Environmental Science and Technology, 46: 10031-10039.

JI Y, SHI Q, LI Y, et al., 2020. Carbenium ion-mediated oligomerization of methylglyoxal for secondary organic aerosol formation. Proceedings of the National Academy of Sciences of the United States of America, 117: 13294-13299.

LI H, ZHONG J, VEHKAMAKI H, et al., 2018. Self-catalytic reaction of SO_3 and NH_3 to produce sulfamic acid and its implication to atmospheric particle formation. Journal of the American Chemical Society, 140: 11020-11028.

OU X W, LIU X M, LIU W Z, et al., 2018. Surface defects enhance the adsorption affinity and selectivity of $Mg(OH)_2$ towards As(V) and Cr(VI) oxyanions: A combined theoretical and experimental study. Environmental Science: Nano, 5(11): 2570-2578.

WANG Y H, LE J B, LI W Q, et al., 2019. In situ spectroscopic insight into the origin of the enhanced performance of bimetallic nanocatalysts towards the oxygen reduction reaction (ORR). Angewandte Chemie-International Edition, 58: 16062-16066.

YAN L, CHAN T, JING C, 2020. Arsenic adsorption on hematite facets: Spectroscopy and DFT study. Environmental Science: Nano 7: 3927-3939.